贺金陵／主编

大学生数学
竞赛题解析

复旦大学出版社

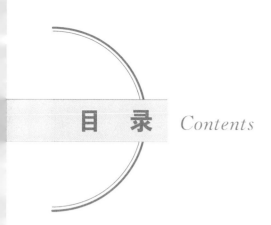

目　录 *Contents*

第一部分

第一讲　极限与连续 ·· 1

　　1.1　基本概念与内容要点 ····································· 1

　　1.2　例题选讲 ·· 3

　　练习题一 ··· 30

　　练习题一解析与提示 ··· 34

第二讲　一元微分学 ·· 46

　　2.1　基本概念与内容要点 ····································· 46

　　2.2　例题选讲 ·· 49

　　练习题二 ··· 78

　　练习题二解析与提示 ··· 83

第三讲　一元积分学 ·· 89

　　3.1　基本概念与内容要点 ····································· 89

　　3.2　例题选讲 ·· 93

　　练习题三 ··· 143

　　练习题三解析与提示 ··· 149

第四讲　常微分方程 ·· 157

　　4.1　基本概念与内容要点 ····································· 157

　　4.2　例题选讲 ·· 160

　　练习题四 ··· 178

　　练习题四解析与提示 ··· 179

第五讲　向量代数与空间解析几何 ································ 183

　　5.1　基本概念与内容要点 ····································· 183

　　5.2　例题选讲 ·· 186

练习题五 ……………………………………………………………………… 205

练习题五解析与提示 ………………………………………………………… 208

第六讲 多元函数微分学 ……………………………………………………… 211

    6.1 基本概念与内容要点 ………………………………………………… 211

    6.2 例题选讲 ……………………………………………………………… 216

    练习题六 ………………………………………………………………… 240

    练习题六解析与提示 …………………………………………………… 242

第七讲 多元函数积分学 ……………………………………………………… 245

    7.1 基本概念与内容要点 ………………………………………………… 245

    7.2 例题选讲 ……………………………………………………………… 256

    练习题七 ………………………………………………………………… 303

    练习题七解析与提示 …………………………………………………… 308

第八讲 无穷级数 ……………………………………………………………… 322

    8.1 基本概念与内容要点 ………………………………………………… 322

    8.2 例题选讲 ……………………………………………………………… 327

    练习题八 ………………………………………………………………… 354

    练习题八解析与提示 …………………………………………………… 357

第二部分

大学生高等数学竞赛模拟试题一 …………………………………………… 361

大学生高等数学竞赛模拟试题二 …………………………………………… 362

大学生高等数学竞赛模拟试题三 …………………………………………… 363

大学生高等数学竞赛模拟试题四 …………………………………………… 364

大学生高等数学竞赛模拟试题五 …………………………………………… 365

大学生高等数学竞赛模拟试题六 …………………………………………… 366

大学生高等数学竞赛模拟试题七 …………………………………………… 368

大学生高等数学竞赛模拟试题八 …………………………………………… 369

大学生高等数学竞赛模拟试题一解析与提示 ……………………………… 370

大学生高等数学竞赛模拟试题二解析与提示 ……………………………… 372

大学生高等数学竞赛模拟试题三解析与提示 ……………………………… 376

大学生高等数学竞赛模拟试题四解析与提示 ……………………………… 379

大学生高等数学竞赛模拟试题五解析与提示 ……………………………… 380

大学生高等数学竞赛模拟试题六解析与提示 ···························· 383

大学生高等数学竞赛模拟试题七解析与提示 ···························· 386

大学生高等数学竞赛模拟试题八解析与提示 ···························· 390

第三部分

第一届全国大学生高等数学竞赛非数学类预赛试题 ···················· 395

第二届全国大学生高等数学竞赛非数学类预赛试题 ···················· 397

第三届全国大学生高等数学竞赛非数学类预赛试题 ···················· 398

第四届全国大学生高等数学竞赛非数学类预赛试题 ···················· 399

第五届全国大学生高等数学竞赛非数学类预赛试题 ···················· 400

第六届全国大学生高等数学竞赛非数学类预赛试题 ···················· 401

第七届全国大学生高等数学竞赛非数学类预赛试题 ···················· 402

第八届全国大学生高等数学竞赛非数学类预赛试题 ···················· 403

第九届全国大学生高等数学竞赛非数学类预赛试题 ···················· 404

第十届全国大学生高等数学竞赛非数学类预赛试题 ···················· 405

第十一届全国大学生高等数学竞赛非数学类预赛试题 ·················· 406

第十二届全国大学生高等数学竞赛非数学类预赛试题 ·················· 407

第十三届全国大学生数学竞赛非数学类预赛试题 ······················ 408

竞赛试题答案 ·· 409

第一部分
第一讲 极限与连续

1.1 基本概念与内容要点

本讲内容主要包括数列极限、函数极限的定义、性质以及求证极限的方法,无穷小量和无穷大量,函数连续性的定义,间断点分类以及闭区间上连续函数的性质。

1. 数列极限及其性质

设有数列 x_n 以及常数 a,如果对于任意的正数 ε,总存在正整数 N,当 $n > N$ 时,有 $|x_n - a| < \varepsilon$ 成立,则称数列 x_n 收敛于常数 a,记作 $\lim\limits_{n \to \infty} x_n = a$;如果这样的常数 a 不存在,则称数列 x_n 是发散的。

数列极限的性质:唯一性、有界性、保号性、收敛数列与其子列的关系。

2. 函数极限及其性质

情形一 函数在有限点处的极限 设函数 $f(x)$ 在点 x_0 的某一去心邻域内有定义,如果存在常数 a,使得对于任意的正数 ε,存在 $\delta > 0$,当 $0 < |x - x_0| < \delta$ 时,有 $|f(x) - a| < \varepsilon$,则称函数 $f(x)$ 当 $x \to x_0$ 时的极限为 a,记作 $\lim\limits_{x \to x_0} f(x) = a$。

情形二 自变量趋于无穷大时函数的极限 设函数 $f(x)$ 当 $|x|$ 大于某一正数时有定义,如果存在常数 a,使得对于任意的正数 ε,存在正常数 X,使得当 $|x| > X$ 时,$f(x)$ 都满足 $|f(x) - a| < \varepsilon$,则称函数 $f(x)$ 当 $x \to \infty$ 时的极限为 a,记作 $\lim\limits_{x \to \infty} f(x) = a$。

函数极限的性质:唯一性、局部有界性、局部保号性、函数极限与数列极限的关系(归并原理)。

3. 无穷小量与无穷大量

若 $\lim f(x) = 0$,则称函数 $f(x)$ 是自变量 x 在某个变化过程中的无穷小量;若 $\lim f(x) = \infty$,则称函数 $f(x)$ 是自变量 x 在某个变化过程中的无穷大量(数列有类似的定义)。

设 α, β 为自变量 x 在某个变化过程中的无穷小,如果 $\lim \dfrac{\beta}{\alpha} = 0$,则称 β 是比 α 高阶的无穷小,记为 $\beta = o(\alpha)$;如果 $\lim \dfrac{\beta}{\alpha} = \infty$,则称 β 是比 α 低阶的无穷小;若 $\lim \dfrac{\beta}{\alpha} = c (c \neq 0)$,则称 β 与 α 是同阶无穷小;若 $\lim \dfrac{\beta}{\alpha^k} = c (c \neq 0, k > 0)$,则称 β 是关于 α 的 k 阶无穷小;特别地,若 $\lim \dfrac{\alpha}{\beta} = 1$,则称 α 与 β 是等价无穷小,记作 $\alpha \sim \beta$。

4. 求证极限的一般方法

(1) 利用换元以及恒等变形。

(2) 利用数列与其子列的敛散性之间的关系。

(3) 利用数列极限与函数极限之间的关系。

(4) 等价无穷小替换法。

(5) 利用两个重要极限。

(6) 三个极限存在准则(夹逼准则、单调有界收敛准则以及柯西收敛准则)。

(7) 利用导函数的符号处理某些以递推形式给定数列的极限。

(8) 罗必塔法则(包括广义罗必塔法则)。

(9) 利用微分中值定理以及泰勒定理。

(10) 利用定积分的定义。

(11) 利用收敛级数的性质。

(12) 利用压缩映像原理。

(13) 利用不动点原理。

(14) 利用 Stolz 定理。

(15) 利用一些常见结论。

例如,若 $\lim\limits_{n\to\infty} a_n = a$,则有 $\lim\limits_{n\to\infty} \dfrac{a_1 + a_2 + \cdots + a_n}{n} = a$。

5. 函数的连续性以及间断点

(1) **函数的连续性** 若 $\lim\limits_{x\to x_0} f(x) = f(x_0)$,则称函数 $f(x)$ 在点 x_0 处连续;若函数 $f(x)$ 在区间 I 上每一点处连续,则称函数 $f(x)$ 在区间 I 上连续;若函数 $f(x)$ 在点 x_0 处不连续,则称点 x_0 为函数 $f(x)$ 的间断点。

(2) **间断点分类** 设点 x_0 是函数 $f(x)$ 的间断点,如果极限 $\lim\limits_{x\to x_0} f(x)$ 存在,则称 x_0 为函数 $f(x)$ 的可去间断点;若 $\lim\limits_{x\to x_0^-} f(x)$ 与 $\lim\limits_{x\to x_0^+} f(x)$ 存在但是不相等,则称点 x_0 是函数 $f(x)$ 的跳跃间断点。可去间断点与跳跃间断点统称为第一类间断点,其余间断点称为第二类间断点。如果 $\lim\limits_{x\to x_0} f(x) = \infty$,则称点 x_0 是函数 $f(x)$ 的无穷间断点。

6. 闭区间上连续函数的性质

(1) **有界性定理** 设 $f(x)$ 是闭区间 $[a, b]$ 上的连续函数,则 $f(x)$ 在 $[a, b]$ 上有界。

(2) **最大值最小值定理** 设 $f(x)$ 是闭区间 $[a, b]$ 上的连续函数,则 $f(x)$ 在闭区间 $[a, b]$ 上可以取到最大值以及最小值。

(3) **零点定理** 设 $f(x)$ 是闭区间 $[a, b]$ 上的连续函数,且 $f(a)f(b) < 0$,则存在一点 $\xi \in (a, b)$ 使得 $f(\xi) = 0$。

(4) **介值定理** 设 $f(x)$ 是闭区间 $[a, b]$ 上的连续函数,M 和 m 分别是函数 $f(x)$ 在闭区间 $[a, b]$ 上的最大值以及最小值,常数 c 是介于最大值与最小值之间的任一常数,则存在点 $\xi \in [a, b]$ 使得 $f(\xi) = c$。

1.2 例题选讲

例 1.1 对任意 $x \in \mathbf{R}$，函数 $f(x)$ 满足 $f\left(x + \dfrac{1}{2}\right) = \dfrac{1}{2} + \sqrt{f(x) - f^2(x)}$，证明：$f(x)$ 是周期函数。

证明 注意到对任意 $x \in \mathbf{R}$，函数 $f(x) \geqslant \dfrac{1}{2}$，则有

$$
\begin{aligned}
f(x+1) &= \frac{1}{2} + \sqrt{f\left(x+\frac{1}{2}\right) - f^2\left(x+\frac{1}{2}\right)} \\
&= \frac{1}{2} + \sqrt{\frac{1}{2} + \sqrt{f(x) - f^2(x)} - \left[\frac{1}{2} + \sqrt{f(x) - f^2(x)}\right]^2} \\
&= \frac{1}{2} + \sqrt{\frac{1}{4} - f(x) + f^2(x)} = \frac{1}{2} + \sqrt{\left[f(x) - \frac{1}{2}\right]^2} = f(x)。
\end{aligned}
$$

所以，函数 $f(x)$ 是以 1 为周期的周期函数。

例 1.2 设 $f(x)$ 在 $[a, +\infty)(a > 0)$ 上满足：当 $x, y \in [a, +\infty)$ 时有 $|f(x) - f(y)| \leqslant K|x - y|$，其中 $K > 0$，证明：$\dfrac{f(x)}{x}$ 在 $[a, +\infty)$ 上有界。

证明 注意到

$$
|f(x)| = |f(x) - f(a) + f(a)| \leqslant |f(x) - f(a)| + |f(a)| \leqslant K|x - a| + |f(a)|，
$$

则有

$$
\left|\frac{f(x)}{x}\right| \leqslant \frac{K|x-a| + |f(a)|}{x} \leqslant K + \frac{|f(a)|}{a}，
$$

即 $\dfrac{f(x)}{x}$ 是 $[a, +\infty)$ 上的有界函数。

例 1.3 设 $f(x)$ 是 $(-\infty, +\infty)$ 上的有界函数，h 是一个正常数，且对于任意的 $x \in (-\infty, +\infty)$，$f(x)$ 满足 $f(x+h) = \dfrac{f(x+2h) + f(x)}{2}$，证明：$f(x)$ 是周期函数。

证明 根据已知条件，$f(x)$ 满足 $f(x+2h) - f(x+h) = f(x+h) - f(x)$。下面证明对于任意的 x，有 $f(x+h) = f(x)$。否则，若存在 $x_0 \in (-\infty, +\infty)$ 使得 $f(x_0 + h) \neq f(x_0)$，此时有

$$
\begin{aligned}
f(x_0 + nh) &= [f(x_0 + nh) - f(x_0 + (n-1)h)] + [f(x_0 + (n-1)h) - f(x_0 + (n-2)h)] \\
&\quad + \cdots + [f(x_0 + h) - f(x_0)] + f(x_0) = n[f(x_0 + h) - f(x_0)] + f(x_0)。
\end{aligned}
$$

注意到 $f(x_0 + h) \neq f(x_0)$，有

$$
\lim_{n \to \infty} f(x_0 + nh) = n[f(x_0 + h) - f(x_0)] + f(x_0) = \infty。
$$

这与 $f(x)$ 是 $(-\infty, +\infty)$ 上的有界函数相矛盾。所以，对于任意 x，有 $f(x+h) = f(x)$，即 $f(x)$ 是以 h 为周期的周期函数，得证。

例 1.4 若实数 x、y 满足：$2x-3 \leqslant \ln(x+y+1) + \ln(x-y-2)$，求 xy。

解 由于

$$2x-3 \leqslant \ln(x+y+1) + \ln(x-y-2) \leqslant (x+y) + (x-y-3) = 2x-3,$$

故 $x = \dfrac{3}{2}$，$y = -\dfrac{3}{2}$，所以 $xy = -\dfrac{9}{4}$。

> 注：其中用到不等式：当 $x > -1$ 时，$\ln(1+x) \leqslant x$（$x=1$ 时取等号）。

例 1.5 试判断：两个周期函数之和是否为周期函数，说明理由。

解 两个周期函数之和未必是周期函数，理由如下。

记 $f(x) = \sin x$，$g(x) = \sin(\sqrt{2} x)$，它们的最小正周期分别为 $T_1 = 2\pi$ 以及 $T_2 = \dfrac{2\pi}{\sqrt{2}}$，但是 $f(x) + g(x) = \sin x + \sin(\sqrt{2} x)$ 不是周期函数。否则，记 $H(x) = \sin x + \sin(\sqrt{2} x)$，且设 $H(x)$ 是以 T 为周期。此时对于任意的 $x \in \mathbf{R}$，有

$$\sin(x+T) + \sin(\sqrt{2}(x+T)) = \sin x + \sin(\sqrt{2} x)。$$

两边求导得

$$\cos(x+T) + \sqrt{2}\cos(\sqrt{2}(x+T)) = \cos x + \sqrt{2}\cos(\sqrt{2} x);$$

两边再求导得

$$-\sin(x+T) - 2\sin(\sqrt{2}(x+T)) = -\sin x - 2\sin(\sqrt{2} x)。$$

所以 $\sin(x+T) = \sin x$ 且 $\sin(\sqrt{2}(x+T)) = \sin(\sqrt{2} x)$，即 T 为函数 $f(x)$、$g(x)$ 的周期。因而存在正整数 n_1，n_2，使得 $T = n_1 T_1$ 以及 $T = n_2 T_2$，也就是 $T = n_1 \cdot 2\pi$ 且 $T = n_2 \cdot \dfrac{2\pi}{\sqrt{2}}$，因此 $\dfrac{n_2}{n_1} = \sqrt{2}$，矛盾。

> 注：请读者给出两个周期函数之和不是周期函数的其他例子，并说明理由。

例 1.6 证明：数列 $x_n = \sin n$ 发散。

证明 反证法。若数列 $x_n = \sin n$ 收敛，不妨设 $\lim\limits_{n\to\infty} \sin n = a$，则 $\lim\limits_{n\to\infty} \sin(n+2) = a$，故

$$\lim_{n\to\infty} \sin(n+2) - \sin n = a - a = 0。$$

所以，$\lim\limits_{n\to\infty} 2\cos(n+1) \cdot \sin 1 = 0$，$\lim\limits_{n\to\infty} \cos n = 0$。此时，$\lim\limits_{n\to\infty} \sin 2n = \lim\limits_{n\to\infty} 2\sin n \cdot \cos n = 0$，结合收敛数列与其子列的关系，有 $\lim\limits_{n\to\infty} \sin n = 0$，从而

$$1 = \lim_{n\to\infty} \left[(\sin n)^2 + (\cos n)^2 \right] = 0,$$

矛盾。综上，结论成立。

例 1.7 证明：数列 $x_n = \sin(n\alpha + \beta)$ 发散，其中 α，$\beta \in \mathbf{Z}$ 且 $\alpha \neq 0$。

证明 反证法。若 $x_n = \sin(n\alpha + \beta)$ 收敛,不妨设 $\lim\limits_{n \to \infty} \sin(n\alpha + \beta) = c$,则有

$$\lim_{n \to \infty} \sin((n+2)\alpha + \beta) - \sin(n\alpha + \beta) = c - c = 0,$$

即

$$\lim_{n \to \infty} 2\cos((n+1)\alpha + \beta) \cdot \sin\alpha = 0, \quad \lim_{n \to \infty} \cos(n\alpha + \beta) = 0。$$

因而

$$\lim_{n \to \infty} \cos((n+2)\alpha + \beta) - \cos(n\alpha + \beta) = 0,$$

即

$$\lim_{n \to \infty} -2\sin((n+1)\alpha + \beta) \cdot \sin\alpha = 0, \quad \lim_{n \to \infty} \sin(n\alpha + \beta) = 0。$$

因此

$$1 = \lim_{n \to \infty}\left[\sin^2(n\alpha + \beta) + \cos^2(n\alpha + \beta)\right] = 0,$$

矛盾,所以数列 $x_n = \sin(n\alpha + \beta)$ 发散。

例 1.8 求满足 $\lim\limits_{n \to \infty} \sin n\alpha = \beta$ 的所有 α 和 β。

解 首先断言 $\beta = 0$。否则,不妨设 $\lim\limits_{n \to \infty} \sin n\alpha = \beta > 0$,则 $\alpha \neq k\pi$ 且存在 N,使得当 $n \geqslant N$ 时,有 $\sin n\alpha > \dfrac{\beta}{2}$,故

$$\sin N\alpha > \frac{\beta}{2}, \quad \sin(N+2)\alpha > \frac{\beta}{2}, \quad \cdots, \quad \sin(N+2k)\alpha > \frac{\beta}{2}。$$

相加可得

$$\sin N\alpha + \sin(N+2)\alpha + \cdots + \sin(N+2k)\alpha > \frac{(k+1)\beta}{2}。 \tag{1}$$

另一方面,

$$\begin{aligned}
&\sin N\alpha + \sin(N+2)\alpha + \cdots + \sin(N+2k)\alpha \\
&= \frac{\left[\sin N\alpha + \sin(N+2)\alpha + \cdots + \sin(N+2k)\alpha\right] \cdot 2\sin\alpha}{2\sin\alpha} \\
&= -\frac{\left[\sin(N+1)\alpha - \sin(N-1)\alpha\right] + \left[\sin(N+3)\alpha - \sin(N+1)\alpha\right] + \cdots}{2\sin\alpha} \\
&\qquad\quad + \left[\sin(N+2k+1)\alpha - \sin(N+2k-1)\alpha\right] \\
&= \frac{\sin(N-1)\alpha - \sin(N+2k+1)\alpha}{2\sin\alpha}。
\end{aligned}$$

所以,

$$\begin{aligned}
&\left|\sin N\alpha + \sin(N+2)\alpha + \cdots + \sin(N+2k)\alpha\right| \\
&= \left|\frac{\sin(N-1)\alpha - \sin(N+2k+1)\alpha}{2\sin\alpha}\right| \leqslant \frac{1}{|\sin\alpha|}。
\end{aligned}$$

与式(1)矛盾,因此 $\lim\limits_{n \to \infty} \sin n\alpha = 0$。

下面证明 $\alpha = k\pi$。否则,$\alpha \neq k\pi$,由已知等式得到

$$\lim_{n \to \infty} \sin(n+2)\alpha - \sin n\alpha = 0,$$

即

$$\lim_{n \to \infty} 2\cos(n+1)\alpha \sin\alpha = 0。$$

注意到 $\alpha \neq k\pi$，则有 $\lim\limits_{n \to \infty} \cos n\alpha = 0$，故 $1 = \lim\limits_{n \to \infty} (\cos n\alpha)^2 + (\sin n\alpha)^2 = 0$，矛盾，综上，$\beta = 0$ 且 $\alpha = k\pi$。

例 1.9 设 $\lim\limits_{n \to \infty} \dfrac{x_n - a}{x_n + a} = 0$，证明数列 x_n 收敛并求极限值。

证明 由于 $\lim\limits_{n \to \infty} \dfrac{x_n - a}{x_n + a} = 0$，则 $a \neq 0$，且对任意 $\varepsilon > 0$ $(0 < \varepsilon < \dfrac{1}{2})$，$\exists N$，当 $n > N$ 时有 $\left| \dfrac{x_n - a}{x_n + a} \right| < \varepsilon$，即 $|x_n - a| < \varepsilon |x_n + a|$，故

$$|x_n - a| < \varepsilon |x_n + a| = \varepsilon |x_n - a + 2a| \leqslant \varepsilon [|x_n - a| + 2|a|],$$

即有 $|x_n - a| < \dfrac{2|a|}{1 - \varepsilon} \varepsilon < 4|a|\varepsilon$，所以数列 x_n 收敛且极限为 a。

例 1.10 设 $x > 0$ 且满足 $\sqrt{x + \sqrt{x + \sqrt{x + \sqrt{x + \sqrt{x + \sqrt{x}}}}}} = 2019$，求 $[x]$。

解 记 $a = \sqrt{x + \sqrt{x + \sqrt{x + \sqrt{x + \sqrt{x}}}}}$，则 $\sqrt{x + a} = 2019$，$x = 2019^2 - a$，由于

$$a = \sqrt{x + \sqrt{x + \sqrt{x + \sqrt{x + \sqrt{x}}}}} > \sqrt{x}。$$

故 $a^2 > x$，$a^2 + a > x + a$，因此 $a + \dfrac{1}{2} > \sqrt{a^2 + a} > \sqrt{x + a} = 2019$，即有 $a > 2018.5$。

另一方面，

$$a = \sqrt{x + \sqrt{x + \sqrt{x + \sqrt{x + \sqrt{x}}}}} < \sqrt{x + \sqrt{x + \sqrt{x + \sqrt{x + \sqrt{x + \sqrt{x}}}}}}$$
$$= 2019,$$

所以 $2018.5 < a < 2019$，即 $[x] = [2019^2 - a] = 2019^2 - 2019$。

例 1.11 设 $f(1) = 0$，且 $f(x)$ 在 $x = 1$ 处可导，求 $\lim\limits_{x \to 0} \dfrac{f(\sin^2 x + \cos x)}{(e^x - 1)\tan x}$。

解 $\lim\limits_{x \to 0} \dfrac{f(\sin^2 x + \cos x)}{(e^x - 1)\tan x} = \lim\limits_{x \to 0} \dfrac{f(1 + \sin^2 x + \cos x - 1) - f(1)}{\sin^2 x + \cos x - 1} \cdot \dfrac{\sin^2 x + \cos x - 1}{(e^x - 1)\tan x} =$

$\dfrac{1}{2} f'(1)$。

例 1.12 设 $x_n = \left[1 + \int_0^1 \left(\dfrac{\sin x}{x} \right)^n dx \right]^n$，证明：$x_n$ 是无穷大量。

证明 $x_n = \left[1 + \int_0^1 \left(\frac{\sin x}{x}\right)^n \mathrm{d}x\right]^n \geqslant \left[1 + \int_0^1 \left(1 - \frac{x^2}{6}\right)^n \mathrm{d}x\right]^n \geqslant \left[1 + \int_0^1 (1-x^2)^n \mathrm{d}x\right]^n$。

注意到 $\int_0^1 (1-x^2)^n \mathrm{d}x = \int_0^{\frac{\pi}{2}} \cos^{2n+1} t \, \mathrm{d}t = \frac{(2n)!!}{(2n+1)!!} \geqslant \frac{1}{\sqrt{2n+1}} \geqslant \frac{1}{2\sqrt{n}}$，所以

$$x_n = \left[1 + \int_0^1 \left(\frac{\sin x}{x}\right)^n \mathrm{d}x\right]^n \geqslant \left[1 + \int_0^1 (1-x^2)^n \mathrm{d}x\right]^n \geqslant \left[1 + \frac{1}{2\sqrt{n}}\right]^n \to +\infty。$$

综上，x_n 是无穷大量。

例 1.13 设 $x_n = \cos(\cos(\cos\cdots\cos x))$（共有 n 个余弦函数），证明：数列 x_n 收敛。

证明 首先，不妨设 $x_1 = \cos x \in (0,1)$，若记 $f(x) = \cos x - x$，$x \in [0,1]$，显然 $f(x)$ 在闭区间 $[0,1]$ 上连续，且由于 $f(0) = 1 > 0$，$f(1) = \cos 1 - 1 < 0$，$f(x) = 0$ 在 $[0,1]$ 上有唯一实根，记作 a，则有 $a = \cos a$。 此时 $x_n - a = \cos x_{n-1} - \cos a = -\sin\xi(x_{n-1} - a)$，其中 ξ 介于 x_{n-1} 和 a 之间。所以

$$|x_n - a| = |\sin\xi(x_{n-1} - a)| \leqslant \sin 1 \cdot |x_{n-1} - a|,$$

因此

$$|x_n - a| \leqslant \sin 1 \cdot |x_{n-1} - a| \leqslant (\sin 1)^2 |x_{n-2} - a| \leqslant \cdots \leqslant (\sin 1)^{n-1} |x_1 - a|。$$

由夹逼准则，数列 x_n 收敛且极限为 a。

例 1.14 设 $y_n = 2x_n + x_{n-1}$，y_n 收敛，证明：数列 x_n 收敛。

证明 不妨设 $\lim\limits_{n\to\infty} y_n = 3a$，则对于任意的 $\varepsilon > 0$，存在 N，使得当 $n \geqslant N$ 时，都有 $|y_n - 3a| < \varepsilon$ 成立，即有

$$|2x_n + x_{n-1} - 3a| < \varepsilon, \quad 2|x_n - a| - |x_{n-1} - a| < \varepsilon。$$

故当 $n \geqslant N$ 时，$|x_n - a| < \frac{1}{2}|x_{n-1} - a| + \frac{1}{2}\varepsilon$ 成立，所以

$$|x_N - a| < \frac{1}{2}|x_{N-1} - a| + \frac{1}{2}\varepsilon, \quad |x_{N+1} - a| < \frac{1}{2}|x_N - a| + \frac{1}{2}\varepsilon, \cdots,$$

$$|x_{N+m} - a| < \frac{1}{2}|x_{N+m-1} - a| + \frac{1}{2}\varepsilon。$$

由以上不等式可得：

$$|x_{N+m} - a| < \frac{1}{2^{m+1}}|x_{N-1} - a| + \left(\frac{1}{2} + \frac{1}{2^2} + \cdots + \frac{1}{2^{m+1}}\right)\varepsilon < \frac{1}{2^{m+1}}|x_{N-1} - a| + \varepsilon。$$

注意到，$\lim\limits_{m\to\infty} \frac{1}{2^{m+1}}|x_{N-1} - a| = 0$，存在 M，使得当 $m \geqslant M$ 时，都有 $\frac{1}{2^{m+1}}|x_{N-1} - a| < \varepsilon$ 成立，即当 $m \geqslant M$ 时，有 $|x_{N+m} - a| < \frac{1}{2^{m+1}}|x_{N-1} - a| + \varepsilon < 2\varepsilon$，故 $\lim\limits_{n\to\infty} x_n = a$，数列 x_n 收敛。

注：本题结论可推广如下：

命题 1 设 $y_n = px_n + x_{n-1}$，$|p| > 1$ 且 y_n 收敛，则数列 x_n 收敛。

命题 2 设 $y_n = x_n + qx_{n-1}$，$|q| < 1$ 且 y_n 收敛，则数列 x_n 收敛。

例 1.15 已知 $x_n \geqslant 0$，$x_{n+1} \leqslant \dfrac{x_n + x_{n-1}}{2}$，证明：数列 x_n 收敛。

证明 由 $x_{n+1} \leqslant \dfrac{x_n + x_{n-1}}{2}$ 可得 $x_{n+1} + \dfrac{x_n}{2} \leqslant x_n + \dfrac{x_{n-1}}{2}$。若记 $y_n = x_n + \dfrac{x_{n-1}}{2}$，则 $0 \leqslant y_{n+1} \leqslant y_n$，故数列 $y_n = x_n + \dfrac{x_{n-1}}{2}$ 收敛。由上题推广命题的结论可知数列 x_n 收敛。

> **注**：本题结论可推广（请读者参见习题部分）。

例 1.16 已知 $0 < \alpha < 1$，用定义证明：$\lim\limits_{n\to\infty}\left[(n+1)^\alpha - n^\alpha\right] = 0$。

证明 任取充分小的 $\varepsilon > 0$，考虑 $|(n+1)^\alpha - n^\alpha| = n^\alpha\left[\left(1+\dfrac{1}{n}\right)^\alpha - 1\right] \leqslant \dfrac{1}{n^{1-\alpha}}$，只需要 $\dfrac{1}{n^{1-\alpha}} < \varepsilon$，$n > \left(\dfrac{1}{\varepsilon}\right)^{\frac{1}{1-\alpha}}$。故只需要取 $N = \left[\left(\dfrac{1}{\varepsilon}\right)^{\frac{1}{1-\alpha}}\right]$，此时对于任意的 $n > N$，都有 $|(n+1)^\alpha - n^\alpha| < \varepsilon$ 成立，所以 $\lim\limits_{n\to\infty}\left[(n+1)^\alpha - n^\alpha\right] = 0$。

> **注**：本题中用到以下常见的 Bernoulli 不等式。
>
> **Bernoulli 不等式** 设 $x > -1$，则当 $\alpha > 1$ 或 $\alpha < 0$ 时，有 $(1+x)^\alpha \geqslant 1 + \alpha x$；当 $0 < \alpha < 1$ 时，有 $(1+x)^\alpha \leqslant 1 + \alpha x$。

例 1.17 证明：若 $\lim\limits_{n\to\infty} x_n = a$，则有 $\lim\limits_{n\to\infty}\dfrac{x_1 + x_2 + \cdots + x_n}{n} = a$（柯西定理）。

证明 因 $\lim\limits_{n\to\infty} x_n = a$，故对于任意的 $\varepsilon > 0$，存在 N_1，当 $n > N_1$ 时有 $|x_n - a| < \varepsilon$。此时，

$$\left|\frac{x_1 + x_2 + \cdots + x_n}{n} - a\right| = \left|\frac{x_1 + x_2 + \cdots + x_n - na}{n}\right|$$

$$= \left|\frac{(x_1 - a) + (x_2 - a) + \cdots + (x_{N_1} - a) + (x_{N_1+1} - a) + \cdots + (x_n - a)}{n}\right|$$

$$\leqslant \frac{|x_1 - a| + |x_2 - a| + \cdots + |x_{N_1} - a| + |x_{N_1+1} - a| + \cdots + |x_n - a|}{n}$$

$$\leqslant \frac{|x_1 - a| + |x_2 - a| + \cdots + |x_{N_1} - a|}{n} + \frac{n - N_1}{n}\varepsilon$$

$$\leqslant \frac{|x_1 - a| + |x_2 - a| + \cdots + |x_{N_1} - a|}{n} + \varepsilon.$$

另一方面，由于 $\lim\limits_{n\to\infty}\dfrac{|x_1 - a| + |x_2 - a| + \cdots + |x_{N_1} - a|}{n} = 0$，故存在 N_2，当 $n > N_2$ 时有 $\dfrac{|x_1 - a| + |x_2 - a| + \cdots + |x_{N_1} - a|}{n} < \varepsilon$。取 $N = \max\{N_1, N_2\}$，则有 $\left|\dfrac{x_1 + x_2 + \cdots + x_n}{n} - a\right| < 2\varepsilon$，即 $\lim\limits_{n\to\infty}\dfrac{a_1 + a_2 + \cdots + a_n}{n} = a$。

注:(1) 当柯西定理中的常数 a 为无穷大时,相应的结论也成立。

(2) 柯西定理可推广如下:

命题 若 $\lim\limits_{n\to\infty} x_n = a$,实数 $\lambda_i > 0$ 且 $\lim\limits_{n\to\infty}\sum\limits_{i=1}^{n}\lambda_i = +\infty$,则有

$$\lim\limits_{n\to\infty}\frac{\lambda_1 x_1 + \lambda_2 x_2 + \cdots + \lambda_n x_n}{\lambda_1 + \lambda_2 + \cdots + \lambda_n} = a。$$

例 1.18 设 $x_1 = 0$,$x_2 = 2$,且 $3x_{n+1} - x_n - 2x_{n-1} = 0$,证明:数列 x_n 收敛并求极限。

证明 由已知条件 $3x_{n+1} - x_n - 2x_{n-1} = 0$,得到:

$$3x_{n+1} + 2x_n = 3x_n + 2x_{n-1} = 3x_{n-1} + 2x_{n-2} = \cdots = 3x_2 + 2x_1 = 6,$$

所以

$$\begin{aligned}
\left| x_n - \frac{6}{5} \right| &= \left| \frac{6 - 2x_{n-1}}{3} - \frac{6}{5} \right| = \left| \left(-\frac{2}{3} \right)\left(x_{n-1} - \frac{6}{5} \right) \right| \\
&= \frac{2}{3}\left| \left(x_{n-1} - \frac{6}{5} \right) \right| = \left(\frac{2}{3} \right)^2 \left| \left(x_{n-2} - \frac{6}{5} \right) \right| \\
&= \left(\frac{2}{3} \right)^3 \left| \left(x_{n-3} - \frac{6}{5} \right) \right| = \cdots = \left(\frac{2}{3} \right)^{n-1}\left| \left(x_1 - \frac{6}{5} \right) \right| \to 0,
\end{aligned}$$

所以,数列 x_n 收敛并且极限值为 $\dfrac{6}{5}$。

注:由于已知条件 $3x_{n+1} - x_n - 2x_{n-1} = 0$ 是一个二阶齐次差分方程,故本题亦可采用如下的思路加以证明。

另证 二阶齐次差分方程 $3x_{n+1} - x_n - 2x_{n-1} = 0$ 的特征方程为 $3\lambda^2 - \lambda - 2 = 0$,解得 $\lambda = -\dfrac{2}{3}$,$\lambda = 1$。故数列 x_n 的通项公式为 $x_n = C_1\left(-\dfrac{2}{3} \right)^n + C_2$,其中 C_1 是 C_2 是两个常数。

结合已知条件 $x_1 = 0$,$x_2 = 2$,可得 $\begin{cases} -\dfrac{2}{3}C_1 + C_2 = 0 \\ \dfrac{4}{9}C_1 + C_2 = 2 \end{cases}$,$C_1 = \dfrac{9}{5}$,$C_2 = \dfrac{6}{5}$,故数列 x_n 的通项公式为 $x_n = \dfrac{9}{5}\cdot\left(-\dfrac{2}{3} \right)^n + \dfrac{6}{5}$,所以数列 x_n 收敛并且极限值为 $\dfrac{6}{5}$。

例 1.19 求极限 $\lim\limits_{x\to 0}\dfrac{\cos(x\,\mathrm{e}^x) - \cos(x\,\mathrm{e}^{-x})}{x^3}$。

解 由拉格朗日中值定理,存在 ξ(介于 $x\,\mathrm{e}^x$ 和 $x\,\mathrm{e}^{-x}$ 之间),使得

$$\cos(x\,\mathrm{e}^x) - \cos(x\,\mathrm{e}^{-x}) = -\sin\xi(x\,\mathrm{e}^x - x\,\mathrm{e}^{-x})$$

所以,$\lim\limits_{x\to 0}\dfrac{\cos(x\,\mathrm{e}^x) - \cos(x\,\mathrm{e}^{-x})}{x^3} = -\lim\limits_{x\to 0}\dfrac{\sin\xi(x\,\mathrm{e}^x - x\,\mathrm{e}^{-x})}{x^3}$

$$=-\lim_{x\to 0}\frac{\sin x \cdot x \cdot (e^x - e^{-x})}{x^3}=-\lim_{x\to 0}\frac{e^x - e^{-x}}{x}=-2。$$

例 1.20 设 $f(x)=27x^3+5x^2-2$ 的反函数是 $f^{-1}(x)$，求 $\lim\limits_{x\to\infty}\dfrac{f^{-1}(27x)-f^{-1}(x)}{\sqrt[3]{x}}$。

解 $\lim\limits_{x\to\infty}\dfrac{f^{-1}(27x)-f^{-1}(x)}{\sqrt[3]{x}}=\lim\limits_{y\to\infty}\dfrac{f^{-1}(27y)-f^{-1}(y)}{\sqrt[3]{y}}$

$$=\lim_{y\to\infty}\frac{f^{-1}(27y)}{\sqrt[3]{y}}-\lim_{y\to\infty}\frac{f^{-1}(y)}{\sqrt[3]{y}}=\lim_{y\to\infty}\frac{f^{-1}(y)}{\sqrt[3]{\dfrac{y}{27}}}-\lim_{y\to\infty}\frac{f^{-1}(y)}{\sqrt[3]{y}}=3\lim_{y\to\infty}\frac{f^{-1}(y)}{\sqrt[3]{y}}-\lim_{y\to\infty}\frac{f^{-1}(y)}{\sqrt[3]{y}}$$

$$=3\lim_{x\to\infty}\frac{x}{\sqrt[3]{27x^3+5x^2-2}}-\lim_{x\to\infty}\frac{x}{\sqrt[3]{27x^3+5x^2-2}}=1-\frac{1}{3}=\frac{2}{3}。$$

例 1.21 求极限 $\lim\limits_{n\to\infty}\tan^n\left(\dfrac{\pi}{4}+\dfrac{2}{n}\right)$。

解 由于 $\tan(\alpha+\beta)=\dfrac{\tan\alpha+\tan\beta}{1-\tan\alpha\tan\beta}$，故

$$\lim_{n\to\infty}\tan^n\left(\frac{\pi}{4}+\frac{2}{n}\right)=\lim_{n\to\infty}\left(\frac{1+\tan\dfrac{2}{n}}{1-\tan\dfrac{2}{n}}\right)^n=e^{\lim\limits_{n\to\infty}\left[\frac{1+\tan\frac{2}{n}}{1-\tan\frac{2}{n}}-1\right]\cdot n}=e^{\lim\limits_{n\to\infty}\frac{2\tan\frac{2}{n}}{1-\tan\frac{2}{n}}\cdot n}=e^4。$$

> 🔍 **注**：本题中的极限属于 1^∞ 类型的未定式极限。一般地，在自变量的某个变化过程中，若 $u\to 1$，$v\to\infty$，则有 $\lim u^v=e^{\lim(u-1)\cdot v}$，又如下题。

例 1.22 求极限 $\lim\limits_{n\to\infty}\left[\dfrac{1}{3\pi}\displaystyle\int_\pi^{2\pi}\dfrac{x\,\mathrm{d}x}{\arctan(nx)}\right]^n$。

解 注意到

$$\frac{1}{3\pi}\int_\pi^{2\pi}\frac{x\,\mathrm{d}x}{\arctan(nx)}=\frac{1}{3n^2\pi}\int_{n\pi}^{2n\pi}\frac{t\,\mathrm{d}t}{\arctan t}=\frac{1}{3n^2\pi}\cdot\frac{1}{\arctan\xi}\int_{n\pi}^{2n\pi}t\,\mathrm{d}t=\frac{\pi}{2\arctan\xi},$$

有 $\lim\limits_{n\to\infty}\dfrac{1}{3\pi}\displaystyle\int_\pi^{2\pi}\dfrac{x\,\mathrm{d}x}{\arctan(nx)}=\lim\limits_{n\to\infty}\dfrac{\pi}{2\arctan\xi}=1$，所以

$$\lim_{n\to\infty}\left[\frac{1}{3\pi}\int_\pi^{2\pi}\frac{x\,\mathrm{d}x}{\arctan(nx)}\right]^n=\lim_{n\to\infty}\left[\frac{1}{3n^2\pi}\int_{n\pi}^{2n\pi}\frac{t\,\mathrm{d}t}{\arctan t}\right]^n$$

$$=e^{\lim\limits_{n\to\infty}n\left[\frac{1}{3n^2\pi}\int_{n\pi}^{2n\pi}\frac{t\,\mathrm{d}t}{\arctan t}-1\right]}=e^{\lim\limits_{n\to\infty}n\left[\frac{\int_{n\pi}^{2n\pi}\frac{t\,\mathrm{d}t}{\arctan t}-3n^2\pi}{3n^2\pi}\right]}=e^{\lim\limits_{x\to+\infty}\frac{1}{3\pi}\left[\frac{\int_{\pi x}^{2\pi x}\frac{t\,\mathrm{d}t}{\arctan t}-3x^2\pi}{x}\right]}$$

$$=e^{\lim\limits_{x\to+\infty}\frac{1}{3\pi}\left[\frac{\int_{\pi x}^{2\pi x}\left(\frac{t}{\arctan t}-\frac{2t}{\pi}\right)\mathrm{d}t}{x}\right]}=e^{\lim\limits_{x\to+\infty}\frac{1}{3\pi}\left[\frac{\left(\frac{c}{\arctan c}-\frac{2c}{\pi}\right)\pi x}{x}\right]}=e^{\lim\limits_{c\to+\infty}\frac{1}{3}\left(\frac{c}{\arctan c}-\frac{2c}{\pi}\right)}。$$

其中，$\lim\limits_{c\to+\infty}\dfrac{1}{3}\left(\dfrac{c}{\arctan c}-\dfrac{2c}{\pi}\right)=\lim\limits_{c\to+\infty}\dfrac{\pi c-2c\arctan c}{3\pi\arctan c}=\dfrac{2}{3\pi^2}\lim\limits_{c\to+\infty}c(\pi-2\arctan c)$

$$=\frac{2}{3\pi^2}\lim_{c\to+\infty}\frac{\pi-2\arctan c}{\dfrac{1}{c}}=\frac{2}{3\pi^2}\lim_{c\to+\infty}\frac{-\dfrac{2}{1+c^2}}{-\dfrac{1}{c^2}}=\frac{4}{3\pi^2}。$$

综上，$\lim\limits_{n\to\infty}\left[\dfrac{1}{3\pi}\displaystyle\int_{\pi}^{2\pi}\dfrac{x\,\mathrm{d}x}{\arctan(nx)}\right]^{n}=\mathrm{e}^{\lim\limits_{c\to+\infty}\frac{1}{3}\left(\frac{c}{\arctan c}-\frac{2c}{\pi}\right)}=\mathrm{e}^{\frac{4}{3\pi^{2}}}$。

例 1.23　已知三角形 $\triangle_{0}$ 的三边长分别为 $a_{0}=a$，$b_{0}=b$，$c_{0}=c$，构造三角形 $\triangle_{1}$，其三边长分别为 $a_{1}=\dfrac{b_{0}+c_{0}}{2}$，$b_{1}=\dfrac{a_{0}+c_{0}}{2}$，$c_{1}=\dfrac{a_{0}+b_{0}}{2}$，$\cdots$。依此类推，构造三角形 $\triangle_{n}$，其三边长分别为 $a_{n}=\dfrac{b_{n-1}+c_{n-1}}{2}$，$b_{n}=\dfrac{a_{n-1}+c_{n-1}}{2}$，$c_{n}=\dfrac{a_{n-1}+b_{n-1}}{2}$，$\cdots$。（1）证明：三角形 $\triangle_{n}$ 的面积 $S_{\triangle_{n}}$ 单调增加；（2）证明：数列 a_{n}、b_{n}、c_{n} 收敛且有相同的极限值。

证明　（1）记三角形 $\triangle_{0}$ 的三边长之和为 $2l$，即 $2l=a+b+c$。显然，每个三角形 $\triangle_{n}$ 的边长之和均为 $2l$。则 $S_{\triangle_{n}}=\sqrt{l(l-a_{n})(l-b_{n})(l-c_{n})}=\sqrt{l\cdot\dfrac{a_{n-1}}{2}\cdot\dfrac{b_{n-1}}{2}\cdot\dfrac{c_{n-1}}{2}}=\dfrac{\sqrt{l}}{2\sqrt{2}}\sqrt{a_{n-1}b_{n-1}c_{n-1}}$，所以

$$
\begin{aligned}
S_{\triangle_{n+1}}&=\frac{\sqrt{l}}{2\sqrt{2}}\sqrt{a_{n}b_{n}c_{n}}=\frac{\sqrt{l}}{2\sqrt{2}}\sqrt{\frac{b_{n-1}+c_{n-1}}{2}\cdot\frac{a_{n-1}+c_{n-1}}{2}\cdot\frac{b_{n-1}+a_{n-1}}{2}}\\
&\geqslant\frac{\sqrt{l}}{2\sqrt{2}}\sqrt{\sqrt{b_{n-1}c_{n-1}}\cdot\sqrt{a_{n-1}c_{n-1}}\cdot\sqrt{b_{n-1}a_{n-1}}}=\frac{\sqrt{l}}{2\sqrt{2}}\sqrt{a_{n-1}b_{n-1}c_{n-1}}=S_{\triangle_{n}},
\end{aligned}
$$

即三角形 $\triangle_{n}$ 的面积 $S_{\triangle_{n}}$ 单调增加。

（2）由于 $a_{n+1}=\dfrac{b_{n}+c_{n}}{2}=\dfrac{a_{n}+b_{n}+c_{n}-a_{n}}{2}=l-\dfrac{a_{n}}{2}=l-\dfrac{1}{2}\left(l-\dfrac{a_{n-1}}{2}\right)=l-\dfrac{l}{2}+\dfrac{a_{n-1}}{2^{2}}$

$$
=\cdots=l-\frac{l}{2}+\frac{l}{2^{2}}+\cdots(-1)^{n-1}\frac{l}{2^{n-1}}+(-1)^{n}\frac{a_{1}}{2^{n}},
$$

所以，$\lim\limits_{n\to\infty}a_{n+1}=\lim\limits_{n\to\infty}\left[l-\dfrac{l}{2}+\dfrac{l}{2^{2}}+\cdots(-1)^{n-1}\dfrac{l}{2^{n-1}}+(-1)^{n}\dfrac{a_{1}}{2^{n}}\right]=\dfrac{2l}{3}$。类似可得 $\lim\limits_{n\to\infty}b_{n}=\lim\limits_{n\to\infty}c_{n}=\dfrac{2l}{3}$，即数列 a_{n}、b_{n}、c_{n} 收敛且有相同的极限值，得证。

例 1.24　求下列极限：（1）$\lim\limits_{n\to\infty}\tan^{n}\left(\dfrac{\pi}{4}+\dfrac{1}{n}\right)$；（2）$\lim\limits_{n\to\infty}n^{2}\left[\tan^{n}\left(\dfrac{\pi}{4}+\dfrac{1}{n}\right)-\mathrm{e}^{2}\right]$。

解　（1）$\lim\limits_{n\to\infty}\tan^{n}\left(\dfrac{\pi}{4}+\dfrac{1}{n}\right)=\mathrm{e}^{2}$。

（2）注意到 $\tan^{n}\left(\dfrac{\pi}{4}+\dfrac{1}{n}\right)-\mathrm{e}^{2}=\left(\dfrac{1+\tan\frac{1}{n}}{1-\tan\frac{1}{n}}\right)^{n}-\mathrm{e}^{2}=\mathrm{e}^{n\ln\left(\frac{1+\tan\frac{1}{n}}{1-\tan\frac{1}{n}}\right)}-\mathrm{e}^{2}=\mathrm{e}^{2}\left[\mathrm{e}^{n\ln\left(\frac{1+\tan\frac{1}{n}}{1-\tan\frac{1}{n}}\right)-2}-1\right]$。

而 $\mathrm{e}^{2}\left[n\ln\left(\dfrac{1+\tan\frac{1}{n}}{1-\tan\frac{1}{n}}\right)-2\right]=\mathrm{e}^{2}\left\{2n\left[\tan\dfrac{1}{n}+\dfrac{1}{3}\left(\tan\dfrac{1}{n}\right)^{3}+o\left(\dfrac{1}{n^{3}}\right)\right]-2\right\}$

$$
=\mathrm{e}^{2}\left\{2n\left[\left(\frac{1}{n}+\frac{1}{3n^{3}}+o\left(\frac{1}{n^{3}}\right)\right)+\frac{1}{3}\left(\frac{1}{n}+\frac{1}{3n^{3}}+o\left(\frac{1}{n^{3}}\right)\right)^{3}+o\left(\frac{1}{n^{3}}\right)\right]-2\right\}
$$

$$
=\mathrm{e}^{2}\left\{2n\left(\frac{1}{n}+\frac{2}{3n^{3}}+o\left(\frac{1}{n^{3}}\right)\right)-2\right\}=\frac{4\mathrm{e}^{2}}{3n^{2}}+o\left(\frac{1}{n^{2}}\right)。
$$

所以，$\lim\limits_{n\to\infty} n^2\left[\tan^n\left(\dfrac{\pi}{4}+\dfrac{1}{n}\right)-\mathrm{e}^2\right]=\lim\limits_{n\to\infty} n^2\left(\dfrac{4\mathrm{e}^2}{3n^2}+o\left(\dfrac{1}{n^2}\right)\right)=\dfrac{4\mathrm{e}^2}{3}$。

例 1.25 求极限 $\lim\limits_{n\to\infty}\dfrac{1+2^2+3^3+\cdots+n^n}{n^n}$。

解 由于 $0\leqslant\dfrac{1+2^2+3^3+\cdots+(n-2)^{n-2}+(n-1)^{n-1}}{n^n}\leqslant\dfrac{(n-2)(n-2)^{n-2}+(n-1)^{n-1}}{n^n}$

$$\leqslant\dfrac{2(n-1)^{n-1}}{n^n}<\dfrac{2}{n},$$

故
$$\lim\limits_{n\to\infty}\dfrac{1+2^2+3^3+\cdots+(n-1)^{n-1}}{n^n}=0。$$

所以
$$\lim\limits_{n\to\infty}\dfrac{1+2^2+3^3+\cdots+n^n}{n^n}=1$$

> 🔍 **注**：事实上，可以进一步证明如下结论：
>
> **命题** 当 $n\geqslant 2$ 时，有 $n^n\left[1+\dfrac{1}{4(n-1)}\right]\leqslant 1+2^2+3^3+\cdots+n^n<n^n\left[1+\dfrac{2}{\mathrm{e}(n-1)}\right]$。

证明 首先，因为

$$1+2^2+3^3+\cdots+(n-2)^{n-2}+(n-1)^{n-1}\leqslant(n-2)(n-2)^{n-2}+(n-1)^{n-1}$$
$$\leqslant 2(n-1)^{n-1}=\dfrac{2n^n}{n-1}\cdot\left(1-\dfrac{1}{n}\right)^n$$
$$<\dfrac{2n^n}{\mathrm{e}(n-1)},$$

所以，$1+2^2+3^3+\cdots+n^n<n^n\left[1+\dfrac{2}{\mathrm{e}(n-1)}\right]$，右边得证。

其次，由于 $\left(1-\dfrac{1}{n}\right)^n$ 严格单调增加，故 $\left(\dfrac{n-1}{n}\right)^n\geqslant\dfrac{1}{4}$，$(n-1)^{n-1}\geqslant\dfrac{n^n}{4(n-1)}$，因此

$$1+2^2+3^3+\cdots+(n-2)^{n-2}+(n-1)^{n-1}\geqslant(n-1)^{n-1}\geqslant\dfrac{n^n}{4(n-1)},$$

所以，$1+2^2+3^3+\cdots+n^n\geqslant n^n\left[1+\dfrac{1}{4(n-1)}\right]$，左边得证。

综上，结论成立。

例 1.26 求极限 $\lim\limits_{x\to 0}\left[\dfrac{\tan(1+\tan x)}{\tan(1+\sin x)}\right]^{\frac{1}{x^3}}$。

解 由于 $\lim\limits_{x\to 0}\dfrac{\tan(1+\tan x)}{\tan(1+\sin x)}=1$，故 $\lim\limits_{x\to 0}\left[\dfrac{\tan(1+\tan x)}{\tan(1+\sin x)}\right]^{\frac{1}{x^3}}=\mathrm{e}^{\lim\limits_{x\to 0}\left[\frac{\tan(1+\tan x)}{\tan(1+\sin x)}-1\right]\cdot\frac{1}{x^3}}$。而

$$\lim\limits_{x\to 0}\left[\dfrac{\tan(1+\tan x)}{\tan(1+\sin x)}-1\right]\cdot\dfrac{1}{x^3}=\lim\limits_{x\to 0}\dfrac{\tan(1+\tan x)-\tan(1+\sin x)}{\tan(1+\sin x)\cdot x^3}$$
$$=\dfrac{1}{\tan 1}\lim\limits_{x\to 0}\dfrac{\tan(1+\tan x)-\tan(1+\sin x)}{x^3}$$

$$= \frac{1}{\tan 1} \lim_{x \to 0} \frac{\sec^2 \xi (\tan x - \sin x)}{x^3} = \frac{1}{\tan 1} \lim_{x \to 0} \frac{\sec^2 \xi \cdot \left(\frac{x^3}{2}\right)}{x^3}$$

$$= \frac{1}{\tan 1} \cdot \frac{1}{2} \cdot \sec^2 1 = \frac{1}{\sin 2}。$$

上式中用到 $\tan(1+\tan x) - \tan(1+\sin x) = \sec^2 \xi (\tan x - \sin x)$。其中，$\xi$ 介于 $1+\tan x$ 与 $1+\sin x$ 之间。

所以，$\lim\limits_{x \to 0} \left[\dfrac{\tan(1+\tan x)}{\tan(1+\sin x)} \right]^{\frac{1}{x^3}} = e^{\lim\limits_{x \to 0} \left[\frac{\tan(1+\tan x)}{\tan(1+\sin x)} - 1 \right] \cdot \frac{1}{x^3}} = e^{\frac{1}{\sin 2}}$。

例 1.27 求极限 $\lim\limits_{n \to \infty} \dfrac{(\sqrt[n]{n+1} - \sqrt[(n+1)]{n})n^2}{\ln(n+1)}$。

解 $\lim\limits_{n \to \infty} \dfrac{(\sqrt[n]{n+1} - \sqrt[(n+1)]{n})n^2}{\ln(n+1)} = \lim\limits_{n \to \infty} \dfrac{(e^{\frac{\ln(n+1)}{n}} - e^{\frac{\ln n}{n+1}})n^2}{\ln(n+1)}$

$$= \lim_{n \to \infty} \frac{e^{\frac{\ln n}{n+1}}(e^{\frac{\ln(n+1)}{n} - \frac{\ln n}{n+1}} - 1)}{\frac{\ln(n+1)}{n^2}} = \lim_{n \to \infty} \frac{\frac{\ln(n+1)}{n} - \frac{\ln n}{n+1}}{\frac{\ln(n+1)}{n^2}} = \lim_{n \to \infty} \frac{(n+1)\ln(n+1) - n\ln n}{n(n+1)\ln(n+1)} n^2$$

$$= \lim_{n \to \infty} \frac{\ln(n+1) + n\ln\left(1 + \frac{1}{n}\right)}{\ln(n+1)} = 1。$$

例 1.28 求常数 a、b，使得当 $x \to 0$ 时，无穷小量 $f(x) = \ln(1+ax) + \dfrac{x}{1+bx}$ 的阶数最高。

解 由泰勒定理可得

$$f(x) = \left\{ ax - \frac{1}{2}(ax)^2 + \frac{1}{3}(ax)^3 + o(x^3) \right\} + \left\{ x[1 - (bx) + (bx)^2 + o(x^2)] \right\}$$

$$= (a+1)x - \left(\frac{a^2}{2} + b\right)x^2 + \left(\frac{a^3}{3} + b^2\right)x^3 + o(x^3)$$

令 $\begin{cases} a+1=0 \\ \dfrac{a^2}{2} + b = 0 \end{cases}$，解得 $\begin{cases} a=-1 \\ b=-\dfrac{1}{2} \end{cases}$。此时 $f(x) = -\dfrac{1}{12}x^3 + o(x^3)$。所以，当 $a=-1$，$b=-\dfrac{1}{2}$ 时，无穷小量 $f(x) = \ln(1+ax) + \dfrac{x}{1+bx}$ 的阶数最高且为 3 阶。

例 1.29 求极限 $\lim\limits_{x \to +\infty} \left[\sqrt[4]{x^4+x^3+x^2+x+1} - \sqrt[3]{x^3+x^2+x+1} \cdot \dfrac{\ln(x+e^x)}{x} \right]$。

解 $\lim\limits_{x \to +\infty} \left[\sqrt[4]{x^4+x^3+x^2+x+1} - \sqrt[3]{x^3+x^2+x+1} \cdot \dfrac{\ln(x+e^x)}{x} \right]$

$$= \lim_{x \to +\infty} \left[x\sqrt[4]{1 + \frac{x^3+x^2+x+1}{x^4}} - x\sqrt[3]{1 + \frac{x^2+x+1}{x^3}} \cdot \frac{\ln e^x\left(\frac{x}{e^x}+1\right)}{x} \right]$$

$$= \lim_{x \to +\infty} \left[x \sqrt[4]{1 + \frac{x^3 + x^2 + x + 1}{x^4}} - x \sqrt[3]{1 + \frac{x^2 + x + 1}{x^3}} \right.$$

$$\left. - x \sqrt[3]{1 + \frac{x^2 + x + 1}{x^3}} \cdot \frac{\ln\left(\frac{x}{e^x} + 1\right)}{x} \right]$$

$$= \lim_{x \to +\infty} \left[x \left(\sqrt[4]{1 + \frac{x^3 + x^2 + x + 1}{x^4}} - 1 \right) - x \left(\sqrt[3]{1 + \frac{x^2 + x + 1}{x^3}} - 1 \right) \right.$$

$$\left. - \sqrt[3]{1 + \frac{x^2 + x + 1}{x^3}} \cdot \ln\left(\frac{x}{e^x} + 1\right) \right]$$

$$= \lim_{x \to +\infty} \frac{\sqrt[4]{1 + \frac{x^3 + x^2 + x + 1}{x^4}} - 1}{\frac{1}{x}} - \lim_{x \to +\infty} \frac{\sqrt[3]{1 + \frac{x^2 + x + 1}{x^3}} - 1}{\frac{1}{x}}$$

$$= \lim_{x \to +\infty} \frac{\frac{1}{4} \cdot \frac{x^3 + x^2 + x + 1}{x^4}}{\frac{1}{x}} - \lim_{x \to +\infty} \frac{\frac{1}{3} \cdot \frac{x^2 + x + 1}{x^3}}{\frac{1}{x}} = \frac{1}{4} - \frac{1}{3} = -\frac{1}{12}.$$

例 1.30 已知 $\lim\limits_{x \to 0} \dfrac{(1+x)^{\frac{1}{x}} - (A + Bx + Cx^2)}{x^3} = D$，求 A、B、C、D。

解 由于 $e^x = 1 + x + \dfrac{x^2}{2} + \dfrac{1}{6}x^3 + o(x^3)$，$\ln(1+x) = x - \dfrac{1}{2}x^2 + \dfrac{1}{3}x^3 - \dfrac{x^4}{4} + o(x^4)$，

故

$$(1+x)^{\frac{1}{x}} = e \cdot e^{\frac{\ln(1+x)}{x} - 1} = e \cdot e^{\left[-\frac{1}{2}x + \frac{1}{3}x^2 - \frac{x^3}{4} + o(x^3) \right]}$$

$$= e \left[1 + \left(-\frac{1}{2}x + \frac{1}{3}x^2 - \frac{x^3}{4} + o(x^3) \right) + \frac{1}{2}\left(-\frac{1}{2}x + \frac{1}{3}x^2 - \frac{x^3}{4} + o(x^3) \right)^2 \right.$$

$$\left. + \frac{1}{6}\left(-\frac{1}{2}x + \frac{1}{3}x^2 - \frac{x^3}{4} + o(x^3) \right)^3 \right] + o(x^3)$$

$$= e \left[1 - \frac{1}{2}x + \frac{11}{24}x^2 - \frac{7}{16}x^3 \right] + o(x^3),$$

代入条件 $\lim\limits_{x \to 0} \dfrac{(1+x)^{\frac{1}{x}} - (A + Bx + Cx^2)}{x^3} = D$，可得

$$\lim_{x \to 0} \frac{e\left[1 - \frac{1}{2}x + \frac{11}{24}x^2 - \frac{7}{16}x^3 \right] + o(x^3) - (A + Bx + Cx^2)}{x^3} = D,$$

所以 $$A = e, \quad B = -\frac{1}{2}e, \quad C = \frac{11}{24}e, \quad D = -\frac{7}{16}e.$$

注：事实上，有 $(1+x)^{\frac{1}{x}} = e\left(1 - \dfrac{x}{2} + \dfrac{11}{24}x^2 - \dfrac{7}{16}x^3 + \dfrac{2\,447}{5\,760}x^4 \right) + 0(x^4)$。

例 1.31 求极限 $\lim\limits_{x\to 0}\dfrac{\sin(e^x-1)-(e^{\sin x}-1)}{\sin^4 3x}$。

解

$$\lim_{x\to 0}\frac{\sin(e^x-1)-(e^{\sin x}-1)}{\sin^4 3x}=\frac{1}{81}\lim_{x\to 0}\frac{\sin(e^x-1)-(e^{\sin x}-1)}{x^4}$$

$$=\frac{1}{81}\lim_{x\to 0}\frac{e^x\cos(e^x-1)-e^{\sin x}\cos x}{4x^3}$$

$$=\frac{1}{81}\lim_{x\to 0}\frac{e^x\cos(e^x-1)-e^{2x}\sin(e^x-1)-e^{\sin x}\cos^2 x+e^{\sin x}\sin x}{12x^2}$$

$$=\frac{1}{81}\lim_{x\to 0}\frac{e^x\left[1-\frac{(e^x-1)^2}{2}+o(x^2)\right]-e^{2x}\left[(e^x-1)+o(x^2)\right]-\left[1+\sin x+\frac{\sin^2 x}{2}+o(x^2)\right](\cos^2 x-\sin x)}{12x^2}$$

$$=\frac{1}{972}\lim_{x\to 0}\frac{e^x-e^{3x}+e^{2x}-\cos^2 x+\sin x-\sin x\cos^2 x}{x^2}$$

$$=\frac{1}{972}\lim_{x\to 0}\frac{\left(1+x+\frac{x^2}{2}+o(x^2)\right)-\left(1+3x+\frac{9x^2}{2}+o(x^2)\right)+\left(1+2x+\frac{4x^2}{2}+o(x^2)\right)-(1-x^2+o(x^2))+x-x+o(x^2)}{x^2}$$

$$=\frac{1}{972}\lim_{x\to 0}\frac{-x^2+o(x^2)}{x^2}=-\frac{1}{972},$$

另解

$$\lim_{x\to 0}\frac{\sin(e^x-1)-(e^{\sin x}-1)}{\sin^4 3x}=\frac{1}{81}\lim_{x\to 0}\frac{\sin(e^x-1)-(e^{\sin x}-1)}{x^4}$$

$$=\frac{1}{81}\lim_{x\to 0}\frac{e^x\cos(e^x-1)-e^{\sin x}\cos x}{4x^3}$$

$$=\frac{1}{81}\lim_{x\to 0}\frac{e^x\cos(e^x-1)-e^x\cos x+e^x\cos x-e^{\sin x}\cos x}{4x^3}$$

$$=\frac{1}{324}\left\{\lim_{x\to 0}\frac{e^x\left[\cos(e^x-1)-\cos x\right]}{x^3}+\lim_{x\to 0}\frac{(e^x-e^{\sin x})\cos x}{x^3}\right\}$$

$$=\frac{1}{324}\left(-\frac{1}{2}+\frac{1}{6}\right)=-\frac{1}{972}。$$

例 1.32 设 $(2+\sqrt{3})^n=a_n+\sqrt{3}\,b_n$，其中 a_n、b_n 是正整数，求 $\lim\limits_{n\to+\infty}\dfrac{a_n}{b_n}$。

解 注意到 $(2+\sqrt{3})^n=a_n+\sqrt{3}\,b_n$，$(2-\sqrt{3})^n=a_n-\sqrt{3}\,b_n$，解得

$$a_n=\frac{(2+\sqrt{3})^n+(2-\sqrt{3})^n}{2},\ b_n=\frac{(2+\sqrt{3})^n-(2-\sqrt{3})^n}{2\sqrt{3}}。$$

所以，$\lim\limits_{n\to+\infty}\dfrac{a_n}{b_n}=\sqrt{3}\lim\limits_{n\to+\infty}\dfrac{(2+\sqrt{3})^n+(2-\sqrt{3})^n}{(2+\sqrt{3})^n-(2-\sqrt{3})^n}=\sqrt{3}$。

注：根据已知条件求出极限表达式是本题的关键。

例 1.33 设 k 是正整数，求极限 $\lim\limits_{n\to\infty}\ln\left[\prod\limits_{i=1}^{n}\left(1+\left(\dfrac{i}{n}\right)^{2k}\right)^{\frac{1}{i}}\right]$。

解 $\lim\limits_{n\to\infty}\ln\left[\prod\limits_{i=1}^{n}\left(1+\left(\dfrac{i}{n}\right)^{2k}\right)^{\frac{1}{i}}\right]=\lim\limits_{n\to\infty}\sum\limits_{i=1}^{n}\dfrac{1}{i}\ln\left[1+\left(\dfrac{i}{n}\right)^{2k}\right]=\lim\limits_{n\to\infty}\sum\limits_{i=1}^{n}\dfrac{1}{i/n}\ln\left[1+\left(\dfrac{i}{n}\right)^{2k}\right]\cdot$

$\dfrac{1}{n}$

$$=\int_0^1\dfrac{1}{x}\ln(1+x^{2k})\,\mathrm{d}x=\int_0^1\dfrac{1}{x}\left(x^{2k}-\dfrac{x^{4k}}{2}+\dfrac{x^{6k}}{3}+\cdots+(-1)^{n-1}\dfrac{x^{2nk}}{n}+\cdots\right)\mathrm{d}x$$

$$=\int_0^1\left(x^{2k-1}-\dfrac{x^{4k-1}}{2}+\dfrac{x^{6k-1}}{3}+\cdots+(-1)^{n-1}\dfrac{x^{2nk-1}}{n}+\cdots\right)\mathrm{d}x$$

$$=\dfrac{1}{2k}-\dfrac{1}{2\cdot4k}+\cdots+(-1)^{n-1}\dfrac{1}{n\cdot2nk}+\cdots=\dfrac{1}{2k}\left(1-\dfrac{1}{2^2}+\cdots+(-1)^{n-1}\dfrac{1}{n^2}+\cdots\right)$$

$$=\dfrac{1}{2k}\left[\left(1+\dfrac{1}{2^2}+\cdots+\dfrac{1}{n^2}+\cdots\right)-2\left(\dfrac{1}{2^2}+\dfrac{1}{4^2}+\cdots+\dfrac{1}{(2n)^2}+\cdots\right)\right]$$

$$=\dfrac{1}{2k}\left[\dfrac{\pi^2}{6}-\dfrac{1}{2}\cdot\dfrac{\pi^2}{6}\right]=\dfrac{\pi^2}{24k}。$$

> 注：(1) $1+\dfrac{1}{2^2}+\cdots+\dfrac{1}{n^2}+\cdots=\dfrac{\pi^2}{6}$ 是一个常用结论。
>
> （2）更一般地有：当 $s>-1$ 时，$1^s+2^s+\cdots+n^s\sim\dfrac{n^{s+1}}{s+1}$，且 $1+\dfrac{1}{2}+\dfrac{1}{3}+\cdots+\dfrac{1}{n}\sim\ln n(n\to\infty)$。

例 1.34 设 $-1<a_0<1$，$a_n=\sqrt{\dfrac{1+a_{n-1}}{2}}$，$n=1,2,3,\cdots$，求极限 $\lim\limits_{n\to+\infty}a_n$ 以及 $\lim\limits_{n\to+\infty}4^n(1-a_n)$。

解 根据递推关系式的特点，可设 $a_0=\cos\theta$，其中 $\theta\in(0,\pi)$，此时

$$a_1=\sqrt{\dfrac{1+a_0}{2}}=\sqrt{\dfrac{1+\cos\theta}{2}}=\cos\dfrac{\theta}{2},\ a_2=\sqrt{\dfrac{1+a_1}{2}}=\sqrt{\dfrac{1+\cos\dfrac{\theta}{2}}{2}}=\cos\dfrac{\theta}{2^2},\ \cdots$$

由数学归纳法，容易得到 $a_n=\cos\dfrac{\theta}{2^n}$，所以

$$\lim\limits_{n\to+\infty}a_n=\lim\limits_{n\to+\infty}\cos\dfrac{\theta}{2^n}=1,$$

$$\lim\limits_{n\to+\infty}4^n(1-a_n)=\lim\limits_{n\to+\infty}4^n\left(1-\cos\dfrac{\theta}{2^n}\right)=\lim\limits_{n\to+\infty}\dfrac{1-\cos\dfrac{\theta}{2^n}}{4^{-n}}=\lim\limits_{n\to+\infty}\dfrac{\dfrac{1}{2}\cdot\dfrac{\theta^2}{4^n}}{4^{-n}}=\dfrac{\theta^2}{2}=\dfrac{1}{2}(\arccos a_0)^2。$$

例 1.35 设 $u_n=1+\dfrac{1}{2}-\dfrac{2}{3}+\dfrac{1}{4}+\dfrac{1}{5}-\dfrac{2}{6}+\cdots+\dfrac{1}{3n-2}+\dfrac{1}{3n-1}-\dfrac{2}{3n}$，$v_n=\dfrac{1}{n+1}+\dfrac{1}{n+2}+\cdots+\dfrac{1}{3n}$。

求：(1) $\dfrac{u_{10}}{v_{10}}$；(2) $\lim\limits_{n \to +\infty} u_n$。

解 (1) $u_n = 1 + \dfrac{1}{2} - \dfrac{2}{3} + \dfrac{1}{4} + \dfrac{1}{5} - \dfrac{2}{6} + \cdots + \dfrac{1}{3n-2} + \dfrac{1}{3n-1} - \dfrac{2}{3n}$

$= 1 + \dfrac{1}{2} + \dfrac{1}{3} + \dfrac{1}{4} + \dfrac{1}{5} + \dfrac{1}{6} + \cdots + \dfrac{1}{3n-2} + \dfrac{1}{3n-1} + \dfrac{1}{3n} - 3\left(\dfrac{1}{3} + \dfrac{1}{6} + \cdots + \dfrac{1}{3n}\right)$

$= \dfrac{1}{n+1} + \dfrac{1}{n+2} + \cdots + \dfrac{1}{3n} = v_n$，

所以，$\dfrac{u_{10}}{v_{10}} = 1$。

(2) $\lim\limits_{n \to +\infty} u_n = \lim\limits_{n \to +\infty} v_n = \lim\limits_{n \to +\infty} \dfrac{1}{n+1} + \dfrac{1}{n+2} + \cdots + \dfrac{1}{3n}$

$= \lim\limits_{n \to \infty} \dfrac{1}{n}\left(\dfrac{1}{1+\dfrac{1}{n}} + \dfrac{1}{1+\dfrac{2}{n}} + \cdots + \dfrac{1}{1+\dfrac{k}{n}} + \dfrac{1}{1+\dfrac{2n}{n}}\right) = \int_0^2 \dfrac{1}{1+x}\,\mathrm{d}x = \ln 3$。

> 🔍 **注**：本题(2)中求极限 $\lim\limits_{n \to +\infty} u_n$ 时也可以利用的欧拉公式：
>
> **欧拉公式** $H_n = 1 + \dfrac{1}{2} + \dfrac{1}{3} + \cdots + \dfrac{1}{n} = \ln n + \gamma + \varepsilon_n$。 其中，$\gamma$ 为欧拉常数，约为
> 0.5772，$\lim\limits_{n \to +\infty} \varepsilon_n = 0$。

例 1.36 设数列 x_n 满足 $\ln x_n + \dfrac{1}{x_{n+1}} \leqslant 1$，证明数列 x_n 收敛并求极限。

证明 构造函数 $f(x) = \ln x + \dfrac{1}{x}$，$f'(x) = \dfrac{1}{x} - \dfrac{1}{x^2} = \dfrac{x-1}{x^2}$。 当 $x < 1$ 时，函数单调递减；当 $x > 1$ 时，函数单调递增，故 $f(x)$ 的最小值为 $f(1) = 1$。

考虑到 $\ln x_n < \ln x_n + \dfrac{1}{x_{n+1}} \leqslant 1$，$x_n < \mathrm{e}$，数列有上界；另一方面，断言数列 x_n 单调递增。

否则 $x_{n+1} < x_n$，则有 $\ln x_n + \dfrac{1}{x_{n+1}} > \ln x_n + \dfrac{1}{x_n} = f(x_n) \geqslant 1$，与已知条件 $\ln x_n + \dfrac{1}{x_{n+1}} \leqslant 1$，矛盾。由单调有界收敛定理，数列 x_n 收敛。

设 $\lim\limits_{n \to \infty} x_n = a$，在 $\ln x_n + \dfrac{1}{x_{n+1}} \leqslant 1$ 两边取极限得 $\ln a + \dfrac{1}{a} \leqslant 1$。 此时 $f(a) \leqslant 1$，而 $f(a) \geqslant 1$，所以 $f(a) = 1$，$a = 1$，即 $\lim\limits_{n \to \infty} x_n = 1$。

例 1.37 设函数 $f(x)$ 在点 $x = 0$ 的某邻域中有二阶连续导数，$f(0) \neq 0$，$f'(0) \neq 0$，$f''(0) \neq 0$。 证明：存在唯一的一组实数 λ_1、λ_2、λ_3，使得当 $h \to 0$ 时，$\lambda_1 f(h) + \lambda_2 f(2h) + \lambda_3 f(3h) - f(0)$ 是比 h^2 高阶的无穷小量。

证明 由泰勒定理，可得

$\lambda_1 f(h) + \lambda_2 f(2h) + \lambda_3 f(3h) - f(0)$

$= (\lambda_1 + \lambda_2 + \lambda_3 - 1)f(0) + (\lambda_1 + 2\lambda_2 + 3\lambda_3)f'(0)h + \dfrac{1}{2}(\lambda_1 + 4\lambda_2 + 9\lambda_3)f''(0)h^2 +$

$o(h^2)$。

结合已知条件,可得方程组 $\begin{cases} \lambda_1 + \lambda_2 + \lambda_3 = 1 \\ \lambda_1 + 2\lambda_2 + 3\lambda_3 = 0 \\ \lambda_1 + 4\lambda_2 + 9\lambda_3 = 0 \end{cases}$,系数行列式是一个范德蒙行列式,其值

为 $D = 2$,所以满足条件的 λ_1、λ_2、λ_3 是存在且唯一的。

例 1.38 求极限 $\lim\limits_{n \to +\infty} \dfrac{\sqrt[2]{n} + \sqrt[3]{n} + \cdots + \sqrt[n]{n}}{n}$。

解 记 $k = [\sqrt[4]{n}]$,则有 $\dfrac{\sqrt[2]{n} + \sqrt[3]{n} + \cdots + \sqrt[n]{n}}{n} \geqslant \dfrac{n-1}{n}$ 且

$$\frac{\sqrt[2]{n} + \sqrt[3]{n} + \cdots + \sqrt[n]{n}}{n} = \frac{\sqrt[2]{n} + \sqrt[3]{n} + \cdots + \sqrt[k]{n}}{n} + \frac{\sqrt[(k+1)]{n} + \sqrt[(k+2)]{n} + \cdots + \sqrt[n]{n}}{n}$$

$$\leqslant \frac{\sqrt[2]{n}(k-1)}{n} + \frac{\sqrt[(k+1)]{n}(n-k)}{n} \leqslant \frac{\sqrt[2]{n}(\sqrt[4]{n}-1)}{n} + \frac{\sqrt[\sqrt[4]{n}]{n}(n-\sqrt[4]{n}+1)}{n}。$$

所以,$\dfrac{n-1}{n} \leqslant \dfrac{\sqrt[2]{n} + \sqrt[3]{n} + \cdots + \sqrt[n]{n}}{n} \leqslant \dfrac{\sqrt[2]{n}(\sqrt[4]{n}-1)}{n} + \dfrac{\sqrt[\sqrt[4]{n}]{n}(n-\sqrt[4]{n}+1)}{n}$。

另一方面 $\lim\limits_{n \to +\infty} \dfrac{n-1}{n} = \lim\limits_{n \to +\infty} \dfrac{\sqrt[2]{n}(\sqrt[4]{n}-1)}{n} + \dfrac{\sqrt[\sqrt[4]{n}]{n}(n-\sqrt[4]{n}+1)}{n} = 1$。由夹逼准则,得

$$\lim_{n \to +\infty} \frac{\sqrt[2]{n} + \sqrt[3]{n} + \cdots + \sqrt[n]{n}}{n} = 1。$$

> 🔍 注:本题中对极限表达式分段估计是难点。

例 1.39 设 $a_1 = 1$,$a_n = n(a_{n-1} + 1)$,$n = 1, 2, \cdots$,记 $x_n = \prod\limits_{k=1}^{n}\left(1 + \dfrac{1}{a_k}\right)$,求极限 $\lim\limits_{n \to +\infty} x_n$。

解 根据递推关系式可得:

$$a_n = n(a_{n-1} + 1) = n + na_{n-1}$$
$$= n + n(n-1)(a_{n-2} + 1) = n + n(n-1) + n(n-1)a_{n-2}$$
$$\cdots$$
$$= n + n(n-1) + \cdots + n(n-1)\cdots 2 + n(n-1)\cdots 2 \cdot 1$$

故 $x_n = \prod\limits_{k=1}^{n}\left(1 + \dfrac{1}{a_k}\right) = \dfrac{(1+a_1)(1+a_2)\cdots(1+a_n)}{a_1 a_2 \cdots a_n}$

$$= \frac{1+a_n}{2 \cdot 3 \cdot \cdots \cdot n} = \frac{1 + n + n(n-1) + \cdots + n(n-1)\cdots 2 + n(n-1)\cdots 2 \cdot 1}{2 \cdot 3 \cdot \cdots \cdot n}$$

$$= 1 + 1 + \frac{1}{2!} + \frac{1}{3!} + \cdots + \frac{1}{n!},$$

所以 $\lim\limits_{n \to +\infty} x_n = \lim\limits_{n \to +\infty}\left[1 + 1 + \dfrac{1}{2!} + \dfrac{1}{3!} + \cdots + \dfrac{1}{n!}\right] = e$。

例 1.40 求极限 $\lim\limits_{n\to\infty} n^3\left(\tan\int_0^{\pi}\sqrt[n]{\sin x}\,\mathrm{d}x+\sin\int_0^{\pi}\sqrt[n]{\sin x}\,\mathrm{d}x\right)$。

解 $\lim\limits_{n\to\infty} n^3\left(\tan\int_0^{\pi}\sqrt[n]{\sin x}\,\mathrm{d}x+\sin\int_0^{\pi}\sqrt[n]{\sin x}\,\mathrm{d}x\right)$

$$=\lim\limits_{n\to\infty}\frac{\tan\int_0^{\pi}(\sqrt[n]{\sin x}-1)\,\mathrm{d}x-\sin\int_0^{\pi}(\sqrt[n]{\sin x}-1)\,\mathrm{d}x}{\dfrac{1}{n^3}}$$

$$=\lim\limits_{n\to\infty}\frac{\dfrac{\left(\int_0^{\pi}(\sqrt[n]{\sin x}-1)\,\mathrm{d}x\right)^3}{2}}{\dfrac{1}{n^3}}=\frac{1}{2}\lim\limits_{n\to\infty}\left(n\int_0^{\pi}(\sqrt[n]{\sin x}-1)\,\mathrm{d}x\right)^3。$$

其中，$\lim\limits_{n\to\infty} n\int_0^{\pi}(\sqrt[n]{\sin x}-1)\,\mathrm{d}x=\int_0^{\pi}\ln\sin x\,\mathrm{d}x=-\pi\ln 2$。

所以 $\lim\limits_{n\to\infty} n^3\left(\tan\int_0^{\pi}\sqrt[n]{\sin x}\,\mathrm{d}x+\sin\int_0^{\pi}\sqrt[n]{\sin x}\,\mathrm{d}x\right)=-\dfrac{\pi^3\ln^3 2}{2}$。

例 1.41 求极限 $\lim\limits_{x\to 0^+}\dfrac{\mathrm{e}^{(1+x)^{\frac{1}{x}}}-(1+x)^{\frac{\mathrm{e}}{x}}}{x^2}$。

解 $\lim\limits_{x\to 0^+}\dfrac{\mathrm{e}^{(1+x)^{\frac{1}{x}}}-(1+x)^{\frac{\mathrm{e}}{x}}}{x^2}=\lim\limits_{x\to 0^+}\dfrac{\mathrm{e}^{(1+x)^{\frac{1}{x}}}-\mathrm{e}^{\frac{\mathrm{e}}{x}\ln(1+x)}}{x^2}=\lim\limits_{x\to 0^+}\mathrm{e}^{\frac{\mathrm{e}}{x}\ln(1+x)}\cdot\dfrac{\mathrm{e}^{\left[(1+x)^{\frac{1}{x}}-\frac{\mathrm{e}}{x}\ln(1+x)\right]}-1}{x^2}$

$$=\lim\limits_{x\to 0^+}\mathrm{e}^{\mathrm{e}}\cdot\dfrac{(1+x)^{\frac{1}{x}}-\dfrac{\mathrm{e}}{x}\ln(1+x)}{x^2}$$

$$=\lim\limits_{x\to 0^+}\mathrm{e}^{\mathrm{e}}\cdot\dfrac{\mathrm{e}\left(1-\dfrac{x}{2}+\dfrac{11}{24}x^2+o(x^2)\right)-\dfrac{\mathrm{e}}{x}\left(x-\dfrac{x^2}{2}+\dfrac{x^3}{3}+o(x^2)\right)}{x^2}$$

$$=\lim\limits_{x\to 0^+}\mathrm{e}^{\mathrm{e}}\cdot\dfrac{\dfrac{\mathrm{e}}{8}x^2+o(x^2)}{x^2}=\dfrac{\mathrm{e}^{\mathrm{e}+1}}{8}。$$

> 🔍 **注**：本题中用到了泰勒公式：$(1+x)^{\frac{1}{x}}=\mathrm{e}\left(1-\dfrac{x}{2}+\dfrac{11}{24}x^2\right)+o(x^2)$。

例 1.42 设 $S_n=1+\dfrac{1}{2}+\cdots+\dfrac{1}{n}$。

(1) 证明：数列 $S_n-\ln n$ 收敛；(2) 若记 K_n 表示使得 $S_K\geqslant n$ 的最小下标，求极限 $\lim\limits_{n\to+\infty}\dfrac{K_{n+1}}{K_n}$。

证明 (1) 记 $x_n=S_n-\ln n$。注意到 $\dfrac{1}{n+1}<\ln\left(1+\dfrac{1}{n}\right)<\dfrac{1}{n}$，则有

$$x_{n+1}-x_n=S_{n+1}-\ln(n+1)-S_n+\ln n=\dfrac{1}{n+1}-\ln\left(1+\dfrac{1}{n}\right)<0。$$

故数列 x_n 单调递减。另一方面，

$$x_n = S_n - \ln n = 1 + \frac{1}{2} + \cdots + \frac{1}{n} - \ln n > \ln\frac{2}{1} + \ln\frac{3}{2} + \cdots + \ln\frac{n+1}{n} - \ln n$$

$$= \ln(n+1) - \ln n > 0,$$

数列 x_n 有下界。根据单调有界收敛准则，数列 $S_n - \ln n$ 收敛。

（2）由于 K_n 表示使得 $S_K \geqslant n$ 的最小下标，则有 $S_{K_n} - \frac{1}{K_n} = S_{K_n-1} < n \leqslant S_{K_n}$，故

$$n \leqslant S_{K_n} \leqslant n + \frac{1}{K_n}, \text{且 } n+1 \leqslant S_{K_{n+1}} \leqslant n+1+\frac{1}{K_{n+1}}。$$

所以 $1 - \frac{1}{K_n} \leqslant S_{K_{n+1}} - S_{K_n} \leqslant 1 + \frac{1}{K_{n+1}}$，因而有 $\lim\limits_{n\to\infty}(S_{K_{n+1}} - S_{K_n}) = 1$。

另一方面，根据（1），可设 $\lim\limits_{n\to\infty}(S_n - \ln n) = A$，故 $1 + \frac{1}{2} + \cdots + \frac{1}{n} - \ln n = A + \varepsilon_n$，其中 $\lim\limits_{n\to\infty}\varepsilon_n = 0$。此时

$$S_{K_{n+1}} - S_{K_n} = \ln(K_{n+1}) + A + \varepsilon_{K_{n+1}} - [\ln(K_n) + A + \varepsilon_{K_n}] = \ln\left(\frac{K_{n+1}}{K_n}\right) + \varepsilon_{K_{n+1}} - \varepsilon_{K_n}。$$

两边取极限可得 $\lim\limits_{n\to\infty}\ln\left(\frac{K_{n+1}}{K_n}\right) = 1$，即有 $\lim\limits_{n\to+\infty}\frac{K_{n+1}}{K_n} = e$。

例 1.43 求极限 $\lim\limits_{n\to\infty}\left(\dfrac{1}{\sqrt{n^2+1}} + \dfrac{1}{\sqrt{n^2+2}} + \cdots + \dfrac{1}{\sqrt{n^2+n}}\right)^n$。

解 记 $x_n = \left(\dfrac{1}{\sqrt{n^2+1}} + \dfrac{1}{\sqrt{n^2+2}} + \cdots + \dfrac{1}{\sqrt{n^2+n}}\right)^n$，则 $x_n = \left(\sum\limits_{k=1}^{n}\dfrac{1}{\sqrt{n^2+k}}\right)^n =$

$\left(\dfrac{1}{n}\sum\limits_{k=1}^{n}\dfrac{1}{\sqrt{1+\dfrac{k}{n^2}}}\right)^n$。

注意到 $\sum\limits_{k=1}^{n}\left(1 - \dfrac{k}{2n^2}\right) \leqslant \sum\limits_{k=1}^{n}\dfrac{1}{\sqrt{1+\dfrac{k}{n^2}}} \leqslant \sum\limits_{k=1}^{n}\left(1 - \dfrac{k}{2n^2} + \dfrac{3k^2}{8n^4}\right)$，

即 $\qquad n - \dfrac{n+1}{4n} \leqslant \sum\limits_{k=1}^{n}\dfrac{1}{\sqrt{1+\dfrac{k}{n^2}}} \leqslant n - \dfrac{n+1}{4n} + \dfrac{(n+1)(2n+1)}{16n^3}$，

故 $\qquad \left(1 - \dfrac{n+1}{4n^2}\right)^n \leqslant x_n \leqslant \left(1 - \dfrac{n+1}{4n^2} + \dfrac{(n+1)(2n+1)}{16n^4}\right)^n$。

结合 $\lim\limits_{n\to\infty}\left(1 - \dfrac{n+1}{4n^2}\right)^n = \lim\limits_{n\to\infty}\left(1 - \dfrac{n+1}{4n^2} + \dfrac{(n+1)(2n+1)}{16n^4}\right)^n = e^{-\frac{1}{4}}$ 以及夹逼准则，可得

$$\lim\limits_{n\to\infty}\left(\dfrac{1}{\sqrt{n^2+1}} + \dfrac{1}{\sqrt{n^2+2}} + \cdots + \dfrac{1}{\sqrt{n^2+n}}\right)^n = e^{-\frac{1}{4}}。$$

例 1.44 （1）求极限 $\lim\limits_{n \to +\infty} n\sin(2\pi n! \ \mathrm{e})$；（2）若记 $\lim\limits_{n \to +\infty} n\sin(2\pi n! \ \mathrm{e}) = A$，试求极限 $\lim\limits_{n \to +\infty} n^2[A - n\sin(2\pi n! \ \mathrm{e})]$。

解 （1）由泰勒定理可知 $\mathrm{e} = 1 + 1 + \dfrac{1}{2!} + \dfrac{1}{3!} + \cdots + \dfrac{1}{n!} + \dfrac{1}{(n+1)!} + \cdots$，故

$$n! \left[\mathrm{e} - \left(1 + 1 + \frac{1}{2!} + \frac{1}{3!} + \cdots + \frac{1}{n!}\right)\right] = n! \left[\frac{1}{(n+1)!} + \cdots\right]$$

$$= \frac{1}{n+1} + \frac{1}{(n+1)(n+2)} + \frac{1}{(n+1)(n+2)(n+3)} + \cdots$$

所以

$$\frac{1}{n+1} \leqslant n! \left[\mathrm{e} - \left(1 + 1 + \frac{1}{2!} + \frac{1}{3!} + \cdots + \frac{1}{n!}\right)\right]$$

$$\leqslant \frac{1}{n+1} + \frac{1}{(n+1)^2} + \frac{1}{(n+1)^3} + \cdots = \frac{1}{n}。$$

记 $n! \left[\mathrm{e} - \left(1 + 1 + \dfrac{1}{2!} + \dfrac{1}{3!} + \cdots + \dfrac{1}{n!}\right)\right] = \alpha_n$，则有

$$n! \ \mathrm{e} = \alpha_n + n! \left(1 + 1 + \frac{1}{2!} + \frac{1}{3!} + \cdots + \frac{1}{n!}\right) \text{且} \ \frac{1}{n+1} \leqslant \alpha_n \leqslant \frac{1}{n}。$$

此时

$$\lim_{n \to +\infty} n\sin(2\pi n! \ \mathrm{e}) = \lim_{n \to +\infty} \frac{\sin\left(2\pi\left(\alpha_n + n!\left(1 + 1 + \frac{1}{2!} + \frac{1}{3!} + \cdots + \frac{1}{n!}\right)\right)\right)}{\frac{1}{n}}$$

$$= \lim_{n \to +\infty} \frac{\sin(2\pi\alpha_n)}{\frac{1}{n}} = \lim_{n \to +\infty} \frac{2\pi\alpha_n}{\frac{1}{n}} = 2\pi。$$

（2）由（1），$A = 2\pi$ 且

$$\alpha_n = \frac{1}{n+1} + \frac{1}{(n+1)(n+2)} + \frac{1}{(n+1)(n+2)(n+3)} + \cdots$$

$$= \frac{1}{n} \cdot \frac{1}{1 + \frac{1}{n}} + \frac{1}{n^2} \cdot \frac{1}{1 + \frac{1}{n}} \cdot \frac{1}{1 + \frac{2}{n}} + \frac{1}{n^3} + o\left(\frac{1}{n^3}\right)$$

$$= \frac{1}{n} \cdot \left(1 - \frac{1}{n} + \frac{1}{n^2} + o\left(\frac{1}{n^2}\right)\right) + \frac{1}{n^2} \cdot \left(1 - \frac{1}{n} + o\left(\frac{1}{n}\right)\right)\left(1 - \frac{2}{n} + o\left(\frac{1}{n}\right)\right) + \frac{1}{n^3} + o\left(\frac{1}{n^3}\right)$$

$$= \frac{1}{n} - \frac{1}{n^3} + o\left(\frac{1}{n^3}\right)。$$

所以 $\lim\limits_{n \to +\infty} n^2[A - n\sin(2\pi n! \ \mathrm{e})] = \lim\limits_{n \to +\infty} n^2[2\pi - n\sin(2\pi n! \ \mathrm{e})]$

$$= \lim_{n \to +\infty} n^2\left[2\pi - n\sin\left(2\pi\left(\alpha_n + n!\left(1 + 1 + \frac{1}{2!} + \frac{1}{3!} + \cdots + \frac{1}{n!}\right)\right)\right)\right]$$

$$= \lim_{n \to +\infty} n^2 \left[2\pi - n\sin(2\pi\alpha_n) \right]$$

$$= \lim_{n \to +\infty} n^2 \left[2\pi - n\sin\left(2\pi\left(\frac{1}{n} - \frac{1}{n^3} + o\left(\frac{1}{n^3}\right)\right)\right) \right]$$

$$= \lim_{n \to +\infty} n^2 \left[2\pi - n\left(2\pi\left(\frac{1}{n} - \frac{1}{n^3} + o\left(\frac{1}{n^3}\right)\right) - \frac{\left[2\pi\left(\frac{1}{n} - \frac{1}{n^3} + o\left(\frac{1}{n^3}\right)\right)\right]^3}{6} + o\left(\frac{1}{n^3}\right)\right) \right]$$

$$= \lim_{n \to +\infty} n^2 \left[\frac{2\pi(3 + 2\pi^2)}{3n^2} + o\left(\frac{1}{n^2}\right) \right] = \frac{2\pi(3 + 2\pi^2)}{3}。$$

> **注**：感兴趣的读者可以考虑极限 $\lim\limits_{n \to +\infty} n\sin(\pi n!\ \mathrm{e})$。

例 1.45 设常数 $a \in (0, 1)$，$b_1 = 1 - a$，$b_{n+1} = \dfrac{b_n}{1 - \mathrm{e}^{-b_n}} - a$，$n = 1, 2, 3, \cdots$，问数列 b_n 是否收敛?

解 首先，由数学归纳法容易证明 $b_n \geqslant 1 - a$。记 $f(x) = \dfrac{x}{1 - \mathrm{e}^{-x}} - a = \dfrac{x\mathrm{e}^x}{\mathrm{e}^x - 1} - a$，$x > 0$，则 $b_{n+1} = f(b_n)$ 且

$$f'(x) = \left(\frac{x\mathrm{e}^x}{\mathrm{e}^x - 1} - a\right) = \frac{(x+1)\mathrm{e}^x(\mathrm{e}^x - 1) - x\mathrm{e}^{2x}}{(\mathrm{e}^x - 1)^2} = \frac{\mathrm{e}^x(\mathrm{e}^x - x - 1)}{(\mathrm{e}^x - 1)^2} > 0。$$

因此，$f(x)$ 严格单调增加且数列 b_n 单调。

另一方面，若记 $F(x) = f(x) - x = \dfrac{x}{1 - \mathrm{e}^{-x}} - a - x = \dfrac{x}{\mathrm{e}^x - 1} - a$，$x > 0$，则

$$F(+\infty) = -a < 0, \quad F(1 - a) = \frac{1 - a}{\mathrm{e}^{1-a} - 1} - a = \frac{1 - a\mathrm{e}^{1-a}}{\mathrm{e}^{1-a} - 1} > 0。$$

且 $F'(x) = \left(\dfrac{x}{\mathrm{e}^x - 1}\right)' = \dfrac{\mathrm{e}^x - 1 - x\mathrm{e}^x}{(\mathrm{e}^x - 1)^2} < 0$，故 $F(x) = 0$ 在 $(1 - a, +\infty)$ 上有唯一实根，不妨设为 x_0。

以下证 $b_n \leqslant x_0$。当 $n = 1$ 时，$b_1 = 1 - a < x_0$，设 $b_n \leqslant x_0$，则 $b_{n+1} = f(b_n) \leqslant f(x_0) = x_0$。

综上，数列 b_n 单调有界（$1 - a \leqslant b_n \leqslant x_0$），所以收敛。

例 1.46 设 $a_1 > 0$，$a_{n+1} = \ln(1 + a_n)$，求极限 $\lim\limits_{n \to \infty} \dfrac{n(na_n - 2)}{\ln n}$。

解 显然 $a_{n+1} = \ln(1 + a_n) < a_n$，故 a_n 单调递减且 $\lim\limits_{n \to \infty} a_n = 0$。此时

$$\lim_{n \to \infty} na_n = \lim_{n \to \infty} \frac{n}{\frac{1}{a_n}} = \lim_{n \to \infty} \frac{n + 1 - n}{\frac{1}{a_{n+1}} - \frac{1}{a_n}} = \lim_{n \to \infty} \frac{a_n a_{n+1}}{a_n - a_{n+1}}$$

$$= \lim_{n \to \infty} \frac{a_n \ln(1 + a_n)}{a_n - \ln(1 + a_n)} = \lim_{n \to \infty} \frac{a_n^2}{a_n - \left[a_n - \frac{a_n^2}{2} + o(a_n^2)\right]} = 2,$$

所以，$\lim\limits_{n\to\infty}\dfrac{n(na_n-2)}{\ln n}=\lim\limits_{n\to\infty}\dfrac{n^2 a_n-2n}{\ln n}=\lim\limits_{n\to\infty}\dfrac{na_n\left(n-\dfrac{2}{a_n}\right)}{\ln n}=2\lim\limits_{n\to\infty}\dfrac{n-\dfrac{2}{a_n}}{\ln n}$

$$=2\lim\limits_{n\to\infty}\dfrac{\left(n+1-\dfrac{2}{a_{n+1}}\right)-\left(n-\dfrac{2}{a_n}\right)}{\ln(n+1)-\ln n}=2\lim\limits_{n\to\infty}\dfrac{n(a_n a_{n+1}-2a_n+2a_{n+1})}{a_n a_{n+1}}$$

$$=2\lim\limits_{n\to\infty}\dfrac{na_n(a_n a_{n+1}-2a_n+2a_{n+1})}{a_n^2 a_{n+1}}=4\lim\limits_{n\to\infty}\dfrac{a_n\ln(1+a_n)-2a_n+2\ln(1+a_n)}{a_n^2\ln(1+a_n)}$$

$$=4\lim\limits_{n\to\infty}\dfrac{a_n\left[a_n-\dfrac{a_n^2}{2}+o(a_n^2)\right]-2a_n+2\left[a_n-\dfrac{a_n^2}{2}+\dfrac{a_n^3}{3}+o(a_n^3)\right]}{a_n^3}$$

$$=4\lim\limits_{n\to\infty}\dfrac{\dfrac{1}{6}a_n^3+o(a_n^3)}{a_n^3}=\dfrac{2}{3}\text{。}$$

例 1.47 设 p 是正整数，$\lim\limits_{n\to\infty}(a_{n+p}-a_n)=\lambda$。证明：$\lim\limits_{n\to\infty}\dfrac{a_n}{n}=\dfrac{\lambda}{p}$。

证明 考虑数列 a_n 的子列 $a_{(k-1)p+i}$，$i=1,2,\cdots,p$，则对于任意的 $i\in\{1,2,\cdots,p\}$，有

$$\lim\limits_{k\to\infty}\dfrac{a_{(k-1)p+i}}{(k-1)p+i}=\lim\limits_{k\to\infty}\dfrac{a_{(k-1)p+i}-a_{(k-2)p+i}}{[(k-1)p+i]-[(k-2)p+i]}=\lim\limits_{k\to\infty}\dfrac{a_{(k-1)p+i}-a_{(k-2)p+i}}{p}=\dfrac{\lambda}{p}\text{，}$$

即数列 $\dfrac{a_n}{n}$ 的 p 个子列的极限值存在且都等于 $\dfrac{\lambda}{p}$，所以 $\lim\limits_{n\to\infty}\dfrac{a_n}{n}=\dfrac{\lambda}{p}$。

> 注：(1) 若数列 a_n 的两个子列 a_{2n}、a_{2n-1} 的极限存在且都等于 a，则数列 a_n 的极限存在且极限值也为 a；
>
> (2) 一般地，若数列 a_n 的 p 个子列 $a_{(k-1)p+i}(i=1,2,\cdots,p)$ 的极限存在且都等于 a，则数列 a_n 的极限存在且极限值也为 a。

例 1.48 设 $a_n>0$ 且 $a_{n+1}-\dfrac{1}{a_{n+1}}=a_n+\dfrac{1}{a_n}$。试求 $\lim\limits_{n\to\infty}\dfrac{\sum\limits_{i=1}^n\dfrac{1}{a_i}}{\sqrt{n}}$。

解 由 $a_{n+1}-\dfrac{1}{a_{n+1}}=a_n+\dfrac{1}{a_n}$ 可得 $a_{n+1}-\dfrac{1}{a_{n+1}}=a_1-\dfrac{1}{a_1}+2\sum\limits_{i=1}^n\dfrac{1}{a_i}$，故

$$\lim\limits_{n\to\infty}\dfrac{\sum\limits_{i=1}^n\dfrac{1}{a_i}}{\sqrt{n}}=\lim\limits_{n\to\infty}\dfrac{a_{n+1}-\dfrac{1}{a_{n+1}}-a_1+\dfrac{1}{a_1}}{2\sqrt{n}}=\lim\limits_{n\to\infty}\dfrac{a_{n+1}-\dfrac{1}{a_{n+1}}}{2\sqrt{n}}=\lim\limits_{n\to\infty}\dfrac{a_n+\dfrac{1}{a_n}}{2\sqrt{n}}\text{。}$$

另一方面，$\left(a_{n+1}-\dfrac{1}{a_{n+1}}\right)^2=\left(a_n+\dfrac{1}{a_n}\right)^2$，因此

$$a_{n+1}^2+\dfrac{1}{a_{n+1}^2}=a_n^2+\dfrac{1}{a_n^2}+4=a_{n-1}^2+\dfrac{1}{a_{n-1}^2}+8=\cdots=a_1^2+\dfrac{1}{a_1^2}+4n\text{。}$$

综上

$$\lim_{n\to\infty}\frac{\sum_{i=1}^{n}\frac{1}{a_i}}{\sqrt{n}}=\lim_{n\to\infty}\frac{a_n+\frac{1}{a_n}}{2\sqrt{n}}=\lim_{n\to\infty}\sqrt{\left(\frac{a_n+\frac{1}{a_n}}{2\sqrt{n}}\right)^2}=\lim_{n\to\infty}\sqrt{\frac{a_n^2+\frac{1}{a_n^2}+2}{4n}}$$

$$=\lim_{n\to\infty}\sqrt{\frac{a_1^2+\frac{1}{a_1^2}+4(n-1)+2}{4n}}=1。$$

例 1.49 $b_n=\sum_{k=0}^{n}\frac{1}{C_n^k}$，$n=1,2,\cdots$，证明：(1) $b_n=\frac{n+1}{2n}b_{n-1}+1$，$n\geqslant 2$；

(2) $\lim_{n\to+\infty}b_n=2$。

证明 (1) 由于 $b_n=\sum_{k=0}^{n}\frac{1}{C_n^k}=\sum_{k=0}^{n}\frac{k!(n-k)!}{n!}$，故

$$(n!)b_n=n!\sum_{k=0}^{n}\frac{1}{C_n^k}=\sum_{k=0}^{n}k!(n-k)!=\sum_{k=1}^{n+1}(k-1)!(n-k+1)!。$$

所以，$2(n!)b_n=\sum_{k=0}^{n}k!(n-k)!+\sum_{k=1}^{n+1}(k-1)!(n-k+1)!$

$$=2(n!)+\sum_{k=1}^{n}[k!(n-k)!+(k-1)!(n-k+1)!]$$

$$=2(n!)+(n+1)\sum_{k=1}^{n}(k-1)!(n-k)!=2(n!)+(n+1)(n-1)!b_{n-1}。$$

因此，$b_n=\frac{n+1}{2n}b_{n-1}+1$。

(2) 记 $b_n-2=\varepsilon_n$，只需要证明 $\lim_{n\to+\infty}\varepsilon_n=0$。

由(1)，$b_n=\frac{n+1}{2n}b_{n-1}+1$，可得 $\varepsilon_n=\frac{n+1}{2n}\varepsilon_{n-1}+\frac{1}{n}$。计算有 $b_1=2$，$b_2=\frac{5}{2}$，$b_3=\frac{8}{3}$。

故 $\varepsilon_1=0$，$\varepsilon_2=\frac{1}{2}$，$\varepsilon_3=\frac{2}{3}$。断言 $n\varepsilon_n\leqslant 6$（当 $n=1,2,3$ 时，$n\varepsilon_n\leqslant 6$，假设当 $k\geqslant 3$ 时，$k\varepsilon_k$ $\leqslant 6$，则 $(k+1)\varepsilon_{k+1}=\frac{k+2}{2}\varepsilon_k+1=\frac{k+2}{2k}(k\varepsilon_k)+1\leqslant\frac{1}{2}\cdot\frac{5}{3}\cdot 6+1=6$，由数学归纳法，结论成立），所以 $n\varepsilon_n\leqslant 6$，$\lim_{n\to+\infty}\varepsilon_n=0$。

综上，结论成立。

例 1.50 设 $x_n=\frac{1}{1+1}+\frac{1}{2+\frac{1}{2}}+\frac{1}{3+\frac{1}{3}}+\cdots+\frac{1}{n+\frac{1}{n}}-\ln\left(\frac{n}{\sqrt{2}}\right)$。证明：数列 x_n 收敛

且极限值介于 0 和 $\frac{1}{2}$ 之间。

证明 $x_{n+1}-x_n$

$$=\frac{1}{1+1}+\frac{1}{2+\frac{1}{2}}+\frac{1}{3+\frac{1}{3}}+\cdots+\frac{1}{n+1+\frac{1}{n+1}}-\ln\left(\frac{n+1}{\sqrt{2}}\right)$$

$$-\left[\frac{1}{1+1}+\frac{1}{2+\frac{1}{2}}+\frac{1}{3+\frac{1}{3}}+\cdots+\frac{1}{n+\frac{1}{n}}-\ln\left(\frac{n}{\sqrt{2}}\right)\right]$$

$$=\frac{1}{n+1+\frac{1}{n+1}}-\ln\left(\frac{n+1}{\sqrt{2}}\right)+\ln\left(\frac{n}{\sqrt{2}}\right)=\frac{1}{n+1+\frac{1}{n+1}}-\ln\left(1+\frac{1}{n}\right)$$

$$<\frac{1}{n+1+\frac{1}{n+1}}-\frac{1}{n+1}=\frac{n+1}{(n+1)^2+1}-\frac{1}{n+1}=-\frac{1}{\left[(n+1)^2+1\right](n+1)}<0_\circ$$

故数列 x_n 单调递减。

其次

$$x_n=\frac{1}{1+1}+\frac{1}{2+\frac{1}{2}}+\frac{1}{3+\frac{1}{3}}+\cdots+\frac{1}{n+\frac{1}{n}}-\ln\left(\frac{n}{\sqrt{2}}\right)\geqslant\frac{1}{2}+\frac{1}{3}+\frac{1}{4}+\cdots+\frac{1}{n+1}-\ln\left(\frac{n}{\sqrt{2}}\right)$$

$$\geqslant\ln\frac{3}{2}+\ln\frac{4}{3}+\ln\frac{5}{4}+\cdots+\ln\frac{n+2}{n+1}-\ln\left(\frac{n}{\sqrt{2}}\right)=\ln(n+2)-\ln2-\ln n+\ln\sqrt{2}$$

$$\geqslant\ln\sqrt{2}-\ln2_\circ$$

故数列 x_n 有下界，根据单调有界收敛准则，数列 x_n 收敛。不妨设 $\lim\limits_{n\to\infty}x_n=A$，以下证明 $0<A<\frac{1}{2}$。

$$x_n=\frac{1}{1+1}+\frac{1}{2+\frac{1}{2}}+\frac{1}{3+\frac{1}{3}}+\frac{1}{4+\frac{1}{4}}+\frac{1}{5+\frac{1}{5}}+\frac{1}{6+\frac{1}{6}}+\cdots+\frac{1}{n+\frac{1}{n}}-\ln\left(\frac{n}{\sqrt{2}}\right)$$

$$=\frac{1}{2}+\frac{2}{5}+\frac{3}{10}+\frac{4}{17}+\frac{5}{26}+\frac{1}{6+\frac{1}{6}}+\cdots+\frac{1}{n+\frac{1}{n}}-\ln\left(\frac{n}{\sqrt{2}}\right)$$

$$\geqslant1.2+0.2353+0.1923+\frac{1}{7}+\cdots+\frac{1}{n+1}-\ln\left(\frac{n}{\sqrt{2}}\right)$$

$$\geqslant1.6276+\ln\frac{8}{7}+\cdots+\ln\frac{n+1}{n+1}-\ln\left(\frac{n}{\sqrt{2}}\right)$$

$$\geqslant1.6276-\ln7+\ln\sqrt{2}=1.6276-1.9459+0.3466=0.0283_\circ$$

另一方面

$$x_n=\frac{1}{1+1}+\frac{1}{2+\frac{1}{2}}+\frac{1}{3+\frac{1}{3}}+\cdots+\frac{1}{n+\frac{1}{n}}-\ln\left(\frac{n}{\sqrt{2}}\right)$$

$$\leqslant\frac{1}{2}+\frac{2}{5}+\frac{3}{10}+\frac{1}{4}+\cdots+\frac{1}{n}-\ln\left(\frac{n}{\sqrt{2}}\right)$$

$$\leqslant 1.2 + \ln\frac{4}{3} + \ln\frac{5}{4} + \cdots + \ln\frac{n}{n-1} - \ln\left(\frac{n}{\sqrt{2}}\right)$$

$$= 1.2 - \ln 3 + \ln\sqrt{2} = 1.2 - 1.0986 + 0.3466 = 0.448。$$

综上，可知 $0 < A < \dfrac{1}{2}$，命题得证。

例 1.51　求极限 $\displaystyle\lim_{n \to +\infty} 2^n \int_0^\pi \cos nx \cos^n x \, dx$。

解　记 $I_n = \displaystyle\int_0^\pi \cos nx \cos^n x \, dx$，则有

$$I_{n+1} = \int_0^\pi \cos(n+1)x \cos^{n+1} x \, dx = \frac{1}{n+1}\int_0^\pi \cos^{n+1} x \, d[\sin(n+1)x]$$

$$= \frac{1}{n+1}\left\{\cos^{n+1} x \sin(n+1)x \Big|_0^\pi - \int_0^\pi \sin(n+1)x \, d[\cos^{n+1} x]\right\}$$

$$= \int_0^\pi \sin(n+1)x \sin x \cos^n x \, dx = -\frac{1}{2}\int_0^\pi [\cos(n+2)x - \cos nx]\cos^n x \, dx = \frac{1}{2}I_n。$$

其中用到 $\displaystyle\int_0^\pi \cos(n+2)x \cos^n x \, dx = \int_0^\pi [\cos(n+1)x \cos x - \sin(n+1)x \sin x]\cos^n x \, dx$

$$= \int_0^\pi \cos(n+1)x \cos^{n+1} x \, dx - \int_0^\pi \sin(n+1)x \sin x \cos^n x \, dx$$

$$= \frac{1}{n+1}\int_0^\pi \cos^{n+1} x \, d\sin[(n+1)x] - \int_0^\pi \sin(n+1)x \sin x \cos^n x \, dx$$

$$= \frac{1}{n+1}\left\{\sin[(n+1)x]\cos^{n+1} x \Big|_0^\pi - \int_0^\pi \sin[(n+1)x] \, d\cos^{n+1} x\right\} - \int_0^\pi \sin(n+1)x \sin x$$

$\cos^n x \, dx = \displaystyle\int_0^\pi \sin(n+1)x \sin x \cos^n x \, dx - \int_0^\pi \sin(n+1)x \sin x \cos^n x \, dx = 0。$

故 $I_n = \dfrac{1}{2}I_{n-1} = \dfrac{1}{2^2}I_{n-2} = \cdots = \dfrac{1}{2^n}I_0 = \dfrac{\pi}{2^n}$，所以 $\displaystyle\lim_{n \to +\infty} 2^n \int_0^\pi \cos nx \cos^n x \, dx = \pi。$

定积分 $I_n = \displaystyle\int_0^\pi \cos nx \cos^n x \, dx$，也有如下的解法。

另解　注意到 $I_n = \displaystyle\int_0^\pi \cos nx \cos^n x \, dx = \frac{1}{n}\int_0^\pi \cos^n x \, d(\sin nx)$

$$= \frac{1}{n}\left[\cos^n x \sin nx \Big|_0^\pi + \int_0^\pi \sin nx \cdot n\cos^{n-1} x \sin x \, dx\right] = \int_0^\pi \sin nx \cos^{n-1} x \sin x \, dx，$$

所以，$2I_n = \displaystyle\int_0^\pi \cos nx \cos^n x \, dx + \int_0^\pi \sin nx \cos^{n-1} x \sin x \, dx = \int_0^\pi \cos(n-1)x \cdot \cos^{n-1} x \, dx = I_{n-1}。$

故 $I_n = \dfrac{1}{2}I_{n-1}。$　以下同原解法。

例 1.52　设函数 $f(x)$ 在 $[0,1]$ 上连续，求极限 $\displaystyle\lim_{n \to +\infty}\int_0^1 \sqrt[n]{x}\, f(x) \, dx$。

解　记 $F(x) = \displaystyle\int_0^x f(t) \, dt$，由于函数 $f(x)$ 在闭区间 $[0,1]$ 上连续，故存在正常数 M，使得

对于任意的 $x \in [0, 1]$，都有 $|f(x)| \leqslant M$，因此 $|F(x)| = \left| \int_0^x f(t) \mathrm{d}t \right| \leqslant Mx$。所以

$$\int_0^1 \sqrt[n]{x} f(x) \mathrm{d}x = \int_0^1 \sqrt[n]{x} \, \mathrm{d}(F(x)) = \sqrt[n]{x} F(x) \Big|_0^1 - \int_0^1 \frac{1}{n} x^{\frac{1}{n}-1} F(x) \mathrm{d}x$$

$$= F(1) - \int_0^1 \frac{1}{n} x^{\frac{1}{n}-1} F(x) \mathrm{d}x。$$

注意到

$$\left| \int_0^1 \frac{1}{n} x^{\frac{1}{n}-1} F(x) \mathrm{d}x \right| \leqslant \int_0^1 \frac{1}{n} x^{\frac{1}{n}-1} |F(x)| \mathrm{d}x \leqslant \int_0^1 \frac{1}{n} x^{\frac{1}{n}-1} \cdot Mx \, \mathrm{d}x = \frac{M}{n+1} \to 0, (n \to \infty),$$

因而 $\lim\limits_{n \to +\infty} \int_0^1 \sqrt[n]{x} f(x) \mathrm{d}x = \int_0^1 f(x) \mathrm{d}x$。

例 1.53 设数列 x_n 满足 $x_1 = a > 1$，$x_{n+1} = 1 + \ln\left(\dfrac{x_n^2}{1+\ln x_n}\right)$，证明：$x_n$ 收敛。

证明 先证明 $x_n > 1$，为此构造函数 $f(x) = x^2 - 1 - \ln x \ (x > 1)$。由于 $f'(x) = 2x - \dfrac{1}{x} > 0$ 且 $f(1) = 0$，故

$$\text{当 } x > 1 \text{ 时，} x^2 - 1 - \ln x > 0。 \tag{1}$$

下面用数学归纳法证明 $x_n > 1$。当 $n = 1$ 时，$x_1 = a > 1$，显然成立。假设 $x_n > 1$，结合已知条件以及不等式(1)，有 $x_{n+1} = 1 + \ln\left(\dfrac{x_n^2}{1+\ln x_n}\right) > 1$，结论成立。

其次，证明 x_n 单调递减，为此构造函数 $g(x) = x + \ln(1+\ln x) - 2\ln x - 1 \ (x > 1)$。由于 $g'(x) = 1 - \dfrac{2}{x} + \dfrac{1}{x(1+\ln x)} = \dfrac{x + x\ln x - 1 - 2\ln x}{x(1+\ln x)} > 0$。容易证明：当 $x > 1$ 时，不等式 $x + x\ln x - 1 - 2\ln x > 0$ 成立。且 $g(1) = 0$，故 $g(a) = a + \ln(1+\ln a) - 2\ln a - 1 > 0$，变形后即为 $1 + \ln\left(\dfrac{a^2}{1+\ln a}\right) < a$，也就是 $x_2 < x_1$。

另一方面，再构造函数 $h(x) = 1 + \ln\left(\dfrac{x^2}{1+\ln x}\right) \ (x > 1)$，则有 $x_{n+1} = h(x_n)$，且由于 $h'(x) = \dfrac{1+\ln x}{x^2} \cdot \dfrac{2x(1+\ln x) - x}{(1+\ln x)^2} > 0$，故 x_n 单调。结合 $x_2 < x_1$，可得 x_n 单调递减。

综上，x_n 单调递减有下界，所以 x_n 收敛。

例 1.54 设 $f(x)$ 是 $(0, +\infty)$ 上单调递减的连续函数，$f(x) > 0$，记 $a_n = \sum\limits_{k=1}^n f(k) - \int_1^n f(x) \mathrm{d}x$。证明：数列 a_n 收敛。

证明 由于 $f(x)$ 单调递减，故

$$a_{n+1} - a_n = \left(\sum_{k=1}^{n+1} f(k) - \int_1^{n+1} f(x) \mathrm{d}x \right) - \left(\sum_{k=1}^n f(k) - \int_1^n f(x) \mathrm{d}x \right)$$

$$= f(n+1) - \int_n^{n+1} f(x) \mathrm{d}x \leqslant 0,$$

可得数列 a_n 单调递减。另一方面，$a_n = \sum\limits_{k=1}^{n} f(k) - \int_1^n f(x)\,\mathrm{d}x \geqslant \sum\limits_{k=1}^{n}\int_k^{k+1} f(x)\,\mathrm{d}x -$

$\int_1^n f(x)\,\mathrm{d}x = \int_n^{n+1} f(x)\,\mathrm{d}x > 0$，因此数列 a_n 有下界。综上可知数列 a_n 收敛，得证。

例 1.55 设数列 x_n 满足 $x_1 = 1$，$2x_{n+1} = x_n + \sqrt{x_n^2 + \dfrac{1}{n^2}}$，$n = 1, 2, 3, \cdots$。证明：数列

x_n 收敛。

证明 由于 $2x_{n+1} = x_n + \sqrt{x_n^2 + \dfrac{1}{n^2}} \geqslant 2x_n$，即 $x_{n+1} \geqslant x_n$，故 x_n 单调增加且 $x_n \geqslant 1$。

此时

$$0 \leqslant x_{n+1} - x_n = \frac{1}{2}\left(x_n + \sqrt{x_n^2 + \frac{1}{n^2}}\right) - x_n = \frac{1}{2}\left(\sqrt{x_n^2 + \frac{1}{n^2}} - x_n\right)$$

$$= \frac{1}{2n^2\left(\sqrt{x_n^2 + \dfrac{1}{n^2}} + x_n\right)} \leqslant \frac{1}{4n^2},$$

所以，级数 $\sum\limits_{n=1}^{\infty}(x_{n+1} - x_n)$ 收敛，从而数列 x_n 收敛。

例 1.56 设函数 $f(x)$ 在区间 (a, b) 上只有第一类间断点，且对于任意的 $x, y \in (a, b)$，都有 $\dfrac{f(x) + f(y)}{2} \geqslant f\left(\dfrac{x+y}{2}\right)$。证明：$f(x)$ 在区间 (a, b) 上连续。

证明 任意取定一点 $x_0 \in (a, b)$，则有 $\dfrac{f(x_0) + f(y)}{2} \geqslant f\left(\dfrac{x_0 + y}{2}\right)$，分别令 $y \to x_0^+$

以及 $y \to x_0^-$ 可得

$$\frac{f(x_0) + f(x_0^+)}{2} \geqslant f(x_0^+), \quad \frac{f(x_0) + f(x_0^-)}{2} \geqslant f(x_0^-),$$

即 $\qquad\qquad\qquad f(x_0) \geqslant f(x_0^+), \ f(x_0) \geqslant f(x_0^-)。 \qquad\qquad\qquad (1)$

另一方面，对于充分小的 h，有 $\dfrac{f(x_0 + h) + f(x_0 - h)}{2} \geqslant f(x_0)$。令 $h \to 0^+$，可得

$$\frac{f(x_0^+) + f(x_0^-)}{2} \geqslant f(x_0)。 \qquad\qquad\qquad (2)$$

由式(1)和(2)可得

$$f(x_0) = \frac{f(x_0) + f(x_0)}{2} \geqslant \frac{f(x_0^+) + f(x_0^-)}{2} \geqslant f(x_0)。$$

所以 $f(x_0) = f(x_0^+) = f(x_0^-)$，即 $f(x)$ 在点 $x = x_0$ 处连续，进而 $f(x)$ 在区间 (a, b) 上连续。

例 1.57 设函数 $f(x) \in \mathbf{C}[a, b]$，且对 $\forall x \in [a, b]$，$\exists y \in [a, b]$，使 $|f(y)| \leqslant \dfrac{1}{2}$
$|f(x)|$。试证：$\exists \xi \in [a, b]$，使得 $f(\xi) = 0$。（$\mathbf{C}$ 表示连续）

证明 **反证法** 假设 $f(x)$ 在 $[a, b]$ 上没有零点，则 $|f(x)|$ 在 $[a, b]$ 上也没有零点。由

于 $f(x) \in \mathbf{C}[a, b]$，$|f(x)| \in \mathbf{C}[a, b]$，故 $|f(x)| > 0$。由闭区间上连续函数的性质，$|f(x)|$ 在 $[a, b]$ 上取得最小值，即 $\exists x_1 \in [a, b]$，使得 $|f(x_1)| = \min\limits_{x \in [a, b]} |f(x)| = m > 0$。

结合已知条件可知，$\exists y_1 \in [a, b]$，使得 $|f(y_1)| \leqslant \dfrac{1}{2}|f(x_1)| < |f(x_1)| = m$。这与 m 是最小值矛盾，所以 $f(x)$ 在 $[a, b]$ 上至少存在一个零点，即 $\exists \xi \in [a, b]$，使得 $f(\xi) = 0$。

例 1.58 设函数 $f(x)$ 在 $[0, 1]$ 上连续，满足 $f(0) = f(1)$，对于任意的 $\alpha \in (0, 1)$，证明：存在 $x^* \in (0, 1)$，使得 $f(x^*) = f(\alpha x^*)$。

证明 **反证法** 假设对于任意的 $x \in (0, 1)$，都有 $f(x) \neq f(\alpha x)$。构造函数 $F(x) = f(x) - f(\alpha x)$ $(x \in (0, 1])$，显然有 $F(x) = 0$ 在 $(0, 1]$ 上无根。结合函数的连续性，对于任意的 $x \in (0, 1]$，可不妨设 $F(x) > 0$，即有 $f(x) > f(\alpha x)$。所以

$$f(1) > f(\alpha) > f(\alpha^2) > f(\alpha^3) > \cdots > f(\alpha^n)。$$

令 $n \to \infty$，则有 $f(1) > f(\alpha) \geqslant f(0)$，矛盾。

例 1.59 设 $f(x)$ 在 $(0, 1)$ 上连续，$x_i \in (0, 1)$，$i = 1, 2, 3, 4$，$\alpha = \dfrac{f(x_1) - f(x_2)}{x_1 - x_2} < \dfrac{f(x_3) - f(x_4)}{x_3 - x_4} = \beta$，证明：对于任意的 $\lambda \in (\alpha, \beta)$，存在 $x_5, x_6 \in (0, 1)$，使得 $\lambda = \dfrac{f(x_5) - f(x_6)}{x_5 - x_6}$。

证明 不妨设 $x_1 < x_2$，$x_3 < x_4$，构造函数

$$g(t) = \frac{f(x_1 + t(x_3 - x_1)) - f(x_2 + t(x_4 - x_2))}{(x_1 + t(x_3 - x_1)) - (x_2 + t(x_4 - x_2))}, \ t \in [0, 1],$$

则 $g(0) = \dfrac{f(x_1) - f(x_2)}{x_1 - x_2} = \alpha$，$g(1) = \dfrac{f(x_3) - f(x_4)}{x_3 - x_4} = \beta$。此时有 $\lambda \in (g(0), g(1))$。结合函数的连续性，存在 $t_0 \in (0, 1)$，使得 $g(t_0) = \dfrac{f(x_1 + t_0(x_3 - x_1)) - f(x_2 + t_0(x_4 - x_2))}{(x_1 + t_0(x_3 - x_1)) - (x_2 + t_0(x_4 - x_2))} = \lambda$。记 $x_5 = x_1 + t_0(x_3 - x_1)$，$x_6 = x_2 + t_0(x_4 - x_2)$，则有 $x_5, x_6 \in (0, 1)$ 且 $\dfrac{f(x_5) - f(x_6)}{x_5 - x_6} = \lambda$。

> 🔍 **注：** 请读者思考本题的其他解法。

例 1.60 试构造一个区间 $(0, 1)$ 上的函数 $f(x)$，使得函数 $f(x)$ 只在点 $x = \dfrac{1}{2}$ 和 $x = \dfrac{1}{3}$ 处连续。

解 构造函数 $f(x) = \begin{cases} \left(x - \dfrac{1}{2}\right)\left(x - \dfrac{1}{3}\right), & x \in (0, 1), x \in \mathbf{Q} \\ 0, & x \in (0, 1), x \notin \mathbf{Q} \end{cases}$，容易说明 $f(x)$ 只在点 $x = \dfrac{1}{2}$ 和 $x = \dfrac{1}{3}$ 处连续（此外都是间断点）。

例 1.61 在光滑的某地面上，有一张 4 条腿等长的桌子。假定 4 条桌腿的着地点构成一

个正方形,证明:若桌子的中心保持不变,总可以转动桌子,使得桌子的 4 条腿同时着地。

证明 设 4 条桌腿的着地点依次为 A、B、C、D。以桌子的中心点在地面上的投影点为坐标原点建立坐标系,使得点 A 在 x 轴的正半轴上。再设正方形 $ABCD$ 绕原点逆时针旋转 θ 角时,点 A、C 到地面的距离之和为 $f(\theta)$,点 B、D 到地面的距离之和为 $g(\theta)$。由于地面是光滑的,故 $f(\theta)$ 和 $g(\theta)$ 都是连续函数。记 $F(\theta)=f(\theta)-g(\theta)$,$\theta\in\left[0,\dfrac{\pi}{2}\right]$。

一方面,在任何位置,4 条桌腿中有 3 条可以同时着地,故对于任意的 θ 角,$f(\theta)$ 和 $g(\theta)$ 中至少有一个为零,不妨设 $f(\theta)g(\theta)\equiv 0$;另一方面,由于

$$F(0)=f(0)-g(0),\text{且}\ F\left(\frac{\pi}{2}\right)=f\left(\frac{\pi}{2}\right)-g\left(\frac{\pi}{2}\right)=g(0)-f(0),$$

故 $F(0)F\left(\dfrac{\pi}{2}\right)\leqslant 0$。由闭区间上连续函数的零点定理,存在 $\xi\in\left[0,\dfrac{\pi}{2}\right]$,使得 $F(\xi)=0$,$f(\xi)-g(\xi)=0$,因此 $f(\xi)=g(\xi)=0$。即将该桌子绕其中心点逆时针旋转 ξ 角时,$f(\xi)=g(\xi)=0$,4 条桌腿同时着地。

例 1.62 求满足 $f(x+y)=f(x)+f(y)(\forall x,y\in \mathbf{R})$ 的连续函数 $f(x)$。

解 首先 $f(nx)=f(x)+\cdots+f(x)=nf(x)$ 且 $f\left(\dfrac{x}{n}\right)=\dfrac{1}{n}f(x)$。任取正有理数 $r=\dfrac{p}{q}$(其中 p、q 是两个正整数),则有

$$f(rx)=f\left(\frac{p}{q}x\right)=pf\left(\frac{1}{q}x\right)=\frac{p}{q}f(x)=rf(x)。$$

若 r 是负有理数,则有

$$f(rx)=-f(-rx)=-(-r)f(x)=rf(x)。$$

故对于任一有理数 r,都有 $f(rx)=rf(x)$。任取无理数 s,存在有理数序列 r_n,使得 $\lim\limits_{n\to\infty}r_n=s$,此时有

$$f(sx)=f(\lim_{n\to\infty}r_nx)=\lim_{n\to\infty}f(r_nx)=\lim_{n\to\infty}r_nf(x)=sf(x)。$$

综上,对于任一实数 α,都有 $f(\alpha x)=\alpha f(x)$,所以 $f(x)=f(x\cdot 1)=xf(1)=kx$,其中常数 $k=f(1)$。

> **注**:本题表明:满足 $f(x+y)=f(x)+f(y)(\forall x,y\in \mathbf{R})$ 的连续函数 $f(x)$ 是正比例函数。

练习题一

1.1 设 $f(x)=\sin x$,$g(x)=\begin{cases}1, & x\in \mathbf{Q}\\ 0, & x\in \bar{\mathbf{Q}}\end{cases}$。证明:$f(x)+g(x)$ 不是周期函数。

1.2 证明:$f(x)=(\cos x)^2+\cos(x^2)$ 不是周期函数。

1.3　试判断:两个周期函数之积是否为周期函数,说明理由。

1.4　证明:数列 $x_n = \sin\sqrt{n}$ 发散。　　**1.5**　设 $a_n = \sqrt[n]{C_n^1 C_n^2 C_n^3 \cdots C_n^n}$,证明:$a_n$ 是无穷大量。

1.6　已知 $\alpha \sim \beta$(当 $x \to x_0$ 时),求极限 $\lim\limits_{x \to x_0} \left(\dfrac{\beta}{\alpha}\right)^{\frac{\beta^2}{\beta^2 - \alpha^2}}$。

1.7　求极限 $\lim\limits_{n \to +\infty} \dfrac{1 + 11 + 111 + \cdots + \overbrace{11\cdots1}^{n+1\text{个}1}}{10^n}$。

1.8　求函数极限 $\lim\limits_{x \to 0} \dfrac{1 - \cos^{\alpha+\beta} x}{\sqrt{1 - \cos^\alpha x}\sqrt{1 - \cos^\beta x}}$,其中 α、β 是两个正常数。

1.9　利用不等式 $(1 + \lambda)^n \geqslant 1 + n\lambda$,其中 $\lambda > -1$,n 是正整数。证明:数列 $\left(1 + \dfrac{1}{n}\right)^n$ 单调增加,数列 $\left(1 + \dfrac{1}{n}\right)^{n+1}$ 单调减少,从而证明这两个数列都收敛于同一个极限值。

1.10　求正整数 n,使得 $n < 6[1 - 1.001^{-1000}] < n + 1$。

1.11　函数 $F(x) = \dfrac{\int_0^x \ln(1 + t^2)\mathrm{d}t}{x^\alpha}$,满足 $\lim\limits_{x \to +\infty} F(x) = \lim\limits_{x \to 0^+} F(x) = 0$,试求 α 的取值范围。

1.12　求极限 $\lim\limits_{x \to a} \dfrac{a^{a^x} - a^{x^a}}{a^x - x^a}$,其中 $a > 0$。

1.13　设数列 x_n 满足 $x_1 \in (0, \pi)$,$x_{n+1} = \sin x_n$,$n = 1, 2, \cdots$,求极限 $\lim\limits_{n \to +\infty} \left(\dfrac{x_{n+1}}{\tan x_n}\right)^{\frac{1}{x_n^2}}$。

1.14　设函数 $f(x) > 0$ 且在点 $x = a$ 处可导,求极限 $\lim\limits_{n \to +\infty} \left[\dfrac{f\left(a + \dfrac{1}{n}\right)}{f\left(a - \dfrac{1}{n}\right)}\right]^n$。

1.15　求极限 $\lim\limits_{n \to +\infty} \dfrac{1}{n}\left(\sqrt{1^2 + 1} + \sqrt{2^2 + 2} + \cdots + \sqrt{n^2 + n} - \dfrac{n(n+1)}{2}\right)$。

1.16　已知 $\lim\limits_{n \to +\infty} 2a_n - a_{n-1} = 0$,证明:$a_n$ 收敛且极限为 0。

1.17　求极限 $\lim\limits_{n \to +\infty} \dfrac{(2\sqrt[n]{n} - 1)^n}{n^2}$。　　**1.18**　求极限 $\lim\limits_{n \to +\infty} \dfrac{(2\sqrt[n]{n} - \sqrt[n]{2})^n}{n^2}$。

1.19　设函数 $f(x)$ 在区间 $(-1, 1)$ 上有定义,在点 $x = 0$ 处可导且 $f(0) = 0$,证明:

$$\lim\limits_{n \to +\infty} \sum_{k=1}^n f\left(\dfrac{k}{n^2}\right) = \dfrac{f'(0)}{2}。$$

1.20　设 $x_{n+1} x_n - 2x_n = 3$,$x_1 > 0$,证明:数列 x_n 收敛并求极限。

1.21　求极限 $\lim\limits_{m \to +\infty} \left\{\lim\limits_{n \to +\infty} \left[\cos(m!\,\pi x)\right]^{2n}\right\}$,$x \in \mathbf{R}$。

1.22　求极限 $\lim\limits_{n \to \infty} \sqrt[n]{(1 + 1)^n + \left(1 + \dfrac{1}{2}\right)^{2n} + \cdots + \left(1 + \dfrac{1}{n}\right)^{n^2}}$。

1.23　求极限 $\lim\limits_{x \to 0} \dfrac{1 - \cos x \sqrt{\cos 2x} \cdots \sqrt[n]{\cos nx}}{x^2}$。　　**1.24**　求极限 $\lim\limits_{x \to 0} \dfrac{3\tan 4x - 12\tan x}{3\sin 4x - 12\sin x}$。

1.25　设非负数列 a_n 满足 $a_1 = 0$,$a_{n+1}^2 + a_{n+1} - 1 = a_n^2$,$n = 1, 2, 3, \cdots$,证明数列 a_n 收敛并

求极限。

1.26 求极限 $\lim\limits_{x\to+\infty}x^{\frac{7}{4}}(\sqrt[4]{x+1}+\sqrt[4]{x-1}-2\sqrt[4]{x})$。

1.27 求极限 $\lim\limits_{x\to0^+}\dfrac{x^x-(\sin x)^x}{x^2\ln(1+x)}$。

1.28 求极限 $\lim\limits_{x\to0}\dfrac{1-\ln[\ln(x+\mathrm{e}^{(x+1)^{\frac{1}{x}}})]}{x}$。

1.29 求极限 $\lim\limits_{x\to0}\dfrac{1}{\ln(x+\sqrt{1+x^2})}-\dfrac{1}{\ln(1+x)}$。

1.30 求极限 $\lim\limits_{x\to0}\dfrac{[\sin(\tan x)-\tan(\sin x)]\sin x}{x^4}$。

1.31 求极限 $\lim\limits_{x\to0}\dfrac{\sec x\tan x-\sin(\sin x)}{x^3}$。

1.32 设 $x_n>0$ 且 $\lim\limits_{n\to\infty}\dfrac{x_{n+1}}{x_n}=a$，证明：$\lim\limits_{n\to\infty}\sqrt[n]{x_n}=a$。

1.33 设 $x_0=3$ 且 $x_n=x_{n-1}^2-2$，求极限 $\lim\limits_{n\to\infty}\dfrac{x_n}{x_0x_1\cdots x_{n-1}}$。

1.34 已知 $x_n\geqslant0$，$x_{n+1}\leqslant\alpha x_n+\beta x_{n-1}$，$0<\alpha,\beta<1$，$\alpha+\beta\leqslant1$，证明：数列 x_n 收敛。

1.35 是否存在 $\mathbf{R}$ 上的连续函数 $f(x)$，使得 $f(f(x))=\dfrac{1}{4^x}$？

1.36 设 $x_n=\sqrt{1+\sqrt{2+\sqrt{\cdots+\sqrt{n}}}}$，证明：数列 x_n 收敛。

1.37 求极限 $\lim\limits_{x\to0}\left[\dfrac{a}{x}-\left(\dfrac{1}{x^2}-a^2\right)\ln(1+ax)\right]$。

1.38 求极限 $\lim\limits_{n\to+\infty}\left[\sqrt{n}(\sqrt{n+1}-\sqrt{n})+\dfrac{1}{2}\right]^{\frac{\sqrt{n+1}+\sqrt{n}}{\sqrt{n+1}-\sqrt{n}}}$。

1.39 求极限 $\lim\limits_{n\to+\infty}\dfrac{3}{2}\cdot\dfrac{5}{4}\cdot\dfrac{17}{16}\cdot\cdots\cdot\dfrac{2^{2^{n-1}}+1}{2^{2^{n-1}}}$。

1.40 求极限 $\lim\limits_{n\to+\infty}\left[\sqrt{1+\dfrac{1}{n^2}}-1\right]+\left[\sqrt{1+\dfrac{2}{n^2}}-1\right]+\left[\sqrt{1+\dfrac{3}{n^2}}-1\right]+\cdots+\left[\sqrt{1+\dfrac{n}{n^2}}-1\right]$。

1.41 设数列 a_n 满足 $|a_n-a_m|>\dfrac{1}{\min\{m,n\}}$，证明：数列 a_n 无界。

1.42 设 $x_1=1$，$x_2=2$，$x_{n+2}=\sqrt{x_{n+1}x_n}$，求极限 $\lim\limits_{n\to\infty}x_n$。

1.43 当 $x\to0$ 时，函数 $f(x)=\arctan x-\dfrac{x+ax^3}{1+bx^2}$ 最多为 x 的几阶无穷小?

1.44 设 $y_1=\dfrac{x}{2}$，$x\in[0,1]$，$y_n=\dfrac{x}{2}+\dfrac{y_{n-1}^2}{2}(n=2,3,\cdots)$，证明：$y_n$ 收敛并求 $\lim\limits_{n\to\infty}y_n$。

1.45 设 $y_1=\dfrac{x}{2}$，$x\in[0,1]$，$y_n=\dfrac{x}{2}-\dfrac{y_{n-1}^2}{2}(n=2,3,\cdots)$，证明：$y_n$ 收敛并求 $\lim\limits_{n\to\infty}y_n$。

1.46 讨论数列 $x_n=\sqrt[n]{1+\sqrt[n]{2+\sqrt[n]{3+\sqrt[n]{4+\sqrt[n]{\cdots+\sqrt[n]{(n-2)+\sqrt[n]{(n-1)+\sqrt[n]{n}}}}}}}}$ 的敛散性，并在收敛时求极限值。

1.47 设数列 $x_n = \dfrac{1}{n+1^\alpha} + \dfrac{1}{n+2^\alpha} + \cdots + \dfrac{1}{n+n^\alpha}$，其中 $\alpha > 1$，求极限 $\lim\limits_{n \to \infty} x_n$。

1.48 求极限 $\lim\limits_{n \to \infty} \sum\limits_{k=1}^{n} \dfrac{k}{n^2 + k^2 + k}$。

1.49 设 a、$b > 0$，求极限：(1) $\lim\limits_{x \to +\infty} \left(\dfrac{a^{\frac{1}{x}} + b^{\frac{1}{x}}}{2} \right)^x$；(2) $\lim\limits_{x \to +\infty} x \left[\left(\dfrac{a^{\frac{1}{x}} + b^{\frac{1}{x}}}{2} \right)^x - \sqrt{ab} \right]$。

1.50 设 $x_1 = \sqrt{2}$，$x_{n+1} = \sqrt{2 + x_n}$，$n = 1, 2, 3, \cdots$，证明：当 $n \to \infty$ 时，$2 - x_n \sim \dfrac{\pi^2}{4^{2n}}$。

1.51 求极限 $\lim\limits_{x \to 0} \dfrac{x - \sin(\sin(\sin(\sin x)))}{x^3}$。

1.52 求极限 $\lim\limits_{x \to 0} \dfrac{(1+x)^{\frac{2}{x}} - e^2(1 - \ln(1+x))}{x^2}$。

1.53 计算 $\lim\limits_{n \to +\infty} \sum\limits_{k=n^2}^{(n+1)^2} \dfrac{1}{\sqrt{k}}$。

1.54 求极限 $\lim\limits_{x \to 0} \dfrac{\arcsin 2x - 2\arcsin x}{x^3}$。

1.55 设 $x_1 > 0$，$x_n = a + \dfrac{b}{x_{n-1}}$，$n = 2, 3, 4, \cdots$，其中 a、b 是正常数，证明：数列 x_n 收敛并求极限。

1.56 设 $x_1 \in (0, 1)$，$x_{n+1} = e^{-x_n}$，证明：数列 x_n 收敛。

1.57 求极限 $\lim\limits_{n \to \infty} n \sqrt[n]{\sin 1 \sin \dfrac{1}{2} \sin \dfrac{1}{n} \cdots \sin \dfrac{1}{n}}$。

1.58 求极限 $\lim\limits_{x \to 0^+} \ln(x \ln a) \cdot \ln \left[\dfrac{\ln(ax)}{\ln \left(\dfrac{x}{a} \right)} \right]$，其中，$a > 1$。

1.59 设 $a_1 > 0$，$4 \leqslant b_n \leqslant 5$，$4 \leqslant c_n \leqslant 5$，$a_n = \dfrac{\sqrt{b_n^2 + c_n^2}}{b_n + c_n} a_{n-1}$，求极限 $\lim\limits_{n \to +\infty} a_n$。

1.60 求极限 $\lim\limits_{x \to +\infty} \dfrac{x^{2\ln x} - x}{(\ln x)^x + x}$。

1.61 设 x_n、$a_n \geqslant 0$，$x_{n+1} \leqslant x_n + a_n$ 且级数 $\sum\limits_{n=1}^{\infty} a_n$ 收敛，证明：数列 x_n 收敛。

1.62 设 $\lim\limits_{n \to \infty} x_n = a$，$\lim\limits_{n \to \infty} y_n = b$，证明：$\lim\limits_{n \to \infty} \dfrac{\sum\limits_{k=1}^{n} x_k y_{n+1-k}}{n} = ab$。

1.63 设 $a_n > 0$ 且 $\lim\limits_{n \to \infty} \dfrac{a_1 + 2a_2 + \cdots + na_n}{\sqrt{n}} = 0$，试证明：$\lim\limits_{n \to \infty} \sqrt{n} \cdot \sqrt[n]{a_1 \cdots \cdots a_n} = 0$。

1.64 给定空间任意一个 $\triangle ABC$，记 V_n 是空间到 $\triangle ABC$ 上的点的距离不超过 n 的点构成的几何体的体积，求 $\lim\limits_{n \to +\infty} \dfrac{V_n}{n^3}$。

1.65 若函数 $f(x)$ 与 $g(x)$ 在 $(-\infty, +\infty)$ 上各有且仅有 3 个间断点 $x_1 = 1$，$x_2 = 2$ 以及 $x_3 = 3$，则复合函数 $f(g(x))$ 在 $(-\infty, +\infty)$ 上是否可以有无穷多个间断点？说明理由。

1.66 是否存在$(-\infty,+\infty)$上的连续函数$f(x)$,使得对于任意的常数C,方程$f(x)=C$恰有两个实数解。

1.67 是否存在$(-\infty,+\infty)$上的连续函数$f(x)$,使得对于任意的常数C,方程$f(x)=C$恰有3个实数解。

1.68 设$f(x)$是$(-\infty,+\infty)$上的连续函数且$f(f(x))=x$有唯一的实根,证明方程$f(x)=x$有唯一的实根。

1.69 设函数$f(x)$在$(-\infty,+\infty)$上连续,且$\lim\limits_{x\to\infty}f(x)=+\infty$。

(1) 证明:$f(x)$在$(-\infty,+\infty)$上可以取到最小值;

(2) 若$x=x_0$是$f(x)$在$(-\infty,+\infty)$上的一个最小值点,且$f(x_0)<x_0$,证明:$f(f(x))$在$(-\infty,+\infty)$上至少可以取到两个最小值。

1.70 设$f(x)$是定义在$(-\infty,+\infty)$上的以T为周期的连续函数,L是任意一个正常数,证明:方程$f(x)=f(x+L)$有无穷多个实数解。

1.71 设$f_n(x)=1-(1-\cos x)^n$,证明:(1) 对任意自然数n,$f_n(x)=\dfrac{1}{2}$在$\left(0,\dfrac{\pi}{2}\right)$中仅有一个根;(2) 设有$x_n\in\left(0,\dfrac{\pi}{2}\right)$满足$f_n(x_n)=\dfrac{1}{2}$,则$\lim\limits_{n\to\infty}x_n=\dfrac{\pi}{2}$。

1.72 求函数$f(x)=\lim\limits_{t\to x}\left(\dfrac{\sin t}{\sin x}\right)^{\frac{x}{\sin t-\sin x}}$的间断点并指出其类型。

1.73 设$f(x)$是$[0,1]$到$[0,1]$上的连续函数,$f(0)=0$且$f(f(x))\equiv x$,证明:$f(x)\equiv x$。

1.74 设点$x=x_0$是单调函数$f(x)$的间断点,则$x=x_0$是$f(x)$的何种类型的间断点?并说明理由。

1.75 求满足条件$f\left(\dfrac{x+y}{2}\right)=\dfrac{f(x)+f(y)}{2}(\forall x,y\in\mathbf{R})$的连续函数$f(x)$。

1.76 将质数按从小到大的顺序排列构成数列p_n,记$S_n=\sum\limits_{k=1}^{n}\ln\left(1+\dfrac{1}{p_k-1}\right)$,试判别数列$S_n$的敛散性,并给出理由。

练习题一解析与提示

1.1 证明 记$h(x)=f(x)+g(x)=\begin{cases}\sin x+1, & x\in\mathbf{Q}\\ \sin x, & x\in\overline{\mathbf{Q}}\end{cases}$。**反证法** 若$h(x)$是以$T$为周期的周期函数,则对于任意的$x\in\mathbf{R}$,都有$h(x+T)=h(x)$。以下分两个情形加以讨论。

情形一 当T是正有理数时,因为$h(T)=h(0)$,故$\sin T=0$,所以$T=n\pi$,与T是正有理数相矛盾。

情形二 当T是正无理数时,因为$h(1+T)=h(1)$,故有$\sin(1+T)=\sin 1+1>1$,矛盾。综上可知,$f(x)+g(x)$不是周期函数。

1.2 证明 因为$f'(x)=-2\sin x\cos x-2x\sin(x^2)$无界,所以不是周期函数。

1.3 解 不一定,取$f(x)=\sin x$,$g(x)=\sin(\sqrt{2}x)$,可证$f(x)g(x)=\sin x\cdot\sin(\sqrt{2}x)$不是周期函数。

1.4 证明 注意到 $\sin n$ 是数列 $\sin\sqrt{n}$ 的一个子列。

1.5 证明 当 $2\leqslant k\leqslant n-2$ 时，$C_n^k\geqslant\dfrac{n(n-1)}{2}$，则有

$$a_n=\sqrt[n]{C_n^1 C_n^2 C_n^3\cdots C_n^n}\geqslant\sqrt[n]{n^2\left[\frac{n(n-1)}{2}\right]^{n-3}}\to\infty,$$

所以，a_n 是无穷大量。

1.6 解 $\lim\limits_{x\to x_0}\left(\dfrac{\beta}{\alpha}\right)^{\frac{\beta^2}{\beta^2-\alpha^2}}=e^{\frac{1}{2}}$。

1.7 解 $\lim\limits_{n\to+\infty}\dfrac{1+11+111+\cdots+\overbrace{11\cdots1}^{n+1\text{个}1}}{10^n}$

$$=\lim_{n\to+\infty}\frac{\left[1+11+111+\cdots+\overbrace{11\cdots1}^{n+2\text{个}1}\right]-\left[1+11+111+\cdots+\overbrace{11\cdots1}^{n+1\text{个}1}\right]}{10^{n+1}-10^n}$$

$$=\lim_{n\to+\infty}\frac{\overbrace{11\cdots1}^{n+2\text{个}1}}{10^{n+1}-10^n}=\lim_{n\to+\infty}\frac{\frac{1-10^{n+2}}{1-10}}{10^{n+1}-10^n}=\frac{100}{81}。$$

1.8 解 当 $x\to0$ 时，$1-\cos^\alpha x\sim\dfrac{\alpha x^2}{2}$，$1-\cos^\beta x\sim\dfrac{\beta x^2}{2}$，$1-\cos^{\alpha+\beta}x\sim\dfrac{(\alpha+\beta)x^2}{2}$，

所以，$\lim\limits_{x\to0}\dfrac{1-\cos^{\alpha+\beta}x}{\sqrt{1-\cos^\alpha x}\sqrt{1-\cos^\beta x}}=\lim\limits_{x\to0}\dfrac{\frac{(\alpha+\beta)x^2}{2}}{\sqrt{\frac{\alpha x^2}{2}}\sqrt{\frac{\beta x^2}{2}}}=\dfrac{\alpha+\beta}{\sqrt{\alpha\beta}}$。

1.9 略。

1.10 解 由于数列 $\left(1+\dfrac{1}{n}\right)^n$ 严格单调增加趋于 e，取 $n=1000$，则有 $2<(1.001)^{1000}<$ e <3。因而

$$\frac{1}{3}<(1.001)^{-1000}<\frac{1}{2},\quad\frac{1}{2}<1-1.001^{-1000}<\frac{2}{3}。$$

所以，$3<6[1-1.001^{-1000}]<4$，取 $n=3$。

1.11 解 显然 $\alpha>0$，由于 $\lim\limits_{x\to0^+}F(x)=\lim\limits_{x\to0^+}\dfrac{\int_0^x\ln(1+t^2)\mathrm{d}t}{x^\alpha}=\lim\limits_{x\to0^+}\dfrac{\ln(1+x^2)}{\alpha x^{\alpha-1}}=0$，故

$\alpha-1<2$；同样地，$\lim\limits_{x\to+\infty}F(x)=\lim\limits_{x\to+\infty}\dfrac{\int_0^x\ln(1+t^2)\mathrm{d}t}{x^\alpha}=\lim\limits_{x\to+\infty}\dfrac{\ln(1+x^2)}{\alpha x^{\alpha-1}}=\lim\limits_{x\to+\infty}\dfrac{\frac{2x}{1+x^2}}{\alpha(\alpha-1)x^{\alpha-2}}=$

0，故 $\alpha>1$，所以 $1<\alpha<3$。

1.12 解 $\lim\limits_{x\to a}\dfrac{a^{a^x}-a^{x^a}}{a^x-x^a}=\lim\limits_{x\to a}a^{x^a}\cdot\dfrac{a^{a^x-x^a}-1}{a^x-x^a}=a^{a^a}\ln a$。

1.13 **解** $\lim\limits_{n\to+\infty}\left(\dfrac{x_{n+1}}{\tan x_n}\right)^{\frac{1}{x_n^2}}=\mathrm{e}^{-\frac{1}{2}}$。 **1.14** **解** $\lim\limits_{n\to+\infty}\left[\dfrac{f\left(a+\dfrac{1}{n}\right)}{f\left(a-\dfrac{1}{n}\right)}\right]^n=\mathrm{e}^{\frac{2f'(a)}{f(a)}}$。

1.15 **解** $\lim\limits_{n\to+\infty}\dfrac{1}{n}\left(\sqrt{1^2+1}+\sqrt{2^2+2}+\cdots+\sqrt{n^2+n}-\dfrac{n(n+1)}{2}\right)=\dfrac{1}{2}$。

1.16 **证明** 由于 $\lim\limits_{n\to+\infty}2a_n-a_{n-1}=0$，对于任意的 $\varepsilon>0$，存在 N，当 $n\geqslant N$ 时，有 $|2a_n-a_{n-1}|<\varepsilon$，因此 $2|a_n|-|a_{n-1}|<\varepsilon$，$|a_n|<\dfrac{1}{2}|a_{n-1}|+\dfrac{1}{2}\varepsilon$，所以

$$\begin{cases} |a_n|<\dfrac{1}{2}|a_{n-1}|+\dfrac{1}{2}\varepsilon \\ |a_{n-1}|<\dfrac{1}{2}|a_{n-2}|+\dfrac{1}{2}\varepsilon \\ \qquad\vdots \\ |a_{N+1}|<\dfrac{1}{2}|a_N|+\dfrac{1}{2}\varepsilon \\ |a_N|<\dfrac{1}{2}|a_{N-1}|+\dfrac{1}{2}\varepsilon \end{cases}，\text{即}\begin{cases} |a_n|<\dfrac{1}{2}|a_{n-1}|+\dfrac{1}{2}\varepsilon \\ \dfrac{1}{2}|a_{n-1}|<\dfrac{1}{2^2}|a_{n-2}|+\dfrac{1}{2^2}\varepsilon \\ \qquad\vdots \\ \dfrac{1}{2^{n-N-1}}|a_{N+1}|<\dfrac{1}{2^{n-N}}|a_N|+\dfrac{1}{2^{n-N}}\varepsilon \\ \dfrac{1}{2^{n-N}}|a_N|<\dfrac{1}{2^{n-N+1}}|a_{N-1}|+\dfrac{1}{2^{n-N+1}}\varepsilon \end{cases}$$

相加即得

$$|a_n|<\dfrac{1}{2^{n-N+1}}|a_{N-1}|+\dfrac{1}{2}\varepsilon+\dfrac{1}{2^2}\varepsilon+\cdots+\dfrac{1}{2^{n-N+1}}\varepsilon<\varepsilon+\dfrac{1}{2^{n-N+1}}|a_{N-1}|。$$

注意到 $\lim\limits_{n\to\infty}\dfrac{1}{2^{n-N+1}}|a_{N-1}|=0$，存在 $N'(N'>N)$，使得当 $n>N'$ 时，$\dfrac{1}{2^{n-N+1}}|a_{N-1}|<\varepsilon$。此时，当 $n>N'$ 时，$|a_n|<\varepsilon+\dfrac{1}{2^{n-N+1}}|a_{N-1}|<2\varepsilon$，故 a_n 收敛且极限为 0。

> 🔍 **注** 本题有如下简洁的解法：
>
> $$\lim\limits_{n\to+\infty}a_n=\lim\limits_{n\to+\infty}\dfrac{2^n a_n}{2^n}=\lim\limits_{n\to+\infty}\dfrac{2^n a_n-2^{n-1}a_{n-1}}{2^n-2^{n-1}}=\lim\limits_{n\to+\infty}(2a_n-a_{n-1})=0。$$

1.17 **解** $\lim\limits_{n\to+\infty}\dfrac{(2\sqrt[n]{n}-1)^n}{n^2}=\lim\limits_{n\to+\infty}\left(\dfrac{2\sqrt[n]{n}-1}{n^{\frac{2}{n}}}\right)^n=\mathrm{e}^{\lim\limits_{n\to+\infty}\frac{2\sqrt[n]{n}-1-n^{\frac{2}{n}}}{n^{\frac{2}{n}}}\cdot n}=\mathrm{e}^{\lim\limits_{n\to+\infty}-(\sqrt[n]{n}-1)^2\cdot n}=$

$\mathrm{e}^{\lim\limits_{n\to+\infty}-\left(\frac{\sqrt[n]{n}-1}{\frac{\ln n}{n}}\right)^2\cdot\frac{\ln^2 n}{n}}=1$。

1.18 **解** 注意到 $\lim\limits_{n\to+\infty}\dfrac{(2\sqrt[n]{n}-\sqrt[n]{2})^n}{n^2}=\lim\limits_{n\to+\infty}\dfrac{\mathrm{e}^{n\ln(2\sqrt[n]{n}-\sqrt[n]{2})}}{\mathrm{e}^{2\ln n}}=\lim\limits_{n\to+\infty}\mathrm{e}^{n\ln(2\sqrt[n]{n}-\sqrt[n]{2})-2\ln n}$，其中

$$\lim\limits_{n\to+\infty}n\ln(2\sqrt[n]{n}-\sqrt[n]{2})-2\ln n=\lim\limits_{x\to0^+}\dfrac{1}{x}\ln(2\mathrm{e}^{-x\ln x}-\mathrm{e}^{x\ln 2})+2\ln x$$

$$=\lim\limits_{x\to0^+}\dfrac{\ln(2\mathrm{e}^{-x\ln x}-\mathrm{e}^{x\ln 2})+2x\ln x}{x}$$

$$= \lim_{x \to 0^+} \left[\frac{2e^{-x\ln x}(-\ln x - 1) - e^{x\ln 2} \cdot \ln 2}{2e^{-x\ln x} - e^{x\ln 2}} + 2\ln x + 2 \right]$$

$$= \lim_{x \to 0^+} \frac{2(e^{-x\ln x} - e^{x\ln 2})(\ln x + 1) - e^{x\ln 2} \cdot \ln 2}{2e^{-x\ln x} - e^{x\ln 2}}$$

$$= \lim_{x \to 0^+} 2(e^{-x\ln x} - e^{x\ln 2})(\ln x + 1) - e^{x\ln 2} \cdot \ln 2$$

$$= \lim_{x \to 0^+} 2e^{x\ln 2}(e^{-x\ln x - x\ln 2} - 1)(\ln x + 1) - \ln 2$$

$$= \lim_{x \to 0^+} 2e^{x\ln 2} \left(\frac{e^{-x\ln x - x\ln 2} - 1}{\frac{1}{\ln x + 1}} \right) - \ln 2 = \lim_{x \to 0^+} 2 \frac{-x\ln x - x\ln 2}{\frac{1}{\ln x + 1}} - \ln 2$$

$$= \lim_{x \to 0^+} -2(x\ln x + x\ln 2)(\ln x + 1) - \ln 2 = -\ln 2 。$$

所以，$\lim\limits_{n \to +\infty} \dfrac{(2\sqrt[n]{n} - \sqrt[n]{2})^n}{n^2} = \lim\limits_{n \to +\infty} e^{n\ln(2\sqrt[n]{n} - \sqrt[n]{2}) - 2\ln n} = e^{-\ln 2} = \dfrac{1}{2}$。

1.19　提示　利用导数定义。

1.20　证明　显然 $x_n \neq 0$ 且 $x_{n+1} = \dfrac{2x_n + 3}{x_n}$。由数学归纳法容易证明，当 $n \geq 2$ 时，$x_n > 2$。此时

$$|x_{n+1} - 3| = \left| \frac{2x_n + 3}{x_n} - 3 \right| = \left| \frac{x_n - 3}{x_n} \right| < \frac{1}{2} |x_n - 3| < \frac{1}{2^2} |x_{n-1} - 3| < \cdots < \frac{1}{2^{n-1}} |x_2 - 3| 。$$

故 $\lim\limits_{n \to \infty} |x_{n+1} - 3| = 0$，即 x_n 收敛且极限为 3。

1.21　解　当 x 是无理数时，极限为 0；当 x 是有理数时，极限为 1。

1.22　解　由于 $\left(1 + \dfrac{1}{k}\right)^{kn}$ 是 k 的单调增加数列，故

$$\left(1 + \frac{1}{n}\right)^n \leqslant \sqrt[n]{(1+1)^n + \left(1 + \frac{1}{2}\right)^{2n} + \cdots + \left(1 + \frac{1}{n}\right)^{n^2}} \leqslant \sqrt[n]{n} \cdot \left(1 + \frac{1}{n}\right)^n ,$$

所以，$\lim\limits_{n \to \infty} \sqrt[n]{(1+1)^n + \left(1 + \dfrac{1}{2}\right)^{2n} + \cdots + \left(1 + \dfrac{1}{n}\right)^{n^2}} = e$。

1.23　解　由于

$$\sqrt[k]{\cos kx} = [1 + (\cos kx - 1)]^{\frac{1}{k}} = 1 + \frac{1}{k}(\cos kx - 1) + o(x^2) = 1 + \frac{1}{k}\left(1 - \frac{k^2 x^2}{2} - 1\right) + $$

$$o(x^2) = 1 - \frac{kx^2}{2} + o(x^2) ,$$

因此，$\lim\limits_{x \to 0} \dfrac{1 - \cos x \sqrt{\cos 2x} \cdots \sqrt[n]{\cos nx}}{x^2}$

$$= \lim_{x \to 0} \frac{1 - \left[1 - \frac{x^2}{2} + o(x^2)\right]\left[1 - \frac{2x^2}{2} + o(x^2)\right] \cdots \left[1 - \frac{nx^2}{2} + o(x^2)\right]}{x^2}$$

$$= \lim_{x \to 0} \frac{1 - \left[1 - \frac{x^2}{2} - \frac{2x^2}{2} - \cdots - \frac{nx^2}{2} + o(x^2)\right]}{x^2} = \lim_{x \to 0} \frac{\frac{n(n+1)}{4}x^2 + o(x^2)}{x^2} = \frac{n(n+1)}{4}。$$

1.24 **解** $\displaystyle\lim_{x \to 0} \frac{3\tan 4x - 12\tan x}{3\sin 4x - 12\sin x} = -2$。

1.25 **证明** 先证明 $a_n \leqslant 1$。当 $n = 1$ 时,显然成立。假设 $a_n \leqslant 1$,则有 $a_{n+1}^2 + a_{n+1} - 1 = a_n^2 \leqslant 1$,由此可得 $a_{n+1} \leqslant 1$。再证明 a_n 单调增加。因为 $a_{n+1}^2 - a_n^2 = 1 - a_{n+1} \geqslant 0$,故 a_n 单调增加。所以数列 a_n 收敛。

假设 $\displaystyle\lim_{n \to \infty} a_n = A$,在已知等式 $a_{n+1}^2 + a_{n+1} - 1 = a_n^2$ 两边取极限,则有 $A^2 + A - 1 = A^2$,解得 $A = 1$,所以 $\displaystyle\lim_{n \to \infty} a_n = 1$。

1.26 **解** $\displaystyle\lim_{x \to +\infty} x^{\frac{7}{4}}(\sqrt[4]{x+1} + \sqrt[4]{x-1} - 2\sqrt[4]{x}) = -\frac{3}{16}$。

1.27 **解** $\displaystyle\lim_{x \to 0^+} \frac{x^x - (\sin x)^x}{x^2 \ln(1+x)} = \frac{1}{6}$。

1.28 **解** $\displaystyle\lim_{x \to 0} \frac{1 - \ln\left[\ln(x + e^{(x+1)^{\frac{1}{x}}})\right]}{x} = \frac{e^{e+1} - 2}{2e^{e+1}}$。

1.29 **解** $\displaystyle\lim_{x \to 0} \frac{1}{\ln(x + \sqrt{1+x^2})} - \frac{1}{\ln(1+x)} = -\frac{1}{2}$。

1.30 **解** $\displaystyle\lim_{x \to 0} \frac{[\sin(\tan x) - \tan(\sin x)]\sin x}{x^4} = 0$。

1.31 **解** 由于 $\sec x = 1 + \frac{x^2}{2} + o(x^3)$,$\tan x = x + \frac{x^3}{3} + o(x^3)$,且

$$\sin(\sin x) = \sin x - \frac{(\sin x)^3}{6} + o(x^3) = x - \frac{x^3}{6} - \frac{x^3}{6} + o(x^3) = x - \frac{x^3}{3} + o(x^3)$$

故 $\displaystyle\lim_{x \to 0} \frac{\sec x \tan x - \sin(\sin x)}{x^3}$

$$= \lim_{x \to 0} \frac{\left(1 + \frac{x^2}{2} + o(x^3)\right)\left(x + \frac{x^3}{3} + o(x^3)\right) - \left(x - \frac{x^3}{3} + o(x^3)\right)}{x^3}$$

$$= \lim_{x \to 0} \frac{x + \frac{x^3}{3} + \frac{x^3}{2} - x + \frac{x^3}{3} + o(x^3)}{x^3} = \lim_{x \to 0} \frac{\frac{7x^3}{6} + o(x^3)}{x^3} = \frac{7}{6}。$$

1.32 **提示** 参见例 1.15。

1.33 **解** 注意到 $\displaystyle\lim_{n \to \infty} x_n = +\infty$ 以及,

$$x_n^2 - 4 = x_{n-1}^2(x_{n-1}^2 - 4) = x_{n-1}^2 x_{n-2}^2(x_{n-2}^2 - 4) = \cdots$$
$$= x_{n-1}^2 x_{n-2}^2 \cdots x_0^2(x_0^2 - 4) = 5x_{n-1}^2 x_{n-2}^2 \cdots x_0^2,$$

故 $\displaystyle\lim_{n \to \infty}\left(\frac{x_n}{x_0 x_1 \cdots x_{n-1}}\right)^2 = \lim_{n \to \infty} \frac{5x_n^2}{x_n^2 - 4} = 5$。所以 $\displaystyle\lim_{n \to \infty} \frac{x_n}{x_0 x_1 \cdots x_{n-1}} = \sqrt{5}$。

1.34 **提示** 参见例 1.14。

1.35 **提示**　利用函数单调性。**答**　不存在。

1.36 **证明**　注意到 $n < 2^n < 2^{2^n}$，则有

$$x_n = \sqrt{1 + \sqrt{2 + \sqrt{\cdots + \sqrt{n}}}} \leqslant \sqrt{2^{2^1} + \sqrt{2^{2^2} + \sqrt{\cdots + \sqrt{2^{2^n}}}}} = 2\sqrt{1 + \sqrt{1 + \sqrt{\cdots + \sqrt{1}}}} \text{。}$$

记 $y_n = \sqrt{1 + \sqrt{1 + \sqrt{\cdots + \sqrt{1}}}}$，下证 $y_n \leqslant \dfrac{1 + \sqrt{5}}{2}$。$y_1 = 1 \leqslant \dfrac{1 + \sqrt{5}}{2}$，设 $y_n \leqslant \dfrac{1 + \sqrt{5}}{2}$，则

$$y_{n+1} = \sqrt{1 + y_n} \leqslant \sqrt{1 + \dfrac{1 + \sqrt{5}}{2}} = \dfrac{1 + \sqrt{5}}{2} \text{。}\text{由数学归纳法得证。所以 } x_n = 2y_n \leqslant 1 + \sqrt{5} \text{。}$$

另一方面，数列 x_n 单调增加，因此数列 x_n 收敛。

1.37 **解**　$\lim\limits_{x \to 0}\left[\dfrac{a}{x} - \left(\dfrac{1}{x^2} - a^2\right)\ln(1 + ax)\right] = \dfrac{a^2}{2}$。

1.38 **解**　$\lim\limits_{n \to +\infty}\left[\sqrt{n}\,(\sqrt{n+1} - \sqrt{n}) + \dfrac{1}{2}\right]^{\frac{\sqrt{n+1}+\sqrt{n}}{\sqrt{n+1}-\sqrt{n}}} = e^{-\frac{1}{2}}$。

1.39 **解**　$\lim\limits_{n \to \infty} \dfrac{3}{2} \cdot \dfrac{5}{4} \cdot \dfrac{17}{16} \cdot \cdots \cdot \dfrac{2^{2^{n-1}} + 1}{2^{2^{n-1}}} = \lim\limits_{n \to \infty} 2\left(1 - \dfrac{1}{2}\right)\left(1 + \dfrac{1}{2}\right) \cdot \left(1 + \dfrac{1}{2^2}\right) \cdot$

$\left(1 + \dfrac{1}{2^4}\right) \cdot \cdots \cdot \left(1 + \dfrac{1}{2^{2^{n-1}}}\right) = \lim\limits_{n \to \infty} 2\left(1 - \dfrac{1}{2^{2^n}}\right) = 2$。

1.40 **解**　由于 $\dfrac{\dfrac{k}{n^2}}{\sqrt{1 + \dfrac{1}{n}} + 1} \leqslant \sqrt{1 + \dfrac{k}{n^2}} - 1 = \dfrac{\dfrac{k}{n^2}}{\sqrt{1 + \dfrac{k}{n^2}} + 1} \leqslant \dfrac{\dfrac{k}{n^2}}{2}$，故

$$\sum_{k=1}^{n} \dfrac{\dfrac{k}{n^2}}{\sqrt{1 + \dfrac{1}{n}} + 1} \leqslant \sum_{k=1}^{n}\left[\sqrt{1 + \dfrac{k}{n^2}} - 1\right] \leqslant \sum_{k=1}^{n} \dfrac{k}{2n^2} \text{。}$$

而 $\lim\limits_{n \to \infty} \sum\limits_{k=1}^{n} \dfrac{\dfrac{k}{n^2}}{\sqrt{1 + \dfrac{1}{n}} + 1} = \lim\limits_{n \to \infty} \sum\limits_{k=1}^{n} \dfrac{k}{2n^2} = \dfrac{1}{4}$。**根据夹逼准则可得**

$$\lim_{n \to \infty}\left[\sqrt{1 + \dfrac{1}{n^2}} - 1\right] + \left[\sqrt{1 + \dfrac{2}{n^2}} - 1\right] + \left[\sqrt{1 + \dfrac{3}{n^2}} - 1\right] + \cdots + \left[\sqrt{1 + \dfrac{n}{n^2}} - 1\right] = \dfrac{1}{4} \text{。}$$

1.41 **证明**　**反证法**　若数列 a_n 有界，即存在 $M > 0$，使得 $|a_n| \leqslant M$ 对于所有的 n 都成立。作一列区间 $\left(a_n - \dfrac{1}{2n}, a_n + \dfrac{1}{2n}\right)$，显然有 $\left(a_n - \dfrac{1}{2n}, a_n + \dfrac{1}{2n}\right) \subset \left[-M - \dfrac{1}{2}, M + \dfrac{1}{2}\right]$。

另一方面，由于 $|a_n - a_m| > \dfrac{1}{\min\{m, n\}} > \dfrac{1}{2}\left(\dfrac{1}{m} + \dfrac{1}{n}\right)$，

故诸区间 $\left(a_n - \dfrac{1}{2n}, a_n + \dfrac{1}{2n}\right)$ 互不相交，则有 $\sum\limits_{n=1}^{\infty} \dfrac{1}{n} \leqslant 2M + 1$，矛盾。综上，数列 a_n 无界。

1.42 **提示** 构造数列 $y_n = \ln x_n$。$\lim\limits_{n\to\infty} x_n = 2^{\frac{2}{3}}$。

1.43 **解** 由泰勒公式 $\arctan x = x - \dfrac{x^3}{3} + \dfrac{x^5}{5} - \dfrac{x^7}{7} + o(x^7)$，知 $\dfrac{1}{1+bx^2} = 1 - bx^2 + b^2 x^4 - b^3 x^6 + o(x^7)$，所以

$$f(x) = \arctan x - \frac{x + ax^3}{1 + bx^2}$$

$$= x - \frac{x^3}{3} + \frac{x^5}{5} - \frac{x^7}{7} + o(x^7) - (x + ax^3)[1 - bx^2 + b^2 x^4 - b^3 x^6 + o(x^7)]$$

$$= \left(-\frac{1}{3} + b - a\right)x^3 + \left(\frac{1}{5} - b^2 + ab\right)x^5 + \left(-\frac{1}{7} + b^3 - ab^2\right)x^7 + o(x^7)。$$

令 $\begin{cases} -\dfrac{1}{3} + b - a = 0 \\ \dfrac{1}{5} - b^2 + ab = 0 \end{cases}$，解之得 $\begin{cases} a = \dfrac{4}{15} \\ b = \dfrac{3}{5} \end{cases}$，此时 $-\dfrac{1}{7} + b^3 - ab^2 = -\dfrac{4}{175} \neq 0$。所以当 $x \to$

0 时，函数 $f(x) = \arctan x - \dfrac{x + ax^3}{1 + bx^2}$ 最多为 x 的 7 阶无穷小。

1.44 **证明** 注意到 $0 \leqslant y_n \leqslant 1$ 且 y_n 单调增加，$\lim\limits_{n\to\infty} y_n = 1 - \sqrt{1-x}$。

1.45 **证明** 由于 $0 \leqslant y_n \leqslant \dfrac{x}{2}$（数学归纳法可证），故有

$$0 \leqslant |y_{n+1} - y_n| = \left|\left(\frac{x}{2} - \frac{y_n^2}{2}\right) - \left(\frac{x}{2} - \frac{y_{n-1}^2}{2}\right)\right| \leqslant \frac{x}{2} |y_n - y_{n-1}|$$

$$\leqslant \left(\frac{x}{2}\right)^2 |y_{n-1} - y_{n-2}| \leqslant \cdots \leqslant \left(\frac{x}{2}\right)^{n-1} |y_2 - y_1|。$$

结合级数 $\sum\limits_{n=1}^{\infty} \left(\dfrac{x}{2}\right)^{n-1}$ 收敛可得数列 y_n 收敛，且 $\lim\limits_{n\to\infty} y_n = -1 + \sqrt{1+x}$。

1.46 **解** 注意到 $\sqrt[n]{n} \leqslant 2$，故 $\sqrt[n]{(n-1) + \sqrt[n]{n}} \leqslant \sqrt[n]{(n-1) + 2} = \sqrt[n]{n+1}$。由于数列 $\sqrt[n]{n+1}$ 单调递减，因而有 $\sqrt[n]{(n-1) + \sqrt[n]{n}} \leqslant \sqrt[n]{n+1} \leqslant 2$。因此

$$\sqrt[n]{(n-2) + \sqrt[n]{(n-1) + \sqrt[n]{n}}} \leqslant \sqrt[n]{(n-2) + 2} = \sqrt[n]{n} \leqslant 2,$$

$$\sqrt[n]{(n-3) + \sqrt[n]{(n-2) + \sqrt[n]{(n-1) + \sqrt[n]{n}}}} \leqslant \sqrt[n]{(n-3) + 2} = \sqrt[n]{n} \leqslant 2。$$

以此类推，有

$$\sqrt[n]{1 + \sqrt[n]{2 + \sqrt[n]{3 + \sqrt[n]{4 + \sqrt[n]{\cdots + \sqrt[n]{(n-2) + \sqrt[n]{(n-1) + \sqrt[n]{n}}}}}}}} \leqslant \sqrt[n]{2},$$

所以 $\qquad\qquad\qquad\qquad 1 \leqslant x_n \leqslant \sqrt[n]{2}。$

综上，$\lim\limits_{n\to\infty} x_n = 1$。

另证 当 $x \geqslant 1$ 时，由于 $\sqrt[n]{x} \leqslant x$（其中 n 是正整数），故

$$\sqrt[n]{n} \leqslant n,\ \sqrt[n]{(n-1)+\sqrt[n]{n}} \leqslant \sqrt[n]{(n-1)+n} \leqslant (n-1)+n,$$

$$\sqrt[n]{(n-2)+\sqrt[n]{(n-1)+\sqrt[n]{n}}} \leqslant \sqrt[n]{(n-2)+(n-1)+n} = (n-2)+(n-1)+n.$$

依此类推，可得

$$1 \leqslant x_n \leqslant \sqrt[n]{1+2+\cdots+(n-1)+n},$$

所以，$\lim\limits_{n\to\infty} x_n = 1$。

1.47 解 不妨设 $1 < \alpha < 2$，则有

$$x_n = \frac{1}{n+1^{\alpha}} + \frac{1}{n+2^{\alpha}} + \cdots + \frac{1}{n+n^{\alpha}}$$

$$\leqslant \int_0^1 \frac{1}{n+x^{\alpha}}\mathrm{d}x + \int_1^2 \frac{1}{n+x^{\alpha}}\mathrm{d}x + \cdots + \int_{n-1}^n \frac{1}{n+x^{\alpha}}\mathrm{d}x = \int_0^n \frac{1}{n+x^{\alpha}}\mathrm{d}x$$

$$\leqslant \int_0^n \frac{1}{2\sqrt{nx^{\alpha}}}\mathrm{d}x = \frac{1}{2\sqrt{n}} \cdot \frac{n^{1-\frac{\alpha}{2}}}{1-\frac{\alpha}{2}},$$

即

$$0 \leqslant x_n \leqslant \frac{1}{2\sqrt{n}} \cdot \frac{n^{1-\frac{\alpha}{2}}}{1-\frac{\alpha}{2}}.$$

注意到 $1 < \alpha < 2$，$\lim\limits_{n\to\infty} \dfrac{1}{2\sqrt{n}} \cdot \dfrac{n^{1-\frac{\alpha}{2}}}{1-\frac{\alpha}{2}} = 0$，所以 $\lim\limits_{n\to\infty} x_n = 0$。

1.48 解 记 $x_n = \sum\limits_{k=1}^n \dfrac{k}{n^2+k^2+k}$。注意到 $\sum\limits_{k=1}^n \dfrac{k}{(n+1)^2+k^2} \leqslant x_n = \sum\limits_{k=1}^n \dfrac{k}{n^2+k^2+k}$

$\leqslant \sum\limits_{k=1}^n \dfrac{k}{n^2+k^2}$，则极限 $\lim\limits_{n\to\infty} \sum\limits_{k=1}^n \dfrac{k}{n^2+k^2+k} = \dfrac{\ln 2}{2}$。

1.49 解 （1）$\lim\limits_{x\to+\infty} \left(\dfrac{a^{\frac{1}{x}}+b^{\frac{1}{x}}}{2}\right)^x = \sqrt{ab}$；　（2）$\lim\limits_{x\to+\infty} x\left[\left(\dfrac{a^{\frac{1}{x}}+b^{\frac{1}{x}}}{2}\right)^x - \sqrt{ab}\right] = \dfrac{\sqrt{ab}}{8}$
$\ln^2\left(\dfrac{a}{b}\right)$。

1.50 略。

1.51 解 $\lim\limits_{x\to0} \dfrac{x - \sin(\sin(\sin(\sin x)))}{x^3}$

$$= \lim\limits_{x\to0} \frac{\begin{aligned}(x-\sin x) + (\sin x - \sin\sin x) + (\sin\sin x - \sin\sin\sin x)\\ + (\sin\sin\sin x - \sin\sin\sin\sin x)\end{aligned}}{x^3}$$

$$= \frac{1}{6} + \frac{1}{6} + \frac{1}{6} + \frac{1}{6} = \frac{2}{3}.$$

1.52 解 $\lim\limits_{x\to0} \dfrac{(1+x)^{\frac{2}{x}} - \mathrm{e}^2(1-\ln(1+x))}{x^2} = \dfrac{5}{3}\mathrm{e}^2$。

1.53 **解** 注意到 $\dfrac{2n+2}{n+1} \leqslant \sum\limits_{k=n^2}^{(n+1)^2} \dfrac{1}{\sqrt{k}} \leqslant \dfrac{2n+2}{n}$，故 $\lim\limits_{n\to+\infty} \sum\limits_{k=n^2}^{(n+1)^2} \dfrac{1}{\sqrt{k}} = 2$。

1.54 **解** $\lim\limits_{x\to 0} \dfrac{\arcsin 2x - 2\arcsin x}{x^3} = 1$。

1.55 **证明** 注意到当 $n \geqslant 2$ 时，$x_n = a + \dfrac{b}{x_{n-1}} \geqslant a$，故

$$x_{n+1} - x_n = a + \frac{b}{x_n} - a - \frac{b}{x_{n-1}} = b \cdot \frac{x_{n-1} - x_n}{x_n x_{n-1}} = b \cdot \frac{x_{n-1} - x_n}{\left(a + \dfrac{b}{x_{n-1}}\right) x_{n-1}}$$

$$= b \cdot \frac{x_{n-1} - x_n}{b + a x_{n-1}} = \frac{x_{n-1} - x_n}{1 + \dfrac{a x_{n-1}}{b}}。$$

所以

$$|x_{n+1} - x_n| = \left| \frac{x_{n-1} - x_n}{1 + \dfrac{a x_{n-1}}{b}} \right| \leqslant \frac{1}{1 + \dfrac{a^2}{b}} |x_n - x_{n-1}| \leqslant \frac{1}{\left(1 + \dfrac{a^2}{b}\right)^2} |x_{n-1} - x_{n-2}|$$

$$\leqslant \cdots \leqslant \frac{1}{\left(1 + \dfrac{a^2}{b}\right)^{n-2}} |x_3 - x_2|。$$

结合比较审敛法，级数 $\sum\limits_{n=1}^{\infty} |x_{n+1} - x_n|$ 收敛，从而级数 $\sum\limits_{n=1}^{\infty} (x_{n+1} - x_n)$ 收敛，所以数列 x_n 收敛。设极限 $\lim\limits_{n\to+\infty} x_n = c$，在已知等式 $x_n = a + \dfrac{b}{x_{n-1}}$ 两边取极限，可得 $c = a + \dfrac{b}{c}$。 解出 $c = \dfrac{a + \sqrt{a^2 + 4b}}{2}$，所以 $\lim\limits_{n\to+\infty} x_n = \dfrac{a + \sqrt{a^2 + 4b}}{2}$。

1.56 **提示** 注意到当 $n \geqslant 3$ 时，$x_n \in (\mathrm{e}^{-1}, \mathrm{e}^{-\mathrm{e}^{-1}})$。

1.57 **解** $\lim\limits_{n\to\infty} n\sqrt[n]{\sin 1 \sin\dfrac{1}{2} \sin\dfrac{1}{3} \cdots \sin\dfrac{1}{n}} = \lim\limits_{n\to\infty} n\sqrt[n]{\dfrac{\sin 1 \sin\dfrac{1}{2} \sin\dfrac{1}{3} \cdots \sin\dfrac{1}{n}}{n! \dfrac{1}{n!}}}$

$$= \lim\limits_{n\to\infty} \frac{n}{\sqrt[n]{n!}} \sqrt[n]{\frac{\sin 1 \sin\dfrac{1}{2} \sin\dfrac{1}{3} \cdots \sin\dfrac{1}{n}}{\dfrac{1}{n!}}} = \lim\limits_{n\to\infty} \frac{n}{\sqrt[n]{n!}} \mathrm{e}^{\frac{1}{n}\sum\limits_{i=1}^{n} \ln\left(\frac{\sin\frac{1}{i}}{\frac{1}{i}}\right)} = \mathrm{e}。$$

1.58 **解** 注意到 $\lim\limits_{x\to 0^+} \dfrac{\ln(ax)}{\ln\left(\dfrac{x}{a}\right)} = \lim\limits_{x\to 0^+} \dfrac{\dfrac{1}{x}}{\dfrac{1}{x}} = 1$，则有

$$\lim_{x\to 0^+}\ln(x\ln a)\cdot\ln\left[\frac{\ln(ax)}{\ln\left(\dfrac{x}{a}\right)}\right]=\lim_{x\to 0^+}\cdot\frac{\ln\left[1+\dfrac{\ln(ax)}{\ln\left(\dfrac{x}{a}\right)}-1\right]}{\dfrac{1}{\ln(x\ln a)}}=\lim_{x\to 0^+}\cdot\frac{\dfrac{\ln(ax)}{\ln\left(\dfrac{x}{a}\right)}-1}{\dfrac{1}{\ln(x\ln a)}}$$

$$=\lim_{x\to 0^+}\cdot\frac{\ln(ax)-\ln\left(\dfrac{x}{a}\right)}{\ln\left(\dfrac{x}{a}\right)}\cdot\ln(x\ln a)=2\ln a\lim_{x\to 0^+}\cdot\frac{\ln(x\ln a)}{\ln\left(\dfrac{x}{a}\right)}=2\ln a\lim_{x\to 0^+}\cdot\frac{\dfrac{1}{x}}{\dfrac{1}{x}}=2\ln a。$$

1.59 **解** 注意到 $a_n=\dfrac{\sqrt{b_n^2+c_n^2}}{b_n+c_n}a_{n-1}\leqslant\dfrac{\sqrt{25+25}}{4+4}a_{n-1}=ca_{n-1}$，其中 $0<c<1$，所以有 $\lim_{n\to+\infty}a_n=0$。

1.60 **解** 令 $\ln x=t$，则 $\lim_{x\to+\infty}\dfrac{x^{2\ln x}-x}{(\ln x)^x+x}=\lim_{t\to+\infty}\dfrac{e^{2t^2}-e^t}{t^{e^t}+e^t}=\lim_{t\to+\infty}\dfrac{\dfrac{e^{2t^2}}{t^{e^t}}-\dfrac{e^t}{t^{e^t}}}{1+\dfrac{e^t}{t^{e^t}}}=0$。

1.61 **证明** 由已知条件 $x_{n+1}\leqslant x_n+a_n$ 可得 $x_{n+1}-\sum_{k=1}^{n}a_k\leqslant x_n-\sum_{k=1}^{n-1}a_k$。若记 $y_n=x_n-\sum_{k=1}^{n-1}a_k$，则有 $y_{n+1}\leqslant y_n$，数列单调递减；另一方面，显然数列 y_n 有下界，所以数列 y_n 收敛。从而 $x_n=y_n+\sum_{k=1}^{n-1}a_k$ 收敛。

1.62 **提示** 参见例 1.15。

1.63 **证明** 由均值不等式，$\sqrt[n]{(1a_1)\cdot(2a_2)\cdot\cdots\cdot(na_n)}\leqslant\dfrac{a_1+2a_2+\cdots+na_n}{n}$，故

$$\sqrt[n]{n!}\cdot\sqrt[n]{a_1\cdot a_2\cdot\cdots\cdot a_n}\leqslant\dfrac{a_1+2a_2+\cdots+na_n}{n},$$

即

$$\sqrt[n]{a_1\cdot a_2\cdot\cdots\cdot a_n}\leqslant\dfrac{a_1+2a_2+\cdots+na_n}{n}\cdot\dfrac{1}{\sqrt[n]{n!}}。$$

于是

$$0<\sqrt{n}\sqrt[n]{a_1\cdot a_2\cdot\cdots\cdot a_n}\leqslant\dfrac{a_1+2a_2+\cdots+na_n}{\sqrt{n}}\cdot\dfrac{1}{\sqrt[n]{n!}}。$$

而 $\lim_{n\to\infty}\dfrac{a_1+2a_2+\cdots+na_n}{\sqrt{n}}\cdot\dfrac{1}{\sqrt[n]{n!}}=0$，所以由夹逼准则 $\lim_{n\to\infty}\sqrt{n}\cdot\sqrt[n]{a_1\cdot\cdots\cdot a_n}=0$。

1.64 **解** $\lim_{n\to+\infty}\dfrac{V_n}{n^3}=\dfrac{4\pi}{3}$。

1.65 **解** 可以。构造函数如下

$$f(x)=\dfrac{1}{x-1}+\dfrac{1}{x-2}+\dfrac{1}{x-3},\quad g(x)=\begin{cases}\dfrac{1}{\sin x\pi}, & \dfrac{1}{2}<x<\dfrac{7}{2}\\[2mm]\sin x\pi, & x\leqslant\dfrac{1}{2},\ x\geqslant\dfrac{7}{2}\end{cases}。$$

则 $f(x)$ 与 $g(x)$ 在 $(-\infty, +\infty)$ 上各有且仅有 3 个间断点 $x_1=1$, $x_2=2$ 以及 $x_3=3$, 满足条件, 且容易验证 $f(g(x))$ 有无穷多个间断点。

1.66 解 不存在。

1.67 解 存在。

1.68 提示 反证法。

1.69 提示 利用闭区间上连续函数的介值定理。

1.70 证明 分两个情形加以证明。

情形一 当 $f(x)$ 是常值函数时, 结论显然成立。

情形二 当 $f(x)$ 不是常值函数时, 由于 $f(x)$ 是 $[0, T]$ 上的连续函数, 故可设 $f(x_1) = \min\limits_{x \in [0,T]} \{f(x)\}$, $f(x_2) = \max\limits_{x \in [0,T]} \{f(x)\}$。此时必有 $x_1 \neq x_2$, 不妨设 $x_1 < x_2$。构造函数

$$F(x) = f(x) - f(x+L), \quad x \in [x_1, x_2],$$

则 $F(x_1) = f(x_1) - f(x_1+L) \leqslant 0$, 且 $F(x_2) = f(x_2) - f(x_2+L) \geqslant 0$。

故存在 $\xi \in [x_1, x_2]$, 使得 $F(\xi) = 0$, $f(\xi) = f(\xi+L)$, 所以 $f(\xi+nT) = f(\xi+nT+L)$, 因此方程 $f(x) = f(x+L)$ 有根 $x = \xi + nT$。

综上, 方程 $f(x) = f(x+L)$ 有无穷多个实数解。

1.71 证明 (1) 由于 $f_n(0) = 1$, $f_n\left(\dfrac{\pi}{2}\right) = 0$ 以及函数的连续性, 知 $f_n(x) = \dfrac{1}{2}$ 在 $\left(0, \dfrac{\pi}{2}\right)$ 中有解。又 $f'_n(x) = -n(1-\cos x)^{n-1} \sin x < 0$, 所以根唯一。

(2) 因 $\lim\limits_{n \to \infty} f_n\left(\arccos \dfrac{1}{n}\right) = \lim\limits_{n \to \infty} 1 - \left(1 - \dfrac{1}{n}\right)^n = 1 - e^{-1} > \dfrac{1}{2}$, 由极限的保号性, 存在 N, 当 $n > N$ 时有 $f_n\left(\arccos \dfrac{1}{n}\right) > \dfrac{1}{2} = f(x_n)$, 结合函数的单调性知 $\arccos \dfrac{1}{n} < x_n < \dfrac{\pi}{2}$, 所以 $\lim\limits_{n \to \infty} x_n = \dfrac{\pi}{2}$。

1.72 解 由于 $f(x) = \lim\limits_{t \to x} \left(\dfrac{\sin t}{\sin x}\right)^{\frac{x}{\sin t - \sin x}} = \lim\limits_{t \to x} \left[\left(1 + \dfrac{\sin t - \sin x}{\sin x}\right)^{\frac{\sin x}{\sin t - \sin x}}\right]^{\frac{x}{\sin x}} = e^{\frac{x}{\sin x}}$,

$f(x) = e^{\frac{x}{\sin x}}$ 的间断点为 $x = k\pi$, $k = 0, \pm 1, \pm 2, \cdots$。其中 $x = 0$ 是函数 $f(x)$ 的第一类可去间断点, $x = k\pi (k \neq 0)$ 是函数 $f(x)$ 的第二类间断点。

1.73 提示 利用单调性。

1.74 解 不妨设函数 $f(x)$ 是单调增加的, 则对于任意的 $x \in (x_0 - \delta, x_0)$, $f(x)$ 单调增加且 $f(x) \leqslant f(x_0)$。结合单调有界收敛定理以及函数极限的局部保号性可知, $f(x_0^-)$ 存在且 $f(x_0^-) \leqslant f(x_0)$。类似可得 $f(x_0^+)$ 存在且 $f(x_0^+) \geqslant f(x_0)$。故

$$f(x_0^+) \geqslant f(x_0) \geqslant f(x_0^-)。$$

断言 $f(x_0^+) \neq f(x_0^-)$。否则, $f(x_0^+) = f(x_0) = f(x_0^-)$, 即 $\lim\limits_{x \to x_0} f(x) = f(x_0)$, 则函数 $f(x)$ 点在 $x = x_0$ 处连续, 矛盾。

综上, $x = x_0$ 是 $f(x)$ 的第一类跳跃间断点。

1.75　解　注意到 $\dfrac{f(x)+f(y)}{2}=f\left(\dfrac{x+y}{2}\right)=f\left(\dfrac{x+y+0}{2}\right)=\dfrac{f(x+y)+f(0)}{2}$，

可得

$$[f(x)-f(0)]+[f(y)-f(0)]=[f(x+y)-f(0)]。$$

若记 $g(x)=f(x)-f(0)$，则有 $g(x)+g(y)=g(x+y)$，由例 1.62 可知 $g(x)=kx$，所以 $f(x)=kx+b$，其中常数 $b=f(0)$。

1.76　解　数列 S_n 发散。因为

$$S_n=\sum_{k=1}^{n}\ln\left(1+\dfrac{1}{p_k-1}\right)=\sum_{k=1}^{n}\ln\left(\dfrac{p_k}{p_k-1}\right)=\sum_{k=1}^{n}\ln\left(\dfrac{1}{1-\dfrac{1}{p_k}}\right)=\ln\left(\prod_{k=1}^{n}\dfrac{1}{1-\dfrac{1}{p_k}}\right)$$

$$=\ln\left[\left(1+\dfrac{1}{p_1}+\dfrac{1}{p_1^2}+\dfrac{1}{p_1^3}+\cdots\right)\left(1+\dfrac{1}{p_2}+\dfrac{1}{p_2^2}+\dfrac{1}{p_2^3}+\cdots\right)\cdots\left(1+\dfrac{1}{p_n}+\dfrac{1}{p_n^2}+\dfrac{1}{p_n^3}+\cdots\right)\right]$$

$$\geqslant\ln\left(1+\dfrac{1}{2}+\dfrac{1}{3}+\cdots+\dfrac{1}{n}\right)\rightarrow+\infty，\ n\rightarrow+\infty。$$

注：事实上，由本题可知 $\displaystyle\sum_{n=1}^{\infty}\dfrac{1}{p_n}$ 也发散。

第二讲　一元微分学

2.1　基本概念与内容要点

本讲内容主要包括导数与微分的概念,求导法则(四则运算求导、反函数求导、复合函数求导、隐函数求导以及由参数方程所确定的函数的求导),高阶导数与莱布尼茨公式,中值定理(罗尔中值定理、拉格朗日中值定理、柯西中值定理以及泰勒定理),罗必塔法则,函数的单调性、凹凸性、最值、极值以及拐点。

1. 导数与微分的概念

(1) **导数**　设函数 $y=f(x)$ 在点 x_0 的某个邻域内有定义,如果极限

$$\lim_{\Delta x \to 0} \frac{\Delta y}{\Delta x} = \lim_{\Delta x \to 0} \frac{f(x_0 + \Delta x) - f(x_0)}{\Delta x}$$

存在,则称函数 $y=f(x)$ 在点 x_0 处可导,并称此极限为函数 $f(x)$ 在点 x_0 处的导数,记作 $\dfrac{\mathrm{d}y}{\mathrm{d}x}\bigg|_{x=x_0}$,也记作 $f'(x_0)$ 或者 $y'(x_0)$,即 $f'(x_0)=\lim\limits_{\Delta x \to 0}\dfrac{f(x_0+\Delta x)-f(x_0)}{\Delta x}$。

(2) **微分**　假设函数 $y=f(x)$ 在点 x_0 的某个邻域内有定义,如果函数 $f(x)$ 的增量 $\Delta y=f(x_0+\Delta x)-f(x_0)$ (Δx 是自变量增量)可以表示为 $\Delta y=A\Delta x+o(\Delta x)$,其中 A 是与 Δx 无关的常数,则称函数 $f(x)$ 在点 x_0 处可微,且称 $A\Delta x$ 为函数 $y=f(x)$ 在点 x_0 处的微分,记作 $\mathrm{d}y\bigg|_{x=x_0}$,即 $\mathrm{d}y\bigg|_{x=x_0}=A\Delta x$。

2. 求导法则

(1) 四则运算求导

① $(u \pm v)' = u' \pm v'$。

② $(uv)' = u'v + uv'$(可推广到多个函数相乘情形)。

③ $\left(\dfrac{u}{v}\right)' = \dfrac{u'v - uv'}{v^2}$。

(2) **反函数求导**　假设函数 $x=f(y)$ 在区间 I_y 上单调可导且 $f'(y) \neq 0$,则其反函数 $y=f^{-1}(x)$ 在相应区间 I_x 上单调可导且 $\dfrac{\mathrm{d}y}{\mathrm{d}x}=\dfrac{1}{f'(y)}=\dfrac{1}{\dfrac{\mathrm{d}x}{\mathrm{d}y}}$。

(3) **复合函数求导**　假设函数 $y=f(u)$,$u=\varphi(x)$ 都是可导函数,则复合函数 $f[\varphi(x)]$

也是可导函数,且有 $\dfrac{\mathrm{d}y}{\mathrm{d}x} = \dfrac{\mathrm{d}y}{\mathrm{d}u} \dfrac{\mathrm{d}u}{\mathrm{d}x}$。

(4) **隐函数求导** 假设函数 $y = f(x)$ 是由方程 $F(x,y) = 0$ 所确定的隐函数($F(x,y) = 0$ 满足多元隐函数的条件时),在等式 $F(x,y) = 0$ 两边对 x 求导。需要注意的是,y 是 x 的复合函数,解出 y' 即为所求。

(5) **参数方程求导** 假设 $y = f(x)$ 是由方程 $\begin{cases} x = x(t), \\ y = y(t) \end{cases}$ 确定的函数,其中 $x(t)$、$y(t)$ 都是可导函数且 $x'(t) \neq 0$,则有 $\dfrac{\mathrm{d}y}{\mathrm{d}x} = \dfrac{y'(t)}{x'(t)} = \dfrac{\dfrac{\mathrm{d}y}{\mathrm{d}t}}{\dfrac{\mathrm{d}x}{\mathrm{d}t}}$。

> 注:若 $x(t)$、$y(t)$ 都是二阶可导函数,进一步有
> $$\frac{\mathrm{d}^2 y}{\mathrm{d}x^2} = \frac{\mathrm{d}}{\mathrm{d}x}\left(\frac{\mathrm{d}y}{\mathrm{d}x}\right) = \frac{\mathrm{d}}{\mathrm{d}x}\left(\frac{\dfrac{\mathrm{d}y}{\mathrm{d}t}}{\dfrac{\mathrm{d}x}{\mathrm{d}t}}\right) = \frac{\mathrm{d}}{\mathrm{d}t}\left(\frac{\dfrac{\mathrm{d}y}{\mathrm{d}t}}{\dfrac{\mathrm{d}x}{\mathrm{d}t}}\right)\frac{\mathrm{d}t}{\mathrm{d}x} = \frac{\dfrac{\mathrm{d}^2 y}{\mathrm{d}t^2}\dfrac{\mathrm{d}x}{\mathrm{d}t} - \dfrac{\mathrm{d}y}{\mathrm{d}t}\dfrac{\mathrm{d}^2 x}{\mathrm{d}t^2}}{\left(\dfrac{\mathrm{d}x}{\mathrm{d}t}\right)^3}。$$

3. 高阶导数以及莱布尼茨公式

(1) **高阶导数** $y^{(n)}$ 表示对函数 $y = f(x)$ 求 n 次导数,有时候也记作 $\dfrac{\mathrm{d}^n y}{\mathrm{d}x^n}$。

(2) **莱布尼茨公式** 假设函数 $u(x)$,$v(x)$ 都具有 n 阶导数,则函数 uv 为 n 阶可导函数且有

$$(uv)^{(n)} = \sum_{k=0}^{n} \mathrm{C}_n^k u^{(k)} v^{(n-k)}。$$

4. 中值定理

(1) **费马(Fermat)引理** 假设函数 $f(x)$ 在点 x_0 处的某邻域 $U(x_0)$ 内有定义,在该点处可导,对于任意的 $x \in U(x_0)$,$f(x) \leqslant f(x_0)$ 或者 $f(x) \geqslant f(x_0)$,则 $f'(x_0) = 0$。

(2) **罗尔(Rolle)定理** 假设函数 $f(x)$ 在闭区间 $[a,b]$ 上连续,在开区间 (a,b) 内可导且 $f(a) = f(b)$,则存在点 $\xi \in (a,b)$ 满足 $f'(\xi) = 0$。

> 注:罗尔中值定理可推广如下:假设函数 $f(x)$ 在开区间 (a,b) 内可导且 $f(a^+) = f(b^-)$,则存在点 $\xi \in (a,b)$ 满足 $f'(\xi) = 0$。
> 推广到无限区间上:假设函数 $f(x)$ 在开区间 $(a,+\infty)$ 内可导且 $f(a^+) = f(+\infty)$,则存在点 $\xi \in (a,+\infty)$ 满足 $f'(\xi) = 0$。

(3) **拉格朗日(Lagrange)中值定理** 假设函数 $f(x)$ 在闭区间 $[a,b]$ 上连续,在开区间 (a,b) 上可导,则存在一点 $\xi \in (a,b)$ 满足 $f'(\xi) = \dfrac{f(b) - f(a)}{b - a}$。

(4) **柯西(Cauchy)中值定理** 假设函数 $f(x)$,$g(x)$ 在闭区间 $[a,b]$ 上连续,在开区间

(a,b) 上可导且 $g'(x) \neq 0$，则存在一点 $\xi \in (a,b)$ 满足 $\dfrac{f(b)-f(a)}{g(b)-g(a)} = \dfrac{f'(\xi)}{g'(\xi)}$。

(5) **泰勒中值定理1** 设函数 $f(x)$ 在点 x_0 处具有 n 阶导数，则存在点 x_0 的一个邻域，对于邻域中任意一点 x，都有 $f(x) = \sum\limits_{k=0}^{n} \dfrac{f^{(k)}(x_0)}{k!}(x-x_0)^k + R_n(x)$，$R_n(x) = o((x-x_0)^n)$。

泰勒中值定理2 设函数 $f(x)$ 在点 x_0 的某个邻域内具有 $n+1$ 阶导数，对于该邻域中的任意一点 x，有 $f(x) = \sum\limits_{k=0}^{n} \dfrac{f^{(k)}(x_0)}{k!}(x-x_0)^k + R_n(x)$，$R_n(x) = \dfrac{f^{(n+1)}(\xi)}{(n+1)!}(x-x_0)^{n+1}$，$\xi$ 是介于 x 与 x_0 之间的某个值。

5. 罗必塔法则

(1) $\dfrac{0}{0}$ 型**罗必塔法则** 假设当 $x \to x_0$ 时，函数 $f(x)$、$g(x)$ 都趋于零，在点 x_0 的某去心领域中，$f(x)$、$g(x)$ 都可导且 $g'(x) \neq 0$，极限 $\lim\limits_{x \to x_0} \dfrac{f'(x)}{g'(x)}$ 存在（或为无穷大），则有

$$\lim_{x \to x_0} \frac{f(x)}{g(x)} = \lim_{x \to x_0} \frac{f'(x)}{g'(x)}。$$

> 注：① 对于 $x \to \infty$ 时的未定式 $\dfrac{0}{0}$ 以及 $x \to x_0$ 或 $x \to \infty x \to \infty$ 时的未定式 $\dfrac{\infty}{\infty}$，也有相应的罗必塔法则。
>
> ② 罗必塔法则中的条件 "$\lim\limits_{x \to x_0} \dfrac{f'(x)}{g'(x)}$ 存在（或为无穷大）" 不满足时，极限 $\lim\limits_{x \to x_0} \dfrac{f(x)}{g(x)}$ 有可能存在。

(2) 对于其他类型的未定式 如 $0 \cdot \infty$、$\infty - \infty$、∞^0、1^∞、0^0，也可以通过恒等变形化为 $\dfrac{0}{0}$ 或者 $\dfrac{\infty}{\infty}$ 型的未定式来计算。

6. 函数的单调性、凹凸性、最值、极值以及拐点

(1) 函数的单调性判别 假设函数 $f(x)$ 在 $[a,b]$ 上连续，在 (a,b) 上可导，若对于任意的 $x \in (a,b)$ 都有 $f'(x) > 0$，则函数 $f(x)$ 在 $[a,b]$ 上单调增加（严格）；反之若 $f'(x) < 0$，则函数 $f(x)$ 在 $[a,b]$ 上单调减少（严格）。

① 上述结论中，把条件 "$f'(x) > 0$" 改为 "$f'(x) \geqslant 0$ 且 $f'(x) = 0$ 的点只有有限个"，或者把条件 "$f'(x) < 0$" 改为 "$f'(x) \leqslant 0$ 且 $f'(x) = 0$ 的点只有有限个"，相应结论也成立。

② 在上述结论中，把区间 $[a,b]$ 换成其他各种区间（在无穷区间上要求任一有限区间上满足条件）结论也成立。

(2) 函数的凹凸性及其判别 假设函数 $f(x)$ 在区间 I 上连续，对于区间 I 中的任意两点 x_1、x_2，总有

$$f\left(\frac{x_1+x_2}{2}\right) < \frac{f(x_1)+f(x_2)}{2},$$

或

$$f\left(\frac{x_1+x_2}{2}\right)>\frac{f(x_1)+f(x_2)}{2},$$

则称函数 $y=f(x)$ 在 I 上的图形是凹的(凸的)。关于函数的凹凸性,有如下的判别定理。

定理 假设函数 $f(x)$ 在区间 (a,b) 内二阶可导,若 $f''(x)>0$ 则函数 $f(x)$ 在区间 (a,b) 上的图形是凹的;反之若 $f''(x)<0$,则函数 $f(x)$ 在区间 (a,b) 内的图形是凸的。

(3)函数最值、极值 假设函数 $f(x)$ 在点 x_0 的某个邻域内有定义,且在该点的某去心邻域中,$f(x)<f(x_0)$ 则称点 x_0 为函数 $f(x)$ 的一个极大值点,$f(x_0)$ 为 $f(x)$ 的一个极大值;反之若 $f(x)>f(x_0)$ 则称点 x_0 为函数 $f(x)$ 的一个极小值点,$f(x_0)$ 为 $f(x)$ 的一个极小值。极大值与极小值统称为极值。

① 函数 $f(x)$ 在区间 I 上的极值点可以分为两类:一类是可导的极值点(驻点),另一类是不可导点。

② 极值点不一定是最值点,最值点也不一定是极值点。

③ 极值的第一充分条件:若函数 $f(x)$ 在点 x_0 处连续,在该点的某去心领域中可导,则当 $x\in(x_0-\delta,x_0)$ 时 $f'(x)>0$,当 $x\in(x_0,x_0+\delta)$ 时 $f'(x)<0$。此时函数 $f(x)$ 在点 x_0 处取极大值。当 $x\in(x_0-\delta,x_0)$ 时 $f'(x)<0$,当 $x\in(x_0,x_0+\delta)$ 时 $f'(x)>0$,此时函数 $f(x)$ 在点 x_0 处取极小值。当 $f'(x)$ 在点 x_0 的某去心领域中不变号时,点 x_0 不是极值点。

④ 极值的第二充分条件:若函数 $f(x)$ 在点 x_0 处满足 $f'(x_0)=0$,$f''(x_0)\neq0$,则 $f(x_0)$ 是函数 $f(x)$ 的极值;且当 $f''(x_0)>0$ 时点 x_0 是极小值点,当 $f''(x_0)<0$ 时点 x_0 是极大值点。

(4)拐点的概念及其判别

① 设点 (x_0,y_0) 在曲线 C 上,如果曲线在点 C 的两侧有不同的凹凸性,则称点 (x_0,y_0) 为曲线 C 的拐点。

② 拐点的判定:给定曲线 C:$y=f(x)$ 及其上一点 (x_0,y_0),如果 $y=f(x)$ 在点 x_0 的某领域中具有三阶连续导数且 $f''(x_0)=0$,$f'''(x_0)\neq0$,则点 (x_0,y_0) 是曲线 C 的拐点。

2.2 例题选讲

例2.1 设 $f(x)$ 是区间 (a,b) 上的可导函数且 $\lim\limits_{x\to a^+}f(x)=\infty$,是否必有 $\lim\limits_{x\to a^+}f'(x)=\infty$?

解 不一定,反例如下。取 $f(x)=\dfrac{1}{x}+\sin\dfrac{1}{x}$,$x\in(0,1)$,则容易得到 $\lim\limits_{x\to0^+}\dfrac{1}{x}+\sin\dfrac{1}{x}=\infty$;但是 $f'(x)=\left(\dfrac{1}{x}+\sin\dfrac{1}{x}\right)'=-\dfrac{1+\cos\dfrac{1}{x}}{x^2}$,$-\lim\limits_{x\to0^+}\dfrac{1+\cos\dfrac{1}{x}}{x^2}=\infty$ 不成立。

例2.2 设 $f(x)=\displaystyle\int_0^x\sin\dfrac{1}{t}\mathrm{d}t$,求 $f'(0)$。

解 $f(x)=\displaystyle\int_0^x\sin\dfrac{1}{t}\mathrm{d}t=\int_0^x t^2\mathrm{d}\left(\cos\dfrac{1}{t}\right)=\left(t^2\cos\dfrac{1}{t}\right)\Big|_0^x-2\int_0^x t\cos\dfrac{1}{t}\mathrm{d}t=x^2\cos\dfrac{1}{x}-$

$$2\int_0^x t\cos\frac{1}{t}\mathrm{d}t,$$

所以 $f'(0)=\lim\limits_{x\to 0}\dfrac{f(x)-f(0)}{x}=\lim\limits_{x\to 0}\dfrac{x^2\cos\frac{1}{x}-2\int_0^x t\cos\frac{1}{t}\mathrm{d}t}{x}=0$。

例 2.3 $f(x)$ 在 x_0 处可导，α_n、$\beta_n>0$，且 $\lim\limits_{n\to\infty}\alpha_n=\lim\limits_{n\to\infty}\beta_n=0$，求 $\lim\limits_{n\to\infty}\dfrac{f(x_0+\alpha_n)-f(x_0-\beta_n)}{\alpha_n+\beta_n}$。

解 由于 $f'(x_0)=\lim\limits_{\Delta x\to 0}\dfrac{f(x_0+\Delta x)-f(x_0)}{\Delta x}$，结合函数极限与无穷小的关系，可得

$$\frac{f(x_0+\Delta x)-f(x_0)}{\Delta x}=f'(x_0)+\varepsilon,\ \lim\limits_{\Delta x\to 0}\varepsilon=0,$$

即

$$f(x_0+\Delta x)=f(x_0)+f'(x_0)\Delta x+\varepsilon\Delta x。$$

因此

$$f(x_0+\alpha_n)=f(x_0)+f'(x_0)\alpha_n+\varepsilon_1\alpha_n,\ \lim\limits_{\Delta x\to 0}\varepsilon_1=0,$$

且

$$f(x_0-\beta_n)=f(x_0)-f'(x_0)\beta_n-\varepsilon_2\beta_n,\ \lim\limits_{\Delta x\to 0}\varepsilon_2=0,$$

所以

$$\begin{aligned}
&\lim\limits_{n\to\infty}\frac{f(x_0+\alpha_n)-f(x_0-\beta_n)}{\alpha_n+\beta_n}\\
&=\lim\limits_{n\to\infty}\frac{(f(x_0)+f'(x_0)\alpha_n+\varepsilon_1\alpha_n)-(f(x_0)-f'(x_0)\beta_n-\varepsilon_2\beta_n)}{\alpha_n+\beta_n}\\
&=f'(x_0)+\lim\limits_{n\to\infty}\frac{\varepsilon_1\alpha_n+\varepsilon_2\beta_n}{\alpha_n+\beta_n}=f'(x_0)。
\end{aligned}$$

其中用到 $0\leqslant\left|\dfrac{\varepsilon_1\alpha_n+\varepsilon_2\beta_n}{\alpha_n+\beta_n}\right|\leqslant\dfrac{\alpha_n}{\alpha_n+\beta_n}|\varepsilon_1|+\dfrac{\beta_n}{\alpha_n+\beta_n}|\varepsilon_2|\leqslant|\varepsilon_1|+|\varepsilon_2|\to 0,\ n\to\infty$。

综上，$\lim\limits_{n\to\infty}\dfrac{f(x_0+\alpha_n)-f(x_0-\beta_n)}{\alpha_n+\beta_n}=f'(x_0)$。

例 2.4 设曲线 $\begin{cases}x=x(t)\\ y=y(t)\end{cases}$ 由方程组 $\begin{cases}x+y+2t(1-t)=1\\ t\mathrm{e}^y+2x-y=2\end{cases}$ 所确定，求该曲线在 $t=0$ 对应点处的切线以及法线方程。

解 取 $t=0$，则有 $\begin{cases}x(0)+y(0)=1\\ 2x(0)-y(0)=2\end{cases}$，解得 $x(0)=1$，$y(0)=0$，故曲线上参数 $t=0$ 对应点处的坐标为 $(1,0)$。

另一方面，在 $\begin{cases}x+y+2t(1-t)=1\\ t\mathrm{e}^y+2x-y=2\end{cases}$ 两边对 t 求导，可得 $\begin{cases}\dfrac{\mathrm{d}x}{\mathrm{d}t}+\dfrac{\mathrm{d}y}{\mathrm{d}t}+2-4t=0\\ \mathrm{e}^y+t\mathrm{e}^y\dfrac{\mathrm{d}y}{\mathrm{d}t}+2\dfrac{\mathrm{d}x}{\mathrm{d}t}-\dfrac{\mathrm{d}y}{\mathrm{d}t}=0\end{cases}$。

令 $t=0$，则有
$$
\begin{cases}
\dfrac{\mathrm{d}x}{\mathrm{d}t}\Big|_{t=0} + \dfrac{\mathrm{d}y}{\mathrm{d}t}\Big|_{t=0} + 2 = 0 \\
1 + 2\,\dfrac{\mathrm{d}x}{\mathrm{d}t}\Big|_{t=0} - \dfrac{\mathrm{d}y}{\mathrm{d}t}\Big|_{t=0} = 0
\end{cases}
$$
，解得 $\dfrac{\mathrm{d}x}{\mathrm{d}t}\Big|_{t=0} = \dfrac{\mathrm{d}x}{\mathrm{d}t}\Big|_{t=0} = -1$。因此曲线上参数

$t=0$ 对应点处的切线的斜率为 $k = \mathrm{d}y/\mathrm{d}x/\mathrm{d}t\,|_{t=0} = 1$，法线的斜率为 $k' = -1$。

综上，曲线在 $t=0$ 对应点处的切线方程为 $y = x-1$，法线方程为 $y = -x+1$。

例 2.5 求曲线 $y = \dfrac{x^{1+x}}{(1+x)^x}\ (x>0)$ 的斜渐近线。

解 计算可得
$$
k = \lim_{x\to+\infty}\frac{y}{x} = \lim_{x\to+\infty}\frac{x^x}{(1+x)^x} = \mathrm{e}^{-1},
$$

且
$$
b = \lim_{x\to+\infty} y - kx = \lim_{x\to+\infty}\left[\frac{x^{1+x}}{(1+x)^x} - \mathrm{e}^{-1}x\right] = \frac{1}{2\mathrm{e}}。
$$

所以，曲线 $y = \dfrac{x^{1+x}}{(1+x)^x}$ 的斜渐近线为 $y = \dfrac{1}{\mathrm{e}}x + \dfrac{1}{2\mathrm{e}}$。

例 2.6 求极限 $\displaystyle\lim_{n\to\infty}\frac{1}{2^n n(n+1)}\sum_{k=1}^{n} k^2 C_n^k$。

解 本题的难点在于如何处理 $\displaystyle\sum_{k=1}^{n} k^2 C_n^k$。根据二项式定理，有

$$
(1+x)^n = \sum_{k=0}^{n} C_n^k x^k,
$$

两边求导可得
$$
n(1+x)^{n-1} = \sum_{k=1}^{n} k C_n^k x^{k-1}。
$$

变形为 $nx(1+x)^{n-1} = \displaystyle\sum_{k=1}^{n} k C_n^k x^k$。两边再一次求导

$$
n(1+x)^{n-1} + n(n-1)x(1+x)^{n-2} = \sum_{k=1}^{n} k^2 C_n^k x^{k-1}。
$$

上式中取 $x=1$，可得 $\displaystyle\sum_{k=1}^{n} k^2 C_n^k = n\cdot 2^{n-1} + n(n-1)2^{n-2} = n(n+1)2^{n-2}$，所以

$$
\lim_{n\to\infty}\frac{1}{2^n n(n+1)}\sum_{k=1}^{n} k^2 C_n^k = \lim_{n\to\infty}\frac{1}{2^n n(n+1)}\cdot n(n+1)2^{n-2} = \frac{1}{4}。
$$

例 2.7 设 $f(x)$ 是一多项式，$f(x)\geqslant x$，且 $f(x)\geqslant 1-x$，证明：$f\left(\dfrac{1}{2}\right) > \dfrac{1}{2}$。

证明 **反证法** 若 $f\left(\dfrac{1}{2}\right)\leqslant\dfrac{1}{2}$，结合已知条件 $f(x)\geqslant x$ 可得 $f\left(\dfrac{1}{2}\right) = \dfrac{1}{2}$。以下分两个情形。

情形一 当 $x > \dfrac{1}{2}$ 时，$f(x) - f\left(\dfrac{1}{2}\right)\geqslant x - \dfrac{1}{2}$，故 $\dfrac{f(x) - f\left(\dfrac{1}{2}\right)}{x - \dfrac{1}{2}}\geqslant 1$。两边令 $x >$

$\left(\dfrac{1}{2}\right)^{+}$，结合导数的定义以及函数极限的保号性，有 $f'_{+}\left(\dfrac{1}{2}\right)\geqslant 1$。

情形二 当 $x<\dfrac{1}{2}$ 时，$f(x)-f\left(\dfrac{1}{2}\right)\geqslant\dfrac{1}{2}-x$，故 $\dfrac{f(x)-f\left(\dfrac{1}{2}\right)}{x-\dfrac{1}{2}}\leqslant -1$。两边令 $x\rightarrow$

$\left(\dfrac{1}{2}\right)^{-}$，类似地有 $f'_{-}\left(\dfrac{1}{2}\right)\leqslant -1$。

所以 $1\leqslant f'_{+}\left(\dfrac{1}{2}\right)=f'\left(\dfrac{1}{2}\right)=f'_{-}\left(\dfrac{1}{2}\right)\leqslant -1$，矛盾。

例 2.8 是否存在 $\mathbf{R}$ 上的可导函数 $f(x)$，使得 $f(x)>0$ 且 $f'(x)=f(f(x))$？

解 不存在。否则，由 $f'(x)=f(f(x))>0$ 知，$f(x)$ 是定义在 $\mathbf{R}$ 上的严格递增函数。所以对于任意的 $x\in\mathbf{R}$，$f'(x)=f(f(x))>f(0)$，此时

$$f(0)-f(-2)=\int_{-2}^{0}f'(x)\mathrm{d}x>\int_{-2}^{0}f(0)\mathrm{d}x=2f(0),$$

即 $f(0)<-f(-2)<0$，矛盾。

例 2.9 是否存在 $\mathbf{R}$ 上的可导函数 $f(x)$，使得 $f(f(x))=-x^3+x^2+1$？

解 不存在。否则，若存在 $\mathbf{R}$ 上的可导函数 $f(x)$，使得 $f(f(x))=-x^3+x^2+1$。注意到方程 $f(f(x))=x$，也就是 $-x^3+x^2+1=x$ 有唯一的实根 $x=1$。下证 $f(x)=x$ 也有唯一的实根 $x=1$。

由于 $f(f(1))=1$，则有 $f(f(f(1)))=f(1)$，即 $f(1)$ 是 $f(f(x))=x$ 的根，方程 $f(x)=x$ 有实根 $x=1$，$x=f(1)$。

再证根的唯一性。若方程 $f(x)=x$ 有两个互异的实根 $x=a$ 以及 $x=b$，其中 $a\neq b$，则 $f(a)=a$ 且 $f(b)=b$，由此可得 $f(f(a))=f(a)=a$ 且 $f(f(b))=f(b)=b$，即方程 $f(f(x))=x$ 有两个互异的实根 $x=a$ 以及 $x=b$，矛盾。

在等式 $f(f(x))=-x^3+x^2+1$ 两边求导得 $f'(f(x))f'(x)=-3x^2+2x$，代入 $x=1$ 可知 $[f'(1)]^2=-1$，矛盾。

> 🔍 **注**：事实上：若 $f(f(x))=x$ 有唯一的根（也称为不动点），则 $f(x)=x$ 也有唯一的根。

例 2.10 设 $f(x)=(x^3-1)^n\sin\left(\dfrac{\pi}{2}x\right)$，求 $f^{(n+1)}(1)$。

解 注意到 $f(x)=(x-1)^n(x^2+x+1)^n\sin\left(\dfrac{\pi}{2}x\right)$，由莱布尼茨法则可得

$$f^{(n+1)}(1)=\left[(x-1)^n(x^2+x+1)^n\sin\left(\dfrac{\pi}{2}x\right)\right]^{(n+1)}\bigg|_{x=1}$$

$$=\sum_{k=0}^{n+1}\mathrm{C}_{n+1}^k\left[(x-1)^n\right]^{(k)}\cdot\left[(x^2+x+1)^n\sin\left(\dfrac{\pi}{2}x\right)\right]^{(n+1-k)}\bigg|_{x=1}$$

$$=\mathrm{C}_{n+1}^n\left[(x-1)^n\right]^{(n)}\cdot\left[(x^2+x+1)^n\sin\left(\dfrac{\pi}{2}x\right)\right]'\bigg|_{x=1}$$

$$=(n+1) \cdot n! \cdot \left[n(x^2+x+1)^{n-1}(2x+1)\sin\left(\frac{\pi}{2}x\right)\right.$$

$$\left.+(x^2+x+1)^n \cdot \frac{\pi}{2} \cdot \cos\left(\frac{\pi}{2}x\right) \right]' \Big|_{x=1}$$

$$=n \cdot (n+1)! \cdot 3^n。$$

例 2.11 设 $f(x)=\dfrac{x}{\sqrt{1+x^2}}$，求 $f^{(5)}(0)$。

解 注意到 $\dfrac{1}{\sqrt{1+u}}=1-\dfrac{1}{2}u+\dfrac{3}{8}u^2+o(u^2)$，则有

$$f(x)=\frac{x}{\sqrt{1+x^2}}=x\left(1-\frac{1}{2}x^2+\frac{3}{8}x^4+o(x^4)\right)=x-\frac{1}{2}x^3+\frac{3}{8}x^5+o(x^5)，$$

所以 $f^{(5)}(0)=5! \cdot \dfrac{3}{8}=45$。

例 2.12 设 $f(x)=2x^2(x-\sin^2 x \cos^2 x\, \mathrm{e}^{\tan x})$，求 $f''(0)$ 以及 $f'''(0)$。

解 注意到 $\sin^2 x=o(x)$，$\cos^2 x=1+o(x)$，$\mathrm{e}^{\tan x}=1+x+o(x)$，则有

$$f(x)=2x^2(x-\sin^2 x \cos^2 x\, \mathrm{e}^{\tan x})$$

$$=2x^2(x-o(x)(1+o(x))(1+x+o(x)))=2x^3+o(x^3)。$$

所以，$f''(0)=0$，$f'''(0)=12$。

例 2.13 设 $f(x)=x^n \ln x$，求 $f^{(n)}(x)$。

解 当 $n=1$ 时，$f(x)=x\ln x$，$f'(x)=\ln x+1$。

当 $n=2$ 时，$f(x)=x^2\ln x$，$f''(x)=2\ln x+2+1=2\left(\ln x+1+\dfrac{1}{2}\right)$。

当 $n=3$ 时，$f(x)=x^3\ln x$，$f'''(x)=6\ln x+6+3+2=6\left(\ln x+1+\dfrac{1}{2}+\dfrac{1}{3}\right)$。

由此猜测 $f^{(n)}(x)=n!\left[\ln x+\displaystyle\sum_{k=1}^{n}\frac{1}{k}\right]$。 下面用数学归纳法证明。

当 $n=1$ 时，显然成立，假设当 $n=k$ 时，成立 $f^{(k)}(x)=k!\left[\ln x+\displaystyle\sum_{i=1}^{k}\frac{1}{i}\right]$，则当 $n=k+1$ 时，$f(x)=x^{k+1}\ln x$，此时有

$$f^{(k+1)}(x)=(x^{k+1}\ln x)^{(k+1)}=\left[(x^{k+1}\ln x)'\right]^{(k)}=\left[(k+1)x^k\ln x+x^k\right]^{(k)}$$

$$=(k+1)(x^k\ln x)^{(k)}+k! =(k+1)k!\left[\ln x+\sum_{i=1}^{k}\frac{1}{i}\right]+k!$$

$$=(k+1)!\left[\ln x+\sum_{i=1}^{k}\frac{1}{i}+\frac{1}{k+1}\right]=(k+1)!\left[\ln x+\sum_{i=1}^{k+1}\frac{1}{i}\right]。$$

综上，$f^{(n)}(x)=n!\left[\ln x+\displaystyle\sum_{k=1}^{n}\frac{1}{k}\right]$。

例 2.14 设 $f(x)$ 是连续函数，当 $x\in(-1,1)$ 时，$f''(x)>0$，且 $|f(x)|\leqslant x^4$，记 $I=\displaystyle\int_{-1}^{1}f(x)\mathrm{d}x$，则（　　）。

(A) $I=0$　　　　　　(B) $I>0$　　　　　　(C) $I<0$　　　　　　(D) 无法判别

解　根据已知条件 $|f(x)|\leqslant x^4$ 可知，$f(0)=0$，$f'(0)=0$。由泰勒定理，对于任意的 $x\in(-1,1)$，都有 $f(x)=f(0)+f'(0)x+\dfrac{f''(\xi)}{2}x^2=\dfrac{f''(\xi)}{2}x^2\geqslant 0$。

所以 $I=\displaystyle\int_{-1}^{1}f(x)\mathrm{d}x>0$，选择 B。

例 2.15　已知函数 $f(x)$、$g(x)$ 在 $(-\infty,+\infty)$ 上有定义，均在点 $x=0$ 处可导，对一切 x_1、x_2，都有 $f(x_1+x_2)=f(x_1)g(x_2)+f(x_2)g(x_1)$，且 $f(0)=0$，$g(0)=1$。证明：$f(x)$ 在 $(-\infty,+\infty)$ 上可导并求 $f'(x)$。

证明　$\displaystyle\lim_{h\to 0}\frac{f(x+h)-f(x)}{h}=\lim_{h\to 0}\frac{f(x)g(h)+f(h)g(x)-f(x)}{h}$

$$=\lim_{h\to 0}\frac{f(x)(g(h)-g(0))+(f(h)-f(0))g(x)}{h}=f(x)g'(0)+f'(0)g(x),$$

故 $f(x)$ 在 $(-\infty,+\infty)$ 上可导且 $f'(x)=f(x)g'(0)+f'(0)g(x)$。

例 2.16　设 $b>a>0$，记 $f(x)=\begin{cases}\left(\dfrac{a^x+b^x}{2}\right)^{\frac{1}{x}}, & x\neq 0 \\ \sqrt{ab}, & x=0\end{cases}$，证明：函数 $f(x)$ 单调增加。

证明　$\displaystyle\lim_{x\to 0}f(x)=\lim_{x\to 0}\left(\frac{a^x+b^x}{2}\right)^{\frac{1}{x}}=\mathrm{e}^{\lim\limits_{x\to 0}\frac{1}{x}\left(\frac{a^x+b^x}{2}-1\right)}=\mathrm{e}^{\lim\limits_{x\to 0}\frac{a^x+b^x-2}{2x}}=\mathrm{e}^{\frac{\ln a+\ln b}{2}}=\sqrt{ab}=f(0)$，

因此函数 $f(x)$ 是连续函数。另一方面，当 $x\neq 0$ 时，

$$f'(x)=\left[\left(\frac{a^x+b^x}{2}\right)^{\frac{1}{x}}\right]'=\left[\mathrm{e}^{\frac{\ln\left(\frac{a^x+b^x}{2}\right)}{x}}\right]'=\mathrm{e}^{\frac{\ln\left(\frac{a^x+b^x}{2}\right)}{x}}\cdot\left[\frac{\dfrac{a^x\ln a+b^x\ln b}{a^x+b^x}x-\ln\left(\dfrac{a^x+b^x}{2}\right)}{x^2}\right]$$

$$=\mathrm{e}^{\frac{\ln\left(\frac{a^x+b^x}{2}\right)}{x}}\cdot\left[\frac{a^x\ln a^x+b^x\ln b^x-(a^x+b^x)\ln\left(\dfrac{a^x+b^x}{2}\right)}{x^2(a^x+b^x)}\right]>0。 \tag{1}$$

综上，函数 $f(x)$ 是单调增加的。

> **注**：本题中，式(1)用到以下不等式：
>
> **结论**　当 x、$y>0$ 且 $x\neq y$ 时，$x\ln x+y\ln y>(x+y)\ln\left(\dfrac{x+y}{2}\right)$。

例 2.17　讨论方程 $x\mathrm{e}^{2x}-2x-\cos x=0$ 的根的个数。

解　记 $f(x)=x\mathrm{e}^{2x}-2x-\cos x$，则有

$$f'(x)=(1+2x)\mathrm{e}^{2x}-2+\sin x, \quad f''(x)=4(1+x)\mathrm{e}^{2x}+\cos x。$$

当 $x\leqslant-\dfrac{1}{2}$ 时，$f'(x)<0$，$f(x)$ 单调减少；

当 $-\dfrac{1}{2}<x<0$ 时，由于 $f''(x)>0$ 以及 $f'(0)=-1<0$，可得 $f'(x)<0$，$f(x)$ 单调减少。

因此 $f(x)$ 在 $(-\infty,0)$ 上单调减少,结合 $f(-\infty)=+\infty$, $f(0)=-1<0$, $f(x)$ 在 $(-\infty,0]$ 上恰有一个实根。

当 $0<x<1$ 时,由 $f''(x)>0$ 以及 $f'(0)=-1<0$, $f'(1)=3e^2-2+\sin1>0$,可知 $f(x)$ 在 $(0,1)$ 上先减少再增加,而 $f(0)=-1<0$, $f(1)=e^2-2-\cos1>0$,故 $f(x)$ 在 $(0,1)$ 上恰有一个实根。

当 $x>1$ 时,由 $f'(x)=(1+2x)e^{2x}-2+\sin x>3e^2-2+\sin x>0$, $f(1)=e^2-2-\cos1>0$,可知 $f(x)$ 在 $[1,+\infty)$ 上无实根。

综上,方程 $x e^{2x}-2x-\cos x=0$ 的根的个数是 2。

例 2.18 设常数 a、b、c、$d>0$, $abcd=1$,且 a、b、c、d 都不为 1,问 $a^{2019}+b^{2019}+c^{2019}+d^{2019}$ 与 $a^{2020}+b^{2020}+c^{2020}+d^{2020}$ 哪个大?

解 记 $f(x)=a^x+b^x+c^x+d^x$, $x>0$,则

$$f'(x)=a^x\ln a+b^x\ln b+c^x\ln c+d^x\ln d,$$

且

$$f''(x)=a^x(\ln a)^2+b^x(\ln b)^2+c^x(\ln c)^2+d^x(\ln d)^2>0.$$

由于 $f'(0)=0$,故当 $x>0$ 时, $f'(x)>0$,因此 $f(x)$ 在 $x>0$ 时单调增加,因而 $f(2019)<f(2020)$,即 $a^{2019}+b^{2019}+c^{2019}+d^{2019}<a^{2020}+b^{2020}+c^{2020}+d^{2020}$。

例 2.19 设 n 是大于 1 的自然数, a、b 是两个互异正数,证明: $\dfrac{a^{n+1}-b^{n+1}}{a-b}<\dfrac{(n+1)(a^n+b^n)}{2}$。

证明 不妨设 $a>b$,要证 $\dfrac{a^{n+1}-b^{n+1}}{a-b}<\dfrac{(n+1)(a^n+b^n)}{2}$,即要证 $(n+1)(a^n+b^n)(a-b)-2(a^{n+1}-b^{n+1})>0$。

构造函数 $f(x)=(n+1)(x^n+b^n)(x-b)-2(x^{n+1}-b^{n+1})$ $(x\geqslant b)$。显见 $f(b)=0$,因此只需要证明当 $x>b$ 时, $f'(x)>0$。事实上,

$$\begin{aligned}f'(x)&=(n+1)[nx^{n-1}(x-b)+(x^n+b^n)]-2(n+1)x^n\\&=(n+1)[nx^{n-1}(x-b)+b^n-x^n]=(n+1)[nx^{n-1}(x-b)-n\xi^{n-1}(x-b)]\\&=n(n+1)(x-b)(x^{n-1}-\xi^{n-1})>0,\text{其中 } b<\xi<x.\end{aligned}$$

综上,结论成立。

例 2.20 设 n 是大于 1 的自然数,证明: $\left(\dfrac{1}{n}\right)^n+\left(\dfrac{2}{n}\right)^n+\cdots+\left(\dfrac{n-1}{n}\right)^n>\dfrac{n-1}{2(n+1)}$。

证明 由上题结论可得 $2[k^{n+1}-(k-1)^{n+1}]<(n+1)(k^n+(k-1)^n)$,则有

$$2\sum_{k=1}^n[k^{n+1}-(k-1)^{n+1}]<(n+1)\sum_{k=1}^n(k^n+(k-1)^n)$$

化简可得

$$2n^{n+1}<(n+1)[2(1^n+2^n+\cdots+(n-1)^n)+n^n].$$

即 $\left(\dfrac{1}{n}\right)^n+\left(\dfrac{2}{n}\right)^n+\cdots+\left(\dfrac{n-1}{n}\right)^n>\dfrac{n-1}{2(n+1)}$。

例 2.21 设 $0 \leqslant x \leqslant \dfrac{\pi}{2}$,证明:$\sin x \geqslant \dfrac{2x}{\pi} + \dfrac{x(\pi^2 - 4x^2)}{12\pi}$。

证明 构造函数 $f(x) = \sin x - \dfrac{2x}{\pi} - \dfrac{x(\pi^2 - 4x^2)}{12\pi}$,则

$$f'(x) = \cos x - \dfrac{2}{\pi} - \dfrac{\pi^2 - 12x^2}{12\pi},$$

$$f''(x) = -\sin x + \dfrac{2}{\pi}x < 0。$$

由于 $f'(0) = 1 - \dfrac{2}{\pi} - \dfrac{\pi}{12} > 0$,$f'\left(\dfrac{\pi}{2}\right) = \dfrac{\pi}{6} - \dfrac{2}{\pi} < 0$,结合上式可知:函数 $f(x)$ 在区间 $\left[0, \dfrac{\pi}{2}\right]$ 上先增加后减少。而 $f(0) = 0$,且 $f\left(\dfrac{\pi}{2}\right) = 0$,所以当 $0 \leqslant x \leqslant \dfrac{\pi}{2}$ 时,$f(x) \geqslant 0$。综上,结论成立。

例 2.22 设 $0 < x < 1$,$y > 0$,证明:$f(x, y) = yx^y(1-x) < e^{-1}$。

证明 先固定 $x \in (0, 1)$,记 $g(y) = yx^y (y > 0)$,则 $g'(y) = x^y + yx^y \ln x = x^y(1 + y\ln x)$,因此当 $0 < y < -\dfrac{1}{\ln x}$ 时,$g'(y) > 0$;而当 $y > -\dfrac{1}{\ln x}$ 时,$g'(y) < 0$。故 $g(y) = yx^y (y > 0)$ 的最大值点为 $y = -\dfrac{1}{\ln x}$。以下只需要证明 $f\left(x, -\dfrac{1}{\ln x}\right) = \left(-\dfrac{1}{\ln x}\right)x^{\left(-\frac{1}{\ln x}\right)}(1-x) < e^{-1}$ 即可。事实上,当 $0 < x < 1$ 时,$\left(-\dfrac{1}{\ln x}\right)x^{\left(-\frac{1}{\ln x}\right)}(1-x) < x^{\left(-\frac{1}{\ln x}\right)} = e^{-1}$,所以结论成立。

例 2.23 当 $0 < x < \dfrac{\pi}{2}$ 时,证明:$\left(\dfrac{\sin x}{x}\right)^3 > \cos x$。

证明 注意到 $\left(\dfrac{\sin x}{x}\right)^3 > \cos x$,当且仅当 $\dfrac{\sin x}{\sqrt[3]{\cos x}} - x > 0$。为此构造函数 $f(x) = \dfrac{\sin x}{\sqrt[3]{\cos x}} - x$,则有 $f(0) = 0$,且

$$f'(x) = \left(\dfrac{\sin x}{\sqrt[3]{\cos x}} - x\right)' = \dfrac{\cos^{\frac{4}{3}}x - \dfrac{1}{3}\sin x(\cos x)^{-\frac{2}{3}}(-\sin x)}{(\cos x)^{\frac{2}{3}}} - 1$$

$$= \dfrac{2\cos^2 x + 1}{3(\cos x)^{\frac{4}{3}}} - 1 = \dfrac{\cos^{\frac{2}{3}}x + \cos^{\frac{2}{3}}x + \dfrac{1}{\cos^{\frac{4}{3}}x}}{3} - 1 > 0,$$

所以结论成立。

例 2.24 设 n 是自然数,证明:$\left(1 + \dfrac{1}{n}\right)^n > e - \dfrac{e}{2n+1}$。

证明 注意到 $\left(1+\dfrac{1}{n}\right)^n > \mathrm{e}-\dfrac{\mathrm{e}}{2n+1}$，当且仅当

$$n\ln\left(1+\frac{1}{n}\right) > \ln\left(\frac{2n\mathrm{e}}{2n+1}\right)。 \tag{1}$$

而
$$n\ln\left(1+\frac{1}{n}\right)=n\ln\left(\frac{n+1}{n}\right)=n\ln\left(\frac{\frac{2n+2}{2n+1}}{\frac{2n}{2n+1}}\right)=n\ln\left(\frac{1+\frac{1}{2n+1}}{1-\frac{1}{2n+1}}\right),$$

由于当 $|x|<1$ 时，有 $\ln\left(\dfrac{1+x}{1-x}\right)=2\left(x+\dfrac{x^3}{3}+\dfrac{x^5}{5}+\cdots+\dfrac{x^{2k+1}}{2k+1}+\cdots\right)$，故

$$n\ln\left(1+\frac{1}{n}\right)=n\ln\left(\frac{1+\frac{1}{2n+1}}{1-\frac{1}{2n+1}}\right)$$

$$=2n\left(\frac{1}{2n+1}+\frac{1}{3(2n+1)^3}+\frac{1}{5(2n+1)^5}+\cdots+\frac{1}{(2k+1)(2n+1)^{2k+1}}+\cdots\right)$$

$$>\frac{2n}{2n+1}>\ln\frac{2\mathrm{e}n}{2n+1}。$$

因此式(1)成立，得证。

> **注**：① 本题亦可构造函数，利用单调性加以证明(请读者完成)。
> ② 事实上，可以证明更加一般的结论：$\dfrac{\mathrm{e}}{1+\dfrac{1}{2n}}<\left(1+\dfrac{1}{n}\right)^n<\mathrm{e}<\left(1+\dfrac{1}{n}\right)^{n+1}<$
> $\mathrm{e}\left(1+\dfrac{1}{2n}\right)$。

例 2.25 当 $0<x,y<1$ 时，证明：$x^y+y^x>1$。

证明 由 Bernoulli 不等式可得 $\left(1+\dfrac{x}{y}\right)^{\frac{1}{x}}\geqslant 1+\dfrac{x}{y}\cdot\dfrac{1}{x}>\dfrac{1}{y}$，故有 $1+\dfrac{x}{y}>\dfrac{1}{y^x}$，$y^x>$
$\dfrac{y}{x+y}$，类似可得 $x^y>\dfrac{x}{x+y}$。

所以，$x^y+y^x>\dfrac{x}{x+y}+\dfrac{y}{x+y}=1$。

> **注：Bernoulli 不等式** 设 $x>-1$，则当 $\alpha>1$ 或 $\alpha<0$ 时，有 $(1+x)^\alpha\geqslant 1+\alpha x$；当 $0<\alpha<1$ 时，有 $(1+x)^\alpha\leqslant 1+\alpha x$。

例 2.26 当 $x\in\left(0,\dfrac{\pi}{2}\right)$ 时，比较 $\sin\tan x$、$\tan\sin x$ 的大小关系。

解 记 $f(x)=\tan\sin x-\sin\tan x$，则

$$f'(x) = \sec^2(\sin x) \cdot \cos x - \cos\tan x \cdot \sec^2 x = \frac{\cos^3 x - \cos^2(\sin x) \cdot \cos\tan x}{\cos^2 x \cdot \cos^2(\sin x)}.$$

当 $x \in \left(0, \arctan\frac{\pi}{2}\right)$ 时,根据余弦函数的凸性,有

$$\sqrt[3]{\cos^2(\sin x) \cdot \cos\tan x} \leqslant \frac{\cos\sin x + \cos\sin x + \cos\tan x}{3} \leqslant \cos\frac{2\sin x + \tan x}{3} < \cos x.$$

其中用到 $2\sin x + \tan x > 2\left(x - \frac{x^3}{6}\right) + x + \frac{x^3}{3} = 3x$（当 $x \in \left(0, \frac{\pi}{2}\right)$ 时）。

因此, $f'(x) > 0$, 结合 $f(0) = 0$, 可得 $\tan\sin x > \sin\tan x$。

另一方面,当 $x \in \left[\arctan\frac{\pi}{2}, \frac{\pi}{2}\right)$ 时, $\sin x \geqslant \sin\left(\arctan\frac{\pi}{2}\right) = \dfrac{\frac{\pi}{2}}{\sqrt{1 + \frac{\pi^2}{4}}} = \dfrac{\pi}{\sqrt{4 + \pi^2}} > \dfrac{\pi}{4}$,

所以 $\tan\sin x > 1 \geqslant \sin\tan x$。

综上, $\tan\sin x > \sin\tan x$。

例 2.27 设 $y > x > 0$, 证明: $y^{x^y} > x^{y^x}$。

证明 当 $x = 1$ 或者 $y = 1$ 时,不等式显然成立。以下分情况讨论。

情形一 当 $0 < x < y < 1$ 时, $\ln x < \ln y < 0$, 故 $y\ln x < x\ln y$, $x^y < y^x$, 所以 $y^x \ln x < x^y \ln y$, 即有 $y^{x^y} > x^{y^x}$。

情形二 当 $0 < x < 1 < y$ 时, $\ln x < 0 < \ln y$, 故 $y^x \ln x < x^y \ln y$, 即有 $y^{x^y} > x^{y^x}$。

情形三 当 $1 < x < y$, 且 $x^y \geqslant y^x$ 时, $0 < \ln x < \ln y$, 故 $x^y \ln y > y^x \ln x$, 即有 $y^{x^y} > x^{y^x}$。

情形四 当 $1 < x < y$, 且 $x^y < y^x$ 时,则有 $0 < \ln x < \ln y$ 且 $y\ln x < x\ln y$, 因此

$$x^y \ln y - y^x \ln x > x^y \cdot \frac{y}{x}\ln x - y^x \ln x = (x^y y - x y^x)\frac{\ln x}{x}.$$

所以,只需要证明 $x^y y - x y^x > 0$, 即只需要证明 $y\ln x + \ln y - \ln x - x\ln y > 0$。 (1)

为此记 $f(y) = y\ln x + \ln y - \ln x - x\ln y$, 则 $f(x) = 0$, 且

$$f'(y) = \ln x + \frac{1}{y} - \frac{x}{y} = \ln x - \frac{x-1}{y} > \frac{x-1}{x} - \frac{x-1}{y} = (x-1)\left(\frac{1}{x} - \frac{1}{y}\right) > 0.$$

故式(1)成立。综上, $y^{x^y} > x^{y^x}$。

例 2.28 当 $0 < x < \frac{\pi}{2}$ 时,证明: $(1 - \sin^3 x)^2 + (1 - \cos^3 x)^2 < 1$。

证明 要证 $(1 - \sin^3 x)^2 + (1 - \cos^3 x)^2 < 1$, 只需证明

$$1 - 2\sin^3 x + \sin^6 x + 1 - 2\cos^3 x + \cos^6 x < 1,$$

即

$$1 - 2(\sin x + \cos x)(1 - \sin x\cos x) + 1 - 3\cos^2 x\cos^2 x < 0。$$

若记 $t = \sin x + \cos x = \sqrt{2}\sin\left(x + \frac{\pi}{4}\right) \in (1, \sqrt{2})$, 则只需证明

当 $t \in (1,\sqrt{2})$ 时，$1 - 2t\left(1 - \dfrac{t^2-1}{2}\right) + 1 - 3\left(\dfrac{t^2-1}{2}\right)^2 < 0$，

即，当 $t \in (1,\sqrt{2})$ 时，$-3t^4 + 4t^3 + 6t^2 - 12t + 5 < 0$。 $\hspace{2cm}$ (1)

为此，构造函数 $f(t) = -3t^4 + 4t^3 + 6t^2 - 12t + 5$，$t \in (1,\sqrt{2})$，注意到 $f(1) = 0$，并且当 $t \in (1,\sqrt{2})$ 时，$f'(t) = -12t^3 + 12t^2 + 12t - 12 = -12(t-1)(t^2-1) < 0$，故 $f(t)$ 在 $[1,\sqrt{2}]$ 上严格单调递减，所以 (1) 成立。

综上，结论成立。

例 2.29 设 a、b、p、$q > 0$ 且 $\dfrac{1}{p} + \dfrac{1}{q} = 1$，证明：$\dfrac{a^p}{p} + \dfrac{b^q}{q} \geqslant ab$。

证明 记 $f(x) = \ln x$，由函数的凹凸性可知，对于任意的 λ_1、$\lambda_2 > 0$，以及 x_1、$x_2 > 0$，

都有 $$\frac{\lambda_1 f(x_1) + \lambda_2 f(x_2)}{\lambda_1 + \lambda_2} \leqslant f\left(\frac{\lambda_1 x_1 + \lambda_2 x_2}{\lambda_1 + \lambda_2}\right),$$

即 $$\frac{1}{\lambda_1 + \lambda_2} \ln(x_1^{\lambda_1} x_2^{\lambda_2}) \leqslant \ln\left(\frac{\lambda_1 x_1 + \lambda_2 x_2}{\lambda_1 + \lambda_2}\right)。$$

取 $\lambda_1 = \dfrac{1}{p}$，$\lambda_2 = \dfrac{1}{q}$，$x_1 = a^p$，$x_2 = b^q$，代入上式并化简即为 $\dfrac{a^p}{p} + \dfrac{b^q}{q} \geqslant ab$。

例 2.30 判断函数 $f(x) = \dfrac{\tan x}{x}$ 在 $\left(0, \dfrac{\pi}{2}\right)$ 上的凹凸性。

解 由于 $f'(x) = \left(\dfrac{\tan x}{x}\right)' = \dfrac{\sec^2 x \cdot x - \tan x}{x^2}$，

$$f''(x) = \left(\frac{\sec^2 x \cdot x - \tan x}{x^2}\right)' = \frac{(\sec^2 x \cdot x - \tan x)' \cdot x^2 - 2x(\sec^2 x \cdot x - \tan x)}{x^4}$$

$$= \frac{(2\sec^2 x \tan x \cdot x + \sec^2 x - \sec^2 x)' \cdot x^2 - 2x(\sec^2 x \cdot x - \tan x)}{x^4}$$

$$= \frac{2x^2 \cdot \sec^2 x \tan x - 2x\sec^2 x + 2\tan x}{x^3} = 2\,\frac{x^2 \tan x - x + \sin x \cos x}{x^3 \cos^2 x}。 \hspace{1cm} (1)$$

记 $g(x) = x^2 \tan x - x + \sin x \cos x$，则当 $x \in \left(0, \dfrac{\pi}{2}\right)$ 时，

$$g'(x) = 2x\tan x + x^2 \sec^2 x - 1 + \cos 2x = 2x\tan x + x^2 \sec^2 x - 2\sin^2 x$$

$$> 2x^2 + x^2 \sec^2 x - 2\sin^2 x = x^2 \sec^2 x + 2(x^2 - \sin^2 x) > 0。$$

结合 $g(0) = 0$ 可知，当 $x \in \left(0, \dfrac{\pi}{2}\right)$ 时，$g(x) = x^2 \tan x - x + \sin x \cos x > 0$。由式 (1)，$f''(x) > 0$，所以函数 $f(x) = \dfrac{\tan x}{x}$ 在 $\left(0, \dfrac{\pi}{2}\right)$ 上是凹的。

例 2.31 设 $f(x) = -\cos(\pi x) + (2x-3)^3 + \dfrac{1}{2}(x-1)$，试求 $f(x) = 0$ 的实根个数。

解 注意到 $f(1)=0$，$f\left(\dfrac{3}{2}\right)=\dfrac{1}{4}>0$，$f\left(\dfrac{7}{4}\right)=\dfrac{1-\sqrt{2}}{2}<0$，$f(2)=\dfrac{1}{2}>0$。由零点定理，$f(x)=0$ 至少有 3 个互异实根。另一方面，由于

$$f'(x)=\pi\sin(\pi x)+6(2x-3)^2+\dfrac{1}{2},$$

$$f''(x)=\pi^2\cos(\pi x)+24(2x-3),\quad f'''(x)=-\pi^3\sin(\pi x)+48>0,$$

所以，$f(x)=0$ 至多有 3 个互异实根。综上，$f(x)=0$ 恰好有 3 个互异实根。

> 🔍 **注**：若 $f^{(n)}(x)\neq 0$，则 $f(x)=0$ 至多有 n 个互异实根。

例 2.32 设 a_n、$b_n>0$，$\lim\limits_{n\to+\infty}a_n=0$，且 $\displaystyle\int_{\sin a_n}^{a_n}\mathrm{e}^{x^2}\mathrm{d}x=b_n\ln(1+b_n)$，证明：$\lim\limits_{n\to+\infty}b_n=0$ 并计算 $\lim\limits_{n\to+\infty}\dfrac{a_n^3}{b_n^2}$。

证明 由已知条件可得 $\lim\limits_{n\to+\infty}b_n\ln(1+b_n)=\lim\limits_{n\to+\infty}\displaystyle\int_{\sin a_n}^{a_n}\mathrm{e}^{x^2}\mathrm{d}x=0$。若记 $f(x)=x\ln(x+1)$（$x>0$），则 $\lim\limits_{n\to+\infty}f(b_n)=0$。另一方面，$f'(x)=\ln(1+x)+\dfrac{x}{1+x}>0$，故 $f(x)$ 是单调增加函数，因而存在反函数，所以 $\lim\limits_{n\to+\infty}b_n=\lim\limits_{n\to+\infty}f^{-1}(f(b_n))=f^{-1}(0)=0$。

由积分中值定理以及泰勒定理可得

$$\dfrac{a_n^3}{6}\sim(a_n-\sin a_n)\mathrm{e}^{\xi_n^2}=\int_{\sin a_n}^{a_n}\mathrm{e}^{x^2}\mathrm{d}x=b_n\ln(1+b_n)\sim b_n^2,$$

所以 $\lim\limits_{n\to+\infty}\dfrac{a_n^3}{b_n^2}=6$。

例 2.33 设 $f(x)$ 在 $[a,b]$ 上二阶可导，且 $f(a)=f'(a)=f''(a)=0$。

(1) 求极限 $\lim\limits_{x\to a^+}\dfrac{f(x)}{(x-a)^2}$；

(2) 证明：若 $f(b)=0$，存在 $\xi\in(a,b)$，使得 $(\xi-a)^2f''(\xi)-2f(\xi)=0$.

解 (1) 由泰勒定理，可得

$$f(x)=f(a)+f'(a)(x-a)+\dfrac{1}{2}f''(a)(x-a)^2+o((x-a)^2)=o((x-a)^2),$$

所以 $\lim\limits_{x\to a^+}\dfrac{f(x)}{(x-a)^2}=\lim\limits_{x\to a^+}\dfrac{o((x-a)^2)}{(x-a)^2}=0$。

(2) 构造函数 $F(x)=\begin{cases}\dfrac{f(x)}{(x-a)^2}, & x\in(a,b]\\ 0, & x=a\end{cases}$，则 $F(x)$ 在 $[a,b]$ 上连续，在 (a,b) 上可导。由罗尔中值定理，存在 $c\in(a,b)$，使得 $F'(c)=0$，即为 $f'(x)(x-a)^2-2f(x)(x-a)\big|_{x=c}=0$。

再记 $\qquad H(x)=f'(x)(x-a)^2-2f(x)(x-a),\ x\in[a,c],$

则 $H(a)=H(c)=0$。由罗尔中值定理,存在 $\xi\in(a,c)\subset(a,b)$,使得 $H'(\xi)=0$,即

$$\left[f'(x)(x-a)^2-2f(x)(x-a)\right]'\Big|_{x=\xi}=0。$$

化简即为 $(\xi-a)^2f''(\xi)-2f(\xi)=0$。

例 2.34 设函数 $f(x)$ 在 $\left[0,\dfrac{1}{2}\right]$ 上二阶可导,且满足 $f(0)=f'(0)$,$f\left(\dfrac{1}{2}\right)=0$,证明:存在 $\xi\in\left(0,\dfrac{1}{2}\right)$,使得 $f''(\xi)=\dfrac{3f'(\xi)}{1-2\xi}$。

证明 构造函数 $F(x)=(1-2x)f'(x)-f(x)$,$x\in\left[0,\dfrac{1}{2}\right]$,则有

$$F(0)=f'(0)-f(0)=0 \text{ 且 } F\left(\dfrac{1}{2}\right)=-f\left(\dfrac{1}{2}\right)=0。$$

由罗尔中值定理,存在 $\xi\in\left(0,\dfrac{1}{2}\right)$,使得 $F'(\xi)=0$,即 $f''(\xi)=\dfrac{3f'(\xi)}{1-2\xi}$。

另证 构造函数 $F(x)=f'(x)\cdot(1-2x)^{\frac{3}{2}}$,由拉格朗日中值定理,存在点 $c\in\left(0,\dfrac{1}{2}\right)$,

使得 $\qquad -f(0)=f\left(\dfrac{1}{2}\right)-f(0)=f'(c)\cdot\dfrac{1}{2}$,即 $f'(c)=-2f(0)$。

此时 $\quad F(0)\cdot F(c)=f'(0)\cdot f'(c)\cdot(1-2c)^{\frac{3}{2}}=f(0)\cdot(-2f(0))\cdot(1-2c)^{\frac{3}{2}}\leqslant 0$。

由零点定理,存在 $x_0\in[0,c]$ 使得 $F(x_0)=0$,而 $F\left(\dfrac{1}{2}\right)=0$,所以由罗尔中值定理,存在 $\xi\in\left(x_0,\dfrac{1}{2}\right)\subset\left(0,\dfrac{1}{2}\right)$,使得 $F'(\xi)=0$,即 $f''(\xi)=\dfrac{3f'(\xi)}{1-2\xi}$。

例 2.35 已知 $f(x)$ 在 $[a,+\infty)$ 上连续,在 $(a,+\infty)$ 上可导且 $\lim\limits_{x\to+\infty}f(x)=f(a)$,证明:存在 $\xi\in(a,+\infty)$,使得 $f'(\xi)=0$。

证明 构造函数 $g(t)=\begin{cases}f(\tan t), & \arctan a\leqslant t<\dfrac{\pi}{2}\\ f(a), & t=\dfrac{\pi}{2}\end{cases}$,则 $g(t)$ 在闭区间 $\left[\arctan a,\dfrac{\pi}{2}\right]$ 上连续,在开区间 $\left(\arctan a,\dfrac{\pi}{2}\right)$ 上可导,且

$$g(\arctan a)=f(\tan(\arctan a))=f(a)=g\left(\dfrac{\pi}{2}\right)。$$

由罗尔中值定理,存在 $\eta\in\left(\arctan a,\dfrac{\pi}{2}\right)$,使得 $g'(\eta)=0$,即

$$\left[f(\tan t)\right]'\Big|_{t=\eta}=f'(\tan t)\sec^2 t\Big|_{t=\eta}=f'(\tan\eta)\sec^2\eta=0。$$

所以,$f'(\tan\eta)=0$。记 $\xi=\tan\eta\in(a,+\infty)$,则有 $f'(\xi)=0$。

例 2.36 设函数 $f(x)$、$g(x)$ 在 $[a, +\infty)$ 内可导,且满足以下 3 个条件:

(1) $g'(x) \neq 0$; (2) $\lim\limits_{x \to +\infty} g(x) = \infty$; (3) $\lim\limits_{x \to +\infty} \dfrac{f'(x)}{g'(x)} = A$(其中 A 是一个有限常数)。

证明: $\lim\limits_{x \to +\infty} \dfrac{f(x)}{g(x)} = \lim\limits_{x \to +\infty} \dfrac{f'(x)}{g'(x)}$。

证明 由于 $\lim\limits_{x \to +\infty} \dfrac{f'(x)}{g'(x)} = A$,故对于任意的 $\varepsilon > 0$,存在正数 $X(X > a)$,使得当 $x > X$ 时,$g(x) \neq 0$ 且有 $\left| \dfrac{f'(x)}{g'(x)} - A \right| < \varepsilon$。另一方面,对于任意的 $x > X$,由柯西中值定理,存在 $\xi \in (X, x)$,使得 $\dfrac{f(x) - f(X)}{g(x) - g(X)} = \dfrac{f'(\xi)}{g'(\xi)}$,因此

$$\left| \frac{f(x) - f(X)}{g(x) - g(X)} - A \right| < \varepsilon, \quad \text{即} \quad \left| \frac{\dfrac{f(x)}{g(x)} - \dfrac{f(X)}{g(x)}}{1 - \dfrac{g(X)}{g(x)}} - A \right| < \varepsilon,$$

即有
$$A - \varepsilon < \frac{\dfrac{f(x)}{g(x)} - \dfrac{f(X)}{g(x)}}{1 - \dfrac{g(X)}{g(x)}} < A + \varepsilon。$$

当 x 充分大时,$1 - \dfrac{g(X)}{g(x)} > 0$,结合上式可得

$$\left(1 - \frac{g(X)}{g(x)}\right)(A - \varepsilon) + \frac{f(X)}{g(x)} < \frac{f(x)}{g(x)} < \left(1 - \frac{g(X)}{g(x)}\right)(A + \varepsilon) + \frac{f(X)}{g(x)}。 \tag{1}$$

而

$$\lim_{x \to +\infty} \left(1 - \frac{g(X)}{g(x)}\right)(A + \varepsilon) + \frac{f(X)}{g(x)} = A + \varepsilon, \quad \lim_{x \to +\infty} \left(1 - \frac{g(X)}{g(x)}\right)(A - \varepsilon) + \frac{f(X)}{g(x)} = A - \varepsilon,$$

故存在足够大的 $\widetilde{X}$,使得当 $x > \widetilde{X}$ 时,

$$\left(1 - \frac{g(X)}{g(x)}\right)(A - \varepsilon) + \frac{f(X)}{g(x)} > A - 2\varepsilon \ \text{且} \ \left(1 - \frac{g(X)}{g(x)}\right)(A + \varepsilon) + \frac{f(X)}{g(x)} < A + 2\varepsilon。 \tag{2}$$

综合式(1)(2),当 $x > \widetilde{X}$ 时,$A - 2\varepsilon < \dfrac{f(x)}{g(x)} < A + 2\varepsilon$,也就是 $\left| \dfrac{f(x)}{g(x)} - A \right| < 2\varepsilon$,所以

$$\lim_{x \to +\infty} \frac{f(x)}{g(x)} = A = \lim_{x \to +\infty} \frac{f'(x)}{g'(x)}。$$

注:① 该结论是洛必达法则的推广(去掉条件 $\lim\limits_{x\to+\infty}f(x)=\infty$ 同样成立);

② 条件(3)中的常数 A 可为 ∞;

③ 在自变量的其他变化过程中,上述结论同样成立。

例 2.37 设函数 $f(x)$ 在 $(0,+\infty)$ 上连续导数,$|f''(x)+2xf'(x)+(x^2+1)f(x)|\leqslant 1$,求 $\lim\limits_{x\to+\infty}f(x)$。

解 注意到 $\lim\limits_{x\to+\infty}f(x)=\lim\limits_{x\to+\infty}\dfrac{e^{\frac{x^2}{2}}\cdot f(x)}{e^{\frac{x^2}{2}}}$,由推广的洛必达法则得

$$\lim_{x\to+\infty}f(x)=\lim_{x\to+\infty}\frac{\left[e^{\frac{x^2}{2}}f(x)\right]'}{\left(e^{\frac{x^2}{2}}\right)'}=\lim_{x\to+\infty}\frac{xe^{\frac{x^2}{2}}f(x)+e^{\frac{x^2}{2}}f'(x)}{xe^{\frac{x^2}{2}}}。$$

对上式再一次利用推广的洛必达法则并结合已知条件,得

$$\lim_{x\to+\infty}f(x)=\lim_{x\to+\infty}\frac{\left[xe^{\frac{x^2}{2}}f(x)+e^{\frac{x^2}{2}}f'(x)\right]'}{\left(xe^{\frac{x^2}{2}}\right)'}=\lim_{x\to+\infty}\frac{e^{\frac{x^2}{2}}\left[f''(x)+2xf'(x)+(x^2+1)f(x)\right]}{(x^2+1)e^{\frac{x^2}{2}}}$$

$$=\lim_{x\to+\infty}\frac{f''(x)+2xf'(x)+(x^2+1)f(x)}{x^2+1}=0。$$

例 2.38 设函数 $f(x)$ 可导,满足 $\lim\limits_{x\to+\infty}f(x)+2f'(x)=0$,证明:$\lim\limits_{x\to+\infty}f(x)=0$。

证明 注意到 $\left(e^{\frac{x}{2}}f(x)\right)'=\dfrac{1}{2}e^{\frac{x}{2}}(f(x)+2f'(x))$,由推广的洛必达法则,有

$$\lim_{x\to+\infty}f(x)=\lim_{x\to+\infty}\frac{e^{\frac{x}{2}}f(x)}{e^{\frac{x}{2}}}=\lim_{x\to+\infty}\frac{\left(e^{\frac{x}{2}}f(x)\right)'}{\left(e^{\frac{x}{2}}\right)'}$$

$$=\lim_{x\to+\infty}\frac{\frac{1}{2}e^{\frac{x}{2}}(f(x)+2f'(x))}{\frac{1}{2}e^{\frac{x}{2}}}=\lim_{x\to+\infty}(f(x)+2f'(x))=0。$$

例 2.39 设函数 $f(x)$ 在 $[0,1]$ 上连续,在 $(0,1)$ 上可导,$f(0)=0$,$f(1)=1$,证明:存在 $x,y\in(0,1)$,$x\neq y$,使得 $f'(x)(f'(y)+1)=2$。

证明 构造函数 $F(x)=f(x)+2x-1$,则 $F(0)=-1<0$,$F(1)=2>0$。结合函数的连续性,存在 $c\in(0,1)$,使得 $F(c)=0$,即 $f(c)=1-2c$。对 $f(x)$ 在 $[0,c]$ 以及 $[c,1]$ 上利用拉格朗日中值定理,存在 $y\in(0,c)$ 以及 $x\in(c,1)$,使得

$$f'(y)=\frac{f(c)-f(0)}{c}=\frac{1-2c}{c},\quad f'(x)=\frac{f(1)-f(c)}{1-c}=\frac{2c}{1-c}。$$

所以，
$$f'(x)(f'(y)+1)=\frac{2c}{1-c}\cdot\left(\frac{1-2c}{c}+1\right)=2。$$

例 2.40 设函数 $f(x)$ 在 $[a,b]$ 上可导，$f(a)=f(b)$，常数 $p、q>0$，证明：存在 $\xi、\eta\in(a,b)$，$\xi\neq\eta$，使得 $(p+f'(\xi))\cdot(q+f'(\eta))=pq$。

证明 分两个情形。

情形一 对于任意的 $x\in(a,b)$，都有 $f(x)=f(a)$，此时 $f(x)$ 在 $[a,b]$ 上是常值函数，任取互异的 $\xi、\eta\in(a,b)$，都有 $(p+f'(\xi))\cdot(q+f'(\eta))=pq$。

情形二 存在 $c\in(a,b)$，使得 $f(c)\neq f(a)$，不妨设 $f(c)>f(a)$。记 $x=x_0$ 为 $f(x)$ 在区间 $[a,b]$ 上的最大值点，则 $f(x_0)>f(a)$，$x_0\in(a,b)$ 且 $f'(x_0)=0$。由拉格朗日中值定理，存在 $x_1\in(a,x_0)$ 以及 $x_2\in(x_0,b)$，使得

$$f'(x_1)=\frac{f(x_0)-f(a)}{x_0-a}>0，以及\ f'(x_2)=\frac{f(b)-f(x_0)}{b-x_0}<0。$$

取充分小的正数 ε，由导函数的介值定理，存在 $\xi\in(x_1,x_0)$ 以及 $\eta\in(x_0,x_2)$，使得 $f'(\xi)=\varepsilon$，以及 $f'(\eta)=-\dfrac{q\varepsilon}{p+\varepsilon}$。此时

$$(p+f'(\xi))\cdot(q+f'(\eta))=(p+\varepsilon)\cdot\left(q-\frac{q\varepsilon}{p+\varepsilon}\right)=pq。$$

例 2.41 设函数 $f(x)$ 在 $[-2,2]$ 上连续，在 $(-2,2)$ 上可导，且满足 $|f(x)|\leqslant 1$，$f'(0)>1$，证明：存在 $\xi\in(-2,2)$，使得 $f''(\xi)=0$。

证明 由拉格朗日中值定理，存在 $\xi_1\in(-2,0)$ 以及 $\xi_2\in(0,2)$，使得

$$f'(\xi_1)=\frac{f(0)-f(-2)}{2}，且\ f'(\xi_2)=\frac{f(2)-f(0)}{2}。$$

因此可得 $f'(\xi_1)\leqslant 1$ 且 $f'(\xi_2)\leqslant 1$。再由拉格朗日中值定理，存在 $c\in(\xi_1,0)$ 以及 $d\in(0,\xi_2)$，使得

$$f''(c)=\frac{f'(0)-f'(\xi_1)}{-\xi_1}>0，且\ f''(d)=\frac{f'(\xi_2)-f'(0)}{\xi_2}<0。$$

最后结合导函数的介值定理，存在 $\xi\in(c,d)\subset(-2,2)$，使得 $f''(\xi)=0$。

例 2.42 设 $f(x)$ 在 $[0,\pi]$ 上连续，在 $(0,\pi)$ 上可导，且 $\displaystyle\int_0^\pi f(x)\sin x\,dx=\int_0^\pi f(x)\cos x\,dx=0$，证明：存在 $\xi\in(0,\pi)$，使得 $f'(\xi)=0$。

证明 只需要证明 $f(x)=0$ 在 $[0,\pi]$ 上至少有两个互异实根即可（罗尔中值定理）。**反证法** 若 $f(x)=0$ 在 $[0,\pi]$ 上至多有一个实根，以下分两个情形加以讨论。

情形一 $f(x)=0$ 在 $[0,\pi]$ 上无实根，此时在 $[0,\pi]$ 上，必有 $f(x)>0$ 或者 $f(x)<0$，不妨设 $f(x)>0$，则有 $\displaystyle\int_0^\pi f(x)\sin x\,dx>0$，矛盾。

情形二 $f(x)=0$ 在 $[0,\pi]$ 上恰有一个实根 $x=c$，不妨设 $c\in(0,\pi)$（当 $x=c$ 在区间端点时，类似情形一可推出矛盾），此时必有 $f(x)\sin(x-c)\geqslant 0$（但是不恒为零）或者 $f(x)\sin(x-c)\leqslant 0$（但是不恒为零）。不妨设 $f(x)\sin(x-c)\geqslant 0$，此时

$$\int_0^\pi f(x)\sin(x-c)\mathrm{d}x > 0。$$

结合已知条件,可得 $0 = \int_0^\pi f(x)\sin(x-c)\mathrm{d}x > 0$,矛盾。

例 2.43 设有界函数 $f(x)$ 在 **R** 上具有二阶导数,证明:存在 $\xi \in (-\infty, +\infty)$,使得 $f''(\xi) = 0$。

证明 反证法 若对于任意的 $x \in (-\infty, +\infty)$,都有 $f''(x) \neq 0$。则由导函数的介值定理,必有 $f''(x)$ 恒大于零或者恒小于零,不妨设 $f''(x) > 0$。下面分两个情形加以证明。

情形一 当 $f'(0) \geqslant 0$ 时,由于 $f''(x) > 0$,故有 $f'(1) > 0$,由泰勒定理可得

$$f(x) = f(1) + f'(1)(x-1) + \frac{f''(\xi)}{2}(x-1)^2 \geqslant f(1) + f'(1)(x-1) \to +\infty, \ x \to +\infty。$$

上式与函数 $f(x)$ 在 **R** 上有界矛盾。

情形二 当 $f'(0) < 0$ 时,由泰勒定理可得

$$f(x) = f(0) + f'(0)x + \frac{f''(\xi)}{2}x^2 \geqslant f(0) + f'(0)x \to +\infty, \ x \to -\infty。$$

上式也与函数 $f(x)$ 在 **R** 上有界矛盾。综上,结论成立。

例 2.44 设 $f(x)$ 在 $[a, b]$ 上具有二阶连续导数,且 $f'(a) = f'(b) = 0$,证明:在 (a, b) 内至少存在一点 ξ,使得 $|f''(\xi)| \geqslant \dfrac{4}{(b-a)^2}|f(b) - f(a)|$。

证明 由泰勒公式,可得

$$f\left(\frac{a+b}{2}\right) = f(a) + f'(a)\frac{b-a}{2} + \frac{1}{2}f''(\xi_1)\frac{(b-a)^2}{4},$$

$$f\left(\frac{a+b}{2}\right) = f(b) + f'(b)\frac{a-b}{2} + \frac{1}{2}f''(\xi_2)\frac{(b-a)^2}{4},$$

两式相减并整理得

$$\frac{4}{(b-a)^2}[f(b) - f(a)] = \frac{1}{2}[f''(\xi_1) - f''(\xi_2)],$$

故

$$\frac{4}{(b-a)^2}|f(b) - f(a)| = \frac{1}{2}|f''(\xi_1) - f''(\xi_2)| \leqslant \frac{|f''(\xi_1)| + |f''(\xi_2)|}{2} \leqslant |f''(\xi)|。$$

其中 $$|f''(\xi)| = \max\{|f''(\xi_1)|, |f''(\xi_2)|\}。$$

例 2.45 设函数 $f(x)$ 在区间 $[a, b]$ 上具有二阶导数,点 $c \in (a, b)$,证明:存在 $\xi \in (a, b)$,满足 $\dfrac{f(a)}{(a-b)(a-c)} + \dfrac{f(b)}{(b-a)(b-c)} + \dfrac{f(c)}{(c-a)(c-b)} = \dfrac{1}{2}f''(\xi)$。

证明 记 $F(x) = f(x) - \dfrac{f(a)}{(a-b)(a-c)}(x-b)(x-c) - \dfrac{f(b)}{(b-a)(b-c)}(x-a)(c-c)$

$$- \frac{f(c)}{(c-a)(c-b)}(x-a)(x-b), \ x \in [a, b], 则$$

$$F(a)=F(b)=F(c)=0。$$

由罗尔中值定理,存在 $\xi_1\in(a,c)$ 以及 $\xi_2\in(c,b)$,使得 $F'(\xi_1)=F'(\xi_2)=0$。再由罗尔中值定理,存在 $\xi\in(\xi_1,\xi_2)\subset(a,b)$,使得 $F'(\xi)=0$,即

$$\frac{f(a)}{(a-b)(a-c)}+\frac{f(b)}{(b-a)(b-c)}+\frac{f(c)}{(c-a)(c-b)}=\frac{1}{2}f''(\xi)。$$

例 2.46 设函数 $f(x)$ 在 $[0,1]$ 上连续,$\int_0^1 f(x)\mathrm{d}x=I\neq 0$,证明:存在互异的 x_1、$x_2\in(0,1)$,使得 $\dfrac{1}{f(x_1)}+\dfrac{1}{f(x_2)}=\dfrac{2}{I}$。

证明 记 $F(x)=\int_0^x f(t)\mathrm{d}t$,则 $F(x)$ 在 $[0,1]$ 上可导且 $F(0)=0$,$F(1)=I\neq 0$。由介值定理,存在 $c\in(0,1)$,使得 $F(c)=\dfrac{I}{2}$,对 $F(x)$ 在 $[0,c]$ 以及 $[c,1]$ 上用拉格朗日中值定理,存在 $r_1\in(0,c)$ 以及 $x_2\in(c,1)$,使得

$$f(x_1)=F'(x_1)=\frac{F(c)-F(0)}{c}=\frac{I}{2c},$$

$$f(x_2)=F'(x_2)=\frac{F(1)-F(c)}{1-c}=\frac{I}{2(1-c)}。$$

所以,
$$\frac{1}{f(x_1)}+\frac{1}{f(x_2)}=\frac{2}{I}。$$

例 2.47 设函数 $f(x)$ 在区间 $[a,b]$ 上可导,$f(a)\neq f(b)$,对于任意的正常数 λ_1,λ_2,$\cdots$,λ_n,证明:存在互异的 $\xi_1,\xi_2,\cdots,\xi_n\in(a,b)$,使得 $(f(b)-f(a))\sum_{i=1}^n\dfrac{\lambda_i}{f'(\xi_i)}=(b-a)\sum_{i=1}^n\lambda_i$。

证明 不妨设 $f(a)<f(b)$,则有

$$f(a)<f(a)+\frac{\lambda_1}{\sum_{i=1}^n\lambda_i}(f(b)-f(a))<f(a)+\frac{\lambda_1+\lambda_2}{\sum_{i=1}^n\lambda_i}(f(b)-f(a))$$

$$<\cdots<f(a)+\frac{\lambda_1+\lambda_2+\cdots+\lambda_{n-1}}{\sum_{i=1}^n\lambda_i}(f(b)-f(a))<f(b)。$$

结合连续函数的介值定理,存在 $c_1,c_2,\cdots,c_{n-1}\in(a,b)$ $(a<c_1<c_2<\cdots<c_{n-1}<b)$,使得 $f(c_1)=f(a)+\dfrac{\lambda_1}{\sum_{i=1}^n\lambda_i}(f(b)-f(a))$,$f(c_2)=f(a)+\dfrac{\lambda_1+\lambda_2}{\sum_{i=1}^n\lambda_i}(f(b)-f(a))$,$\cdots$,

$$f(c_{n-1})=f(a)+\frac{\lambda_1+\lambda_2+\cdots+\lambda_{n-1}}{\sum_{i=1}^n\lambda_i}(f(b)-f(a))。$$

对函数 $f(x)$ 在区间 $[a,c_1]$, $[c_1,c_2]$, $\cdots$, $[c_{n-1},b]$ 上用拉格朗日中值定理,存在 $\xi_1\in(a,c_1)$, $\xi_2\in(c_1,c_2)$, $\cdots$, $\xi_n\in(c_{n-1},b)$,使得

$$\frac{\lambda_1}{\sum\limits_{i=1}^n \lambda_i}(f(b)-f(a))=f(c_1)-f(a)=f'(\xi_1)(c_1-a),$$

$$\frac{\lambda_2}{\sum\limits_{i=1}^n \lambda_i}(f(b)-f(a))=f(c_2)-f(c_1)=f'(\xi_2)(c_2-c_1)$$

$$\cdots$$

$$\frac{\lambda_n}{\sum\limits_{i=1}^n \lambda_i}(f(b)-f(a))=f(b)-f(c_{n-1})=f'(\xi_n)(b-c_{n-1})。$$

将以上 n 个等式变形后相加,有 $(f(b)-f(a))\sum\limits_{i=1}^n \dfrac{\lambda_i}{f'(\xi_i)}=(b-a)\sum\limits_{i=1}^n \lambda_i$。

例 2.48 已知函数 $f(x)$ 在区间 $[0,1]$ 上连续,且 $\int_0^1 f(x)\mathrm{d}x\neq 0$,证明:存在区间 $[0,1]$ 上 3 个不同的点 x_1、x_2、x_3,使得

$$\frac{\pi}{8}\int_0^1 f(x)\mathrm{d}x=\left[\frac{1}{1+x_1^2}\int_0^{x_1}f(x)\mathrm{d}x+f(x_1)\arctan x_1\right]x_3$$

$$=\left[\frac{1}{1+x_2^2}\int_0^{x_2}f(x)\mathrm{d}x+f(x_2)\arctan x_2\right](1-x_3)。$$

证明 记 $F(x)=\arctan x\cdot\int_0^x f(t)\mathrm{d}t$,则 $F(0)=0$ 且 $F(1)=\dfrac{\pi}{4}\int_0^1 f(t)\mathrm{d}t$。由介值定理,存在 $x_3\in(0,1)$,$F(x_3)=\dfrac{F(0)+F(1)}{2}=\dfrac{\pi}{8}\int_0^1 f(t)\mathrm{d}t$。对 $F(x)$ 在区间 $[0,x_3]$ 以及 $[x_3,1]$ 上用拉格朗日中值定理,存在 $x_1\in(0,x_3)$ 以及 $x_2\in(x_3,1)$,使得

$$\frac{1}{1+x_1^2}\int_0^{x_1}f(t)\mathrm{d}t+f(x_1)\arctan x_1=F'(x_1)=\frac{F(x_3)-F(0)}{x_3}=\frac{\pi\int_0^1 f(t)\mathrm{d}t}{8x_3},$$

$$\frac{1}{1+x_2^2}\int_0^{x_2}f(t)\mathrm{d}t+f(x_2)\arctan x_2=F'(x_2)=\frac{F(1)-F(x_3)}{1-x_3}=\frac{\pi\int_0^1 f(t)\mathrm{d}t}{8(1-x_3)}。$$

因此,$\dfrac{\pi}{8}\int_0^1 f(x)\mathrm{d}x=\left[\dfrac{1}{1+x_1^2}\int_0^{x_1}f(x)\mathrm{d}x+f(x_1)\arctan x_1\right]x_3$

$$=\left[\frac{1}{1+x_2^2}\int_0^{x_2}f(x)\mathrm{d}x+f(x_2)\arctan x_2\right](1-x_3)。$$

例 2.49 设函数 $f(x)$ 在 $[0,1]$ 上连续,证明:存在 $\xi\in(0,1)$,使得 $\int_0^\xi f(x)\mathrm{d}x=(1-\xi)f(\xi)$。进一步,若 $f(x)>0$ 且单调减少,则等式中的 ξ 唯一。

证明 存在性的证明 记 $F(x) = (x-1)\int_0^x f(t)\mathrm{d}t$，利用罗尔中值定理即可。

唯一性的证明 记 $g(x) = \int_0^x f(x)\mathrm{d}x + (x-1)f(x)$，只需要证 $g(x)$ 单调增加即可。任取 $0 < x_1 < x_2 < 1$，则

$$
\begin{aligned}
g(x_2) - g(x_1) &= \int_0^{x_2} f(x)\mathrm{d}x + (x_2-1)f(x_2) - \int_0^{x_1} f(x)\mathrm{d}x - (x_1-1)f(x_1) \\
&= \int_{x_1}^{x_2} f(x)\mathrm{d}x + (x_2-1)f(x_2) - (x_1-1)f(x_1) \\
&> \int_{x_1}^{x_2} f(x)\mathrm{d}x + (x_1-1)f(x_2) - (x_1-1)f(x_1) \\
&= \int_{x_1}^{x_2} f(x)\mathrm{d}x + (x_1-1)[f(x_2) - f(x_1)] > 0。
\end{aligned}
$$

综上，结论成立。

例 2.50 设 $f(x)$ 在 $[0,1]$ 上具有二阶导数，$|f(x)| \leqslant 1$，$|f''(x)| \leqslant 1$，证明：对于任意的 $x \in (0,1)$，$|f'(x)| \leqslant \dfrac{5}{2}$。

证明 对于任意的 $x \in (0,1)$，由泰勒定理可得

$$
f(0) = f(x) + f'(x)(-x) + \frac{f''(\xi_1)}{2}x^2, \quad f(1) = f(x) + f'(x)(1-x) + \frac{f''(\xi_2)}{2}(1-x)^2。
$$

解出

$$
f'(x) = f(1) - f(0) - \frac{f''(\xi_2)}{2}(1-x)^2 + \frac{f''(\xi_1)}{2}x^2。
$$

因此，

$$
\begin{aligned}
|f'(x)| &= \left| f(1) - f(0) - \frac{f''(\xi_2)}{2}(1-x)^2 + \frac{f''(\xi_1)}{2}x^2 \right| \\
&\leqslant |f(1)| + |f(0)| + \frac{|f''(\xi_2)|}{2}(1-x)^2 + \frac{|f''(\xi_1)|}{2}x^2 \\
&\leqslant 1 + 1 + \frac{1}{2}[(1-x)^2 + x^2] \\
&\leqslant 1 + 1 + \frac{1}{2}[(1-x) + x] = \frac{5}{2}。
\end{aligned}
$$

例 2.51 设函数 $f(x)$ 在 $[a, +\infty)$ 上具有二阶导数，$|f(x)| \leqslant M_0$，$|f''(x)| \leqslant M_2$，证明：对于任意的 $x \in [a, +\infty)$，$|f'(x)| \leqslant 2\sqrt{M_0 M_2}$。

证明 对于任意的 $x \in [a, +\infty)$ 以及任意的正数 h，由泰勒定理得

$$
f(x+h) = f(x) + f'(x)h + \frac{f''(x)}{2}h^2。
$$

解得

$$
f'(x) = \frac{f(x+h) - f(x) - \dfrac{f''(x)}{2}h^2}{h},
$$

因此

$$
|f'(x)| = \left| \frac{f(x+h) - f(x) - \dfrac{f''(x)}{2}h^2}{h} \right| \leqslant \frac{2M_0 + \dfrac{M_2}{2}h^2}{h}。 \tag{1}
$$

若记 $g(h)=\dfrac{2M_0+\dfrac{M_2}{2}h^2}{h}\ (h>0)$，容易求得 $g(h)$ 的最小值为 $2\sqrt{M_0M_2}$，结合式(1)，所以有 $|f'(x)|\leqslant 2\sqrt{M_0M_2}$。

例 2.52　当 $0<|x|\leqslant 1$ 时，证明：$\left|\dfrac{\sin x}{x}-1\right|\leqslant\dfrac{x^2}{5}$。

证明　由于 $\sin x=x-\dfrac{x^3}{3!}+\dfrac{x^5}{5!}+\cdots+(-1)^n\dfrac{x^{2n+1}}{(2n+1)!}+\cdots$，故

$$\left|\frac{\sin x}{x}-1\right|=\left|-\frac{x^2}{3!}+\frac{x^4}{5!}+\cdots+(-1)^n\frac{x^{2n}}{(2n+1)!}+\cdots\right| \tag{1}$$
$$\leqslant x^2\left(\frac{1}{3!}+\frac{1}{5!}+\cdots+\frac{1}{(2n+1)!}+\cdots\right)。$$

注意到
$$\frac{e^x-e^{-x}}{2}=x+\frac{x^3}{3!}+\frac{x^5}{5!}+\cdots+\frac{x^{2n+1}}{(2n+1)!}+\cdots,$$

令 $x=1$，得
$$\frac{1}{3!}+\frac{1}{5!}+\cdots+\frac{1}{(2n+1)!}+\cdots=\frac{e-e^{-1}}{2}-1。$$

结合式(1)，有
$$\left|\frac{\sin x}{x}-1\right|\leqslant x^2\left(\frac{e-e^{-1}}{2}-1\right)\leqslant\frac{x^2}{5}。$$

> **注**：读者可思考本题的其他证明。

例 2.53　已知点 P 是椭圆 $\dfrac{x^2}{a^2}+\dfrac{y^2}{b^2}=1\ (a>b>0)$ 上的动点，过原点作椭圆在点 P 处的法线的垂线，垂足为点 Q，求 OQ 的最大值。

解　由对称性，不妨设点 $P(x,y)$ 在第一象限，则椭圆在点 P 处的法线方程为 $a^2yX-b^2xY+(b^2-a^2)xy=0$，原点到法线的距离 $d=\dfrac{|(b^2-a^2)xy|}{\sqrt{(a^2y)^2+(b^2x)^2}}$，所以，

$$\frac{1}{d^2}=\frac{1}{(b^2-a^2)^2}\frac{a^4y^2+b^4x^2}{x^2y^2}=\frac{1}{(b^2-a^2)^2}\left[a^2+b^2+\frac{b^4x^2}{a^2y^2}+\frac{a^4y^2}{b^2x^2}\right]$$
$$\geqslant\frac{1}{(b^2-a^2)^2}[a^2+b^2+2ab]=\frac{1}{(b-a)^2}。$$

故 OQ 的最大值为 $|b-a|$，此时点 $P\left(\pm a\sqrt{\dfrac{a}{a+b}},\pm b\sqrt{\dfrac{b}{a+b}}\right)$。

例 2.54　设 $f(x)$ 在 $[0,2]$ 上具有连续的导函数，$f(0)=f(2)=0$，$|f(x)|$ 在 $[0,2]$ 上的最大值为 M。

证明：(1) 存在 $\xi\in(0,2)$，使得 $|f'(\xi)|\geqslant M$；(2) 若对于任意的 $x\in(0,2)$，都有 $|f'(x)|\leqslant M$，则 $M=0$。

证明　(1) 由已知，不妨设存在 $x_0\in(0,2)$，使得 $|f(x_0)|=M$。由拉格朗日中值定

理,存在 $\xi_1 \in (0, x_0)$, $\xi_2 \in (x_0, 2)$, 使得

$$f'(\xi_1) = \frac{f(x_0) - f(0)}{x_0}, \quad f'(\xi_2) = \frac{f(2) - f(x_0)}{2 - x_0}。$$

以下分两个情形加以讨论。

情形一 当 $x_0 \in (0, 1]$ 时,有 $|f'(\xi_1)| = \left| \dfrac{f(x_0) - f(0)}{x_0} \right| \geqslant M$。

情形二 当 $x_0 \in (1, 2)$ 时,有 $|f'(\xi_2)| = \left| \dfrac{f(2) - f(x_0)}{2 - x_0} \right| \geqslant M$。

综上,存在 $\xi \in (0, 2)$, 使得 $|f'(\xi)| \geqslant M$。

(2) **反证法** 若 $M > 0$, 由(1)的证明过程可知,必有 $x_0 = 1$(否则,存在 $\xi \in (0, 2)$, 使得 $|f'(\xi)| > M$, 与(2)的条件矛盾),即 $|f(1)| = M$, 不妨设 $f(1) = M$。

记 $F(x) = f(x) - Mx$, $x \in [0, 1]$, 则 $F(0) = F(1) = 0$ 且 $F'(x) = f'(x) - M \leqslant 0$, $x \in (0, 1)$, 所以 $F(x) = f(x) - Mx \equiv 0$, $x \in [0, 1]$。

再记 $G(x) = f(x) - M(2 - x)$, $x \in [1, 2]$, 则 $G(1) = G(2) = 0$ 且 $G'(x) = f'(x) + M \geqslant 0$, $x \in (1, 2)$, 所以 $G(x) = f(x) - M(2 - x) \equiv 0$, $x \in [1, 2]$。

所以 $f(x) = \begin{cases} Mx, & x \in [0, 1) \\ M(2 - x), & x \in [1, 2] \end{cases}$。 此时, $f'_-(1) = M$ 且 $f'_+(1) = -M$, 与 $f(x)$ 在 $[0, 2]$ 上具有连续的导函数矛盾。

综上,结论成立。

例 2.55 设 $f(x)$ 是周期为 1 的连续函数,在 $(0, 1)$ 上可导, $f(1) = 0$, 在 $[1, 2]$ 上的最大值为 M, 证明:存在 $\xi \in (1, 2)$, 使得 $|f'(\xi)| \geqslant 2M$。

证明 由已知得 $f(1) = f(2) = 0$。 不妨设存在点 $x_0 \in (1, 2)$ 使得 $M = f(x_0)$(当 x_0 在区间端点时结论显然成立)。由拉格朗日中值定理,知存在 $\xi_1 \in (1, x_0)$, 使得 $f(x_0) - f(1) = f'(\xi_1)(x_0 - 1)$, 且存在 $\xi_2 \in (x_0, 2)$, 使得 $f(2) - f(x_0) = f'(\xi_2)(2 - x_0)$。

分两个情形 $x_0 \in \left(1, \dfrac{3}{2}\right]$ 和 $x_0 \in \left(\dfrac{3}{2}, 2\right)$, 可得 $|f'(\xi_1)| \geqslant 2M$ 或者 $|f'(\xi_2)| \geqslant 2M$, 结论成立。

例 2.56 设 $f(x) = \sum\limits_{k=1}^{n} c_k \mathrm{e}^{a_k x}$, 其中 a_k 是互异的实数, c_k 是不全为零的实数,问 $f(x) = 0$ 最多有几个互异的实根?

解 最多 $n - 1$ 个。理由如下。

(1) 不妨设 $c_1 \neq 0$。 反证法,若 $f(x) = 0$ 有 n 个互异实根,则方程

$$c_1 \mathrm{e}^{(a_1 - a_n)x} + c_2 \mathrm{e}^{(a_2 - a_n)x} + \cdots + c_{n-1} \mathrm{e}^{(a_{n-1} - a_n)x} + c_n = 0$$

有 n 个互异实根。由罗尔中值定理,方程

$$c_1 (a_1 - a_n) \mathrm{e}^{(a_1 - a_n)x} + c_2 (a_2 - a_n) \mathrm{e}^{(a_2 - a_n)x} + \cdots + c_{n-1}(a_{n-1} - a_n) \mathrm{e}^{(a_{n-1} - a_n)x} = 0$$

有 $n - 1$ 个互异实根,即

$$c_1 (a_1 - a_n) \mathrm{e}^{(a_1 - a_{n-1})x} + c_2 (a_2 - a_n) \mathrm{e}^{(a_2 - a_{n-1})x} + \cdots$$

$$+ c_{n-2}(a_{n-2} - a_n)e^{(a_{n-2}-a_{n-1})x} + c_{n-1}(a_{n-1} - a_n) = 0$$

有 $n-1$ 个互异实根。同样,由罗尔中值定理,方程

$$c_1(a_1 - a_n)(a_1 - a_{n-1})e^{(a_1-a_{n-1})x} + c_2(a_2 - a_n)(a_2 - a_{n-1})e^{(a_2-a_{n-1})x} + \cdots + c_{n-2}(a_{n-2} - a_n)(a_{n-2} - a_{n-1})e^{(a_{n-2}-a_{n-1})x} = 0$$

有 $n-2$ 个互异实根。

依此类推,可得方程 $c_1(a_1 - a_n)(a_1 - a_{n-1}) \cdots (a_1 - a_2)e^{(a_1-a_2)x} = 0$ 有一个实根,矛盾。因此方程 $f(x) = 0$ 最多有 $n-1$ 个互异的实根。

(2) 若构造函数 $f(x) = \sum_{k=1}^{n-1}(e^x - e^k) = c_1 e^{0 \cdot x} + c_2 e^x + c_3 e^{2 \cdot x} + \cdots c_n e^{(n-1) \cdot x}$,则方程 $f(x) = 0$ 恰有 $n-1$ 个互异实根。

综上,结论成立。

例 2.57 设 $f(x)$ 在 $[a, b]$ 上可导,且存在一点 $c \in (a, b)$,使得 $f'(c) = 0$,证明:存在一点 $\xi \in (a, b)$,使得 $f'(\xi) = \dfrac{f(\xi) - f(a)}{b - a}$。

证明 构造 $F(x) = (f(x) - f(a)) \cdot e^{-\frac{x}{b-a}}$,则 $F'(x) = f'(x)e^{-\frac{x}{b-a}} - \dfrac{f(x) - f(a)}{b - a}e^{-\frac{x}{b-a}}$。

注意到 $f'(c) = 0$,可得 $F'(c) = f'(c)e^{-\frac{c}{b-a}} - \dfrac{f(c) - f(a)}{b - a}e^{-\frac{c}{b-a}} = -\dfrac{F(c)}{b-a}$。

另一方面,由拉格朗日中值定理,存在 $\eta \in (a, c)$,使得 $F(c) = F(c) - F(a) = F'(\eta)(c - a)$,所以 $F'(c) = -\dfrac{1}{b-a}F'(\eta)(c - a)$。

由此可得 $F'(c)F'(\eta) < 0$,存在 $\xi \in (\eta, c)$,使得 $F'(\xi) = 0$。代入并化简即为 $f'(\xi) = \dfrac{f(\xi) - f(a)}{b - a}$。 得证。

> **注** 本题中用到导函数的**介值定理**(**达布引理**):设 $f(x)$ 在 $[a, b]$ 上可导且 $f'_+(a) \cdot f'_-(b) < 0$,则存在 $\xi \in (a, b)$,使得 $f'(\xi) = 0$。(请读者证明)

例 2.58 设 $f(x)$ 在 (a, b) 上可导,$|f'(x)|$ 在 (a, b) 上连续,证明:$f'(x)$ 在 (a, b) 上连续。

证明 任取 $x_0 \in (a, b)$,以下分两个情形加以证明。

情形一 $f'(x_0) = 0$ 时,由已知得 $\lim\limits_{x \to x_0}|f'(x)| = |f'(x_0)| = 0$,因此 $\lim\limits_{x \to x_0}f'(x) = 0 = f'(x_0)$,所以 $f'(x)$ 在点 x_0 处连续。

情形二 $f'(x_0) \neq 0$ 时,则 $\lim\limits_{x \to x_0}|f'(x)| = |f'(x_0)| > 0$。由函数极限的局部保号性,存在充分小的 $\delta > 0$,使得对于任意的 $x \in \overset{\circ}{U}(x_0, \delta)$,都有 $|f'(x)| > 0$。结合导函数的介值定理,对于任意的 $x \in \overset{\circ}{U}(x_0, \delta)$,必有 $f'(x) > 0$ 或者 $f'(x) < 0$。不妨假设 $f'(x) > 0$,因此当 $x \in \overset{\circ}{U}(x_0, \delta)$ 时,$f'(x) = |f'(x)|$,故 $f'(x)$ 在点 x_0 处连续。

综上,结论成立。

例 2.59 设 $f(x)$ 在 $[a,b]$ 上可导,$f'(a)=f'(b)$,证明:存在 $\xi \in (a,b)$,使得 $f'(\xi)=\dfrac{f(\xi)-f(a)}{\xi-a}$。

证明 构造 $F(x)=\dfrac{f(x)-f(a)}{x-a}$,$x \in (a,b]$,以下只需要证明:存在 $\xi \in (a,b)$,使得 $F'(\xi)=0$ 即可。

否则,对于任意的 $x \in (a,b)$,$F'(x) \neq 0$,由导函数的介值定理,不妨设 $F'(x)>0$,则 $F(x)$ 在 $x \in (a,b]$ 上严格单调增加,故 $f'(a)=F(a^+)<F(b)$。 $\qquad(1)$

另一方面,当 $x \in (a,b)$ 时,$F(x)<F(b)$,即 $\dfrac{f(x)-f(a)}{x-a}<\dfrac{f(b)-f(a)}{b-a}$,也就是

$$\frac{f(b)-f(a)}{b-a}<\frac{f(x)-f(b)}{x-b}。$$

上式中令 $x \to b^-$ 可得 $\dfrac{f(b)-f(a)}{b-a} \leqslant f'(b)$。 $\qquad(2)$

结合式(1)(2)有,$f'(a)<F(b)=\dfrac{f(b)-f(a)}{b-a} \leqslant f'(b)$,矛盾。

综上,结论成立。

例 2.60 设 $f(x)$ 二阶可导且 $f(0)=0$,证明:存在 $\xi \in \left(-\dfrac{\pi}{2},\dfrac{\pi}{2}\right)$,使得 $f''(\xi)=f(\xi)(1+2\tan^2\xi)$。

证明 先构造函数 $F(x)=f(x)\cos x$,$x \in \left[-\dfrac{\pi}{2},\dfrac{\pi}{2}\right]$,显然有 $F\left(-\dfrac{\pi}{2}\right)=F(0)=F\left(\dfrac{\pi}{2}\right)$。结合罗尔中值定理,存在 $\xi_1 \in \left(-\dfrac{\pi}{2},0\right)$ 以及 $\xi_2 \in \left(0,\dfrac{\pi}{2}\right)$,使得 $F'(\xi_1)=F'(\xi_2)=0$,即

$$f'(x)\cos x-f(x)\sin x \Big|_{x=\xi_1}=f'(x)\cos x-f(x)\sin x \Big|_{x=\xi_2}=0。$$

再构造函数 $G(x)=\dfrac{f'(x)\cos x-f(x)\sin x}{\cos^2 x}$,$x \in [\xi_1,\xi_2]$,则 $G(\xi_1)=G(\xi_2)=0$。再由罗尔中值定理,存在 $\xi \in (\xi_1,\xi_2) \subset \left(-\dfrac{\pi}{2},\dfrac{\pi}{2}\right)$,使得 $G'(\xi)=0$,即 $G'(\xi)=$

$$\frac{(f''(x)\cos x-2f'(x)\sin x-f(x)\cos x)\cos^2 x+2(f'(x)\cos x-f(x)\sin x)\sin x\cos x}{\cos^4 x}\Bigg|_{x=\xi}$$

$=0$。

化简即为 $f''(\xi)=f(\xi)(1+2\tan^2\xi)$。

例 2.61 设平面区域 D 由 $y=x^2-1$ 以及 $y=1-x^2$ 所围成,求区域 D 内一椭圆 $\dfrac{x^2}{a^2}+\dfrac{y^2}{b^2}=1$,使其面积达到最大值。

解 显然当椭圆与两曲线相切时,椭圆面积取到最大值。由对称性,不妨设椭圆 $\frac{x^2}{a^2}+\frac{y^2}{b^2}=1$ 与抛物线 $y=1-x^2$ 在第一象限中的切点为 (x_0,y_0),则有

$$y_0=1-x_0^2,\frac{x_0^2}{a^2}+\frac{y_0^2}{b^2}=1,-2x_0=-\frac{b^2x_0}{a^2y_0}.$$

故 $\dfrac{1-\dfrac{b^2}{2a^2}}{a^2}+\dfrac{\dfrac{b^4}{4a^4}}{b^2}=1$,化简得 $4a^4-4a^2+b^2=0$。要使得椭圆面积最大,只需要 a^2b^2 达到最大,也就是 $4a^2(a^2-a^4)$ 达到最大。为此,记 $f(x)=x(x-x^2)$,则 $f'(x)=2x-3x^2$,当 $x=\frac{2}{3}$ 时,$f(x)$ 取到最大值。所以当 $a^2=\frac{2}{3}$,$b^2=\frac{8}{9}$,即椭圆方程为 $\frac{3x^2}{2}+\frac{9y^2}{8}=1$ 时,椭圆面积达到最大值且最大值为 $\frac{4\sqrt{3}}{9}\pi$。

例 2.62 设函数 $f(x)$ 在 **R** 上二阶可导,且 $2f(x)+f''(x)=-xf'(x)$,证明:$f(x)$ 以及 $f'(x)$ 在 **R** 上有界。

证明 根据已知条件可得 $2f(x)f'(x)+f'(x)f''(x)=-x(f'(x))^2$。若构造函数 $F(x)=f^2(x)+\frac{1}{2}(f'(x))^2$,则有

$$F'(x)=\left[f^2(x)+\frac{1}{2}(f'(x))^2\right]'=2f(x)f'(x)+f'(x)f''(x)=-x(f'(x))^2.$$

因此,当 $x\leqslant0$ 时,$f(x)$ 单调增加;而当 $x\geqslant0$ 时,$f(x)$ 单调减少。另一方面,显然有 $F(x)=f^2(x)+\frac{1}{2}(f'(x))^2\geqslant0$,所以函数 $F(x)$ 有界,因而 $f(x)$ 以及 $f'(x)$ 在 **R** 上有界。

例 2.63 设函数 $f(x)$ 在 $[a,b]$ 上二阶可导,$f(a)=f(b)=f'(a)=f'(b)=0$,且存在正常数 M,使得 $|f''(x)|\leqslant M$,证明:在 $[a,b]$ 上恒有 $|f(x)|\leqslant\frac{M}{16}(b-a)^2$。

证明 假设 $|f(c)|=\max\limits_{x\in[a,b]}\{|f(x)|\}$,当点 c 位于区间端点时,结论显然成立。不妨设点 $c\in(a,b)$,此时有 $f'(c)=0$。当 $x\in[0,c]$ 时,由泰勒定理可得

$$f(x)=f(a)+f'(a)(x-a)+\frac{f''(\xi_1)}{2}(x-a)^2=\frac{f''(\xi_1)}{2}(x-a)^2,$$

$$f(x)=f(c)+f'(c)(x-c)+\frac{f''(\xi_2)}{2}(x-c)^2=f(c)+\frac{f''(\xi_2)}{2}(x-c)^2.$$

故

$$|f(c)|=|f(c)-f(x)+f(x)|\leqslant|f(c)-f(x)|+|f(x)|$$
$$=\left|\frac{f''(\xi_2)}{2}(x-c)^2\right|+\left|\frac{f''(\xi_1)}{2}(x-a)^2\right|\leqslant\frac{M}{2}[(x-c)^2+(x-a)^2].$$

另一方面,注意到,当 $x\in[0,c]$ 时,函数 $[(x-c)^2+(x-a)^2]$ 的最小值为 $\frac{(c-a)^2}{2}$,

所以 $|f(c)| \leqslant \dfrac{M(c-a)^2}{4}$。类似可得 $|f(c)| \leqslant \dfrac{M(b-c)^2}{4}$。

所以
$$|f(c)| \leqslant \min\left\{\frac{M(c-a)^2}{4}, \frac{M(b-c)^2}{4}\right\} \leqslant \frac{M}{16}(b-a)^2,$$

即在 $[a,b]$ 上恒有 $|f(x)| \leqslant \dfrac{M}{16}(b-a)^2$。

例 2.64 是否存在 $(-\infty, +\infty)$ 上的二阶可导函数 $f(x)$，使得 $f(x) > 0$，$f'(x) > 0$，且 $f''(x) < 0$？（请说明理由）

解 不存在。否则，任取 $x < 0$，由泰勒定理，有 $f(x) = f(0) + f'(0)x + \dfrac{f''(\xi)}{2}x^2$，其中 ξ 介于 0 和之间。故 $f(x) \leqslant f(0) + f'(0)x$。

由于 $\lim\limits_{x \to -\infty}[f(0) + f'(0)x] = -\infty$，所以 $\lim\limits_{x \to -\infty} f(x) = -\infty$，存在 $x_0 < 0$，使得 $f(x_0) < 0$，与已知条件 $f(x) > 0$ 矛盾。

例 2.65 求极限 $\lim\limits_{x \to 0} 2x \cdot \dfrac{10x\sin x + 11\cos^2 x - 2\cos x - 9}{2x - 2\sqrt{1+x^2} \cdot \sin(x + \arctan x) + \sin 2x}$。

解 注意到 $10x\sin x + 11\cos^2 x - 2\cos x - 9 = \dfrac{23}{12}x^4 + o(x^4)$，以及

$$\sin(x + \arctan x) = \sin\left(2x - \frac{x^3}{3} + \frac{x^5}{5} + o(x^5)\right) = 2x - \frac{5}{3}x^3 + \frac{17}{15}x^5 + o(x^5),$$

所以

$$\lim_{x \to 0} 2x \cdot \frac{10x\sin x + 11\cos^2 x - 2\cos x - 9}{2x - 2\sqrt{1+x^2} \cdot \sin(x + \arctan x) + \sin 2x} = \lim_{x \to 0} 2x \cdot \frac{\dfrac{23}{12}x^4 + o(x^4)}{\dfrac{1}{6}x^5 + o(x^5)} = 23。$$

例 2.66 设某三角形三边的长分别是 a、b、c，证明不等式
$$(b+c-a)^{b+c-a} + (c+a-b)^{c+a-b} + (a+b-c)^{a+b-c} \geqslant a^a + b^b + c^c。$$

证明 记 $p = b+c-a$，$q = c+a-b$，$r = a+b-c$，则 $a = \dfrac{q+r}{2}$，$b = \dfrac{p+r}{2}$，$c = \dfrac{p+q}{2}$。要证不等式
$$(b+c-a)^{b+c-a} + (c+a-b)^{c+a-b} + (a+b-c)^{a+b-c} \geqslant a^a + b^b + c^c,$$

只需要证明
$$p^p + q^q + r^r \geqslant \left(\frac{p+q}{2}\right)^{\frac{p+q}{2}} + \left(\frac{q+r}{2}\right)^{\frac{q+r}{2}} + \left(\frac{p+r}{2}\right)^{\frac{p+r}{2}}。 \tag{1}$$

构造函数 $f(x) = x^x$ $(x > 0)$，则有 $f'(x) = (e^{x\ln x})' = e^{x\ln x}(\ln x + 1)$，以及

$$f''(x) = [e^{x\ln x}(\ln x + 1)]' = e^{x\ln x}(\ln x + 1)^2 + e^{x\ln x} \cdot \frac{1}{x} > 0。$$

故 $f(x) = x^x$ 在 $x > 0$ 时是凹函数，所以有

$$\frac{f(p) + f(q)}{2} \geqslant f\left(\frac{p+q}{2}\right), \quad \frac{f(q) + f(r)}{2} \geqslant f\left(\frac{q+r}{2}\right), \quad \frac{f(r) + f(p)}{2} \geqslant f\left(\frac{r+p}{2}\right),$$

即

$$\frac{p^p+q^q}{2}\geqslant\left(\frac{p+q}{2}\right)^{\frac{p+q}{2}},\ \frac{q^q+r^r}{2}\geqslant\left(\frac{q+r}{2}\right)^{\frac{q+r}{2}},\ \frac{p^p+r^r}{2}\geqslant\left(\frac{p+r}{2}\right)^{\frac{p+r}{2}},$$

相加即为式(1)。

例 2.67 若 $f(x)$ 在点 x_0 点的某邻域内具有二阶连续导数,且当 $|h|$ 充分小时 $(h\neq 0)$,不等式 $f(x_0)<\dfrac{1}{2}[f(x_0+h)+f(x_0-h)]$ 成立,证明 $f''(x_0)\geqslant 0$,并说明不能去掉等号。

证明 注意到

$$\lim_{h\to 0}\frac{f(x_0+h)+f(x_0-h)-2f(x_0)}{h^2}=\lim_{h\to 0}\frac{f'(x_0+h)-f'(x_0-h)}{2h}=f''(x_0),$$

且

$$\frac{f(x_0+h)+f(x_0-h)-2f(x_0)}{h^2}>0,$$

由函数极限的局部保号性,得到 $f''(x_0)\geqslant 0$。

另一方面,若取 $f(x)=x^4$, $x_0=0$,则当 $|h|$ 充分小时 $(h\neq 0)$,成立不等式 $f(x_0)<\dfrac{1}{2}[f(x_0+h)+f(x_0-h)]$,但此时 $f''(x_0)=0$。

综上,结论成立。

例 2.68 设函数 $f(x)$ 在 $[0,2]$ 上具有二阶连续导数,$f''(x)\leqslant 0$,常数 a、b 满足 $0<a<b<a+b<2$,且有 $f(a)\geqslant f(a+b)$,证明:$\dfrac{af(a)+bf(b)}{a+b}\geqslant f(a+b)$。

证明 注意到 $f''(x)\leqslant 0$ 以及 $f(a)\geqslant f(a+b)$,可得

$$f(b)=f\left(\frac{a}{b}\cdot a+\frac{b-a}{b}(a+b)\right)\geqslant\frac{a}{b}f(a)+\frac{b-a}{b}f(a+b)$$

$$\geqslant\frac{a}{b}f(a+b)+\frac{b-a}{b}f(a+b)=f(a+b),$$

所以,$\dfrac{af(a)+bf(b)}{a+b}\geqslant\dfrac{af(a+b)+bf(a+b)}{a+b}=f(a+b)$。

例 2.69 设 $f(x)$ 在 $[0,1]$ 上具有二阶导数,且满足 $f(0)=0$, $f(1)=1$, $f\left(\dfrac{1}{2}\right)>\dfrac{1}{4}$,证明:

(1) 存在一点 $\xi\in(0,1)$,使得 $f''(\xi)<2$;

(2) 若对于任意的 $x\in(0,1)$,$f''(x)\neq 2$,则对于任意的 $x\in(0,1)$,$f(x)>x^2$。

证明 (1) 由泰勒定理,存在 $\xi_1\in\left(0,\dfrac{1}{2}\right)$ 以及 $\xi_2\in\left(\dfrac{1}{2},1\right)$,使得

$$f(0)=f\left(\frac{1}{2}\right)-\frac{1}{2}f'\left(\frac{1}{2}\right)+\frac{f''(\xi_1)}{8},\ f(1)=f\left(\frac{1}{2}\right)+\frac{1}{2}f'\left(\frac{1}{2}\right)+\frac{f''(\xi_2)}{8}。$$

因此可得 $1=2f\left(\dfrac{1}{2}\right)+\dfrac{f''(\xi_1)}{8}+\dfrac{f''(\xi_2)}{8}$。 不妨设 $f''(\xi_1)\leqslant f''(\xi_2)$,则有

$$\frac{f''(\xi_1)}{4} \leqslant \frac{f''(\xi_1)}{8} + \frac{f''(\xi_2)}{8} = 1 - 2f\left(\frac{1}{2}\right) < \frac{1}{2},$$

即 $f''(\xi_1) < 2$。

(2) **反证法** 若存在 $c \in (0, 1)$，使得 $f(c) \leqslant c^2$，构造函数 $F(x) = f(x) - x^2$，则

$$F(c) = f(c) - c^2 \leqslant 0, \text{且} F\left(\frac{1}{2}\right) = f\left(\frac{1}{2}\right) - \frac{1}{4} > 0。$$

由零点定理，存在 $x_0 \in (0, 1)$，使得 $F(x_0) = 0$，因此可得 $F(0) = F(x_0) = F(1) = 0$。利用 3 次罗尔中值定理，存在 $\eta \in (0, 1)$，使得 $F''(\eta) = 0$，即为 $f''(\eta) = 2$。 与已知条件相矛盾。综上结论成立。

例 2.70 设函数 $f(x)$ 在 $(-\infty, +\infty)$ 上具有二阶导数，$f(0) = f'(0) = 0$，且存在 $M > 0$，使得 $|f''(x)| \leqslant M|f(x)|$，证明：对于任意的 $x \in (-\infty, +\infty)$，都有 $f(x) = 0$。

证明 先证明对于任意的 $x \in \left[0, \dfrac{1}{\sqrt{M}}\right]$，函数 $f(x)$ 恒为 0。由于 $f(x)$ 在 $\left[0, \dfrac{1}{\sqrt{M}}\right]$ 上连续，故 $|f(x)|$ 在 $\left[0, \dfrac{1}{\sqrt{M}}\right]$ 上也连续，可不妨设 $|f(x_0)|$ 是 $|f(x)|$ 在 $\left[0, \dfrac{1}{\sqrt{M}}\right]$ 上的最大值。

根据泰勒定理，存在 ξ（介于 0 和 x_0 之间），使得

$$f(x_0) = f(0) + f'(0)x_0 + \frac{f''(\xi)}{2}x_0^2 = \frac{f''(\xi)}{2}x_0^2,$$

故 $|f(x_0)| = \left|\dfrac{f''(\xi)}{2}x_0^2\right| \leqslant \dfrac{M}{2}|f(\xi)| \cdot x_0^2 \leqslant \dfrac{M}{2}|f(x_0)| \cdot \dfrac{1}{M} = \dfrac{1}{2}|f(x_0)|$。

所以 $|f(x_0)| \leqslant 0$，$|f(x_0)| = 0$，因此对于任意的 $x \in \left[0, \dfrac{1}{\sqrt{M}}\right]$，函数 $f(x)$ 恒为 0。

可类似证明：对于任意的 $x \in \left[-\dfrac{1}{\sqrt{M}}, 0\right]$，$x \in \left[\dfrac{1}{\sqrt{M}}, \dfrac{2}{\sqrt{M}}\right]$，$x \in \left[-\dfrac{2}{\sqrt{M}}, -\dfrac{1}{\sqrt{M}}\right]$，$x \in \left[\dfrac{2}{\sqrt{M}}, \dfrac{3}{\sqrt{M}}\right]$，$x \in \left[\dfrac{3}{\sqrt{M}}, \dfrac{4}{\sqrt{M}}\right]$，…，函数 $f(x)$ 恒为 0。

综上，对于任意的 $x \in (-\infty, +\infty)$，都有 $f(x) = 0$。

例 2.71 设 $f(x)$ 在区间 $[a, b]$ 上具有二阶导数，$f(a) = f(b) = 0$，且满足 $f''(x) + f'(x)g(x) - f(x) = 0$，其中 $g(x)$ 是定义在 $[a, b]$ 上的任意一个函数，证明：$f(x)$ 在 $[a, b]$ 上恒为零。

证明 **反证法** 若 $f(x)$ 在 $[a, b]$ 上不恒为零，则存在 $c \in [a, b]$，使得 $f(c) \neq 0$，不妨设 $f(c) > 0$。 另一方面，可设 $x = x_0$ 为 $f(x)$ 在 $[a, b]$ 上的最大值点，则 $f(x_0) \geqslant f(c) > 0$ 且 $x_0 \in (a, b)$。由费马引理可得 $f'(x_0) = 0$，代入已知条件有

$$f''(x_0) + f'(x_0)g(x_0) - f(x_0) = 0, \text{即} f''(x_0) = f(x_0) > 0。$$

因此，点 $x = x_0$ 为 $f(x)$ 的极小值点，矛盾。

例 2.72 设 $f(x)$ 在 $(-\infty, +\infty)$ 上连续，$\varphi(x) = f(x)\int_0^x f(t)\mathrm{d}t$ 是单调递减函数，证明：$f(x)$ 在 $(-\infty, +\infty)$ 上恒为零。

证明 记 $F(x) = \left(\int_0^x f(t)\mathrm{d}t\right)^2$，则 $F'(x) = 2f(x)\int_0^x f(t)\mathrm{d}t = 2\varphi(x)$ 单调递减且 $F'(0) = 0$。

因此当 $x \leqslant 0$ 时，$F'(x) \geqslant 0$，$F(x)$ 单调增加，因而 $0 \leqslant F(x) = \left(\int_0^x f(t)\mathrm{d}t\right)^2 \leqslant F(0) = 0$，故 $\int_0^x f(t)\mathrm{d}t$ 恒为零，可得 $f(x)$ 恒为零。类似可证，当 $x \geqslant 0$ 时，$f(x)$ 也恒为零。所以 $f(x)$ 在 $(-\infty, +\infty)$ 上恒为零。

例 2.73 设 $f(x)$ 在 $[0,1]$ 上可导，对于任意的 $x \in (0,1)$，满足 $f'(x) = f(\lambda x)$，其中常数 $\lambda \in (0,1]$，且 $f(0) = 0$，证明：$f(x)$ 在 $[0,1]$ 上恒为零。

证明 分两个情形加以讨论。

情形一 当 $\lambda = 1$ 时，$f'(x) = f(x)$，则有 $[\mathrm{e}^{-x}f(x)]' = 0$，故 $\mathrm{e}^{-x}f(x)$ 是 $[0,1]$ 上的常值函数。而 $\mathrm{e}^{-x}f(x)\big|_{x=0} = 0$，因此 $\mathrm{e}^{-x}f(x)$ 恒为零，也就是 $f(x)$ 在 $[0,1]$ 上恒为零。

情形二 当 $\lambda \in (0,1)$ 时，由于 $f(x)$ 在 $[0,1]$ 上可导，不妨假设 M 是 $|f(x)|$ 在 $[0,1]$ 上的最大值。对于任意的 $x \in (0,1]$，由拉格朗日中值定理以及 $f'(x) = f(\lambda x)$，可得

$$f(x) = f(x) - f(0) = f'(\xi_1)x = f(\lambda\xi_1)x = [f(\lambda\xi_1) - f(0)]x$$
$$= [f'(\xi_2)\lambda\xi_1]x = [f(\lambda\xi_2)](\lambda\xi_1)x = \cdots = [f(\lambda\xi_n)](\lambda\xi_{n-1})(\lambda\xi_{n-2})\cdots(\lambda\xi_1)x.$$

故 $|f(x)| = |[f(\lambda\xi_n)](\lambda\xi_{n-1})(\lambda\xi_{n-2})\cdots(\lambda\xi_1)x| \leqslant M\lambda^{n-1} \to 0$，$n \to \infty$，所以 $f(x)$ 在 $[0,1]$ 上恒为零。

综上，结论成立。

例 2.74 设 $f(x)$ 在 $(-\infty, +\infty)$ 上具有二阶导数，$f(0) = f'(0) = 0$，且 $|f''(x)| \leqslant 2|f(x)f'(x)|$，证明：对于任意的 $x \in (-\infty, +\infty)$，都有 $f(x) = 0$。

证明 任取 $x_0 \in \mathbf{R}$，不妨设 $x_0 > 0$ 且 $M = \max\limits_{x \in [0, x_0]}\{|f'(x)|\} > 0$。记 $A = \min\left\{\dfrac{1}{\sqrt{2M}}, x_0\right\}$ 以及 $|f(c)| = \max\limits_{x \in [0, A]}\{|f(x)|\}$，则由泰勒定理可得

$$f(c) = f(0) + f'(0)c + \frac{f''(\xi)}{2}c^2 = \frac{f''(\xi)}{2}c^2,$$

其中，ξ 介于 0 和 c 之间。故

$$|f(c)| = \left|\frac{f''(\xi)}{2}c^2\right| \leqslant |f(\xi)f'(\xi)|c^2 \leqslant |f(c)|MA^2 \leqslant \frac{1}{2}|f(c)|.$$

即有 $|f(c)| = 0$，$f(x)$ 在 $[0, A]$ 上恒为零。类似地，$f(x)$ 在 $[A, 2A]$，$[2A, 3A]$，$\cdots$ 上恒为零，因此 $f(x_0) = 0$，结合 x_0 的任意性，$f(x)$ 在 $(-\infty, +\infty)$ 上恒为零，得证。

例 2.75 设 $f(x)$ 在 $[-1,1]$ 上具有二阶连续导数，证明：存在 $\xi \in (-1, 1)$，使得

$$\int_{-1}^1 xf(x)\mathrm{d}x = \frac{1}{3}(2f'(\xi) + \xi f''(\xi)).$$

证明　记 $F(x)=xf(x)$，则 $F(x)$ 在 $[-1,1]$ 上也具有二阶连续导数，不妨设 m 和 M 分别为 $F(x)$ 在 $[-1,1]$ 上的最小值和最大值。

另一方面，由泰勒定理，可得

$$F(x)=F(0)+F'(0)x+\frac{F''(\eta)}{2}x^2=f(0)x+\frac{F''(\eta)}{2}x^2,$$

所以
$$f(0)x+\frac{m}{2}x^2\leqslant F(x)\leqslant f(0)x+\frac{M}{2}x^2。$$

因此　$\dfrac{m}{3}=\displaystyle\int_{-1}^{1}\left[f(0)x+\frac{m}{2}x^2\right]\mathrm{d}x\leqslant\int_{-1}^{1}F(x)\mathrm{d}x\leqslant\int_{-1}^{1}\left[f(0)x+\frac{M}{2}x^2\right]\mathrm{d}x=\dfrac{M}{3},$

即 $m\leqslant 3\displaystyle\int_{-1}^{1}F(x)\mathrm{d}x\leqslant M$。由连续函数介值定理，存在 $\xi\in(-1,1)$，使得 $3\displaystyle\int_{-1}^{1}F(x)\mathrm{d}x=F''(\xi)$，代入并化简可得 $\displaystyle\int_{-1}^{1}xf(x)\mathrm{d}x=\dfrac{1}{3}(2f'(\xi)+\xi f''(\xi))$。

练习题二

2.1　是否存在 $(-\infty,+\infty)$ 上的可导函数 $f(x)$，使得 $f(f(x))=1+x^2+x^4-x^3-x^5$？说明理由。

2.2　设 $f(x)$ 在 $(-\infty,+\infty)$ 上有定义，对于任意的 x，都有 $f(x+1)=2f(x)$，且当 $x\in[0,1]$ 时，$f(x)=x(1-x^2)$，试判断 $f(x)$ 在 $x=0$ 处的可导性。

2.3　判断下列命题的对错，并给出理由：

(1) 若 $\displaystyle\lim_{h\to0}\dfrac{f(2h)-f(h)}{h}=3$，则 $f'(0)=3$；　(2) 若 $\displaystyle\lim_{h\to0}\dfrac{f(2-\cos h)-f(1)}{h-\ln(1+h)}=a$，则 $f'(1)=a$。

2.4　设 $f(1)=1$，$f'(1)=2$，求下列极限：

(1) $\displaystyle\lim_{x\to1}\dfrac{f(f(f(x)))-f(1)}{x-1}$；　(2) $\displaystyle\lim_{x\to1}\dfrac{f(f(f(x)))-f(x)}{x-1}$

2.5　设函数 $f(x)$ 在 $x=x_0$ 处可导，且 $f(x_0)=a$，$f'(x_0)=b$，试给出 $|f(x)|$ 在 $x=x_0$ 处不可导的充要条件。

2.6　设函数 $f(x)=a_1\sin x+a_2\sin 2x+\cdots+a_n\sin nx$，其中 $a_1,a_2,\cdots,a_n$ 是常数，且对于任意的 x，满足不等式 $|f(x)|\leqslant|\sin x|$，证明：$|a_1+2a_2+\cdots+na_n|\leqslant 1$。

2.7　设 $|x|\leqslant\dfrac{1}{2}$，证明：$3\arccos x-\arccos(3x-4x^3)=\pi$。

2.8　设 $f(x)$ 在 $[a,b]$ 上连续，且 $f(x)\leqslant\displaystyle\int_{a}^{x}f(t)\mathrm{d}t$，证明：当 $x\in[a,b]$ 时，$f(x)\leqslant 0$。

2.9　是否存在 **R** 上的可导函数 $f(x)$，使得 $f(f(x))=x^2-3x+3$？

2.10　设 $f(x)=x^{n-1}\ln x$，求 $f^{(n)}(x)$。

2.11　设 $f(x)=x^n\ln x$，记 $a_n=\dfrac{f^{(n)}\left(\dfrac{1}{n}\right)}{n!}$，证明：数列 a_n 收敛。

2.12 设 $f(x) = \dfrac{\arcsin x}{\sqrt{1-x^2}}$，求 $f^{(n)}(0)$。　　2.13 设 $f(x) = \dfrac{x^n}{x^2-1}$，求 $f^{(n)}(x)$。

2.14 设 $f(x) = \dfrac{\sin x}{x}$，证明：$f^{(n)}(x) = \dfrac{1}{x^{n+1}} \displaystyle\int_0^x t^n \cos\left(t + \dfrac{n\pi}{2}\right) \mathrm{d}t$。

2.15 设函数 $f(x)$ 是定义在 $\left(-\dfrac{\pi}{2}, 0\right) \cup \left(0, \dfrac{\pi}{2}\right)$ 上的可导奇函数，并且当 $x \in \left(0, \dfrac{\pi}{2}\right)$ 时，

满足 $f'(x) - f(x)\cot x < 0$，求不等式 $f(x) < \dfrac{2\sqrt{3}}{3} f\left(\dfrac{\pi}{3}\right) \sin x$ 的解集。

2.16 证明两条心脏线 $\rho = a(1+\cos\theta)$ 和 $\rho = a(1-\cos\theta)$ 在交点处的切线互相垂直。

2.17 已知函数 $f(x)$ 在点 $x = 0$ 处连续，且 $\displaystyle\lim_{x \to 0} \dfrac{f(ax) - f(x)}{x} = b$，其中 $a > 1$，证明：$f'(0)$

存在且 $f'(0) = \dfrac{b}{a-1}$。

2.18 讨论 $f(x) = |x|^{\frac{1}{20}} + |x|^{\frac{1}{18}} - 2\cos x$ 的零点个数。

2.19 设 $f(t) = a^t - at$，其中常数 $a > 1$。记 $t(a)$ 为 $f(t)$ 在 $(-\infty, +\infty)$ 上的驻点，问 a 为和值时，$t(a)$ 取最小值并求最小值。

2.20 设函数 $f(x) = 3x^2 + Ax^{-3}$，当 $x > 0$ 时，均有 $f(x) \geqslant 20$，求正数 A 的最小值。

2.21 画出以下函数的图形：(1) $y = \arcsin(\sin x)$；(2) $y = \arcsin(\cos x)$。

2.22 设 $x \in (0, 1)$，证明：$\pi \leqslant \dfrac{\sin \pi x}{x(1-x)} \leqslant 4$。

2.23 设自然数 $n \geqslant 2$，证明：$\dfrac{1}{\ln 2} + \dfrac{1}{\ln 3} + \cdots + \dfrac{1}{\ln n} > \dfrac{n-1}{2(n+1)}$。

2.24 设 n 是自然数，证明：$\left(1 + \dfrac{1}{n}\right)^n > \displaystyle\sum_{k=0}^{n} \dfrac{1}{k!} - \dfrac{\mathrm{e}}{2n}$。

2.25 设 $T_n(x) = x - \dfrac{x^3}{3!} + \dfrac{x^5}{5!} + \cdots + (-1)^n \dfrac{x^{2n+1}}{(2n+1)!}$，证明：

(1) 当 $x > 0$ 且 n 为奇数时，$\sin x > T_n(x)$；(2) 当 $x > 0$ 且 n 为偶数时，$\sin x < T_n(x)$。

2.26 设函数 $f(x)$，$g(x)$ 在 $[a, b]$ 上连续，满足 $f(x)$ 单调增加且 $0 \leqslant g(x) \leqslant 1$，证明：
$\displaystyle\int_a^{a + \int_a^b g(t)\mathrm{d}t} f(x)\mathrm{d}x \leqslant \int_a^b f(x)g(x)\mathrm{d}x$。

2.27 当 $x \geqslant y > 0$ 时，证明：$\sqrt[n]{x} - \sqrt[n]{y} \leqslant \sqrt[n]{x-y}$，其中 n 是正整数。

2.28 当 $x > 0$ 时，证明：$\left(1 + \dfrac{1}{x}\right)^x (1+x)^{\frac{1}{x}} \leqslant 4$。

2.29 证明：$4 < \mathrm{e} + 2\ln 2$。　　2.30 证明：$\mathrm{e}^\pi > 21$。

2.31 设 x、y、α、$\beta > 0$，证明：$\left(\dfrac{x}{\alpha}\right)^\alpha \cdot \left(\dfrac{y}{\beta}\right)^\beta \leqslant \left(\dfrac{x+y}{\alpha+\beta}\right)^{\alpha+\beta}$。

2.32 设 $f''(x)$ 不变号，曲线 $y = f(x)$ 在点 $(1, 1)$ 处的曲率圆是 $x^2 + y^2 = 2$，则 $y = f(x)$ 在区间 $(1, 2)$ 内（　　）。

(A) 有极值点，无零点　　　　　　　　(B) 无极值点，有零点

(C) 有极值点，有零点　　　　　　　　(D) 无极值点，无零点

2.33 证明：$x^{14}-x^9+x^4-x+1>0$。

2.34 设 a、b、p、q、$\varepsilon>0$ 且 $\dfrac{1}{p}+\dfrac{1}{q}=1$，证明：$\dfrac{\varepsilon a^p}{p}+\dfrac{b^q}{q\varepsilon^{\frac{q}{p}}}\geqslant ab$。

2.35 设 $p\geqslant 2$，$x\in[0,1]$，证明：$\left(\dfrac{1+x}{2}\right)^p+\left(\dfrac{1-x}{2}\right)^p\leqslant\dfrac{1}{2}(1+x^p)$。

2.36 判断函数 $f(x)=\dfrac{x}{\sin x}$ 在 $\left(0,\dfrac{\pi}{2}\right)$ 上的凹凸性。

2.37 设函数 $f(x)$ 在 $[a,b]$ 上连续，在 (a,b) 内二阶可导，且 $f(a)=f(b)=0$，$f'_+(a)>0$，$f'_-(b)>0$。证明：存在 $\eta_1,\eta_2\in(a,b)$，使得 $f''(\eta_1)<0$，$f''(\eta_2)>0$。

2.38 设函数 $f(x)$ 在区间 $[0,1]$ 上二阶可导，且 $f(0)=0$，$f(1)=1$，证明：存在 $\xi\in(0,1)$，使得 $\xi f''(\xi)+(1+\xi)f'(\xi)=1+\xi$。

2.39 设 $f(x)$ 在 $[-a,a]$ 上三阶可导，$x=0$ 是 $f(x)$ 的极值点，证明：存在 $\xi\in(-a,0)\bigcup(0,a)$，使得 $|f'''(\xi)|\geqslant\dfrac{3}{a^3}|f(a)-f(-a)|$。

2.40 设函数 $f(x)$ 在区间 $[0,1]$ 上具有一阶连续导数，且 $\displaystyle\int_0^1 xf'(x)\mathrm{d}x=2$，证明：存在 $\xi\in(0,1)$，使得 $f'(\xi)=4$。

2.41 设 $f(x)=a_0+a_1x+\cdots+a_nx^n$ 是实系数多项式 $(n\geqslant 2)$，且存在某个 $a_k=0$ $(1\leqslant k\leqslant n-1)$，且当 $i\neq k$ 时，$a_i\neq 0$，又 $f(x)=0$ 有 n 个互异的实根，证明：$a_{k-1}a_{k+1}<0$。

2.42 求一个次数最低的多项式，使其在 $x=1$ 处取到极大值 8，在 $x=4$ 处取到极小值 4。

2.43 设 $f(x)$ 具有二阶导数，且 $\displaystyle\lim_{x\to 0}\dfrac{1+f(x)+xf(2x)}{x^2}=-1$，求 $f(0)$，$f'(0)$ 以及 $f''(0)$。

2.44 已知 $f(x)$ 在 $[a,+\infty)$ 上连续，在 $(a,+\infty)$ 上 n 阶可导且 $\displaystyle\lim_{x\to+\infty}f(x)=f(a)$，证明：存在 $\xi\in(a,+\infty)$，使得 $f^{(n)}(\xi)=0$。

2.45 设函数 $f(x)$ 在 $[0,+\infty)$ 上连续，$\displaystyle\int_0^{+\infty}f(x)\mathrm{d}x$ 收敛，求 $\displaystyle\lim_{y\to+\infty}\dfrac{1}{y}\int_0^y xf(x)\mathrm{d}x$。

2.46 设函数 $f(x)$ 可导：
(1) 若 $\displaystyle\lim_{x\to+\infty}f'(x)=c>0$，证明：$\displaystyle\lim_{x\to+\infty}f(x)=+\infty$；
(2) 若 $\displaystyle\lim_{x\to+\infty}f(x)+f'(x)=2020$，求 $\displaystyle\lim_{x\to+\infty}f(x)$ 以及 $\displaystyle\lim_{x\to+\infty}f'(x)$。

2.47 求极限 $\displaystyle\lim_{n\to+\infty}(\sqrt[n]{n}-1)^{\frac{1}{(\ln n)^p}}$，其中常数 $p>0$。

2.48 设函数 $f(x)$ 在 $[x_0,+\infty)$ 上二阶可导，$f''(x)<0$，且对于任意的 $x>x_0$，由拉格朗日中值定理，存在 $\xi(x_0,x)$，使得 $f(x)-f(x_0)=f'(\xi)(x-x_0)$，证明：$\xi$ 为 x 的单调增加函数。

2.49 设 $f(x)$ 在 $[0,1]$ 上二阶可导，且 $f(0)=f(1)=0$，$\displaystyle\min_{0<x<1}\{f(x)\}=-2$，证明：存在 $\xi\in(0,1)$，使得 $f''(\xi)\geqslant 16$。

2.50 试比较 $\displaystyle\sum_{n=1}^{25}\left(1-\dfrac{n}{365}\right)$ 和 $\dfrac{1}{2}$ 的大小关系。

2.51 设函数 $f(x)$ 在 (a,b) 上可导，证明：$f'(x)$ 无第一类间断点。

2.52 设函数 $f(x)$ 在 (a,b) 上可导,且 $f'(x)$ 是单调函数,证明:$f'(x)$ 在 (a,b) 上连续。

2.53 设函数 $f(x)$ 在 **R** 上具有二阶导数,$f''(x)>0$ 且 $\lim\limits_{x \to 0}\dfrac{f(x)}{x}=1$,证明:对于任意的 $x \in$ **R**,$f(x) \geqslant x$。

2.54 设函数 $f(x)$ 在 $[a,b]$ 上具有二阶连续导数,$f(a)=f(b)=0$,且 $f'_+(a)f'_-(b)>0$,证明:存在 $\xi \in (a,b)$,使得 $f''(\xi)=f(\xi)$。

2.55 设函数 $f(x)$ 在 $[0,1]$ 上可导,对于任意的常数 $c \in (0,1)$,证明:存在 $\xi,\eta \in [0,1]$,使得 $2\eta f(1)+(c^2-1)f'(\eta)=f(\xi)$。

2.56 设函数 $f(x)$ 在区间 $[-1,1]$ 上具有连续的三阶导数,证明:存在 $\xi \in (-1,1)$,使得
$$\frac{f'''(\xi)}{6}=\frac{f(1)-f(-1)}{2}-f'(0)。$$

2.57 设 $f(x)$ 在 $[a,b]$ 上三阶可导,$f(a)=f(b)=f'(a)=f'(b)=f''(a)=f''(b)=0$,证明:存在 $\xi \in (a,b)$,满足 $f'''(\xi)=f(\xi)$。

2.58 设函数 $f(x)$ 在区间 $[a,b]$ 上三阶可导,$x_0 \in (a,b)$,$(x_0,f(x_0))$ 是 $f(x)$ 的拐点,且满足 $|f'''(x)| \leqslant M$,证明:$|f''(a)|+|f''(b)| \leqslant M(b-a)$。

2.59 设函数 $f(x)$ 在 $[0,1]$ 上连续,在 $(0,1)$ 上可导,且 $f(0)=0$,$f\left(\dfrac{1}{2}\right)=\dfrac{3}{16}$,$f(1)=1$,证明:存在 $\xi,\eta \in (0,1)$,使得 $f'(\xi)+2\xi=f'(\eta)-\eta$。

2.60 设函数 $f(x)$ 在 $[0,1]$ 上连续,证明:存在 $\xi \in (0,1)$,使得 $\displaystyle\int_0^{\xi}f(x)\mathrm{d}x=(1-\xi)f(\xi)$。

2.61 设函数 $f(x)$ 在 $[0,+\infty)$ 上有定义,$f(0)=0$,$f''(x)<0$,证明:对于任意的 $x \in [0,+\infty)$,对于任意的正整数 n,都有 $f(nx) \leqslant nf(x)$。

2.62 设函数 $f(x)$ 在 $[0,1]$ 上连续,在 $(0,1)$ 上可导,$f(1)=1$,证明:存在 $\xi \in (0,1)$,使得 $\xi f'(\xi)+2f(\xi)=3\xi$。

2.63 设 $f(x)$ 在 $[0,2]$ 上具有二阶导数,$|f(x)| \leqslant 1$,$|f''(x)| \leqslant 1$,证明:对于任意的 $x \in (0,2)$,$|f'(x)| \leqslant 2$。

2.64 当 $0<|x| \leqslant 1$ 时,证明:$\left|\dfrac{x}{\sin x}-1\right| \leqslant \dfrac{x^2}{4}$。

2.65 设函数 $f(x)$ 在区间 $[0,2]$ 上具有二阶连续导数,$f(0)=f(2)=0$,$M=\max\limits_{x\in[0,2]}\{|f(x)|\}$,证明:存在 $\xi \in (0,2)$,使得 $|f''(\xi)| \geqslant 2M$。

2.66 设 $f(x)$ 在 $[a,b]$ 上连续,$\displaystyle\int_a^b f(x)\mathrm{d}x=\int_a^b \mathrm{e}^x f(x)\mathrm{d}x=0$,证明:$f(x)$ 在 $[a,b]$ 上至少有两个互异的零点。

2.67 设函数 $f(x)$ 满足 $f(0)=f'(0)=1$,且当 $x>0$ 时成立 $f''(x)<f(x)$,证明:当 $x>0$ 时,$f(x)<\mathrm{e}^x$。

2.68 求曲线 $y=\mathrm{e}^x$ 在点 $(0,1)$ 处的曲率圆方程。

2.69 设函数 $f(x)$、$g(x)$ 在 $[a,b]$ 上二阶可导,且 $f(x)$、$g(x)$ 在区间端点以及区间中点处具有相同的函数值,证明:存在 $\xi \in (a,b)$,使得
$$f''(\xi)+2f'(\xi)+f(\xi)=g''(\xi)+2g'(\xi)+g(\xi)。$$

2.70 设函数 $f(x)$ 具有二阶导数且满足 $f(0)=0$,证明:存在 $\xi \in \left(-\dfrac{\pi}{2},\dfrac{\pi}{2}\right)$,使得下式

成立:

$$f''(\xi) = f(\xi) + 2f'(\xi)\tan\xi。$$

2.71 设函数 $f(x)$ 具有二阶导数且满足 $f(0)=0$,证明:存在 $\xi \in \left(-\dfrac{\pi}{2}, \dfrac{\pi}{2}\right)$,使得下式

成立:

$$f''(\xi) = f(\xi)\sec^2\xi + f'(\xi)\tan\xi。$$

2.72 求在包含椭圆 $\dfrac{x^2}{a^2} + \dfrac{y^2}{b^2} = 1(a>b>0)$ 的所有长方形中面积最小的长方形。

2.73 求与圆 $C:(x-1)^2 + y^2 = 1$ 相切的所有椭圆(椭圆中心在原点且以坐标轴为对称轴)中面积最小的椭圆面积。

2.74 求常数 a、b、c,使得 $\dfrac{1}{1+\sin x} = ax^2 + bx + c + o(x^2)$。

2.75 设 $f(x)$ 在 $\mathbf{R}$ 上具有三阶连续导数,证明:存在 $\xi \in \mathbf{R}$,使得 $f(\xi)f'(\xi)f''(\xi)$ $f'''(\xi) \geqslant 0$。

2.76 设某三角形三边的长分别是 a、b、c,证明不等式 $(b+c-a)^{b+c-a}(c+a-b)^{c+a-b}$ $(a+b-c)^{a+b-c} \geqslant a^a b^b c^c$。

2.77 设函数 $f(x)$ 在区间 $[0,1]$ 上可导且满足 $f(0)=f(1)=0$,证明:存在 $\xi \in (0,1)$,使得 $f'(\xi) + f^{2020}(\xi) = 0$。

2.78 设函数 $f(x)$ 在 $[a,b]$ 上连续,满足 $\displaystyle\int_a^b f(x)\mathrm{d}x = \int_a^b xf(x)\mathrm{d}x = 0$,证明:至少存在两个点 x_1、$x_2 \in (a,b)$,使得 $f(x_1) = f(x_2) = 0$。

2.79 设函数 $f(x)$ 在 $[0,1]$ 上具有二阶导数,$|f''(x)| \leqslant 1$,且 $f(x)$ 在 $(0,1)$ 上取到极值 $\dfrac{1}{4}$,证明:$|f(0)|+|f(1)| \leqslant 1$。

2.80 设 $f(x)$、$g(x)$ 在 $[a,b]$ 上具有一阶连续导数且 $\displaystyle\int_a^b f(x)\mathrm{d}x = 0$,证明:存在 $\xi \in (a, b)$,使得 $f'(\xi)\displaystyle\int_a^\xi f(x)\mathrm{d}x + 2f(\xi)g(\xi) + g'(\xi)\int_a^\xi f(x)\mathrm{d}x = 0$。

2.81 设 $f(x)$ 在 $[0,+\infty)$ 上可导,$0 \leqslant f'(x) \leqslant f(x)$,且 $f(0)=0$,证明:$f(x)$ 在 $[0,+\infty)$ 上恒为零。

2.82 设 $f(x)$ 在 $[a,b]$ 上具有二阶导数,$f(a)=f(b)=0$,且满足 $f''(x) + \cos(f'(x)) = \mathrm{e}^{f(x)}$,证明:$f(x)$ 在 $[a,b]$ 上恒为零。

2.83 设 $f(x)$ 在 $[a,b]$ 上具有二阶导数,$f(a)=f(b)=0$,且满足 $f''(x)=f(x)$,证明:$f(x)$ 在 $[a,b]$ 上恒为零。

2.84 设 $f(x)$ 具有二阶导数,$f''(x)>0$,$f(0)=0$。证明:$2f(1)<f(2)$。

2.85 设函数 $f(x)$ 在 $[a,b]$ 上具有二阶导数,$|f'(x)| \leqslant \dfrac{1}{2}$,且存在 $x_0 \in (a,b)$,使得 $f'(x_0)=0$,$f''(x_0)=C \neq 0$,$x_0 = f(x_0)$。

(1) 若 $x_n \in [a,b]$,$x_{n+1} = f(x_n)$,$n=1,2,3,\cdots$,证明:数列 x_n 收敛且 $\lim\limits_{n\to\infty} x_n = x_0$;

（2）求极限 $\lim\limits_{n \to \infty} \dfrac{x_{n+1} - x_0}{(x_n - x_0)^2}$。

练习题二解析与提示

2.1 不存在，**提示** 考虑方程 $f(f(x)) = x$ 的根。

2.2 **解** 求出左右导数，可知 $f(x)$ 在 $x = 0$ 处不可导。

2.3 **解** （1）错，反例如 $f(x) = \begin{cases} 3x, & x \neq 0 \\ 1, & x = 0 \end{cases}$；（2）错，反例如 $f(x) = |x|$。

2.4 **解** （1）8；（2）6。

2.5 **解** $|f(x)|$ 在 $x = x_0$ 处不可导当且仅当 $a = 0$ 且 $b \neq 0$。**提示** 导数的定义。

2.6 **提示** 利用导数的定义。

2.7 **证明** 构造函数 $f(x) = 3\arccos x - \arccos(3x - 4x^3)$，求导。

2.8 **提示** 构造函数 $F(x) = e^{-x} \int_a^x f(t)\,dt$。

2.9 不存在。**提示** 考虑方程 $f(f(x)) = x$ 的根。

2.10 **解** 由例 2.13，可得 $f^{(n)}(x) = \dfrac{(n-1)!}{x}$。 **2.11** **提示** 利用例 2.13。

2.12 **解** $f^{(2n)}(0) = 0$，$f^{(2n+1)}(0) = [(2n)!!]^2$。

2.13 **解** 分奇偶性讨论，$f^{(n)}(x) = \dfrac{n!}{2}\left[\dfrac{(-1)^n}{(x-1)^{n+1}} - \dfrac{1}{(x+1)^{n+1}}\right]$。

2.14 **提示** 数学归纳法。 **2.15** 解集：$\left(-\dfrac{\pi}{3}, 0\right) \cup \left(\dfrac{\pi}{3}, \dfrac{\pi}{2}\right)$。

2.16 **提示** 利用导数的几何意义。 **2.17** **提示** 利用函数极限的定义。

2.18 两个。

2.19 **解** $t(a) = \dfrac{\ln\left(\dfrac{a}{\ln a}\right)}{\ln a}$，当 $a = e^e$ 时 $t(a)$ 取最小值且最小值为 $t(e^e) = \dfrac{e-1}{e}$。

2.20 最小值 64。

2.21

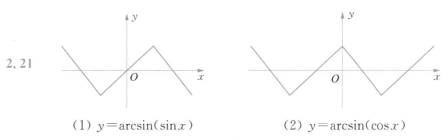

（1）$y = \arcsin(\sin x)$ （2）$y = \arcsin(\cos x)$

2.22 **证明** 只需要证明当 $x \in \left(0, \dfrac{1}{2}\right]$ 时，结论成立即可。构造函数 $f(x) = 4x(1 - x) - \sin \pi x$ 证明右边；构造函数 $g(x) = \sin \pi x - \pi x(1 - x)$ 证明左边。

2.23 **提示** 注意到当 $x > 1$ 时，$\dfrac{1}{\ln x} > \dfrac{1}{x^2}$ 即可。

2.24 **提示** 由例 2.24,可得 $\left(1+\dfrac{1}{n}\right)^n > e - \dfrac{e}{2n+1} > \displaystyle\sum_{k=0}^{n}\dfrac{1}{k!} - \dfrac{e}{2n}$。

2.25 **提示** 利用单调性。

2.26 **提示** 构造函数 $F(x)=\displaystyle\int_a^x f(t)g(t)\mathrm{d}t - \int_a^{a+\int_a^x g(t)\mathrm{d}t} f(u)\mathrm{d}u$,则 $F(a)=0$,且有

$$F'(x)=f(x)g(x) - f\left(a+\int_a^x g(t)\mathrm{d}t\right)g(x) \geqslant 0。$$

2.27 **提示** 构造函数利用单调性。　**2.28** **提示** 构造函数利用单调性。

2.29 **提示** 考虑函数 $f(x)=2\ln x - x$ 在区间 $[2,\,e]$ 上的单调性。

2.30 **提示** 构造函数利用凹凸性。　**2.31** **提示** 构造函数利用凹凸性。

2.32 **解** 利用曲率圆的性质、函数的单调性以及零点定理,选择 B。

2.33 **证明** 当 $x \leqslant 0$ 时,显然有 $x^{14} - x^9 + x^4 - x + 1 > 0$。

当 $x \geqslant 1$ 时,$x^{14} - x^9 + x^4 - x + 1 = x^9(x^5 - 1) + x(x^3 - 1) + 1 > 0$;

当 $0 < x < 1$ 时,$x^{14} - x^9 + x^4 - x + 1 = x^{14} + x^4(1 - x^5) + (1 - x) > 0$。

综上,不等式成立。

2.34 **证明** 记 $f(x) = \ln x$,由函数的凹凸性可知,对于任意的 λ_1、$\lambda_2 > 0$,以及 x_1、$x_2 > 0$,都有

$$\frac{\lambda_1 f(x_1) + \lambda_2 f(x_2)}{\lambda_1 + \lambda_2} \leqslant f\left(\frac{\lambda_1 x_1 + \lambda_2 x_2}{\lambda_1 + \lambda_2}\right),$$

即

$$\frac{1}{\lambda_1 + \lambda_2}\ln(x_1^{\lambda_1} x_2^{\lambda_2}) \leqslant \ln\left(\frac{\lambda_1 x_1 + \lambda_2 x_2}{\lambda_1 + \lambda_2}\right)。$$

取 $\lambda_1 = \dfrac{1}{p}$,$\lambda_2 = \dfrac{1}{q}$ 以及 $x_1 = \varepsilon a^p$,$x_2 = \dfrac{b^q}{\varepsilon^{\frac{q}{p}}}$,代入上式并化简即为 $\dfrac{\varepsilon a^p}{p} + \dfrac{b^q}{q\varepsilon^{\frac{q}{p}}} \geqslant ab$。

2.35 **证明** $\left(\dfrac{1+x}{2}\right)^p + \left(\dfrac{1-x}{2}\right)^p = \left(\dfrac{1+2x+x^2}{4}\right)^{\frac{p}{2}} + \left(\dfrac{1-2x+x^2}{4}\right)^{\frac{p}{2}} \leqslant \left(\dfrac{1+x^2}{2}\right)^{\frac{p}{2}}$

$\leqslant \dfrac{1}{2}(1+x^p)$。

2.36 **解** 由于 $f'(x)=\left(\dfrac{x}{\sin x}\right)' = \dfrac{\sin x - x\cos x}{\sin^2 x}$,

$$f''(x) = \left(\frac{\sin x - x\cos x}{\sin^2 x}\right)' = \frac{(\sin x - x\cos x)' \cdot \sin^2 x - 2\sin x \cos x(\sin x - x\cos x)}{\sin^4 x}$$

$$= \frac{x - 2\sin x \cos x + x\cos^2 x}{\sin^3 x}。 \tag{1}$$

记 $g(x) = x - 2\sin x\cos x + x\cos^2 x$,则

$$\begin{aligned}
g'(x) &= 1 + \cos^2 x + 2x\cos x(-\sin x) - 2\cos 2x \\
&= 1 + \cos^2 x + 2x\cos x(-\sin x) - 2(2\cos^2 x - 1) \\
&= 3\sin^2 x - 2x\sin x\cos x = \sin x(3\sin x - 2x\cos x)。
\end{aligned} \tag{2}$$

再记 $h(x)=3\sin x-2x\cos x$，则当 $x\in\left(0,\dfrac{\pi}{2}\right)$ 时，

$$h'(x)=3\cos x-2\cos x+2x\sin x=\cos x+2x\sin x>0。$$

结合 $h(0)=0$，可知，当 $x\in\left(0,\dfrac{\pi}{2}\right)$ 时，$h(x)>0$。由式(2)，$g'(x)>0$，而 $g(0)=0$，故当 $x\in\left(0,\dfrac{\pi}{2}\right)$ 时，$g(x)>0$。由式(1)，$f''(x)>0$，所以函数 $f(x)=\dfrac{x}{\sin x}$ 在 $\left(0,\dfrac{\pi}{2}\right)$ 上是凹的。

2.37 证明 因为 $f'_+(a)=\lim\limits_{x\to a^+}\dfrac{f(x)-f(a)}{x-a}=\lim\limits_{x\to a^+}\dfrac{f(x)}{x-a}>0$，

$$f'_-(b)=\lim\limits_{x\to b^-}\dfrac{f(x)-f(b)}{x-b}=\lim\limits_{x\to b^-}\dfrac{f(x)}{x-b}>0。$$

因此，存在 x_1、$x_2\in(a,b)$ 使得 $f(x_1)>0$，$f(x_2)<0$，$x_1<x_2$。对函数 $f(x)$ 分别在区间 $[a,x_1]$，$[x_1,x_2]$，$[x_2,b]$ 上应用拉格朗日中值定理，存在 $\xi_1\in(a,x_1)$，$\xi_2\in(x_1,x_2)$，$\xi_3\in(x_2,b)$，使得

$$f'(\xi_1)=\frac{f(x_1)-f(a)}{x_1-a}=\frac{f(x_1)}{x_1-a}>0，$$

$$f'(\xi_2)=\frac{f(x_2)-f(x_1)}{x_2-x_1}<0，$$

$$f'(\xi_3)=\frac{f(b)-f(x_2)}{b-x_2}=\frac{-f(x_2)}{b-x_2}>0。$$

再对 $f'(x)$ 分别在 $[\xi_1,\xi_2]$，$[\xi_2,\xi_3]$ 上分别应用拉格朗日中值定理，存在 $\eta_1\in(\xi_1,\xi_2)$，$\eta_2\in(\xi_2,\xi_3)$，使得

$$f''(\eta_1)=\frac{f'(\xi_2)-f'(\xi_1)}{\xi_2-\xi_1}<0，\quad f''(\eta_2)=\frac{f'(\xi_3)-f'(\xi_2)}{\xi_3-\xi_2}>0。$$

2.38 提示 构造函数 $F(x)=x(f'(x)-1)\mathrm{e}^x$，利用罗尔中值定理即可。

2.39 提示 利用泰勒公式。

2.40 提示 构造函数 $F(x)=\displaystyle\int_0^x tf'(t)\mathrm{d}t-2x^2$，利用罗尔中值定理即可。

2.41 提示 利用罗尔中值定理。 **2.42** $\dfrac{8}{27}x^3-\dfrac{20}{9}x^2+\dfrac{32}{9}x+\dfrac{172}{27}$。

2.43 $f(0)=-1$，$f'(0)=1$，$f''(0)=-6$。 **2.44 提示** 数学归纳法。

2.45 解 不妨设 $\displaystyle\int_0^{+\infty}f(x)\mathrm{d}x=l$，记 $F(x)=\displaystyle\int_0^x f(t)\mathrm{d}t$，则

$$\int_0^y xf(x)\mathrm{d}x=\int_0^y x\mathrm{d}F(x)=xF(x)\Big|_0^y-\int_0^y F(x)\mathrm{d}x=yF(y)-\int_0^y F(x)\mathrm{d}x。$$

所以，$\displaystyle\lim_{y\to+\infty}\frac{1}{y}\int_0^y xf(x)\mathrm{d}x=\lim_{y\to+\infty}\frac{1}{y}\left(yF(y)-\int_0^y F(x)\mathrm{d}x\right)$

$$= \lim_{y \to +\infty} \left(F(y) - \frac{\int_0^y F(x)\,\mathrm{d}x}{y} \right) = \lim_{y \to +\infty} (l - F(y)) = l - l = 0.$$

2.46 **提示** （1）利用拉格朗日中值定理；（2）参见例题 2.36～2.38，$\lim_{x \to +\infty} f(x) = 2020$，$\lim_{x \to +\infty} f'(x) = 0$。

2.47 **解**
$$\lim_{n \to +\infty} (\sqrt[n]{n} - 1)^{\frac{1}{(\ln n)^p}} = \lim_{n \to +\infty} \mathrm{e}^{\frac{\ln(\sqrt[n]{n} - 1)}{(\ln n)^p}} = \mathrm{e}^{\lim_{x \to +\infty} \frac{\ln\left(\mathrm{e}^{\frac{\ln x}{x}} - 1\right)}{(\ln x)^p}} = \mathrm{e}^{\lim_{x \to +\infty} \frac{\frac{1}{\mathrm{e}^{\frac{\ln x}{x}} - 1} \cdot \mathrm{e}^{\frac{\ln x}{x}} \cdot \frac{1 - \ln x}{x^2}}{p(\ln x)^{p-1} \cdot \frac{1}{x}}}$$

$$= \mathrm{e}^{\lim_{x \to +\infty} \frac{1 - \ln x}{p(\ln x)^p}} = \begin{cases} 0, & 0 < p < 1 \\ \mathrm{e}^{-1}, & p = 1 \\ 1, & p > 1 \end{cases}.$$

2.48 **提示** 利用单调性定义。 **2.49** **提示** 利用泰勒公式。

2.50 **解**
$$\prod_{n=1}^{25} \left(1 - \frac{n}{365}\right) = \mathrm{e}^{\sum_{n=1}^{25} \ln\left(1 - \frac{n}{365}\right)} < \mathrm{e}^{-\sum_{n=1}^{25} \frac{n}{365}} = \mathrm{e}^{-\frac{65}{73}} = \frac{1}{\mathrm{e}^{\frac{65}{73}}} < \frac{1}{\mathrm{e}^{\ln 2}} = \frac{1}{2}.$$ 其中用到

$$\ln 2 = \ln(1 + 1) < 1 - \frac{1}{2} + \frac{1}{3} = \frac{5}{6} < \frac{65}{73}.$$

2.51 **提示** 反证法。 **2.52** **提示** 利用上题结论。 **2.53** **提示** 利用泰勒定理。

2.54 **提示** 构造函数 $F(x) = \mathrm{e}^{-x} f(x)$，$G(x) = \mathrm{e}^{x} [f'(x) - f(x)]$。

2.55 **提示** 构造 $F(x) = x^2 f(1) + (c^2 - 1) f(x)$，$x \in [0, 1]$，对其在 $[0, 1]$ 上用拉格朗日中值定理，再结合介值定理即可证明。

2.56 **提示** 泰勒公式以及介值定理。

2.57 **提示** 记 $F(x) = [f(x) + f'(x) + f''(x)]\mathrm{e}^{-x}$，$x \in [a, b]$，由罗尔中值定理可证。

2.58 **证明** 由于 $f''(x_0) = 0$，故有
$$f''(a) = f''(a) - f''(x_0) = f'''(\xi_1)(a - x_0),$$
$$f''(b) = f''(b) - f''(x_0) = f'''(\xi_2)(b - x_0).$$

由此可得结论。

2.59 **提示** 记 $F(x) = f(x) + x^2$，$G(x) = f(x) - \frac{x^2}{2}$，分别在区间 $\left[0, \frac{1}{2}\right]$ 和 $\left[\frac{1}{2}, 1\right]$ 上用拉格朗日中值定理即可。

2.60 **提示** 记 $F(x) = (1 - x) \int_0^x f(t)\,\mathrm{d}t$，在区间 $[0, 1]$ 上用罗尔中值定理即可。

2.61 **提示** 构造函数，利用单调性。

2.62 **提示** 记 $F(x) = x^2 f(x) - x^3$，在 $[0, 1]$ 上利用罗尔中值定理即可。

2.63 **提示** 利用泰勒公式。

2.64 **证明** 由例 2.52 可知，当 $0 < |x| \leqslant 1$ 时，有 $\left| \frac{\sin x}{x} - 1 \right| \leqslant \frac{x^2}{5} \leqslant \frac{1}{5}$，故 $\frac{\sin x}{x} \geqslant$

$\dfrac{4}{5}$，所以

$$\left|\frac{x}{\sin x}-1\right|=\left|\frac{x-\sin x}{\sin x}\right|=\left|\frac{1-\dfrac{\sin x}{x}}{\dfrac{\sin x}{x}}\right|\leqslant\frac{\dfrac{x^2}{5}}{\dfrac{4}{5}}=\frac{x^2}{4}。$$

2.65 **提示** 利用泰勒公式或者罗尔中值定理。 **2.66** **提示** 利用罗尔中值定理。

2.67 **提示** 构造 $F(x)=(f'(x)-f(x))\cdot\mathrm{e}^x$，利用函数的单调性。

2.68 $(x+2)^2+(y-3)^2=8$。

2.69 **提示** 构造函数 $F(x)=(f(x)-g(x))\cdot\mathrm{e}^x$，利用三次罗尔中值定理。

2.70 **证明** 先构造函数 $F(x)=f(x)\cos x$，$x\in\left[-\dfrac{\pi}{2},\dfrac{\pi}{2}\right]$，显然有 $F\left(-\dfrac{\pi}{2}\right)=F(0)=F\left(\dfrac{\pi}{2}\right)$。结合罗尔中值定理，存在 $\xi_1\in\left(-\dfrac{\pi}{2},0\right)$ 以及 $\xi_2\in\left(0,\dfrac{\pi}{2}\right)$，使得 $F'(\xi_1)=F'(\xi_2)=0$，即

$$f'(x)\cos x-f(x)\sin x\Big|_{x=\xi_1}=f'(x)\cos x-f(x)\sin x\Big|_{x=\xi_2}=0。$$

再构造函数 $G(x)=f'(x)\cos x-f(x)\sin x$，$x\in[\xi_1,\xi_2]$，则 $G(\xi_1)=G(\xi_2)=0$。再由罗尔中值定理，存在 $\xi\in(\xi_1,\xi_2)\subset\left(-\dfrac{\pi}{2},\dfrac{\pi}{2}\right)$，使得 $G'(\xi)=0$，化简即为 $f''(\xi)=f(\xi)+2f'(\xi)\tan\xi$。

2.71 **提示** 类似上题。 **2.72** **提示** 边与坐标轴平行且与椭圆相切的长方形。

2.73 $\dfrac{3\sqrt{3}\pi}{2}$。 **2.74** $a=1$，$b=-1$，$c=1$。 **2.75** **提示** 参见例题 2.64。

2.76 **证明** 记 $p=b+c-a$，$q=c+a-b$，$r=a+b-c$，则 $a=\dfrac{q+r}{2}$，$b=\dfrac{p+r}{2}$，$c=\dfrac{p+q}{2}$。

此时要证不等式 $(b+c-a)^{b+c-a}(c+a-b)^{c+a-b}(a+b-c)^{a+b-c}\geqslant a^ab^bc^c$，

只需要证明 $\qquad p^pq^qr^r\geqslant\left(\dfrac{p+q}{2}\right)^{\frac{p+q}{2}}\left(\dfrac{q+r}{2}\right)^{\frac{q+r}{2}}\left(\dfrac{p+r}{2}\right)^{\frac{p+r}{2}}$，

即

$$p\ln p+q\ln q+r\ln r\geqslant\frac{p+q}{2}\ln\left(\frac{p+q}{2}\right)+\frac{q+r}{2}\ln\left(\frac{q+r}{2}\right)+\frac{p+r}{2}\ln\left(\frac{p+r}{2}\right)。\qquad(1)$$

构造函数 $f(x)=x\ln x\ (x>0)$，则有 $f'(x)=\ln x+1$ 以及 $f''(x)=\dfrac{1}{x}>0$，故 $f(x)=x\ln x$ 在 $x>0$ 时是凹函数，所以有

$$\frac{f(p)+f(q)}{2}\geqslant f\left(\frac{p+q}{2}\right),\ \frac{f(q)+f(r)}{2}\geqslant f\left(\frac{q+r}{2}\right),\ \frac{f(r)+f(p)}{2}\geqslant f\left(\frac{r+p}{2}\right),$$

即
$$\frac{p\ln p + q\ln q}{2} \geqslant \frac{p+q}{2}\ln\left(\frac{p+q}{2}\right), \quad \frac{q\ln q + r\ln r}{2} \geqslant \frac{q+r}{2}\ln\left(\frac{q+r}{2}\right),$$

$$\frac{p\ln p + r\ln r}{2} \geqslant \frac{p+r}{2}\ln\left(\frac{p+r}{2}\right).$$

相加即为(1)式。

2.77 **提示** 构造函数 $F(x) = f(x)e^{\int_0^x f^{2019}(t)\mathrm{d}t}$，利用罗尔中值定理。

2.78 **提示** 利用罗尔中值定理。 **2.79** **提示** 利用泰勒公式。

2.80 **提示** 利用两次罗尔中值定理。 **2.81** **提示** 参见例题 2.74。

2.82 **提示** 参见例题 2.71。 **2.83** **提示** 参见例题 2.71。

2.84 **提示** 构造函数 $F(x) = \dfrac{f(x)}{x}$，证明其在 $[1,2]$ 上严格单调增加。

2.85 $\displaystyle\lim_{n\to\infty}\frac{x_{n+1}-x_0}{(x_n-x_0)^2} = \frac{C}{2}$。

第三讲 一元积分学

3.1 基本概念与内容要点

本讲内容主要包括原函数与不定积分、积分方法（换元积分法、分部积分法以及有理函数的积分法），定积分的概念及其性质、变限函数积分、牛顿-莱布尼茨公式以及定积分的换元法和分部积分法，反常积分敛散性定义、判别法及其计算，定积分在几何、物理上的应用。

1. 原函数与不定积分

（1）原函数的概念　若在区间 I 上，可导函数 $F(x)$ 满足 $F'(x)=f(x)$，则称函数 $F(x)$ 是 $f(x)$ 在区间 I 上的一个原函数。

① 若函数 $f(x)$ 的原函数存在必有无穷多个，且其中任意两个原函数之间必定相差一个常数。

② 若函数 $F(x)$ 是 $f(x)$ 的一个原函数，则 $F(x)+C$（其中 C 是任意常数）表示 $f(x)$ 的原函数的全体。

③ 若 $f(x)$ 在区间 I 上连续，则其原函数必存在。

（2）不定积分　函数 $f(x)$ 的原函数的全体称为 $f(x)$ 的不定积分，记作 $\int f(x)\mathrm{d}x$，即

$$\int f(x)\mathrm{d}x = F(x)+C。$$

（3）不定积分的性质

① 设函数 $f(x)$、$g(x)$ 在区间 I 上存在原函数，k、l 是任意实数，则有

$$\int [kf(x)+lg(x)]\mathrm{d}x = k\int f(x)\mathrm{d}x + l\int g(x)\mathrm{d}x。$$

② $\left(\int f(x)\mathrm{d}x\right)' = f(x)$。

③ $\mathrm{d}\left(\int f(x)\mathrm{d}x\right) = f(x)\mathrm{d}x$。

2. 换元积分法、分部积分法以及有理函数的积分法

（1）第一类以及第二类换元积分法　**第一类换元积分法**　设 $f(u)$ 具有原函数，$u=\varphi(x)$ 可导，则有

$$\int f[\varphi(x)]\varphi'(x)\mathrm{d}x = \left[\int f(u)\mathrm{d}u\right]_{u=\varphi(x)}。$$

第二类换元积分法 设 $x = \psi(t)$ 单调可导且 $\psi'(t) \neq 0$,$f(\psi(t))\psi'(t)$ 具有原函数,则有

$$\int f(x)\mathrm{d}x = \left[\int f[\psi(t)]\psi'(t)\mathrm{d}t\right]_{t=\psi^{-1}(x)}。$$

(2) **分部积分法** $$\int u\,\mathrm{d}v = uv - \int v\,\mathrm{d}u。$$

(3) 有理函数的积分 设 $P(x)$ 以及 $Q(x)$ 是两个多项式,称形如 $\dfrac{P(x)}{Q(x)}$ 的函数的积分 $\int \dfrac{P(x)}{Q(x)}\mathrm{d}x$ 是有理函数的积分。

① 当 $Q(x)$ 可以分解为一次因式以及二次质因式的乘积时,可以通过高斯分解,将被积函数 $\dfrac{P(x)}{Q(x)}$ 化为以下 3 类函数的积分:多项式、$\dfrac{b}{(x-a)^k}$ 以及 $\dfrac{c+\mathrm{d}x}{(x^2+px+q)^l}$,其中 x^2+px+q 是二次质因式。

② 当被积函数中含有三角函数或者简单根式时,不妨考虑换元,将其转化为有理函数的不定积分。

3. 定积分的概念及其性质

(1) 定积分的定义 设函数 $f(x)$ 在区间 $[a, b]$ 上有界,如果区间 $[a, b]$ 的任意划分 $a = x_0 < x_1 < x_2 < \cdots < x_n = b$,记 $\Delta x_i = x_i - x_{i-1}(i = 1, 2, \cdots, n)$,$\lambda = \max\limits_{1 \leqslant i \leqslant n}\{\Delta x_i\}$,对于任意点 $\xi_i \in [x_{i-1}, x_i]$,$\lim\limits_{\lambda \to 0}\sum\limits_{i=1}^{n} f(\xi_i)\Delta x_i$ 都存在,则称函数 $f(x)$ 在区间 $[a, b]$ 上可积,并称极限值为函数 $f(x)$ 在区间 $[a, b]$ 上的定积分,记作 $\int_a^b f(x)\mathrm{d}x$,即 $\int_a^b f(x)\mathrm{d}x = \lim\limits_{\lambda \to 0}\sum\limits_{i=1}^{n} f(\xi_i)\Delta x_i$。

① 当被积函数 $f(x)$ 非负连续时,$\int_a^b f(x)\mathrm{d}x$ 表示一个曲边梯形的面积。

② 若 $f(x)$ 在区间 $[a, b]$ 上连续,则 $f(x)$ 可积。

③ 若 $f(x)$ 在区间 $[a, b]$ 上有界且只有有限个间断点,则 $f(x)$ 可积。

(2) 定积分的性质

① 规定 $\int_a^a f(x)\mathrm{d}x = 0$,$\int_a^b f(x)\mathrm{d}x = -\int_b^a f(x)\mathrm{d}x$。

② **线性性质** $\int_a^b [kf(x)+lg(x)]\mathrm{d}x = k\int_a^b f(x)\mathrm{d}x + l\int_a^b g(x)\mathrm{d}x$。

③ 定积分关于积分区间的**可加性** $\int_a^b f(x)\mathrm{d}x = \int_a^c f(x)\mathrm{d}x + \int_c^b f(x)\mathrm{d}x$。

④ 定积分关于被积函数的**单调性** 若 $f(x) \leqslant g(x)$ 且 $a \leqslant b$,则 $\int_a^b f(x)\mathrm{d}x \leqslant \int_a^b g(x)\mathrm{d}x$。

⑤ **绝对值性质** $\left|\int_a^b f(x)\mathrm{d}x\right| \leqslant \int_a^b |f(x)|\,\mathrm{d}x$。

⑥ **估值定理** 设 $f(x)$ 在区间 $[a,b]$ 上连续，m、M 分别是函数 $f(x)$ 在区间 $[a,b]$ 上的最小值和最大值，则 $m(b-a) \leqslant \int_a^b f(x)\mathrm{d}x \leqslant M(b-a)$。

⑦ **积分中值定理** 设函数 $f(x)$ 在区间 $[a,b]$ 上连续，则至少存在一点 $\xi \in (a,b)$，使得

$$\int_a^b f(x)\mathrm{d}x = f(\xi)(b-a)。$$

4. 变限函数的积分、牛顿-莱布尼茨公式、定积分的换元法和分部积分法

(1) **变限函数的积分** 设 $f(x)$ 是区间 $[a,b]$ 上的连续函数，则函数 $F(x) = \int_a^x f(t)\mathrm{d}t$ 可导且 $F'(x) = f(x)$。更一般地：若 $\varphi(x)$、$\psi(x)$ 是可导函数，则 $F(x) = \int_{\psi(x)}^{\varphi(x)} f(t)\mathrm{d}t$ 可导且

$$F'(x) = f[\varphi(x)]\varphi'(x) - f[\psi(x)]\psi'(x)。$$

(2) **牛顿-莱布尼茨公式** 若 $F(x)$ 是连续函数 $f(x)$ 在区间 $[a,b]$ 上的一个原函数，则

$$\int_a^b f(x)\mathrm{d}x = F(b) - F(a)。$$

(3) **定积分换元法** 假设函数 $f(x)$ 在区间 $[a,b]$ 上连续，$x = \varphi(t)$ 满足条件：(1) $a = \varphi(\alpha)$，$b = \varphi(\beta)$，(2) $x = \varphi(t)$ 在以 α 和 β 为端点的区间上具有连续的导数，则

$$\int_a^b f(x)\mathrm{d}x = \int_\alpha^\beta f[\varphi(t)]\varphi'(t)\mathrm{d}t。$$

(4) **定积分分部积分法** 若函数 $u(x)$、$v(x)$ 可导，则

$$\int_a^b u\,\mathrm{d}v = uv\Big|_a^b - \int_a^b v\,\mathrm{d}u。$$

(5) **定积分中的一些常用结论**

① **对称性** 若 $f(x)$ 是奇函数，则有 $\int_{-a}^a f(x)\mathrm{d}x = 0$；若 $f(x)$ 是偶函数，则有 $\int_{-a}^a f(x)\mathrm{d}x = 2\int_0^a f(x)\mathrm{d}x$；一般地，有 $\int_{-a}^a f(x)\mathrm{d}x = \int_{-a}^a \dfrac{f(x)+f(-x)}{2}\mathrm{d}x$。

② $\int_a^b f(x)\mathrm{d}x = \int_a^b f(a+b-x)\mathrm{d}x$。

③ 若 $f(x)$ 是以 T 为周期的连续函数，则 $\int_a^{a+T} f(x)\mathrm{d}x = \int_0^T f(x)\mathrm{d}x$。

④ $\int_0^{\frac{\pi}{2}} f(\sin x, \cos x)\mathrm{d}x = \int_0^{\frac{\pi}{2}} f(\cos x, \sin x)\mathrm{d}x$。

⑤ $\int_0^\pi x f(\sin x)\mathrm{d}x = \dfrac{\pi}{2}\int_0^\pi f(\sin x)\mathrm{d}x = \pi\int_0^{\frac{\pi}{2}} f(\sin x)\mathrm{d}x$。

⑥ $\int_0^{\frac{\pi}{2}} \sin^n x\,\mathrm{d}x = \int_0^{\frac{\pi}{2}} \cos^n x\,\mathrm{d}x = \begin{cases} \dfrac{n-1}{n}\dfrac{n-3}{n-2}\cdots\dfrac{1}{2}\dfrac{\pi}{2}, & n=2k \\ \dfrac{n-1}{n}\dfrac{n-3}{n-2}\cdots\dfrac{2}{3}1, & n=2k+1 \end{cases}$。

5. 反常积分敛散性定义、判别法及其计算

(1) 无穷限反常积分　假设函数 $f(x)$ 在 $[a,+\infty)$ 上连续,取 $t>a$,若极限 $\lim\limits_{t\to+\infty}\int_a^t f(x)\mathrm{d}x$ 存在,则称反常积分 $\int_a^{+\infty}f(x)\mathrm{d}x$ 收敛且 $\int_a^{+\infty}f(x)\mathrm{d}x=\lim\limits_{t\to+\infty}\int_a^t f(x)\mathrm{d}x$。

类似地,可定义 $\int_{-\infty}^b f(x)\mathrm{d}x=\lim\limits_{t\to-\infty}\int_t^b f(x)\mathrm{d}x$（收敛时）。

对于反常积分 $\int_{-\infty}^{+\infty}f(x)\mathrm{d}x$,只有当反常积分 $\int_0^{+\infty}f(x)\mathrm{d}x$ 和 $\int_{-\infty}^0 f(x)\mathrm{d}x$ 都收敛时,$\int_{-\infty}^{+\infty}f(x)\mathrm{d}x$ 才收敛,且有 $\int_{-\infty}^{+\infty}f(x)\mathrm{d}x=\int_{-\infty}^0 f(x)\mathrm{d}x+\int_0^{+\infty}f(x)\mathrm{d}x$。

(2) 无界函数反常积分（瑕积分）　假设函数 $f(x)$ 在 $(a,b]$ 上连续,在点 $x=a$ 的某个右邻域内无界（称为瑕点）,取 $t>a$,如果极限 $\lim\limits_{t\to a^+}\int_t^b f(x)\mathrm{d}x$ 存在,则称反常积分 $\int_a^b f(x)\mathrm{d}x$ 收敛,并称此极限值为函数 $f(x)$ 在区间 $(a,b]$ 上的反常积分,仍然记作 $\int_a^b f(x)\mathrm{d}x$,即 $\int_a^b f(x)\mathrm{d}x=\lim\limits_{t\to a^+}\int_t^b f(x)\mathrm{d}x$。反之,若极限 $\lim\limits_{t\to a^+}\int_t^b f(x)\mathrm{d}x$ 不存在,则称反常积分 $\int_a^b f(x)\mathrm{d}x$ 发散。

类似地,若函数 $f(x)$ 在区间 $[a,b)$ 上连续,点 $x=b$ 为瑕点,取 $t<b$,若极限 $\lim\limits_{x\to b^-}\int_a^t f(x)\mathrm{d}x$ 存在,则称反常积分 $\int_a^b f(x)\mathrm{d}x$ 收敛,并称极限值为函数 $f(x)$ 在区间 $[a,b)$ 上的反常积分,仍然记为 $\int_a^b f(x)\mathrm{d}x$,即 $\int_a^b f(x)\mathrm{d}x=\lim\limits_{x\to b^-}\int_a^t f(x)\mathrm{d}x$。

若函数 $f(x)$ 在区间 $[a,b]$ 内除点 c 外处处连续,在点 $x=c$ 处的某个邻域内无界（瑕点）,若反常积分 $\int_a^c f(x)\mathrm{d}x$ 和 $\int_c^b f(x)\mathrm{d}x$ 都收敛,则称反常积分 $\int_a^b f(x)\mathrm{d}x$ 收敛,并记

$$\int_a^b f(x)\mathrm{d}x=\int_a^c f(x)\mathrm{d}x+\int_c^b f(x)\mathrm{d}x$$

反之,则称反常积分 $\int_a^b f(x)\mathrm{d}x$ 发散。

6. 定积分在几何以及物理上的应用

(1) 平面图形的面积

情形一　直角坐标情形:若平面区域由直线 $x=a$,$x=b$ 及曲线 $y=f(x)$,$y=g(x)$（$f\geqslant g$）所围成,则区域 D 的面积为 $S=\int_a^b[f(x)-g(x)]\mathrm{d}x$。

情形二　极坐标情形:若区域由 $\alpha\leqslant\theta\leqslant\beta$,$\rho_1(\theta)\leqslant\rho\leqslant\rho_2(\theta)$ 确定,则区域 D 的面积为 $S=\dfrac{1}{2}\int_\alpha^\beta[\rho_2^2(\theta)-\rho_1^2(\theta)]\mathrm{d}\theta$。

(2) 体积

情形一　绕坐标轴旋转的旋转体体积:若平面区域 D 由直线 $x=a$,$x=b$,$y=0$ 以及曲线 $y=f(x)$ 所围成,则区域 D 绕 x 轴旋转一周所得几何体体积为 $V_x=\pi\int_a^b f^2(x)\mathrm{d}x$。

若区域 D 在 y 轴的一侧,则区域 D 绕 y 轴旋转一周所得几何体体积为 $V_y=2\pi\int_a^b|x|$

$|f(x)|\mathrm{d}x$。

情形二 平行截面面积已知的几何体体积：假设空间几何体在 x 轴上的投影是区间 $[a,b]$，过点 x 作垂直于 x 轴的平面，交几何体的截面面积为 $A(x)$，则该几何体的体积 $V = \int_a^b A(x)\mathrm{d}x$。

（3）平面曲线的弧长　假设曲线 C 的方程为 $y=f(x)$，$x \in [a,b]$，$f(x)$ 具有一阶连续导数，则曲线 C 的弧长 $s = \int_a^b \sqrt{1+y'^2}\,\mathrm{d}x$。

① 当曲线 C 由参数方程 $\begin{cases} x=x(t) \\ y=y(t) \end{cases}$，$t \in [\alpha,\beta]$ 给定时，其中 $x(t)$，$y(t)$ 具有连续的一阶导数，则曲线 C 的弧长为 $s = \int_\alpha^\beta \sqrt{x'^2 + y'^2}\,\mathrm{d}t$。

② 当曲线 C 由极坐标 $\rho = \rho(\theta)$，$\theta \in [\alpha,\beta]$ 给定时，其中 ρ 在 $[\alpha,\beta]$ 上具有连续的导数，则曲线 C 弧长为 $s = \int_\alpha^\beta \sqrt{\rho^2 + \rho'^2}\,\mathrm{d}\theta$。

（4）定积分在物理上的应用　主要包含变力做功、水压力以及引力等问题，往往需要采用微元法，没有固定的公式。

3.2　例题选讲

例 3.1　计算 $\displaystyle\int \frac{1}{x^8(1-x^2)}\mathrm{d}x$。

解　$\displaystyle\int \frac{1}{x^8(1-x^2)}\mathrm{d}x = \int \frac{1-x^8+x^8}{x^8(1-x^2)}\mathrm{d}x = \int \left[\frac{1}{x^8} + \frac{1}{x^6} + \frac{1}{x^4} + \frac{1}{x^2} + \frac{1}{1-x^2}\right]\mathrm{d}x$

$$= -\frac{1}{7x^7} - \frac{1}{5x^5} - \frac{1}{3x^3} - \frac{1}{x} - \frac{1}{2}\ln\left|\frac{x-1}{x+1}\right| + C。$$

例 3.2　计算 $\displaystyle\int \frac{1}{\sin x - \sin 2020}\mathrm{d}x$。

解　$\displaystyle\int \frac{1}{\sin x - \sin 2020}\mathrm{d}x$

$$= \int \frac{1}{2\cos\left(\frac{x}{2}+1010\right)\sin\left(\frac{x}{2}-1010\right)}\mathrm{d}x$$

$$= \frac{1}{\cos 2020}\int \frac{\cos\left(\left(\frac{x}{2}+1010\right) - \left(\frac{x}{2}-1010\right)\right)}{2\cos\left(\frac{x}{2}+1010\right)\sin\left(\frac{x}{2}-1010\right)}\mathrm{d}x$$

$$= \frac{1}{\cos 2020}\int \frac{\cos\left(\frac{x}{2}+1010\right)\cos\left(\frac{x}{2}-1010\right) + \sin\left(\frac{x}{2}+1010\right)\sin\left(\frac{x}{2}-1010\right)}{2\cos\left(\frac{x}{2}+1010\right)\sin\left(\frac{x}{2}-1010\right)}\mathrm{d}x$$

$$= \frac{1}{\cos 2020} \int \left[\frac{\cos\left(\frac{x}{2} - 1010\right)}{2\sin\left(\frac{x}{2} - 1010\right)} + \frac{\sin\left(\frac{x}{2} + 1010\right)}{2\cos\left(\frac{x}{2} + 1010\right)} \right] \mathrm{d}x$$

$$= \frac{1}{\cos 2020} \ln \left| \frac{\sin\left(\frac{x}{2} - 1010\right)}{\cos\left(\frac{x}{2} + 1010\right)} \right| + C_{\circ}$$

例 3.3 设 $f(x)$ 是单调连续函数，$f^{-1}(x)$ 是其反函数，$\int f(x)\mathrm{d}x = F(x) + C$，求 $\int f^{-1}(x)\mathrm{d}x$。

解 $\int f^{-1}(x)\mathrm{d}x = x f^{-1}(x) - \int x \,\mathrm{d}f^{-1}(x) = x f^{-1}(x) - \int f(f^{-1}(x))\mathrm{d}f^{-1}(x)$

$$= x f^{-1}(x) - F(f^{-1}(x)) + C_{\circ}$$

例 3.4 计算 $\int \dfrac{x^2 - x}{(\mathrm{e}^x - x)^2}\mathrm{d}x$。

解 注意到 $\int \dfrac{x^2 - x}{(\mathrm{e}^x - x)^2}\mathrm{d}x = \int \dfrac{(x^2 - x)\mathrm{e}^{-2x}}{(1 - x\mathrm{e}^{-x})^2}\mathrm{d}x = -\int \dfrac{x\mathrm{e}^{-x}}{(1 - x\mathrm{e}^{-x})^2}\mathrm{d}(x\mathrm{e}^{-x})$，令 $x\mathrm{e}^{-x} = t$，则有

$$\int \frac{x^2 - x}{(\mathrm{e}^x - x)^2}\mathrm{d}x = -\int \frac{t}{(1 - t)^2}\mathrm{d}t = -\int \frac{t - 1 + 1}{(1 - t)^2}\mathrm{d}t = -\left[\int \frac{1}{t - 1}\mathrm{d}t + \int \frac{1}{(1 - t)^2}\mathrm{d}t \right]$$

$$= -\left[\ln|t - 1| + \frac{1}{1 - t} \right] + C = -\left[\ln|x\mathrm{e}^{-x} - 1| + \frac{1}{1 - x\mathrm{e}^{-x}} \right] + C_{\circ}$$

例 3.5 设 $y^3(x + y) = x^3$，计算 $\int \dfrac{1}{y^3}\mathrm{d}x$。

解 这类隐函数的问题往往采用恰当的换元法。

令 $y = tx$，代入已知条件 $y^3(x + y) = x^3$，可得 $x = \dfrac{1}{t^3(1 + t)}$，$y = \dfrac{1}{t^2(1 + t)}$，所以

$$\int \frac{1}{y^3}\mathrm{d}x = \int t^6(1 + t)^3 \mathrm{d}\left(\frac{1}{t^3(1 + t)} \right) = -\int t^6 \cdot (1 + t)^3 \cdot \frac{3t^2 + 4t^3}{t^6(1 + t)^2}\mathrm{d}t$$

$$= -\int (1 + t)(3t^2 + 4t^3)\mathrm{d}t = -\int (3t^2 + 7t^3 + 4t^4)\mathrm{d}t$$

$$= -\left(t^3 + \frac{7}{4}t^4 + \frac{4}{5}t^5 \right) + C = -\left(\frac{y}{x} \right)^3 - \frac{7}{4}\left(\frac{y}{x} \right)^4 - \frac{4}{5}\left(\frac{y}{x} \right)^5 + C_{\circ}$$

例 3.6 计算 $\int \dfrac{1}{x^{10}(1 + x^2)}\mathrm{d}x$。

解 令 $x = \dfrac{1}{t}$，得

$$\int \frac{1}{x^{10}(1 + x^2)}\mathrm{d}x = \int \frac{1}{\dfrac{1}{t^{10}}\left(1 + \dfrac{1}{t^2} \right)} \cdot \left(-\frac{1}{t^2} \right)\mathrm{d}t = -\int \frac{t^{10}}{1 + t^2}\mathrm{d}t$$

$$=-\int \frac{t^{10}}{1+t^2}dt=-\int \frac{t^{10}+t^8-t^8-t^6+t^6+t^4-t^4-t^2+t^2+1-1}{1+t^2}dt$$

$$=-\int \left(t^8-t^6+t^4-t^2+1-\frac{1}{1+t^2}\right)dt$$

$$=-\left(\frac{t^9}{9}-\frac{t^7}{7}+\frac{t^5}{5}-\frac{t^3}{3}+t-\arctan t\right)+C$$

$$=-\left(\frac{1}{9x^9}-\frac{1}{7x^7}+\frac{1}{5x^5}-\frac{1}{3x^3}+\frac{1}{x}-\arctan \frac{1}{x}\right)+C。$$

例 3.7 设 $y=y(x)$ 是由 $y(x-y)^2=x$ 确定的隐函数,计算 $\int \dfrac{1}{x-3y}dx$。

解 令 $x-y=t$,则 $yt^2=y+t$,因此 $x=\dfrac{t^3}{t^2-1}$,$y=\dfrac{t}{t^2-1}$,所以

$$\int \frac{1}{x-3y}dx=\int \frac{1}{\dfrac{t^3}{t^2-1}-\dfrac{3t}{t^2-1}}d\left(\frac{t^3}{t^2-1}\right)=\int \frac{t^2-1}{t^3-3t}\cdot \frac{3t^2(t^2-1)-t^3\cdot 2t}{(t^2-1)^2}dt$$

$$=\int \frac{t}{t^2-1}dt=\frac{1}{2}\ln|t^2-1|+C=\frac{1}{2}\ln|(x-y)^2-1|+C。$$

> 注:此类积分往往需要选择适当的换元。

例 3.8 计算不定积分 $\int \dfrac{\sin 2nx}{\sin x}dx$。

解 $\cos x+\cos 3x+\cos 5x+\cdots+\cos(2n-1)x$

$$=\frac{[\cos x+\cos 3x+\cos 5x+\cdots+\cos(2n-1)x]2\sin x}{2\sin x}$$

$$=\frac{\sin 2x+(\sin 4x-\sin 2x)+(\sin 6x-\sin 4x)+\cdots+(\sin 2nx-\sin(2n-2)x)}{2\sin x}$$

$$=\frac{\sin 2nx}{2\sin x}。$$

故

$$\int \frac{\sin 2nx}{\sin x}dx=\int 2[\cos x+\cos 3x+\cos 5x+\cdots+\cos(2n-1)x]dx$$

$$=2\left[\sin x+\frac{1}{3}\sin 3x+\frac{1}{5}\sin 5x+\cdots+\frac{1}{2n-1}\sin(2n-1)x\right]+C。$$

例 3.9 计算不定积分 $\int \dfrac{\sin^3 x}{\sin^3 x+\cos^3 x}dx$。

解 $\int \dfrac{\sin^3 x}{\sin^3 x+\cos^3 x}dx=\dfrac{1}{2}\int \left(\dfrac{\sin^3 x+\cos^3 x}{\sin^3 x+\cos^3 x}+\dfrac{\sin^3 x-\cos^3 x}{\sin^3 x+\cos^3 x}\right)dx$

$$=\frac{1}{2}\left(x+\int \frac{\sin^3 x-\cos^3 x}{\sin^3 x+\cos^3 x}dx\right)=\frac{1}{2}\left(x+\int \frac{(\sin x-\cos x)(1+\sin x\cos x)}{(\sin x+\cos x)(1-\sin x\cos x)}dx\right)$$

$$=\frac{1}{2}\left(x-\int \frac{1+\dfrac{(\sin x+\cos x)^2-1}{2}}{(\sin x+\cos x)\left(1-\dfrac{(\sin x+\cos x)^2-1}{2}\right)}d(\sin x+\cos x)\right)。$$

令 $\sin x + \cos x = t$，则有

$$\int \frac{\sin^3 x}{\sin^3 x + \cos^3 x} dx = \frac{1}{2}\left(x - \int \frac{1 + \dfrac{t^2 - 1}{2}}{t\left(1 - \dfrac{t^2 - 1}{2}\right)} dt\right)$$

$$= \frac{1}{2}\left(x - \int \frac{1 + t^2}{t(3 - t^2)} dt\right) = \frac{1}{2}\left(x + \int \frac{1 + t^2}{t(t^2 - 3)} dt\right)$$

$$= \frac{1}{2}\left[x + \int\left(-\frac{1}{3t} + \frac{4t}{3(t^2 - 3)}\right) dt\right] = \frac{1}{2}\left(x - \frac{1}{3}\ln|t| + \frac{2}{3}\ln|t^2 - 3|\right) + C$$

$$= \frac{1}{2}\left(x - \frac{1}{3}\ln|\sin x + \cos x| + \frac{2}{3}\ln|(\sin x + \cos x)^2 - 3|\right) + C。$$

例 3.10 设 $P_n(x)$ 是一个 n 次多项式，求 $\displaystyle\int \frac{P_n(x)}{(x - a)^{n+1}} dx$。

解 注意到 $P_n(x) = \displaystyle\sum_{k=0}^{n} \frac{P_n^{(k)}(a)}{k!}(x - a)^k$，故

$$\int \frac{P_n(x)}{(x - a)^{n+1}} dx = \int \sum_{k=0}^{n} \frac{P_n^{(k)}(a)}{k!}(x - a)^k \cdot \frac{1}{(x - a)^{n+1}} dx$$

$$= \int\left(\sum_{k=0}^{n-1} \frac{P_n^{(k)}(a)}{k!}(x - a)^{k-n-1} + \frac{P_n^{(n)}(a)}{n!} \cdot \frac{1}{x - a}\right) dx$$

$$= \sum_{k=0}^{n-1} \frac{P_n^{(k)}(a) \cdot (x - a)^{k-n}}{k! \cdot (k - n)} + \frac{P_n^{(n)}(a)}{n!}\ln|x - a| + C。$$

例 3.11 计算 $\displaystyle\int \frac{\sqrt{x^2 + 2x + 2}}{x} dx$。

解 $\displaystyle\int \frac{\sqrt{x^2 + 2x + 2}}{x} dx = \int \frac{x^2 + 2x + 2}{x\sqrt{x^2 + 2x + 2}} dx$

$$= \int \frac{x + 2}{\sqrt{x^2 + 2x + 2}} dx + \int \frac{2}{x\sqrt{x^2 + 2x + 2}} dx,$$

其中，$\displaystyle\int \frac{2}{x\sqrt{x^2 + 2x + 2}} dx = \sqrt{2}\int \frac{1}{x\sqrt{\dfrac{x^2}{2} + x + 1}} dx = \sqrt{2}\int \frac{1}{x^2\sqrt{\dfrac{1}{2} + \dfrac{1}{x} + \dfrac{1}{x^2}}} dx$

$$= -\sqrt{2}\int \frac{1}{\sqrt{\left(\dfrac{1}{2} + \dfrac{1}{x}\right)^2 + \dfrac{1}{4}}} d\left(\frac{1}{x} + \frac{1}{2}\right) = -\sqrt{2}\ln\left|\frac{1}{x} + \frac{1}{2} + \sqrt{\left(\frac{1}{2} + \frac{1}{x}\right)^2 + \frac{1}{4}}\right| + C。$$

$$\int \frac{x + 2}{\sqrt{x^2 + 2x + 2}} dx = \frac{1}{2}\left[\int \frac{2x + 2}{\sqrt{x^2 + 2x + 2}} dx + \int \frac{2}{\sqrt{x^2 + 2x + 2}} dx\right]$$

$$= \frac{1}{2}\int \frac{1}{\sqrt{x^2 + 2x + 2}} d(x^2 + 2x + 2) + \int \frac{1}{\sqrt{x^2 + 2x + 2}} dx$$

$$= \sqrt{x^2 + 2x + 2} + \ln|x + 1 + \sqrt{x^2 + 2x + 2}| + C。$$

综上可得

$$\int \frac{\sqrt{x^2+2x+2}}{x}dx = -\sqrt{2}\ln\left|\frac{1}{x}+\frac{1}{2}+\sqrt{\left(\frac{1}{2}+\frac{1}{x}\right)^2+\frac{1}{4}}\right|+$$

$$\sqrt{x^2+2x+2}+\ln|x+1+\sqrt{x^2+2x+2}|+C。$$

例 3.12 计算 $\displaystyle\int e^{x\sin x+\cos x}\frac{x^4\cos^3 x - x\sin x + \cos x}{x^2\cos^2 x}dx$。

解 $\displaystyle\int e^{x\sin x+\cos x}\frac{x^4\cos^3 x - x\sin x + \cos x}{x^2\cos^2 x}dx$

$$=\int e^{x\sin x+\cos x}\left(x^2\cos x - \frac{\sin x}{x\cos^2 x} + \frac{1}{x^2\cos x}\right)dx$$

$$=\int e^{x\sin x+\cos x}\left[x\cos x\left(x-\frac{1}{x\cos x}\right)+\left(x-\frac{1}{x\cos x}\right)'\right]dx = e^{x\sin x+\cos x}\left(x-\frac{1}{x\cos x}\right)+C。$$

例 3.13 证明: $\displaystyle\int_0^\pi \frac{\cos nx - \cos n\alpha}{\cos x - \cos\alpha}dx = \frac{\pi\sin(n\alpha)}{\sin\alpha}$,其中 $\alpha\in(0,\pi)$。

证明 记 $\displaystyle I_n = \int_0^\pi \frac{\cos nx - \cos n\alpha}{\cos x - \cos\alpha}dx$,则有

$$I_{n+1}+I_{n-1} = \int_0^\pi \frac{\cos(n+1)x - \cos(n+1)\alpha}{\cos x - \cos\alpha}dx + \int_0^\pi \frac{\cos(n-1)x - \cos(n-1)\alpha}{\cos x - \cos\alpha}dx$$

$$=\int_0^\pi \frac{\cos(n+1)x - \cos(n+1)\alpha + \cos(n-1)x - \cos(n-1)\alpha}{\cos x - \cos\alpha}dx$$

$$=\int_0^\pi \frac{2\cos nx\cos x - 2\cos n\alpha\cos\alpha}{\cos x - \cos\alpha}dx$$

$$=\int_0^\pi \frac{2\cos nx\cos x - 2\cos nx\cos\alpha + 2\cos nx\cos\alpha - 2\cos n\alpha\cos\alpha}{\cos x - \cos\alpha}dx$$

$$=\int_0^\pi \left(2\cos nx + 2\cos\alpha\cdot\frac{\cos nx - \cos n\alpha}{\cos x - \cos\alpha}\right)dx = 2\cos\alpha\cdot I_n。$$

以下用数学归纳法证明 $\displaystyle\int_0^\pi \frac{\cos nx - \cos n\alpha}{\cos x - \cos\alpha}dx = \frac{\pi\sin(n\alpha)}{\sin\alpha}$。 当 $n=1$ 时,结论显然成立。
假设当 $n\leqslant N$ 时结论成立,则当 $n=N+1$ 时,由递推关系式可得

$$I_{N+1} = 2\cos\alpha\cdot I_N - I_{N-1} = 2\cos\alpha\cdot\frac{\pi\sin(N\alpha)}{\sin\alpha} - \frac{\pi\sin((N-1)\alpha)}{\sin\alpha}$$

$$=\pi\frac{2\cos\alpha\cdot\sin(N\alpha) - \sin((N-1)\alpha)}{\sin\alpha}$$

$$=\pi\frac{\sin((N+1)\alpha) + \sin((N-1)\alpha) - \sin((N-1)\alpha)}{\sin\alpha}$$

$$=\frac{\pi\sin((N+1)\alpha)}{\sin\alpha}。$$

综上,结论成立。

例 3.14 求 $\displaystyle\int_0^1 \frac{\arcsin x}{x}dx$

解 令 $x = \sin t$，得

$$\int_0^1 \frac{\arcsin x}{x} dx = \int_0^{\frac{\pi}{2}} \frac{t}{\sin t} d\sin t = \int_0^{\frac{\pi}{2}} t\, d(\ln(\sin t))$$

$$= t\ln(\sin t) \Big|_0^{\frac{\pi}{2}} - \int_0^{\frac{\pi}{2}} \ln(\sin t) dt = -\int_0^{\frac{\pi}{2}} \ln(\sin t) dt_{\circ} \quad (1)$$

由于 $\int_0^{\frac{\pi}{2}} \ln(\sin t) dt = \int_0^{\frac{\pi}{2}} \ln(\cos t) dt$，故

$$\int_0^{\frac{\pi}{2}} \ln(\sin t) dt = \frac{1}{2}\left[\int_0^{\frac{\pi}{2}} \ln(\sin t) dt + \int_0^{\frac{\pi}{2}} \ln(\cos t) dt\right] = \frac{1}{2}\int_0^{\frac{\pi}{2}} \ln\left(\frac{1}{2}\sin 2t\right) dt$$

$$= \frac{1}{2}\left[-\frac{\pi}{2}\ln 2 + \int_0^{\frac{\pi}{2}} \ln(\sin 2t) dt\right] = \frac{1}{2}\left[-\frac{\pi}{2}\ln 2 + \frac{1}{2}\int_0^{\pi} \ln(\sin u) du\right]$$

$$= \frac{1}{2}\left[-\frac{\pi}{2}\ln 2 + \int_0^{\frac{\pi}{2}} \ln(\sin t) dt\right]$$

因此 $\int_0^{\frac{\pi}{2}} \ln(\sin t) dt = -\frac{\pi}{2}\ln 2$，代入式(1)，可得 $\int_0^1 \frac{\arcsin x}{x} dx = \frac{\pi}{2}\ln 2$。

例 3.15 设 $f(x)$ 是一个 n 次多项式，满足 $\int_0^1 x^k f(x) dx = 0$，$k = 1, 2, \cdots, n$，证明：

(1) $f(0) = (n+1)^2 \int_0^1 f(x) dx$；(2) $\int_0^1 f^2(x) dx = \left((n+1)\int_0^1 f(x) dx\right)^2$。

证明 (1) 不妨设 $f(x) = a_0 + a_1 x + \cdots + a_n x^n$，则有

$$0 = \int_0^1 x^k f(x) dx = \int_0^1 x^k (a_0 + a_1 x + \cdots + a_n x^n) dx$$

$$= \frac{a_0}{k+1} + \frac{a_1}{k+2} + \frac{a_2}{k+3} + \cdots + \frac{a_n}{k+n+1}_{\circ}$$

注意到 $\dfrac{a_0}{k+1} + \dfrac{a_1}{k+2} + \dfrac{a_2}{k+3} + \cdots + \dfrac{a_n}{k+n+1} = \dfrac{Q(k)}{(k+1)(k+2)\cdots(k+n+1)}$ (1)

其中，$Q(k)$ 是一个关于 k 的 n 次多项式。所以有 $Q(k) = 0$ $(k = 1, 2, \cdots, n)$，故可不妨设 $Q(k) = C(k-1)(k-2)\cdots(k-n)$，代入式(1)可得

$$\frac{a_0}{k+1} + \frac{a_1}{k+2} + \frac{a_2}{k+3} + \cdots + \frac{a_n}{k+n+1} = \frac{C(k-1)(k-2)\cdots(k-n)}{(k+1)(k+2)\cdots(k+n+1)}_{\circ}$$

两边乘以 $k+1$，有

$$a_0 + (k+1)\left(\frac{a_1}{k+2} + \frac{a_2}{k+3} + \cdots + \frac{a_n}{k+n+1}\right) = \frac{C(k-1)(k-2)\cdots(k-n)}{(k+2)\cdots(k+n+1)}_{\circ}$$

取 $k = -1$ 得 $a_0 = C(-1)^n(n+1)$。另一方面

$$\int_0^1 x^k f(x) dx = \frac{C(k-1)(k-2)\cdots(k-n)}{(k+2)\cdots(k+n+1)},$$

取 $k = 0$ 得 $\int_0^1 f(x) dx = C\dfrac{(-1)^n}{n+1}$，所以 $f(0) = a_0 = (n+1)^2 \int_0^1 f(x) dx$。

(2) 由于 $\int_0^1 f^2(x)\mathrm{d}x = \int_0^1 f(x)(a_0 + a_1 x + \cdots + a_n x^n)\mathrm{d}x = a_0 \int_0^1 f(x)\mathrm{d}x$，结合(1)的结论可得 $\int_0^1 f^2(x)\mathrm{d}x = \left((n+1)\int_0^1 f(x)\mathrm{d}x\right)^2$。

例 3.16 设 $g(x)$ 是可导函数 $y = f(x)$ 的反函数，满足 $f(1) = 0$ 以及 $\int_0^1 x f(x)\mathrm{d}x = 1010$，求 $\int_0^1 \mathrm{d}x \int_0^{f(x)} g(t)\mathrm{d}t$。

解 由于

$$1010 = \int_0^1 x f(x)\mathrm{d}x = \frac{1}{2}\int_0^1 f(x)\mathrm{d}(x^2) = \frac{1}{2}\left[x^2 f(x)\Big|_0^1 - \int_0^1 x^2 f'(x)\mathrm{d}x\right] = -\frac{1}{2}\int_0^1 x^2 f'(x)\mathrm{d}x,$$

故 $\int_0^1 x^2 f'(x)\mathrm{d}x = -2020$。 所以

$$\int_0^1 \mathrm{d}x \int_0^{f(x)} g(t)\mathrm{d}t = \int_0^1 \left(\int_0^{f(x)} g(t)\mathrm{d}t\right)\mathrm{d}x$$
$$= \left[x \int_0^{f(x)} g(t)\mathrm{d}t\right]\Big|_0^1 - \int_0^1 x^2 f'(x)\mathrm{d}x = -\int_0^1 x^2 f'(x)\mathrm{d}x = 2020。$$

例 3.17 设 $f(x)$ 在 $[a, b]$ 上连续，在 (a, b) 上可导，满足 $f(a) = a$，$\int_a^b f(x)\mathrm{d}x = \frac{b^2 - a^2}{2}$，证明：存在 $\xi \in (a, b)$，使得 $f'(\xi) = f(\xi) - \xi + 1$。

证明 由于 $\int_a^b f(x)\mathrm{d}x = \frac{b^2 - a^2}{2}$，$0 = \int_a^b [f(x) - x]\mathrm{d}x = [f(c) - c](b - a)$。故 $f(c) - c = 0$。 构造函数 $F(x) = \mathrm{e}^{-x}(f(x) - x)$，则 $F(c) = F(a) = 0$。 由罗尔中值定理，存在 $\xi \in (a, b)$，使得 $F'(\xi) = 0$，即存在 $\xi \in (a, b)$，使得 $f'(\xi) = f(\xi) - \xi + 1$。

例 3.18 求 $\int_1^2 \sqrt{\ln x}\,\mathrm{d}x + \int_0^{\sqrt{\ln 2}} \mathrm{e}^{y^2}\mathrm{d}y$。

解 函数 $y = \sqrt{\ln x}$ $(x \in [1, 2])$ 及其反函数 $x = \mathrm{e}^{y^2}$ $(y \in [0, \sqrt{\ln 2}])$ 如图所示，易见 $\int_1^2 \sqrt{\ln x}\,\mathrm{d}x + \int_0^{\sqrt{\ln 2}} \mathrm{e}^{y^2}\mathrm{d}y = 2\sqrt{\ln 2}$。

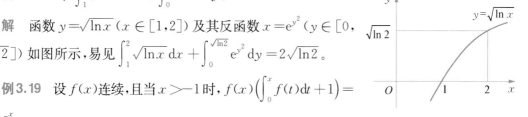

例 3.19 设 $f(x)$ 连续，且当 $x > -1$ 时，$f(x)\left(\int_0^x f(t)\mathrm{d}t + 1\right) = \frac{x\mathrm{e}^x}{2(1+x)^2}$，求 $f(x)$。

解 令 $x = 0$，由已知等式可得 $f(0) = 0$。 记 $y = \int_0^x f(t)\mathrm{d}t$，则有 $y' = f(x)$，所以原式可以改写为 $y'(y+1) = \frac{x\mathrm{e}^x}{2(1+x)^2}$。 分离变量并两端积分得

$$\int (y+1)\mathrm{d}y = \int \frac{x\mathrm{e}^x}{2(1+x)^2}\mathrm{d}x。$$

其中，$\displaystyle \int \frac{x\mathrm{e}^x}{(1+x)^2}\mathrm{d}x = -\int x\mathrm{e}^x\mathrm{d}\left(\frac{1}{1+x}\right) = -\left[\frac{x}{1+x}\mathrm{e}^x - \int \frac{1}{1+x}\cdot(x\mathrm{e}^x)'\mathrm{d}x\right]$

$$= -\left[\frac{x}{1+x}\mathrm{e}^x - \int \mathrm{e}^x \mathrm{d}x\right] = \frac{\mathrm{e}^x}{1+x} + C'。$$

故微分方程的通解为 $\dfrac{1}{2}y^2 + y = \dfrac{\mathrm{e}^x}{2(1+x)} + C$。

由 $f(0) = 0$ 得 $C = -\dfrac{1}{2}$，即 $(y+1)^2 = \dfrac{\mathrm{e}^x}{1+x}$，解得 $y = \pm\sqrt{\dfrac{\mathrm{e}^x}{1+x}} - 1$。 故

$$f(x) = y' = \pm\frac{x\,\mathrm{e}^{\frac{x}{2}}}{2(1+x)^{\frac{3}{2}}}。$$

经检验可知 $f(x) = -\dfrac{x\,\mathrm{e}^{\frac{x}{2}}}{2(1+x)^{\frac{3}{2}}}$ 不满足题意，所以 $f(x) = \dfrac{x\,\mathrm{e}^{\frac{x}{2}}}{2(1+x)^{\frac{3}{2}}}$。

例 3.20 设 $f(x)$ 在 $[a, b]$ 上连续，$x_0 \in [a, b]$，证明：$\displaystyle\lim_{n\to\infty}\int_{nx_0}^{nx_0+1} f\left(\frac{x}{n}\right)\mathrm{d}x = f(x_0)$。

证明 不妨设 $f(x)$ 的一个原函数为 $F(x)$，则

$$\int_{nx_0}^{nx_0+1} f\left(\frac{x}{n}\right)\mathrm{d}x = nF\left(\frac{x}{n}\right)\Big|_{nx_0}^{nx_0+1} = n\left[F\left(x_0 + \frac{1}{n}\right) - F(x_0)\right],$$

所以，$\displaystyle\lim_{n\to\infty}\int_{nx_0}^{nx_0+1} f\left(\frac{x}{n}\right)\mathrm{d}x = \lim_{n\to\infty}\frac{F\left(x_0 + \dfrac{1}{n}\right) - F(x_0)}{\dfrac{1}{n}} = F'(x_0) = f(x_0)$。

例 3.21 计算 $\displaystyle\lim_{n\to\infty}\int_0^1 \sqrt{x^n + (1-x)^n}\,\mathrm{d}x$。

解 任取充分小的 $\varepsilon > 0$，有

$$0 \leqslant \int_0^1 \sqrt{x^n + (1-x)^n}\,\mathrm{d}x = \int_0^\varepsilon \sqrt{x^n + (1-x)^n}\,\mathrm{d}x$$

$$+ \int_\varepsilon^{1-\varepsilon} \sqrt{x^n + (1-x)^n}\,\mathrm{d}x + \int_{1-\varepsilon}^1 \sqrt{x^n + (1-x)^n}\,\mathrm{d}x$$

$$\leqslant \int_0^\varepsilon \mathrm{d}x + \int_\varepsilon^{1-\varepsilon} \sqrt{(1-\varepsilon)^n + \varepsilon^n}\,\mathrm{d}x + \int_{1-\varepsilon}^1 \mathrm{d}x = 2\varepsilon + (1-2\varepsilon)\sqrt{(1-\varepsilon)^n + \varepsilon^n}$$

$$\leqslant 3\varepsilon \ (n\to\infty\text{时})。$$

所以，$\displaystyle\lim_{n\to\infty}\int_0^1 \sqrt{x^n + (1-x)^n}\,\mathrm{d}x = 0$。

例 3.22 设 $f(x)$ 在 $[0, 1]$ 上连续，$\displaystyle\int_0^1 xf(x)\mathrm{d}x = 0$，$\displaystyle\int_0^1 x^2 f(x)\mathrm{d}x = 1$，证明：
$\displaystyle\max_{x\in[0,1]}\{|f(x)|\} \geqslant 6 + 3\sqrt{2}$。

证明 反证法 若 $\displaystyle\max_{x\in[0,1]}\{|f(x)|\} < 6 + 3\sqrt{2}$，注意到，对于任意的常数 $c \in [0, 1]$，都有 $\displaystyle\int_0^1 x(x-c)f(x)\mathrm{d}x = 1$，故

$$1 = \left|\int_0^1 x(x-c)f(x)\mathrm{d}x\right| < (6+3\sqrt{2})\left|\int_0^1 |x(x-c)|\,\mathrm{d}x\right|$$

$$=(6+3\sqrt{2})\left(\frac{c^3}{3}-\frac{c}{2}+\frac{1}{3}\right)。$$

另一方面,记 $g(c)=\frac{c^3}{3}-\frac{c}{2}+\frac{1}{3}$,则当 $c\in[0,1]$ 时,其最小值为

$$g\left(\frac{1}{\sqrt{2}}\right)=\frac{\left(\frac{1}{\sqrt{2}}\right)^3}{3}-\frac{1}{2}\cdot\frac{1}{\sqrt{2}}+\frac{1}{3}=\frac{1}{3}-\frac{1}{3\sqrt{2}}。$$

所以应该有 $(6+3\sqrt{2})\left(\frac{1}{3}-\frac{1}{3\sqrt{2}}\right)>1$,矛盾。

例 3.23 设 $0<f(x)<1$,反常积分 $\int_0^{+\infty}f(x)\mathrm{d}x$ 和 $\int_0^{+\infty}xf(x)\mathrm{d}x$ 都收敛,证明:

$$\int_0^{+\infty}xf(x)\mathrm{d}x>\frac{1}{2}\left(\int_0^{+\infty}f(x)\mathrm{d}x\right)^2。$$

证明 记 $c=\int_0^{+\infty}f(x)\mathrm{d}x>0$,则有

$$\int_c^{+\infty}xf(x)\mathrm{d}x>c\int_c^{+\infty}f(x)\mathrm{d}x=c\left[\int_0^{+\infty}f(x)\mathrm{d}x-\int_0^c f(x)\mathrm{d}x\right]=c\left[c-\int_0^c f(x)\mathrm{d}x\right]$$
$$=c\int_0^c[1-f(x)]\mathrm{d}x>\int_0^c x[1-f(x)]\mathrm{d}x=\int_0^c x\,\mathrm{d}x-\int_0^c xf(x)\mathrm{d}x,$$

故 $\int_0^{+\infty}xf(x)\mathrm{d}x>\int_0^c x\,\mathrm{d}x=\frac{c^2}{2}$,即 $\int_0^{+\infty}xf(x)\mathrm{d}x>\frac{1}{2}\left[\int_0^{+\infty}f(x)\mathrm{d}x\right]^2$。

例 3.24 计算不定积分 $\int\frac{x^2+x}{(e^x+x+1)^2}\mathrm{d}x$。

解 注意到 $\int\frac{x^2+x}{(e^x+x+1)^2}\mathrm{d}x=\int\frac{\frac{x^2+x}{e^{2x}}}{\left(1+\frac{x+1}{e^x}\right)^2}\mathrm{d}x=-\int\frac{\frac{x+1}{e^x}}{\left(1+\frac{x+1}{e^x}\right)^2}\mathrm{d}\left(\frac{x+1}{e^x}\right)$,令

$\frac{x+1}{e^x}=t$,则

$$\int\frac{x^2+x}{(e^x+x+1)^2}\mathrm{d}x=-\int\frac{t}{(1+t)^2}\mathrm{d}t=-\int\frac{t+1-1}{(1+t)^2}\mathrm{d}t=-\ln(1+t)-\frac{1}{1+t}+c。$$

综上,$\int\frac{x^2+x}{(e^x+x+1)^2}\mathrm{d}x=-\ln\left(1+\frac{x+1}{e^x}\right)-\frac{1}{1+\frac{x+1}{e^x}}+c$

$$=x-\ln(e^x+x+1)-\frac{e^x}{e^x+x+1}+c。$$

例 3.25 计算不定积分 $\int\frac{1}{x^3(e^{\frac{1}{x}}+e^{-\frac{1}{x}})^2}\mathrm{d}x$。

解 作换元 $\dfrac{1}{x}=t$，则

$$\int \frac{1}{x^3(e^{\frac{1}{x}}+e^{-\frac{1}{x}})^2}\mathrm{d}x = \int \frac{t^3}{(e^t+e^{-t})^2}\cdot\left(-\frac{1}{t^2}\right)\mathrm{d}t = -\int \frac{t}{(e^t+e^{-t})^2}\mathrm{d}t$$

$$= -\frac{1}{4}\int t\,\mathrm{d}\left(\frac{e^t-e^{-t}}{e^t+e^{-t}}\right) = -\frac{1}{4}\left[t\left(\frac{e^t-e^{-t}}{e^t+e^{-t}}\right)-\int \frac{e^t-e^{-t}}{e^t+e^{-t}}\mathrm{d}t\right]$$

$$= -\frac{1}{4}\left[t\left(\frac{e^t-e^{-t}}{e^t+e^{-t}}\right)-\ln(e^t+e^{-t})\right]+C = -\frac{1}{4}\left[\frac{1}{x}\left(\frac{e^{\frac{1}{x}}-e^{-\frac{1}{x}}}{e^{\frac{1}{x}}+e^{-\frac{1}{x}}}\right)-\ln(e^{\frac{1}{x}}+e^{-\frac{1}{x}})\right]+C。$$

例 3.26 计算不定积分 $\displaystyle\int \frac{1}{\sqrt[4]{1+x^4}}\mathrm{d}x$。

解 作换元 $x=\sqrt{\tan t}$，则有

$$\int \frac{1}{\sqrt[4]{1+x^4}}\mathrm{d}x = \int \frac{1}{\sqrt{\sec t}}\cdot\frac{\sec^2 t}{2\sqrt{\tan t}}\mathrm{d}t = \int \frac{\sec^{\frac{3}{2}}t}{2\sqrt{\tan t}}\mathrm{d}t = \int \frac{\sec t}{2\sqrt{\sin t}}\mathrm{d}t$$

$$= \int \frac{\cos t}{2\cos^2 t\cdot\sqrt{\sin t}}\mathrm{d}t = \int \frac{1}{\cos^2 t}\mathrm{d}\sqrt{\sin t} = \int \frac{1}{1-(\sqrt{\sin t})^4}\mathrm{d}\sqrt{\sin t}。$$

再令 $u=\sqrt{\sin t}$，则有

$$\int \frac{1}{1-(\sqrt{\sin t})^4}\mathrm{d}\sqrt{\sin t} = \int \frac{1}{1-u^4}\mathrm{d}u = \frac{1}{2}\int\left(\frac{1}{1-u^2}+\frac{1}{1+u^2}\right)\mathrm{d}u$$

$$= -\frac{1}{4}\ln\left|\frac{u-1}{u+1}\right|+\frac{1}{2}\arctan u+C。$$

综上，$\displaystyle\int \frac{1}{\sqrt[4]{1+x^4}}\mathrm{d}x = -\frac{1}{4}\ln\left(\frac{\sqrt[4]{1+x^4}-x}{\sqrt[4]{1+x^4}+x}\right)+\frac{1}{2}\arctan\left(\frac{x}{\sqrt[4]{1+x^4}}\right)+C。$

例 3.27 设 $I_n=\displaystyle\int_1^{1+\frac{1}{n}}\sqrt{1+x^n}\,\mathrm{d}x$，求极限 $\displaystyle\lim_{n\to\infty}nI_n$。

解 令 $x^n=t$，则有

$$I_n=\int_1^{1+\frac{1}{n}}\sqrt{1+x^n}\,\mathrm{d}x = \int_1^{(1+\frac{1}{n})^n}\sqrt{1+t}\cdot\frac{1}{n}t^{\frac{1}{n}-1}\,\mathrm{d}t = \frac{1}{n}\int_1^{(1+\frac{1}{n})^n}\frac{\sqrt{1+t}}{t}\cdot t^{\frac{1}{n}}\,\mathrm{d}t。$$

因此，$\dfrac{1}{n}\displaystyle\int_1^{(1+\frac{1}{n})^n}\frac{\sqrt{1+t}}{t}\mathrm{d}t \leqslant I_n \leqslant \frac{1}{n}\int_1^{(1+\frac{1}{n})^n}\frac{\sqrt{1+t}}{t}\cdot\left(1+\frac{1}{n}\right)\mathrm{d}t,$

所以，$\displaystyle\lim_{n\to\infty}nI_n = \lim_{n\to\infty}\int_1^{(1+\frac{1}{n})^n}\frac{\sqrt{1+t}}{t}\mathrm{d}t = \int_1^{e}\frac{\sqrt{1+t}}{t}\mathrm{d}t = \int_{\sqrt{2}}^{\sqrt{1+e}}\frac{u}{u^2-1}\cdot 2u\,\mathrm{d}u$

$$= 2\int_{\sqrt{2}}^{\sqrt{1+e}}\frac{u^2-1+1}{u^2-1}\mathrm{d}u = 2[\sqrt{1+e}-\sqrt{2}]+\ln\left|\frac{u-1}{u+1}\right|\bigg|_{\sqrt{2}}^{\sqrt{1+e}}$$

$$= 2[\sqrt{1+e}-\sqrt{2}]+\ln\left(\frac{\sqrt{1+e}-1}{\sqrt{1+e}+1}\right)-\ln\left(\frac{\sqrt{2}-1}{\sqrt{2}+1}\right)。$$

例 3.28 求极限 $\lim\limits_{n\to\infty}\int_0^{\frac{\pi}{2}}\dfrac{\sin^n x}{\sqrt{\pi-2x}}\mathrm{d}x$。

解 任取充分小的 $\varepsilon>0$，则

$$0\leqslant\int_0^{\frac{\pi}{2}}\frac{\sin^n x}{\sqrt{\pi-2x}}\mathrm{d}x=\int_0^{\frac{\pi}{2}-\varepsilon}\frac{\sin^n x}{\sqrt{\pi-2x}}\mathrm{d}x+\int_{\frac{\pi}{2}-\varepsilon}^{\frac{\pi}{2}}\frac{\sin^n x}{\sqrt{\pi-2x}}\mathrm{d}x$$

$$\leqslant\int_0^{\frac{\pi}{2}-\varepsilon}\frac{\sin^n\left(\frac{\pi}{2}-\varepsilon\right)}{\sqrt{\pi-2\left(\frac{\pi}{2}-\varepsilon\right)}}\mathrm{d}x+\int_{\frac{\pi}{2}-\varepsilon}^{\frac{\pi}{2}}\frac{1}{\sqrt{\pi-2x}}\mathrm{d}x。 \tag{1}$$

其中 $\displaystyle\int_0^{\frac{\pi}{2}-\varepsilon}\frac{\sin^n\left(\frac{\pi}{2}-\varepsilon\right)}{\sqrt{\pi-2\left(\frac{\pi}{2}-\varepsilon\right)}}\mathrm{d}x=\frac{1}{\sqrt{2\varepsilon}}\left(\frac{\pi}{2}-\varepsilon\right)\cdot\sin^n\left(\frac{\pi}{2}-\varepsilon\right)\to 0\ (n\to\infty),\tag{2}$

且 $\displaystyle\int_{\frac{\pi}{2}-\varepsilon}^{\frac{\pi}{2}}\frac{1}{\sqrt{\pi-2x}}\mathrm{d}x=-\sqrt{\pi-2x}\ \Big|_{\frac{\pi}{2}-\varepsilon}^{\frac{\pi}{2}}=\sqrt{2\varepsilon}。\tag{3}$

由 ε 的任意性以及式(1)~(3)，可知 $\lim\limits_{n\to\infty}\int_0^{\frac{\pi}{2}}\dfrac{\sin^n x}{\sqrt{\pi-2x}}\mathrm{d}x=0$。

例 3.29 设 x，$y\neq-1$，求极限 $\lim\limits_{n\to\infty}\dfrac{(1^x+2^x+\cdots+n^x)^{y+1}}{(1^y+2^y+\cdots+n^y)^{x+1}}$。

解 注意到 $\dfrac{(1^x+2^x+\cdots+n^x)^{y+1}}{(1^y+2^y+\cdots+n^y)^{x+1}}=\dfrac{\left[\frac{1}{n}\sum\limits_{k=1}^n\left(\frac{k}{n}\right)^x\right]^{y+1}}{\left[\frac{1}{n}\sum\limits_{k=1}^n\left(\frac{k}{n}\right)^y\right]^{x+1}}$，

其中 $\lim\limits_{n\to\infty}\dfrac{1}{n}\sum\limits_{k=1}^n\left(\dfrac{k}{n}\right)^x=\displaystyle\int_0^1 t^x\mathrm{d}t=\dfrac{1}{x+1}$，$\lim\limits_{n\to\infty}\dfrac{1}{n}\sum\limits_{k=1}^n\left(\dfrac{k}{n}\right)^y=\displaystyle\int_0^1 t^y\mathrm{d}y=\dfrac{1}{y+1}$，

所以

$$\lim_{n\to\infty}\frac{(1^x+2^x+\cdots+n^x)^{y+1}}{(1^y+2^y+\cdots+n^y)^{x+1}}=\lim_{n\to\infty}\frac{\left[\frac{1}{n}\sum\limits_{k=1}^n\left(\frac{k}{n}\right)^x\right]^{y+1}}{\left[\frac{1}{n}\sum\limits_{k=1}^n\left(\frac{k}{n}\right)^y\right]^{x+1}}=\frac{\left(\frac{1}{x+1}\right)^{y+1}}{\left(\frac{1}{y+1}\right)^{x+1}}=\frac{(y+1)^{x+1}}{(x+1)^{y+1}}。$$

例 3.30 计算 $\displaystyle\int_0^{\frac{\pi}{2}}(\sqrt{\tan x}+\sqrt{\cot x})\mathrm{d}x$。

解 令 $\sqrt{\tan x}=t$，则

$$\int_0^{\frac{\pi}{2}}(\sqrt{\tan x}+\sqrt{\cot x})\mathrm{d}x=\int_0^{+\infty}\left(t+\frac{1}{t}\right)\cdot\frac{2t}{1+t^4}\mathrm{d}t=2\int_0^{+\infty}\frac{1+t^2}{1+t^4}\mathrm{d}t$$

$$=2\int_0^{+\infty}\frac{\frac{1}{t^2}+1}{\frac{1}{t^2}+t^2}\mathrm{d}t=2\int_0^{+\infty}\frac{1}{\left(t-\frac{1}{t}\right)^2+2}\mathrm{d}\left(t-\frac{1}{t}\right)=2\cdot\frac{1}{\sqrt{2}}\arctan\left(\frac{t-\frac{1}{t}}{\sqrt{2}}\right)\Bigg|_0^{+\infty}$$

$$= \sqrt{2}\left(\frac{\pi}{2} - \left(-\frac{\pi}{2}\right)\right) = \sqrt{2}\,\pi_\circ$$

例 3.31 计算定积分 $\displaystyle\int_1^{\sqrt{3}}\left[x^{2x^2+1} + \ln(x^{2x^{(2x^2+1)}})\right]\mathrm{d}x$。

解 $\displaystyle\int_1^{\sqrt{3}}\left[x^{2x^2+1} + \ln(x^{2x^{(2x^2+1)}})\right]\mathrm{d}x$

$$= \int_1^{\sqrt{3}}(x^{2x^2+1} + 2x^{(2x^2+1)}\ln x)\mathrm{d}x$$

$$= \int_1^{\sqrt{3}}x^{(2x^2)}(x + 2x\ln x)\mathrm{d}x = \frac{1}{2}\int_1^{\sqrt{3}}\mathrm{d}(x^{(2x^2)}) = \frac{1}{2}x^{(2x^2)}\bigg|_1^{\sqrt{3}} = 13_\circ$$

例 3.32 求常数 p、q，使得 $p \leqslant \displaystyle\int_0^1\sqrt{1+x^4}\,\mathrm{d}x \leqslant q$ 且 $q - p \leqslant 0.1$（列出 p、q 的表达式即可）。

解 记 $f(x) = \sqrt{1+x^4}$，显然 $f(x)$ 是单调增加函数，则有

$$\frac{1}{n}\sum_{k=0}^n \frac{1}{}f\left(\frac{k}{n}\right) \leqslant \int_0^1 f(x)\mathrm{d}x \leqslant \frac{1}{n}\sum_{k=1}^n f\left(\frac{k}{n}\right)_\circ$$

若记 $p = \dfrac{1}{n}\displaystyle\sum_{k=0}^{n-1}f\left(\frac{k}{n}\right)$，$q = \dfrac{1}{n}\displaystyle\sum_{k=1}^n f\left(\frac{k}{n}\right)$，此时

$$q - p = \frac{1}{n}\sum_{k=1}^n f\left(\frac{k}{n}\right) - \frac{1}{n}\sum_{k=0}^{n-1}f\left(\frac{k}{n}\right) = \frac{1}{n}\left[f\left(\frac{n}{n}\right) - f\left(\frac{0}{n}\right)\right] = \frac{1}{n}(\sqrt{2}-1)_\circ$$

要使得 $q - p \leqslant 0.1$，只需要 $\dfrac{1}{n}(\sqrt{2}-1) \leqslant 0.1$，取 $n = 5$ 即可满足。

综上，可取满足条件的常数 $p = \dfrac{1}{5}\displaystyle\sum_{k=0}^4\sqrt{1 + \left(\frac{k}{5}\right)^4}$ 以及 $q = \dfrac{1}{5}\displaystyle\sum_{k=1}^5\sqrt{1 + \left(\frac{k}{5}\right)^4}$。

例 3.33 求 $\displaystyle\max_{s\in(0,1)}\int_0^1 |\ln|s-t||\,\mathrm{d}t$。

解 由于 $\displaystyle\int_0^1 |\ln|s-t||\,\mathrm{d}t = -\int_0^1\ln|s-t|\,\mathrm{d}t = -\left[\int_0^s\ln(s-t)\mathrm{d}t + \int_s^1\ln(t-s)\mathrm{d}t\right]$

$$= -\left\{\left[(t-s)\ln(s-t) - t\right]\bigg|_0^s + \left[(t-s)\ln(t-s) - t\right]\bigg|_s^1\right\}$$

$$= -s\ln s - (1-s)\ln(1-s) + 1_\circ$$

记 $f(s) = -s\ln s - (1-s)\ln(1-s) + 1$，$0 < s < 1$ 则 $f'(s) = \ln\left(\dfrac{1-s}{s}\right)$。当 $0 < s < \dfrac{1}{2}$ 时，$f'(s) > 0$；而当 $\dfrac{1}{2} < s < 1$ 时，$f'(s) < 0$；所以 $f(s)$ 在区间 $(0,1)$ 上的最大值为 $f(s) = 1 + \ln 2$。

综上，$\displaystyle\max_{s\in(0,1)}\int_0^1 |\ln|s-t||\,\mathrm{d}t = 1 + \ln 2$。

例 3.34 设 $f(x) \in C[0,1]$，求 $\displaystyle\int_0^1 x^2 f(x)\mathrm{d}x - \int_0^1 xf^2(x)\mathrm{d}x$ 的最大值。

解 $\displaystyle\int_0^1 x^2 f(x)\mathrm{d}x - \int_0^1 xf^2(x)\mathrm{d}x$

$$= \int_0^1 -x[f^2(x) - xf(x)]\mathrm{d}x = \int_0^1 -x\left[\left(f(x) - \frac{x}{2}\right)^2 - \frac{x^2}{4}\right]\mathrm{d}x$$

$$= \int_0^1 \left[\frac{x^3}{4} - x\left(f(x) - \frac{x}{2}\right)^2\right]\mathrm{d}x \leqslant \int_0^1 \frac{x^3}{4}\mathrm{d}x = \frac{1}{16}.$$

其中,取等号当且仅当 $f(x) = \dfrac{x}{2}$。

综上 $\displaystyle\int_0^1 x^2 f(x)\mathrm{d}x - \int_0^1 x f^2(x)\mathrm{d}x$ 的最大值为 $\dfrac{1}{16}$。

例 3.35 求 $\displaystyle\int_0^{+\infty} |\sin x| \mathrm{e}^{-x}\mathrm{d}x$。

解 $\displaystyle\int_0^{+\infty} |\sin x| \mathrm{e}^{-x}\mathrm{d}x = \sum_{n=0}^{\infty} \int_{2n\pi}^{2(n+1)\pi} |\sin x| \mathrm{e}^{-x}\mathrm{d}x$

$$= \sum_{n=0}^{\infty} \left(\int_{2n\pi}^{(2n+1)\pi} \mathrm{e}^{-x}\sin x \,\mathrm{d}x - \int_{(2n+1)\pi}^{2(n+1)\pi} \mathrm{e}^{-x}\sin x \,\mathrm{d}x\right)$$

$$= \frac{1}{2}\sum_{n=0}^{\infty}\left[(-\mathrm{e}^{-x}\sin x - \mathrm{e}^{-x}\cos x)\Big|_{2n\pi}^{(2n+1)\pi} + (\mathrm{e}^{-x}\sin x + \mathrm{e}^{-x}\cos x)\Big|_{(2n+1)\pi}^{2(n+1)\pi}\right]$$

$$= \frac{1}{2}\sum_{n=0}^{\infty}(1 + 2\mathrm{e}^{-\pi} + \mathrm{e}^{-2\pi})\mathrm{e}^{-2n\pi}$$

$$= \frac{1}{2}(1 + 2\mathrm{e}^{-\pi} + \mathrm{e}^{-2\pi}) \cdot \frac{1}{1 - \mathrm{e}^{-2\pi}} = \frac{1 + 2\mathrm{e}^{\pi} + \mathrm{e}^{2\pi}}{2(\mathrm{e}^{2\pi} - 1)} = \frac{\mathrm{e}^{\pi} + 1}{2(\mathrm{e}^{\pi} - 1)}.$$

例 3.36 计算定积分 $\displaystyle\int_{-\pi}^{\pi} \frac{x \cdot \sin x \cdot \arctan \mathrm{e}^x}{1 + \cos^2 x}\mathrm{d}x$。

解 $\displaystyle\int_{-\pi}^{\pi} \frac{x \cdot \sin x \cdot \arctan \mathrm{e}^x}{1 + \cos^2 x}\mathrm{d}x = \int_{-\pi}^{\pi} \frac{\dfrac{x \cdot \sin x \cdot \arctan \mathrm{e}^x}{1 + \cos^2 x} + \dfrac{x \cdot \sin x \cdot \arctan \mathrm{e}^{-x}}{1 + \cos^2 x}}{2}\mathrm{d}x$

$$= \frac{\pi}{4}\int_{-\pi}^{\pi} \frac{x \cdot \sin x}{1 + \cos^2 x}\mathrm{d}x = \frac{\pi}{2}\int_0^{\pi} \frac{x \cdot \sin x}{1 + \cos^2 x}\mathrm{d}x = \frac{\pi^2}{4}\int_0^{\pi} \frac{\sin x}{1 + \cos^2 x}\mathrm{d}x$$

$$= \frac{\pi^2}{4}\left[-\arctan(\cos x)\right]\Big|_0^{\pi} = \frac{\pi^2}{4}\left[\frac{\pi}{4} - \left(-\frac{\pi}{4}\right)\right] = \frac{\pi^3}{8}.$$

> **注:** ① 对于对称区间上的定积分,有结论 $\displaystyle\int_{-a}^{a} f(x)\mathrm{d}x = \int_{-a}^{a} \frac{f(x) + f(-x)}{2}\mathrm{d}x$。
>
> ② 当 $x > 0$ 时,$\arctan x + \arctan\dfrac{1}{x} = \dfrac{\pi}{2}$。

例 3.37 计算定积分 $\displaystyle\int_0^1 x\left[\frac{1}{x}\right]\mathrm{d}x$,其中 $\left[\dfrac{1}{x}\right]$ 表示取整。

解 令 $\dfrac{1}{x} = t$,则有

$$\int_0^1 x\left[\frac{1}{x}\right]\mathrm{d}x = \int_{+\infty}^1 \frac{[t]}{t}\left(-\frac{1}{t^2}\right)\mathrm{d}t = \int_1^{+\infty} \frac{[t]}{t^3}\mathrm{d}t = \sum_{k=1}^{+\infty}\int_k^{k+1} \frac{k}{t^3}\mathrm{d}t$$

$$= \sum_{k=1}^{+\infty} k\left(-\frac{1}{2t^2}\right)\Big|_{k}^{k+1} = \sum_{k=1}^{+\infty} \frac{k}{2}\left(\frac{1}{k^2} - \frac{1}{(k+1)^2}\right)$$

$$= \frac{1}{2}\sum_{k=1}^{+\infty} \frac{2k+1}{k(k+1)^2} = \frac{1}{2}\sum_{k=1}^{+\infty}\left(\frac{1}{k(k+1)} + \frac{1}{(k+1)^2}\right) = \frac{1}{2}\left(1 + \frac{\pi^2}{6} - 1\right) = \frac{\pi^2}{12}\text{。}$$

例 3.38 求极限 $\displaystyle\lim_{n\to\infty}\frac{1}{n}\sum_{k=1}^{n}\left(\left[\frac{2n}{k}\right] - 2\left[\frac{n}{k}\right]\right)$。

解 由于 $\displaystyle\lim_{n\to\infty}\frac{1}{n}\sum_{k=1}^{n}\left(\left[\frac{2n}{k}\right] - 2\left[\frac{n}{k}\right]\right) = \int_0^1\left(\left[\frac{2}{x}\right] - 2\left[\frac{1}{x}\right]\right)\mathrm{d}x$，则

$$\int_0^1\left(\left[\frac{2}{x}\right] - 2\left[\frac{1}{x}\right]\right)\mathrm{d}x = \sum_{n=1}^{\infty}\int_{\frac{1}{n+1}}^{\frac{1}{n}}\left(\left[\frac{2}{x}\right] - 2\left[\frac{1}{x}\right]\right)\mathrm{d}x$$

$$= \sum_{n=1}^{\infty}\int_{\frac{2}{2n+2}}^{\frac{2}{2n+1}}\left(\left[\frac{2}{x}\right] - 2\left[\frac{1}{x}\right]\right)\mathrm{d}x + \sum_{n=1}^{\infty}\int_{\frac{2}{2n+1}}^{\frac{2}{2n}}\left(\left[\frac{2}{x}\right] - 2\left[\frac{1}{x}\right]\right)\mathrm{d}x$$

$$= \sum_{n=1}^{\infty}\int_{\frac{2}{2n+2}}^{\frac{2}{2n+1}}(2n+1-2n)\mathrm{d}x + \sum_{n=1}^{\infty}\int_{\frac{2}{2n+1}}^{\frac{2}{2n}}(2n-2n)\mathrm{d}x = 2\sum_{n=1}^{\infty}\left(\frac{1}{2n+1} - \frac{1}{2n+2}\right)$$

$$= 2\left(\ln 2 - \frac{1}{2}\right) = 2\ln 2 - 1\text{。}$$

例 3.39 计算定积分 $\displaystyle I_n = \int_{-\pi}^{\pi}\frac{\sin nx}{(1+2^x)\sin x}\mathrm{d}x$。

解 由于 $\displaystyle I_n = \int_{-\pi}^{\pi}\frac{\sin nx}{(1+2^x)\sin x}\mathrm{d}x$

$$= \int_{-\pi}^{\pi}\frac{\dfrac{\sin nx}{(1+2^x)\sin x} + \dfrac{\sin nx}{(1+2^{-x})\sin x}}{2}\mathrm{d}x = \int_{-\pi}^{\pi}\frac{\sin nx}{2\sin x}\mathrm{d}x = \int_0^{\pi}\frac{\sin nx}{\sin x}\mathrm{d}x,$$

因此

$$I_{n+2} - I_n = \int_0^{\pi}\frac{\sin(n+2)x}{\sin x}\mathrm{d}x - \int_0^{\pi}\frac{\sin nx}{\sin x}\mathrm{d}x$$

$$= \int_0^{\pi}\frac{2\cos((n+1)x)\cdot\sin x}{\sin x}\mathrm{d}x = \int_0^{\pi}2\cos((n+1)x)\mathrm{d}x = 0\text{。}$$

结合 $I_0 = 0$ 以及 $\displaystyle I_1 = \int_0^{\pi}\frac{\sin x}{\sin x}\mathrm{d}x = \pi$，可得 $\displaystyle I_n = \int_{-\pi}^{\pi}\frac{\sin nx}{(1+2^x)\sin x}\mathrm{d}x = \begin{cases} 0, & n=2,4,6,\cdots \\ \pi, & n=1,3,5,\cdots \end{cases}$

例 3.40 设 $\displaystyle f(x) = \int_x^{x^2}\left(1+\frac{1}{4t}\right)^t\sin\left(\frac{1}{\sqrt{t}}\right)\mathrm{d}t$ $(x>0)$，求极限 $\displaystyle\lim_{n\to\infty} f(n)\cdot\arctan\frac{1}{n}$。

解 由积分第一中值定理，存在 $\xi \in (n, n^2)$，使得

$$f(n) = \int_n^{n^2}\left(1+\frac{1}{4t}\right)^t\sin\left(\frac{1}{\sqrt{t}}\right)\mathrm{d}t = \left(1+\frac{1}{4\xi}\right)^{\xi}\int_n^{n^2}\sin\left(\frac{1}{\sqrt{t}}\right)\mathrm{d}t\text{。}$$

注意到 $\dfrac{1}{\sqrt{t}} - \dfrac{1}{6}\left(\dfrac{1}{\sqrt{t}}\right)^3 \leqslant \sin\left(\dfrac{1}{\sqrt{t}}\right) \leqslant \dfrac{1}{\sqrt{t}}$，则有

$$f(n)=\left(1+\frac{1}{4\xi}\right)^{\xi}\int_n^{n^2}\sin\left(\frac{1}{\sqrt{t}}\right)\mathrm{d}t\leqslant\left(1+\frac{1}{4\xi}\right)^{\xi}\int_n^{n^2}\frac{1}{\sqrt{t}}\mathrm{d}t=\left(1+\frac{1}{4\xi}\right)^{\xi}(2n-2\sqrt{n}),$$

$$f(n)=\left(1+\frac{1}{4\xi}\right)^{\xi}\int_n^{n^2}\sin\left(\frac{1}{\sqrt{t}}\right)\mathrm{d}t\geqslant\left(1+\frac{1}{4\xi}\right)^{\xi}\int_n^{n^2}\left[\frac{1}{\sqrt{t}}-\frac{1}{6}\left(\frac{1}{\sqrt{t}}\right)^3\right]\mathrm{d}t$$

$$=\left(1+\frac{1}{4\xi}\right)^{\xi}\left[2n-2\sqrt{n}+\frac{1}{3}\left(\frac{1}{n}-\frac{1}{\sqrt{n}}\right)\right].$$

所以

$$\left(1+\frac{1}{4\xi}\right)^{\xi}\left[2n-2\sqrt{n}+\frac{1}{3}\left(\frac{1}{n}-\frac{1}{\sqrt{n}}\right)\right]\arctan\frac{1}{n}$$
$$\leqslant f(n)\cdot\arctan\frac{1}{n}\leqslant\left(1+\frac{1}{4\xi}\right)^{\xi}[2n-2\sqrt{n}]\arctan\frac{1}{n}.$$

结合

$$\lim_{n\to\infty}\left(1+\frac{1}{4\xi}\right)^{\xi}\left[2n-2\sqrt{n}+\frac{1}{3}\left(\frac{1}{n}-\frac{1}{\sqrt{n}}\right)\right]\arctan\frac{1}{n}$$
$$=\lim_{n\to\infty}\left(1+\frac{1}{4\xi}\right)^{\xi}(2n-2\sqrt{n})\arctan\frac{1}{n}=2\mathrm{e}^{\frac{1}{4}},$$

以及夹逼定理,可得

$$\lim_{n\to\infty}f(n)\cdot\arctan\frac{1}{n}=2\mathrm{e}^{\frac{1}{4}}.$$

例 3.41 计算定积分 $\displaystyle\int_0^{+\infty}\frac{\arctan(\pi x)-\arctan x}{x}\mathrm{d}x$。

解 注意到 $\arctan(\pi x)-\arctan x=\displaystyle\int_x^{\pi x}\frac{1}{1+y^2}\mathrm{d}y$ 则

$$\int_0^{+\infty}\frac{\arctan(\pi x)-\arctan x}{x}\mathrm{d}x=\int_0^{+\infty}\frac{1}{x}\mathrm{d}x\int_x^{\pi x}\frac{1}{1+y^2}\mathrm{d}y$$
$$=\int_0^{+\infty}\frac{1}{1+y^2}\mathrm{d}y\int_{\frac{y}{\pi}}^y\frac{1}{x}\mathrm{d}x=\int_0^{+\infty}\frac{\ln\pi}{1+y^2}\mathrm{d}y=\frac{\pi}{2}\ln\pi.$$

例 3.42 计算定积分 $\displaystyle\int_0^{+\infty}\frac{\mathrm{e}^{-ax^2}-\mathrm{e}^{-bx^2}}{x^2}\mathrm{d}x$,其中 a、$b>0$。

解 注意到 $\dfrac{\mathrm{e}^{-ax^2}-\mathrm{e}^{-bx^2}}{x^2}=\displaystyle\int_a^b\mathrm{e}^{-x^2y}\mathrm{d}y$ 则

$$\int_0^{+\infty}\frac{\mathrm{e}^{-ax^2}-\mathrm{e}^{-bx^2}}{x^2}\mathrm{d}x=\int_0^{+\infty}\mathrm{d}x\int_a^b\mathrm{e}^{-x^2y}\mathrm{d}y=\int_a^b\mathrm{d}y\int_0^{+\infty}\mathrm{e}^{-x^2y}\mathrm{d}x$$
$$=\sqrt{\pi}\int_a^b\frac{1}{2\sqrt{y}}\mathrm{d}y=\sqrt{\pi}(\sqrt{b}-\sqrt{a}).$$

例 3.43 求极限 $\lim\limits_{n\to\infty}\sum\limits_{k=1}^{n}\left[\dfrac{1-\cos\dfrac{\pi}{\sqrt{n}}}{1+\cos\dfrac{k\pi}{\sqrt{2}\,n}}\right]$。

解 $\lim\limits_{n\to\infty}\sum\limits_{k=1}^{n}\left[\dfrac{1-\cos\dfrac{\pi}{\sqrt{n}}}{1+\cos\dfrac{k\pi}{\sqrt{2}\,n}}\right]=\lim\limits_{n\to\infty}\left(1-\cos\dfrac{\pi}{\sqrt{n}}\right)\sum\limits_{k=1}^{n}\left(\dfrac{1}{1+\cos\dfrac{k\pi}{\sqrt{2}\,n}}\right)$

$=\lim\limits_{n\to\infty}\left(\dfrac{1-\cos\dfrac{\pi}{\sqrt{n}}}{\dfrac{\pi^2}{2n}}\right)\cdot\dfrac{\pi^2}{2n}\cdot\sum\limits_{k=1}^{n}\left(\dfrac{1}{1+\cos\dfrac{k\pi}{\sqrt{2}\,n}}\right)$

$=\lim\limits_{n\to\infty}\dfrac{\pi}{2}\cdot\dfrac{\pi}{n}\cdot\sum\limits_{k=1}^{n}\left(\dfrac{1}{1+\cos\dfrac{k\pi}{\sqrt{2}\,n}}\right)=\dfrac{\pi}{2}\int_{0}^{\pi}\dfrac{1}{1+\cos\left(\dfrac{x}{\sqrt{2}}\right)}\mathrm{d}x=\dfrac{\sqrt{2}}{2}\pi\tan\left(\dfrac{\pi}{2\sqrt{2}}\right)$。

例 3.44 已知 α、β 是正实数，满足 $\max\{\alpha,\beta\}>1$，证明 $\lim\limits_{x\to+\infty}\int_{1}^{x}\dfrac{1}{x^\alpha+t^\beta}\mathrm{d}t=0$。

证明 当 $\alpha\geqslant\beta$ 时，$\alpha>1$，此时由于

$$0\leqslant\int_{1}^{x}\dfrac{1}{x^\alpha+t^\beta}\mathrm{d}t\leqslant\int_{1}^{x}\dfrac{1}{x^\alpha}\mathrm{d}t=\dfrac{x-1}{x^\alpha}\to0,\ x\to+\infty,$$

故 $\lim\limits_{x\to+\infty}\int_{1}^{x}\dfrac{1}{x^\alpha+t^\beta}\mathrm{d}t=0$；当 $\alpha<\beta$ 时，$\beta>1$，此时由于

$$0\leqslant\int_{1}^{x}\dfrac{1}{x^\alpha+t^\beta}\mathrm{d}t=\int_{1}^{x}\dfrac{1}{x^\alpha\left(1+\dfrac{t^\beta}{x^\alpha}\right)}\mathrm{d}t=\dfrac{1}{x^\alpha}\int_{1}^{x}\dfrac{1}{1+\left(\dfrac{t}{x^{\frac{\alpha}{\beta}}}\right)^\beta}\mathrm{d}t$$

$$=\dfrac{1}{x^\alpha}\cdot x^{\frac{\alpha}{\beta}}\int_{1}^{x}\dfrac{1}{1+\left(\dfrac{t}{x^{\frac{\alpha}{\beta}}}\right)^\beta}\mathrm{d}\left(\dfrac{t}{x^{\frac{\alpha}{\beta}}}\right)=\dfrac{1}{x^\alpha}\cdot x^{\frac{\alpha}{\beta}}\int_{\frac{1}{x^{\frac{\alpha}{\beta}}}}^{\frac{x}{x^{\frac{\alpha}{\beta}}}}\dfrac{1}{1+u^\beta}\mathrm{d}u$$

$$\leqslant x^{\frac{\alpha}{\beta}-\alpha}\int_{0}^{+\infty}\dfrac{1}{1+u^\beta}\mathrm{d}u=x^{\frac{\alpha}{\beta}-1}M\to0,\ x\to+\infty。$$

其中，$M=\int_{0}^{+\infty}\dfrac{1}{1+u^\beta}\mathrm{d}u$。结合夹逼准则，$\lim\limits_{x\to+\infty}\int_{1}^{x}\dfrac{1}{x^\alpha+t^\beta}\mathrm{d}t=0$。综上，结论成立。

例 3.45 计算定积分 $\int_{0}^{+\infty}\dfrac{1}{(x+1)(\ln^2x+\pi^2)}\mathrm{d}x$。

解 作倒数换元，可得

$$\int_{0}^{+\infty}\dfrac{1}{(x+1)(\ln^2x+\pi^2)}\mathrm{d}x=\int_{+\infty}^{0}\dfrac{1}{\left(\dfrac{1}{t}+1\right)(\ln^2t+\pi^2)}\cdot\left(-\dfrac{1}{t^2}\right)\mathrm{d}t$$

$$=\int_0^{+\infty}\frac{1}{t(t+1)(\ln^2 t+\pi^2)}\mathrm{d}t=\int_0^{+\infty}\frac{1+t-t}{t(t+1)(\ln^2 t+\pi^2)}\mathrm{d}t$$

$$=\int_0^{+\infty}\frac{1}{t(\ln^2 t+\pi^2)}\mathrm{d}t-\int_0^{+\infty}\frac{1}{(t+1)(\ln^2 t+\pi^2)}\mathrm{d}t$$

$$=\frac{1}{\pi}\arctan\left(\frac{\ln t}{\pi}\right)\Big|_0^{+\infty}-\int_0^{+\infty}\frac{1}{(x+1)(\ln^2 x+\pi^2)}\mathrm{d}x$$

$$=1-\int_0^{+\infty}\frac{1}{(x+1)(\ln^2 x+\pi^2)}\mathrm{d}x_\circ$$

所以，
$$\int_0^{+\infty}\frac{1}{(x+1)(\ln^2 x+\pi^2)}\mathrm{d}x=\frac{1}{2}_\circ$$

例 3.46 计算定积分 $\displaystyle\int_0^{\frac{\pi}{2}}\frac{\sin^2 x}{1+\sin^4 x}\mathrm{d}x$。

解 $\displaystyle\int_0^{\frac{\pi}{2}}\frac{\sin^2 x}{1+\sin^4 x}\mathrm{d}x=\int_0^{\frac{\pi}{2}}\frac{\csc^2 x}{1+\csc^4 x}\mathrm{d}x=-\int_0^{\frac{\pi}{2}}\frac{1}{1+(1+\cot^2 x)^2}\mathrm{d}\cot x$

$$=-\int_{+\infty}^0\frac{1}{1+(1+u^2)^2}\mathrm{d}u=\int_0^{+\infty}\frac{1}{1+(1+u^2)^2}\mathrm{d}u=\int_0^{+\infty}\frac{1}{u^4+2u^2+2}\mathrm{d}u$$

$$=\frac{1}{2\sqrt{2}}\int_0^{+\infty}\frac{(u^2+\sqrt{2})-(u^2-\sqrt{2})}{u^4+2u^2+2}\mathrm{d}u$$

$$=\frac{1}{2\sqrt{2}}\left[\int_0^{+\infty}\frac{u^2+\sqrt{2}}{u^4+2u^2+2}\mathrm{d}u-\int_0^{+\infty}\frac{u^2-\sqrt{2}}{u^4+2u^2+2}\mathrm{d}u\right]_\circ$$

其中，

$$\int_0^{+\infty}\frac{u^2+\sqrt{2}}{u^4+2u^2+2}\mathrm{d}u=\int_0^{+\infty}\frac{1+\frac{\sqrt{2}}{u^2}}{u^2+2+\frac{2}{u^2}}\mathrm{d}u=\int_0^{+\infty}\frac{1}{\left(u-\frac{\sqrt{2}}{u}\right)^2+2+2\sqrt{2}}\mathrm{d}\left(u-\frac{\sqrt{2}}{u}\right)$$

$$=\frac{1}{\sqrt{2+2\sqrt{2}}}\arctan\left[\frac{u-\frac{\sqrt{2}}{u}}{\sqrt{2+2\sqrt{2}}}\right]\Big|_0^{+\infty}=\frac{\pi}{\sqrt{2+2\sqrt{2}}},$$

$$\int_0^{+\infty}\frac{u^2-\sqrt{2}}{u^4+2u^2+2}\mathrm{d}u=\int_0^{+\infty}\frac{1-\frac{\sqrt{2}}{u^2}}{u^2+2+\frac{2}{u^2}}\mathrm{d}u=\int_0^{+\infty}\frac{1}{\left(u+\frac{\sqrt{2}}{u}\right)^2+2-2\sqrt{2}}\mathrm{d}\left(u+\frac{\sqrt{2}}{u}\right)$$

$$=\frac{1}{2\sqrt{2\sqrt{2}-2}}\ln\left|\frac{u-\frac{\sqrt{2}}{u}-\sqrt{2\sqrt{2}-2}}{u-\frac{\sqrt{2}}{u}+\sqrt{2\sqrt{2}-2}}\right|\Big|_0^{+\infty}=\frac{1}{2\sqrt{2\sqrt{2}-2}}\ln\left|\frac{u^2-\sqrt{2}-\sqrt{2\sqrt{2}-2}\,u}{u^2-\sqrt{2}+\sqrt{2\sqrt{2}-2}\,u}\right|\Big|_0^{+\infty}=0_\circ$$

综上
$$\int_0^{\frac{\pi}{2}}\frac{\sin^2 x}{1+\sin^4 x}\mathrm{d}x=\frac{1}{2\sqrt{2}}\cdot\frac{\pi}{\sqrt{2+2\sqrt{2}}}=\frac{\sqrt{2}\pi}{4\sqrt{2+2\sqrt{2}}}_\circ$$

例 3.47 计算定积分 $\displaystyle\int_0^1 \frac{\sin(\ln x)}{\ln x}\mathrm{d}x$。

解 令 $\ln x = t$，则

$$\int_0^1 \frac{\sin(\ln x)}{\ln x}\mathrm{d}x = \int_{-\infty}^0 \frac{\sin t}{t}\cdot e^t\,\mathrm{d}t = -\int_{-\infty}^0 e^t \sin t\,\mathrm{d}t\int_0^{+\infty} e^{ut}\,\mathrm{d}u$$

$$= -\int_0^{+\infty}\mathrm{d}u\int_{-\infty}^0 e^{(u+1)t}\sin t\,\mathrm{d}t。$$

其中，$\displaystyle\int_{-\infty}^0 e^{(u+1)t}\sin t\,\mathrm{d}t = \frac{(u+1)e^{(u+1)t}\sin t - e^{(u+1)t}\cos t}{1+(u+1)^2}\Big|_{-\infty}^0 = \frac{-1}{1+(u+1)^2}$。

所以 $\displaystyle\int_0^1 \frac{\sin(\ln x)}{\ln x}\mathrm{d}x = \int_0^{+\infty}\frac{1}{1+(u+1)^2}\mathrm{d}u = \arctan(u+1)\Big|_0^{+\infty} = \frac{\pi}{4}$。

例 3.48 计算定积分 $\displaystyle\int_0^{+\infty}\sin(x^2)\mathrm{d}x$。

解 令 $x^2 = t$，则

$$\int_0^{+\infty}\sin(x^2)\mathrm{d}x = \int_0^{+\infty}\frac{1}{2\sqrt{t}}\sin t\,\mathrm{d}t。$$

注意到 $\dfrac{1}{2\sqrt{t}} = \dfrac{1}{\sqrt{\pi}}\displaystyle\int_0^{+\infty} e^{-tx^2}\mathrm{d}x$，所以

$$\int_0^{+\infty}\sin(x^2)\mathrm{d}x = \frac{1}{\sqrt{\pi}}\int_0^{+\infty}\sin t\,\mathrm{d}t\int_0^{+\infty} e^{-tx^2}\mathrm{d}x = \frac{1}{\sqrt{\pi}}\int_0^{+\infty}\mathrm{d}x\int_0^{+\infty}\sin t\,e^{-tx^2}\mathrm{d}t。$$

注意到 $\displaystyle\int_0^{+\infty}\sin t\,e^{-tx^2}\mathrm{d}t = \frac{\cos t\cdot e^{-tx^2} - \sin t\cdot e^{-tx^2}(-x^2)}{1+x^4}\Big|_0^{+\infty} = \frac{1}{1+x^4}$，

因此

$$\int_0^{+\infty}\sin(x^2)\mathrm{d}x = \frac{1}{\sqrt{\pi}}\int_0^{+\infty}\frac{1}{1+x^4}\mathrm{d}x = \frac{1}{2\sqrt{\pi}}\int_0^{+\infty}\frac{(x^2+1)-(x^2-1)}{1+x^4}\mathrm{d}x$$

$$= \frac{1}{2\sqrt{\pi}}\left[\int_0^{+\infty}\frac{x^2+1}{1+x^4}\mathrm{d}x - \int_0^{+\infty}\frac{x^2-1}{1+x^4}\mathrm{d}x\right] = \frac{1}{2\sqrt{\pi}}\left[\int_0^{+\infty}\frac{1+\dfrac{1}{x^2}}{\dfrac{1}{x^2}+x^2}\mathrm{d}x - \int_0^{+\infty}\frac{1-\dfrac{1}{x^2}}{\dfrac{1}{x^2}+x^2}\mathrm{d}x\right]$$

$$= \frac{1}{2\sqrt{\pi}}\left[\int_0^{+\infty}\frac{1}{\left(x-\dfrac{1}{x}\right)^2+2}\mathrm{d}\left(x-\frac{1}{x}\right) - \int_0^{+\infty}\frac{1}{\left(x+\dfrac{1}{x}\right)^2-2}\mathrm{d}\left(x+\frac{1}{x}\right)\right]$$

$$= \frac{1}{2\sqrt{\pi}}\left[\frac{1}{\sqrt{2}}\arctan\left(\frac{x-\dfrac{1}{x}}{\sqrt{2}}\right)\Big|_0^{+\infty} - \frac{1}{2\sqrt{2}}\ln\left|\frac{x+\dfrac{1}{x}-\sqrt{2}}{x+\dfrac{1}{x}+\sqrt{2}}\right|\Big|_0^{+\infty}\right]$$

$$= \frac{1}{2\sqrt{\pi}}\cdot\frac{\pi}{\sqrt{2}} = \sqrt{\frac{\pi}{8}}。$$

例 3.49 设 $B(m,n) = \displaystyle\sum_{k=0}^n C_n^k \frac{(-1)^k}{m+k+1}$，其中 m、n 是正整数，证明 $B(m,n) = B(n,$

m) 并计算 $B(m,n)$。

证明 注意到

$$B(m,n) = \sum_{k=0}^{n} C_n^k \frac{(-1)^k}{m+k+1} = \sum_{k=0}^{n} (-1)^k C_n^k \int_0^1 x^{m+k} dx = \int_0^1 \left[\sum_{k=0}^{n} (-1)^k C_n^k x^{m+k} \right] dx$$

$$= \int_0^1 x^m (1-x)^n dx = \int_0^1 x^n (1-x)^m dx。$$

故 $B(m,n) = B(n,m)$，且

$$B(m,n) = \int_0^1 x^m (1-x)^n dx = \frac{1}{m+1} \int_0^1 (1-x)^n d(x^{m+1})$$

$$= \frac{1}{m+1} \left[(1-x)^n x^{m+1} \Big|_0^1 + n \int_0^1 x^{m+1} (1-x)^{n-1} dx \right] = \frac{n}{m+1} B(m+1, n-1)$$

$$= \frac{n}{m+1} B(m+1, n-1) = \frac{n}{m+1} \cdot \frac{n-1}{m+2} B(m+2, n-2)$$

$$= \frac{n}{m+1} \cdot \frac{n-1}{m+2} \cdot \frac{n-2}{m+3} B(m+3, n-3)$$

$$= \cdots = \frac{n}{m+1} \cdot \frac{n-1}{m+2} \cdot \frac{n-2}{m+3} \cdots \frac{1}{m+n} B(m+n, 0)$$

$$= \frac{n}{m+1} \cdot \frac{n-1}{m+2} \cdot \frac{n-2}{m+3} \cdots \frac{1}{m+n} \int_0^1 x^{m+n} dx$$

$$= \frac{n}{m+1} \cdot \frac{n-1}{m+2} \cdot \frac{n-2}{m+3} \cdots \frac{1}{m+n} \cdot \frac{1}{m+n+1} = \frac{m! \, n!}{(m+n+1)!}。$$

例 3.50 比较下列定积分的大小：$I_1 = \int_0^1 \frac{\sin x}{\sqrt{1-x^2}} dx$，$I_2 = \int_0^1 \frac{\cos x}{\sqrt{1-x^2}} dx$，$I_3 = \int_0^1 \frac{\tan x}{\sqrt{1-x^2}} dx$。

解 令 $x = \cos t$，则有

$$I_1 = \int_0^1 \frac{\sin x}{\sqrt{1-x^2}} dx = \int_{\frac{\pi}{2}}^0 \frac{\sin(\cos t)}{\sin t} d\cos t = \int_0^{\frac{\pi}{2}} \sin(\cos t) dt。$$

令 $x = \sin t$，则有

$$I_2 = \int_0^1 \frac{\cos x}{\sqrt{1-x^2}} dx = \int_0^{\frac{\pi}{2}} \frac{\cos(\sin t)}{\cos t} d\sin t = \int_0^{\frac{\pi}{2}} \cos(\sin t) dt。$$

由于当 $t \in \left(0, \frac{\pi}{2}\right)$ 时，$\sin(\cos t) < \cos t < \cos(\sin t)$，所以 $I_1 < I_2$。

另一方面，$\qquad I_2 = \int_0^1 \frac{\cos x}{\sqrt{1-x^2}} dx < \int_0^1 \frac{1 - \dfrac{x^2}{2!} + \dfrac{x^4}{4!}}{\sqrt{1-x^2}} dx = \frac{49\pi}{128}$，

$$I_3 = \int_0^1 \frac{\tan x}{\sqrt{1-x^2}} dx > \int_0^1 \frac{x + \dfrac{x^3}{3}}{\sqrt{1-x^2}} dx = \frac{11}{9}。$$

比较可得 $I_2 < I_3$。综上，$I_1 < I_2 < I_3$。

例 3.51 证明：$\left(\dfrac{2n-1}{e}\right)^{\frac{2n-1}{2}} \leqslant (2n-1)!! \leqslant \left(\dfrac{2n+1}{e}\right)^{\frac{2n+1}{2}}$。

证明 当 $k \geqslant 1$ 时，不等式 $\ln k \leqslant \dfrac{1}{2}\displaystyle\int_k^{k+2} \ln x \, dx \leqslant \ln(k+2)$ 成立。所以

$$\ln(2n-1)!! \leqslant \frac{1}{2}\left(\int_3^5 \ln x \, dx + \int_5^7 \ln x \, dx + \cdots + \int_{2n-1}^{2n+1} \ln x \, dx\right)$$

$$= \frac{1}{2}\int_3^{2n+1} \ln x \, dx = \frac{1}{2}(x\ln x - x)\Big|_3^{2n+1} = \frac{1}{2}\big[(2n+1)\ln(2n+1) - (2n+1) - 3\ln 3 + 3\big]$$

$$\leqslant \frac{1}{2}\big[(2n+1)\ln(2n+1) - (2n+1)\big] = \left(\frac{2n+1}{2}\right)\ln\left(\frac{2n+1}{e}\right)。$$

由此可得 $(2n-1)!! \leqslant \left(\dfrac{2n+1}{e}\right)^{\frac{2n+1}{2}}$。另一方面，

$$\ln(2n-1)!! \geqslant \frac{1}{2}\left[\int_1^3 \ln x \, dx + \int_3^5 \ln x \, dx + \cdots + \int_{2n-3}^{2n-1} \ln x \, dx\right]$$

$$= \frac{1}{2}\int_1^{2n-1} \ln x \, dx = \frac{1}{2}(x\ln x - x)\Big|_1^{2n-1} = \frac{1}{2}\big[(2n-1)\ln(2n-1) - (2n-1) + 1\big]$$

$$\geqslant \frac{1}{2}\big[(2n-1)\ln(2n-1) - (2n-1)\big] = \left(\frac{2n-1}{2}\right)\ln\left(\frac{2n-1}{e}\right)，$$

所以，$\left(\dfrac{2n-1}{e}\right)^{\frac{2n-1}{2}} \leqslant (2n-1)!!$。综上，结论成立。

> 📝 **注**：利用定积分放缩是证明不等式的常用方法。

例 3.52 证明：$\ln n! > \left(n + \dfrac{1}{2}\right)\ln n - n$。

证明 记 $f(x) = \ln x$，由阿达马不等式，有

$$f(k) > \int_{k-\frac{1}{2}}^{k+\frac{1}{2}} f(x) \, dx > \frac{f\left(k-\frac{1}{2}\right) + f\left(k+\frac{1}{2}\right)}{2}$$

所以 $\ln n! = f(1) + f(2) + \cdots + f(n) > \displaystyle\int_{\frac{1}{2}}^{\frac{3}{2}} f(x) \, dx + \int_{\frac{3}{2}}^{\frac{5}{2}} f(x) \, dx + \cdots + \int_{n-\frac{1}{2}}^{n+\frac{1}{2}} f(x) \, dx$

$$= \int_{\frac{1}{2}}^{n+\frac{1}{2}} f(x) \, dx = \int_{\frac{1}{2}}^{n+\frac{1}{2}} \ln x \, dx = (x\ln x - x)\Big|_{\frac{1}{2}}^{n+\frac{1}{2}}$$

$$= \left(n+\frac{1}{2}\right)\ln\left(n+\frac{1}{2}\right) - \left(n+\frac{1}{2}\right) - \frac{1}{2}\ln\frac{1}{2} + \frac{1}{2}$$

$$= \left(n+\frac{1}{2}\right)\ln\left(n+\frac{1}{2}\right) - \frac{1}{2}\ln\frac{1}{2} - n > \left(n+\frac{1}{2}\right)\ln n - n。$$

> 注：其中用到阿达马不等式：
>
> ① 若当 $x \in (a, b)$ 时，$f''(x) > 0$，则有 $f\left(\dfrac{a+b}{2}\right) < \dfrac{1}{b-a}\displaystyle\int_a^b f(x)\,\mathrm{d}x < \dfrac{f(a)+f(b)}{2}$。
>
> ② 若当 $x \in (a, b)$ 时，$f''(x) < 0$，则有 $f\left(\dfrac{a+b}{2}\right) > \dfrac{1}{b-a}\displaystyle\int_a^b f(x)\,\mathrm{d}x > \dfrac{f(a)+f(b)}{2}$。

例 3.53 证明：$\dfrac{2}{3}n^{\frac{3}{2}} < 1 + \sqrt{2} + \sqrt{3} + \cdots + \sqrt{n} < \dfrac{4n+3}{6} \cdot n^{\frac{1}{2}}$。

证明 注意到 $\displaystyle\sum_{k=1}^n \sqrt{k} > \sum_{k=1}^n \int_{k-1}^k \sqrt{x}\,\mathrm{d}x = \int_0^n \sqrt{x}\,\mathrm{d}x = \dfrac{2}{3}n^{\frac{3}{2}}$，

左边得证。另一方面，因为函数 $f(x) = \sqrt{x}$ 是凸函数，由阿达马不等式，有

$$\frac{\sqrt{k-1} + \sqrt{k}}{2} < \int_{k-1}^k \sqrt{x}\,\mathrm{d}x < \sqrt{\frac{2k-1}{2}}。$$

所以，$\displaystyle\sum_{k=1}^n \sqrt{k} = \frac{1}{2}\sum_{k=1}^n (\sqrt{k-1} + \sqrt{k}) + \frac{1}{2}\sqrt{n} < \sum_{k=1}^n \int_{k-1}^k \sqrt{x}\,\mathrm{d}x + \frac{1}{2}\sqrt{n}$

$$= \int_0^n \sqrt{x}\,\mathrm{d}x + \frac{1}{2}\sqrt{n} = \frac{2}{3}n^{\frac{3}{2}} + \frac{1}{2}\sqrt{n} = \frac{4n+3}{6} \cdot n^{\frac{1}{2}}。$$

综上，结论成立。

例 3.54 证明：$\displaystyle\sum_{n=0}^{\infty} x^{n^2} \sim \frac{1}{2}\sqrt{\frac{\pi}{1-x}}$，$x \to 1^-$。

证明 不妨设 $x \in (0, 1)$，此时 x^{t^2} 是 t 的单调递减函数（$t \geqslant 0$），故

$$x^{(k+1)^2} \leqslant \int_k^{k+1} x^{t^2}\,\mathrm{d}t \leqslant x^{k^2}。$$

所以 $\displaystyle\int_0^{+\infty} x^{t^2}\,\mathrm{d}t \leqslant \sum_{n=0}^{\infty} x^{n^2} \leqslant 1 + \int_0^{+\infty} x^{t^2}\,\mathrm{d}t$。

注意到 $\displaystyle\int_0^{+\infty} x^{t^2}\,\mathrm{d}t = \int_0^{+\infty} \mathrm{e}^{t^2 \ln x}\,\mathrm{d}t = \int_0^{+\infty} \mathrm{e}^{-(-\ln x \cdot t^2)}\,\mathrm{d}t$

$$= \frac{1}{\sqrt{-\ln x}}\int_0^{+\infty} \mathrm{e}^{-(\sqrt{-\ln x} \cdot t)^2}\,\mathrm{d}(\sqrt{-\ln x}\,t) = \frac{1}{2}\sqrt{\frac{\pi}{-\ln x}},$$

所以 $\displaystyle\frac{1}{2}\sqrt{\frac{\pi}{-\ln x}} \leqslant \sum_{n=0}^{\infty} x^{n^2} \leqslant 1 + \frac{1}{2}\sqrt{\frac{\pi}{-\ln x}}$。

由上式，当 $x \to 1^-$ 时，$\displaystyle\sum_{n=0}^{\infty} x^{n^2} \sim \frac{1}{2}\sqrt{\frac{\pi}{-\ln x}}$；而当 $x \to 1^-$ 时，$\dfrac{1}{2}\sqrt{\dfrac{\pi}{-\ln x}} \sim \dfrac{1}{2}\sqrt{\dfrac{\pi}{1-x}}$，

所以，$\displaystyle\sum_{n=0}^{\infty} x^{n^2} \sim \frac{1}{2}\sqrt{\frac{\pi}{1-x}}$（$x \to 1^-$）。

例 3.55 计算 $\lim\limits_{x\to+\infty}\dfrac{\int_0^x\left|\dfrac{\sin t}{t}\right|\mathrm{d}t}{\ln x}$。

解 当 $n\pi\leqslant x<(n+1)\pi$ 时,

$$\sum_{i=0}^{n-1}\frac{1}{(i+1)\pi}\int_{i\pi}^{(i+1)\pi}|\sin t|\mathrm{d}t\leqslant\sum_{i=0}^{n-1}\int_{i\pi}^{(i+1)\pi}\left|\frac{\sin t}{t}\right|\mathrm{d}t$$

$$=\int_0^{n\pi}\left|\frac{\sin t}{t}\right|\mathrm{d}t\leqslant\int_0^x\left|\frac{\sin t}{t}\right|\mathrm{d}t\leqslant\int_0^{(n+1)\pi}\left|\frac{\sin t}{t}\right|\mathrm{d}t$$

$$=\int_0^\pi\left|\frac{\sin t}{t}\right|\mathrm{d}t+\sum_{i=1}^n\int_{i\pi}^{(i+1)\pi}\left|\frac{\sin t}{t}\right|\mathrm{d}t\leqslant\int_0^\pi\left|\frac{\sin t}{t}\right|\mathrm{d}t+\sum_{i=1}^n\frac{1}{i\pi}\int_{i\pi}^{(i+1)\pi}|\sin t|\mathrm{d}t。$$

即有 $\dfrac{2}{\pi}(\ln n+\gamma+\varepsilon_n)=\dfrac{2}{\pi}\sum\limits_{i=0}^{n-1}\dfrac{1}{i+1}\leqslant\int_0^x\left|\dfrac{\sin t}{t}\right|\mathrm{d}t$

$$\leqslant\int_0^\pi\left|\frac{\sin t}{t}\right|\mathrm{d}t+\frac{2}{\pi}\sum_{i=1}^n\frac{1}{i}=\int_0^\pi\left|\frac{\sin t}{t}\right|\mathrm{d}t+\frac{2}{\pi}(\ln n+\gamma+\varepsilon_n),$$

所以, $\dfrac{\frac{2}{\pi}(\ln n+\gamma+\varepsilon_n)}{\ln(n+1)}\leqslant\dfrac{\int_0^x\left|\frac{\sin t}{t}\right|\mathrm{d}t}{\ln x}\leqslant\dfrac{\int_0^\pi\left|\frac{\sin t}{t}\right|\mathrm{d}t+\frac{2}{\pi}(\ln n+\gamma+\varepsilon_n)}{\ln n}$。

注意到 $\lim\limits_{n\to\infty}\dfrac{\int_0^\pi\left|\frac{\sin t}{t}\right|\mathrm{d}t+\frac{2}{\pi}(\ln n+\gamma+\varepsilon_n)}{\ln n}=\lim\limits_{n\to\infty}\dfrac{\frac{2}{\pi}(\ln n+\gamma+\varepsilon_n)}{\ln n}=\dfrac{2}{\pi}$, 因此

$\lim\limits_{x\to+\infty}\dfrac{\int_0^x\left|\frac{\sin t}{t}\right|\mathrm{d}t}{\ln x}=\dfrac{2}{\pi}$。

例 3.56 设函数 $f(x)$ 在 $[0,1]$ 上连续,证明: $\lim\limits_{t\to+\infty}\int_0^1 t\mathrm{e}^{-t^2x^2}f(x)\mathrm{d}x=\dfrac{\sqrt{\pi}}{2}f(0)$。

证明 由于 $\lim\limits_{t\to+\infty}\int_0^1 t\mathrm{e}^{-t^2x^2}\mathrm{d}x=\dfrac{\sqrt{\pi}}{2}$, 故只需要证明

$$\lim_{t\to+\infty}\int_0^1 t\mathrm{e}^{-t^2x^2}f(x)\mathrm{d}x=\lim_{t\to+\infty}\int_0^1 t\mathrm{e}^{-t^2x^2}f(0)\mathrm{d}x,$$

即 $\lim\limits_{t\to+\infty}\int_0^1 t\mathrm{e}^{-t^2x^2}[f(x)-f(0)]\mathrm{d}x=0$。

因为 $f(x)$ 在 $[0,1]$ 上连续,故对于任意充分小的正数 ε,存在 $\delta>0$,使得当 $x\in(0,\delta)$ 时,有 $|f(x)-f(0)|<\varepsilon$。 且存在正常数 M,使得当 $x\in[0,1]$ 时, $|f(x)|\leqslant M$。 此时

$$\int_0^1 t\mathrm{e}^{-t^2x^2}[f(x)-f(0)]\mathrm{d}x=\int_0^\delta t\mathrm{e}^{-t^2x^2}[f(x)-f(0)]\mathrm{d}x+\int_\delta^1 t\mathrm{e}^{-t^2x^2}[f(x)-f(0)]\mathrm{d}x。$$

其中, $\left|\int_0^\delta t\mathrm{e}^{-t^2x^2}[f(x)-f(0)]\mathrm{d}x\right|\leqslant\int_0^\delta t\mathrm{e}^{-t^2x^2}|f(x)-f(0)|\mathrm{d}x\leqslant\varepsilon\int_0^\delta t\mathrm{e}^{-t^2x^2}\mathrm{d}x$

$$=\varepsilon\int_0^{t\delta}\mathrm{e}^{-u^2}\mathrm{d}u<\varepsilon\int_0^{+\infty}\mathrm{e}^{-u^2}\mathrm{d}u=\frac{\sqrt{\pi}}{2}\varepsilon,$$

以及 $\left|\int_\delta^1 t\mathrm{e}^{-t^2x^2}[f(x)-f(0)]\mathrm{d}x\right|\leqslant\int_\delta^1 t\mathrm{e}^{-t^2x^2}|f(x)-f(0)|\mathrm{d}x$

$$\leqslant 2M\int_\delta^1 t\mathrm{e}^{-t^2\delta^2}\mathrm{d}x = 2M(1-\delta)t\mathrm{e}^{-t^2\delta^2} \to 0,当 t\to+\infty 时。$$

综上，$\lim\limits_{t\to+\infty}\int_0^1 t\mathrm{e}^{-t^2x^2}[f(x)-f(0)]\mathrm{d}x = 0$。

例 3.57 设 $f(x)$ 在 $[0,1]$ 上具有一阶连续导数，$f(x)\geqslant 0$，$f'(x)\leqslant 0$，记 $F(x)=\int_0^x f(t)\mathrm{d}t$，证明：对于任意的 $x\in(0,1)$，$xF(1)\leqslant F(x)\leqslant 2\int_0^1 F(t)\mathrm{d}t$。

证明 由于

$$\left(\frac{F(x)}{x}\right)' = \left(\frac{\int_0^x f(t)\mathrm{d}t}{x}\right)' = \frac{xf(x)-\int_0^x f(t)\mathrm{d}t}{x^2} = \frac{xf(x)-xf(\xi)}{x^2} = \frac{f(x)-f(\xi)}{x}\leqslant 0,$$

故 $\dfrac{F(x)}{x}$ 在 $(0,1]$ 上单调递减，所以 $\dfrac{F(x)}{x}\geqslant\dfrac{F(1)}{1}$，左边得证。

另一方面，由于 $F''(x)=\left(\int_0^x f(t)\mathrm{d}t\right)''=f'(x)\leqslant 0$，由阿达马不等式可知

$$\frac{F(0)+F(1)}{2}\leqslant\int_0^1 F(x)\mathrm{d}x\leqslant F\left(\frac{1}{2}\right)。$$

因此，$F(x)\leqslant F(1)\leqslant 2\int_0^1 F(t)\mathrm{d}t$。综上，结论成立。

例 3.58 设 $f'(x)$ 在 $[0,1]$ 上连续，$\int_0^1 f(x)\mathrm{d}x=0$，证明：$\int_0^1|f(x)|\mathrm{d}x\int_0^1|f'(x)|\mathrm{d}x\geqslant 2\int_0^1 f^2(x)\mathrm{d}x$。

证明 记 $F(x)=\int_0^x f(x)\mathrm{d}x$，则 $F(1)=0$，且

$$\int_0^1 f^2(x)\mathrm{d}x=\int_0^1 f(x)\mathrm{d}F(x)=f(x)F(x)\Big|_0^1-\int_0^1 F(x)f'(x)\mathrm{d}x=-\int_0^1 F(x)f'(x)\mathrm{d}x。\tag{1}$$

另一方面，由于 $F(x)=\dfrac{1}{2}[F(x)+F(x)-F(1)]=\dfrac{1}{2}\left[\int_0^x f(t)\mathrm{d}t-\int_x^1 f(t)\mathrm{d}t\right]$，

故 $|F(x)|=\dfrac{1}{2}\left|\int_0^x f(t)\mathrm{d}t-\int_x^1 f(t)\mathrm{d}t\right|\leqslant\dfrac{1}{2}\left(\left|\int_0^x f(t)\mathrm{d}t\right|+\left|\int_x^1 f(t)\mathrm{d}t\right|\right)$

$$\leqslant\frac{1}{2}\left(\int_0^x|f(t)|\mathrm{d}t+\left|\int_x^1 f(t)\mathrm{d}t\right|\right)=\frac{1}{2}\int_0^1|f(t)|\mathrm{d}t。\tag{2}$$

由式(1)和(2)可得

$$\int_0^1 f^2(x)\mathrm{d}x=\left|\int_0^1 f^2(x)\mathrm{d}x\right|=\left|\int_0^1 F(x)f'(x)\mathrm{d}x\right|$$

$$\leqslant\int_0^1|F(x)f'(x)|\mathrm{d}x\leqslant\frac{1}{2}\int_0^1|f'(x)|\mathrm{d}x\int_0^1|f(t)|\mathrm{d}t,$$

即

$$\int_0^1|f(x)|\mathrm{d}x\int_0^1|f'(x)|\mathrm{d}x\geqslant 2\int_0^1 f^2(x)\mathrm{d}x。$$

例 3.59 设 $f(x)$ 在 $[0,1]$ 上连续,满足 $\int_0^1 f(x)\mathrm{d}x = \int_0^1 xf(x)\mathrm{d}x = \cdots = \int_0^1 x^{n-1}f(x)\mathrm{d}x = 0$,$\int_0^1 x^n f(x)\mathrm{d}x = 1$。证明:$f(x)$ 在区间 $[0,1]$ 的某一部分上满足 $|f(x)| \geqslant 2^n(n+1)$。

证明 反证法 若 $f(x)$ 在区间 $[0,1]$ 上恒有 $|f(x)| < 2^n(n+1)$,则有

$$\left| \int_0^1 \left(x-\frac{1}{2}\right)^n f(x)\mathrm{d}x \right| \leqslant \int_0^1 \left| x-\frac{1}{2} \right|^n |f(x)|\mathrm{d}x < 2^n(n+1)\int_0^1 \left| x-\frac{1}{2} \right|^n \mathrm{d}x$$

$$= 2^n(n+1)\left[\int_0^{\frac{1}{2}} \left(\frac{1}{2}-x\right)^n \mathrm{d}x + \int_{\frac{1}{2}}^1 \left(x-\frac{1}{2}\right)^n \mathrm{d}x \right]$$

$$= 2^n(n+1)\left[\frac{1}{2^{n+1}(n+1)} + \frac{1}{2^{n+1}(n+1)} \right] = 1。$$

另一方面,依据已知条件可得 $\left| \int_0^1 \left(x-\frac{1}{2}\right)^n f(x)\mathrm{d}x \right| = 1$。所以 $1 < 1$,矛盾。

例 3.60 设质点从 $t=0$ 开始沿直线运动,$t=1$ 的时候静止,走过的路程为 1,证明:该质点在某一时刻的加速度的绝对值大于等于 4。

证明 反证法 假设该质点在任一时刻的加速度的绝对值都小于 4,由于

$$1 = s(1) - s(0) = \int_0^1 s'(t)\mathrm{d}t = \int_0^1 s'(t)\mathrm{d}\left(t-\frac{1}{2}\right) = \int_0^1 \left(\frac{1}{2}-t\right)s''(t)\mathrm{d}t,$$

则 $$1 = \left| \int_0^1 \left(\frac{1}{2}-t\right)s''(t)\mathrm{d}t \right| \leqslant \int_0^1 \left| \left(\frac{1}{2}-t\right)s''(t) \right| \mathrm{d}t < 4\int_0^1 \left| \frac{1}{2}-t \right| \mathrm{d}t = 1,$$

矛盾,故结论成立。

例 3.61 设 $f(x)$ 在 $[0,2\pi]$ 上单调递减,n 是正整数,证明:$\int_0^{2\pi} f(x)\sin(nx)\mathrm{d}x \geqslant 0$。

证明 由于 $\int_0^{2\pi} f(x)\sin(nx)\mathrm{d}x = \sum_{k=1}^n \int_{\frac{2\pi(k-1)}{n}}^{\frac{2\pi k}{n}} f(x)\sin(nx)\mathrm{d}x$,其中

$$\int_{\frac{2\pi(k-1)}{n}}^{\frac{2\pi k}{n}} f(x)\sin(nx)\mathrm{d}x$$

$$= \frac{1}{n}\int_{2\pi(k-1)}^{2\pi k} f\left(\frac{t}{n}\right)\sin t\,\mathrm{d}t = \frac{1}{n}\left[\int_{2\pi(k-1)}^{2\pi k-\pi} f\left(\frac{t}{n}\right)\sin t\,\mathrm{d}t + \int_{2\pi k-\pi}^{2\pi k} f\left(\frac{t}{n}\right)\sin t\,\mathrm{d}t \right]。 \quad (1)$$

令 $t-\pi = u$,则

$$\int_{2\pi k-\pi}^{2\pi k} f\left(\frac{t}{n}\right)\sin t\,\mathrm{d}t = -\int_{2\pi k-2\pi}^{2\pi k-\pi} f\left(\frac{\pi+u}{n}\right)\sin u\,\mathrm{d}u = -\int_{2\pi k-2\pi}^{2\pi k-\pi} f\left(\frac{\pi+t}{n}\right)\sin t\,\mathrm{d}t。$$

代入式(1)可得,

$$\int_{\frac{2\pi(k-1)}{n}}^{\frac{2\pi k}{n}} f(x)\sin(nx)\mathrm{d}x = \frac{1}{n}\left[\int_{2\pi(k-1)}^{2\pi k-\pi} f\left(\frac{t}{n}\right)\sin t\,\mathrm{d}t - \int_{2\pi k-2\pi}^{2\pi k-\pi} f\left(\frac{\pi+t}{n}\right)\sin t\,\mathrm{d}t \right]$$

$$= \frac{1}{n}\int_{2\pi(k-1)}^{2\pi k-\pi} \left[f\left(\frac{t}{n}\right) - f\left(\frac{\pi+t}{n}\right) \right]\sin t\,\mathrm{d}t \geqslant 0。$$

综上, $$\int_0^{2\pi} f(x)\sin(nx)\mathrm{d}x = \sum_{k=1}^n \int_{\frac{2\pi(k-1)}{n}}^{\frac{2\pi k}{n}} f(x)\sin(nx)\mathrm{d}x \geqslant 0。$$

例 3.62 设 $f''(x) > 0$，$x \in [0, 2\pi]$，n 是正整数，证明：$\int_0^{2\pi} f(x) \cos(nx) \mathrm{d}x \geqslant 0$。

证明 由于 $\int_0^{2\pi} f(x) \cos(nx) \mathrm{d}x = \dfrac{1}{n} \int_0^{2\pi} f(x) \mathrm{d}[\sin(nx)]$

$$= \frac{1}{n} \left[\sin(nx) f(x) \Big|_0^{2\pi} - \int_0^{2\pi} \sin(nx) f'(x) \mathrm{d}x \right] = -\frac{1}{n} \int_0^{2\pi} \sin(nx) f'(x) \mathrm{d}x。$$

令 $nx = t$，则其中 $\int_0^{2\pi} \sin(nx) f'(x) \mathrm{d}x = \dfrac{1}{n} \int_0^{2n\pi} f'\left(\dfrac{t}{n}\right) \sin t \, \mathrm{d}t$，所以

$$\int_0^{2\pi} f(x) \cos(nx) \mathrm{d}x = -\frac{1}{n^2} \int_0^{2n\pi} f'\left(\frac{t}{n}\right) \sin t \, \mathrm{d}t = -\frac{1}{n^2} \sum_{k=0}^{n-1} \int_{2k\pi}^{2(k+1)\pi} f'\left(\frac{t}{n}\right) \sin t \, \mathrm{d}t$$

$$= -\frac{1}{n^2} \left[\sum_{k=0}^{n-1} \int_{2k\pi}^{(2k+1)\pi} f'\left(\frac{t}{n}\right) \sin t \, \mathrm{d}t + \sum_{k=0}^{n-1} \int_{(2k+1)\pi}^{2(k+1)\pi} f'\left(\frac{t}{n}\right) \sin t \, \mathrm{d}t \right]$$

$$\geqslant -\frac{1}{n^2} \left[\sum_{k=0}^{n-1} \int_{2k\pi}^{(2k+1)\pi} f'\left(\frac{(2k+1)\pi}{n}\right) \sin t \, \mathrm{d}t + \sum_{k=0}^{n-1} \int_{(2k+1)\pi}^{2(k+1)\pi} f'\left(\frac{(2k+1)\pi}{n}\right) \sin t \, \mathrm{d}t \right]$$

$$= -\frac{1}{n^2} \left[\sum_{k=0}^{n-1} \int_{2k\pi}^{2(k+1)\pi} f'\left(\frac{(2k+1)\pi}{n}\right) \sin t \, \mathrm{d}t \right]$$

$$= -\frac{1}{n^2} \left[\sum_{k=0}^{n-1} f'\left(\frac{(2k+1)\pi}{n}\right) \cdot \int_{2k\pi}^{2(k+1)\pi} \sin t \, \mathrm{d}t \right] = 0。$$

综上，结论得证。

例 3.63 设 $f(x)$ 在 $[0, 1]$ 上连续，$f(x) \geqslant 0$，$f^2(x) \leqslant 1 + 2\int_0^x f(t) \mathrm{d}t$，证明：$f(x) \leqslant 1 + x$。

证明 记 $F(x) = \int_0^x f(t) \mathrm{d}t$，则 $F'(x) = f(x) \geqslant 0$，此时已知条件变为

$$[F'(x)]^2 \leqslant 1 + 2F(x),$$

即 $F'(x) \leqslant \sqrt{1 + 2F(x)}$，$\dfrac{F'(x)}{\sqrt{1 + 2F(x)}} \leqslant 1$。

两边在 $[0, x]$ 上积分可得

$$\int_0^x \frac{F'(x)}{\sqrt{1 + 2F(x)}} \mathrm{d}x \leqslant x, \quad \sqrt{1 + 2F(x)} - 1 \leqslant x,$$

所以 $$f(x) \leqslant \sqrt{1 + 2\int_0^x f(t) \mathrm{d}t} = \sqrt{1 + 2F(x)} \leqslant 1 + x。$$

例 3.64 证明：$\int_0^{\frac{\pi}{4}} [\tan(x)]^p \mathrm{d}x \geqslant \dfrac{\pi}{4 + 2\pi p}$，其中常数 $p > 0$。

证明 由于 $\left(1 + \dfrac{\pi p}{2}\right) \int_0^{\frac{\pi}{4}} [\tan(x)]^p \mathrm{d}x = \int_0^{\frac{\pi}{4}} [\tan(x)]^p \mathrm{d}x + \int_0^{\frac{\pi}{4}} \dfrac{\pi p}{2} \cdot [\tan(x)]^p \mathrm{d}x$

$$= \int_0^{\frac{\pi}{4}} [\tan(x)]^p \mathrm{d}x + \int_0^{\frac{\pi}{4}} \frac{\pi p}{2} \cdot [\tan(x)]^{p-1} \cdot \frac{\sin x \cos x}{\cos^2 x} \mathrm{d}x$$

$$\geqslant \int_0^{\frac{\pi}{4}} [\tan(x)]^p \mathrm{d}x + \int_0^{\frac{\pi}{4}} \frac{\pi p}{2} \cdot [\tan(x)]^{p-1} \cdot \frac{\dfrac{2x}{\pi}}{\cos^2 x} \mathrm{d}x$$

$$=\int_0^{\frac{\pi}{4}}\{[\tan(x)]^p+px[\tan(x)]^{p-1}\sec^2x\}dx=\int_0^{\frac{\pi}{4}}d\{x[\tan(x)]^p\}$$

$$=\{x[\tan(x)]^p\}\Big|_0^{\frac{\pi}{4}}=\frac{\pi}{4}.$$

由此可得 $\int_0^{\frac{\pi}{4}}[\tan(x)]^p dx\geqslant\dfrac{\pi}{4+2\pi p}$。

> 注：本题用到约当不等式：当 $x\in\left[0,\dfrac{\pi}{2}\right]$ 时，$\sin x\geqslant\dfrac{2x}{\pi}$。

例3.65 设函数 $f(x)$ 在区间 $[a,b]$ 上可导，$f'(x)$ 单调减少，$|f'(x)|\geqslant m>0$，其中 m 是常数，证明：$\left|\int_a^b\cos[f(x)]dx\right|\leqslant\dfrac{2}{m}$。

证明 注意到 $|f'(x)|\geqslant m>0$，则有 $f'(x)>0$ 或者 $f'(x)<0$，不妨设 $f'(x)>0$，此时 $\dfrac{1}{f'(x)}$ 单调增加，所以

$$\int_a^b\cos[f(x)]dx=\int_a^b\frac{1}{f'(x)}[\sin f(x)]'dx=\frac{1}{f'(b)}\int_\xi^b[\sin f(x)]'dx.$$

因此，$\left|\int_a^b\cos[f(x)]dx\right|=\left|\dfrac{1}{f'(b)}\int_\xi^b[\sin f(x)]'dx\right|=\left|\dfrac{1}{f'(b)}[\sin f(b)-\sin f(\xi)]\right|\leqslant\dfrac{2}{m}$。

> 注：本题用到积分第二中值定理：设 $f(x)$、$g(x)$ 在 $[a,b]$ 上连续，(1) 若 $f(x)$ 非负递增，则存在 $\xi\in(a,b)$，使得 $\int_a^b f(x)g(x)dx=f(b)\int_\xi^b g(x)dx$；(2) 若 $f(x)$ 非负递减，则存在 $\xi\in(a,b)$，使得 $\int_a^b f(x)g(x)dx=f(a)\int_a^\xi g(x)dx$。

例3.66 设函数 $f(x)$、$g(x)$ 在区间 $[a,b]$ 上连续，满足条件 $\int_a^x f(t)dt\geqslant\int_a^x g(t)dt$，$x\in[a,b)$，且 $\int_a^b f(t)dt=\int_a^b g(t)dt$，证明：$\int_a^b xf(x)dx\leqslant\int_a^b xg(x)dx$。

证明 记 $F(x)=f(x)-g(x)$，$G(x)=\int_a^x F(t)dt$，则 $G'(x)=F(x)$ 且

$$\int_a^b xF(x)dx=\int_a^b xdG(x)=xG(x)\Big|_a^b-\int_a^b G(x)dx=-\int_a^b G(x)dx\leqslant0.$$

因而 $\int_a^b xF(x)dx\leqslant0$，即 $\int_a^b xf(x)dx\leqslant\int_a^b xg(x)dx$。

> 注：本题结论可推广如下：
> **命题** 设函数 $f_1(x)$、$f_2(x)$ 在区间 $[a,b]$ 上连续，$g(x)$ 可导，且 $\int_a^x f_1(t)dt\leqslant$

$$\int_a^x f_2(t)\mathrm{d}t, x \in [a, b), \int_a^b f_1(t)\mathrm{d}t = \int_a^b f_2(t)\mathrm{d}t, 则（1）当 g(x) 单调递减时，$$

$$\int_a^b f_1(x)g(x)\mathrm{d}x \leqslant \int_a^b f_2(x)g(x)\mathrm{d}x；（2）当 g(x) 单调递增时，\int_a^b f_1(x)g(x)\mathrm{d}x \geqslant$$

$$\int_a^b f_2(x)g(x)\mathrm{d}x。$$

例 3.67 设函数 $f(x)$ 在 $[-a, a]$ 上非负连续（常数 $a > 0$），满足 $\int_{-a}^a f(x)\mathrm{d}x = \int_{-a}^a x^2 f(x)\mathrm{d}x = 1$ 以及 $\int_{-a}^a xf(x)\mathrm{d}x = 0$，对于任意给定的 $u \in [-a, 0]$，证明：$\int_{-a}^u f(x)\mathrm{d}x \leqslant \dfrac{1}{1+u^2}$。

证明
$$\int_{-a}^u f(x)\mathrm{d}x = \int_{-a}^u \frac{f(x)}{(1+u^2)^2} \cdot (1+u^2)^2 \mathrm{d}x \leqslant \int_{-a}^u \frac{f(x)}{(1+u^2)^2} \cdot (1+xu)^2 \mathrm{d}x$$
$$\leqslant \int_{-a}^a \frac{f(x)}{(1+u^2)^2} \cdot (1+xu)^2 \mathrm{d}x = \int_{-a}^a \frac{f(x)}{(1+u^2)^2} \cdot (1+2xu+x^2u^2)\mathrm{d}x = \frac{1}{1+u^2}。$$

例 3.68 设函数 $f(x)$ 在区间 $[0, 1]$ 上具有连续的导数，且满足条件 $f(0)=f(1)=0$，证明：$\left[\int_0^1 xf(x)\mathrm{d}x\right]^2 \leqslant \dfrac{1}{45}\int_0^1 [f'(x)]^2\mathrm{d}x$。

证明 由柯西不等式可得
$$\int_0^1 [f'(x)]^2\mathrm{d}x \cdot \int_0^1 (3x^2-1)^2\mathrm{d}x \geqslant \left[\int_0^1 (3x^2-1)f'(x)\mathrm{d}x\right]^2。$$

注意到 $\int_0^1 (3x^2-1)^2\mathrm{d}x = \dfrac{4}{5}$，且 $\int_0^1 (3x^2-1)f'(x)\mathrm{d}x = -6\int_0^1 xf(x)\mathrm{d}x$，
代入化简有
$$\left(\int_0^1 xf(x)\mathrm{d}x\right)^2 \leqslant \frac{1}{45}\int_0^1 [f'(x)]^2\mathrm{d}x。$$

注 柯西不等式是解决有关积分不等式的常用方法，其难点在于函数的构造。

例 3.69 设函数 $f(x)$ 在区间 $[0, 1]$ 上具有连续的导数，且满足条件 $f(0)=f(1)=0$，证明：$f^2(x) \leqslant \dfrac{1}{4}\int_0^1 [f'(t)]^2\mathrm{d}t$。

证明 不妨设 $|f(x_0)| = \max\limits_{x \in [0,1]}\{|f(x)|\}$ 且 $x_0 \in (0, 1)$，则由柯西不等式，可得
$$f^2(x_0) = \left[\int_0^{x_0} f'(t)\mathrm{d}t\right]^2 \leqslant \int_0^{x_0} 1^2\mathrm{d}t \int_0^{x_0} [f'(t)]^2\mathrm{d}t = x_0 \int_0^{x_0} [f'(t)]^2\mathrm{d}t,$$

且 $f^2(x_0) = \left[\int_{x_0}^1 f'(t)\mathrm{d}t\right]^2 \leqslant \int_{x_0}^1 1^2\mathrm{d}t \int_{x_0}^1 [f'(t)]^2\mathrm{d}t = (1-x_0)\int_{x_0}^1 [f'(t)]^2\mathrm{d}t,$
所以

$$\int_0^1 [f'(t)]^2 dt = \int_0^{x_0} [f'(t)]^2 dt + \int_{x_0}^1 [f'(t)]^2 dt$$

$$\geqslant \frac{f^2(x_0)}{x_0} + \frac{f^2(x_0)}{1-x_0} = \frac{f^2(x_0)}{x_0(1-x_0)} \geqslant 4f^2(x_0),$$

即 $f^2(x_0) \leqslant \dfrac{1}{4} \displaystyle\int_0^1 [f'(t)]^2 dt$。综上，结论成立。

例 3.70 设函数 $f(x)$ 在区间 $[1,2]$ 上具有连续的导数，且满足条件 $f(1)=0$，$f(2)=1$，求积分 $I = \displaystyle\int_1^2 \dfrac{\sqrt{1+(f'(x))^2}}{x} dx$ 的最小值。

解 $I = \displaystyle\int_1^2 \dfrac{\sqrt{1+(f'(x))^2}}{x} dx = \int_1^2 \sqrt{[1+(f'(x))^2] \cdot \left[\left(\sqrt{\dfrac{1}{x^2}-\dfrac{1}{5}}\right)^2 + \left(\dfrac{1}{\sqrt{5}}\right)^2\right]} dx$

$$\geqslant \int_1^2 \left[\sqrt{\dfrac{1}{x^2}-\dfrac{1}{5}} + \dfrac{f'(x)}{\sqrt{5}}\right] dx \text{。}$$

其中，$\displaystyle\int_1^2 \sqrt{\dfrac{1}{x^2}-\dfrac{1}{5}} dx = -\dfrac{1}{\sqrt{5}} + \ln\left(\dfrac{3+\sqrt{5}}{2}\right)$，

因此 $I = \displaystyle\int_1^2 \dfrac{\sqrt{1+(f'(x))^2}}{x} dx \geqslant -\dfrac{1}{\sqrt{5}} + \ln\left(\dfrac{3+\sqrt{5}}{2}\right) + \dfrac{1}{\sqrt{5}} = \ln\left(\dfrac{3+\sqrt{5}}{2}\right)$。

上式取等号当且仅当 $\dfrac{\sqrt{\dfrac{1}{x^2}-\dfrac{1}{5}}}{1} = \dfrac{\dfrac{1}{\sqrt{5}}}{f'(x)}$，$f'(x) = \dfrac{x}{\sqrt{5-x^2}}$，

故 $$f(x) = C - \sqrt{5-x^2}$$

结合已知条件 $f(1)=0$ 以及 $f(2)=1$，得到 $C=2$，所以当 $f(x) = 2 - \sqrt{5-x^2}$ 时，积分 $I = \displaystyle\int_1^2 \dfrac{\sqrt{1+(f'(x))^2}}{x} dx$ 取最小值 $\ln\left(\dfrac{3+\sqrt{5}}{2}\right)$。

🔍 **注**：请读者思考变形 $\dfrac{\sqrt{1+(f'(x))^2}}{x} = \sqrt{[1+(f'(x))^2] \cdot \left[\left(\sqrt{\dfrac{1}{x^2}-\dfrac{1}{5}}\right)^2 + \left(\dfrac{1}{\sqrt{5}}\right)^2\right]}$ 的原因。

例 3.71 设函数 $f(x)$ 在区间 $[0,1]$ 上具有连续的导数，且满足条件 $f(0)=f(1)=0$，证明：$\displaystyle\int_0^1 f^2(x) dx \leqslant \dfrac{1}{8} \int_0^1 [f'(t)]^2 dt$。

证明 当 $x \in \left[0, \dfrac{1}{2}\right]$ 时，$f(x) = \displaystyle\int_0^x f'(t) dt$，由柯西不等式，可得

$$f^2(x) = \left[\int_0^x f'(t) dt\right]^2 \leqslant \int_0^x 1^2 dt \int_0^x [f'(t)]^2 dt \leqslant x \int_0^{\frac{1}{2}} [f'(t)]^2 dt \text{。}$$

类似地,当 $x \in \left[\dfrac{1}{2}, 1\right]$ 时,$f(x) = \int_1^x f'(t)\mathrm{d}t$,有

$$f^2(x) = \left[\int_x^1 f'(t)\mathrm{d}t\right]^2 \leqslant \int_x^1 1^2 \mathrm{d}t \int_x^1 [f'(t)]^2 \mathrm{d}t \leqslant (1-x)\int_{\frac{1}{2}}^1 [f'(t)]^2 \mathrm{d}t。$$

所以,$\displaystyle\int_0^1 f^2(x)\mathrm{d}x = \int_0^{\frac{1}{2}} f^2(x)\mathrm{d}x + \int_{\frac{1}{2}}^1 f^2(x)\mathrm{d}x$

$$\leqslant \int_0^{\frac{1}{2}} \left[x\int_0^{\frac{1}{2}} [f'(t)]^2 \mathrm{d}t\right]\mathrm{d}x + \int_{\frac{1}{2}}^1 \left[(1-x)\int_{\frac{1}{2}}^1 [f'(t)]^2 \mathrm{d}t\right]\mathrm{d}x$$

$$= \frac{1}{8}\int_0^{\frac{1}{2}} [f'(t)]^2 \mathrm{d}t + \frac{1}{8}\int_{\frac{1}{2}}^1 [f'(t)]^2 \mathrm{d}t = \frac{1}{8}\int_0^1 [f'(t)]^2 \mathrm{d}t。$$

例 3.72 设函数 $f(x)$ 在区间 $[0,1]$ 上具有连续的导数,且满足条件 $f(0) = f(1) = 0$,证明:$\left[\displaystyle\int_0^1 f(x)\mathrm{d}x\right]^2 \leqslant \dfrac{1}{12}\int_0^1 [f'(x)]^2 \mathrm{d}x$。

证明 由柯西不等式可得

$$\int_0^1 [f'(x)]^2 \mathrm{d}x \cdot \int_0^1 \left(x - \frac{1}{2}\right)^2 \mathrm{d}x \geqslant \left[\int_0^1 \left(x - \frac{1}{2}\right) f'(x)\mathrm{d}x\right]^2。$$

注意到 $\displaystyle\int_0^1 \left(x - \frac{1}{2}\right)^2 \mathrm{d}x = \frac{1}{12}$,且 $\displaystyle\int_0^1 \left(x - \frac{1}{2}\right) f'(x)\mathrm{d}x = -\int_0^1 f(x)\mathrm{d}x$,

代入化简即有

$$\left(\int_0^1 f(x)\mathrm{d}x\right)^2 \leqslant \frac{1}{12}\int_0^1 [f'(x)]^2 \mathrm{d}x。$$

例 3.73 设函数 $f(x)$ 在区间 $[0,1]$ 上具有连续的导数,且满足条件 $f(0) = f(1) = -\dfrac{1}{6}$,证明:$\displaystyle\int_0^1 [f'(x)]^2 \mathrm{d}x \geqslant 2\int_0^1 f(x)\mathrm{d}x + \dfrac{1}{4}$。

证明 由柯西不等式可得

$$\int_0^1 [f'(x)]^2 \mathrm{d}x \cdot \int_0^1 \left(x - \frac{1}{2}\right)^2 \mathrm{d}x \geqslant \left[\int_0^1 \left(x - \frac{1}{2}\right) f'(x)\mathrm{d}x\right]^2,$$

即 $\dfrac{1}{12}\displaystyle\int_0^1 [f'(x)]^2 \mathrm{d}x \geqslant \left[\frac{1}{6} + \int_0^1 f(x)\mathrm{d}x\right]^2$,$\displaystyle\int_0^1 [f'(x)]^2 \mathrm{d}x \geqslant 12\left[\frac{1}{6} + \int_0^1 f(x)\mathrm{d}x\right]^2$。

所以,$\displaystyle\int_0^1 [f'(x)]^2 \mathrm{d}x - 2\int_0^1 f(x)\mathrm{d}x - \frac{1}{4} \geqslant 12\left[\frac{1}{6} + \int_0^1 f(x)\mathrm{d}x\right]^2 - 2\int_0^1 f(x)\mathrm{d}x - \frac{1}{4}$

$$= 12\left[\int_0^1 f(x)\mathrm{d}x + \frac{1}{12}\right]^2 \geqslant 0。$$

综上,结论成立。

例 3.74 设 $f(x)$ 在 $[0,1]$ 上具有连续导数,$\displaystyle\int_0^{\frac{1}{2}} f(x)\mathrm{d}x = 0$,证明:$\left[\displaystyle\int_0^1 f(x)\mathrm{d}x\right]^2 \leqslant \dfrac{1}{12}\int_0^1 [f'(x)]^2 \mathrm{d}x$。

证明 注意到 $0 = \int_0^{\frac{1}{2}} f(x)\mathrm{d}x = xf(x)\Big|_0^{\frac{1}{2}} - \int_0^{\frac{1}{2}} xf'(x)\mathrm{d}x = \frac{1}{2}f\left(\frac{1}{2}\right) - \int_0^{\frac{1}{2}} xf'(x)\mathrm{d}x$,

$\int_{\frac{1}{2}}^1 f(x)\mathrm{d}x = \int_{\frac{1}{2}}^1 f(x)\mathrm{d}(x-1) = (x-1)f(x)\Big|_{\frac{1}{2}}^1 - \int_{\frac{1}{2}}^1 (x-1)f'(x)\mathrm{d}x = \frac{1}{2}f\left(\frac{1}{2}\right) -$

$\int_{\frac{1}{2}}^1 (x-1)f'(x)\mathrm{d}x$,

所以 $\left[\int_0^1 f(x)\mathrm{d}x\right]^2 = \left[\int_{\frac{1}{2}}^1 f(x)\mathrm{d}x\right]^2 = \left[\frac{1}{2}f\left(\frac{1}{2}\right) - \int_{\frac{1}{2}}^1 (x-1)f'(x)\mathrm{d}x\right]^2$

$= \left[\int_0^{\frac{1}{2}} xf'(x)\mathrm{d}x - \int_{\frac{1}{2}}^1 (x-1)f'(x)\mathrm{d}x\right]^2 \leqslant 2\left[\left(\int_0^{\frac{1}{2}} xf'(x)\mathrm{d}x\right)^2 + \left(\int_{\frac{1}{2}}^1 (x-1)f'(x)\mathrm{d}x\right)^2\right]$

$\leqslant 2\left[\int_0^{\frac{1}{2}} x^2\mathrm{d}x \int_0^{\frac{1}{2}} (f'(x))^2\mathrm{d}x + \int_{\frac{1}{2}}^1 (x-1)^2\mathrm{d}x \int_{\frac{1}{2}}^1 (f'(x))^2\mathrm{d}x\right] \leqslant \frac{1}{12}\int_0^1 [f'(x)]^2\mathrm{d}x$ 。

综上,结论成立。

例 3.75 设 $f'(x)$ 在区间 $[a,b]$ 上连续且 $f(a)=0$,证明: $\int_a^b |f(x)f'(x)|\mathrm{d}x \leqslant \dfrac{b-a}{2}$ $\int_a^b [f'(x)]^2 \mathrm{d}x$ 。

证明 记 $F(x) = \int_a^x |f'(t)|\mathrm{d}t$,则 $F'(x) = |f'(x)|$,由于 $f(x) = f(x) - f(a) = \int_a^x f'(t)\mathrm{d}t$ 故

$$|f(x)| = \left|\int_a^x f'(t)\mathrm{d}t\right| \leqslant \int_a^x |f'(t)|\mathrm{d}t = F(x),$$

所以, $\displaystyle\int_a^b |f(x)f'(x)|\mathrm{d}x \leqslant \int_a^b F(x)F'(x)\mathrm{d}x = \frac{F^2(x)}{2}\Big|_a^b = \frac{F^2(b)}{2}$

$= \frac{1}{2}\left(\int_a^b |f'(t)|\mathrm{d}t\right)^2 \leqslant \frac{1}{2}\int_a^b 1^2\mathrm{d}t \int_a^b [f'(t)]^2\mathrm{d}t = \frac{b-a}{2}\int_a^b [f'(t)]^2\mathrm{d}t$ 。

注 本题中若将条件 "$f(a)=0$" 换以 "$f(b)=0$",结论同样成立。

例 3.76 设 $f'(x)$ 在 $[a,b]$ 上连续且 $f(a)=f(b)=0$,证明: $\displaystyle\int_a^b |f(x)f'(x)|\mathrm{d}x \leqslant$ $\dfrac{b-a}{4}\displaystyle\int_a^b [f'(x)]^2\mathrm{d}x$ 。

证明 记 $c = \dfrac{a+b}{2}$,由上题可知

$$\int_a^c |f(x)f'(x)|\mathrm{d}x \leqslant \frac{c-a}{2}\int_a^c [f'(x)]^2\mathrm{d}x = \frac{b-a}{4}\int_a^c [f'(x)]^2\mathrm{d}x,$$

且 $\displaystyle\int_c^b |f(x)f'(x)|\mathrm{d}x \leqslant \frac{b-c}{2}\int_c^b [f'(x)]^2\mathrm{d}x = \frac{b-a}{4}\int_c^b [f'(x)]^2\mathrm{d}x$,

相加即得 $\int_a^b |f(x)f'(x)| \mathrm{d}x \leqslant \dfrac{b-a}{4}\int_a^b [f'(x)]^2 \mathrm{d}x$。

> 注:本题中若将条件"$f(a)=f(b)=0$"换以"$f\left(\dfrac{a+b}{2}\right)=0$",结论同样成立。

例 3.77 设 $f(x)$ 是定义在区间 $[a,b]$ 上的连续,对于任意满足条件"$\int_a^b g(x)\mathrm{d}x=0$"的连续函数 $g(x)$ 都有 $\int_a^b f(x)g(x)\mathrm{d}x=0$ 成立,证明:$f(x)$ 是常值函数。

证明 记 $g(x)=f(x)-\dfrac{1}{b-a}\int_a^b f(x)\mathrm{d}x$,则

$$\int_a^b g(x)\mathrm{d}x=\int_a^b\left[f(x)-\dfrac{1}{b-a}\int_a^b f(x)\mathrm{d}x\right]\mathrm{d}x=0。$$

根据题意,有

$$0=\int_a^b f(x)g(x)\mathrm{d}x=\int_a^b f(x)\left[f(x)-\dfrac{1}{b-a}\int_a^b f(x)\mathrm{d}x\right]\mathrm{d}x$$
$$=\int_a^b f^2(x)\mathrm{d}x-\dfrac{1}{b-a}\left[\int_a^b f(x)\mathrm{d}x\right]^2,$$

即得 $\int_a^b f^2(x)\mathrm{d}x=\dfrac{1}{b-a}\left[\int_a^b f(x)\mathrm{d}x\right]^2$,变形即为

$$\int_a^b 1^2\mathrm{d}x \cdot \int_a^b f^2(x)\mathrm{d}x=\left[\int_a^b f(x)\mathrm{d}x\right]^2。$$

由柯西不等式取等号的条件知 $f(x)=c$,即 $f(x)$ 是常值函数。

例 3.78 设函数 $f(x)$ 在区间 $[a,b]$ 上具有二阶连续导数,$f(a)=f(b)=0$,$f'(a)=1$,$f'(b)=0$,证明:$\int_a^b [f''(x)]^2\mathrm{d}x \geqslant \dfrac{4}{b-a}$。

证明 由柯西不等式可得

$$\int_a^b [f''(x)]^2\mathrm{d}x\int_a^b (x-c)^2\mathrm{d}x \geqslant \left[\int_a^b f''(x)(x-c)\mathrm{d}x\right]^2。 \qquad (1)$$

注意到 $\int_a^b (x-c)^2\mathrm{d}x=\dfrac{1}{3}(b-a)[(b-c)^2+(b-c)(a-c)+(c-a)^2]$,

且 $\int_a^b f''(x)(x-c)\mathrm{d}x=\int_a^b (x-c)\mathrm{d}f'(x)=(x-c)f'(x)\Big|_a^b-\int_a^b f'(x)\mathrm{d}x=c-a$,

代入(1)可得

$$\int_a^b [f''(x)]^2\mathrm{d}x \geqslant \dfrac{(c-a)^2}{\dfrac{1}{3}(b-a)[(b-c)^2+(b-c)(a-c)+(c-a)^2]} \qquad (2)$$
$$=\dfrac{3}{(b-a)\left[\left(\dfrac{b-c}{c-a}\right)^2-\dfrac{b-c}{c-a}+1\right]}。$$

若取 $\dfrac{b-c}{c-a}=\dfrac{1}{2}$，即取 $c=\dfrac{a+2b}{3}$，则式(2)变为 $\displaystyle\int_a^b [f''(x)]^2 \mathrm{d}x \geqslant \dfrac{4}{b-a}$，即为所要求证不等式。

> 🔍 **注** 本题中先待定函数再求解的思路是利用柯西不等式时构造函数的常用方法。

例 3.79 函数 $f(x)$ 在区间 $[0,1]$ 连续且满足 $\displaystyle\int_0^1 f(x)\mathrm{d}x=1$，求一个函数 $f(x)$，使得 $\displaystyle\int_0^1 (1+x^2)f^2(x)\mathrm{d}x$ 取最小值。

解 由柯西不等式可得

$$\int_0^1 \left(\frac{1}{\sqrt{1+x^2}}\right)^2 \mathrm{d}x \int_0^1 (1+x^2)f^2(x)\mathrm{d}x \geqslant \left[\int_0^1 f(x)\mathrm{d}x\right]^2 = 1,$$

故 $\displaystyle\int_0^1 (1+x^2)f^2(x)\mathrm{d}x \geqslant \dfrac{4}{\pi}$，且上式取等号当且仅当 $\sqrt{1+x^2}\,f(x)=\dfrac{k}{\sqrt{1+x^2}}$，即 $f(x)=\dfrac{k}{1+x^2}$。代入 $\displaystyle\int_0^1 f(x)\mathrm{d}x=1$ 可得 $k=\dfrac{4}{\pi}$。所以取 $f(x)=\dfrac{4}{\pi(1+x^2)}$，可使得 $\displaystyle\int_0^1 (1+x^2)f^2(x)\mathrm{d}x$ 取最小值 $\dfrac{4}{\pi}$。

例 3.80 设函数 $f(x)$ 在区间 $[0,2]$ 上具有连续的导数，$f(1)=0$，证明：$\left(\displaystyle\int_0^2 f(x)\mathrm{d}x\right)^2 \leqslant \dfrac{2}{3}\displaystyle\int_0^2 [f'(x)]^2 \mathrm{d}x$。

证明 由于 $\displaystyle\int_0^1 f(x)\mathrm{d}x = xf(x)\Big|_0^1 - \int_0^1 xf'(x)\mathrm{d}x = -\int_0^1 xf'(x)\mathrm{d}x$。

由柯西不等式可得

$$\left[\int_0^1 f(x)\mathrm{d}x\right]^2 = \left[\int_0^1 xf'(x)\mathrm{d}x\right]^2 \leqslant \int_0^1 x^2\mathrm{d}x \int_0^1 [f'(x)]^2\mathrm{d}x = \frac{1}{3}\int_0^1 [f'(x)]^2\mathrm{d}x.$$

类似地有

$$\int_1^2 f(x)\mathrm{d}x = \int_1^2 f(x)\mathrm{d}(x-2) = (x-2)f(x)\Big|_1^2 - \int_1^2 (x-2)f'(x)\mathrm{d}x = -\int_1^2 (x-2)f'(x)\mathrm{d}x,$$

$$\left[\int_1^2 f(x)\mathrm{d}x\right]^2 = \left[\int_1^2 (x-2)f'(x)\mathrm{d}x\right]^2 \leqslant \int_1^2 (x-2)^2\mathrm{d}x \int_1^2 [f'(x)]^2\mathrm{d}x = \frac{1}{3}\int_1^2 [f'(x)]^2\mathrm{d}x,$$

所以 $\displaystyle\left[\int_0^2 f(x)\mathrm{d}x\right]^2 = \left[\int_0^1 f(x)\mathrm{d}x + \int_1^2 f(x)\mathrm{d}x\right]^2 \leqslant 2\left[\left(\int_0^1 f(x)\mathrm{d}x\right)^2 + \left(\int_1^2 f(x)\mathrm{d}x\right)^2\right]$

$$\leqslant 2\left[\frac{1}{3}\int_0^1 [f'(x)]^2\mathrm{d}x + \frac{1}{3}\int_1^2 [f'(x)]^2\mathrm{d}x\right] = \frac{2}{3}\int_0^2 [f'(x)]^2\mathrm{d}x.$$

例 3.81 设 $x>0$，证明：$\left|\displaystyle\int_x^{x+1} \sin t^2 \mathrm{d}t\right| < \dfrac{1}{x}$。

证明 由于 $\displaystyle\int_x^{x+1} \sin t^2 \mathrm{d}t = -\int_x^{x+1} \frac{1}{2t}\mathrm{d}(\cos t^2) = -\frac{1}{2}\left[\frac{\cos t^2}{t}\Big|_x^{x+1} + \int_x^{x+1} \frac{\cos t^2}{t^2}\mathrm{d}t\right]$

$$= -\frac{1}{2}\left[\frac{\cos^2(x+1)}{x+1} - \frac{\cos^2 x}{x} + \int_x^{x+1} \frac{\cos t^2}{t^2}dt\right],$$

所以，$\left|\int_x^{x+1} \sin t^2 dt\right| = \left|-\frac{1}{2}\left[\frac{\cos^2(x+1)}{x+1} - \frac{\cos^2 x}{x} + \int_x^{x+1} \frac{\cos t^2}{t^2}dt\right]\right|$

$$< \frac{1}{2}\left(\frac{1}{x+1} + \frac{1}{x} + \int_x^{x+1}\frac{1}{t^2}dt\right) = \frac{1}{2}\left(\frac{1}{x+1} + \frac{1}{x} - \frac{1}{t}\Big|_x^{x+1}\right) = \frac{1}{x}.$$

例 3.82 证明：$\int_0^{\frac{\pi}{2}} x\left(\frac{\sin nx}{\sin x}\right)^4 dx < \frac{n^2\pi^2}{4}$。

证明 $\int_0^{\frac{\pi}{2}} x\left(\frac{\sin nx}{\sin x}\right)^4 dx = \int_0^{\frac{\pi}{2n}} x\left(\frac{\sin nx}{\sin x}\right)^4 dx + \int_{\frac{\pi}{2n}}^{\frac{\pi}{2}} x\left(\frac{\sin nx}{\sin x}\right)^4 dx$

$\leqslant \int_0^{\frac{\pi}{2n}} xn^4 dx + \int_{\frac{\pi}{2n}}^{\frac{\pi}{2}} x\left(\frac{\pi}{2x}\right)^4 dx = n^4 \cdot \frac{\pi^2}{8n^2} - \frac{\pi^4}{32}\left(\frac{4}{\pi^2} - \frac{4n^2}{\pi^2}\right) = \frac{n^2\pi^2}{4} - \frac{\pi^2}{8} < \frac{n^2\pi^2}{4}$。

> **注**：① 本题中用到：对于任意的 x，$|\sin nx| \leqslant n|\sin x|$，其中 n 是自然数。
> ② 请读者思考：为什么用 $x = \frac{\pi}{2n}$ 将区间 $\left[0, \frac{\pi}{2}\right]$ 拆成两部分？

例 3.83 设函数 $f(x)$ 在区间 $[0,1]$ 上连续，最小值最大值分别为 λ_1、λ_2，且 $\lambda_1 > 0$，证明：$\int_0^1 f(x)dx \int_0^1 \frac{1}{f(x)}dx \leqslant \frac{(\lambda_1+\lambda_2)^2}{4\lambda_1\lambda_2}$。

证明 注意到 $\frac{[f(x)-\lambda_1][f(x)-\lambda_2]}{f(x)} \leqslant 0$ 因此

$$\int_0^1 \frac{[f(x)-\lambda_1][f(x)-\lambda_2]}{f(x)}dx \leqslant 0.$$

化简即为 $\int_0^1 f(x)dx + \lambda_1\lambda_2\int_0^1 \frac{1}{f(x)}dx \leqslant \lambda_1+\lambda_2$。而

$$\int_0^1 f(x)dx + \lambda_1\lambda_2\int_0^1 \frac{1}{f(x)}dx \geqslant 2\sqrt{\lambda_1\lambda_2\int_0^1 f(x)dx\int_0^1 \frac{1}{f(x)}dx},$$

所以，$2\sqrt{\lambda_1\lambda_2\int_0^1 f(x)dx\int_0^1 \frac{1}{f(x)}dx} \leqslant \lambda_1+\lambda_2$，即 $\int_0^1 f(x)dx\int_0^1 \frac{1}{f(x)}dx \leqslant \frac{(\lambda_1+\lambda_2)^2}{4\lambda_1\lambda_2}$。

例 3.84 设函数 $f(x)$ 在区间 $[a,b]$ 上连续，$f(x) \geqslant 0$ 且 $\int_a^b f(x)dx = 1$，k 是任意一个常数，证明：

$$\left(\int_a^b f(x)\cos kx\,dx\right)^2 + \left(\int_a^b f(x)\sin kx\,dx\right)^2 \leqslant 1.$$

证明 由柯西不等式可得

$$\left(\int_a^b f(x)\cos kx\,dx\right)^2 = \left(\int_a^b \sqrt{f(x)} \cdot \sqrt{f(x)}\cos kx\,dx\right)^2$$

$$\leqslant \int_a^b f(x)\,\mathrm{d}x \cdot \int_a^b f(x)\cos^2 kx\,\mathrm{d}x = \int_a^b f(x)\cos^2 kx\,\mathrm{d}x.$$

类似可得 $\left(\int_a^b f(x)\sin kx\,\mathrm{d}x\right)^2 = \left(\int_a^b \sqrt{f(x)} \cdot \sqrt{f(x)}\sin kx\,\mathrm{d}x\right)^2$

$$\leqslant \int_a^b f(x)\,\mathrm{d}x \cdot \int_a^b f(x)\sin^2 kx\,\mathrm{d}x = \int_a^b f(x)\sin^2 kx\,\mathrm{d}x,$$

所以, $\left(\int_a^b f(x)\cos kx\,\mathrm{d}x\right)^2 + \left(\int_a^b f(x)\sin kx\,\mathrm{d}x\right)^2 \leqslant \int_a^b f(x)\cos^2 kx\,\mathrm{d}x + \int_a^b f(x)\sin^2 kx\,\mathrm{d}x = 1.$

例 3.85 设常数 $t > 0$, 证明: $\dfrac{1}{\sqrt{\pi}}\displaystyle\int_0^{+\infty} \mathrm{e}^{-x-\frac{t^2}{x}}\dfrac{1}{\sqrt{x}}\,\mathrm{d}x = \mathrm{e}^{-2t}$。

证明 作定积分换元 $\dfrac{t^2}{x} = u$, 得

$$\frac{1}{\sqrt{\pi}}\int_0^{+\infty} \mathrm{e}^{-x-\frac{t^2}{x}}\frac{1}{\sqrt{x}}\,\mathrm{d}x = \frac{1}{\sqrt{\pi}}\int_{+\infty}^{0} \mathrm{e}^{-u-\frac{t^2}{u}}\frac{\sqrt{u}}{t}\cdot\left(-\frac{t^2}{u^2}\right)\mathrm{d}u = \frac{1}{\sqrt{\pi}}\int_0^{+\infty} \mathrm{e}^{-u-\frac{t^2}{u}}\frac{t}{u^{\frac{3}{2}}}\,\mathrm{d}u,$$

所以, $\dfrac{1}{\sqrt{\pi}}\displaystyle\int_0^{+\infty} \mathrm{e}^{-x-\frac{t^2}{x}}\dfrac{1}{\sqrt{x}}\,\mathrm{d}x = \dfrac{1}{2\sqrt{\pi}}\left[\displaystyle\int_0^{+\infty} \mathrm{e}^{-x-\frac{t^2}{x}}\dfrac{1}{\sqrt{x}}\,\mathrm{d}x + \displaystyle\int_0^{+\infty} \mathrm{e}^{-x-\frac{t^2}{x}}\dfrac{t}{x^{\frac{3}{2}}}\,\mathrm{d}x\right]$

$$= \frac{1}{2\sqrt{\pi}}\int_0^{+\infty} \mathrm{e}^{-x-\frac{t^2}{x}}\left(\frac{1}{\sqrt{x}} + \frac{t}{x^{\frac{3}{2}}}\right)\mathrm{d}x = \frac{1}{\sqrt{\pi}}\int_0^{+\infty} \mathrm{e}^{-x-\frac{t^2}{x}}\,\mathrm{d}\left(\sqrt{x}-\frac{t}{\sqrt{x}}\right)$$

$$= \frac{1}{\sqrt{\pi}}\int_0^{+\infty} \mathrm{e}^{-\left(\sqrt{x}-\frac{t}{\sqrt{x}}\right)^2-2t}\,\mathrm{d}\left(\sqrt{x}-\frac{t}{\sqrt{x}}\right) = \frac{1}{\sqrt{\pi}}\int_{-\infty}^{+\infty} \mathrm{e}^{-y^2-2t}\,\mathrm{d}y = \frac{\mathrm{e}^{-2t}}{\sqrt{\pi}}\int_{-\infty}^{+\infty} \mathrm{e}^{-y^2}\,\mathrm{d}y = \mathrm{e}^{-2t}.$$

> 注: 其中用到 $\displaystyle\int_{-\infty}^{+\infty} \mathrm{e}^{-y^2}\,\mathrm{d}y = \sqrt{\pi}$。

例 3.86 设函数 $f(x)$ 在区间 $[a, b]$ 上具有二阶连续导数, $f(a) = f(b) = 0$, 且当 $x \in (a, b)$ 时, $f(x) \neq 0$, 证明: $\displaystyle\int_a^b \left|\dfrac{f''(x)}{f(x)}\right|\,\mathrm{d}x \geqslant \dfrac{4}{b-a}$。

证明 不妨设 $|f(x_0)| = \max\limits_{x \in [a,b]}\{|f(x)|\}$, 显然 $x_0 \in (a, b)$ 且 $|f(x_0)| > 0$。由拉格朗日中值定理, 存在 $\xi_1 \in (a, x_0)$ 以及 $\xi_2 \in (x_0, b)$, 使得

$$f'(\xi_1) = \frac{f(x_0)-f(a)}{x_0-a} = \frac{f(x_0)}{x_0-a}, \text{ 且 } f'(\xi_2) = \frac{f(b)-f(x_0)}{b-x_0} = \frac{-f(x_0)}{b-x_0}.$$

所以, $\displaystyle\int_a^b \left|\dfrac{f''(x)}{f(x)}\right|\,\mathrm{d}x \geqslant \displaystyle\int_a^b \dfrac{|f''(x)|}{|f(x_0)|}\,\mathrm{d}x \geqslant \displaystyle\int_{\xi_1}^{\xi_2} \dfrac{|f''(x)|}{|f(x_0)|}\,\mathrm{d}x \geqslant \dfrac{1}{|f(x_0)|}\left|\displaystyle\int_{\xi_1}^{\xi_2} f''(x)\,\mathrm{d}x\right|$

$$= \frac{1}{|f(x_0)|}|f'(\xi_2)-f'(\xi_1)|$$

$$= \frac{1}{|f(x_0)|}\left|\frac{-f(x_0)}{b-x_0} - \frac{f(x_0)}{x_0-a}\right| = \left|\frac{b-a}{(b-x_0)(x_0-a)}\right| \geqslant \frac{4}{b-a}.$$

例 3.87 设有一列区间 $[a, b]$ 上的连续函数 $f_i(x)$, $i = 1, 2, 3, \cdots$, 满足 $\displaystyle\int_a^b$

$[f_i(x)]^2 dx = 1$，证明：存在正整数 N 以及常数 c_1，c_2，$\cdots$，c_N，使得 $\sum\limits_{i=1}^{N} c_i^2 = 1$ 且 $\max\limits_{x \in [a,b]}$

$\{ |\sum\limits_{i=1}^{n} c_i f_i(x)| \} > 2\,020$。

证明　注意到 $n = \int_a^b \sum\limits_{i=1}^{n} [f_i(x)]^2 dx = (b-a) \sum\limits_{i=1}^{n} [f_i(\xi)]^2$。

若取 $c_i = \dfrac{f_i(\xi)}{\sqrt{\sum\limits_{i=1}^{n} [f_i(\xi)]^2}}$，则有 $\sum\limits_{i=1}^{n} c_i^2 = 1$，此时

$$\sum_{i=1}^{n} c_i f_i(\xi) = \sqrt{\sum_{i=1}^{n} [f_i(\xi)]^2} = \sqrt{\frac{n}{b-a}}。$$

进一步有 $\max\limits_{x \in [a,b]} \{ |\sum\limits_{i=1}^{n} c_i f_i(x)| \} \geqslant |\sum\limits_{i=1}^{n} c_i f_i(\xi)| = \sqrt{\dfrac{n}{b-a}}$。

显然，当取 n 充分大时即可满足题意要求。

例 3.88　求最小的实数 c，使得满足 $\int_0^1 |f(x)| dx = 1$ 的连续函数 $f(x)$ 都有

$\int_0^1 f(\sqrt{x}) dx \leqslant c$。

解　$\int_0^1 f(\sqrt{x}) dx = \int_0^1 2t f(t) dt \leqslant \int_0^1 2 f(t) dt \leqslant \int_0^1 2 |f(t)| dt = 2$。

另一方面，若取 $f(x) = (n+1) x^n$，满足条件 $\int_0^1 |f(x)| dx = 1$，且此时

$$\int_0^1 f(\sqrt{x}) dx = \int_0^1 (n+1)(\sqrt{x})^n dx = \frac{2n+2}{n+2} \to 2 \ (n \to \infty)。$$

综上，满足条件的最小的实数 $c = 2$。

例 3.89　设 $f(x) \in D[a,b]$ 且 $|f'(x)| \leqslant M$，$f(a) = f(b) = 0$，证明：

$\left| \int_a^b f(x) dx \right| \leqslant \dfrac{M}{4}(b-a)^2$。

证明　由于 $\int_a^b f(x) dx = \int_a^b f(x) d\left(x - \dfrac{a+b}{2} \right)$

$$= f(x)\left(x - \frac{a+b}{2} \right) \Big|_a^b - \int_a^b \left(x - \frac{a+b}{2} \right) f'(x) dx$$

$$= -\int_a^b \left(x - \frac{a+b}{2} \right) f'(x) dx，$$

所以，$\left| \int_a^b f(x) dx \right| = \left| \int_a^b \left(x - \dfrac{a+b}{2} \right) f'(x) dx \right| \leqslant \int_a^b \left| \left(x - \dfrac{a+b}{2} \right) f'(x) \right| dx$

$$\leqslant M \int_a^b \left| x - \frac{a+b}{2} \right| dx = \frac{M}{4}(b-a)^2。$$

> 📖 注：① 本题可以加强为如下结论：设 $f(x) \in D[a, b]$ 且 $|f'(x)| \leqslant M$，$f(a) = f(b) = 0$，则必有 $\int_a^b |f(x)| \, \mathrm{d}x \leqslant \dfrac{M}{4}(b-a)^2$。
>
> ② 事实上，本题结论还可以推广到如下命题：
>
> **命题** 设 $f(x) \in D[a, b]$ 且 $-p \leqslant f'(x) \leqslant q$，其中 p、q 均为正常数，且 $f(a) = f(b) = 0$，则必有 $|\int_a^b f(x) \mathrm{d}x| \leqslant \dfrac{pq}{2(p+q)}(b-a)^2$。

例 3.90 设 $f(x) \in D[a, b]$ 且 $|f'(x)| \leqslant M$，$\int_a^b f(x) \mathrm{d}x = 0$，记 $F(x) = \int_a^x f(t) \mathrm{d}t$，证明：$|F(x)| \leqslant \dfrac{M}{8}(b-a)^2$。

证明 对于函数 $F(x) = \int_a^x f(t) \mathrm{d}t$，由于 $F(a) = F(b) = 0$，且 $|F''(x)| = |f'(x)| \leqslant M$，因此对于任意的 $x \in [a, b]$，存在 $\xi \in (a, b)$，使得

$$F(x) = \frac{(x-a)(x-b)}{2} F''(\xi),$$

所以

$$|F(x)| = \left| \frac{(x-a)(x-b)}{2} F''(\xi) \right| \leqslant \frac{M}{8}(b-a)^2$$

> 📖 注：① 本题解法中用到以下命题，请读者完成其证明：
>
> **命题** 设 $f(x)$ 在 $[a, b]$ 上二阶可导，$f(a) = f(b) = 0$，对于任意 $x \in [a, b]$，存在 $\xi \in (a, b)$，使得 $f(x) = \dfrac{(x-a)(x-b)}{2} f''(\xi)$。
>
> ② 上述命题可推广到 n 阶导数时的情形：
>
> **命题** 设有实数 $a_1, a_2, \cdots, a_n (a_1 < a_2 < \cdots < a_n)$，函数 $f(x)$ 在 $[a_1, a_n]$ 上具有 n 阶导数，且满足 $f(a_1) = f(a_2) = \cdots = f(a_n) = 0$，证明：对于任意 $c \in [a_1, a_n]$，存在 $\xi \in (a_1, a_n)$，使得 $f(c) = \dfrac{(c-a_1)(c-a_2)\cdots(c-a_n)}{n!} f^{(n)}(\xi)$。

例 3.91 设 $f(x) \in D[a, b]$，$|f'(x)| \leqslant M$，$\int_a^b f(x) \mathrm{d}x = 0$ 且 $f(a) = f\left(\dfrac{a+b}{2}\right) = f(b) = 0$，记 $F(x) = \int_a^x f(t) \mathrm{d}t$，证明：$|F(x)| \leqslant \dfrac{M}{16}(b-a)^2$。

证明 根据已知条件 $f(a) = f\left(\dfrac{a+b}{2}\right) = f(b) = 0$ 可得

$$\int_a^{\frac{a+b}{2}} |f(x)| \, \mathrm{d}x \leqslant \frac{M}{4}\left(\frac{a+b}{2} - a\right)^2 = \frac{M}{16}(b-a)^2,$$

且

$$\int_{\frac{a+b}{2}}^b |f(x)| \, \mathrm{d}x \leqslant \frac{M}{4}\left(b - \frac{a+b}{2}\right)^2 = \frac{M}{16}(b-a)^2。$$

对于任意的 $x \in [a, b]$，以下分两个情形讨论：

情形一　当 $x \in \left[a, \dfrac{a+b}{2}\right]$ 时，有

$$|F(x)| = \left|\int_a^x f(t)\mathrm{d}t\right| \leqslant \int_a^x |f(t)|\,\mathrm{d}t \leqslant \int_a^{\frac{a+b}{2}} |f(t)|\,\mathrm{d}t \leqslant \frac{M}{16}(b-a)^2 。$$

情形二　当 $x \in \left[\dfrac{a+b}{2}, b\right]$ 时，有

$$|F(x)| = \left|\int_a^x f(t)\mathrm{d}t\right| = \left|\int_x^b f(t)\mathrm{d}t\right| \leqslant \int_x^b |f(t)|\,\mathrm{d}t \leqslant \int_{\frac{a+b}{2}}^b |f(t)|\,\mathrm{d}t \leqslant \frac{M}{16}(b-a)^2 。$$

综上，结论成立。

例 3.92　设 $f(x)$ 在 $[a, b]$ 上具有二阶连续导数，$f''(x) \geqslant 0$，$\omega(x)$ 在 $[a, b]$ 上连续且 $\omega(x) \geqslant 0$，$\int_a^b \omega(x)\mathrm{d}x = 1$，证明：(1) $a \leqslant \int_a^b x\omega(x)\mathrm{d}x \leqslant b$；(2) $\int_a^b \omega(x)f(x)\mathrm{d}x \geqslant f\left(\int_a^b x\omega(x)\mathrm{d}x\right)$。

证明　(1) 由于 $\int_a^b x\omega(x)\mathrm{d}x = \xi\int_a^b \omega(x)\mathrm{d}x$，其中 $\xi \in (a, b)$，所以 $a \leqslant \int_a^b x\omega(x)\mathrm{d}x \leqslant b$。

(2) 记 $x_0 = \int_a^b x\omega(x)\mathrm{d}x$，则由泰勒定理可得

$$f(x) = f(x_0) + f'(x_0)(x - x_0) + \frac{f''(c)}{2}(x - x_0)^2 \geqslant f(x_0) + f'(x_0)(x - x_0),$$

故 $\qquad\qquad \omega(x)f(x) \geqslant \omega(x)[f(x_0) + f'(x_0)(x - x_0)]。$

因此，$\int_a^b \omega(x)f(x)\mathrm{d}x \geqslant \int_a^b \omega(x)[f(x_0) + f'(x_0)(x - x_0)]\mathrm{d}x = f\left(\int_a^b x\omega(x)\mathrm{d}x\right)$。

例 3.93　设 $f(x)$、$g(x) \in C[0, 1]$，且都是单调递减的，证明：$\int_0^1 f(x)g(x)\mathrm{d}x \geqslant \int_0^1 f(x)\mathrm{d}x\int_0^1 g(x)\mathrm{d}x$。

证明　记 $F(x) = x\int_0^x f(t)g(t)\mathrm{d}t - \int_0^x f(t)\mathrm{d}t\int_0^x g(t)\mathrm{d}t$，$x \in [0, 1]$，则当 $x \in (0, 1)$ 时，

$$\begin{aligned}
F'(x) &= \int_0^x f(t)g(t)\mathrm{d}t + xf(x)g(x) - f(x)\int_0^x g(t)\mathrm{d}t - g(x)\int_0^x f(t)\mathrm{d}t \\
&= \int_0^x f(t)g(t)\mathrm{d}t + \int_0^x f(x)g(x)\mathrm{d}t - f(x)\int_0^x g(t)\mathrm{d}t - g(x)\int_0^x f(t)\mathrm{d}t \\
&= \int_0^x [f(t)g(t) + f(x)g(x) - f(x)g(t) - g(x)f(t)]\mathrm{d}t \\
&= \int_0^x (f(t) - f(x))(g(t) - g(x))\mathrm{d}t \geqslant 0。
\end{aligned}$$

故结合 $F(0) = 0$，可知 $F(1) \geqslant 0$，即 $\int_0^1 f(x)g(x)\mathrm{d}x \geqslant \int_0^1 f(x)\mathrm{d}x\int_0^1 g(x)\mathrm{d}x$，得证。

例 3.94 设 $f(x)$、$g(x)$ 是定义在 $[0, 1]$ 上连续函数，$f(x)$、$g(x) > 0$，且 $f(x)$、$\dfrac{g(x)}{f(x)}$ 单调增加,证明：$\displaystyle\int_0^1 \left(\dfrac{\int_0^x f(t)\mathrm{d}t}{\int_0^x g(t)\mathrm{d}t} \right) \mathrm{d}x \leqslant 2\int_0^1 \dfrac{f(x)}{g(x)}\mathrm{d}x$。

证明 由切比雪夫不等式可得 $\displaystyle\int_0^x f(t)\mathrm{d}t \int_0^x \dfrac{g(t)}{f(t)}\mathrm{d}t \leqslant x\int_0^x g(t)\mathrm{d}t$。

另一方面，$\displaystyle\int_0^x \dfrac{g(t)}{f(t)}\mathrm{d}t \int_0^x \dfrac{t^2 f(t)}{g(t)}\mathrm{d}t = \int_0^x \left(\sqrt{\dfrac{g(t)}{f(t)}} \right)^2 \mathrm{d}t \int_0^x \left(\sqrt{\dfrac{t^2 f(t)}{g(t)}} \right)^2 \mathrm{d}t \geqslant \left(\int_0^x t\,\mathrm{d}t \right)^2 = \dfrac{x^4}{4}$。

所以
$$\dfrac{\int_0^x f(t)\mathrm{d}t}{\int_0^x g(t)\mathrm{d}t} \leqslant \dfrac{x}{\int_0^x \dfrac{g(t)}{f(t)}\mathrm{d}t} \leqslant \dfrac{x}{\dfrac{x^4}{4\int_0^x \dfrac{t^2 f(t)}{g(t)}\mathrm{d}t}} = \dfrac{4}{x^3} \int_0^x \dfrac{t^2 f(t)}{g(t)}\mathrm{d}t,$$

因而，$\displaystyle\int_0^1 \dfrac{\int_0^x f(t)\mathrm{d}t}{\int_0^x g(t)\mathrm{d}t}\mathrm{d}x \leqslant 4\int_0^1 \mathrm{d}x \int_0^x \dfrac{t^2 f(t)}{x^3 g(t)}\mathrm{d}t$

$$= 4\int_0^1 \mathrm{d}t \int_t^1 \dfrac{t^2 f(t)}{x^3 g(t)}\mathrm{d}x = 4\int_0^1 \left(\dfrac{t^2 f(t)}{g(t)} \cdot \dfrac{1-t^2}{2t^2} \right)\mathrm{d}t = 2\int_0^1 \dfrac{f(t)(1-t^2)}{g(t)}\mathrm{d}t \leqslant 2\int_0^1 \dfrac{f(t)}{g(t)}\mathrm{d}t。$$

例 3.95 证明：$\displaystyle\int_0^{100} \dfrac{\mathrm{e}^{-x}}{100+x}\mathrm{d}x > \dfrac{\ln 2}{101}$。

证明 由于 $100\displaystyle\int_0^{100} \dfrac{\mathrm{e}^{-x}}{100+x}\mathrm{d}x \geqslant \int_0^{100} \mathrm{e}^{-x}\mathrm{d}x \int_0^{100} \dfrac{1}{100+x}\mathrm{d}x$，故

$$\int_0^{100} \dfrac{\mathrm{e}^{-x}}{100+x}\mathrm{d}x \geqslant \dfrac{1}{100}\int_0^{100} \mathrm{e}^{-x}\mathrm{d}x \int_0^{100} \dfrac{1}{100+x}\mathrm{d}x = \dfrac{1}{100} \cdot \ln 2 \cdot (1 - \mathrm{e}^{-100})$$

$$> \dfrac{1}{100} \cdot \ln 2 \cdot \dfrac{100}{101} > \dfrac{\ln 2}{101}。$$

例 3.96 计算定积分 $\displaystyle\int_0^{+\infty} \dfrac{x}{\mathrm{e}^x - 1}\mathrm{d}x$。

解 注意到 $\displaystyle\int_0^{+\infty} \dfrac{x}{\mathrm{e}^x - 1}\mathrm{d}x = \int_0^{+\infty} \dfrac{x\mathrm{e}^{-x}}{1-\mathrm{e}^{-x}}\mathrm{d}x = \int_0^{+\infty} x\mathrm{e}^{-x}\left(\sum_{n=0}^{\infty} \mathrm{e}^{-nx} \right)\mathrm{d}x = \sum_{n=0}^{\infty}\int_0^{+\infty} x\mathrm{e}^{-(n+1)x}\mathrm{d}x$。

其中，$\displaystyle\int_0^{+\infty} x\mathrm{e}^{-(n+1)x}\,\mathrm{d}x = \left[-\frac{x}{n+1}\mathrm{e}^{-(n+1)x} - \frac{1}{(n+1)^2}\mathrm{e}^{-(n+1)x}\right]\Big|_0^{+\infty} = \frac{1}{(n+1)^2}$，

所以
$$\int_0^{+\infty} \frac{x}{\mathrm{e}^x - 1}\,\mathrm{d}x = \sum_{n=0}^{\infty} \frac{1}{(n+1)^2} = \frac{\pi^2}{6}。$$

> 注：利用级数是计算定积分的一种方法。

例 3.97 设 $f(x)$ 在 $[0,1]$ 上连续且满足 $\displaystyle\int_0^1 f(x)\,\mathrm{d}x = \frac{1}{3} + \int_0^1 f^2(x^2)\,\mathrm{d}x$，求 $f(1)$。

解 作定积分换元，令 $x = t^2$，则有 $\displaystyle\int_0^1 f(x)\,\mathrm{d}x = \int_0^1 2t f(t^2)\,\mathrm{d}t$。代入已知条件可得

$$\int_0^1 2x f(x^2)\,\mathrm{d}x = \frac{1}{3} + \int_0^1 f^2(x^2)\,\mathrm{d}x = \int_0^1 x^2\,\mathrm{d}x + \int_0^1 f^2(x^2)\,\mathrm{d}x，$$

化简即为 $\displaystyle\int_0^1 [f(x^2) - x]^2\,\mathrm{d}x = 0$。结合函数的连续性，当 $x \in [0,1]$ 时，有 $f(x^2) - x \equiv 0$，取 $x = 1$，可得 $f(1) = 1$。

例 3.98 证明：$\displaystyle\int_0^1 \frac{1}{x^x}\,\mathrm{d}x = \sum_{n=1}^{\infty} \frac{1}{n^n}$。

证明 $\displaystyle\int_0^1 \frac{1}{x^x}\,\mathrm{d}x = \int_0^1 \mathrm{e}^{-x\ln x}\,\mathrm{d}x = \int_0^1 \sum_{n=0}^{\infty} \frac{1}{n!}(-x\ln x)^n\,\mathrm{d}x = \sum_{n=0}^{\infty} \int_0^1 \frac{1}{n!}(-x\ln x)^n\,\mathrm{d}x$。

对于其中的积分 $\displaystyle\int_0^1 \frac{1}{n!}(-x\ln x)^n\,\mathrm{d}x$，作换元 $\ln x = t$，则有

$$\int_0^1 \frac{1}{n!}(-x\ln x)^n\,\mathrm{d}x = \int_{-\infty}^0 \frac{1}{n!}(-\mathrm{e}^t t)^n \mathrm{e}^t\,\mathrm{d}t = \int_{-\infty}^0 \frac{1}{n!}(-1)^n t^n \mathrm{e}^{(n+1)t}\,\mathrm{d}t$$

$$= \frac{1}{n!}(-1)^n \left[\frac{t^n}{n+1}\mathrm{e}^{(n+1)t} - \frac{nt^{n-1}}{(n+1)^2}\mathrm{e}^{(n+1)t} + \frac{n(n-1)t^{n-2}}{(n+1)^3}\mathrm{e}^{(n+1)t} + \cdots\right.$$

$$\left.+ (-1)^n \frac{n!}{(n+1)^{n+1}}\mathrm{e}^{(n+1)t}\right]\Big|_{-\infty}^0$$

$$= \frac{1}{(n+1)^{n+1}}，$$

所以
$$\int_0^1 \frac{1}{x^x}\,\mathrm{d}x = \sum_{n=0}^{\infty} \frac{1}{(n+1)^{n+1}} = \sum_{n=1}^{\infty} \frac{1}{n^n}。$$

例 3.99 设函数 $f(x)$ 满足 $f''(x) > 0$，$\displaystyle\int_0^1 f(x)\,\mathrm{d}x = 0$，证明：$|f(x)| \leqslant \max\{f(0), f(1)\}$。

证明 不妨假设 $f(0) \geqslant f(1)$，此时，要证明 $|f(x)| \leqslant \max\{f(0), f(1)\}$，只需要证明 $-f(0) \leqslant f(x) \leqslant f(0)$ 即可。

注意到 $f''(x) > 0$，曲线 $f(x)$ 是一条凹曲线，显然有 $f(x) \leqslant f(0)$，故只需要证明 $f(x) \geqslant -f(0)$ 即可。进一步不妨设函数 $f(x)$ 在闭区间 $[0,1]$ 上的最小值点为 $x = c$，因此只需要证明 $f(c) \geqslant -f(0)$ 即可。以下分两个情形加以讨论：

情形一 当点 c 位于开区间 $(0,1)$ 时,构造函数

$$g(x)=\begin{cases}\dfrac{f(c)-f(0)}{c}x+f(0), & 0\leqslant x\leqslant c\\[3mm]\dfrac{f(c)-f(1)}{c-1}(x-1)+f(1), & c<x\leqslant 1\end{cases}。$$

同样由于曲线 $f(x)$ 是一条凹曲线,则当 $x\in[0,1]$ 时,有 $g(x)\geqslant f(x)$,所以 $\displaystyle\int_0^1 g(x)\mathrm{d}x\geqslant\int_0^1 f(x)\mathrm{d}x=0$,即

$$\int_0^c\left[\frac{f(c)-f(0)}{c}x+f(0)\right]\mathrm{d}x+\int_c^1\left[\frac{f(c)-f(1)}{c-1}(x-1)+f(1)\right]\mathrm{d}x\geqslant 0。$$

即有 $\dfrac{f(c)-f(0)}{c}\cdot\dfrac{c^2}{2}+cf(0)-\dfrac{f(c)-f(1)}{c-1}\cdot\dfrac{(c-1)^2}{2}+f(1)(1-c)\geqslant 0$,

化简可得 $cf(0)+f(1)-cf(1)+f(c)\geqslant 0$。 注意到 $f(0)\geqslant f(1)$,则有

$$cf(0)+f(0)-cf(0)+f(c)\geqslant 0,\quad f(c)\geqslant -f(0)。$$

情形二 当点 $c=1$ 时,构造函数

$$g(x)=(f(1)-f(0))x+f(0),\quad 0\leqslant x\leqslant 1。$$

类似地,有 $\displaystyle\int_0^1 g(x)\mathrm{d}x\geqslant\int_0^1 f(x)\mathrm{d}x=0$,即

$$\int_0^1\left[(f(1)-f(0))x+f(0)\right]\mathrm{d}x\geqslant 0,\quad f(1)+f(0)\geqslant 0。$$

此时也有 $f(c)=f(1)\geqslant -f(0)$。 综上,命题得证。

例 3.100 设函数 $f(x)$、$g(x)$、$h(x)$ 在区间 $[0,+\infty)$ 上非负连续,$g(t)\leqslant f(t)+\displaystyle\int_0^t g(s)h(s)\mathrm{d}s$ $(t>0)$,$f'(t)\geqslant 0$,$\displaystyle\int_0^{+\infty}h(t)\mathrm{d}t=A$(其中 A 是常数),证明:$g(t)\leqslant f(t)(1+Ae^A)$。

证明 将已知条件 $g(t)\leqslant f(t)+\displaystyle\int_0^t g(s)h(s)\mathrm{d}s$ 变形为

$$g(t)h(t)\leqslant f(t)h(t)+h(t)\int_0^t g(s)h(s)\mathrm{d}s。$$

记 $F(t)=\displaystyle\int_0^t g(s)h(s)\mathrm{d}s$,则 $F'(t)=g(t)h(t)$,此时 $F'(t)=g(t)h(t)\leqslant f(t)h(t)+h(t)F(t)$,即为

$$\left[F(t)e^{-\int_0^t h(s)\mathrm{d}s}\right]'\leqslant f(t)h(t)e^{-\int_0^t h(s)\mathrm{d}s}。$$

两边在 $[0,t]$ 上积分,有

$$F(t)e^{-\int_0^t h(s)\mathrm{d}s}\leqslant\int_0^t f(s)h(s)e^{-\int_0^s h(u)\mathrm{d}u}\mathrm{d}s\leqslant f(t)\int_0^t h(s)e^{-\int_0^s h(u)\mathrm{d}u}\mathrm{d}s,$$

故

$$F(t) \leqslant f(t) \int_0^t h(s) \mathrm{e}^{-\int_0^s h(u)\mathrm{d}u} \mathrm{d}s \cdot \left(\mathrm{e}^{\int_0^t h(s)\mathrm{d}s} \right) = f(t) \int_0^t h(s) \mathrm{e}^{\int_s^t h(u)\mathrm{d}u} \mathrm{d}s,$$

所以，$g(t) \leqslant f(t) + \int_0^t g(s)h(s)\mathrm{d}s = f(t) + F(t) \leqslant f(t) + f(t)\int_0^t h(s)\mathrm{e}^{\int_s^t h(u)\mathrm{d}u}\mathrm{d}s$

$$= f(t)\left[1 + \int_0^t h(s)\mathrm{e}^{\int_s^t h(u)\mathrm{d}u}\mathrm{d}s \right] \leqslant f(t)\left[1 + \int_0^t h(s)\mathrm{e}^A \mathrm{d}s \right] \leqslant f(t)(1 + A\mathrm{e}^A)。$$

例 3.101　设函数 $f(x)$、$g(x)$、$h(x)$ 在区间 $[0, +\infty)$ 上非负连续，$g(t) \leqslant f(t) + \int_0^t g(s)h(s)\mathrm{d}s$ $(t > 0)$，$f'(t) \geqslant 0$，$\int_0^{+\infty} h(t)\mathrm{d}t = A$（其中 A 是常数），证明：$g(t) \leqslant f(t)\mathrm{e}^{\int_0^t h(s)\mathrm{d}s}$。

证明　将已知条件 $g(t) \leqslant f(t) + \int_0^t g(s)h(s)\mathrm{d}s$ 变形为

$$g(t)h(t) \leqslant f(t)h(t) + h(t)\int_0^t g(s)h(s)\mathrm{d}s。$$

记 $F(t) = \int_0^t g(s)h(s)\mathrm{d}s$，则 $F'(t) = g(t)h(t)$，此时

$$F'(t) = g(t)h(t) \leqslant f(t)h(t) + h(t)F(t),$$

即为

$$\left[F(t)\mathrm{e}^{-\int_0^t h(s)\mathrm{d}s} \right]' \leqslant f(t)h(t)\mathrm{e}^{-\int_0^t h(s)\mathrm{d}s}。$$

两边在 $[0, t]$ 上积分，有

$$F(t)\mathrm{e}^{-\int_0^t h(s)\mathrm{d}s} \leqslant \int_0^t f(s)h(s)\mathrm{e}^{-\int_0^s h(u)\mathrm{d}u}\mathrm{d}s \leqslant f(t)\int_0^t h(s)\mathrm{e}^{-\int_0^s h(u)\mathrm{d}u}\mathrm{d}s$$

$$= f(t)\int_0^t \mathrm{e}^{-\int_0^s h(u)\mathrm{d}u} \mathrm{d}\left(\int_0^s h(u)\mathrm{d}u \right) = -f(t)\left(\mathrm{e}^{-\int_0^s h(u)\mathrm{d}u} \right)\Big|_0^t$$

$$= f(t)\left[1 - \mathrm{e}^{-\int_0^t h(u)\mathrm{d}u} \right],$$

故

$$F(t) \leqslant f(t)\left[\mathrm{e}^{\int_0^t h(u)\mathrm{d}u} - 1 \right]。$$

所以，$g(t) \leqslant f(t) + \int_0^t g(s)h(s)\mathrm{d}s = f(t) + F(t) \leqslant f(t) + f(t)\left[\mathrm{e}^{\int_0^t h(u)\mathrm{d}u} - 1 \right] = f(t)\mathrm{e}^{\int_0^t h(u)\mathrm{d}u}$。

例 3.102　设函数 $f(x)$ 在 $[0, 1]$ 上可导，它在 $[0, 1]$ 上的最小值和最大值分别为 m 和 M，且对于任意的 $x \in \left[0, \frac{1}{2} \right]$，$f'(x) \leqslant m - M$。证明：当 $t \in \left[0, \frac{1}{2} \right]$ 时，$\int_0^t (1 - x)f'(x)\mathrm{d}x \leqslant t\int_0^1 (1 - x)f'(x)\mathrm{d}x$。

证明　由于 $\int_0^t (1 - x)f'(x)\mathrm{d}x = \int_0^t (1 - x)\mathrm{d}f(x) = (1 - t)f(t) - f(0) + \int_0^t f(x)\mathrm{d}x,$

$$\int_0^1 (1-x) f'(x) \mathrm{d}x = \int_0^1 (1-x) \mathrm{d}f(x) = -f(0) + \int_0^1 f(x) \mathrm{d}x,$$

故以下只需要证明:

$$(1-t)f(t) - f(0) + \int_0^t f(x) \mathrm{d}x \leqslant t\left[-f(0) + \int_0^1 f(x) \mathrm{d}x\right],$$

即

$$(1-t)\left[f(t) - f(0)\right] \leqslant t\int_0^1 f(x) \mathrm{d}x - \int_0^t f(x) \mathrm{d}x,$$

$$(1-t)\left[f(t) - f(0)\right] \leqslant t\left[\int_0^t f(x) \mathrm{d}x + \int_t^1 f(x) \mathrm{d}x\right] - \int_0^t f(x) \mathrm{d}x,$$

亦即

$$(1-t)\left[f(t) - f(0)\right] \leqslant (t-1)\int_0^t f(x) \mathrm{d}x + t\int_t^1 f(x) \mathrm{d}x, \qquad (1)$$

注意到

$$(t-1)\int_0^t f(x) \mathrm{d}x \geqslant t(t-1)M, \text{以及} \ t\int_t^1 f(x) \mathrm{d}x \geqslant t(1-t)m。$$

所以要证明式(1),只需要证明 $(1-t)(f(t) - f(0)) \leqslant t(t-1)M + t(1-t)m$ 即可。事实上,由拉格朗日中值定理,$(1-t)(f(t) - f(0)) = t(1-t)f'(\xi) \leqslant t(1-t)(m-M)$,因此式(1)成立。综上,命题得证。

例 3.103 设连续函数 $f(x) > 0$,对于任意的 $t \in \mathbf{R}$,都有 $\int_{-\infty}^{+\infty} \mathrm{e}^{-|t-x|} f(x) \mathrm{d}x \leqslant 1$,证明:对于任意的 a、$b \ (a < b)$,$\int_a^b f(x) \mathrm{d}x \leqslant \dfrac{b-a+2}{2}$。

证明 由已知可得 $\int_a^b \mathrm{e}^{-|t-x|} f(x) \mathrm{d}x \leqslant \int_{-\infty}^{+\infty} \mathrm{e}^{-|t-x|} f(x) \mathrm{d}x \leqslant 1$,故

$$\int_a^b \mathrm{d}t \int_a^b \mathrm{e}^{-|t-x|} f(x) \mathrm{d}x \leqslant b-a,$$

其中

$$\int_a^b \mathrm{d}t \int_a^b \mathrm{e}^{-|t-x|} f(x) \mathrm{d}x = \int_a^b \mathrm{d}x \int_a^b \mathrm{e}^{-|t-x|} f(x) \mathrm{d}t。$$

而

$$\int_a^b \mathrm{e}^{-|t-x|} f(x) \mathrm{d}t = \int_a^x \mathrm{e}^{-(x-t)} f(x) \mathrm{d}t + \int_x^b \mathrm{e}^{-(t-x)} f(x) \mathrm{d}t = f(x)(2 - \mathrm{e}^{a-x} - \mathrm{e}^{x-b}),$$

所以

$$\int_a^b f(x)(2 - \mathrm{e}^{a-x} - \mathrm{e}^{x-b}) \mathrm{d}x \leqslant b-a。$$

从而有 $2\int_a^b f(x) \mathrm{d}x (2 - \mathrm{e}^{a-x} - \mathrm{e}^{x-b}) \mathrm{d}x \leqslant b-a + \int_a^b f(x) \mathrm{e}^{a-x} \mathrm{d}x + \int_a^b f(x) \mathrm{e}^{x-b} \mathrm{d}x$

$$= b-a + \int_a^b f(x) \mathrm{e}^{-|a-x|} \mathrm{d}x + \int_a^b f(x) \mathrm{e}^{-|b-x|} \mathrm{d}x$$

$$\leqslant b-a + \int_{-\infty}^{+\infty} f(x) \mathrm{e}^{-|a-x|} \mathrm{d}x + \int_{-\infty}^{+\infty} f(x) \mathrm{e}^{-|b-x|} \mathrm{d}x \leqslant b-a+2。$$

综上,

$$\int_a^b f(x) \mathrm{d}x \leqslant \frac{b-a+2}{2}。$$

例 3.104 设函数 $f(x)$ 在点 x_0 的某个邻域 $U(x_0)$ 中具有直到 $n+1$ 阶导数,证明:对于邻域 $U(x_0)$ 中的每个 x,都有

$$f(x) = f(x_0) + f'(x_0)(x - x_0) + \frac{f''(x_0)}{2!}(x - x_0)^2 + \cdots + \frac{f^{(n)}(x_0)}{n!}(x - x_0)^n +$$

$$\int_{x_0}^{x} \frac{(x-t)^n}{n!} f^{(n+1)}(t) dt \text{。}$$

证明 **数学归纳法** 当 $n = 0$ 时,结论显然成立。假设当 $n = k$ 时结论成立,即有

$$f(x) = f(x_0) + f'(x_0)(x - x_0) + \frac{f''(x_0)}{2!}(x - x_0)^2 + \cdots$$

$$+ \frac{f^{(k)}(x_0)}{k!}(x - x_0)^n + \int_{x_0}^{x} \frac{(x-t)^k}{k!} f^{(k+1)}(t) dt \text{。}$$

则当 $n = k + 1$ 时,

$$f(x_0) + f'(x_0)(x - x_0) + \frac{f''(x_0)}{2!}(x - x_0)^2 + \cdots + \frac{f^{(k+1)}(x_0)}{(k+1)!}(x - x_0)^{k+1} + \int_{x_0}^{x} \frac{(x-t)^{k+1}}{(k+1)!} f^{(k+2)}(t) dt$$

$$= f(x) - \int_{x_0}^{x} \frac{(x-t)^k}{k!} f^{(k+1)}(t) dt + \frac{f^{(k+1)}(x_0)}{(k+1)!}(x - x_0)^{k+1} + \int_{x_0}^{x} \frac{(x-t)^{k+1}}{(k+1)!} f^{(k+2)}(t) dt$$

$$= f(x) - \int_{x_0}^{x} \frac{(x-t)^k}{k!} f^{(k+1)}(t) dt + \frac{f^{(k+1)}(x_0)}{(k+1)!}(x - x_0)^{k+1} + \int_{x_0}^{x} \frac{(x-t)^{k+1}}{(k+1)!} df^{(k+1)}(t)$$

$$= f(x) - \int_{x_0}^{x} \frac{(x-t)^k}{k!} f^{(k+1)}(t) dt + \frac{f^{(k+1)}(x_0)}{(k+1)!}(x - x_0)^{k+1} +$$

$$\frac{(x-t)^{k+1}}{(k+1)!} \cdot f^{(k+1)}(t) \Big|_{x_0}^{x} + \int_{x_0}^{x} \frac{(x-t)^k}{k!} f^{(k+1)}(t) dt = f(x) \text{。}$$

综上,结论成立。

例 3.105 设函数 $f(x)$ 在 $[0, 1]$ 上连续,求 $\lim\limits_{n \to \infty} n \int_0^1 x^n f(x) dx$。

解 由于 $f(x)$ 在 $[0, 1]$ 上连续,不妨设 $|f(x)| \leqslant M$。注意到

$$n \int_0^1 x^n f(x) dx = n \int_0^{1-\frac{1}{\sqrt{n}}} x^n f(x) dx + n \int_{1-\frac{1}{\sqrt{n}}}^1 x^n f(x) dx,$$

其中
$$\left| n \int_0^{1-\frac{1}{\sqrt{n}}} x^n f(x) dx \right| \leqslant nM \int_0^{1-\frac{1}{\sqrt{n}}} x^n dx = M \frac{n\left(1 - \frac{1}{\sqrt{n}}\right)^{n+1}}{n+1} \to 0, \ n \to \infty,$$

且
$$n \int_{1-\frac{1}{\sqrt{n}}}^1 x^n f(x) dx = nf(\xi) \int_{1-\frac{1}{\sqrt{n}}}^1 x^n dx = nf(\xi) \frac{1 - \left(1 - \frac{1}{\sqrt{n}}\right)^{n+1}}{n+1} \to f(1), \ n \to \infty \text{。}$$

综上,
$$\lim_{n \to \infty} n \int_0^1 x^n f(x) dx = f(1) \text{。}$$

例 3.106 设 $f(x)$、$g(x)$ 都是连续函数且 $g(x)$ 以 1 为周期,证明:

$$\lim_{n \to \infty} \int_0^1 f(x) g(nx) dx = \int_0^1 f(x) dx \cdot \int_0^1 g(x) dx \text{。}$$

证明 不妨假设 $g(x)$ 在闭区间 $[0,1]$ 上的最小值为 m，将区间 $[0,1]$ 进行 n 等分，记分点为 $x_k = \dfrac{k}{n}$，$k=0,1,2,\cdots,n$，则有

$$\lim_{n\to\infty}\int_0^1 f(x)[g(nx)-m]\,dx = \lim_{n\to\infty}\sum_{k=1}^n \int_{x_{k-1}}^{x_k} f(x)[g(nx)-m]\,dx$$

$$= \lim_{n\to\infty}\sum_{k=1}^n f(\xi_k)\int_{x_{k-1}}^{x_k}[g(nx)-m]\,dx.$$

注意到 $\displaystyle\int_{x_{k-1}}^{x_k}[g(nx)-m]\,dx = \frac{1}{n}\int_{k-1}^k[g(t)-m]\,dt = \frac{1}{n}\left[\int_0^1 g(x)\,dx - m\right]$，

因此，$\displaystyle\lim_{n\to\infty}\int_0^1 f(x)[g(nx)-m]\,dx = \lim_{n\to\infty}\sum_{k=1}^n f(\xi_k)\int_{x_{k-1}}^{x_k}[g(nx)-m]\,dx$

$$= \lim_{n\to\infty}\sum_{k=1}^n f(\xi_k)\frac{1}{n}\left[\int_0^1 g(x)\,dx - m\right] = \left[\int_0^1 g(x)\,dx - m\right]\cdot\lim_{n\to\infty}\sum_{k=1}^n f(\xi_k)\frac{1}{n}$$

$$= \left[\int_0^1 g(x)\,dx - m\right]\int_0^1 f(x)\,dx,$$

即为

$$\lim_{n\to\infty}\int_0^1 f(x)[g(nx)-m]\,dx = \left[\int_0^1 g(x)\,dx - m\right]\int_0^1 f(x)\,dx,$$

所以

$$\lim_{n\to\infty}\int_0^1 f(x)g(nx)\,dx = \int_0^1 f(x)\,dx \cdot \int_0^1 g(x)\,dx.$$

例 3.107 求曲线 $(x^2+y^2)^2 = a^2x^2 - b^2y^2$ 所围成图形的面积（a、$b>0$）。

解 考虑到曲线关于坐标轴对称，故只需要考虑第一象限内所围图形的面积，将曲线方程 $(x^2+y^2)^2 = a^2x^2 - b^2y^2$ 化为极坐标系下的方程：$\rho^2 = a^2\cos^2\theta - b^2\sin^2\theta$。

由 $\rho^2 = a^2\cos^2\theta - b^2\sin^2\theta \geqslant 0$ 解得 $0 \leqslant \theta \leqslant \arctan\left(\dfrac{a}{b}\right)$，所以曲线 $(x^2+y^2)^2 = a^2x^2 - b^2y^2$ 所围成图形的面积为

$$S = 4\int_0^{\arctan\frac{a}{b}} \frac{1}{2}\rho^2\,d\theta = 2\int_0^{\arctan\frac{a}{b}}(a^2\cos^2\theta - b^2\sin^2\theta)\,d\theta$$

$$= 2\int_0^{\arctan\frac{a}{b}}\left[a^2 - \frac{a^2+b^2}{2}(1-\cos 2\theta)\right]d\theta = 2\int_0^{\arctan\frac{a}{b}}\left(\frac{a^2-b^2}{2} + \frac{a^2+b^2}{2}\cos 2\theta\right)d\theta$$

$$= 2\left(\frac{a^2-b^2}{2}\arctan\frac{a}{b} + \frac{a^2+b^2}{2}\cdot\frac{1}{2}\sin 2\theta\Big|_0^{\arctan\frac{a}{b}}\right)$$

$$= (a^2-b^2)\arctan\frac{a}{b} + (a^2+b^2)\frac{1}{2}\sin\left(2\arctan\frac{a}{b}\right) = (a^2-b^2)\arctan\frac{a}{b} + ab.$$

例 3.108 两个相互外切的小圆同时内切于半径为 R 的大圆，三圆的圆心均在 y 轴上，大圆圆心到 x 轴的距离为 R，两个小圆各自所围区域绕 x 轴旋转所得到的体积之和什么时候可以取到最小值？

解 设下面的小圆的半径为 x，则上面的小圆的半径为 $R-x$。以下分两个步骤求两个小圆各自所围区域绕 x 轴旋转所得到的体积。

步骤一 先考虑圆形区域 $x^2 + (y-b)^2 \leqslant a^2\,(b>a>0)$ 绕 x 轴旋转所得到的体积，

$$V_x = \int_{-a}^{a} \left[\pi (b + \sqrt{a^2 - x^2})^2 - \pi (b - \sqrt{a^2 - x^2})^2 \right] \mathrm{d}x$$

$$= 2\pi \int_{0}^{a} \left[(b + \sqrt{a^2 - x^2})^2 - (b - \sqrt{a^2 - x^2})^2 \right] \mathrm{d}x = 8\pi b \int_{0}^{a} \sqrt{a^2 - x^2}\, \mathrm{d}x = 2\pi^2 a^2 b\,。$$

步骤二 由步骤一,上下两个小圆各自所围区域绕 x 轴旋转所得到的体积分别为

$$V_1 = 2\pi^2 (R + x)(R - x)^2, \ V_2 = 2\pi^2 x^3,$$

故两个小圆各自所围区域绕 x 轴旋转所得到的体积之和为

$$V = V_1 + V_2 = 2\pi^2 (R + x)(R - x)^2 + 2\pi^2 x^3 = 2\pi^2 \left[x^3 + (R + x)(R - x)^2 \right]\,。$$

令 $\dfrac{\mathrm{d}V}{\mathrm{d}x} = 0$ 可得 $x = \dfrac{1 + \sqrt{7}}{6} R$,则上面小圆的半径为 $R - x = \dfrac{5 - \sqrt{7}}{6} R$。 此时旋转体的体积之和最大。

例 3.109 设 $f'(x) \in C[a, b]$,证明:

$$\lim_{n \to \infty} n \left\{ \frac{b - a}{n} \sum_{k=1}^{n} f\left[a + \frac{k}{n}(b - a) \right] - \int_{a}^{b} f(x)\, \mathrm{d}x \right\} = \frac{b - a}{2} \left[f(b) - f(a) \right]\,。$$

证明 将区间 $[a, b]$ 进行 n 等分,记分点 $x_k = a + \dfrac{k}{n}(b - a)$, $k = 0, 1, 2, \cdots, n$,则有

$$\frac{b - a}{n} \sum_{k=1}^{n} f\left[a + \frac{k}{n}(b - a) \right] - \int_{a}^{b} f(x)\, \mathrm{d}x = \frac{b - a}{n} \sum_{k=1}^{n} f(x_k) - \sum_{k=1}^{n} \int_{x_{k-1}}^{x_k} f(x)\, \mathrm{d}x$$

$$= \sum_{k=1}^{n} \int_{x_{k-1}}^{x_k} \left[f(x_k) - f(x) \right] \mathrm{d}x = \sum_{k=1}^{n} \int_{x_{k-1}}^{x_k} \frac{f(x_k) - f(x)}{x_k - x} (x_k - x)\, \mathrm{d}x$$

$$= \sum_{k=1}^{n} \left[\frac{f(x_k) - f(c_k)}{x_k - c_k} \right] \int_{x_{k-1}}^{x_k} (x_k - x)\, \mathrm{d}x = \sum_{k=1}^{n} f'(\xi_k) \cdot \frac{(b - a)^2}{2n^2}\,。$$

所以,$\displaystyle \lim_{n \to \infty} n \left\{ \frac{b - a}{n} \sum_{k=1}^{n} f\left[a + \frac{k}{n}(b - a) \right] - \int_{a}^{b} f(x)\, \mathrm{d}x \right\} = \lim_{n \to \infty} n \sum_{k=1}^{n} f'(\xi_k) \cdot \frac{(b - a)^2}{2n^2}$

$$= \lim_{n \to \infty} \frac{b - a}{2} \sum_{k=1}^{n} f'(\xi_k) \cdot \frac{b - a}{n} = \frac{b - a}{2} \int_{a}^{b} f'(x)\, \mathrm{d}x = \frac{b - a}{2} \left[f(b) - f(a) \right]\,。$$

注:① 该类"加边"问题在竞赛中经常出现,读者应该多加体会。

② 本题还可以继续加边,我们不加证明地给出如下命题:

命题 设 $f''(x) \in C[a, b]$,则有

$$\lim_{n \to \infty} n \left\{ n \left[\frac{b - a}{n} \sum_{k=1}^{n} f\left(a + \frac{k}{n}(b - a) \right) - \int_{a}^{b} f(x)\, \mathrm{d}x \right] - \frac{b - a}{2} \left[f(b) - f(a) \right] \right\}$$

$$= \frac{(b - a)^2}{12} \left[f'(b) - f'(a) \right]\,。$$

例 3.110 设函数 $f(x)$ 在 $[a, b]$ 上具有二阶连续导数,证明:存在一点 $\xi \in [a, b]$,使得

$$\int_{a}^{b} f(x)\, \mathrm{d}x = (b - a) f\left(\frac{a + b}{2} \right) + \frac{(b - a)^3}{24} f''(\xi)\,。$$

证明 由于 $f(x)$ 在 $[a,b]$ 上具有二阶连续导数,所以可不妨假设 $m = \min\limits_{x \in [a,b]} \{f''(x)\}$,$M = \max\limits_{x \in [a,b]} \{f''(x)\}$,由泰勒定理,对于任意的 $x \in [a,b]$,存在 η,使得

$$f(x) = f\left(\frac{a+b}{2}\right) + f'\left(\frac{a+b}{2}\right)\left(x - \frac{a+b}{2}\right) + \frac{f''(\eta)}{2}\left(x - \frac{a+b}{2}\right)^2.$$

故 $f\left(\dfrac{a+b}{2}\right) + f'\left(\dfrac{a+b}{2}\right)\left(x - \dfrac{a+b}{2}\right) + \dfrac{m}{2}\left(x - \dfrac{a+b}{2}\right)^2 \leqslant f(x)$

$$\leqslant f\left(\frac{a+b}{2}\right) + f'\left(\frac{a+b}{2}\right)\left(x - \frac{a+b}{2}\right) + \frac{M}{2}\left(x - \frac{a+b}{2}\right)^2.$$

因此,$\displaystyle\int_a^b \left[f\left(\frac{a+b}{2}\right) + f'\left(\frac{a+b}{2}\right)\left(x - \frac{a+b}{2}\right) + \frac{m}{2}\left(x - \frac{a+b}{2}\right)^2\right]\mathrm{d}x \leqslant \int_a^b f(x)\mathrm{d}x$

$$\leqslant \int_a^b \left[f\left(\frac{a+b}{2}\right) + f'\left(\frac{a+b}{2}\right)\left(x - \frac{a+b}{2}\right) + \frac{M}{2}\left(x - \frac{a+b}{2}\right)^2\right]\mathrm{d}x,$$

化简得 $(b-a)f\left(\dfrac{a+b}{2}\right) + \dfrac{m}{24}(b-a)^3 \leqslant \displaystyle\int_a^b f(x)\mathrm{d}x \leqslant (b-a)f\left(\dfrac{a+b}{2}\right) + \dfrac{M}{24}(b-a)^3,$

即为 $$m \leqslant \frac{24}{(b-a)^3}\left[\int_a^b f(x)\mathrm{d}x - (b-a)f\left(\frac{a+b}{2}\right)\right] \leqslant M.$$

由闭区间上连续函数的介值定理,存在一点 $\xi \in [a,b]$,使得

$$\frac{24}{(b-a)^3}\left[\int_a^b f(x)\mathrm{d}x - (b-a)f\left(\frac{a+b}{2}\right)\right] = f''(\xi),$$

即得 $$\int_a^b f(x)\mathrm{d}x = (b-a)f\left(\frac{a+b}{2}\right) + \frac{(b-a)^3}{24}f''(\xi).$$

例 3.111 设函数 $f(x)$ 在 $[a,b]$ 上具有二阶连续导数,证明:

$$\int_a^b f(x)\mathrm{d}x = (b-a)\frac{f(a)+f(b)}{2} + \frac{1}{2}\int_a^b (x-a)(x-b)f''(x)\mathrm{d}x.$$

证明 由于 $\displaystyle\int_a^b (x-a)(x-b)f''(x)\mathrm{d}x = \int_a^b (x-a)(x-b)\mathrm{d}(f'(x))$

$$= \left[(x-a)(x-b)f'(x)\right]\Big|_a^b - \int_a^b f'(x)(2x-a-b)\mathrm{d}x = -\int_a^b f'(x)(2x-a-b)\mathrm{d}x$$

$$= -\int_a^b (2x-a-b)\mathrm{d}f(x) = -\left[(2x-a-b)f(x)\Big|_a^b - \int_a^b 2f(x)\mathrm{d}x\right]$$

$$= -\left[(b-a)(f(a)+f(b)) - 2\int_a^b f(x)\mathrm{d}x\right].$$

变形即为 $\displaystyle\int_a^b f(x)\mathrm{d}x = (b-a)\frac{f(a)+f(b)}{2} + \frac{1}{2}\int_a^b (x-a)(x-b)f''(x)\mathrm{d}x.$

例 3.112 设函数 $f(x)$ 在 $[a,b]$ 上具有二阶连续导数,$f(a) = f(b) = 0$,$M = \max\limits_{x \in [a,b]} \{|f''(x)|\}$,证明:$\left|\displaystyle\int_a^b f(x)\mathrm{d}x\right| \leqslant \dfrac{M(b-a)^3}{12}.$

证明 由泰勒定理,对于任意的 $x \in [a,b]$,有

$$f(a) = f(x) + f'(x)(a-x) + \frac{f''(\xi_1)}{2}(a-x)^2,$$

且
$$f(b) = f(x) + f'(x)(b-x) + \frac{f''(\xi_2)}{2}(b-x)^2。$$

由此可得 $f(x) = \frac{1}{2}\left[f'(x)(2x-a-b) - \frac{f''(\xi_1)}{2}(a-x)^2 - \frac{f''(\xi_2)}{2}(b-x)^2\right]$,

故 $\displaystyle\int_a^b f(x)\mathrm{d}x = \frac{1}{2}\int_a^b f'(x)(2x-a-b)\mathrm{d}x - \int_a^b \frac{f''(\xi_1)}{4}(a-x)^2\mathrm{d}x - \int_a^b \frac{f''(\xi_2)}{4}(b-x)^2\mathrm{d}x,$

即为
$$\int_a^b f(x)\mathrm{d}x = -\int_a^b \frac{f''(\xi_1)}{8}(a-x)^2\mathrm{d}x - \int_a^b \frac{f''(\xi_2)}{8}(b-x)^2\mathrm{d}x。$$

所以,
$$\left|\int_a^b f(x)\mathrm{d}x\right| = \left|\int_a^b \frac{f''(\xi_1)}{8}(a-x)^2\mathrm{d}x + \int_a^b \frac{f''(\xi_2)}{8}(b-x)^2\mathrm{d}x\right|$$
$$\leqslant \int_a^b \frac{|f''(\xi_1)|}{8}(a-x)^2\mathrm{d}x + \int_a^b \frac{|f''(\xi_2)|}{8}(b-x)^2\mathrm{d}x$$
$$\leqslant \frac{M}{8}\left[\int_a^b(a-x)^2\mathrm{d}x + \int_a^b(b-x)^2\mathrm{d}x\right] = \frac{M(b-a)^3}{12}。$$

例 3.113 设函数 $f(x)$ 在 $[a,b]$ 上具有二阶连续导数,且 $f'(a)=f'(b)$,证明:存在一点 $\xi \in (a,b)$,使得 $\displaystyle\int_a^b f(x)\mathrm{d}x = (b-a)\frac{f(a)+f(b)}{2} + \frac{(b-a)^3}{24}f''(\xi)$。

证明 记 $F(x) = \displaystyle\int_a^b f(t)\mathrm{d}t$,由泰勒定理,存在 $\xi_1 \in \left(a, \frac{a+b}{2}\right)$,$\xi_2 \in \left(\frac{a+b}{2}, b\right)$,使得

$$F\left(\frac{a+b}{2}\right) = F(a) + F'(a)\left(\frac{a+b}{2}-a\right) + \frac{F''(a)}{2}\left(\frac{a+b}{2}-a\right)^2 + \frac{F'''(\xi_1)}{6}\left(\frac{a+b}{2}-a\right)^3,$$

$$F\left(\frac{a+b}{2}\right) = F(b) + F'(b)\left(\frac{a+b}{2}-b\right) + \frac{F''(b)}{2}\left(\frac{a+b}{2}-b\right)^2 + \frac{F'''(\xi_2)}{6}\left(\frac{a+b}{2}-b\right)^3。$$

两式相减,并注意到 $f'(a)=f'(b)$,可得

$$0 = -\int_a^b f(t)\mathrm{d}t + \frac{b-a}{2}[f(a)+f(b)] + \frac{f''(\xi_1)}{48}(b-a)^3 - \frac{f''(\xi_2)}{48}(a-b)^3,$$

所以

$$\int_a^b f(t)\mathrm{d}t = \frac{b-a}{2}[f(a)+f(b)] + \frac{(b-a)^3}{24}\frac{f''(\xi_1)+f''(\xi_2)}{2}。$$

对于上式中的常数 $\dfrac{f''(\xi_1)+f''(\xi_2)}{2}$,利用闭区间上连续函数的介值定理,存在一点 $\xi \in (a,b)$,使得 $\dfrac{f''(\xi_1)+f''(\xi_2)}{2} = f''(\xi)$。

综上,存在 $\xi \in (a,b)$,使得 $\displaystyle\int_a^b f(x)\mathrm{d}x = (b-a)\frac{f(a)+f(b)}{2} + \frac{(b-a)^3}{24}f''(\xi)$。

例 3.114 设函数$f(x)$在$[a,b]$上具有一阶连续导数，$\int_a^b f(x)\mathrm{d}x = 0$，$M = \max\limits_{x \in [a,b]} \{|f'(x)|\}$，证明：$\left| \int_a^b x f(x)\mathrm{d}x \right| \leqslant \dfrac{M(b-a)^3}{12}$。

证明 记$F(x) = \int_a^b f(t)\mathrm{d}t$，则$F(a) = F(b) = 0$且$F(x)$在$[a,b]$上具有二阶连续导数，所以存在一点$\xi \in (a,b)$，使得

$$\int_a^b F(x)\mathrm{d}x = (b-a)\frac{F(a)+F(b)}{2} - \frac{(b-a)^3}{12}F''(\xi) = -\frac{(b-a)^3}{12}f'(\xi)。 \qquad (1)$$

另一方面，$\int_a^b x f(x)\mathrm{d}x = \int_a^b x \mathrm{d}F(x) = xF(x)\Big|_a^b - \int_a^b F(x)\mathrm{d}x = -\int_a^b F(x)\mathrm{d}x$。

综上可得$\left| \int_a^b x f(x)\mathrm{d}x \right| = \left| \int_a^b F(x)\mathrm{d}x \right| = \left| \dfrac{(b-a)^3}{12}f'(\xi) \right| \leqslant \dfrac{M(b-a)^3}{12}$。

例 3.115 设函数$f(x)$在$[a,b]$上具有二阶连续导数，证明：

$$\lim_{n \to \infty} n^2 \left[\int_a^b f(x)\mathrm{d}x - \frac{b-a}{n} \sum_{k=1}^n f\left(a + \frac{2k-1}{2n}(b-a)\right) \right] = \frac{(b-a)^2}{24}[f'(b) - f'(a)]。$$

证明 因为$\int_a^b f(x)\mathrm{d}x - \dfrac{b-a}{n}\sum\limits_{k=1}^n f\left[a + \dfrac{2k-1}{2n}(b-a)\right]$

$$= \sum_{k=1}^n \int_{a+\frac{2k-2}{2n}(b-a)}^{a+\frac{2k}{2n}(b-a)} f(x)\mathrm{d}x - \frac{b-a}{n}\sum_{k=1}^n f\left[a + \frac{2k-1}{2n}(b-a)\right]$$

$$= \sum_{k=1}^n \int_{a+\frac{2k-2}{2n}(b-a)}^{a+\frac{2k}{2n}(b-a)} \left[f(x) - f\left(a + \frac{2k-1}{2n}(b-a)\right)\right]\mathrm{d}x。$$

由例 3.110，上式中的定积分$\int_{a+\frac{2k-2}{2n}(b-a)}^{a+\frac{2k}{2n}(b-a)} \left[f(x) - f\left(a + \dfrac{2k-1}{2n}(b-a)\right)\right]\mathrm{d}x = \dfrac{(b-a)^3}{24n^3}f''(\xi_k)$，

所以，$\lim\limits_{n \to \infty} n^2 \left[\int_a^b f(x)\mathrm{d}x - \dfrac{b-a}{n}\sum\limits_{k=1}^n f\left(a + \dfrac{2k-1}{2n}(b-a)\right) \right]$

$$= \lim_{n \to \infty} n^2 \sum_{k=1}^n \int_{a+\frac{2k-2}{2n}(b-a)}^{a+\frac{2k}{2n}(b-a)} \left[f(x) - f\left(a + \frac{2k-1}{2n}(b-a)\right)\right]\mathrm{d}x$$

$$= \lim_{n \to \infty} n^2 \sum_{k=1}^n \frac{(b-a)^3}{24n^3}f''(\xi_k) = \lim_{n \to \infty} \frac{(b-a)^2}{24} \sum_{k=1}^n \frac{b-a}{n}f''(\xi_k)$$

$$= \frac{(b-a)^2}{24} \int_a^b f''(x)\mathrm{d}x = \frac{(b-a)^2}{24}[f'(b) - f'(a)]。$$

例 3.116 设函数$f(x)$在$[0,1]$上非负，且具有二阶导数，$f(0) = 0$，有一个质量分布均

匀的平板 D,占有的区域是由 $y=f(x)$、$x=1$ 以及 x 坐标轴围成的平面图形。用 $\bar{x}$ 表示平板 D 的质心的横坐标,证明:(1) 若 $f'(x)>0$,则 $\bar{x}>\dfrac{1}{2}$; (2) 若 $f''(x)>0$,则 $\bar{x}>\dfrac{2}{3}$。

证明 (1) 若 $f'(x)>0$,则 $\bar{x}=\dfrac{\iint\limits_{D}x\,\mathrm{d}x\,\mathrm{d}y}{\iint\limits_{D}\mathrm{d}x\,\mathrm{d}y}=\dfrac{\displaystyle\int_0^1 xf(x)\,\mathrm{d}x}{\displaystyle\int_0^1 f(x)\,\mathrm{d}x}$。 此时 $\bar{x}>\dfrac{1}{2}$ 当且仅当 $\bar{x}=$

$\dfrac{\displaystyle\int_0^1 xf(x)\,\mathrm{d}x}{\displaystyle\int_0^1 f(x)\,\mathrm{d}x}>\dfrac{1}{2}$,当且仅当 $\displaystyle\int_0^1 f(x)\,\mathrm{d}x<2\int_0^1 xf(x)\,\mathrm{d}x$。

注意到,$f(x)$ 严格单调增加,则 $\left[f(x)-f\left(\dfrac{1}{2}\right)\right]\left(x-\dfrac{1}{2}\right)\geqslant 0$, 故有

$$\int_0^1\left[f(x)-f\left(\frac{1}{2}\right)\right]\left(x-\frac{1}{2}\right)\mathrm{d}x>0,$$

化简即为 $\displaystyle\int_0^1 f(x)\,\mathrm{d}x<2\int_0^1 xf(x)\,\mathrm{d}x$。

(2) 若 $f''(x)>0$,类似(1),要证 $\bar{x}>\dfrac{2}{3}$,只需要证明 $\dfrac{\displaystyle\int_0^1 xf(x)\,\mathrm{d}x}{\displaystyle\int_0^1 f(x)\,\mathrm{d}x}>\dfrac{2}{3}$,即只需要证明

$\displaystyle\int_0^1 xf(x)\,\mathrm{d}x>\dfrac{2}{3}\int_0^1 f(x)\,\mathrm{d}x$ 即可。为此,构造函数 $F(x)=\displaystyle\int_0^x tf(t)\,\mathrm{d}t-\dfrac{2x}{3}\int_0^x f(t)\,\mathrm{d}t$, $x\in$ $[0,1]$,则 $F(0)=0$,

且 $F'(x)=xf(x)-\dfrac{2}{3}\displaystyle\int_0^x f(t)\,\mathrm{d}t-\dfrac{2}{3}xf(x)=\dfrac{1}{3}xf(x)-\dfrac{2}{3}\int_0^x f(t)\,\mathrm{d}t$, $F'(0)=0$,

$$F''(x)=\frac{1}{3}f(x)+\frac{1}{3}xf'(x)-\frac{2}{3}f(x)=\frac{1}{3}xf'(x)-\frac{1}{3}f(x)。$$

由拉格朗日中值定理 $f(x)=f(x)-f(0)=f'(\xi)x$, $\xi\in(0,x)$,所以

$$F''(x)=\frac{1}{3}xf'(x)-\frac{1}{3}f'(\xi)x=\frac{x}{3}\left[f'(x)-f'(\xi)\right]>0。$$

因此当 $x>0$ 时,有 $F(x)>0$。特别地,$F(1)>0$,即为 $\displaystyle\int_0^1 xf(x)\,\mathrm{d}x>\dfrac{2}{3}\int_0^1 f(x)\,\mathrm{d}x$。

综上,结论成立。

不等式 $\displaystyle\int_0^1 xf(x)\,\mathrm{d}x>\dfrac{2}{3}\int_0^1 f(x)\,\mathrm{d}x$ 也可以如下证明:

证明 由于

$$\int_0^1(3x-2)f(x)\,\mathrm{d}x=\int_0^1 f(x)\,\mathrm{d}\left(\frac{3}{2}x^2-2x+\frac{1}{2}\right)$$

$$=\left(\frac{3}{2}x^2-2x+\frac{1}{2}\right)f(x)\bigg|_0^1-\int_0^1\left(\frac{3}{2}x^2-2x+\frac{1}{2}\right)f'(x)\,\mathrm{d}x$$

$$=-\int_0^1\left(\frac{3}{2}x^2-2x+\frac{1}{2}\right)f'(x)\mathrm{d}x=-\int_0^1 f'(x)\mathrm{d}\left(\frac{1}{2}x^3-x^2+\frac{1}{2}x\right)$$

$$=-f'(x)\left(\frac{1}{2}x^3-x^2+\frac{1}{2}x\right)\Big|_0^1+\int_0^1\left(\frac{1}{2}x^3-x^2+\frac{1}{2}x\right)f''(x)\mathrm{d}x$$

$$=\int_0^1\frac{1}{2}x(x-1)^2 f''(x)\mathrm{d}x>0,$$

所以 $$\int_0^1 xf(x)\mathrm{d}x>\frac{2}{3}\int_0^1 f(x)\mathrm{d}x。$$

例 3.117 设函数 $f_0(x)$ 在区间 $[0,1]$ 上连续,且 $f_0(x)>0$,$f_n(x)=\sqrt{\int_0^x f_{n-1}(x)\mathrm{d}x}$,$n=1,2,\cdots$,证明: $\lim\limits_{n\to\infty}f_n(x)=\frac{x}{2}$。

证明 不妨设 $f_0(x)$ 在区间 $[0,1]$ 上的最小值和最大值分别为 m、M,则 $m\leqslant f_0(x)\leqslant M$,故

$$\sqrt{m}\,x^{\frac{1}{2}}\leqslant f_1(x)=\sqrt{\int_0^x f_0(x)\mathrm{d}x}\leqslant\sqrt{M}\,x^{\frac{1}{2}},$$

$$m^{\frac{1}{2^2}}\left(\frac{2}{3}\right)^{\frac{1}{2}}x^{\frac{3}{4}}\leqslant f_2(x)=\sqrt{\int_0^x f_1(x)\mathrm{d}x}\leqslant M^{\frac{1}{2^2}}\left(\frac{2}{3}\right)^{\frac{1}{2}}x^{\frac{3}{4}},\cdots。$$

设 $m^{\frac{1}{2^{n-1}}}c_{n-1}x^{1-\frac{1}{2^{n-1}}}\leqslant f_{n-1}(x)\leqslant M^{\frac{1}{2^{n-1}}}c_{n-1}x^{1-\frac{1}{2^{n-1}}}$,则有

$$m^{\frac{1}{2^n}}\sqrt{c_{n-1}\frac{2^{n-1}}{2^n-1}}x^{1-\frac{1}{2^n}}\leqslant f_n(x)=\sqrt{\int_0^x f_{n-1}(x)\mathrm{d}x}\leqslant M^{\frac{1}{2^n}}\sqrt{c_{n-1}\frac{2^{n-1}}{2^n-1}}x^{1-\frac{1}{2^n}}。\quad(1)$$

得数列: $c_1=1$,$c_n=\sqrt{c_{n-1}\frac{2^{n-1}}{2^n-1}}$,变形为 $\ln c_n=\frac{1}{2}\left[\ln c_{n-1}+\ln\left(\frac{2^{n-1}}{2^n-1}\right)\right]$,即

$$2\ln c_n-\ln c_{n-1}=\ln\left(\frac{2^{n-1}}{2^n-1}\right)。\quad(2)$$

注意到,$\lim\limits_{n\to\infty}\ln\left(\frac{2^{n-1}}{2^n-1}\right)=\ln\frac{1}{2}$,故 $\lim\limits_{n\to\infty}\ln c_n$ 存在,不妨设 $\lim\limits_{n\to\infty}\ln c_n=a$。式(2)两边取极限可得 $\lim\limits_{n\to\infty}c_n=a=-\ln 2$,因此 $\lim\limits_{n\to\infty}c_n=\frac{1}{2}$。结合式(1)可得 $\lim\limits_{n\to\infty}f(x)=\frac{x}{2}$。

例 3.118 求笛卡尔叶形线 $x^3+y^3-3axy=0\,(a>0)$ 与其渐近线所围图形的面积。

解 注意到笛卡尔叶形线 $x^3+y^3-3axy=0$ 的渐近线方程为 $x+y+a=0$,结合图形的对称性可知,所围图形的面积 $S=2\int_{-\infty}^0(y+x+a)\mathrm{d}x-\frac{a^2}{2}$。令 $x=\frac{3at}{1+t^3}$,则 $y=\frac{3at^2}{1+t^3}$,所以

$$S=2\int_{-\infty}^0(y+x+a)\mathrm{d}x-\frac{a^2}{2}=2\int_{-1}^0\left(\frac{3at^2}{1+t^3}+\frac{3at}{1+t^3}+a\right)\mathrm{d}\left(\frac{3at}{1+t^3}\right)-\frac{a^2}{2}$$

$$=6a^2\int_{-1}^0\frac{1-2t^3}{(t^2-t+1)^3}\mathrm{d}t-\frac{a^2}{2}=\frac{3a^2}{2}。$$

注：$\int_{-1}^{0} \dfrac{1-2t^3}{(t^2-t+1)^3}\mathrm{d}t = \dfrac{1}{3}$（参见习题 3.30）。

练习题三

3.1 计算 $\displaystyle\int \dfrac{1-x^2\cos x}{(1+x\sin x)^2}\mathrm{d}x$。

3.2 设 $F(x)$ 是 $f(x)$ 在 (a,b) 上的一个原函数，则 $f(x)+F(x)$ 在 (a,b) 上（ ）。
(A) 可导   (B) 连续   (C) 存在原函数   (D) 是初等函数

3.3 计算 $\displaystyle\int \dfrac{1}{\sin x - \sin 2020}\mathrm{d}x$。

3.4 求下列不定积分：

(1) $\displaystyle\int \sin^n x \sin[(n+2)x]\mathrm{d}x$；   (2) $\displaystyle\int \cos^n x \cos[(n+2)x]\mathrm{d}x$；

(3) $\displaystyle\int \cos^n x \sin[(n+2)x]\mathrm{d}x$；   (4) $\displaystyle\int \sin^n x \cos[(n+2)x]\mathrm{d}x$。

3.5 设 $y^2(x-y)=x^2$，计算 $\displaystyle\int \dfrac{1}{y^2}\mathrm{d}x$。   **3.6** 计算 $\displaystyle\int |\ln x|\,\mathrm{d}x$。

3.7 设 $f(x)=\sqrt[4]{1-\sin x}$，$F(x)$ 是 $f(x)$ 的任意一个原函数，证明：$\lim\limits_{x\to+\infty} F(x)=+\infty$。

3.8 计算 $\displaystyle\int \dfrac{1}{x^{10}(1+x^2)}\mathrm{d}x$。

3.9 计算不定积分 $\displaystyle\int \dfrac{1}{\sin(x+a)\sin(x+b)}\mathrm{d}x$，其中 $a-b\neq n\pi$。

3.10 计算不定积分：(1) $\displaystyle\int \dfrac{1}{\sin^3 x + \cos^3 x}\mathrm{d}x$；(2) $\displaystyle\int \dfrac{\mathrm{d}x}{\sin^6 x + \cos^6 x}$。

3.11 求 $\displaystyle\int_0^{\pi} \sin^{10} x \cos^8 x\,\mathrm{d}x$。   **3.12** 求 $\displaystyle\int_0^{+\infty} \dfrac{1}{(1+x^2)(1+x^{2020})}\mathrm{d}x$。

3.13 求 $\displaystyle\int_0^{\ln 2} (x-\ln 2)\mathrm{e}^{-2\ln(1+\mathrm{e}^x)+x+\ln 2}\mathrm{d}x$。   **3.14** 求 $\displaystyle\int_0^{\frac{\pi}{4}} \left(\dfrac{\sin x - \cos x}{\sin x + \cos x}\right)^3 \mathrm{d}x$。

3.15 已知 $y+\mathrm{e}^y-x-1=0$，求 $\displaystyle\int_0^{\mathrm{e}} y(x)\mathrm{d}x$。

3.16 设奇函数 $f(x)$ 在 $(-\infty,+\infty)$ 上具有连续的导数，则（ ）。

(A) $\displaystyle\int_0^x [\cos f(t)+f'(t)]\mathrm{d}t$ 是奇函数   (B) $\displaystyle\int_0^x [\cos f(t)+f'(t)]\mathrm{d}t$ 是偶函数

(C) $\displaystyle\int_0^x [\cos f(t)+f'(t)]\mathrm{d}t$ 是奇函数   (D) $\displaystyle\int_0^x [\cos f(t)+f'(t)]\mathrm{d}t$ 是偶函数

3.17 计算反常积分 $\displaystyle\int_{-\infty}^{+\infty} \dfrac{\mathrm{d}x}{x^6+x^4+x^2+1}$。

3.18 设 $\displaystyle\int_0^1 u(t)\mathrm{d}t + u(t) = u'(t)$ 且 $u(0)=1$，求 $u(t)$。

3.19 设 $f(x)$ 在 $[0,1]$ 上连续，$f(x) \geqslant \alpha > 0$，证明：$\int_0^1 \ln f(x) \mathrm{d}x \leqslant \ln \int_0^1 f(x) \mathrm{d}x$。

3.20 设 $a \neq b$ 且 $\int \dfrac{1}{(a+b\sin x)^2} \mathrm{d}x = \dfrac{A\cos x}{a+b\sin x} + B \int \dfrac{1}{a+b\sin x} \mathrm{d}x$，求常数 A、B。

3.21 计算 $\int \min\{x^2, x+6\} \mathrm{d}x$。 **3.22** 证明：$\int_0^{\sqrt{2\pi}} \sin(x^2) \mathrm{d}x > 0$。

3.23 计算不定积分 $\int \dfrac{1}{\sqrt[n]{(x-a)^{n+1}(x-b)^{n-1}}} \mathrm{d}x$，$a \neq b$。

3.24 计算不定积分 $\int \dfrac{1}{(x^2-x+1)\sqrt{x^2+x+1}} \mathrm{d}x$。

3.25 求极限 $\lim\limits_{n\to\infty} \sum\limits_{i=1}^{n} \dfrac{1}{n + \dfrac{i^2+1}{n}}$。 **3.26** 求极限 $\lim\limits_{n\to\infty}(b^{\frac{1}{n}}-1)\sum\limits_{i=0}^{n-1} b^{\frac{i}{n}} \sin(b^{\frac{2i+1}{2n}})$，$b > 1$。

3.27 计算 $\int_0^{\frac{\pi}{2}} (\sqrt[3]{\tan x} + \sqrt[3]{\cot x}) \mathrm{d}x$。 **3.28** 计算定积分 $\int_{e^{-2n\pi}}^1 \left| \dfrac{\mathrm{d}}{\mathrm{d}x} \cos\left(\ln \dfrac{1}{x}\right) \right| \mathrm{d}x$。

3.29 设 $0 < a < 1$，计算定积分：(1) $\int_0^{\pi} \dfrac{1}{1+a\cos x} \mathrm{d}x$；(2) $\int_0^{\pi} \dfrac{1}{(1+a\cos x)^2} \mathrm{d}x$。

3.30 计算定积分 $\int_{-1}^0 \dfrac{1-2t^3}{(t^2-t+1)^3} \mathrm{d}t$。

3.31 计算定积分：(1) $\int_0^{\frac{\pi}{2}} \left(\dfrac{\sin nx}{\sin x}\right)^2 \mathrm{d}x$；(2) $\int_0^{\pi} \dfrac{\sin^2 nx}{\sin x} \mathrm{d}x$。

3.32 计算下列定积分：(1) $\int_0^{\pi} \dfrac{x|\sin x \cos x|}{1+\sin^4 x} \mathrm{d}x$；(2) $\int_{-\frac{\pi}{2}}^{\frac{\pi}{2}} \dfrac{e^x \cdot \sin^2 x \cdot \cos^2 x}{1+e^x} \mathrm{d}x$。

3.33 设连续函数 $f(x)$ 满足：对于任意的 x、y，都有 $f(xy) = f(x) + f(y)$ 成立，证明：
$\int_0^1 \dfrac{f(1+x)}{1+x^2} \mathrm{d}x = \dfrac{\pi}{8} f(2)$。

3.34 计算不定积分：$\int \dfrac{1}{x(x+1)(x+2)\cdots(x+m)} \mathrm{d}x$，其中 m 是正整数。

3.35 计算定积分：$\int_0^1 \ln(x+1) \cdot \dfrac{1+x^2}{(1+x)^4} \mathrm{d}x$。

3.36 设 a、b、c 是常数且 $b > 2\sqrt{c} > 0$，计算定积分 $\int_{-\infty}^{+\infty} \dfrac{x^2+a}{x^4+bx^2+c} \mathrm{d}x$。

3.37 证明：$\dfrac{1}{5} < \int_0^1 \sin x^2 \mathrm{d}x < \dfrac{1}{3}$。

3.38 设函数 $f(x)$、$g(x)$ 在 $[a,b]$ 上连续，满足 $m_1 \leqslant f(x) \leqslant M_1$，$m_2 \leqslant g(x) \leqslant M_2$，证明：$\dfrac{1}{b-a}\int_a^b f(x)g(x)\mathrm{d}x - \dfrac{1}{(b-a)^2}\int_a^b f(x)\mathrm{d}x \int_a^b g(x)\mathrm{d}x \leqslant \dfrac{(M_1-m_1)(M_2-m_2)}{2}$。

3.39 证明：(1) 当 $R > 0$ 时，$\int_0^{\frac{\pi}{2}} e^{-R\sin x} \mathrm{d}x < \dfrac{\pi}{2R}(1-e^{-R})$ 成立；(2) 当 $R < 0$ 时，$\int_0^{\frac{\pi}{2}} e^{-R\sin x} \mathrm{d}x$
$> \dfrac{\pi}{2R}(1-e^{-R})$ 成立。

3.40 设 $f(x)$ 是 $(-\infty, +\infty)$ 上的非负函数，且具有连续导数，记 $M = \max\limits_{x \in [0,1]} \{|f'(x)|\}$，证

明：$\left|\int_0^1 f^3(x)\mathrm{d}x - f^2(0)\int_0^1 f(x)\mathrm{d}x\right| \leqslant M\left(\int_0^1 f(x)\mathrm{d}x\right)^2$。

3.41 设 $f(x)$ 在 $[0,1]$ 上具有一阶连续导数，$f(0)=0$，$f(1)=1$，证明：$\int_0^1 |f(x)-f'(x)|\,\mathrm{d}x \geqslant \dfrac{1}{\mathrm{e}}$。

3.42 设 $f(x)$ 连续，记 $g(t)=\int_0^1 |f(x)-t|\,\mathrm{d}x\,(0\leqslant t\leqslant 1)$，证明：$\max\limits_{t\in[0,1]}\{g(t)\}=\max\{g(0),g(1)\}$。

3.43 证明：$\displaystyle\int_0^{\frac{\pi}{2}}\frac{\sin x}{1+x^2}\mathrm{d}x \leqslant \int_0^{\frac{\pi}{2}}\frac{\cos x}{1+x^2}\mathrm{d}x$。

3.44 设 $f(x)$ 在 $[0,1]$ 上可导，$f(0)=f(1)$，$\int_0^1 f(x)\mathrm{d}x=0$，$|f'(x)|\neq 1$，对于任意的正整数 n，证明：$\left|\sum\limits_{k=0}^{n-1}f\left(\dfrac{k}{n}\right)\right|<\dfrac{1}{2}$。

3.45 设函数 $f(x)$ 在区间 $[0,1]$ 上具有连续的导数，且 $f(x)=0$ 在区间 $[0,1]$ 上至少有一个零点，证明：$\int_0^1 |f(x)|\,\mathrm{d}x \leqslant \int_0^1 |f'(x)|\,\mathrm{d}x$。

3.46 设函数 $f(x)$ 满足 $f(0)=0$，$0<f'(x)\leqslant 1$，证明：$\left[\int_0^1 f(x)\mathrm{d}x\right]^2 \geqslant \int_0^1 f^3(x)\mathrm{d}x$。

3.47 设函数 $f(x)$ 在区间 $[0,1]$ 上具有二阶连续导数，$f(0)=f(1)=0$，$f'(0)=0$，$f'(1)=1$，证明：$\int_0^1 [f''(x)]^2\mathrm{d}x \geqslant 4$。

3.48 设常数 $a>0$，证明：$\displaystyle\int_0^\pi xa^{\sin x}\mathrm{d}x\cdot\int_0^{\frac{\pi}{2}}a^{-\cos x}\mathrm{d}x \geqslant \dfrac{\pi^3}{4}$。

3.49 设函数 $f(x)$ 在区间 $[0,1]$ 上连续，$f(x)>0$，证明：$\dfrac{\int_0^1 f^3(x)\mathrm{d}x}{\int_0^1 f^2(x)\mathrm{d}x} \geqslant \dfrac{\int_0^1 f^2(x)\mathrm{d}x}{\int_0^1 f(x)\mathrm{d}x}$。

3.50 设 $f(x)$ 是连续函数，单调增加，$b\geqslant a>0$，证明：$\displaystyle\int_a^b xf(x)\mathrm{d}x \geqslant \dfrac{b}{2}\int_0^b f(x)\mathrm{d}x - \dfrac{a}{2}\int_0^a f(x)\mathrm{d}x$。

3.51 设函数 $f(x)$ 在区间 $[0,1]$ 上连续，$1\leqslant f(x)\leqslant 3$，证明：$1\leqslant \int_0^1 f(x)\mathrm{d}x\int_0^1 \dfrac{1}{f(x)}\mathrm{d}x \leqslant \dfrac{4}{3}$。

3.52 设函数 $f(x)$ 连续且满足 $f(x)=x\mathrm{e}^x+\int_0^x tf(x-t)\mathrm{d}t$，求 $f(x)$。

3.53 证明：$f(x)=\mathrm{e}^{\frac{x^2}{2}}\int_x^{+\infty}\mathrm{e}^{-\frac{t^2}{2}}\mathrm{d}t$ 是单调递减函数。

3.54 设函数 $f(x)$ 在 $[a,b]$ 上非负且 $f''(x)\leqslant 0$，证明：$f(x)\leqslant \dfrac{2}{b-a}\int_a^b f(x)\mathrm{d}x$。

3.55 证明：$\displaystyle\int_0^1 \sin x^{2020}\mathrm{d}x > \int_0^1 (\sin x)^{2020}\mathrm{d}x$。 **3.56** 证明：$\displaystyle\int_0^1 x^x\mathrm{d}x=\sum_{n=1}^\infty (-1)^{n-1}\dfrac{1}{n^n}$。

3.57 求 $\displaystyle\int_0^1 \ln x \cdot \ln(1-x)\,\mathrm{d}x$。

3.58 设函数 $f(x)$、$g(x)$ 是定义在区间 $[0,1]$ 上的连续函数,值域也都是 $[0,1]$,且 $f(x)$ 是单调增加函数,证明:$\displaystyle\int_0^1 f(g(x))\,\mathrm{d}x \leqslant \int_0^1 f(x)\,\mathrm{d}x + \int_0^1 g(x)\,\mathrm{d}x$。

3.59 设数列 $x_n \in \left[0, \dfrac{\pi}{2}\right]$ 且满足 $\displaystyle\int_0^{\frac{\pi}{2}} \sin^n x\,\mathrm{d}x = \dfrac{\pi}{2}\sin^n(x_n)$,求 $\displaystyle\lim_{n\to\infty} x_n$。

3.60 设 $f(x)$ 在 $[a,b]$ 上非负连续,证明:存在 $\xi \in [a,b]$,满足 $\displaystyle\int_a^{\xi} f(x)\,\mathrm{d}x = \dfrac{1}{3}\int_a^b f(x)\,\mathrm{d}x$。

3.61 计算 $\displaystyle\int_{\frac{\pi}{6}}^{\frac{\pi}{3}} \dfrac{\cos^2 x}{(\pi - 2x)}\,\mathrm{d}x$。 3.62 计算 $\displaystyle\int_2^4 \dfrac{\sqrt{\ln(9-x)}}{\sqrt{\ln(9-x)} + \sqrt{\ln(x+3)}}\,\mathrm{d}x$。

3.63 计算 $\displaystyle\int_0^{\frac{\pi}{4}} \dfrac{x}{(\cos x + \sin x)\cos x}\,\mathrm{d}x$。

3.64 计算 $\displaystyle\int_0^{2020} \dfrac{1}{x}\left[1 - \left(1 - \dfrac{x}{2020}\right)^{2020}\right]\mathrm{d}x$。 3.65 计算 $\displaystyle\int_0^1 \dfrac{x^2 - x}{\ln x}\,\mathrm{d}x$。

3.66 设函数 $f(x)$ 在 $[0,1]$ 上具有二阶连续导数,$f(1) \neq 0$。

(1) 证明 $\displaystyle\int_0^1 x^n f(x)\,\mathrm{d}x = \dfrac{f(1)}{n} - \dfrac{f(1) + f'(1)}{n^2} + o\left(\dfrac{1}{n^2}\right)$;

(2) 求 $\displaystyle\lim_{n\to\infty}\left[\dfrac{n}{f(1)}\int_0^1 x^n f(x)\,\mathrm{d}x\right]^n$。

3.67 设函数 $f(x)$ 在 $[0,1]$ 上连续,求 $\displaystyle\lim_{n\to\infty}\int_0^1 \sqrt[n]{x}\,f(x)\,\mathrm{d}x$。

3.68 求极限 $\displaystyle\lim_{n\to\infty}\left[2n\int_0^1 \dfrac{x^n}{1+x^2}\,\mathrm{d}x\right]^n$。

3.69 设 $f(x)$ 在 $[a,b]$ 上连续,$f(x) > 0$,证明:存在 $\xi \in (a,b)$,使得 $\displaystyle\int_a^{\xi} f(x)\,\mathrm{d}x = \int_{\xi}^b f(x)\,\mathrm{d}x = \dfrac{1}{2}\int_a^b f(x)\,\mathrm{d}x$。

3.70 设 $f(x)$ 在 $[0,+\infty)$ 上连续,$a > 0$,证明:$\displaystyle\int_1^a \dfrac{1}{x} f\left(x^2 + \dfrac{a^2}{x^2}\right)\mathrm{d}x = \int_1^a \dfrac{1}{x} f\left(x + \dfrac{a^2}{x}\right)\mathrm{d}x$。

3.71 设 $f(x)$ 是连续函数,证明:$\displaystyle\int_1^4 f\left(\dfrac{2}{x} + \dfrac{x}{2}\right)\cdot\dfrac{\ln x}{x}\,\mathrm{d}x = \ln 2 \cdot \int_1^4 f\left(\dfrac{2}{x} + \dfrac{x}{2}\right)\cdot\dfrac{1}{x}\,\mathrm{d}x$。

3.72 求极限 $\displaystyle\lim_{n\to\infty}\sum_{k=1}^n \dfrac{k}{(n+k)(n+k+1)}$。

3.73 求函数 $\displaystyle F(x) = \int_{-1}^1 |t - t^2 x|\,\mathrm{d}t$,$(x > 0)$ 的最小值。

3.74 求函数 $\displaystyle F(x) = \int_{-1}^1 |t - t^3 x|\,\mathrm{d}x$,$(x > 0)$ 的最小值。

3.75 设函数 $f(x)$ 在 $[a,b]$ 上连续,求极限 $\displaystyle\lim_{n\to\infty}\sum_{i=1}^n \ln\left[1 + \dfrac{1}{n}\cdot f\left(\dfrac{i}{n}\right)\right]$。

3.76 求极限 $\displaystyle\lim_{n\to\infty}\left(\sin\dfrac{1}{n+1} + \sin\dfrac{1}{n+2} + \cdots + \sin\dfrac{1}{n+n}\right)$。

3.77 求极限 $\lim\limits_{n\to\infty}\dfrac{\int_{\omega}^{1}(1-t^2)^n\,\mathrm{d}t}{\int_{0}^{1}(1-t^2)^n\,\mathrm{d}t}$，其中 $0<\omega<1$。

3.78 讨论 $\int_{0}^{1}\dfrac{1}{2x-\sqrt{1-x^2}}\,\mathrm{d}x$ 的敛散性。

3.79 求抛物线 $y^2=4ax\ (a>0)$ 的过焦点的弦与抛物线所围成图形面积的最小值。

3.80 设抛物线 $y^2=2px\ (p>0)$ 与它的一条弦 l 相交于点 A、B，过线段 AB 的中点作与抛物线的对称轴平行的直线，交抛物线于点 P。记 S_1 是三角形 PAB 的面积，记 S_2 是线段 AB 与抛物线所围成的弓形的面积。证明：$\dfrac{S_1}{S_2}$ 取定值。

3.81 设函数 $y=f(x)$ 满足 $f''(x)>0$，点 P 位于曲线 C：$y=f(x)$ 的上方，记曲线 C 的一条过点 P 的弦 l 与该曲线所围成的弓形的面积是 S，问弦 l 位于什么位置时，面积 S 取到最小值。

3.82 设曲线 l_1：$\begin{cases}x=a\cos^3 t\\ y=a\sin^3 t\end{cases}$，$0\leqslant t\leqslant\dfrac{\pi}{2}\ (a>0)$，曲线 l_2：$y=\sqrt{a^2-x^2}\ (0\leqslant x\leqslant a)$，记 D 是由曲线 l_1 和 l_2 所围成的平面区域，求区域 D 绕直线 $x+y=a$ 旋转一周所得几何体的体积。

3.83 设函数 $f(x)$ 在 $[a,b]$ 上连续，证明：$\lim\limits_{h\to 0}\dfrac{1}{h}\int_{a}^{x}[f(t+h)-f(t)]\,\mathrm{d}x=f(x)-f(a)$。

3.84 设函数 $f(x)$ 在 $[0,1]$ 上具有连续的导函数，证明：当 $x\in(0,1)$ 时，$|f(x)|\leqslant\int_{0}^{1}(|f(t)|+|f'(t)|)\,\mathrm{d}t$ 成立。

3.85 设函数 $f(x)$ 在 $[a,b]$ 上非负连续，记 M 是 $f(x)$ 在区间 $[a,b]$ 上的最大值，证明：$\lim\limits_{n\to\infty}\sqrt[n]{\int_{a}^{b}(f(x))^n\,\mathrm{d}x}=M$。

3.86 设函数 $f(x)$ 在 $[a,b]$ 上非负连续且严格单调增加，由积分中值定理，存在 $x_n\in[a,b]$ 使得 $[f(x_n)]^n=\dfrac{1}{b-a}\int_{a}^{b}[f(x)]^n\,\mathrm{d}x$，求 $\lim\limits_{n\to\infty}x_n$。

3.87 设函数 $f(x)$，$g(x)$ 在 $[a,b]$ 上连续，且 $f(x)\geqslant 0$，$g(x)>0$，求证：

$$\lim_{n\to\infty}\left\{\int_{a}^{b}[f(x)]^n g(x)\,\mathrm{d}x\right\}^{\frac{1}{n}}=\max_{a\leqslant x\leqslant b}f(x)。$$

3.88 设 $f(x)$ 在 $[0,1]$ 上具有一阶连续导数，$f(1)=0$，$\int_{0}^{1}xf'(x)\,\mathrm{d}x=1$，证明：存在 $\xi\in(0,1)$，使得 $f'(\xi)=2$。

3.89 设 $f'(x)\in C[0,1]$，$f(0)=0$，$f(1)=1$，证明：$\lim\limits_{n\to\infty}n\left[\int_{0}^{1}f(x)\,\mathrm{d}x-\dfrac{1}{n}\sum\limits_{k=1}^{n}f\left(\dfrac{k}{n}\right)\right]=-\dfrac{1}{2}$。

3.90 设 $f''(x)>0$，$g(x)$ 是连续函数，$a>0$，证明：$\dfrac{1}{a}\int_{0}^{a}f(g(x))\,\mathrm{d}x\geqslant f\left(\dfrac{1}{a}\int_{0}^{a}g(x)\,\mathrm{d}x\right)$。

3.91 设 $f(x)$ 在 $[a,b]$ 上有定义，且对 $[a,b]$ 上任意两点 x，y，有 $|f(x)-f(y)|\leqslant|x-$

$y |$，证明：$f(x)$ 在 $[a,b]$ 上连续且 $\left| \int_a^b f(x)\mathrm{d}x - (b-a)f(a) \right| \leqslant \dfrac{1}{2}(b-a)^2$。

3.92 设 $f''(x)$ 在 $[0,1]$ 上连续，$f(0)=f(1)=0$ 且 $f'(1)=\dfrac{a}{2}$，证明：$\int_0^1 x[f''(x)]^2\mathrm{d}x \geqslant \dfrac{a^2}{2}$。

3.93 设函数 $f(x)$ 在区间 $[a,b]$ 上具有二阶连续导数，证明：存在一点 $\xi \in (a,b)$，使得 $\int_a^b f(x)\mathrm{d}x = (b-a)\dfrac{f(a)+f(b)}{2} - \dfrac{(b-a)^3}{12}f''(\xi)$。

3.94 设函数 $f(x)$ 在 $[a,b]$ 上具有二阶连续导数，且 $f'(a)=f'(b)$，证明：存在一点 $\xi \in (a,b)$，使得 $\int_a^b f(x)\mathrm{d}x = (b-a)\dfrac{f(a)+f(b)}{2} + \dfrac{(b-a)^3}{6}f''(\xi)$。

3.95 求由曲线 $x^4+y^4=a^2(x^2+y^2)$ 所围平面图形的面积。

3.96 求由曲线 $(x^2+y^2)^2=4(x^2-3y^2)$ 所围平面图形的面积。

3.97 求曲线 $\rho\theta=1$ 相应于 $\dfrac{3}{4} \leqslant \theta \leqslant \dfrac{4}{3}$ 一段弧长。

3.98 求由曲线 $y^2=x^3-x^4$ 所围成的平面图形的形心。

3.99 设函数 $f(x)$ 在区间 $[0,1]$ 上非负连续，且 $f(x)$ 是凸函数，$f(0)=1$，证明：$\int_0^1 xf(x)\mathrm{d}x \leqslant \dfrac{2}{3}\left(\int_0^1 f(x)\mathrm{d}x\right)^2$。

3.100 设曲线 $y=ax^2$（$x>0$）与 $y=1-x^2$ 交于点 A，其中 $a>0$，线段 OA 与 $y=ax^2$ 围成平面区域 D。问当 a 为何值时，平面区域 D 绕轴旋转所得几何体体积 V_x 最大？并求最大值。

3.101 设函数 $f(x)$ 在 $[a,b]$ 上具有二阶连续导数，$f''(x) \neq 0$，$f(a)=f(b)=0$，$x_0 \in (a,b)$，$y_0=f(x_0)>0$，$f'(x_0)=0$。证明：

(1) 存在 $x_1 \in (a,x_0)$ 以及 $x_2 \in (x_0,b)$，使得 $f(x_1)=f(x_2)=\dfrac{y_0}{2}$；

(2) $\int_a^b f(x)\mathrm{d}x < y_0(x_2-x_1)$。

3.102 求曲线 $y=x^2$ 与直线 $y=mx$（$m>0$）在第一象限内所围成的平面图形绕该直线旋转一周所得几何体的体积。

3.103 求曲线 $\rho=a\sin^3\dfrac{\theta}{3}$ 全长。　　3.104 求曲线 $\begin{cases} x=\int_{\frac{\pi}{4}}^t \sqrt{2\cos u-1}\,\mathrm{d}u \\ y=\int_{\frac{\pi}{4}}^t \sqrt{1-2\cos^3 u}\,\mathrm{d}u \end{cases}$ 的全长。

3.105 证明由 $x=a$，$x=b$ 以及连续正值函数 $y=f(x)$ 所围成的平面图形绕 x 轴旋转一周所得几何体（假设体密度函数为 1）对 x 轴的转动惯量为 $I_x = \dfrac{\pi}{2}\int_a^b f^4(x)\mathrm{d}x$。

3.106 在 xOy 坐标面上，有一个质量为 M 的物体位于点 $(a,0)$ 处，（其中 $a<0$），现将位于原点处质量为 m 的质点从原点处沿 y 轴正方向移动到无穷远处，求质量为 M 的物体对该质点所作的功。

3.107 半径为 R 的铁球位于深度为 H 的水底，$H > 2R$。假设水的深度保持不变，水的密度为 ρ_1，铁球的密度为 ρ_2，现将铁球移出水面，需要作多少功？

练习题三解析与提示

3.1 **解** $\displaystyle\int \frac{1 - x^2\cos x}{(1 + x\sin x)^2}\mathrm{d}x = \frac{x}{1 + x\sin x} + C。$　　**3.2**　$C。$

3.3 **解** $\displaystyle\int \frac{1}{\sin x - \sin 2\,020}\mathrm{d}x = \int \frac{1}{2\cos\left(\dfrac{x}{2} + 1\,010\right)\sin\left(\dfrac{x}{2} - 1\,010\right)}\mathrm{d}x$

$$= \frac{1}{\cos 2\,020}\int \frac{\cos\left[\left(\dfrac{x}{2} + 1\,010\right) - \left(\dfrac{x}{2} - 1\,010\right)\right]}{2\cos\left(\dfrac{x}{2} + 1\,010\right)\sin\left(\dfrac{x}{2} - 1\,010\right)}\mathrm{d}x$$

$$= \frac{1}{\cos 2\,020}\int \frac{\cos\left(\dfrac{x}{2} + 1\,010\right)\cos\left(\dfrac{x}{2} - 1\,010\right) + \sin\left(\dfrac{x}{2} + 1\,010\right)\sin\left(\dfrac{x}{2} - 1\,010\right)}{2\cos\left(\dfrac{x}{2} + 1\,010\right)\sin\left(\dfrac{x}{2} - 1\,010\right)}\mathrm{d}x$$

$$= \frac{1}{\cos 2\,020}\int \left[\frac{\cos\left(\dfrac{x}{2} - 1\,010\right)}{2\sin\left(\dfrac{x}{2} - 1\,010\right)} + \frac{\sin\left(\dfrac{x}{2} + 1\,010\right)}{2\cos\left(\dfrac{x}{2} + 1\,010\right)}\right]\mathrm{d}x$$

$$= \frac{1}{\cos 2\,020}\ln\left|\frac{\sin\left(\dfrac{x}{2} - 1\,010\right)}{\cos\left(\dfrac{x}{2} + 1\,010\right)}\right| + C。$$

3.4 **解**　(1) $\displaystyle\int \sin^n x \sin[(n+2)x]\mathrm{d}x = \frac{\sin^{n+1}x\sin((n+1)x)}{n+1} + C;$

(2) $\displaystyle\int \cos^n x \cos[(n+2)x]\mathrm{d}x = \frac{\cos^{n+1}x\sin((n+1)x)}{n+1} + C;$

(3) $\displaystyle\int \cos^n x \sin[(n+2)x]\mathrm{d}x = -\frac{\cos^{n+1}x\cos[(n+1)x]}{n+1} + C;$

(4) $\displaystyle\int \sin^n x \cos[(n+2)x]\mathrm{d}x = \frac{\sin^{n+1}x\cos[(n+1)x]}{n+1} + C。$

3.5 **解**　$\displaystyle\int \frac{1}{y^2}\mathrm{d}x = 3 \cdot \frac{y}{x} - 2\ln\left|\frac{y}{x}\right| + C。$

3.6　$\displaystyle\int |\ln x|\,\mathrm{d}x = \begin{cases} x(\ln x - 1) + C, & x \geqslant 1 \\ x(1 - \ln x) + C - 2, & 0 < x < 1。 \end{cases}$

3.7 **提示**　$\displaystyle F(x) = \int_0^x \sqrt[4]{1 - \sin t}\,\mathrm{d}t + C。$

3.8 **解**　令 $x = \dfrac{1}{t}$，得

$$\int \frac{1}{x^{10}(1+x^2)}\mathrm{d}x = \int \frac{1}{\frac{1}{t^{10}}\left(1+\frac{1}{t^2}\right)} \cdot \left(-\frac{1}{t^2}\right)\mathrm{d}t = -\int \frac{t^{10}}{1+t^2}\mathrm{d}t$$

$$= -\int \frac{t^{10}+t^8-t^8-t^6+t^6+t^4-t^4-t^2+t^2+1-1}{1+t^2}\mathrm{d}t$$

$$= -\int \left(t^8-t^6+t^4-t^2+1-\frac{1}{1+t^2}\right)\mathrm{d}t = -\left(\frac{t^9}{9}-\frac{t^7}{7}+\frac{t^5}{5}-\frac{t^3}{3}+t-\arctan t\right)+C$$

$$= -\left(\frac{1}{9x^9}-\frac{1}{7x^7}+\frac{1}{5x^5}-\frac{1}{3x^3}+\frac{1}{x}-\arctan\frac{1}{x}\right)+C。$$

3.9 $\displaystyle\int \frac{1}{\sin(x+a)\sin(x+b)}\mathrm{d}x = \frac{1}{\sin(a-b)}\ln\left|\frac{\sin(x+b)}{\sin(x+a)}\right|+C。$

3.10 **解** （1）$\displaystyle\int \frac{1}{\sin^3 x+\cos^3 x}\mathrm{d}x = \frac{\sqrt{2}}{3}\ln\left|\csc\left(x+\frac{\pi}{4}\right)-\cot\left(x+\frac{\pi}{4}\right)\right|+\frac{2}{3}\arctan$

$(\sin x-\cos x)+C。$

（2）注意到 $\sin^6 x+\cos^6 x=\dfrac{1}{4}(1+3\cos^2 2x)$，故 $\displaystyle\int \frac{\mathrm{d}x}{\sin^6 x+\cos^6 x}=\arctan\left(\frac{1}{2}\tan(2x)\right)+$

$C。$

3.11 $\displaystyle\int_0^\pi \sin^{10}x\cos^8 x\,\mathrm{d}x=\frac{35\pi}{2^{16}}。$ **3.12** $\displaystyle\int_0^{+\infty} \frac{1}{(1+x^2)(1+x^{2020})}\mathrm{d}x=\frac{\pi}{4}。$

3.13 $\displaystyle\int_0^{\ln 2}(x-\ln 2)\mathrm{e}^{-2\ln(1+\mathrm{e}^x)+x+\ln 2}\mathrm{d}x=\ln\left(\frac{8}{9}\right)。$

3.14 **解** $\displaystyle\int_0^{\frac{\pi}{4}}\left(\frac{\sin x-\cos x}{\sin x+\cos x}\right)^3\mathrm{d}x=\int_0^{\frac{\pi}{4}}\left[\frac{\sin\left(x-\frac{\pi}{4}\right)}{\sin\left(x+\frac{\pi}{4}\right)}\right]^3\mathrm{d}x=-\int_{\frac{\pi}{4}}^{\frac{\pi}{2}}\frac{\cos^3 t}{\sin^3 t}\mathrm{d}t=\frac{1}{2}(\ln 2-$

$1)。$

3.15 **解** 令 $x=y+\mathrm{e}^y-1$，则有 $\displaystyle\int_0^{\mathrm{e}} y(x)\mathrm{d}x=\int_0^1 y(1+\mathrm{e}^y)\mathrm{d}y=\frac{3}{2}。$

3.16 **解** $\cos f(t)+f'(t)$ 是偶函数，所以选择（A）。

3.17 $\displaystyle\int_{-\infty}^{+\infty} \frac{\mathrm{d}x}{x^6+x^4+x^2+1}=\frac{\pi}{2}。$ **3.18** $u(t)=\dfrac{2\mathrm{e}^t}{3-\mathrm{e}}-\dfrac{\mathrm{e}-1}{3-\mathrm{e}}。$

3.19 **解** $\displaystyle\int_0^1 \ln f(x)\mathrm{d}x=\lim_{n\to\infty}\frac{1}{n}\sum_{k=1}^n \ln f\left(\frac{k}{n}\right)\leqslant\lim_{n\to\infty}\ln\left[\frac{1}{n}\sum_{k=1}^n f\left(\frac{k}{n}\right)\right]=\ln\int_0^1 f(x)\mathrm{d}x。$

3.20 $A=\dfrac{b}{a^2-b^2}$，$B=\dfrac{a}{a^2-b^2}。$

3.21 $\begin{cases}\dfrac{x^2}{2}+6x+\dfrac{22}{3}+C, & x\leqslant -2 \\[2mm] \dfrac{x^3}{3}+C, & -2<x\leqslant 3。 \\[2mm] \dfrac{x^2}{2}+6x-\dfrac{27}{2}+C, & x>3\end{cases}$

3.22 **提示** 换元或者利用推广的定积分中值定理。

3.23　$\displaystyle\int \frac{1}{\sqrt[n]{(x-a)^{n+1}(x-b)^{n-1}}}\mathrm{d}x = -\frac{n}{(a-b)\sqrt[n]{\dfrac{x-a}{x-b}}}+C_{\circ}$

3.24　**提示**　作换元 $x=\dfrac{t-1}{t+1}$。　　3.25　$\displaystyle\lim_{n\to\infty}\sum_{i=1}^{n}\frac{1}{n+\dfrac{i^{2}+1}{n}}=\frac{\pi}{4}_{\circ}$

3.26　**解**　$\displaystyle\lim_{n\to\infty}(b^{\frac{1}{n}}-1)\sum_{i=0}^{n-1}b^{\frac{i}{n}}\sin(b^{\frac{2i+1}{2n}})=\int_{1}^{b}\sin x\,\mathrm{d}x=\cos 1-\cos b_{\circ}$

3.27　参见例 3.30，$\displaystyle\int_{0}^{\frac{\pi}{2}}(\sqrt[3]{\tan x}+\sqrt[3]{\cot x})\,\mathrm{d}x=\frac{2\sqrt{3}}{3}\pi_{\circ}$

3.28　$\displaystyle\int_{\mathrm{e}^{-2n\pi}}^{1}\left|\frac{\mathrm{d}}{\mathrm{d}x}\cos\left(\ln\frac{1}{x}\right)\right|\mathrm{d}x=4n_{\circ}$

3.29　(1) $\displaystyle\int_{0}^{\pi}\frac{1}{1+a\cos x}\mathrm{d}x=\frac{\pi}{\sqrt{1-a^{2}}}$；(2) $\displaystyle\int_{0}^{\pi}\frac{1}{(1+a\cos x)^{2}}\mathrm{d}x=\frac{\pi}{(1-a^{2})^{\frac{3}{2}}}_{\circ}$

3.30　**解**　$\displaystyle\int_{-1}^{0}\frac{1-2t^{3}}{(t^{2}-t+1)^{3}}\mathrm{d}x=-\int_{-1}^{0}\frac{2t+2}{(t^{2}-t+1)^{2}}\mathrm{d}x+3\int_{-1}^{0}\frac{1}{(t^{2}-t+1)^{3}}\mathrm{d}x=\frac{1}{3}_{\circ}$

3.31　**解**　(1) 记 $I_{n}=\displaystyle\int_{0}^{\frac{\pi}{2}}\left(\frac{\sin nx}{\sin x}\right)^{2}\mathrm{d}x$，注意到 $I_{n}-I_{n-1}=\dfrac{\pi}{2}$，则有 $I_{n}=\dfrac{n\pi}{2}_{\circ}$

(2) 记 $I_{n}=\displaystyle\int_{0}^{\pi}\frac{\sin^{2}nx}{\sin x}\mathrm{d}x$，注意到 $I_{n+1}-I_{n}=\dfrac{2}{2n+1}$，则有 $I_{n}=2\left(1+\dfrac{1}{3}+\dfrac{1}{5}+\cdots+\right.$

$\left.\dfrac{1}{2n-1}\right)_{\circ}$

3.32　**解**　(1) $\displaystyle\int_{0}^{\pi}\frac{x\mid\sin x\cos x\mid}{1+\sin^{4}x}\mathrm{d}x=\frac{\pi^{2}}{8}$；(2) $\displaystyle\int_{-\frac{\pi}{2}}^{\frac{\pi}{2}}\frac{\mathrm{e}^{x}\cdot\sin^{2}x\cdot\cos^{2}x}{1+\mathrm{e}^{x}}\mathrm{d}x=\frac{\pi}{16}_{\circ}$

3.33　**提示**　作定积分换元。

3.34　**解**　不妨设 $\dfrac{1}{x(x+1)(x+2)\cdots(x+m)}=\dfrac{c_{0}}{x}+\dfrac{c_{1}}{x+1}+\cdots+\dfrac{c_{m}}{x+m}$，则有

$$1=c_{0}[(x+1)(x+2)\cdots(x+m)]+c_{1}[x(x+2)\cdots(x+m)]+\cdots$$
$$+c_{k}[x(x+1)(x+2)\cdots(x+k-1)(x+k+1)\cdots(x+m)]+\cdots$$
$$+c_{m}[x(x+1)(x+2)\cdots(x+m-1)]_{\circ}$$

取 $x=-k$，得 $1=c_{k}(-1)^{k}k!\,(m-k)!$，故 $c_{k}=\dfrac{1}{(-1)^{k}k!\,(m-k)!}=\dfrac{(-1)^{k}}{m!}\mathrm{C}_{m}^{k}$，所以

$$\int\frac{1}{x(x+1)(x+2)\cdots(x+m)}\mathrm{d}x=\int\left(\sum_{k=0}^{m}\frac{(-1)^{k}}{m!}\mathrm{C}_{m}^{k}\cdot\frac{1}{x+k}\right)\mathrm{d}x$$
$$=\frac{1}{m!}\sum_{k=0}^{m}(-1)^{k}\mathrm{C}_{m}^{k}\cdot\ln\mid x+k\mid+C_{\circ}$$

3.35　**解**　令 $\ln(x+1)=t$，则

$$\int_{0}^{1}\ln(x+1)\cdot\frac{1+x^{2}}{(1+x)^{4}}\mathrm{d}x=\int_{0}^{\ln 2}t\cdot\frac{1+(\mathrm{e}^{t}-1)^{2}}{\mathrm{e}^{4t}}\cdot\mathrm{e}^{t}\mathrm{d}t$$

$$= \int_0^{\ln 2} t \cdot e^{-3t} \cdot (2 + e^{2t} - 2e^t) dt = -\frac{\ln 2}{3} + \frac{23}{72}。$$

3.36 $\int_{-\infty}^{+\infty} \frac{x^2 + a}{x^4 + bx^2 + c} dx = \left(1 + \frac{a}{\sqrt{c}}\right) \cdot \frac{\pi}{\sqrt{b + 2\sqrt{c}}}。$

3.37 **提示** 利用定积分关于函数的单调性。 **3.38** **提示** 利用二重积分。

3.39 **提示** 利用约当不等式放缩。 **3.40** **提示** 利用定积分关于函数的单调性。

3.41 **提示** 注意到 $f(x) - f'(x) = -e^x \cdot [f(x)e^{-x}]'$。

3.42 **提示** 利用函数的凹凸性。 **3.43** **提示** 分段估计。

3.44 **提示** 先证明 $|f'(x)| < 1$,再证明 $\left| \int_0^1 f(x) dx - \frac{1}{n} \sum_{k=1}^n f\left(\frac{k}{n}\right) \right| < \frac{1}{2n}$。

3.45 **证明** 不妨设 $f(x_0) = 0$,则 $|f(x)| = \left| \int_{x_0}^x f'(t) dt \right| \leqslant \int_0^1 |f'(t)| dt$,故

$$\int_0^1 |f(x)| dx \leqslant \int_0^1 |f'(x)| dx。$$

3.46 **提示** 构造函数,利用单调性。

3.47 **提示** $\int_0^1 [f''(x)]^2 dx \int_0^1 (1 - 3x)^2 dx \geqslant \left[\int_0^1 f''(x)(1 - 3x) dx \right]^2。$

3.48 **证明** 注意到 $\int_0^\pi x a^{\sin x} dx = \frac{\pi}{2} \int_0^\pi a^{\sin x} dx = \pi \int_0^{\frac{\pi}{2}} a^{\sin x} dx = \pi \int_0^{\frac{\pi}{2}} a^{\cos x} dx$,

由柯西不等式,得

$$\int_0^\pi x a^{\sin x} dx \cdot \int_0^{\frac{\pi}{2}} a^{-\cos x} dx = \pi \int_0^{\frac{\pi}{2}} a^{\cos x} dx \cdot \int_0^{\frac{\pi}{2}} a^{-\cos x} dx \geqslant \pi \left(\int_0^{\frac{\pi}{2}} dx \right)^2 = \frac{\pi^3}{4}。$$

3.49 **提示** 构造函数,利用单调性,或者柯西不等式。

3.50 **提示** 将 b 换以 x,构造函数利用单调性。 **3.51** **提示** 参见例 3.83。

3.52 $f(x) = \frac{1}{8}(e^x - e^{-x}) + e^x \left(\frac{3}{4} x + \frac{1}{4} x^2 \right)。$

3.53 **提示** 利用导函数的符号判定单调性。 **3.54** **提示** 利用泰勒定理。

3.55 **证明** 构造函数 $f(x) = \sin x^{2020} - (\sin x)^{2020}$, $x \in [0, 1]$。则当 $x \in (0, 1)$ 时,

$$f'(x) = 2020 x^{2019} \cos x^{2020} - 2020 (\sin x)^{2019} \cos x$$
$$= 2020 [x^{2019} \cos x^{2020} - (\sin x)^{2019} \cos x] > 0。$$

故函数 $f(x)$ 在 $[0, 1]$ 上单调增加。结合 $f(0) = 0$ 可得,当 $x \in (0, 1)$ 时,$f(x) > 0$,所以结论成立。

3.56 **提示** 参见例 3.98。

3.57 **解** 注意到 $\ln(1 - x) = \sum_{n=1}^\infty (-1)^{n-1} \frac{(-x)^n}{n} = -\sum_{n=1}^\infty \frac{x^n}{n}$,则有

$$\int_0^1 \ln x \cdot \ln(1 - x) dx = -\int_0^1 \ln x \cdot \sum_{n=1}^\infty \frac{x^n}{n} dx = \sum_{n=1}^\infty \frac{1}{n(n+1)^2}$$
$$= \sum_{n=1}^\infty \frac{1}{n(n+1)} - \sum_{n=1}^\infty \frac{1}{(n+1)^2} = 2 - \frac{\pi^2}{6}。$$

3.58　**提示**　定积分中值定理。　　**3.59**　$\lim\limits_{n \to \infty} x_n = \dfrac{\pi}{2}$。

3.60　**证明**　令 $F(x) = \displaystyle\int_a^x f(t)\mathrm{d}t$，则 $\dfrac{1}{3}\displaystyle\int_a^b f(x)\mathrm{d}x$ 介于 $F(a)$、$F(b)$ 之间，由介值定理得结论。

3.61　$\displaystyle\int_{\frac{\pi}{6}}^{\frac{\pi}{3}} \dfrac{\cos^2 x}{x(\pi - 2x)}\mathrm{d}x = \dfrac{1}{\pi}\ln 2$。

3.62　$\displaystyle\int_2^4 \dfrac{\sqrt{\ln(9-x)}}{\sqrt{\ln(9-x)} + \sqrt{\ln(x+3)}}\mathrm{d}x = 1$。

3.63　**解**　$I = \displaystyle\int_0^{\frac{\pi}{4}} \dfrac{x}{(\cos x + \sin x)\cos x}\mathrm{d}x = \int_0^{\frac{\pi}{4}} \dfrac{x\sec^2 x}{1 + \tan x}\mathrm{d}x = \int_0^{\frac{\pi}{4}} x\,\mathrm{d}\ln(1 + \tan x)$

$\qquad = x\ln(1 + \tan x)\Big|_0^{\frac{\pi}{4}} - \displaystyle\int_0^{\frac{\pi}{4}} \ln(1 + \tan x)\mathrm{d}x = \dfrac{\pi}{4}\ln 2 - \dfrac{\pi}{8}\ln 2 = \dfrac{\pi}{8}\ln 2$。

3.64　**解**　$\displaystyle\int_0^{2020} \dfrac{1}{x}\left[1 - \left(1 - \dfrac{x}{2020}\right)^{2020}\right]\mathrm{d}x = \int_0^{2020} \dfrac{1}{x} \cdot \dfrac{x}{2020} \sum_{k=0}^{2019}\left(1 - \dfrac{x}{2020}\right)^k \mathrm{d}x$

$\qquad = \dfrac{1}{2020}\displaystyle\sum_{k=0}^{2019}\int_0^{2020}\left(1 - \dfrac{x}{2020}\right)^k \mathrm{d}x = \dfrac{1}{2020}\sum_{k=0}^{2019}\dfrac{2020}{k+1} = \sum_{k=1}^{2020}\dfrac{1}{k}$。

3.65　**解**　$\displaystyle\int_0^1 \dfrac{x^2 - x}{\ln x}\mathrm{d}x = \int_0^1 \mathrm{d}x \int_1^2 x^y \mathrm{d}y = \int_1^2 \mathrm{d}y \int_0^1 x^y \mathrm{d}x = \int_1^2 \dfrac{1}{y+1}\mathrm{d}y = \ln\left(\dfrac{3}{2}\right)$。

3.66　(1) **提示**　两次分部积分；(2) $\lim\limits_{n \to \infty}\left[\dfrac{n}{f(1)}\displaystyle\int_0^1 x^n f(x)\mathrm{d}x\right]^n = \mathrm{e}^{-\frac{f(1)+f'(1)}{f(1)}}$。

3.67　$\lim\limits_{n \to \infty}\displaystyle\int_0^1 \sqrt[n]{x}\, f(x)\mathrm{d}x = \int_0^1 f(x)\mathrm{d}x$。

3.68　**提示**　利用 3.65 题，可得 $\lim\limits_{n \to \infty}\left[2n\displaystyle\int_0^1 \dfrac{x^n}{1 + x^2}\mathrm{d}x\right]^n = 1$。

3.69　**提示**　构造函数，利用介值定理。

3.70　**提示**　作两次定积分换元。

3.71　**提示**　作定积分换元 $x = \dfrac{4}{t}$。

3.72　**解**　显然有　$\displaystyle\sum_{k=1}^n \dfrac{k}{(n+k+1)^2} \leqslant \sum_{k=1}^n \dfrac{k}{(n+k)(n+k+1)} \leqslant \sum_{k=1}^n \dfrac{k}{(n+k)^2}$，

且　$\lim\limits_{n \to \infty}\displaystyle\sum_{k=1}^n \dfrac{k}{(n+k)^2} = \lim\limits_{n \to \infty}\dfrac{1}{n}\sum_{k=1}^n \dfrac{\frac{k}{n}}{\left(1 + \frac{k}{n}\right)^2} = \int_0^1 \dfrac{x}{(1+x)^2}\mathrm{d}x = \ln 2 - \dfrac{1}{2}$。

另一方面，

$\lim\limits_{n \to \infty}\displaystyle\sum_{k=1}^n \dfrac{k}{(n+k+1)^2} = \lim\limits_{n \to \infty}\sum_{k=1}^n \dfrac{k+1-1}{(n+k+1)^2} = \lim\limits_{n \to \infty}\sum_{k=1}^n \dfrac{k+1}{(n+k+1)^2} - \lim\limits_{n \to \infty}\sum_{k=1}^n \dfrac{1}{(n+k+1)^2}$

$\qquad = \lim\limits_{n \to \infty}\displaystyle\sum_{k=2}^{n+1} \dfrac{k}{(n+k)^2} - \lim\limits_{n \to \infty}\sum_{k=1}^n \dfrac{1}{(n+k+1)^2}$

$\qquad = \lim\limits_{n \to \infty}\left[\displaystyle\sum_{k=1}^n \dfrac{k}{(n+k)^2} + \dfrac{n+1}{(n+n+1)^2} - \dfrac{1}{(n+1)^2}\right] - \lim\limits_{n \to \infty}\sum_{k=1}^n \dfrac{1}{(n+k+1)^2}$

$$=\lim_{n\to\infty}\sum_{k=1}^{n}\frac{k}{(n+k)^2}=\int_0^1\frac{x}{(1+x)^2}\mathrm{d}x=\ln 2-\frac{1}{2}。$$

其中用到 $0\leqslant\sum_{k=1}^{n}\frac{1}{(n+k+1)^2}\leqslant\sum_{k=1}^{n}\frac{1}{n^2}=\frac{1}{n}$，故 $\lim\limits_{n\to\infty}\sum\limits_{k=1}^{n}\frac{1}{(n+k+1)^2}=0$。

综上，由夹逼准则可得 $\lim\limits_{n\to\infty}\sum\limits_{k=1}^{n}\frac{k}{(n+k)(n+k+1)}=\ln 2-\frac{1}{2}$。

3.73 解 令 $t=-u$，则有

$$F(x)=\int_{-1}^{1}\mid t-t^2x\mid\mathrm{d}t=\int_{1}^{-1}\mid -u-u^2x\mid(-\mathrm{d}u)=\int_{-1}^{1}\mid u+u^2x\mid\mathrm{d}u,$$

故 $2F(x)=\int_{-1}^{1}\mid t-t^2x\mid\mathrm{d}t+\int_{-1}^{1}\mid t+t^2x\mid\mathrm{d}t=\int_{-1}^{1}(\mid t-t^2x\mid+\mid t+t^2x\mid)\mathrm{d}t$

$\geqslant\int_{-1}^{1}\mid 2t\mid\mathrm{d}t=2$。

因此，$F(x)\geqslant 1$。 注意到

$$F(1)=\int_{-1}^{1}\mid t-t^2\mid\mathrm{d}t=\int_{-1}^{1}\mid t\mid(1-t)\mathrm{d}t=\int_{-1}^{1}\mid t\mid\mathrm{d}t=1,$$

综上，函数 $F(x)=\int_{-1}^{1}\mid t-t^2x\mid\mathrm{d}t$，$(x>0)$ 的最小值为 1。

3.74 解 $F(x)=\int_{-1}^{1}\mid t-t^3x\mid\mathrm{d}t=\begin{cases}1-\dfrac{x}{2}, & 0<x\leqslant 1\\ -1+\dfrac{1}{x}+\dfrac{x}{2}, & x>1\end{cases}$，最小值为 $F(\sqrt{2})=$

$\sqrt{2}-1$。

3.75 解 不妨设存在 $M>0$，使得 $\mid f(x)\mid\leqslant M$，则由不等式

$$\mid x-\ln(1+x)\mid\leqslant x^2,\quad\mid x\mid\leqslant\frac{1}{2},$$

可得

$$\left|\sum_{i=1}^{n}\ln\left[1+\frac{1}{n}\cdot f\left(\frac{i}{n}\right)\right]-\sum_{i=1}^{n}\frac{1}{n}\cdot f\left(\frac{i}{n}\right)\right|=\left|\sum_{i=1}^{n}\left\{\ln\left[1+\frac{1}{n}\cdot f\left(\frac{i}{n}\right)\right]-\frac{1}{n}\cdot f\left(\frac{i}{n}\right)\right\}\right|$$

$$\leqslant\sum_{i=1}^{n}\left|\ln\left[1+\frac{1}{n}\cdot f\left(\frac{i}{n}\right)\right]-\frac{1}{n}\cdot f\left(\frac{i}{n}\right)\right|\leqslant\sum_{i=1}^{n}\frac{1}{n^2}\cdot f^2\left(\frac{i}{n}\right)\leqslant\sum_{i=1}^{n}\frac{M^2}{n^2}=\frac{M^2}{n},$$

故 $\displaystyle\sum_{i=1}^{n}\frac{1}{n}\cdot f\left(\frac{i}{n}\right)-\frac{M^2}{n}\leqslant\sum_{i=1}^{n}\ln\left[1+\frac{1}{n}\cdot f\left(\frac{i}{n}\right)\right]\leqslant\sum_{i=1}^{n}\frac{1}{n}\cdot f\left(\frac{i}{n}\right)+\frac{M^2}{n}$。

结合 $\lim\limits_{n\to\infty}\sum\limits_{i=1}^{n}\frac{1}{n}\cdot f\left(\frac{i}{n}\right)=\int_0^1 f(x)\mathrm{d}x$，则有

$$\lim_{n\to\infty}\sum_{i=1}^{n}\ln\left[1+\frac{1}{n}\cdot f\left(\frac{i}{n}\right)\right]=\int_0^1 f(x)\mathrm{d}x。$$

3.76 解 注意到当 $x\to 0$ 时，$\sin x=x+o(x^2)$，所以当 $1\leqslant k\leqslant n$ 时，有

$$\sin\frac{1}{n+k}=\frac{1}{n+k}+o\left[\left(\frac{1}{n+k}\right)^2\right]=\frac{1}{n+k}+o\left(\frac{1}{n^2}\right)。$$

故

$$\lim_{n\to\infty}\left[\sin\frac{1}{n+1}+\sin\frac{1}{n+2}+\cdots+\sin\frac{1}{n+n}\right]=\lim_{n\to\infty}\sum_{k=1}^{n}\sin\frac{1}{n+k}=\lim_{n\to\infty}\sum_{k=1}^{n}\left[\frac{1}{n+k}+o\left(\frac{1}{n^2}\right)\right]$$

$$=\lim_{n\to\infty}\sum_{k=1}^{n}\frac{1}{n+k}+\lim_{n\to\infty}\sum_{k=1}^{n}o\left(\frac{1}{n^2}\right)=\ln 2。$$

3.77 **提示**　利用夹逼准则，$\displaystyle\lim_{n\to\infty}\frac{\displaystyle\int_{w}^{1}(1-t^2)^n\mathrm{d}t}{\displaystyle\int_{0}^{1}(1-t^2)^n\mathrm{d}t}=0$。

3.78 **解**　注意到 $x=\dfrac{1}{\sqrt{5}}$ 是瑕点，当 $x\in\left(\dfrac{1}{\sqrt{5}},1\right]$ 时，$\dfrac{1}{2x-\sqrt{1-x^2}}$ 非负连续，且有

$$\lim_{x\to\left(\frac{1}{\sqrt{5}}\right)^{+}}\left(x-\frac{1}{\sqrt{5}}\right)\cdot\frac{1}{2x-\sqrt{1-x^2}}=\lim_{x\to\left(\frac{1}{\sqrt{5}}\right)^{+}}\frac{1}{2+\dfrac{x}{\sqrt{1-x^2}}}=\frac{2}{5}>0。$$

故反常积分 $\displaystyle\int_{\frac{1}{\sqrt{5}}}^{1}\frac{1}{2x-\sqrt{1-x^2}}\mathrm{d}x$ 发散，即反常积分 $\displaystyle\int_{0}^{1}\frac{1}{2x-\sqrt{1-x^2}}\mathrm{d}x$ 发散。

3.79　$S_{\min}=\dfrac{8}{3}a^2$。　**3.80**　$\dfrac{S_1}{S_2}=\dfrac{3}{4}$。　**3.81**　当点 P 位于弦 l 的中点时。

3.82　参见例 2.28，$V=\left[\dfrac{5\sqrt{2}\pi}{6}-\dfrac{\sqrt{2}}{4}\pi^2\right]a^3$。

3.83 **提示**　利用牛顿莱布尼茨公式。　**3.84** **提示**　利用定积分中值定理。

3.85 **提示**　夹逼准则或者利用例 3.86。　**3.86** **提示**　夹逼准则，$\displaystyle\lim_{n\to\infty}x_n=b$。

3.87 **证明**　因为 $f(x)$ 在 $[a,b]$ 上连续，不妨假设 $f(x)$ 在点 x_0 处取到最大值 M，即有 $M=f(x_0)=\max\limits_{a\leqslant x\leqslant b}f(x)$。　于是

$$\left\{\int_{a}^{b}[f(x)]^n g(x)\mathrm{d}x\right\}^{\frac{1}{n}}\leqslant\left(\int_{a}^{b}M^n g(x)\mathrm{d}x\right)^{\frac{1}{n}}$$

$$=M\left[\int_{a}^{b}g(x)\mathrm{d}x\right]^{\frac{1}{n}}\to M(n\to+\infty)。$$

另一方面，由于 $f(x)$ 在 $[a,b]$ 上连续，对于任意充分小的正常数 ε，存在一个包含 x_0 的区间 $[\alpha,\beta]\subset[a,b]$，使得当 $x\in[\alpha,\beta]$ 时，有 $f(x)>M-\varepsilon$。　于是

$$\left\{\int_{a}^{b}[f(x)]^n g(x)\mathrm{d}x\right\}^{\frac{1}{n}}\geqslant\left\{\int_{\alpha}^{\beta}[f(x)]^n g(x)\mathrm{d}x\right\}^{\frac{1}{n}}$$

$$\geqslant(M-\varepsilon)\left[\int_{a}^{b}g(x)\mathrm{d}x\right]^{\frac{1}{n}}\to(M-\varepsilon)(n\to+\infty)。$$

由 ε 的任意性，可知

$$\lim_{n\to\infty}\left\{\int_a^b\big[f(x)\big]^n g(x)\mathrm{d}x\right\}^{\frac{1}{n}}=M=\max_{a\leqslant x\leqslant b}f(x)\text{。}$$

3.88 **证明** 注意到 $1=\int_0^1 xf'(x)\mathrm{d}x=\int_0^1 x\mathrm{d}f(x)=xf(x)\Big|_0^1-\int_0^1 f(x)\mathrm{d}x=-\int_0^1 f(x)\mathrm{d}x$，

因此有 $\int_0^1 f(x)\mathrm{d}x=-1$。记 $F(x)=\int_0^x f(x)\mathrm{d}x$，由泰勒定理，存在 $\xi\in(0,1)$，使得

$$F(0)=F(1)+F'(1)(0-1)+\frac{F''(\xi)}{2}(0-1)^2\text{。}$$

代入可得 $f'(\xi)=2$。

3.89 **提示** 利用定积分中值定理、拉格朗日中值定理以及定积分的定义，或者直接利用结论。

3.90 **提示** 利用泰勒定理。 **3.91** **提示** 利用定积分关于被积函数的单调性。

3.92 **提示** 利用柯西不等式。 **3.93** 参见例 3.111。

3.94 **提示** 参见例 3.113，利用泰勒定理。 **3.95** $S=\sqrt{2}\pi a^2$。

3.96 $S=4\sqrt{3}-\dfrac{4}{3}\pi$。

3.97 **解** $s=\displaystyle\int_{\frac{3}{4}}^{\frac{4}{3}}\sqrt{\frac{1}{\theta^2}+\frac{1}{\theta^4}}\,\mathrm{d}\theta=-\frac{\sqrt{1+\theta^2}}{\theta}\Big|_{\frac{3}{4}}^{\frac{4}{3}}+\int_{\frac{3}{4}}^{\frac{4}{3}}\frac{1}{\sqrt{1+\theta^2}}\mathrm{d}\theta=\frac{5}{12}+\ln\frac{3}{2}$。

3.98 形心坐标为 $(\bar{x},\bar{y})=\left(\dfrac{5}{8},0\right)$。

3.99 **提示** 利用函数的凸性。

3.100 **解** $V_x=\dfrac{2\pi a^2}{15(1+a)^{\frac{5}{2}}}$，当 $a=4$ 时，V_x 取最大值且最大值为 $V_{\max}(4)=\dfrac{32\sqrt{5}\,\pi}{1875}$。

3.101 **提示** 介值定理以及几何意义。 **3.102** $V=\dfrac{m^5\pi}{30\sqrt{1+m^2}}$。

3.103 $l=\displaystyle\int_0^{3\pi}a\sin^2\frac{\theta}{3}\mathrm{d}\theta=\frac{3a}{2}\pi$。 **3.104** $S=\displaystyle\int_{\arccos\frac{1}{\sqrt[3]{2}}}^{\arccos\frac{1}{2}}\sqrt{2\cos t-2\cos^3 t}\,\mathrm{d}t=\frac{1}{3}$。

3.105 **证明** 曲线 $y=f(x)$ 绕 x 轴旋转一周所得曲面的方程为 $\Sigma:y^2+z^2=f^2(x)$，记平面 $x=a$、$x=b$ 以及曲面 Σ 所围成的空间区域是 Ω，则该物体对 x 轴的转动惯量为

$$I_x=\iiint\limits_{\Omega}(y^2+z^2)\mathrm{d}V=\int_a^b\mathrm{d}x\iint\limits_{y^2+z^2\leqslant f^2(x)}(y^2+z^2)\mathrm{d}y\mathrm{d}z\text{。}$$

其中，

$$\iint\limits_{y^2+z^2\leqslant f^2(x)}(y^2+z^2)\mathrm{d}y\mathrm{d}z=\int_0^{2\pi}\mathrm{d}\theta\int_0^{f(x)}\rho^2\rho\,\mathrm{d}\rho=\frac{\pi}{2}f^4(x)\text{。}$$

所以，

$$I_x=\frac{\pi}{2}\int_a^b f^4(x)\mathrm{d}x\text{。}$$

3.106 $W=\dfrac{GmM}{a}$。 **3.107** $W=\dfrac{4\pi gR^3H}{3}(\rho_2-\rho_1)+\dfrac{4\pi\rho_1 gR^4}{3}$。

第四讲 常微分方程

4.1 基本概念与内容要点

本讲内容主要包含微分方程的基本概念(阶、通解、初始条件等),一阶微分方程(可分离变量的微分方程、齐次微分方程、一阶线性微分方程以及伯努利方程),可降阶的微分方程(三种),线性齐次和非齐次微分方程解的性质与解的结构,常系数齐次、非齐次线性微分方程的通解的求法以及欧拉方程。

1. 微分方程的基本概念(阶、通解、初始条件等)

(1)微分方程是指表示未知函数、未知函数的导数以及自变量之间关系的方程,n 阶微分方程的一般形式是:

$$F(x,y,y',\cdots,y^{(n)})=0。$$

(2)微分方程中所出现的未知函数的最高阶导数的阶数叫做微分方程的阶;使微分方程成立的函数称为微分方程的解;如果微分方程的解中含有若干个独立的任意常数(不能合并)且任意常数的个数与微分方程的阶数相同,这样的解称为微分方程的通解。

(3)用来确定 n 阶微分方程通解中的 n 个任意常数的条件

$$y(x_0)=y_0,\ y'(x_0)=y_1,\ \cdots,\ y^{(n-1)}(x_0)=y_{n-1}$$

称为微分方程的初始条件。

2. 一阶微分方程(可分离变量的微分方程、齐次微分方程、一阶线性微分方程以及伯努利方程)

(1)可分离变量的微分方程 如果一个一阶微分方程 $y'=f(x,y)$ 能写成 $P(x)\mathrm{d}x=Q(y)\mathrm{d}y$ 的形式,则称之为可分离变量的微分方程。

解法 在 $P(x)\mathrm{d}x=Q(y)\mathrm{d}y$ 两边积分即可求得隐式通解。

(2)齐次微分方程 如果一个一阶微分方程 $y'=f(x,y)$ 能写成 $\dfrac{\mathrm{d}y}{\mathrm{d}x}=f(x,y)=\varphi\left(\dfrac{y}{x}\right)$ 的形式,则称为齐次方程。

解法 令 $u=\dfrac{y}{x}$,$y=ux$,原方程转化为 $u+x\dfrac{\mathrm{d}u}{\mathrm{d}x}=\varphi(u)$。 这是一个可分离变量的微分方程,解之得 $\displaystyle\int\dfrac{\mathrm{d}u}{\varphi(u)-u}=\int\dfrac{\mathrm{d}x}{x}$,即为原方程的隐式通解。

(3) 一阶线性微分方程　形如 $y' + P(x)y = Q(x)$ 的微分方程称为一阶线性微分方程。

解法　方程的通解为 $y = e^{-\int P(x)dx}\left(\int Q(x)e^{\int P(x)dx}\,dx + C\right)$。

(4) 伯努利方程　形如 $y' + p(x)y = q(x)y^{\alpha}(\alpha \neq 0, 1)$ 的微分方程称为伯努利方程。

解法　令 $z = y^{1-\alpha}$，则 $\dfrac{dz}{dx} = (1-\alpha)y^{-\alpha}\dfrac{dy}{dx}$，代入原方程得：

$$\frac{1}{1-\alpha}\frac{dz}{dx} + p(x)z = q(x),$$

即
$$\frac{dz}{dx} + (1-\alpha)p(x)z = (1-\alpha)q(x)。 \tag{1}$$

方程(1)是一个一阶线性微分方程，解之并将换元回代即可得到原方程的通解。

3. 可降阶的微分方程

可降阶的微分方程主要有以下三种类型。

(1) $y^{(n)} = f(x)$ 型

解法　只要逐次积分即可得到通解。

(2) $y'' = f(x, y')$ 型（不显含未知函数 y）

解法　令 $y' = p$，则 $y'' = p' = \dfrac{dp}{dx}$。此时原方程就可以转化为一阶微分方程 $\dfrac{dp}{dx} = f(x, p)$，解之得 $p = \varphi(x, C_1)$。两边再积分，得：

$$y = \int \varphi(x, C_1)dx + C_2。 \tag{2}$$

表达式(2)即为原方程的通解。

(3) $y'' = f(y, y')$ 型（不显含 x）

解法　令 $y' = p$，则 $y'' = \dfrac{dp}{dx} = \dfrac{dp}{dy}\cdot\dfrac{dy}{dx} = p\dfrac{dp}{dy}$，此时原方程就可以转化为一阶微分方程 $p\dfrac{dp}{dy} = f(y, p)$，求解得 $p = \varphi(y, C_1)$。两边变量分离再积分可得：

$$\int \frac{1}{\varphi(y, C_1)}dy = x + C_2。 \tag{3}$$

表达式(3)即为原方程的通解。

4. 线性齐次和非齐次微分方程解的性质以及解的结构

形如
$$y'' + p(x)y' + q(x)y = f(x) \tag{4}$$
的方程 $(f(x) \neq 0)$ 称为二阶线性非齐次微分方程。

特别地，当 $f(x) = 0$ 时，称方程

$$y'' + p(x)y' + q(x)y = 0 \tag{5}$$

为式(4)所对应的齐次线性微分方程。

关于式(4)和(5)有如下的解结构（可类似推广到高阶线性微分方程情形）。

(1) 如果 y_1、y_2 是方程(5)的解，则 $y = C_1y_1 + C_2y_2$ 也是(5)的解，其中 C_1、C_2 为任意常数。

(2) 如果 y_1、y_2 是方程(5)的两个线性无关的解,则 $y = C_1 y_1 + C_2 y_2$(C_1、C_2 为任意常数)是方程(5)的通解。

(3) 设 y^* 是方程(4)的一个解(也称为特解),$Y = C_1 y_1(x) + C_2 y_2(x)$ 是相应的齐次方程(5)的通解,则 $y = Y + y^* = C_1 y_1(x) + C_2 y_2(x) + y^*$ 是方程(4)的通解。

(4) (**特解的叠加原理**)若 $f(x) = f_1(x) + f_2(x)$ 且 y_i^*($i = 1, 2$)是方程 $y'' + p(x)y' + q(x)y = f_i(x)$ 的特解,则 $y^* = y_1^* + y_2^*$ 是 $y'' + p(x)y' + q(x)y = f(x)$ 的特解。

5. 常系数齐次以及非齐次线性微分方程的通解

形如

$$y'' + py' + qy = f(x) \tag{6}$$

的方程($f(x) \neq 0$)称为二阶常系数线性非齐次微分方程。

特别地,当 $f(x) = 0$ 时,称方程

$$y'' + py' + qy = 0 \tag{7}$$

为方程(6)所对应的常系数齐次线性微分方程。

(1) 对于二阶常系数齐次线性微分方程(7),称 $\lambda^2 + p\lambda + q = 0$ 是与该方程对应的特征方程,根据特征方程根的以下三种不同情形,即可得出 $y'' + py' + qy = 0$ 的通解:

情形一 当特征方程 $\lambda^2 + p\lambda + q = 0$ 有两个不等的实根 λ_1、λ_2 时,微分方程(7)的通解为 $Y = C_1 e^{\lambda_1 x} + C_2 e^{\lambda_2 x}$;

情形二 当特征方程 $\lambda^2 + p\lambda + q = 0$ 有两个相等的实根 $\lambda_1 = \lambda_2 = \lambda$ 时,微分方程(7)的通解为 $Y = (C_1 + C_2 x)e^{\lambda x}$;

情形三 当特征方程 $\lambda^2 + p\lambda + q = 0$ 有一对共轭复根 $\lambda_{1,2} = a \pm i\beta$ 时,微分方程(7)的通解为 $Y = e^{ax}(C_1 \cos\beta x + C_2 \sin\beta x)$。

> 注:上述关于二阶常系数齐次线性微分方程通解的结论可以推广到如下的高阶情形:
> 给定 n 阶常系数齐次线性微分方程
> $$y^{(n)} + p_1 y^{(n-1)} + p_2 y^{(n-2)} + \cdots + p_{n-1} y' + p_n y = 0。 \tag{8}$$

它所对应的特征方程为 $\lambda^n + p_1 \lambda^{n-1} + p_2 \lambda^{n-2} + \cdots + p_{n-1}\lambda + p_n = 0$。根据特征方程根的情况,可以写出方程(8)的通解:

特征方程的根	微分方程通解中对应的项
单实根 r	给出一项:Ce^{rx}
k 重实根 r	给出 k 项:$e^{rx}(C_1 + C_2 x + \cdots + C_k x^{k-1})$
一对单复根 $r_{1,2} = a \pm i\beta$	给出两项:$e^{ax}(C_1 \cos\beta x + C_2 \sin\beta x)$
一对 k 重复根 $r_{1,2} = a \pm i\beta$	给出 $2k$ 项:$e^{ax}[(C_1 + C_2 x + \cdots + C_k x^{k-1})\cos\beta x + (D_1 + D_2 x + \cdots + D_k x^{k-1})\sin\beta x]$

（2）对于二阶常系数非齐次线性微分方程（6），根据微分方程解的结构，只需要求出其一个特解，以下分两种情形给出特解 y^* 的求法（待定系数法）。

情形一 当 $f(x)=P_m(x)\mathrm{e}^{\lambda x}$ 时，微分方程（6）的特解 y^* 可设为

$$y^*=x^k Q_m(x)\mathrm{e}^{\lambda x}。$$

其中，$Q_m(x)$ 是一个待定的与 $P_m(x)$ 同次数的多项式，k 是 λ 在微分方程（6）对应的齐次方程（7）的特征方程中的重数。

情形二 当 $f(x)=\mathrm{e}^{\alpha x}[P_l(x)\cos\beta x+P_m(x)\sin\beta x]$ 时，可设

$$y^*=x^k \mathrm{e}^{\alpha x}[Q_n(x)\cos\beta x+R_n(x)\sin\beta x]。$$

其中，k 是 λ 在微分方程（6）对应的齐次方程（7）的特征方程中的重数，$n=\max\{l,m\}$，$Q_n(x)$、$R_n(x)$ 为两个待定的 n 次多项式。

> 注：在求常系数非齐次线性微分方程的特解时，也可以采用微分算子法（请读者参阅相关书籍），其计算量相对较小。

6. 欧拉方程

形如
$$x^n y^{(n)}+a_1 x^{n-1}y^{(n-1)}+\cdots+a_{n-1}xy'+a_n y=f(x) \tag{9}$$

（其中 $a_1,a_2,\cdots,a_n$ 是常数）的方程称为欧拉方程。

换元令 $x=\mathrm{e}^t$，则有

$$\frac{\mathrm{d}y}{\mathrm{d}x}=\frac{\mathrm{d}y}{\mathrm{d}t}\frac{\mathrm{d}t}{\mathrm{d}x}=\frac{1}{x}\frac{\mathrm{d}y}{\mathrm{d}t},\ \frac{d^2 y}{\mathrm{d}x^2}=\frac{\mathrm{d}y}{\mathrm{d}x}\left(\frac{1}{x}\frac{\mathrm{d}y}{\mathrm{d}t}\right)=\frac{1}{x^2}\left(\frac{d^2 y}{\mathrm{d}t^2}-\frac{\mathrm{d}y}{\mathrm{d}t}\right),\cdots。$$

若记 $\mathrm{D}y=\dfrac{\mathrm{d}y}{\mathrm{d}t}$，$\mathrm{D}^2 y=\dfrac{d^2 y}{\mathrm{d}t^2}$，$\mathrm{D}^3 y=\dfrac{d^3 y}{\mathrm{d}t^3}$，$\cdots$，$\mathrm{D}^k y=\dfrac{d^k y}{\mathrm{d}t^k}$，$\cdots$，

则有

$$x\frac{\mathrm{d}y}{\mathrm{d}x}=\mathrm{D}y,\ x^2\frac{d^2 y}{\mathrm{d}x^2}=\frac{d^2 y}{\mathrm{d}t^2}-\frac{\mathrm{d}y}{\mathrm{d}t}=(\mathrm{D}^2-\mathrm{D})y=\mathrm{D}(\mathrm{D}-1)y。$$

一般有

$$x^k\frac{d^k y}{\mathrm{d}x^k}=\mathrm{D}(\mathrm{D}-1)\cdots(\mathrm{D}-k+1)y。$$

将以上各式代入方程（9），就可以得到一个以 t 为自变量的常系数线性微分方程，解出后，再将 $t=\ln x$ 回代，即可得到欧拉方程（9）的通解。

4.2 例题选讲

例 4.1 有四只蜗牛 A_1、A_2、A_3、A_4，分别位于平面上点 (a,a)、$(-a,a)$、$(-a,-a)$ 以及 $(a,-a)(a>0)$ 处，若从某时刻开始同时以相同的速度匀速地爬动，并且 A_1 的爬行方向始终指向 A_2，A_2 的爬行方向始终指向 A_3，A_3 的爬行方向始终指向 A_4，A_4 的爬行

方向始终指向 A_1。试求 A_1 从点 (a,a) 开始在第一象限部分的爬行轨迹。

解 当 A_1 位于 (x,y) 时，由对称性可知 A_2 位于 $(-y,x)$，因此 $\begin{cases} \dfrac{\mathrm{d}y}{\mathrm{d}x}=\dfrac{y-x}{x+y},\ x>0, \\ y(a)=a \end{cases}$

令 $\dfrac{y}{x}=u$，得到 $u+x\dfrac{\mathrm{d}u}{\mathrm{d}x}=\dfrac{u-1}{u+1}$，即 $\displaystyle\int -\dfrac{u+1}{u^2+1}\mathrm{d}u=\int\dfrac{1}{x}\mathrm{d}x$，故

$$-\dfrac{1}{2}\ln(u^2+1)-\arctan u=\ln x+C。$$

结合初始条件，得到 $C=-\dfrac{1}{2}\ln 2-\dfrac{\pi}{4}-\ln a$，所以曲线的方程为

$$\ln\left(\dfrac{x^2+y^2}{2a^2}\right)+2\arctan\left(\dfrac{y}{x}\right)=\dfrac{\pi}{2}。$$

例 4.2 设 $f(x)$ 在 **R** 上连续且 $|f(x)|\leqslant M$，(1) 证明：微分方程 $y'+y=f(x)$ 在 **R** 上存在一个有界的解；(2) 若 $f(x)$ 是以 ω 为周期的函数，证明：(1) 中的解也是一个以 ω 为周期的函数。

证明 (1) 微分方程 $y'+y=f(x)$ 的通解为 $y(x)=\mathrm{e}^{-x}\left[\displaystyle\int_{-\infty}^{x}\mathrm{e}^t f(t)\mathrm{d}t+C\right]$。取 $C=0$，

则 $y(x)=\mathrm{e}^{-x}\displaystyle\int_{-\infty}^{x}\mathrm{e}^t f(t)\mathrm{d}t$。

由于 $|f(x)|\leqslant M$，故

$$|y(x)|=\left|\mathrm{e}^{-x}\int_{-\infty}^{x}\mathrm{e}^t f(t)\mathrm{d}t\right|\leqslant \mathrm{e}^{-x}\int_{-\infty}^{x}\mathrm{e}^t|f(t)|\mathrm{d}t\leqslant M。$$

综上，$y(x)=\mathrm{e}^{-x}\displaystyle\int_{-\infty}^{x}\mathrm{e}^t f(t)\mathrm{d}t$ 即为所给微分方程的一个有界解。

(2) 对于(1)中的解 $y(x)=\mathrm{e}^{-x}\displaystyle\int_{-\infty}^{x}\mathrm{e}^t f(t)\mathrm{d}t$，有

$$y(x+\omega)=\mathrm{e}^{-(x+\omega)}\int_{-\infty}^{x+\omega}\mathrm{e}^t f(t)\mathrm{d}t\overset{t-\omega=u}{=}\mathrm{e}^{-(x+\omega)}\int_{-\infty}^{x}\mathrm{e}^{\omega+u}f(\omega+u)\mathrm{d}u$$

$$=\mathrm{e}^{-(x+\omega)}\int_{-\infty}^{x}\mathrm{e}^{\omega+u}f(u)\mathrm{d}u=\mathrm{e}^{-x}\int_{-\infty}^{x}\mathrm{e}^u f(u)\mathrm{d}u$$

$$=\mathrm{e}^{-x}\int_{-\infty}^{x}\mathrm{e}^t f(t)\mathrm{d}t=y(x)。$$

即 $y(x)=\mathrm{e}^{-x}\displaystyle\int_{-\infty}^{x}\mathrm{e}^t f(t)\mathrm{d}t$ 也是一个以 ω 为周期的函数。

例 4.3 设函数 $f(x)$ 在 $(0,+\infty)$ 内连续，$f(1)=\dfrac{5}{2}$，且对于所有 $x,t\in(0,+\infty)$，满足条件 $\displaystyle\int_{1}^{xt}f(u)\mathrm{d}u=t\int_{1}^{x}f(u)\mathrm{d}u+x\int_{1}^{t}f(u)\mathrm{d}u$，求 $f(x)$。

解 等式两边对 x 求导得 $tf(xt)=tf(x)+\displaystyle\int_{1}^{t}f(u)\mathrm{d}u$。令 $x=1$，由条件 $f(1)=\dfrac{5}{2}$，得

$$tf(t) = \frac{5}{2}t + \int_1^t f(u)\mathrm{d}u。$$

两边再对 t 求导得

$$f(t) + tf'(t) = \frac{5}{2} + f(t)，即 f'(t) = \frac{5}{2t}。$$

得到通解 $f(t) = \frac{5}{2}\ln t + C$。由 $f(1) = \frac{5}{2}$，得 $C = \frac{5}{2}$，于是 $f(t) = \frac{5}{2}(\ln t + 1)$，所以 $f(x) = \frac{5}{2}(\ln x + 1)$。

例 4.4 某湖泊的水量为 V，每年排入湖泊内含污染物 A 的污水量为 $V/6$，流入湖泊内不含 A 的水量为 $V/6$，流出湖泊的水量为 $V/3$。已知 1999 年底湖中污染物 A 的含量为 $5m_0$，超过国家规定指标。为了治理污染，从 2000 年初起，限定排入湖泊中含 A 污水的浓度不超过 m_0/V，问至多需经过多少年，湖泊中污染物 A 的含量降至 m_0 以内？（注：设湖水中 A 的污染物是均匀的）

解 从 2000 年初开始（$t = 0$），第 t 年湖泊中污染物 A 的总量为 $m = m(t)$，污染物浓度为 m/V。在时间段 $[t, t + \mathrm{d}t]$ 内，流进湖中污染物 A 的量近似为 $\frac{m_0}{V} \cdot \frac{V}{6} \cdot \mathrm{d}t = \frac{m_0}{6}\mathrm{d}t$，流出湖水中 A 含量的近似值为 $\frac{m}{V} \cdot \frac{V}{3} \cdot \mathrm{d}t = \frac{m}{3}\mathrm{d}t$，因而在此时间段内湖中污染物 A 的增量 $\mathrm{d}m$ 为

$$\mathrm{d}m = \left(\frac{m_0}{6} - \frac{m}{3}\right)\mathrm{d}t，即 \frac{1}{\frac{m_0}{6} - \frac{m}{3}}\mathrm{d}m = \mathrm{d}t。$$

通解为 $m = \frac{m_0}{2} - Ce^{-\frac{t}{3}}$。结合初始条件 $m\big|_{t=0} = 5m_0$ 得 $C = -\frac{9}{2}m_0$，于是 $m = \frac{m_0}{2}(1 + 9e^{-\frac{t}{3}})$。

令 $m = m_0$，得 $t = 6\ln 3$，即至多需经过 $6\ln 3$ 年湖中污染物 A 的含量就会降至 m_0 以内。

例 4.5 设 $f(u, v)$ 具有连续偏导数，且满足 $f_u(u, v) + f_v(u, v) = uv$，求 $y(x) = e^{-2x}f(x, x)$ 所满足的微分方程，并求其通解。

解 在 $y(x) = e^{-2x}f(x, x)$ 两边对 x 求导得：

$$\begin{aligned}
y' &= -2e^{-2x}f(x, x) + e^{-2x}f_u(x, x) + e^{-2x}f_v(x, x) \\
&= -2e^{-2x}f(x, x) + e^{-2x}[f_u(x, x) + f_v(x, x)] = -2y + e^{-2x}x^2。
\end{aligned}$$

这是一个一阶线性微分方程，即 $y' + 2y = x^2e^{-2x}$。其通解为

$$y = e^{-\int 2\mathrm{d}x}\left(\int x^2 e^{-2x}e^{\int 2\mathrm{d}x}\mathrm{d}x + C\right) = \left(\frac{x^3}{3} + C\right)e^{-2x}，C 为任意常数。$$

例 4.6 设 $y' - 2y = f(x)$，其中 $f(x) = \begin{cases} 2, & x < 1 \\ 0, & x > 1 \end{cases}$，求方程的处处连续且满足 $y(0) = 0$ 的特解 $y(x)$。

解 当 $x < 1$ 时，方程 $y' - 2y = 2$ 的通解为 $y = C_1e^{2x} - 1$；而当 $x > 1$ 时，方程 $y' - 2y = $

0 的通解为 $y = C_2 \mathrm{e}^{2x}$。结合已知条件 $y(0) = 0$ 可知 $C_1 = 1$，$y = \mathrm{e}^{2x} - 1$ $(x < 1)$。

另一方面，$y(x)$ 处处连续，故有

$$\lim_{x \to 1^+} y(x) = \lim_{x \to 1^-} y(x)，\text{即 } C_2 \mathrm{e}^2 = \mathrm{e}^2 - 1，$$

因此
$$C_2 = 1 - \mathrm{e}^{-2}，\quad y = (1 - \mathrm{e}^{-2})\mathrm{e}^{2x}，\quad x > 1。$$

综上，满足条件的解为 $y(x) = \begin{cases} \mathrm{e}^{2x} - 1, & x < 1 \\ (1 - \mathrm{e}^{-2})\mathrm{e}^{2x}, & x \geqslant 1 \end{cases}$。

例 4.7 已知方程 $y'' + p(x)y' - y\cos^2 x = 0$ 有两个互为倒数的解，求 $p(x)$ 以及该方程的通解。

解 不妨设 $y'' + p(x)y' - y\cos^2 x = 0$ 的两个互为倒数的解分别为 $y_1(x)$ 和 $y_2(x) = \dfrac{1}{y_1(x)}$。由于 $[y_2(x)]' = \left(\dfrac{1}{y_1(x)}\right)' = -\dfrac{[y_1(x)]'}{[y_1(x)]^2}$ 以及

$$[y_2(x)]'' = -\left[\frac{[y_1(x)]'}{[y_1(x)]^2}\right]' = -\frac{y_1(x)[y_1(x)]'' - 2\{[y_1(x)]'\}^2}{[y_1(x)]^3}。$$

代入方程可得

$$-\frac{y_1(x)[y_1(x)]'' - 2\{[y_1(x)]'\}^2}{[y_1(x)]^3} - \frac{[y_1(x)]'}{[y_1(x)]^2}p(x) - \frac{\cos^2 x}{y_1(x)} = 0，$$

即 $-y_1(x)[y_1(x)]'' + 2\{[y_1(x)]'\}^2 - y_1(x)[y_1(x)]'p(x) - [y_1(x)]^2\cos^2 x = 0$。

而
$$[y_1(x)]'' + p(x)[y_1(x)]' - y_1(x)\cos^2 x = 0，$$

由上面两式可得

$$\{[y_1(x)]'\}^2 = [y_1(x)]^2\cos^2 x，\quad [y_1(x)]' = \pm y_1(x)\cos x，$$

故 $y_1(x) = C\mathrm{e}^{\pm\sin x}$。代入原方程可得 $p(x) = \tan x$，且可取两个线性无关的特解为 $y_1(x) = \mathrm{e}^{\sin x}$ 以及 $y_2(x) = \mathrm{e}^{-\sin x}$，所以该方程的通解为 $y(x) = C_1\mathrm{e}^{\sin x} + C_2\mathrm{e}^{-\sin x}$。

例 4.8 设曲线 $y = f(x)$，其中 $f(x)$ 是可导函数且 $f(x) > 0$。已知曲线 $y = f(x)$ 与直线 $y = 0$，$x = 1$ 以及 $x = t(t > 1)$ 所围成的曲边梯形绕 x 轴旋转一周所得的立体体积是该曲边梯形面积的 πt 倍，求该曲线的方程。

解 由曲线 $y = f(x)$ 与直线 $y = 0$，$x = 1$ 以及 $x = t(t > 1)$ 所围成的曲边梯形的面积值 $\int_1^t f(x)\mathrm{d}x$，该曲边梯形绕 x 轴旋转一周所得旋转体的体积是 $\pi\int_1^t f^2(x)\mathrm{d}x$。

依题设，当 $t > 1$ 时有

$$\pi\int_1^t f^2(x)\mathrm{d}x = \pi t\int_1^t f(x)\mathrm{d}x，$$

即
$$\int_1^t f^2(x)\mathrm{d}x = t\int_1^t f(x)\mathrm{d}x。$$

两边对 t 求导得

$$f^2(t) = \int_1^t f(x)\mathrm{d}x + tf(t)。 \tag{1}$$

上式两边再对 t 求导，即得

$$2f(t)f'(t)=2f(t)+tf'(t)。$$

在式(1)中令 $t=1$，得 $f^2(1)=f(1)$，$f(1)=1$，因此 $y=f(x)$ 是如下一阶微分方程满足初值条件的特解 $\qquad (2y-x)\dfrac{\mathrm{d}y}{\mathrm{d}x}=2y$，$y(1)=1$。

将上述方程改写为 $\dfrac{\mathrm{d}x}{\mathrm{d}y}+\dfrac{x}{2y}=1$，得通解

$$x=\mathrm{e}^{-\int\frac{1}{2y}\mathrm{d}y}\Big(C+\int \mathrm{e}^{\int\frac{1}{2y}\mathrm{d}y}\mathrm{d}y\Big)=\dfrac{C}{\sqrt{y}}+\dfrac{2}{3}y。$$

结合 $y(1)=1$，常数 $C=\dfrac{1}{3}$，从而所求曲线方程为 $3x=\dfrac{1}{\sqrt{y}}+2y$。

例 4.9 一个半球体状的雪堆，其体积融化的速率与半球的面积成正比，假设在融化过程中雪堆始终保持半球体状。已知半径为 r_0 的雪堆在开始融化的 3 小时内，融化了其体积的 $\dfrac{7}{8}$，问雪堆全部融化需要多少小时？

解 设雪堆在时刻 t 时的体积 $V=\dfrac{2}{3}\pi r^3$，侧面积 $S=2\pi r^2$，结合题意有 $\dfrac{\mathrm{d}V}{\mathrm{d}t}=-KS$，即为 $\dfrac{\mathrm{d}r}{\mathrm{d}t}=-K$，故 $r=-Kt+C$。由 $r\big|_{t=0}=r_0$，得 $C=r_0$，$r=r_0-Kt$；另一方面，依题意有 $V\big|_{t=3}=\dfrac{1}{8}V\big|_{t=0}$，即 $\dfrac{2}{3}\pi(r_0-3K)^3=\dfrac{1}{8}\cdot\dfrac{2}{3}\pi r_0^3$，因此 $K=\dfrac{1}{6}r_0$，$r=r_0-\dfrac{1}{6}r_0 t$。因雪球全部融化时 $r=0$，故 $t=6$，即雪球全部融化需要 6 个小时。

例 4.10 在某一人群中推广新技术是通过其中掌握新技术的人进行的。设该人群的总人数为 N，在 $t=0$ 时刻已掌握新技术的人数 x_0，在任意时刻 t 已掌握新技术的人数为 $x(t)$（将 $x(t)$ 视为连续可微变量）。其变化率与已掌握新技术人数和未掌握新技术人数之积成正比，比例常数 $k>0$，求 $x(t)$。

解 由题设可知 $x(t)$ 满足微分方程 $\begin{cases}\dfrac{\mathrm{d}x}{\mathrm{d}t}=kx(N-x)\\ x\big|_{t=0}=x_0\end{cases}$，变形得：

$$\dfrac{\mathrm{d}x}{x(N-x)}=k\,\mathrm{d}t，\text{或} \dfrac{1}{N}\Big(\dfrac{1}{x}+\dfrac{1}{N-x}\Big)\mathrm{d}x=k\,\mathrm{d}t，$$

故 $\ln\dfrac{x}{N-x}=kNt+C_0$。解得 $x=\dfrac{NC\mathrm{e}^{kNt}}{1+C\mathrm{e}^{kNt}}$，其中 C 为任意常数。代入初始条件 $x\big|_{t=0}=x_0$ 得常数 $C=\dfrac{x_0}{N-x_0}$，所以 $x(t)=\dfrac{Nx_0\mathrm{e}^{kNt}}{N-x_0+x_0\mathrm{e}^{kNt}}$。

例 4.11 解下列微分方程：

(1) $y(y+1)\mathrm{d}x+[x(y+1)+x^2y^2]\mathrm{d}y=0$；

(2) $\Big[x+\dfrac{y}{1-x^2y^2}\Big]\mathrm{d}x+\Big[y+\dfrac{x}{1-x^2y^2}\Big]\mathrm{d}y=0$。

解 (1) 将方程变形为

$$(y\,\mathrm{d}x + x\,\mathrm{d}y)(y+1)\,\mathrm{d}x + x^2 y^2\,\mathrm{d}y = 0,$$

即

$$(y+1)\mathrm{d}(xy) + x^2 y^2\,\mathrm{d}y = 0。$$

两边除以 $(y+1)x^2 y^2$，得

$$\frac{1}{x^2 y^2}\mathrm{d}(xy) + \frac{1}{y+1}\mathrm{d}y = 0，\text{即 } \mathrm{d}\Big(\ln|y+1| - \frac{1}{xy}\Big) = 0。$$

所以，原方程的通解为 $\ln|y+1| - \dfrac{1}{xy} = C$。

(2) 将方程变形为 $x\,\mathrm{d}x + y\,\mathrm{d}y + \dfrac{y\,\mathrm{d}x + x\,\mathrm{d}y}{1 - x^2 y^2} = 0$，即为

$$\mathrm{d}\Big(\frac{x^2 + y^2}{2}\Big) + \frac{\mathrm{d}xy}{1 - x^2 y^2} = 0。$$

故有

$$\mathrm{d}\Big(\frac{x^2 + y^2}{2}\Big) + \mathrm{d}\Big(\frac{1}{2}\ln\Big|\frac{1+xy}{1-xy}\Big|\Big) = 0。$$

所以，原方程的通解为 $x^2 + y^2 + \ln\Big|\dfrac{1+xy}{1-xy}\Big| = C$。

> 注 这类微分方程本身不是熟悉的方程类型，往往需要同时乘以或者除以一个函数，使其变为全微分方程。

例 4.12 解下列微分方程：(1) $\dfrac{\mathrm{d}y}{\mathrm{d}x} = \dfrac{y}{2x} + \dfrac{1}{2y}\cot\dfrac{y^2}{x}$；(2) $2yy' = \mathrm{e}^{\frac{x^2+y^2}{x}} + \dfrac{x^2+y^2}{x} - 2x$。

解 (1) 作换元 $u = \dfrac{y^2}{x}$，则 $2yy' = u + x\dfrac{\mathrm{d}u}{\mathrm{d}x}$，代入原方程得

$$u + x\frac{\mathrm{d}u}{\mathrm{d}x} = u + \cot u, \quad x\frac{\mathrm{d}u}{\mathrm{d}x} = \cot u。$$

解得 $x\cos u = C$，所以通解为 $x\cos\Big(\dfrac{y^2}{x}\Big) = C$。

(2) 作换元 $u = x^2 + y^2$，则 $\dfrac{\mathrm{d}u}{\mathrm{d}x} = 2x + 2yy'$，代入原方程得 $\dfrac{\mathrm{d}u}{\mathrm{d}x} = \mathrm{e}^{\frac{u}{x}} + \dfrac{u}{x}$。

这是一个齐次方程。再作换元 $\dfrac{u}{x} = v$，则 $\dfrac{\mathrm{d}u}{\mathrm{d}x} = v + x\dfrac{\mathrm{d}v}{\mathrm{d}x}$，代入上式即有 $x\dfrac{\mathrm{d}v}{\mathrm{d}x} = \mathrm{e}^v$，解得 $\mathrm{e}^{-v} + \ln|x| = C$。

综上，原方程的通解为 $\mathrm{e}^{-\frac{x^2+y^2}{x}} + \ln|x| = C$。

例 4.13 已知 $f(x)$ 可微，且满足 $\displaystyle\int_1^x \frac{f(t)}{t^3 f(t) + t}\mathrm{d}t = f(x) - 1$，求 $f(x)$。

解 两边求导得 $\dfrac{f(x)}{x^3 f(x)+x}=f'(x)$，且 $f(1)=1$。记 $y=f(x)$，则有 $\dfrac{y}{x^3 y+x}=y'$。

将 y 视为自变量，x 视为因变量，方程可改写为

$$\frac{\mathrm{d}x}{\mathrm{d}y}-\frac{1}{y}x=x^3, \text{即} \frac{\mathrm{d}x^{-2}}{\mathrm{d}y}+\frac{2}{y}x^{-2}=-2。$$

记 $z=x^{-2}$，得通解

$$z=x^{-2}=\mathrm{e}^{-\int\frac{2}{y}\mathrm{d}y}\left(C+\int-2\mathrm{e}^{\int\frac{2}{y}\mathrm{d}y}\mathrm{d}y\right)=\frac{1}{y^2}\left(C-\frac{2}{3}y^3\right)。$$

即得 $\dfrac{1}{x^2}=\dfrac{1}{y^2}\left(C-\dfrac{2}{3}y^3\right)$，或者 $\dfrac{f^2(x)}{x^2}+\dfrac{2}{3}f^3(x)=C$。

结合 $f(1)=1$ 得 $C=\dfrac{5}{3}$，故 $\dfrac{f^2(x)}{x^2}+\dfrac{2}{3}f^3(x)=\dfrac{5}{3}$（$f(x)$ 是其确定的隐函数）。

例 4.14 设一元函数 $u=f(r)$ 当 $r>0$ 时具有连续的二阶导数，且 $f(1)=0$，$f'(1)=1$，又 $u=f(\sqrt{x^2+y^2+z^2})$ 满足 $u_{xx}+u_{yy}+u_{zz}=0$，试求 $u=f(r)$ 的表达式。

解 计算可得

$$u_{xx}=f''(r)\frac{x^2}{r^2}+f'(r)\frac{r^2-x^2}{r^3}, \ u_{yy}=f''(r)\frac{y^2}{r^2}+f'(r)\frac{r^2-y^2}{r^3},$$

$$u_{zz}=f''(r)\frac{z^2}{r^2}+f'(r)\frac{r^2-z^2}{r^3}。$$

代入已知等式 $u_{xx}+u_{yy}+u_{zz}=0$ 可得 $f''(r)+\dfrac{2}{r}f'(r)=0$。解得 $f(r)=C_2-\dfrac{C_1}{r}$。由已知 $f(1)=0$，$f'(1)=1$，可得 $f(r)=1-\dfrac{1}{r}$。

例 4.15 设 $F(x)=f(x)g(x)$，其中 $f(x)$、$g(x)$ 在 $(-\infty,+\infty)$ 上满足以下条件：$g'(x)=f(x)$，$f'(x)=g(x)$，$f(0)=0$，$f(x)+g(x)=2\mathrm{e}^x$，求 $F(x)$ 的表达式。

解 $F'(x)=f'(x)g(x)+f(x)g'(x)=g^2(x)+f^2(x)$
$$=[f(x)+g(x)]^2-2f(x)g(x)=(2\mathrm{e}^x)^2-2F(x)，$$

可知 $F(x)$ 满足的方程为 $F'(x)+2F(x)=4\mathrm{e}^{2x}$。求得其通解：

$$F(x)=\mathrm{e}^{2x}+C\mathrm{e}^{-2x}。$$

将 $F(0)=f(0)g(0)=0$ 代入上式，可确定常数 $C=-1$，故 $F(x)=\mathrm{e}^{2x}-\mathrm{e}^{-2x}$。

例 4.16 求微分方程 $\dfrac{\mathrm{d}y}{\mathrm{d}x}=x^2-2xy+y^2$ 的通解。

解 这不是通常的微分方程类型，一般需要变形换元。由于 $\dfrac{\mathrm{d}y}{\mathrm{d}x}=(x-y)^2$，可令 $u=x-y$，即 $y=x-u$，$\dfrac{\mathrm{d}y}{\mathrm{d}x}=1-\dfrac{\mathrm{d}u}{\mathrm{d}x}$，代入上述方程得

$$1-\frac{\mathrm{d}u}{\mathrm{d}x}=u^2, \text{即} \frac{\mathrm{d}u}{1-u^2}=\mathrm{d}x。$$

两端积分得到 $\frac{1}{2}\ln\left|\frac{1+u}{1-u}\right|=x+C$。 所以方程的通解为 $\frac{1}{2}\ln\left|\frac{1+x-y}{1-x+y}\right|=x+C$。

> 注:一般地,若某个一阶微分方程可化为 $\frac{\mathrm{d}y}{\mathrm{d}x}=f(ax+by+c)$ 的形式,不妨作换元 $u=ax+by+c$ 求解。

例 4.17 求微分方程 $\frac{\mathrm{d}y}{\mathrm{d}x}=\frac{2x(y-x^2)^2}{2(y-x^2)^2+1}$ 的通解。

解 令 $y-x^2=u$,则原方程化为 $\frac{\mathrm{d}u}{\mathrm{d}x}+2x=\frac{2xu^2}{2u^2+1}$,即 $\frac{2u^2+1}{u^2+1}\mathrm{d}u=-2x\,\mathrm{d}x$。

两端积分得通解 $2u-\arctan u=-x^2+C$。

将 $y-x^2=u$ 代入得到 $2(y-x^2)-\arctan(y-x^2)+x^2=C$。

例 4.18 求微分方程 $\frac{\mathrm{d}y}{\mathrm{d}x}=\frac{y^2-x}{2y(x-2)}$ 的通解。

解 令 $u=x-2$,则 $\frac{\mathrm{d}y}{\mathrm{d}x}=\frac{\mathrm{d}y}{\mathrm{d}u}$,代入原方程可得 $\frac{\mathrm{d}y}{\mathrm{d}u}=\frac{y^2-(2+u)}{2yu}$,即

$$\frac{\mathrm{d}(y^2)}{\mathrm{d}u}=\frac{y^2-(2+u)}{u}。$$

再令 $p=y^2$,则有 $\frac{\mathrm{d}p}{\mathrm{d}u}=\frac{p-(2+u)}{u}$,$\frac{\mathrm{d}p}{\mathrm{d}u}-\frac{1}{u}p=-\frac{2+u}{u}$,解得

$$p=u\left(\frac{2}{u}-\ln|u|+C\right)。$$

综上,原方程的通解为 $y^2=(x-2)\left(\frac{2}{x-2}-\ln|x-2|+C\right)$。

例 4.19 求微分方程 $x\left(\frac{\mathrm{d}y}{\mathrm{d}x}\right)^3=1+\frac{\mathrm{d}y}{\mathrm{d}x}$ 的通解。

解 令 $p=\frac{\mathrm{d}y}{\mathrm{d}x}$,代入原方程得 $xp^3=1+p$,$x=\frac{1+p}{p^3}=\frac{1}{p^3}+\frac{1}{p^2}$。 另一方面,在等式

$$x=\frac{1+p}{p^3}=\frac{1}{p^3}+\frac{1}{p^2}$$

两边对 y 求导 $\frac{\mathrm{d}x}{\mathrm{d}y}=\left(-\frac{3}{p^4}-\frac{2}{p^3}\right)\frac{\mathrm{d}p}{\mathrm{d}y}=-\frac{3+2p}{p^4}\frac{\mathrm{d}p}{\mathrm{d}y}$,即 $\frac{1}{p}=-\frac{3+2p}{p^4}\frac{\mathrm{d}p}{\mathrm{d}y}$。

解得 $y=\frac{3}{2p^2}+\frac{2}{p}+C$。

综上,原方程的通解为 $x=\frac{1}{p^3}+\frac{1}{p^2}$,$y=\frac{3}{2p^2}+\frac{2}{p}+C$。

例 4.20 求微分方程 $y'=1-x(y-x)-x^3(y-x)^2$ 的通解。

解 作换元 $u=y-x$,则有 $\frac{\mathrm{d}y}{\mathrm{d}x}=\frac{\mathrm{d}u}{\mathrm{d}x}+1$,代入原方程得到 $\frac{\mathrm{d}u}{\mathrm{d}x}+xu=-x^3u^2$。

这是一个伯努利方程,故两端除以 u^2 得:

$$u^{-2}\frac{\mathrm{d}u}{\mathrm{d}x}+xu^{-1}=-x^3 , \text{ 或 } \frac{\mathrm{d}u^{-1}}{\mathrm{d}x}-xu^{-1}=x^3 。$$

所以通解为

$$u^{-1}=\mathrm{e}^{\int x\mathrm{d}x}\left(C+\int x^3 \mathrm{e}^{-\int x\mathrm{d}x}\mathrm{d}x\right)=\mathrm{e}^{\frac{x^2}{2}}\left[C-\mathrm{e}^{-\frac{x^2}{2}}(x^2+2)\right]=C\mathrm{e}^{\frac{x^2}{2}}-x^2-2 。$$

综上,原方程的通解为

$$\frac{1}{y-x}=C\mathrm{e}^{\frac{x^2}{2}}-x^2-2 , \text{ 或 } y=\frac{1}{C\mathrm{e}^{\frac{x^2}{2}}-x^2-2}+x 。$$

例 4.21 求解下列方程:

(1) $y'=y^2+2(\sin x-1)y+\sin^2 x-2\sin x-\cos x+1$;

(2) $(xy^2+y)\mathrm{d}x+(x+x^2y+x^3y^2)\mathrm{d}y=0$。

解 (1) 原方程变形为 $y'=(y+\sin x-1)^2-\cos x$,即为

$$(y+\sin x-1)'=(y+\sin x-1)^2 。$$

作换元 $u=y+\sin x-1$,得到 $\dfrac{\mathrm{d}u}{\mathrm{d}x}=u^2$。 解得 $-\dfrac{1}{u}=x+C$。

代入 $u=y+\sin x-1$ 化简得方程的通解为 $y=1-\sin x-\dfrac{1}{x+C}$。

(2) 原方程变形为 $\dfrac{\mathrm{d}y}{\mathrm{d}x}=-\dfrac{y(xy+1)}{x(1+xy+x^2y^2)}=-\dfrac{xy(xy+1)}{x^2(1+xy+x^2y^2)}$。 令 $u=xy$,则

有 $y=\dfrac{u}{x}$, $\dfrac{\mathrm{d}y}{\mathrm{d}x}=\dfrac{1}{x}\dfrac{\mathrm{d}u}{\mathrm{d}x}-\dfrac{u}{x^2}$。 代入原方程得 $\dfrac{1}{x}\dfrac{\mathrm{d}u}{\mathrm{d}x}-\dfrac{u}{x^2}=-\dfrac{u}{x^2}\cdot\dfrac{1+u}{1+u+u^2}$,即 $\dfrac{\mathrm{d}x}{x}=\dfrac{1+u+u^2}{u^3}\mathrm{d}u$。

两端积分得

$$\ln x=-\frac{1}{2}u^{-2}-u^{-1}+\ln u+C_1 。$$

将 $u=xy$ 代入,得到方程的通解为 $2x^2y^2\ln y-2xy-1+Cx^2y^2=0$。

> 🔍 **注**:一般地,形如 $\dfrac{\mathrm{d}y}{\mathrm{d}x}=\dfrac{f(xy)}{x^2}$ 的一阶微分方程,可通过换元 $u=xy$ 化为可分离变量的方程求解。本题(2)中的方程即为此类型。

例 4.22 设函数 $f(x)$ 可导,对任意的 a,都有 $\lim\limits_{x\to a}\dfrac{xf(a)-af(x)}{x-a}=a^2\mathrm{e}^a$,求 $f(x)$。

解 由于 $\lim\limits_{x\to a}\dfrac{xf(a)-af(x)}{x-a}=\lim\limits_{x\to a}\dfrac{xf(a)-af(a)+af(a)-af(x)}{x-a}=f(a)-af'(a)$,

结合题意得 $f(a)-af'(a)=a^2\mathrm{e}^a$。记 $y=f(x)$，则有 $y-xy'=x^2\mathrm{e}^x$。得通解 $y=-x(C+\mathrm{e}^x)$。

所以，$f(x)=-x(C+\mathrm{e}^x)$。

例 4.23　设函数 $f(x)$ 可导，且对于任意的 x、y，$xy\neq 1$，都有 $f(x)+f(y)=f\left(\dfrac{x+y}{1-xy}\right)$，求 $f(x)$。

解　在已知等式两边对 x 求导可得

$$f'(x)=f'\left(\frac{x+y}{1-xy}\right)\cdot\frac{1-xy+(x+y)y}{(1-xy)^2}=\frac{1+y^2}{(1-xy)^2}f'\left(\frac{x+y}{1-xy}\right)。$$

类似可得 $f'(y)=\dfrac{1+x^2}{(1-xy)^2}f'\left(\dfrac{x+y}{1-xy}\right)$，故

$$\frac{f'(x)}{1+y^2}=\frac{f'(y)}{1+x^2},$$

即 $(1+x^2)f'(x)=(1+y^2)f'(y)$。

因此，可不妨设 $(1+x^2)f'(x)=k$，解得 $f(x)=k\arctan x+C$。另一方面，在已知等式中取 $x=y=0$，则有 $f(0)=0$，代入上式可得 $C=0$，所以 $f(x)=k\arctan x$。

例 4.24　设函数 $f(x)$ 二阶可导，且对于任意的 x、y，都有 $f^2(x)-f^2(y)=f(x+y)\cdot f(x-y)$，求 $f(x)$。

解　在已知等式两边对 x 求导得

$$2f(x)f'(x)=f'(x+y)\cdot f(x-y)+f(x+y)\cdot f'(x-y)。$$

上式两边再对 y 求导得

$$0=f''(x+y)\cdot f(x-y)-f(x+y)\cdot f''(x-y),$$

即有 $\dfrac{f''(x+y)}{f(x+y)}=\dfrac{f''(x-y)}{f(x-y)}$。故对任意的 u、v，必有 $\dfrac{f''(u)}{f(u)}=\dfrac{f''(v)}{f(v)}$。不妨设 $\dfrac{f''(x)}{f(x)}=k$。以下分三个情形加以讨论。

情形一　当 $k=0$ 时，$f''(x)=0$，$f(x)=ax+b$。注意到 $f(0)=0$，代入上式可得 $b=0$，所以 $f(x)=ax$。

情形二　当 $k>0$ 时，解 $\dfrac{f''(x)}{f(x)}=k$ 得 $f(x)=C_1\mathrm{e}^{ax}+C_2\mathrm{e}^{-ax}$。将 $f(0)=0$ 代入上式可得 $C_1=-C_2$，所以 $f(x)=C(\mathrm{e}^{ax}-\mathrm{e}^{-ax})$。

情形三　当 $k<0$ 时，解 $\dfrac{f''(x)}{f(x)}=k$ 得 $f(x)=C_1\cos ax+C_2\sin ax$。将 $f(0)=0$ 代入上式可得 $C_1=0$，所以 $f(x)=C\sin ax$。

反之，容易验证 $f(x)=ax$，$f(x)=C(\mathrm{e}^{ax}-\mathrm{e}^{-ax})$，$f(x)=C\sin ax$ 满足已知等式。

综上，$f(x)=ax$，$f(x)=C(\mathrm{e}^{ax}-\mathrm{e}^{-ax})$，$f(x)=C\sin ax$，其中 a 是 C 和任意常数。

例 4.25　位于坐标原点的我舰向位于 Ox 轴上 $A(1,0)$ 点处的敌舰发射导弹，导弹始终对准敌舰。设敌舰以最大速度 v_0（$v_0=$ 常数）沿平行于 Oy 轴的直线行驶。又设导弹的速率为 $5v_0$，求导弹航行的曲线方程；当敌舰航行多远时，它将被导弹击中？

解 设经过时间 t，导弹处于点 $P(x,y)$ 处，此时敌舰处于点 $Q(1,(1-x)y'+y)$。结合题意应有 $(1-x)y'+y=\dfrac{1}{5}\displaystyle\int_0^x \sqrt{1+y'^2}\,\mathrm{d}x$，两边对 x 求导得

$$(1-x)y''=\frac{1}{5}\sqrt{1+y'^2}。$$

这是一个不显含 y 的可降阶的微分方程，令 $y'=p$，方程可化为 $(1-x)p'=\dfrac{1}{5}\sqrt{1+p^2}$，解得

$$\ln(p+\sqrt{1+p^2})=-\frac{1}{5}\ln(1-x)+C_1，$$

即 $y'+\sqrt{1+y'^2}=\dfrac{C_1'}{\sqrt[5]{1-x}}$。

由 $y'(0)=0$ 得 $C_1'=1$，故 $y'+\sqrt{1+y'^2}=\dfrac{1}{\sqrt[5]{1-x}}$，解得

$$y'=\frac{1}{2}\left(\frac{1}{\sqrt[5]{1-x}}-\sqrt[5]{1-x}\right)。$$

两边积分，有 $y=-\dfrac{5}{8}(1-x)^{\frac{4}{5}}+\dfrac{5}{12}(1-x)^{\frac{6}{5}}+C_2$。结合 $y(0)=0$ 得 $C_2=\dfrac{5}{24}$。所以导弹的轨迹为

$$y=-\frac{5}{8}(1-x)^{\frac{4}{5}}+\frac{5}{12}(1-x)^{\frac{6}{5}}+\frac{5}{24}。$$

综上，当 $x=1$ 时，$y=\dfrac{5}{24}$，即当敌舰航行到点 $\left(1,\dfrac{5}{24}\right)$ 处时将被导弹击中。

例 4.26 设函数 $y=y(x)$ 满足 $y''<0$，曲线上任意一点处的曲率为 $\dfrac{1}{\sqrt{1+(y')^2}}$，且曲线 $y=y(x)$ 在点 $(0,1)$ 处的切线方程为 $y=x+1$，求 $y=y(x)$ 的最大值。

解 根据题意有

$$\frac{-y''}{[1+(y')^2]^{\frac{3}{2}}}=\frac{1}{\sqrt{1+(y')^2}}，$$

且 $y(0)=y'(0)=1$，故 $y''=-1-(y')^2$。令 $y'=p$，解得 $\arctan p=-x+C_1$。代入已知条件可得 $C_1=\dfrac{\pi}{4}$，$p=\tan\left(\dfrac{\pi}{4}-x\right)$。两边积分得 $y=\ln\left|\cos\left(\dfrac{\pi}{4}-x\right)\right|+C_2$。将 $y(0)=1$ 代入，有 $C_2=1+\dfrac{1}{2}\ln 2$，因此

$$y=\ln\left|\cos\left(\frac{\pi}{4}-x\right)\right|+1+\frac{1}{2}\ln 2。$$

所以，$y=\ln\left|\cos\left(\dfrac{\pi}{4}-x\right)\right|+1+\dfrac{1}{2}\ln 2\leqslant 1+\dfrac{1}{2}\ln 2$，函数 $y=y(x)$ 的最大值为 $1+\dfrac{1}{2}\ln 2$。

例 4.27 设四阶常系数线性齐次方程有一个解为 $y=3\mathrm{e}^x\cos 2x$，另一个解为 $y=(3+$

$2x)e^x$，求该方程及其通解。

解 根据已知条件以及常系数高阶线性齐次方程的通解公式，可知该方程对应的特征方程的根为 1、1 和 $1\pm 2i$，故特征方程为 $\lambda^4 - 4\lambda^3 + 10\lambda^2 - 12\lambda + 5 = 0$，微分方程为

$$y'''' - 4y''' + 10y'' - 12y' + 5y = 0,$$

且通解为 $$y = (C_1 + C_2 x)e^x + e^x(C_3 \sin 2x + C_4 \cos 2x)。$$

例 4.28 求 $(x + y^2)y''' + 6yy'y'' + 3y'' + 2(y')^3 = 0$ 的通解。

解 $(x + y^2)y''' + 6yy'y'' + 3y'' + 2(y')^2 = [(x + y^2)y']'' + y''$

$$= [(x + y^2)y' + y]'' = [(xy)' + y^2 y']'' = \left(xy + \frac{y^3}{3}\right)''',$$

故原方程的通解为 $$xy + \frac{y^3}{3} = C_1 + C_2 x + C_3 x^2。$$

例 4.29 求微分方程 $(1 - x^2)y'' - xy' + y = 0$ 满足 $y\big|_{x=0} = 1$，$y'\big|_{x=0} = 2$ 的特解。

解 作换元 $x = \cos t\,(0 < t < \pi)$，则有

$$\frac{dy}{dt} = \frac{dy}{dx}\frac{dx}{dt} = \frac{dy}{dx}(-\sin t),$$

$$\frac{d^2 y}{dt^2} = \frac{d^2 y}{dx^2}\sin^2 t - \frac{dy}{dx}\cos t = (1 - x^2)\frac{d^2 y}{dx^2} - x\frac{dy}{dx}。$$

故原方程化为 $\dfrac{d^2 y}{dt^2} + y = 0$，其通解为 $y = C_1 \cos t + C_2 \sin t$，所以原方程的通解为

$$y = C_1 x + C_2 \sqrt{1 - x^2}。$$

结合初始条件，$y(0) = C_2 = 1$，$y'(0) = C_1 + \dfrac{-x}{\sqrt{1 - x^2}}\bigg|_{x=0} = 2$，得 $C_1 = 2$。

综上，满足条件的特解为 $y = 2x + \sqrt{1 - x^2}$。

例 4.30 求 $\cos^4 x \cdot y'' + \cos^2 x \cdot (2 - \sin 2x)y' + y = \tan x$ 的通解。

解 作换元 $x = \arctan u$，则

$$\frac{dy}{dx} = \frac{dy}{du} \cdot \frac{du}{dx} = \frac{dy}{du} \cdot \sec^2 x = \frac{dy}{du} \cdot (1 + u^2),$$

$$\frac{d^2 y}{dx^2} = (1 + u^2)^2 \frac{d^2 y}{du^2} + 2u(1 + u^2)\frac{dy}{du}。$$

代入原方程并整理得 $\dfrac{d^2 y}{du^2} + 2\dfrac{dy}{du} + y = u$。其通解为

$$y = (C_1 + C_2 u)e^{-u} + u - 2。$$

将 $x = \arctan u$ 代回得到

$$y = (C_1 + C_2 \tan x)e^{-\tan x} + \tan x - 2。$$

例 4.31 求 $4xy'' + 2(1-\sqrt{x})y' - 6y = e^{3\sqrt{x}}$ 的通解。

解 作换元 $\sqrt{x} = u$，则

$$\frac{dy}{dx} = \frac{dy}{du} \cdot \frac{du}{dx} = \frac{dy}{du} \cdot \frac{1}{2\sqrt{x}}, \quad \frac{d^2y}{dx^2} = \frac{1}{4x}\frac{d^2y}{du^2} - \frac{1}{4x^{\frac{3}{2}}}\frac{dy}{du}。$$

代入原方程可得 $\dfrac{d^2y}{du^2} - \dfrac{dy}{du} - 6y = e^{3u}$，其通解为

$$y = C_1 e^{3u} + C_2 e^{-2u} + \frac{1}{5}u e^{3u}。$$

将 $u = \sqrt{x}$ 代回得到 $y = C_1 e^{3\sqrt{x}} + C_2 e^{-2\sqrt{x}} + \dfrac{1}{5}\sqrt{x}\, e^{3\sqrt{x}}$。

例 4.32 求方程 $(2+x)^2 y'' - 2(2+x)y' + 2y = \dfrac{1}{2+x}$ 满足 $y(0) = 0$，$y'(0) = 0$ 的特解。

解 作换元 $2+x = e^u$，则

$$\frac{dy}{dx} = \frac{dy}{du} \cdot \frac{du}{dx} = e^{-u}\frac{dy}{du}, \quad \frac{d^2y}{dx^2} = e^{-2u}\frac{d^2y}{du^2} - e^{-2u}\frac{dy}{du}。$$

代入原方程并整理得 $\dfrac{d^2y}{du^2} - 3\dfrac{dy}{du} + 2y = e^{-u}$。其通解为

$$y = C_1 e^u + C_2 e^{2u} + \frac{1}{6}e^{-u}。$$

将 $2+x = e^u$ 代回得到通解 $y = C_1(x+2) + C_2(x+2)^2 + \dfrac{1}{6(x+2)}$。

将条件 $y(0) = 0$，$y'(0) = 0$ 代入可得 $C_1 = -\dfrac{1}{8}$，$C_2 = \dfrac{1}{24}$。

综上，满足条件的特解为 $y = -\dfrac{1}{8}(x+2) + \dfrac{1}{24}(x+2)^2 + \dfrac{1}{6(x+2)}$。

例 4.33 设函数 $y = y(x)$ 是由方程 $(1+x)y = \displaystyle\int_0^x [2y + (1+t)^2 y''(t)]dt - \ln(1+x)$ 所确定的，其中，$x \geqslant 0$ 且 $y'\big|_{x=0} = 0$，试求函数 $y(x)$。

解 在方程两边求导，得到

$$y + (1+x)y' = 2y + (1+x)^2 y'' - \frac{1}{1+x},$$

即

$$(1+x)^2 y'' - (1+x)y' + y = \frac{1}{1+x}。$$

在原方程中，令 $x = 0$ 可以得到 $y = 0$。结合题意，函数 $y(x)$ 是如下方程的特解：

$$(1+x)^2 y'' - (1+x)y' + y = \frac{1}{1+x}, \quad y\big|_{x=0} = 0, \quad y'\big|_{x=0} = 0。$$

作换元 $1+x=e^u$，则

$$\frac{dy}{dx}=\frac{dy}{du}\cdot\frac{du}{dx}=e^{-u}\frac{dy}{du},\quad \frac{d^2y}{dx^2}=e^{-2u}\frac{d^2y}{du^2}-e^{-2u}\frac{dy}{du}。$$

代入原方程并整理得 $\dfrac{d^2y}{du^2}-2\dfrac{dy}{du}+y=e^{-u}$，其通解为

$$y=(C_1+C_2u)e^u+\frac{1}{4}e^{-u}。$$

将 $1+x=e^u$ 代回得到通解 $y=\left[C_1+C_2\ln(x+1)\right]\cdot(1+x)+\dfrac{1}{4(1+x)}$。

将条件 $y\Big|_{x=0}=0,\ y'\Big|_{x=0}=0$ 代入上式得到 $C_1=-\dfrac{1}{4},C_2=\dfrac{1}{2}$。

综上，原方程的解为 $y=\left[-\dfrac{1}{4}+\dfrac{1}{2}\ln(1+x)\right](1+x)+\dfrac{1}{4(1+x)}$。

例 4.34　解方程 $(y-x)\sqrt{1+x^2}\dfrac{dy}{dx}=(1+y^2)^{\frac{3}{2}}$。

解　作换元 $y=\tan u$，则 $\dfrac{dy}{dx}=\dfrac{dy}{du}\cdot\dfrac{du}{dx}=\sec^2u\dfrac{du}{dx}$。 代入可得

$$(\tan u-x)\sqrt{1+x^2}\sec^2u\frac{du}{dx}=(1+\tan^2u)^{\frac{3}{2}},$$

化简可得 $\qquad\qquad (\sin u-x\cos u)\sqrt{1+x^2}=\dfrac{dx}{du}。$ $\qquad\qquad(1)$

再作换元 $x=\tan t$，则 $\dfrac{dx}{du}=\dfrac{dx}{dt}\cdot\dfrac{dt}{du}=\sec^2t\dfrac{dt}{du}$，代入式(1)可得

$$(\sin u-\tan t\cdot\cos u)\sec t=\sec^2t\frac{dt}{du},$$

即 $\qquad\qquad \sin u\cdot\cos t-\sin t\cdot\cos u=\dfrac{dt}{du},\ \sin(u-t)=\dfrac{dt}{du}。$ $\qquad(2)$

最后，令 $p=u-t$，则 $\dfrac{dp}{du}=1-\dfrac{dt}{du}$，代入式(2)可得

$$\sin p=1-\frac{dp}{du}。\qquad\qquad(3)$$

分离变量并积分可得 $\displaystyle\int\frac{1}{1-\sin p}dp=\int du$。 故式(3)的通解为 $\dfrac{2}{1-\tan\dfrac{p}{2}}=u+C$。 因而原方

程的通解为

$$\frac{2}{1-\tan\left(\dfrac{\arctan y-\arctan x}{2}\right)}=\arctan y+C。$$

例 4.35　有一水槽，在 t 时刻每单位时间流入的水量为 $g(t)$，且在时刻 t 每单位时间流

出的水量与该时刻的贮水量成正比,其比例系数为 a(a 为常数),试建立贮水量 $y(t)$ 满足的微分方程。

解 在 $[t, t+\Delta t]$ 时间间隔内,$y(t)$ 的增量 Δy 等于 Δt 时间间隔内流入的水量减去流出的水量,故

$$y(t+\Delta t)-y(t)=g(t)\Delta t-ay(t)\Delta t,$$

即

$$\frac{y(t+\Delta t)-y(t)}{\Delta t}=g(t)-ay(t)。$$

令 $\Delta t \to 0$,得 $y'(t)=g(t)-ay(t)$,所以,贮水量 $y(t)$ 满足的微分方程为

$$y'(t)+ay(t)=g(t)。$$

例 4.36 求方程 $(x^2\ln x)y''-x\cdot y'+y=0$ 的通解。

解 观察得到该方程的一个解为 $y_1=x$。将原方程变形为

$$y''-\frac{1}{x\ln x}\cdot y'+\frac{1}{x^2\ln x}y=0。$$

取另一个解为

$$y_2=y_1\int\frac{e^{-\int P(x)dx}}{(y_1)^2}dx=x\int\frac{e^{\int\frac{1}{x\ln x}dx}}{x^2}dx=x\int\frac{\ln x}{x^2}dx=x\left[-\frac{1+\ln x}{x}\right]=-(1+\ln x)。$$

故原方程的通解为 $y=C_1x+C_2(1+\ln x)$。

> **注:** 一般地,对于二阶线性齐次方程 $y''+P(x)y'+Q(x)y=0$,根据解的结构,只需要求得其两个线性无关的解即可。当系数不是常数时,两个线性无关的解不容易求得。
>
> 但是,如果通过观察可以得到方程的一个非零解 y_1,则可通过公式 $y_2=y_1\int\frac{e^{-\int P(x)dx}}{(y_1)^2}dx$ 求得另外一个解,进而写出通解。

例 4.37 (1) 解方程 $y''+y=\csc x$;(2) 已知方程 $y''-2(1+\tan^2 x)y=0$ 有一个解是 $y=\tan x$,求其通解。

解 (1) 注意到方程 $y''+y=0$ 的两个线性无关的解分别是 $y_1=\cos x$,$y_2=\sin x$,朗斯基行列式为 $\begin{vmatrix} y_1 & y_2 \\ y_1' & y_2' \end{vmatrix}=\begin{vmatrix} \cos x & \sin x \\ -\sin x & \cos x \end{vmatrix}=1$,因此特解为

$$y^*=-y_1\int\frac{y_2 f(x)}{W}dx+y_2\int\frac{y_1 f(x)}{W}dx=-\cos x\int dx+\sin x\int\frac{\cos x}{\sin x}dx$$
$$=-x\cos x+\sin x\ln\sin x。$$

所以通解为 $y=C_1\cos x+C_2\sin x-x\cos x+\sin x\ln\sin x$。

(2) 记 $y_1=\tan x$,则方程 $y''-2(1+\tan^2 x)y=0$ 的另外一个解(与 y_1 线性无关)是

$$y_2 = y_1 \int \frac{e^{-\int P(x)dx}}{y_1^2} dx = \tan x \int \frac{e^{-\int 0 dx}}{\tan^2 x} dx = \tan x \int \cot^2 x \, dx$$

$$= \tan x \int (\csc^2 x - 1) dx = \tan x (-\cot x - x) = -x \tan x - 1。$$

所以通解为
$$y = C_1 \tan x + C_2(-x \tan x - 1)。$$

注:对于二阶常系数线性非齐次方程 $y'' + py' + qy = f(x)$,如果齐次方程 $y'' + py' + qy = 0$ 有两个线性无关的解 $y = y_1(x)$ 以及 $y = y_2(x)$,若记 $W = \begin{vmatrix} y_1(x) & y_2(x) \\ y'_1(x) & y'_2(x) \end{vmatrix}$ (朗斯基行列式),则非齐次方程 $y'' + py' + qy = f(x)$ 的特解为

$$y^* = -y_1(x) \int \frac{y_2(x)f(x)}{W} dx + y_2(x) \int \frac{y_1(x)f(x)}{W} dx。$$

例 4.38 求方程 $y'' + (x + e^{2y})y'^3 = 0$ 的通解。

解 由于 $\frac{dy}{dx} = \frac{1}{\frac{dx}{dy}}$,$\frac{d^2 y}{dx^2} = -\frac{\frac{d^2 x}{dy^2}}{\left(\frac{dx}{dy}\right)^3}$,代入原方程得到 $\frac{d^2 x}{dy^2} - x = e^{2y}$。 容易求得该方程的通解为

$$x = C_1 e^y + C_2 e^{-y} + \frac{1}{3} e^{2y}。$$

注:这类不是我们熟知的微分方程类型,怎么换元是难点。

例 4.39 设函数 $y = y(x)$ 在 $(-\infty, +\infty)$ 内具有二阶导数且 $y' \neq 0$,$y = y(x)$ 的反函数 $x = x(y)$ 满足微分方程 $\frac{d^2 x}{dy^2} + (y + \sin x)\left(\frac{dx}{dy}\right)^3 = 0$,求原方程满足初始条件 $y(0) = 0$,$y'(0) = \frac{3}{2}$ 的特解。

解 由于 $\frac{dx}{dy} = \frac{1}{y'}$,$\frac{d^2 x}{dy^2} = \frac{d\left(\frac{1}{y'}\right)}{dx} \cdot \frac{dx}{dy} = -\frac{y''}{(y')^2} \cdot \frac{1}{\frac{dy}{dx}} = -\frac{y''}{(y')^3}$,代入可得二阶常系数线性微分方程 $y'' - y = \sin x$。 其通解是

$$y = C_1 e^x + C_2 e^{-x} - \frac{1}{2} \sin x。$$

由初始条件 $y(0) = 0$,$y'(0) = \frac{3}{2}$ 得 $C_1 = 1$,$C_2 = -1$,故所求特解为

$$y = e^x - e^{-x} - \frac{1}{2} \sin x。$$

例 4.40 求方程 $4x^4 y''' - 4x^3 y'' + 4x^2 y' = 1$ 的通解。

解 先解原方程对应的齐次方程 $4x^4 y''' - 4x^3 y'' + 4x^2 y' = 0$，即 $4x^3 y''' - 4x^2 y'' + 4x \cdot y' = 0$。

这是一个欧拉方程，作换元 $x = e^t$ ($t = \ln x$)，则可将上式化为

$$4D(D-1)(D-2)y - 4D(D-1)y + 4Dy = 0,$$

即 $\dfrac{d^3 y}{dt^3} - 4\dfrac{d^2 y}{dt^2} + 4\dfrac{dy}{dt} = 0$，其通解为

$$y = C_1 + (C_2 + C_3 t)e^{2t}.$$

从而得到齐次方程 $4x^4 y''' - 4x^3 y'' + 4x^2 y' = 0$ 的通解为 $y = C_1 + (C_2 + C_3 \ln x)x^2$，其中 C_1、C_2、C_3 为任意常数。

以下求原方程的特解，猜测 $y^* = \dfrac{a}{x}$（其中 a 是一个待定的常数），代入原式解得 $a = -\dfrac{1}{36}$，因此 $y^* = -\dfrac{1}{36x}$。

综上，原方程的通解为 $y = C_1 + (C_2 + C_3 \ln x)x^2 - \dfrac{1}{36x}$，其中 C_1、C_2、C_3 为任意常数。

例 4.41 求微分方程 $y'' + 4y' + 5y = 8\cos x$ 在 $(-\infty, 0)$ 内有界的解。

解 该方程对应的特征方程为 $\lambda^2 + 4\lambda + 5 = 0$，其特征根 $\lambda_{1,2} = -2 \pm i$，故对应齐次方程的通解为

$$y = e^{-2x}(C_1 \cos x + C_2 \sin x).$$

另一方面，由于 $\alpha + i\beta = i$ 不是特征方程的根，因此非齐次方程具有特解

$$y^* = A\sin x + B\cos x,$$

代入原方程得 $A = B = 1$，故特解 $y^* = \sin x + \cos x$。所以，原方程的通解为

$$y = e^{-2x}(C_1 \cos x + C_2 \sin x) + \sin x + \cos x.$$

结合题意，要使得 $y(x)$ 在 $(-\infty, 0)$ 内有界，必须 $C_1 = C_2 = 0$，因而 $y = \sin x + \cos x$ 是满足要求的特解。

例 4.42 设 $y = y(x)$ 是区间 $[-\pi, \pi]$ 内过点 $\left(-\dfrac{\pi}{\sqrt{2}}, \dfrac{\pi}{\sqrt{2}}\right)$ 的光滑曲线。当 $-\pi \leqslant x \leqslant 0$ 时，曲线上任一点处的法线都过原点；当 $0 < x \leqslant \pi$ 时，函数 $y(x)$ 满足 $y'' + y + x = 0$，求函数 $y(x)$ 的表达式。

解 当 $-\pi \leqslant x \leqslant 0$ 时，曲线 $y = y(x)$ 上任意点 (x, y) 处的法线方程是

$$Y - y(x) = -\dfrac{1}{y'(x)}(X - x),$$

由题意可得

$$-y(x) = \dfrac{x}{y'(x)}, \quad \text{即 } y\,dy + x\,dx = 0, \quad d(x^2 + y^2) = 0.$$

故上述方程的通解 $x^2 + y^2 = C$，结合初始条件 $y\Big|_{x=-\frac{\pi}{\sqrt{2}}} = \dfrac{\pi}{\sqrt{2}}$，得 $C = \pi^2$，因此函数 $y =$

$\sqrt{\pi^2-x^2}\,(-\pi\leqslant x\leqslant 0)$。

当 $0<x\leqslant\pi$ 时，$y=y(x)$ 满足方程 $y''+y=-x$，通解是

$$y=C_1\cos x+C_2\sin x-x。$$

注意到曲线的光滑性，得分段点处的初值条件：

$$y\Big|_{x=0}=\sqrt{\pi^2-x^2}\,\Big|_{x=0}=\pi,\ y'\Big|_{x=0}=(\sqrt{\pi^2-x^2})'\Big|_{x=0}=0。$$

故 $C_1=\pi,C_2=1$，因此 $y=\pi\cos x+\sin x-x(0<x\leqslant\pi)$。

综上得
$$y=\begin{cases}\sqrt{\pi^2-x^2},&-\pi\leqslant x\leqslant 0\\\pi\cos x+\sin x-x,&0<x\leqslant\pi\end{cases}。$$

> 🔍 注：本题中"$y=y(x)$ 在区间 $[-\pi,\pi]$ 上是光滑曲线"是指：$y=y(x)$ 在区间 $(-\pi,\pi)$ 上具有一阶连续的导数。

例 4.43 求方程 $y''+4y=3\,|\sin x|\,(-\pi\leqslant x\leqslant\pi)$ 满足条件 $y\Big|_{x=\frac{\pi}{2}}=0,\ y'\Big|_{x=\frac{\pi}{2}}=1$ 的特解。

解 由已知 $\begin{cases}y''+4y=-3\sin x,&-\pi\leqslant x\leqslant 0\\y''+4y=3\sin x,&0\leqslant x\leqslant\pi\end{cases}$，

解得

$$y=\begin{cases}C_1\cos 2x+C_2\sin 2x-\sin x,&-\pi\leqslant x\leqslant 0\\C_3\cos 2x+C_4\sin 2x+\sin x,&0\leqslant x\leqslant\pi\end{cases}。$$

由于 $y\Big|_{x=\frac{\pi}{2}}=0,y'\Big|_{x=\frac{\pi}{2}}=1$，故 $C_3=1,C_4=-\dfrac{1}{2}$。当 $0\leqslant x\leqslant\pi$ 时，$y=\cos 2x-\dfrac{1}{2}\sin 2x+\sin x$。另一方面，根据函数 $y=y(x)$ 在点 $x=0$ 处的可导性，有

$$\begin{cases}y(0^+)=y(0)=y(0^-)\\y'_+(0)=y'_-(0)\end{cases},$$

即
$$\begin{cases}C_1=C_3=1\\0=2C_2-1\end{cases},\begin{cases}C_1=1\\C_2=\dfrac{1}{2}\end{cases},$$

综上，
$$y=\begin{cases}\cos 2x+\dfrac{1}{2}\sin 2x-\sin x,&-\pi\leqslant x\leqslant 0\\\cos 2x-\dfrac{1}{2}\sin 2x+\sin x,&0\leqslant x\leqslant\pi\end{cases}。$$

例 4.44 求 $x^3y'''+x^2y''-4xy'=3x^2$ 的通解。

解 这是三阶欧拉方程。作 $x=e^t$（即 $t=\ln x$），则

$$xy'=Dy,x^2y''=D(D-1)y,x^3y'''=D(D-1)(D-2)y。$$

原方程可化为
$$D^3y-2D^2y-3Dy=3e^{2t},$$

即
$$\frac{\mathrm{d}^3 y}{\mathrm{d}t^3} - 2\frac{\mathrm{d}^2 y}{\mathrm{d}t^2} - 3\frac{\mathrm{d}y}{\mathrm{d}t} = 3\mathrm{e}^{2t}。$$

解得 $y = C_1 + C_2 \mathrm{e}^{-t} + C_3 \mathrm{e}^{3t} + \dfrac{1}{2}\mathrm{e}^{2t}$。将 $x = \mathrm{e}^t$ 代回,得到原方程的通解为

$$y = C_1 + C_2 \frac{1}{x} + C_3 x^3 + \frac{x^2}{2}。$$

练习题四

4.1 解方程 $\left(x\dfrac{\mathrm{d}y}{\mathrm{d}x} - y\right)\arctan\dfrac{y}{x} = x$。

4.2 求一个微分方程,使其以 $y = x\tan(x+c)$ 为通解。

4.3 设 $f(x)$ 在 $[0, +\infty)$ 上连续且有界,$a > 0$,证明:微分方程 $y' + ay = f(x)$ 的所有解在 $[0, +\infty)$ 上有界。

4.4 设 $f(x)$ 在 $\mathbf{R}$ 上连续且以 T 为周期,$a > 0$,证明:微分方程 $y' + ay = f(x)$ 的解中存在唯一一个以 T 为周期的函数。

4.5 设函数 $f(x)$ 在 $(0, +\infty)$ 上可导,$f(x) > 0$,$\lim\limits_{x\to+\infty} f(x) = 1$,且 $\lim\limits_{h\to 0}\left[\dfrac{f(x+xh)}{f(x)}\right]^{\frac{1}{h}} = \mathrm{e}^{\frac{1}{x}}$,求 $f(x)$。

4.6 设函数 $f(x)$ 可导,解方程 $f(x) = \mathrm{e}^x + \mathrm{e}^x \displaystyle\int_0^x [f(t)]^2 \mathrm{d}t$。

4.7 设函数 $y(x)$ 满足方程 $y'' + 2y' + ky = 0$,其中 $0 < k < 1$,且 $y(0) = 1$,$y'(0) = 1$,证明反常积分 $\displaystyle\int_0^{+\infty} y(x)\mathrm{d}x$ 收敛并计算积分值。

4.8 下列选项中,肯定不是某个二阶常系数非齐次方程的一组解的是( )。
(A) $\mathrm{e}^x + x$,$x - 2\mathrm{e}^{-x}$,$x + 2\mathrm{e}^{-x}$
(B) $\mathrm{e}^x + x\mathrm{e}^{-x}$,$2x\mathrm{e}^x + x\mathrm{e}^{-x}$,$x\mathrm{e}^x + x\mathrm{e}^{-x}$
(C) $\mathrm{e}^x - x + 1$,$2 - x$,$\mathrm{e}^x - x$
(D) $x(\mathrm{e}^x + 1)$,$x\mathrm{e}^x - 2\mathrm{e}^{-x}$,$x\mathrm{e}^x + 2x + 2\mathrm{e}^{-x}$

4.9 设函数 $y = y(x)$ 由参数方程 $\begin{cases} x = x(t), \\ y = \displaystyle\int_0^{t^2} \ln(1+u)\mathrm{d}u \end{cases}$ 所确定,其中 $x(t)$ 是 $\begin{cases} \dfrac{\mathrm{d}x}{\mathrm{d}t} - 2t\mathrm{e}^{-x} = 0 \\ x\big|_{t=0} = 0 \end{cases}$ 的解,求 $\dfrac{\mathrm{d}^2 y}{\mathrm{d}x^2}$。

4.10 求微分方程 $\sqrt{1+x^2}\sin 2y \dfrac{\mathrm{d}y}{\mathrm{d}x} = 2x\sin^2 y + \mathrm{e}^{2\sqrt{1+x^2}}$ 的通解。

4.11 设函数 $f(x)$ 连续且满足方程 $f(x) - \displaystyle\int_0^x [tf(t) - \mathrm{e}^{-t^2} f^3(t)]\mathrm{d}t = 1$,试求 $f(x)$。

4.12 求方程 $y''' - 2y'' - 3y' = 0$ 的通解。

4.13 设方程 $y''' + py'' + qy' + ry = 0$ 的一个特解为 $y = 2\mathrm{e}^x \sin x - \mathrm{e}^{2x}$，求该微分方程以及通解。

4.14 设四阶常系数线性齐次方程有一个解为 $y = x\mathrm{e}^x \cos 2x$，求该方程的通解。

4.15 求 $y'' - 4y' + 3y = \mathrm{e}^x \cos x + x\mathrm{e}^{3x}$ 的通解。

4.16 求 $y'' - 3y' + 2y = 2\mathrm{e}^{-x}\cos x + \mathrm{e}^{2x}(4x + 5)$ 的通解。

4.17 设函数 $f(x)$ 满足 $f'(x) = f(1 - x)$，求 $f(x)$。

4.18 设二阶可导函数 $f(x)$ 满足 $f'(x) = f\left(\dfrac{\pi}{2} - x\right)$，求 $f(x)$。

4.19 求方程 $\dfrac{\mathrm{d}^2 y}{\mathrm{d}x^2} - \dfrac{\mathrm{d}y}{\mathrm{d}x} + \mathrm{e}^{2x}y = 0$ 的通解。

4.20 求方程 $\dfrac{\mathrm{d}^2 y}{\mathrm{d}x^2} + \dfrac{\mathrm{d}y}{\mathrm{d}x} + \mathrm{e}^{-2x}y = \mathrm{e}^{-3x}$ 的通解。

4.21 求方程 $\dfrac{\mathrm{d}^3 y}{\mathrm{d}x^3} - \dfrac{\mathrm{d}^2 y}{\mathrm{d}x^2} - 2\dfrac{\mathrm{d}y}{\mathrm{d}x} = \sin x$ 的通解。

4.22 求 $y'' - (2\mathrm{e}^x + 1)y' + \mathrm{e}^{2x}y = \mathrm{e}^{3x}$ 的通解。

4.23 求 $x^2 y'' + 2xy' - 2y = 2x\ln x + x - 2$ 的通解。

4.24 求 $y''\cos x - 2y'\sin x + 3y\cos x = \mathrm{e}^x$ 的通解。

4.25 已知二阶线性非齐次微分方程有三个解，分别为 $y_1 = x - x^2 - 1$，$y_2 = 3\mathrm{e}^x - x^2 - 1$，$y_3 = 2x - \mathrm{e}^x - x^2 - 1$，求该方程满足条件 $y(0) = 0$，$y'(0) = 0$ 的特解。

4.26 求方程 $y'' - 2\tan x \cdot y' + 3y = 0$ 的通解。

4.27 求方程 $y'' + 5y' + 6y = \mathrm{e}^{-2x}\sec^2 x(1 + 2\tan x)$ 的通解。

4.28 求一个微分方程，使得它的通解为 $y = x^2 + C_1 \ln x + C_2$（其中 C_1、C_2 是任意常数）。

4.29 求 $y^{(4)} - 2y''' + y'' + 18y' - 99y = 0$ 的通解。

4.30 求方程 $y''' - 4y'' + 4y' = x^2 - 1$ 的通解。 4.31 求 $y^{(4)} + 3y'' - 4y = \mathrm{e}^x$ 的通解。

4.32 已知 $f(x)$ 是连续函数。(1) 求初值问题 $\begin{cases} y' + ay = f(x) \\ y\,|_{x=0} = 0 \end{cases}$ 的解 $y(x)$，其中 a 是正常数；

(2) 若 $|f(x)| \leqslant k$ （k 为常数），证明：当 $x > 0$ 时，有 $|y(x)| \leqslant \dfrac{k}{a}(1 - \mathrm{e}^{-ax})$。

4.33 求方程 $x^2 \dfrac{\mathrm{d}^2 y}{\mathrm{d}x^2} + 4x \dfrac{\mathrm{d}y}{\mathrm{d}x} + 2y = 0 \ (x > 0)$ 的通解。

练习题四解析与提示

4.1 **解** 令 $\dfrac{y}{x} = u$，得到 $\arctan u\,\mathrm{d}u = \dfrac{1}{x}\mathrm{d}x$，通解为 $C\sqrt{x^2 + y^2} = \mathrm{e}^{\frac{y}{x}\arctan\left(\frac{y}{x}\right)}$。

4.2 $\dfrac{\mathrm{d}y}{\mathrm{d}x} = \dfrac{y}{x} + x + \dfrac{y^2}{x}$。 4.3 **提示** 有界性定义。 4.4 略。

4.5 $f(x) = \mathrm{e}^{-\frac{1}{x}}$。

4.6 **解** $f'(x) = \mathrm{e}^x + \mathrm{e}^x\displaystyle\int_0^x [f(t)]^2\mathrm{d}t + \mathrm{e}^x[f(x)]^2 = f(x) + \mathrm{e}^x[f(x)]^2$，$f(x) =$

$$\frac{2}{3\mathrm{e}^{-x}-\mathrm{e}^{x}}。$$

4.7 $\displaystyle\int_{0}^{+\infty}y(x)\mathrm{d}x=\frac{3}{k}$。 　**4.8** 选择 D。

4.9 **解** $\dfrac{\mathrm{d}x}{\mathrm{d}t}-2t\mathrm{e}^{-x}=0$ 的通解是 $\mathrm{e}^{x}=t^{2}+C$。由初条件 $x\big|_{t=0}=0$ 得到 $C=1$，故 $x=\ln(t^{2}+1)$。因此

$$\frac{\mathrm{d}y}{\mathrm{d}x}=\frac{2t\ln(1+t^{2})}{\dfrac{2t}{1+t^{2}}}=x\mathrm{e}^{x},\quad \frac{\mathrm{d}^{2}y}{\mathrm{d}x^{2}}=(x+1)\mathrm{e}^{x}。$$

4.10 **解** 将原式化为 $\dfrac{\mathrm{d}(\sin^{2}y)}{\mathrm{d}x}-\dfrac{2x}{\sqrt{1+x^{2}}}\sin^{2}y=\dfrac{1}{\sqrt{1+x^{2}}}\mathrm{e}^{2\sqrt{1+x^{2}}}$，其通解为

$$\sin^{2}y=\mathrm{e}^{\int\frac{2x}{\sqrt{1+x^{2}}}\mathrm{d}x}\left(\int\frac{1}{\sqrt{1+x^{2}}}\mathrm{e}^{2\sqrt{1+x^{2}}}\mathrm{e}^{-\int\frac{2x}{\sqrt{1+x^{2}}}\mathrm{d}x}\mathrm{d}x+C\right)=\mathrm{e}^{2\sqrt{1+x^{2}}}\left[\ln(x+\sqrt{1+x^{2}})+C\right]。$$

4.11 **解** 原方程两边关于 x 求导得：

$$f'(x)-xf(x)+\mathrm{e}^{-x^{2}}f^{3}(x)=0。$$

记 $y=f(x)$，则上述方程为 $y'-xy=-\mathrm{e}^{-x^{2}}y^{3}$。记 $z=y^{-2}$，即为 $\dfrac{\mathrm{d}z}{\mathrm{d}x}+2xz=2\mathrm{e}^{-x^{2}}$，通解为 $z=\mathrm{e}^{-x^{2}}(C+2x)$。结合 $f(0)=1$ 得 $C=1$，因此，

$$z=f^{-2}(x)=\mathrm{e}^{-x^{2}}(2x+1)，或\ f(x)=\frac{\mathrm{e}^{\frac{x^{2}}{2}}}{\sqrt{2x+1}}。$$

4.12 $y=C_{1}+C_{2}\mathrm{e}^{3x}+C_{3}\mathrm{e}^{-x}$。

4.13 **解** 根据已知条件以及常系数高阶线性齐次方程的通解公式，可知该方程对应的特征方程的根为 2 和 $1\pm\mathrm{i}$，故特征方程为 $\lambda^{3}-4\lambda^{2}+6\lambda-4=0$，微分方程为

$$y'''-4y''+6y'-4y=0。$$

方程的通解为 $y=C_{1}\mathrm{e}^{2x}+\mathrm{e}^{x}(C_{2}\sin x+C_{3}\cos x)$。

4.14 $y=\mathrm{e}^{x}\left[(C_{2}+C_{2}x)\sin 2x+(C_{3}+C_{4}x)\cos 2x\right]$。

4.15 **解** 原方程对应的其次方程 $y''-4y'+3y=0$ 的通解为 $y=C_{1}\mathrm{e}^{x}+C_{2}\mathrm{e}^{3x}$。

另一方面，可设 $y''-4y'+3y=\mathrm{e}^{x}\cos x$ 的特解为 $y_{1}^{*}=\mathrm{e}^{x}(a\cos x+b\sin x)$，代入方程解得 $\begin{cases}a=-\dfrac{1}{5}\\ b=-\dfrac{2}{5}\end{cases}$，故 $y_{1}^{*}=-\dfrac{1}{5}\mathrm{e}^{x}(\cos x+2\sin x)$。类似地，可设 $y''-4y'+3y=3\mathrm{e}^{3x}$ 的特解为

$y_{2}^{*}=x(cx+d)\mathrm{e}^{3x}$，代入方程解得 $\begin{cases}c=\dfrac{1}{4}\\ d=-\dfrac{1}{4}\end{cases}$，故 $y_{2}^{*}=\dfrac{x}{4}(x-1)\mathrm{e}^{3x}$。

由特解的叠加原理,方程 $y'' - 4y' + 3y = e^x \cos x + x e^{3x}$ 的特解为

$$y^* = y_1^* + y_2^* = -\frac{1}{5}e^x(\cos x + 2\sin x) + \frac{x}{4}(x-1)e^{3x}.$$

综上,方程的通解为 $y = C_1 e^x + C_2 e^{3x} - \frac{1}{5}e^x(\cos x + 2\sin x) + \frac{x}{4}(x-1)e^{3x}.$

4.16 通解为 $y = C_1 e^x + (C_2 + x + 2x^2)e^{2x} + \frac{1}{5}e^{-x}(\cos x - \sin x).$

4.17 解 两边求导有

$$f''(x) = [f(1-x)]' = -f'(1-x) = f(x),$$

解得 $f(x) = C_1 \cos x + C_2 \sin x$,代入原等式,可得 $C_2 = \frac{1+\sin 1}{\cos 1}C_1$,所以通解为

$$f(x) = C\left(\cos x + \frac{1+\sin 1}{\cos 1}\sin x\right).$$

4.18 解 $f''(x) = \left[f\left(\frac{\pi}{2}-x\right)\right]' = -f'\left(\frac{\pi}{2}-x\right) = -f(x),$ 即

$$f''(x) + f(x) = 0.$$

其通解为 $f(x) = C_1 \cos x + C_2 \sin x$,代入原等式可得 $f(x) = C\sin x.$

4.19 解 作换元 $e^x = t$,则有 $\frac{d^2 y}{dt^2} + y = 0$,通解为 $y = C_1 \cos(e^x) + C_2 \sin(e^x).$

4.20 解 作换元 $e^{-x} = t$,通解为 $y = C_1 \cos(e^{-x}) + C_2 \sin(e^{-x}) + e^{-x}.$

4.21 解 令 $p = \frac{dy}{dx}$,则有 $p'' - p' - 2p = \sin x$,其通解为

$$p = C_1 e^{-x} + C_2 e^{2x} + \frac{1}{10}\cos x - \frac{3}{10}\sin x.$$

所以原方程的通解为 $y = -C_1 e^{-x} + \frac{C_2}{2}e^{2x} + \frac{1}{10}\sin x + \frac{3}{10}\cos x + C_3.$

4.22 解 作换元 $e^x = t$,则原方程可以化为 $\frac{d^2 y}{dt^2} - 2\frac{dy}{dt} + y = t$,通解为

$$y = (C_1 + C_2 e^x)e^{e^x} + e^x + 2.$$

4.23 解 作换元 $\ln x = t$,则原方程可以化为

$$\frac{d^2 y}{dt^2} + \frac{dy}{dt} - 2y = (2t+1)e^t - 2.$$

通解为

$$y = \frac{C_1}{x^2} + C_2 x\left(\frac{\ln^2 x}{3} + \frac{\ln x}{9}\right)x + 1.$$

4.24 解 作换元 $y\cos x = u$,则原方程可以化为

$$\frac{d^2 u}{dx^2} + 4u = e^x, \quad u = C_1 \cos 2x + C_2 \sin 2x + \frac{1}{5} e^x。$$

通解为 $y = C_1 \dfrac{\cos 2x}{\cos x} + C_2 \dfrac{\sin 2x}{\cos x} + \dfrac{1}{5\cos x} e^x。$

4.25 通解为 $y = C_1 x + C_2 e^x - x^2 - 1$；满足条件的特解为 $y = e^x - x^2 - x - 1$。

4.26 解 观察得到该方程的一个解为 $y_1 = \sin x$，取另一个解为

$$y_2 = y_1 \int \frac{e^{-\int P(x)dx}}{(y_1)^2} dx = \sin x \int \frac{e^{\int 2\tan x dx}}{(\sin x)^2} dx = \sin x \int \frac{1}{(\sin x \cos x)^2} dx = \sin x (\tan x - \cot x)。$$

故原方程的通解为 $y = C_1 \sin x + C_2 \sin x \cdot (\tan x - \cot x)$。

4.27 $y = C_1 e^{-2x} + C_2 e^{-3x} + e^{-2x} \tan x。$

4.28 解 对已知等式两边求导可得 $y' = 2x + \dfrac{C_1}{x}$，两边再求导得 $y'' = 2 - \dfrac{C_1}{x^2}$。

由以上两个等式可得 $xy'' + y' - 4x = 0$，此即为满足条件的一个微分方程。

4.29 解 这是一个高阶常系数齐次线性微分方程，对应的特征方程为

$$\lambda^4 - 2\lambda^3 + \lambda^2 + 18\lambda - 90 = 0, \quad 即 (\lambda + 3)(\lambda - 3)(\lambda^2 - 2\lambda + 10) = 0。$$

得特征根 $\lambda_1 = 3, \lambda_2 = -3, \lambda_3 = 1 + 3i, \lambda_4 = 1 - 3i$。因此原方程的通解为

$$y = C_1 e^{3x} + C_2 e^{-3x} + e^x (C_3 \cos 3x + C_4 \sin 3x)。$$

4.30 $y = C_1 + (C_2 + C_3 x) e^{2x} + \dfrac{1}{12} x^3 + \dfrac{1}{4} x^2 + \dfrac{1}{8} x。$

4.31 $y = C_1 e^{-x} + C_2 e^x + C_3 \cos 2x + C_4 \sin 2x + \dfrac{1}{10} x e^x。$

4.32 解 (1) 注意到 $y|_{x=0} = 0$，故初值问题 $\begin{cases} y' + ay = f(x) \\ y|_{x=0} = 0 \end{cases}$ 的解为

$$y(x) = e^{-\int a dx} \left[\int_0^x f(x) e^{\int a dx} dx \right] = e^{-ax} \int_0^x f(t) e^{at} dt。$$

(2) $|y(x)| \leqslant e^{-ax} \int_0^x |f(t)| e^{at} dt \leqslant k e^{-ax} \int_0^x e^{at} dt$

$$= k e^{-ax} \frac{1}{a} (e^{ax} - 1) = \frac{k}{a} (1 - e^{-ax})。$$

4.33 解 作换元 $x = e^t (t = \ln x)$，则 $x^2 \dfrac{d^2 y}{dx^2} + 4x \dfrac{dy}{dx} + 2y = 0$，化为

$$D(D-1)y + 4Dy + 2y = 0, \quad 即 \frac{d^2 y}{dt^2} + 3\frac{dy}{dt} + 2y = 0。$$

求得方程的通解为 $y = C_1 e^{-t} + C_2 e^{-2t}$，从而得到原方程的通解为 $y = \dfrac{C_1}{x} + \dfrac{C_2}{x^2}$，其中 C_1、C_2 为任意常数。

第五讲 向量代数与空间解析几何

5.1 基本概念与内容要点

本讲内容主要包括向量及其运算(线性运算、数量积、向量积以及混合积)、平面及其方程、空间直线及其方程、空间曲面(旋转曲面、柱面以及二次曲面)、空间曲线的方程及其在坐标面上的投影。

1. 向量及其运算(线性运算、数量积、向量积以及混合积)

(1)**向量** 既有大小又有方向的量,通常记作 $\boldsymbol{a}$。在空间直角坐标系下,向量既可以简单地记作 $\boldsymbol{a}=(a_x, a_y, a_z)$(坐标表示),也可以表示为 $\boldsymbol{a}=a_x\boldsymbol{i}+a_y\boldsymbol{j}+a_z\boldsymbol{k}$(向量分解式),其中 a_x、a_y、a_z 分别为向量在 x 轴、y 轴、z 轴上的投影。

给定向量 $\boldsymbol{a}$,它与三个坐标轴的正向的夹角分别记作 α、β、γ,称为向量 $\boldsymbol{a}$ 的方向角;而 $\cos\alpha$、$\cos\beta$、$\cos\gamma$ 称为向量 $\boldsymbol{a}$ 的方向余弦。

① 给定向量 $\boldsymbol{a}=(a_x, a_y, a_z)$,则向量 $\boldsymbol{a}$ 的方向余弦分别为 $\cos\alpha=\dfrac{a_x}{|\boldsymbol{a}|}$,$\cos\beta=\dfrac{a_y}{|\boldsymbol{a}|}$,$\cos\gamma=\dfrac{a_z}{|\boldsymbol{a}|}$。

② $(\cos\alpha, \cos\beta, \cos\gamma)$ 是与 $\boldsymbol{a}$ 同向的单位向量。

(2)**向量的线性运算** 设有向量 $\boldsymbol{a}=(a_x, a_y, a_z)$,$\boldsymbol{b}=(b_x, b_y, b_z)$,则

$$\boldsymbol{a}\pm\boldsymbol{b}=(a_x\pm b_x, a_y\pm b_y, a_z\pm b_z)（向量的加减）。$$

该运算满足交换律、结合律。

定义 $\lambda\boldsymbol{a}=(\lambda a_x, \lambda a_y, \lambda a_z)$(向量的数乘),其中 λ 为一个常数,该运算满足结合律以及分配律。

(3)**数量积** 给定向量 $\boldsymbol{a}=(a_x, a_y, a_z)$,$\boldsymbol{b}=(b_x, b_y, b_z)$,定义向量的数量积如下:

$$\boldsymbol{a}\cdot\boldsymbol{b}=|\boldsymbol{a}||\boldsymbol{b}|\cos\theta, \theta=\angle(a, b)。$$

其坐标计算公式为 $\boldsymbol{a}\cdot\boldsymbol{b}=a_x b_x+a_y b_y+a_z b_z$,该运算满足交换律、结合律以及分配律。

(4)**向量积** 给定向量 $\boldsymbol{a}=(a_x, a_y, a_z)$,$\boldsymbol{b}=(b_x, b_y, b_z)$,定义向量的向量积如下:

$\boldsymbol{a}$ 与 $\boldsymbol{b}$ 的向量积 $\boldsymbol{a}\times\boldsymbol{b}$ 满足:

① 向量 $\boldsymbol{a}\times\boldsymbol{b}$ 的大小 $|\boldsymbol{a}\times\boldsymbol{b}|=|\boldsymbol{a}||\boldsymbol{b}|\sin\theta$,其中 $\theta=\angle(a, b)$;

② $\boldsymbol{a}\times\boldsymbol{b}$ 的方向满足右手法则。

两个向量的向量积的坐标计算公式为

$$\boldsymbol{a} \times \boldsymbol{b} = \begin{vmatrix} \boldsymbol{i} & \boldsymbol{i} & \boldsymbol{k} \\ a_x & a_y & a_z \\ b_x & b_y & b_z \end{vmatrix} \text{。}$$

且该运算满足结合律、分配律以及反交换律 $\boldsymbol{a} \times \boldsymbol{b} = -(\boldsymbol{b} \times \boldsymbol{a})$。

（5）混合积　给定向量 $\boldsymbol{a} = (a_x, a_y, a_z)$，$\boldsymbol{b} = (b_x, b_y, b_z)$，$\boldsymbol{c} = (c_x, c_y, c_z)$，定义向量的混合积为

$$[\boldsymbol{a}\boldsymbol{b}\boldsymbol{c}] = (\boldsymbol{a} \times \boldsymbol{b}) \cdot \boldsymbol{c},$$

也记作 $(\boldsymbol{a}\boldsymbol{b}\boldsymbol{c})$ 或 $(\boldsymbol{a}, \boldsymbol{b}, \boldsymbol{c})$，其坐标计算公式为

$$(\boldsymbol{a}\boldsymbol{b}\boldsymbol{c}) = \begin{vmatrix} a_x & a_y & a_z \\ b_x & b_y & b_z \\ c_x & c_y & c_z \end{vmatrix} \text{。}$$

> 注：在几何上，$|(\boldsymbol{a}\boldsymbol{b}\boldsymbol{c})|$ 等于以 $\boldsymbol{a}$、$\boldsymbol{b}$、$\boldsymbol{c}$ 为邻边的平行六面体的体积。

2. 平面及其方程

（1）平面的一般方程　$Ax + By + Cz + D = 0$，其中 $\boldsymbol{n} = (A, B, C)$ 是平面的法向量。

（2）平面的点法式方程　$A(x - x_0) + B(y - y_0) + C(z - z_0) = 0$，表示过点 (x_0, y_0, z_0) 且以 $n = (A, B, C)$ 为法向量的平面。

（3）平面的截距式方程　$\dfrac{x}{a} + \dfrac{y}{b} + \dfrac{z}{c} = 1$，表示经过三点 $(a, 0, 0)$，$(0, b, 0)$，$(0, 0, c)$ 的平面。

① 过空间不共线三点 $M_1(x_1, y_1, z_1)$，$M_2(x_2, y_2, z_2)$，$M_3(x_3, y_3, z_3)$ 的平面方程可以表示为

$$\begin{vmatrix} x - x_1 & y - y_1 & z - z_1 \\ x_2 - x_1 & y_2 - y_1 & z_2 - z_1 \\ x_3 - x_1 & y_3 - y_1 & z_3 - z_1 \end{vmatrix} = 0 \text{。}$$

② 两平面的夹角。给定两个平面：$A_i x + B_i y + C_i z + D_i = 0$，$\boldsymbol{n}_i = (A_i, B_i, C_i)$ 为其法向量，$i = 1, 2$，设 θ 是它们之间的夹角，则有

$$\cos\theta = \frac{|\boldsymbol{n}_1 \cdot \boldsymbol{n}_2|}{|\boldsymbol{n}_1||\boldsymbol{n}_2|} = \frac{|A_1 A_2 + B_1 B_2 + C_1 C_2|}{\sqrt{A_1^2 + B_1^2 + C_1^2}\sqrt{A_2^2 + B_2^2 + C_2^2}} \text{。}$$

③ 点到平面的距离。给定平面 $\pi: Ax + By + Cz + D = 0$ 以及空间一点 $P(x_0, y_0, z_0)$，则点 $P(x_0, y_0, z_0)$ 到平面 π 的距离为

$$d = \frac{|Ax_0 + By_0 + Cz_0 + D|}{\sqrt{A^2 + B^2 + C^2}} \text{。}$$

④ 面束:过直线 $l \begin{cases} A_1x + B_1y + C_1z + D_1 = 0 \\ A_2x + B_2y + C_2z + D_2 = 0 \end{cases}$ 的平面束方程可设为

$$A_1x + B_1y + C_1z + D_1 + \lambda(A_2x + B_2y + C_2z + D_2) = 0$$

需要注意的是,当 λ 变化时,平面束方程表示的是经过直线 l 的所有平面(唯一缺少平面 $A_2x + B_2y + C_2z + D_2 = 0$)。

3. 空间直线及其方程

(1) 空间直线的一般方程 $\begin{cases} A_1x + B_1y + C_1z + D_1 = 0 \\ A_2x + B_2y + C_2z + D_2 = 0 \end{cases}$ (两个平面的交线)。

(2) 空间直线的对称式(或者点向式)方程 $\dfrac{x-x_0}{m} = \dfrac{y-y_0}{n} = \dfrac{z-z_0}{p}$,表示经过点 (x_0, y_0, z_0) 且以向量 (m, n, p) 为方向向量的直线。

(3) 空间直线的参数方程为 $\begin{cases} x = x_0 + mt \\ y = y_0 + nt \\ x = z_0 + pt \end{cases}$,其中 t 为参数。

① 两直线的夹角。给定直线 $l_1: \dfrac{x-x_1}{m_1} = \dfrac{y-y_1}{n_1} = \dfrac{z-z_1}{p_1}$ 以及 $l_2: \dfrac{x-x_2}{m_2} = \dfrac{y-y_2}{n_2} = \dfrac{z-y_2}{p_2}$,设 θ 是它们之间的夹角,则有

$$\cos\theta = \frac{|m_1m_2 + n_1n_2 + p_1p_2|}{\sqrt{m_1^2 + n_1^2 + p_1^2} \cdot \sqrt{m_2^2 + n_2^2 + p_2^2}}。$$

② 直线和平面的夹角。给定平面 $\pi: Ax + By + Cz + D = 0$ 以及直线 $l: \dfrac{x-x_0}{m} = \dfrac{y-y_0}{n} = \dfrac{z-z_0}{p}$,设 θ 是它们之间的夹角,则有

$$\sin\theta = \frac{|mA + nB + pC|}{\sqrt{A^2 + B^2 + C^2} \cdot \sqrt{m^2 + n^2 + p^2}}。$$

③ 空间点到直线的距离。给定空间一点 $P(x_0, y_0, z_0)$ 以及直线 $l: \dfrac{x-x_1}{m} = \dfrac{y-y_1}{n} = \dfrac{z-z_1}{p}$,则点 $P(x_0, y_0, z_0)$ 到直线 l 的距离为

$$d = \frac{\left\| \begin{matrix} \mathbf{i} & \mathbf{j} & \mathbf{k} \\ m & n & p \\ x_1-x_0 & y_1-y_0 & z_1-z_0 \end{matrix} \right\|}{\sqrt{m^2 + n^2 + p^2}}。$$

4. 空间曲面(旋转曲面、柱面以及二次曲面)

(1) 空间曲面的一般方程 　$F(x, y, z) = 0$。

(2) 旋转曲面　给定 yOz 平面上的曲线 $l: \begin{cases} f(y, z) = 0 \\ x = 0 \end{cases}$,将其绕 z 轴旋转一周得曲面

Σ,则旋转曲面 Σ 的方程为 $f(\pm\sqrt{x^2+y^2}, z)=0$。

> 注:当空间曲线不在坐标面上或者旋转轴不是坐标轴时,旋转曲面的方程没有上述公式,需要直接推导。

(3) 柱面方程   一般地,直线 l 绕曲线 C(母线)平行移动形成的轨迹称为柱面。当母线平行于坐标轴时,柱面的方程中或缺 x,或缺 y,或缺 z,例如,$F(y, z)=0$ 就表示母线平行于 x 轴,准线为 $\begin{cases} F(y, z)=0 \\ x=0 \end{cases}$ 的一个柱面。

(4) 二次曲面(九种)   椭圆锥面 $\dfrac{x^2}{a^2}+\dfrac{y^2}{b^2}=z^2$;   椭球面 $\dfrac{x^2}{a^2}+\dfrac{y^2}{b^2}+\dfrac{z^2}{c^2}=1$;

单叶双曲面 $\dfrac{x^2}{a^2}+\dfrac{y^2}{b^2}-\dfrac{z^2}{c^2}=1$;   双叶双曲面 $\dfrac{x^2}{a^2}-\dfrac{y^2}{b^2}-\dfrac{z^2}{c^2}=1$;

椭圆抛物面 $\dfrac{x^2}{a^2}+\dfrac{y^2}{b^2}=z$;   双曲抛物面 $\dfrac{x^2}{a^2}-\dfrac{y^2}{b^2}=z$;

椭圆柱面、双曲柱面以及抛物柱面 $\dfrac{x^2}{a^2}+\dfrac{y^2}{b^2}=1, \dfrac{x^2}{a^2}-\dfrac{y^2}{b^2}=1, y^2=2px$。

5. 空间曲线的方程及其在坐标面上的投影

(1) 空间曲线的参数方程 $\begin{cases} x=x(t) \\ y=y(t) \\ x=z(t) \end{cases}$,其中 t 为参数。

(2) 空间曲线的一般方程 $\begin{cases} F(x, y, z)=0 \\ G(x, y, z)=0 \end{cases}$(看作两个曲面的交线)。

(3) 空间曲线在坐标平面上的投影   给定空间曲线 Γ:$\begin{cases} F_1(x, y, z)=0 \\ F_2(x, y, z)=0 \end{cases}$,消去 z 可得 $H(x, y)=0$,则称曲线 $\begin{cases} H(x, y)=0 \\ z=0 \end{cases}$ 为 Γ 在 xOy 面上的投影曲线;而称柱面 $H(x, y)=0$ 为曲线 Γ 在 xOy 面上的投影柱面。

> 注:空间曲线在其他坐标面上的投影、投影柱面类似可得。

5.2   例题选讲

例 5.1   给定三个以原点为起点的向量 a、b、c,它们不共面,向量 $d=xa+yb+zc$,其中 x、y、z 是三个常数,试给出向量 a、b、c、d 的四个终点共面的条件。

解   由于向量 a、b、c、d 的四个终点共面,当且仅当三个向量 $b-a$,$c-a$,$d-a$ 共面,亦即当且仅当 $(b-a, c-a, d-a)=0$。

另一方面,$(b-a, c-a, d-a)=(b-a, c-a, (x-1)a+yb+zc)$

$$= \big((b-a)\times(c-a)\big)\cdot\big((x-1)a+yb+zc\big)=(b\times c-b\times a-a\times c)\cdot\big((x-1)a+yb+zc\big)$$

$$=(x-1)(b,c,a)-z(b,a,c)-y(a,c,b)=(x-1)(a,b,c)+z(a,b,c)+y(a,b,c)$$

$$=(x+y+z-1)(a,b,c)。$$

三个向量 a、b、c 不共面，$(a,b,c)\neq0$，可得向量 a、b、c、d 的四个终点共面的充分必要条件是 $x+y+z=1$。

例 5.2 给定三个向量 a、b、c，证明：向量 a、b、c 共面的充分必要条件是

$$\begin{vmatrix} a\cdot a & a\cdot b & a\cdot c \\ b\cdot a & b\cdot b & b\cdot c \\ c\cdot a & c\cdot b & c\cdot c \end{vmatrix}=0。$$

证明 **必要性** 若向量 a、b、c 共面，则存在不全为零的常数 k_1、k_2、k_3 使得 $k_1a+k_2b+k_3c=0$，

故

$$k_1a\cdot a+k_2a\cdot b+k_3a\cdot c=0,\quad k_1b\cdot a+k_2b\cdot b+k_3b\cdot c=0,\quad k_1c\cdot a+k_2c\cdot b+k_3c\cdot c=0,$$

即方程组 $\begin{pmatrix} a\cdot a & a\cdot b & a\cdot c \\ b\cdot a & b\cdot b & b\cdot c \\ c\cdot a & c\cdot b & c\cdot c \end{pmatrix}\begin{pmatrix} x_1 \\ x_2 \\ x_3 \end{pmatrix}=0$ 有非零解，所以 $\begin{vmatrix} a\cdot a & a\cdot b & a\cdot c \\ b\cdot a & b\cdot b & b\cdot c \\ c\cdot a & c\cdot b & c\cdot c \end{vmatrix}=0。$

充分性 若 $\begin{vmatrix} a\cdot a & a\cdot b & a\cdot c \\ b\cdot a & b\cdot b & b\cdot c \\ c\cdot a & c\cdot b & c\cdot c \end{vmatrix}=0$，则方程组 $\begin{pmatrix} a\cdot a & a\cdot b & a\cdot c \\ b\cdot a & b\cdot b & b\cdot c \\ c\cdot a & c\cdot b & c\cdot c \end{pmatrix}\begin{pmatrix} x_1 \\ x_2 \\ x_3 \end{pmatrix}=0$ 有非零解。

存在不全为零的常数 k_1、k_2、k_3，使得 $\begin{pmatrix} a\cdot a & a\cdot b & a\cdot c \\ b\cdot a & b\cdot b & b\cdot c \\ c\cdot a & c\cdot b & c\cdot c \end{pmatrix}\begin{pmatrix} k_1 \\ k_2 \\ k_3 \end{pmatrix}=0$。 记 $x=k_1a+k_2b+k_3c$，则有 $x\cdot x=(k_1a+k_2b+k_3c)\cdot(k_1a+k_2b+k_3c)=0$。 故 $x=0$，即三个向量 a、b、c 共面。

例 5.3 已知 $(a+3b)\perp(7a-5b)$，$(a-4b)\perp(7a-2b)$，求 $\angle(a,b)$。

解 根据题意，有

$$(a+3b)\cdot(7a-5b)=0,\quad (a-4b)\cdot(7a-2b)=0,$$

即

$$7\mid a\mid^2+16a\cdot b-15\mid b\mid^2=0,\quad 7\mid a\mid^2-30a\cdot b+8\mid b\mid^2=0。$$

则有

$$\mid a\mid^2=\mid b\mid^2=2a\cdot b$$

所以

$$\cos\angle(a,b)=\frac{a\cdot b}{\mid a\mid\cdot\mid b\mid}=\frac{1}{2},\ \text{即}\ \angle(a,b)=\frac{\pi}{3}。$$

例 5.4 已知 a、b 是两个模为 2 的向量，它们的夹角为 $\dfrac{2\pi}{3}$，若 $c_1=a\times b$，$c_2=(c_1\times a)\times$

b，$\cdots$，$c_{n+1}=(c_n\times a)\times b$ $(n=1,2,\cdots)$，求向量 c_n 的模。

解 不失一般性，可设向量 $a=(2,0,0)$，$b=(-1,\sqrt{3},0)$，则有

$$c_1=a\times b=\begin{vmatrix} \mathbf{i} & \mathbf{j} & \mathbf{k} \\ 2 & 0 & 0 \\ -1 & \sqrt{3} & 0 \end{vmatrix}=(0,0,2\sqrt{3}),\quad c_1\times a=\begin{vmatrix} \mathbf{i} & \mathbf{j} & \mathbf{k} \\ 0 & 0 & 2\sqrt{3} \\ 2 & 0 & 0 \end{vmatrix}=(0,4\sqrt{3},0),$$

$$c_2=(c_1\times a)\times b=\begin{vmatrix} \mathbf{i} & \mathbf{j} & \mathbf{k} \\ 0 & 4\sqrt{3} & 0 \\ -1 & \sqrt{3} & 0 \end{vmatrix}=(0,0,4\sqrt{3}),\quad c_2\times a=\begin{vmatrix} \mathbf{i} & \mathbf{j} & \mathbf{k} \\ 0 & 0 & 4\sqrt{3} \\ 2 & 0 & 0 \end{vmatrix}=(0,8\sqrt{3},0),$$

$$c_3=(c_2\times a)\times b=\begin{vmatrix} \mathbf{i} & \mathbf{j} & \mathbf{k} \\ 0 & 8\sqrt{3} & 0 \\ -1 & \sqrt{3} & 0 \end{vmatrix}=(0,0,8\sqrt{3}),\cdots$$

一般地，利用数学归纳法可得 $c_n=(0,0,2^n\sqrt{3})$。综上 $|c_n|=2^n\sqrt{3}$。

例 5.5 设实向量 $X=\begin{pmatrix} a \\ b \\ c \end{pmatrix}$ 的三个分量 a、b、c 满足 $\begin{pmatrix} a & b \\ 0 & c \end{pmatrix}^{2020}=E$，其中 E 是一个二阶单位矩阵，求向量 X。

解 记 $A=\begin{pmatrix} a & b \\ 0 & c \end{pmatrix}$，则 $A^2=\begin{pmatrix} a & b \\ 0 & c \end{pmatrix}\cdot\begin{pmatrix} a & b \\ 0 & c \end{pmatrix}=\begin{pmatrix} a^2 & b(a+c) \\ 0 & c^2 \end{pmatrix}$，

$$A^3=A\cdot A^2=\begin{pmatrix} a & b \\ 0 & c \end{pmatrix}\cdot\begin{pmatrix} a^2 & b(a+c) \\ 0 & c^2 \end{pmatrix}=\begin{pmatrix} a^3 & b(a^2+ac+c^2) \\ 0 & c^3 \end{pmatrix},$$

$$A^4=A\cdot A^3=\begin{pmatrix} a & b \\ 0 & c \end{pmatrix}\cdot\begin{pmatrix} a^3 & b(a^2+ac+c^2) \\ 0 & c^3 \end{pmatrix}=\begin{pmatrix} a^4 & b(a^3+a^2c+ac^2+c^3) \\ 0 & c^4 \end{pmatrix},\cdots$$

由归纳法，容易得到

$$A^n=\begin{pmatrix} a^n & b(a^{n-1}+a^{n-2}c+a^{n-3}c^2+\cdots+ac^{n-2}+c^{n-1}) \\ 0 & c^n \end{pmatrix}。$$

根据题意，有

$$A^{2020}=\begin{pmatrix} a^{2020} & b(a^{2019}+a^{2018}c+a^{2017}c^2+\cdots+ac^{2018}+c^{2019}) \\ 0 & c^{2020} \end{pmatrix}=E$$

故 $a^{2020}=c^{2020}=1$，$b(a^{2019}+a^{2018}c+a^{2017}c^2+\cdots+ac^{2018}+c^{2019})=0$。

情形一 当 $a=c=1$ 或者 $a=c=-1$ 时，$b=0$。

情形二 当 $a=1$，$c=-1$ 或者 $a=-1$，$c=1$ 时，b 可取任意值。

综上，或者 $X=\begin{pmatrix} 1 \\ 0 \\ 1 \end{pmatrix}$，或者 $X=\begin{pmatrix} -1 \\ 0 \\ -1 \end{pmatrix}$，或者 $X=\begin{pmatrix} 1 \\ t \\ -1 \end{pmatrix}$，或者 $X=\begin{pmatrix} -1 \\ t \\ 1 \end{pmatrix}$（其中 t 是任意实

数）。

例 5.6　试求以曲线 $\begin{cases} z=1 \\ y=x^2 \end{cases}$ 为准线，坐标原点为顶点的锥面方程。

解　设 $P(x, y, z)$ 为锥面上一点，它位于原点与准线上点 $Q(x', y', z')$ 的连线上，则有

关系式 $(x, y, z) = t(x', y', z')$ 以及 $\begin{cases} z'=1 \\ y'=x'^2 \end{cases}$，化简即得锥面方程为 $x^2 = yz$。

例 5.7　过直线 $\begin{cases} 10x+2y-2z=27 \\ x+y-z=0 \end{cases}$ 作曲面 $3x^2+y^2-z^2=27$ 的切平面，求此切平面的

方程。

解　过直线 $\begin{cases} 10x+2y-2z=27 \\ x+y-z=0 \end{cases}$ 的平面束方程为

即
$$10x+2y-2z-27+\lambda(x+y-z)=0,$$
$$(10+\lambda)x+(2+\lambda)y-(2+\lambda)z-27=0。$$

若设切点为 $P_0(x_0, y_0, z_0)$，结合已知条件可得：

$$\begin{cases} \dfrac{10+\lambda}{3x_0} = \dfrac{2+\lambda}{y_0} = \dfrac{2+\lambda}{z_0} \\ 3x_0^2+y_0^2-z_0^2=27 \\ (10+\lambda)x_0+(2+\lambda)y_0-(2+\lambda)z_0-27=0 \end{cases}。$$

解上面的方程组，可得 $x_0=3, y_0=1, z_0=1, \lambda=-1$，或 $x_0=-3, y_0=-17, z_0=-17$，
$\lambda=-19$，所求切平面方程为

$$9x+y-z-27=0，或 9x+17y-17z+27=0。$$

例 5.8　一动直线 l 沿三条直线 $l_1: \dfrac{x}{2} = \dfrac{y-1}{0} = \dfrac{z}{-1}$，$l_2: \dfrac{x-2}{0} = \dfrac{y}{1} = \dfrac{z}{1}$，$l_3: \dfrac{x}{2} = \dfrac{y+1}{0} = \dfrac{z}{1}$ 滑动，求动直线形成的曲面的方程，并且指明曲面的类型。

解　任取动直线 l 上一点 $P(x, y, z)$，方向向量为 $\boldsymbol{s}=(l, m, n)$，依据题意，动直线 l 与
三条直线 $l_i(i=1, 2, 3)$ 均相交，故有

$$\begin{vmatrix} x & y-1 & z \\ 2 & 0 & -1 \\ l & m & n \end{vmatrix} = \begin{vmatrix} x-2 & y & z \\ 0 & 1 & 1 \\ l & m & n \end{vmatrix} = \begin{vmatrix} x & y+1 & z \\ 2 & 0 & 1 \\ l & m & n \end{vmatrix} = 0,$$

即
$$\begin{cases} mx-(l+2n)(y-1)+2mz=0 \\ (n-m)(x-2)+ly-lz=0 \\ -mx+(l-2n)(y+1)+2mz=0 \end{cases}。$$

化为关于 l、m、n 的齐次方程组，即为

$$\begin{cases} (1-y)l+(x+2z)m+(2-2y)n=0 \\ (y-z)l+(2-x)m+(x-2)n=0 \\ (y+1)l+(2z-x)m-2(1+y)n=0 \end{cases}。$$

注意到，$s=(l,m,n)$ 是非零向量，则有

$$\begin{vmatrix} 1-y & x+2z & 2-2y \\ y-z & 2-x & x-2 \\ y+1 & 2z-x & -2-2y \end{vmatrix}=0，\frac{x^2}{4}+y^2-z^2=1。$$

综上，动直线 l 形成的曲面方程为 $\frac{x^2}{4}+y^2-z^2=1$，它是一个单叶双曲面。

例 5.9 在空间直角坐标系中，设 S 为椭圆柱面 $x^2+2y^2=1$，π 为空间的平面，且与椭圆柱面的交线是圆，求所有这些平面的法向量。

解 依据题意，不妨设平面 π 的方程为 $z=\alpha x+\beta y+\gamma$。此时，椭圆柱面与平面的交线 Γ 的参数方程为

$$\begin{cases} x=\cos\theta \\ y=\dfrac{1}{\sqrt{2}}\sin\theta \\ z=\alpha\cos\theta+\beta\cdot\dfrac{1}{\sqrt{2}}\sin\theta+\gamma \end{cases}。$$

注意到椭圆柱面的对称性，交线圆的圆心必为 $(0,0,\gamma)$，故

$$(\cos\theta)^2+\left(\frac{1}{\sqrt{2}}\sin\theta\right)^2+\left(\alpha\cos\theta+\beta\cdot\frac{1}{\sqrt{2}}\sin\theta\right)^2$$

为常数。记

$$f(\theta)=(\cos\theta)^2+\left(\frac{1}{\sqrt{2}}\sin\theta\right)^2+\left(\alpha\cos\theta+\beta\cdot\frac{1}{\sqrt{2}}\sin\theta\right)^2 \tag{1}$$

$$=(1+\alpha^2)(\cos\theta)^2+\frac{1+\beta^2}{2}(\sin\theta)^2+\sqrt{2}\alpha\beta\sin\theta\cos\theta，$$

则有 $f(0)=f\left(\dfrac{\pi}{4}\right)=f\left(\dfrac{\pi}{2}\right)$，也就是

$$1+\alpha^2=\frac{1+\alpha^2}{2}+\frac{1+\beta^2}{4}+\frac{1}{\sqrt{2}}\alpha\beta=\frac{1+\beta^2}{2}，$$

可推出 $\alpha\beta=0$。以下分两个情形加以讨论：

情形一 当 $\alpha=0$ 时，$\beta=\pm1$，代入式(1)，有

$$f(\theta)=(1+\alpha^2)(\cos\theta)^2+\frac{1+\beta^2}{2}(\sin\theta)^2+\sqrt{2}\alpha\beta\sin\theta\cos\theta=1$$

是常数，满足题意。

情形二 当 $\beta=0$，$\alpha^2=-\dfrac{1}{2}$，无解，舍去。

综上，满足条件的平面的法向量为 $(0,1,1)$ 或者 $(0,-1,1)$ 的非零常数倍。

例 5.10 设 a、b、c、d 是空间四个向量。证明：(1) $(a\times b)\times c=(a\cdot c)b-(b\cdot c)a$；

(2) $(\boldsymbol{a} \times \boldsymbol{b}) \cdot (\boldsymbol{c} \times \boldsymbol{d}) = (\boldsymbol{a} \cdot \boldsymbol{c}) \cdot (\boldsymbol{b} \cdot \boldsymbol{d}) - (\boldsymbol{a} \cdot \boldsymbol{d})(\boldsymbol{b} \cdot \boldsymbol{c})$。

证明 (1) 不妨假设 $\boldsymbol{a} = (1, 0, 0)$，$\boldsymbol{b} = (b_1, b_2, 0)$ 以及 $\boldsymbol{c} = (c_1, c_2, c_3)$，计算可得

$$(\boldsymbol{a} \times \boldsymbol{b}) \times \boldsymbol{c} = [(1, 0, 0) \times (b_1, b_2, 0)] \times (c_1, c_2, c_3) = (0, 0, b_2) \times (c_1, c_2, c_3)$$
$$= (-b_2 c_2, b_2 c_1, 0) = b_2 (-c_2, c_1, 0),$$

且
$$(\boldsymbol{a} \cdot \boldsymbol{c})\boldsymbol{b} - (\boldsymbol{b} \cdot \boldsymbol{c})\boldsymbol{a} = [(1, 0, 0) \cdot (c_1, c_2, c_3)](b_1, b_2, 0)$$
$$- [(b_1, b_2, 0) \cdot (c_1, c_2, c_3)](1, 0, 0)$$
$$= b_2(-c_2, c_1, 0)。$$

因此等式成立。

(2) 由(1)可得 $\quad (\boldsymbol{a} \times \boldsymbol{b}) \cdot (\boldsymbol{c} \times \boldsymbol{d}) = (\boldsymbol{a}, \boldsymbol{b}, \boldsymbol{c} \times \boldsymbol{d}) = (\boldsymbol{c} \times \boldsymbol{d}, \boldsymbol{a}, \boldsymbol{b})$

$$= ((\boldsymbol{c} \times \boldsymbol{d}) \times \boldsymbol{a}) \cdot \boldsymbol{b} = ((\boldsymbol{a} \cdot \boldsymbol{c})\boldsymbol{d} - (\boldsymbol{a} \cdot \boldsymbol{d})\boldsymbol{c}) \cdot \boldsymbol{b} = (\boldsymbol{a} \cdot$$

$\boldsymbol{c}) \cdot (\boldsymbol{b} \cdot \boldsymbol{d}) - (\boldsymbol{a} \cdot \boldsymbol{d})(\boldsymbol{b} \cdot \boldsymbol{c})$。

所以结论成立。

例 5.11 设 $F(x, y, z)$ 和 $G(x, y, z)$ 具有连续偏导数，$\dfrac{\partial(F, G)}{\partial(x, z)} \neq 0$，曲线 Γ：$\begin{cases} F(x, y, z) = 0 \\ G(x, y, z) = 0 \end{cases}$ 过点 $P_0(x_0, y_0, z_0)$。记 Γ 在 xOy 平面上的投影曲线为 S，求 S 上过点 (x_0, y_0) 的切线方程。

解 由于曲面 $F(x, y, z) = 0$ 以及 $G(x, y, z) = 0$ 在点 $P_0(x_0, y_0, z_0)$ 处的切平面分别为

$$F_x(P_0)(x - x_0) + F_y(P_0)(y - y_0) + F_z(P_0)(z - z_0) = 0,$$
$$G_x(P_0)(x - x_0) + G_y(P_0)(y - y_0) + G_z(P_0)(z - z_0) = 0。$$

注意到，上述两切平面的交线就是曲线 Γ 在 P_0 点处的切线，而该切线在 xOy 面上的投影就是 S 过点 (x_0, y_0) 的切线，所以消去 $z - z_0$，得到

$$(F_x G_z - G_x F_z)_{P_0}(x - x_0) + (F_y G_z - G_y F_z)_{P_0}(y - y_0) = 0。$$

综上，投影曲线 S 过 (x_0, y_0) 的切线方程为

$$\begin{cases} (F_x G_z - G_x F_z)_{P_0}(x - x_0) + (F_y G_z - G_y F_z)_{P_0}(y - y_0) = 0 \\ z = 0 \end{cases}。$$

例 5.12 求过三条平行直线 $l_1: \begin{cases} x = 0 \\ y - z = 0 \end{cases}$，$l_2: \begin{cases} x = 0 \\ x + y - z = -2 \end{cases}$，$l_2: \begin{cases} x = \sqrt{2} \\ y - z = 0 \end{cases}$ 的圆柱面方程。

解 注意到三条平行直线的方向向量均为 $\boldsymbol{s} = \begin{vmatrix} \boldsymbol{i} & \boldsymbol{j} & \boldsymbol{k} \\ 1 & 0 & 0 \\ 0 & 1 & -1 \end{vmatrix} = (0, 1, 1)$，记平面 π 是过原点且以 $\boldsymbol{s} = (0, 1, 1)$ 为法向量的平面，该平面与三条平行直线的交点分别为 $P_1(0, 0, 0)$，$P_2(0, -1, 1)$ 和 $P_3(\sqrt{2}, 0, 0)$。若再记 π_1 是线段 $P_1 P_2$ 的中垂面，π_2 是线段 $P_1 P_3$ 的中垂面，

则该圆柱面的轴心直线 $l_0 = \pi_1 \bigcap \pi_2$，容易计算得到

$$\pi_1: y - z + 1 = 0, \quad \pi_2: x = \frac{\sqrt{2}}{2}.$$

则轴心直线 $l_0:$ $\begin{cases} y - z + 1 = 0 \\ x - \dfrac{\sqrt{2}}{2} = 0 \end{cases}$，化为对称式方程即为 $l_0: \dfrac{x - \dfrac{\sqrt{2}}{2}}{0} = \dfrac{y}{1} = \dfrac{z - 1}{1}$。

另一方面，直线 l_1 到轴心直线 l_0 的距离为 1（圆柱的底半径），任取圆柱面上一点 $P(x, y, z)$，则该点到轴心直线 l_0 的距离为

$$\frac{\sqrt{(y-z+1)^2 + \left(\frac{\sqrt{2}}{2} - x\right)^2 + \left(\frac{\sqrt{2}}{2} - x\right)^2}}{\sqrt{2}},$$

因此有

$$\frac{\sqrt{(y-z+1)^2 + \left(\frac{\sqrt{2}}{2} - x\right)^2 + \left(\frac{\sqrt{2}}{2} - x\right)^2}}{\sqrt{2}} = 1.$$

化简得 $2x^2 + y^2 + z^2 - 2yz + 2y - 2z - 2\sqrt{2}x = 0$，即为所求圆柱面方程。

例 5.13 在空间直角系中，椭圆抛物面 $\Sigma: z = \dfrac{1}{2}(x^2 + y^2)$ 与平面 π 的交线是 C，问：曲线 C 是何种类型的曲线，证明你的结论。

解 曲线 C 是抛物线或者椭圆，理由如下。

情形一 当平面 π 平行于 z 轴时，注意到椭圆抛物面的对称性，不妨设平面 π 的方程是 $\pi: x = c$，此时交线为 $C: \begin{cases} z = \dfrac{1}{2}(x^2 + y^2) \\ x = c \end{cases}$。显然，交线 C 是抛物线。

情形二 当平面 π 不平行于 z 轴时，可设平面 π 的方程是 $\pi: z = ax + by + c$，此时交线为 $C: \begin{cases} z = \dfrac{1}{2}(x^2 + y^2) \\ z = ax + by + c \end{cases}$。消去 z 得曲线 C 在 xy 坐标面上的投影为

$$\begin{cases} (x-a)^2 + (y-b)^2 = a^2 + b^2 + 2c \\ z = 0 \end{cases}.$$

这是一个圆，故交线 C 可视作圆柱面 $(x-a)^2 + (y-b)^2 = a^2 + b^2 + 2c$ 与平面 π 的交线，所以曲线 C 是椭圆。

例 5.14 在椭球面 $\dfrac{x^2}{a^2} + \dfrac{y^2}{b^2} + \dfrac{z^2}{c^2} = 1$ 上求一切平面，使得它在坐标轴的正半轴上截距相等。

解 记 $F(x, y, z) = \dfrac{x^2}{a^2} + \dfrac{y^2}{b^2} + \dfrac{z^2}{c^2} - 1$，切点为 $P(x_0, y_0, z_0)$，故椭球面在该点处切平

面的法向量为

$$\boldsymbol{n}=\left(\frac{2x_0}{a^2},\frac{2y_0}{b^2},\frac{2z_0}{c^2}\right),$$

所以切平面方程为 $\frac{2x_0}{a^2}(x-x_0)+\frac{2y_0}{b^2}(y-y_0)+\frac{2z_0}{c^2}(z-z_0)=0$，即

$$\frac{x}{\dfrac{a^2}{x_0}}+\frac{y}{\dfrac{b^2}{y_0}}+\frac{z}{\dfrac{c^2}{z_0}}=1。$$

依题意,有 $\dfrac{a^2}{x_0}=\dfrac{b^2}{y_0}=\dfrac{c^2}{z_0}=k(k>0)$,即 $x_0=\dfrac{a^2}{k}$, $y_0=\dfrac{b^2}{k}$, $z_0=\dfrac{c^2}{k}$。 因此有

$$\frac{\left(\dfrac{a^2}{k}\right)^2}{a^2}+\frac{\left(\dfrac{b^2}{k}\right)^2}{b^2}+\frac{\left(\dfrac{c^2}{k}\right)^2}{c^2}=1,$$

即

$$\frac{a^2}{k^2}+\frac{b^2}{k^2}+\frac{c^2}{k^2}=1,\text{解得 }k=\sqrt{a^2+b^2+c^2},$$

于是有

$$x_0=\frac{a^2}{\sqrt{a^2+b^2+c^2}},\ y_0=\frac{b^2}{\sqrt{a^2+b^2+c^2}},\ z_0=\frac{c^2}{\sqrt{a^2+b^2+c^2}}。$$

综上,满足条件的切平面方程为 $x+y+z=\sqrt{a^2+b^2+c^2}$。

注:本题也可以有如下简洁解法。

另 可设切平面方程为 $\pi:x+y+z=k(k>0)$。 依据题意,该平面与椭球面 $\dfrac{x^2}{a^2}+\dfrac{y^2}{b^2}+\dfrac{z^2}{c^2}=1$ 相切,故

$$a^2+b^2+c^2=k^2,\text{得到 }k=\sqrt{a^2+b^2+c^2}。$$

所以满足条件的切平面方程为 $x+y+z=\sqrt{a^2+b^2+c^2}$。

例 5.15 设 Ω 是由曲面 $z=ay^2$, $z=by^2$, $z=px$, $z=qx$, $z=h(0<a<b,0<p<q,h>0)$ 所围的空间区域,求该区域的体积。

解 记 Ω_1 是 Ω 位于 $y>0$ 的部分,注意到

$$\Omega_1:\begin{cases}\dfrac{z}{q}\leqslant x\leqslant\dfrac{z}{p}\\(y,z)\in D_{yz}\end{cases},\text{其中 }D_{yz}:\begin{cases}0\leqslant z\leqslant h\\\sqrt{\dfrac{z}{b}}\leqslant y\leqslant\sqrt{\dfrac{z}{a}}\end{cases},$$

则 $V(\Omega_1)=\iiint\limits_{\Omega_1}\mathrm{d}x\,\mathrm{d}y\,\mathrm{d}z=\iint\limits_{D_{yz}}\mathrm{d}y\,\mathrm{d}z\int_{\frac{z}{q}}^{\frac{z}{p}}\mathrm{d}x=\iint\limits_{D_{yz}}\left(\frac{1}{p}-\frac{1}{q}\right)z\,\mathrm{d}y\,\mathrm{d}z=\int_0^h\mathrm{d}z\int_{\sqrt{\frac{z}{b}}}^{\sqrt{\frac{z}{a}}}\left(\frac{1}{p}-\frac{1}{q}\right)z\,\mathrm{d}y$

$$= \int_0^h \left(\frac{1}{p} - \frac{1}{q}\right) \left(\sqrt{\frac{1}{a}} - \sqrt{\frac{1}{b}}\right) z^{\frac{3}{2}} \, \mathrm{d}z = \frac{2}{5} h^{\frac{5}{2}} \cdot \left(\frac{1}{p} - \frac{1}{q}\right) \left(\frac{1}{\sqrt{a}} - \frac{1}{\sqrt{b}}\right).$$

结合对称性，可知

$$V(\Omega) = 2V(\Omega_1) = \frac{4}{5} h^{\frac{5}{2}} \cdot \left(\frac{1}{p} - \frac{1}{q}\right) \left(\frac{1}{\sqrt{a}} - \frac{1}{\sqrt{b}}\right).$$

例 5.16 求平面 $2x + y + z = 1$ 被球面 $\dfrac{x^2}{3} + y^2 + \dfrac{z^2}{2} = 1$ 所截得的椭圆面积。

解 作沿坐标轴方向上的伸缩变换：$x' = \dfrac{x}{\sqrt{3}}$，$y' = y$，$z' = \dfrac{z}{\sqrt{2}}$，则椭球面 $\dfrac{x^2}{3} + y^2 + \dfrac{z^2}{2} = 1$ 变成新坐标系下的球面 $x'^2 + y'^2 + z'^2 = 1$，而平面 $2x + y + z = 1$ 变成新坐标系下的平面 $2\sqrt{3}\,x' + y' + \sqrt{2}\,z' = 1$。计算可得新坐标系下的平面与原点的距离为 $\dfrac{1}{\sqrt{15}}$，则截面（圆）的半径为 $\sqrt{\dfrac{14}{15}}$，圆的面积为 $S' = \dfrac{14\pi}{15}$。另一方面，在原坐标系中的平面 $2x + y + z = 1$ 上取三点 $P_0 = (0, 1, 0)$，$P_1 = (0, 0, 1)$，$P_2 = (1, -1, 0)$，它们张成的平行四边形面积为 $\Delta = \sqrt{6}$。在新坐标下该三点分别对应 $Q_0 = (0, 1, 0)$，$Q_1 = \left(0, 0, \dfrac{1}{\sqrt{2}}\right)$，$Q_2 = \left(\dfrac{1}{\sqrt{3}}, -1, 0\right)$。它们张成的平行四边形面积为 $\Delta' = \sqrt{\dfrac{5}{2}}$，若设原来的椭圆面积为 S，则有 $\dfrac{S}{S'} = \dfrac{\Delta}{\Delta'}$。

解得 $S = \dfrac{\Delta}{\Delta'} S' = \dfrac{14\pi}{15} \dfrac{\sqrt{6}}{\sqrt{\dfrac{5}{2}}} = \dfrac{28\sqrt{15}\,\pi}{75}$。综上，椭圆面积是 $\dfrac{28\sqrt{15}\,\pi}{75}$。

> **注**：(1) 由于该椭圆在空间的位置是倾斜的，直接计算其面积不容易。但是如果把椭球换成球，计算就容易多了，可以通过三个坐标轴方向的伸缩变换把椭球面变成单位球面，计算出截面的伸缩系数就容易了。
>
> (2) 本题也可以通过向 xy 坐标面投影加以解决，但是计算过程复杂，具体如下。

另解 将 $2x + y + z = 1$ 与 $\dfrac{x^2}{3} + y^2 + \dfrac{z^2}{2} = 1$ 联立，消去 z，可得交线的投影为

$$\frac{x^2}{3} + y^2 + \frac{1}{2}(1 - 2x - y)^2 = 1,$$

即

$$14x^2 + 9y^2 + 12xy - 12x - 6y - 3 = 0.$$

令 $\begin{cases} x = X + a \\ y = Y + b \end{cases}$，代入上式可得：

$$14(X + a)^2 + 9(Y + b)^2 + 12(X + a)(Y + b) - 12(X + a) - 6(Y + b) - 3 = 0.$$

再令 $\begin{cases}28a-12+12b=0 \\ 18b-6+12a=0\end{cases}$，解得 $\begin{cases}a=\dfrac{2}{5} \\ b=\dfrac{1}{15}\end{cases}$。此时上式变为 $14X^2+12XY+9Y^2=\dfrac{28}{5}$。

容易计算得到曲线 $14X^2+12XY+9Y^2=\dfrac{28}{5}$（椭圆）所围成的图形的面积为 $\dfrac{14\sqrt{10}}{75}\pi$，所以曲线 $14x^2+9y^2+12xy-12x-6y-3=0$ 所围平面图形 D 的面积与椭圆 $14X^2+12XY+9Y^2=\dfrac{28}{5}$ 的面积相等，均为 $\dfrac{14\sqrt{10}}{75}\pi$。

综上，平面 $2x+y+z=1$ 被球面 $\dfrac{x^2}{3}+y^2+\dfrac{z^2}{2}=1$ 所截得的椭圆面积为

$$S=\iint\limits_{D}\sqrt{1+z_x^2+z_y^2}\,\mathrm{d}x\,\mathrm{d}y=\iint\limits_{D}\sqrt{6}\,\mathrm{d}x\,\mathrm{d}y=\sqrt{6}\cdot\dfrac{14\sqrt{10}}{75}\pi=\dfrac{28\sqrt{15}\pi}{75}。$$

例 5.17 求经过点 $A(-3,5,-9)$ 且和两条直线 $l_1:\begin{cases}y=3x+5 \\ z=2x-3\end{cases}$ 与 $l_2:$ $\begin{cases}y=4x-7 \\ z=5x+10\end{cases}$ 都相交的直线方程。

解 过 A 点以及直线 l_1 作平面 π_1，过 A 点以及直线 l_2 作平面 π_2，则所求直线为 π_1 与 π_2 的交线。作过 l_1 的平面束：

$$2x-z-3+\lambda(3x+5-y)=0,$$

将 A 点坐标代入，得 $\lambda=0$，故平面

$$\pi_1:2x-z-3=0。$$

类似地，作过 l_2 的平面束：$4x-7-y+\lambda(5x+10-z)=0$，将 A 点坐标代入，得 $\lambda=6$，故平面 $\pi_2:34x-y-6z+53=0$。因此，所求直线方程为

$$\begin{cases}2x-z-3=0 \\ 34x-y-6z+53=0\end{cases}。$$

例 5.18 假设 $f(u,v)$ 在全平面上具有连续的偏导数，证明：曲面 $\Sigma:f\left(\dfrac{x-a}{z-c},\dfrac{y-b}{z-c}\right)=0$ 的所有切平面过定点。

证明 任取点 $P(x,y,z)\in\Sigma$，则曲面 Σ 在点 P 处的切平面的法向量可取为

$$n=\left(\dfrac{1}{z-c}f_1',\dfrac{1}{z-c}f_2',-\dfrac{x-a}{(z-c)^2}f_1'-\dfrac{y-b}{(z-c)^2}f_2'\right),$$

故曲面 Σ 在点 P 处的切平面方程为

$$\dfrac{1}{z-c}f_1'(X-x)+\dfrac{1}{z-c}f_2'(Y-y)+\left(-\dfrac{x-a}{(z-c)^2}f_1'-\dfrac{y-b}{(z-c)^2}f_2'\right)(Z-z)=0。$$

显然，将 $(X,Y,Z)=(a,b,c)$ 代入，上式恒成立。

综上,曲面 $\Sigma: f\left(\dfrac{x-a}{z-c},\dfrac{y-b}{z-c}\right)=0$ 的所有切平面过定点 (a,b,c)。

例 5.19 假设二元函数 $f(x,y)$ 具有连续的偏导数,曲面 $z=f(x,y)$ 的所有切平面均过原点,证明:曲面 $z=f(x,y)$ 是一个锥面。

证明 任取点 $P(x,y,z)\in\Sigma: z=f(x,y)$,则曲面 Σ 在点 P 处的切平面为

$$\pi: f_x(x,y)(X-x)+f_y(x,y)(Y-y)-(Z-z)=0。$$

由题意可得 $z=xf_x(x,y)+yf_y(x,y)$。 作换元 $\begin{cases} x=\rho\cos\theta \\ y=\rho\sin\theta \end{cases}$,则

$$f_x(x,y)=f_\rho\cdot\frac{x}{\rho}+f_\theta\cdot\left(-\frac{\sin\theta}{\rho}\right),\ f_y(x,y)=f_\rho\cdot\frac{y}{\rho}+f_\theta\cdot\left(\frac{\cos\theta}{\rho}\right)。$$

因此 $\quad z=x\left[f_\rho\cdot\dfrac{x}{\rho}+f_\theta\cdot\left(-\dfrac{\sin\theta}{\rho}\right)\right]+y\left[f_\rho\cdot\dfrac{y}{\rho}+f_\theta\cdot\left(\dfrac{\cos\theta}{\rho}\right)\right]=\rho f_\rho。$

即 $f=\rho f_\rho$,解得 $f=\rho g(\theta)$,故曲面 Σ 的参数方程为

$$\Sigma:\begin{cases} x=\rho\cos\theta \\ y=\rho\sin\theta \\ z=\rho g(\theta) \end{cases}。$$

而上式表示的是曲线 $l:\begin{cases} x=\cos\theta \\ y=\sin\theta \\ z=g(\theta) \end{cases}$ 上的点与原点连接形成的锥面,所以曲面 $z=f(x,y)$ 是一个锥面。

例 5.20 已知球面 $x^2+y^2+(z+1)^2=4$,从原点向该球面上任一点 P 处的切平面作垂线,垂足为 Q,当点 P 在球面上变动时,点 Q 形成一个封闭的曲面 Σ,写出曲面 Σ 的方程,并求 Σ 所围成的几何体的体积。

解 设垂足为点 $Q(x_0,y_0,z_0)$,记过点 Q 且以点 Q 的向径为法向量的平面为 π,则

$$\pi: x_0(x-x_0)+y_0(y-y_0)+z_0(z-z_0)=0。$$

依题意,平面 π 与球面相切等价于平面 $\pi: x_0(x-x_0)+y_0(y-y_0)+z_0(z-1-z_0)=0$ 与球面 $x^2+y^2+z^2=4$ 相切,

即 $x_0x+y_0y+z_0z-(x_0^2+y_0^2+z_0^2+z_0)=0$ 与球面 $x^2+y^2+z^2=4$ 相切。

故有 $\quad (x_0^2+y_0^2+z_0^2+z_0)^2=4(x_0^2+y_0^2+z_0^2)。$

因而曲面 Σ 的方程为

$$\Sigma:(x^2+y^2+z^2+z)^2=4(x^2+y^2+z^2)。$$

求曲面 Σ 所围成的几何体 Ω 的体积,将 Σ 的方程化为球坐标形式 $\Sigma: r=2-\cos\varphi$。 显然,Σ 是一个包含原点的封闭曲面,所以它所围成的几何体的体积为

$$V=\iiint\limits_{\Omega}\mathrm{d}x\,\mathrm{d}y\,\mathrm{d}z=\int_0^{2\pi}\mathrm{d}\theta\int_0^\pi\mathrm{d}\varphi\int_0^{2-\cos\varphi}r^2\sin\varphi\,\mathrm{d}r$$

$$=\int_0^{2\pi}\mathrm{d}\theta\int_0^\pi\sin\varphi\,\frac{(2-\cos\varphi)^3}{3}\mathrm{d}\varphi=2\pi\cdot\frac{1}{12}(2-\cos\varphi)^4\bigg|_0^\pi=\frac{40}{3}\pi。$$

例 5.21 证明：与曲面 $ax^2 + by^2 + cz^2 = 1$ $(a, b, c > 0)$ 相切的三个互相垂直的平面的交点在球面 $x^2 + y^2 + z^2 = \dfrac{1}{a} + \dfrac{1}{b} + \dfrac{1}{c}$ 上。

证明 设三个切点分别为 $P_i(x_i, y_i, z_i)$ $(i = 1, 2, 3)$，曲面在点 $P_i(x_i, y_i, z_i)$ 处的切平面为 π_i，对应的单位法向量为 n_i，则可取

$$n_i = \frac{1}{\sqrt{a^2 x_i^2 + b^2 y_i^2 + c^2 z_i^2}} (ax_i, by_i, cz_i)$$

再设原点到三个切平面的距离分别为 d_i $(i = 1, 2, 3)$，三个切平面的交点为 P，则

$$|OP|^2 = d_1^2 + d_2^2 + d_3^2。$$

因为切平面 π_i 的方程为 $\pi_i : ax_i x + by_i y + cz_i z = 1$，故

$$d_i = \frac{1}{\sqrt{a^2 x_i^2 + b^2 y_i^2 + c^2 z_i^2}}。$$

则

$$\begin{aligned}
|OP|^2 = d_1^2 + d_2^2 + d_3^2 &= \sum_{i=1}^{3} \frac{1}{a^2 x_i^2 + b^2 y_i^2 + c^2 z_i^2} \\
&= \sum_{i=1}^{3} \frac{ax_i^2 + by_i^2 + cz_i^2}{a^2 x_i^2 + b^2 y_i^2 + c^2 z_i^2}。
\end{aligned} \tag{1}$$

另一方面，若记 $\alpha = (a, 0, 0)$，$\beta = (0, b, 0)$，$\gamma = (0, 0, c)$，则由

$$|\alpha|^2 = (\mathrm{Prj}_{n_1} \alpha)^2 + (\mathrm{Prj}_{n_2} \alpha)^2 + (\mathrm{Prj}_{n_3} \alpha)^2,$$

$$|\beta|^2 = (\mathrm{Prj}_{n_1} \beta)^2 + (\mathrm{Prj}_{n_2} \beta)^2 + (\mathrm{Prj}_{n_3} \beta)^2,$$

$$|\gamma|^2 = (\mathrm{Prj}_{n_1} \gamma)^2 + (\mathrm{Prj}_{n_2} \gamma)^2 + (\mathrm{Prj}_{n_3} \gamma)^2,$$

可得

$$a^2 = \left(\frac{a^2 x_1}{\sqrt{a^2 x_1^2 + b^2 y_1^2 + c^2 z_1^2}} \right)^2 + \left(\frac{a^2 x_2}{\sqrt{a^2 x_2^2 + b^2 y_2^2 + c^2 z_2^2}} \right)^2 + \left(\frac{a^2 x_3}{\sqrt{a^2 x_3^2 + b^2 y_3^2 + c^2 z_3^2}} \right)^2,$$

$$b^2 = \left(\frac{b^2 y_1}{\sqrt{a^2 x_1^2 + b^2 y_1^2 + c^2 z_1^2}} \right)^2 + \left(\frac{b^2 y_2}{\sqrt{a^2 x_2^2 + b^2 y_2^2 + c^2 z_2^2}} \right)^2 + \left(\frac{b^2 y_3}{\sqrt{a^2 x_3^2 + b^2 y_3^2 + c^2 z_3^2}} \right)^2,$$

$$c^2 = \left(\frac{c^2 z_1}{\sqrt{a^2 x_1^2 + b^2 y_1^2 + c^2 z_1^2}} \right)^2 + \left(\frac{c^2 z_2}{\sqrt{a^2 x_2^2 + b^2 y_2^2 + c^2 z_2^2}} \right)^2 + \left(\frac{c^2 z_3}{\sqrt{a^2 x_3^2 + b^2 y_3^2 + c^2 z_3^2}} \right)^2。$$

即

$$\frac{a^2 x_1^2}{a^2 x_1^2 + b^2 y_1^2 + c^2 z_1^2} + \frac{a^2 x_2^2}{a^2 x_2^2 + b^2 y_2^2 + c^2 z_2^2} + \frac{a^2 x_3^2}{a^2 x_3^2 + b^2 y_3^2 + c^2 z_3^2} = 1,$$

$$\frac{b^2 y_1^2}{a^2 x_1^2 + b^2 y_1^2 + c^2 z_1^2} + \frac{b^2 y_2^2}{a^2 x_2^2 + b^2 y_2^2 + c^2 z_2^2} + \frac{b^2 y_3^2}{a^2 x_3^2 + b^2 y_3^2 + c^2 z_3^2} = 1,$$

$$\frac{c^2 z_1^2}{a^2 x_1^2 + b^2 y_1^2 + c^2 z_1^2} + \frac{c^2 z_2^2}{a^2 x_2^2 + b^2 y_2^2 + c^2 z_2^2} + \frac{c^2 z_3^2}{a^2 x_3^2 + b^2 y_3^2 + c^2 z_3^2} = 1。$$

结合式(1)可知

$$
\begin{aligned}
|OP|^2 &= \sum_{i=1}^{3} \frac{a x_i^2 + b y_i^2 + c z_i^2}{a^2 x_i^2 + b^2 y_i^2 + c^2 z_i^2} \\
&= \frac{a x_1^2 + b y_1^2 + c z_1^2}{a^2 x_1^2 + b^2 y_1^2 + c^2 z_1^2} + \frac{a x_2^2 + b y_2^2 + c z_2^2}{a^2 x_2^2 + b^2 y_2^2 + c^2 z_2^2} + \frac{a x_3^2 + b y_3^2 + c z_3^2}{a^2 x_3^2 + b^2 y_3^2 + c^2 z_3^2} \\
&= \frac{1}{a} + \frac{1}{b} + \frac{1}{c}。
\end{aligned}
$$

综上，三个互相垂直的平面的交点 P 在球面 $x^2 + y^2 + z^2 = \dfrac{1}{a} + \dfrac{1}{b} + \dfrac{1}{c}$ 上。

例 5.22 求直线 $l : \dfrac{x-1}{1} = \dfrac{y}{1} = \dfrac{z-1}{-1}$ 在平面 $\pi : x - y + 2z - 1 = 0$ 上的投影直线 l_0 的方程，并求 l_0 绕 y 轴旋转一周所得曲面的方程。

解 记 π_1 为过直线 l 且与平面 π 垂直的平面，显然 $l_0 = \pi \bigcap \pi_1$，将直线 l 的方程改写为一般方程：

$$\begin{cases} x - y - 1 = 0, \\ y + z - 1 = 0, \end{cases}$$

利用面束，可设平面 π_1 的方程为

$$\pi_1 : x - y - 1 + \lambda(y + z - 1) = 0。$$

化为一般方程，即为

$$\pi_1 : x + (\lambda - 1)y + \lambda z - (1 + \lambda) = 0。$$

结合已知条件，有 $1 - (\lambda - 1) + 2\lambda = 0$，$\lambda = -2$。

故平面 π_1 的方程为 $\pi_1 : x - 3y - 2z + 1 = 0$，投影直线 l_0 的方程为

$$l_0 : \begin{cases} x - y + 2z - 1 = 0, \\ x - 3y - 2z + 1 = 0。 \end{cases}$$

以下求直线 l_0 绕 y 轴旋转一周所得曲面方程。将 y 视作常数，得 $l_0 : \begin{cases} x = 2y \\ z = -\dfrac{1}{2}(y - 1), \end{cases}$

故直线 l_0 绕 y 轴旋转一周所得曲面方程为

$$x^2 + z^2 = 4y^2 + \frac{1}{4}(y - 1)^2,$$

即 $4x^2 - 17y^2 + 4z^2 + 2y - 1 = 0$。

例 5.23 求参数 λ 的值，使得两曲面：$xyz = \lambda$ 与 $\dfrac{x^2}{a^2} + \dfrac{y^2}{b^2} + \dfrac{z^2}{c^2} = 1$ 在第一卦限内相切，并求出在切点处两曲面的公共切平面方程。

解　曲面 $xyz = \lambda$ 在点 (x, y, z) 处切平面的法向量为 $\boldsymbol{n}_1 = (yz, zx, xy)$，而曲面 $\dfrac{x^2}{a^2} +$

$\dfrac{y^2}{b^2} + \dfrac{z^2}{c^2} = 1$ 在点 (x, y, z) 处切平面的法向量为 $\boldsymbol{n}_2 = \left(\dfrac{x}{a^2}, \dfrac{y}{b^2}, \dfrac{z}{c^2} \right)$，要使得两曲面在点 $(x,$

$y, z)$ 处相切，必须 $\boldsymbol{n}_1 \,/\!/\, \boldsymbol{n}_2$，即 $\dfrac{x}{a^2 yz} = \dfrac{y}{b^2 zx} = \dfrac{z}{c^2 xy}$，$\dfrac{x^2}{a^2} = \dfrac{y^2}{b^2} = \dfrac{z^2}{c^2}$。

于是有 $\dfrac{x^2}{a^2} = \dfrac{y^2}{b^2} = \dfrac{z^2}{c^2} = \dfrac{1}{3}$，解得 $x = \dfrac{a}{\sqrt{3}}$，$y = \dfrac{b}{\sqrt{3}}$，$z = \dfrac{c}{\sqrt{3}}$ 且 $\lambda = xyz = \dfrac{\sqrt{3}}{9} abc$。所以两个曲面的公共切平面方程为

$$\frac{bc}{3}\left(x - \frac{a}{\sqrt{3}}\right) + \frac{ac}{3}\left(y - \frac{b}{\sqrt{3}}\right) + \frac{ab}{3}\left(z - \frac{c}{\sqrt{3}}\right) = 0,$$

化简得 $\dfrac{x}{a} + \dfrac{y}{b} + \dfrac{z}{c} = \sqrt{3}$。

例 5.24　设有空间五点 $A(1, 0, 1)$，$B(1, 1, 2)$，$C(1, -1, -2)$，$D(3, 1, 0)$，$E(3, 1, 2)$，求过点 E，与点 A、B、C 所在平面 π 平行且与直线 AD 垂直的直线 l 的方程。

解　设点 A、B、C 所在平面 π 的法向量为 $\boldsymbol{n}$，直线 AD 的方向向量为 $\boldsymbol{s}_1$，所求直线的方向向量为 $\boldsymbol{s}$，由于

$$\boldsymbol{n} = \overrightarrow{AB} \times \overrightarrow{AC} = (0, 1, 1) \times (0, -1, -3) = \begin{vmatrix} \mathbf{i} & \mathbf{j} & \mathbf{k} \\ 0 & 1 & 1 \\ 0 & -1 & -3 \end{vmatrix} = -2(1, 0, 0),$$

$$\boldsymbol{s}_1 = \overrightarrow{AD} = (2, 1, -1)。$$

可取

$$\boldsymbol{s} = (1, 0, 0) \times (2, 1, -1) = \begin{vmatrix} \mathbf{i} & \mathbf{j} & \mathbf{k} \\ 1 & 0 & 0 \\ 2 & 1 & -1 \end{vmatrix} = (0, 1, 1),$$

故所求直线 l 的方程为 $\dfrac{x-3}{0} = \dfrac{y-1}{1} = \dfrac{z-2}{1}$。

例 5.25　设有两条直线 $L_1: x = y = z$，$L_2: \dfrac{x}{1} = \dfrac{y}{a} = \dfrac{z-b}{1}$，问：(1) L_1 与 L_2 何时异面？

(2) 若 L_1 与 L_2 不重合，求直线 L_2 绕直线 L_1 旋转一周所得曲面 Σ 的方程，并且指出类型。

解　(1) 记 $O(0, 0, 0) \in L_1$，直线 L_1 的方向向量为 $\boldsymbol{s}_1 = (1, 1, 1)$；记 $A(0, 0, b) \in L_2$，直线 L_2 的方向向量为 $\boldsymbol{s}_2 = (1, a, 1)$。则

直线 L_1 与 L_2 异面 $\Leftrightarrow (\overrightarrow{OA}, \boldsymbol{s}_1, \boldsymbol{s}_2) \neq 0$

$$\Leftrightarrow \begin{vmatrix} 0 & 0 & b \\ 1 & 1 & 1 \\ 1 & a & 1 \end{vmatrix} \neq 0 \Leftrightarrow b(a-1) \neq 0 \Leftrightarrow b \neq 0 \text{ 且 } a \neq 1。$$

(2) 任取动点 $P(x, y, z) \in \Sigma$，则存在点 $Q(x_0, y_0, z_0) \in L_2$，使得当点 Q 绕直线 L_1 旋转时经过点 P，所以

$$\begin{cases} x^2 + y^2 + z^2 = x_0^2 + y_0^2 + z_0^2 & (1) \\ (x - x_0, \ y - y_0, \ z - z_0) \perp (1, \ 1, \ 1) & (2) \\ \dfrac{x_0}{1} = \dfrac{y_0}{a} = \dfrac{z_0 - b}{1} & (3) \end{cases}$$

令

$$\frac{x_0}{1} = \frac{y_0}{a} = \frac{z_0 - b}{1} = t, \tag{4}$$

代入式(2)可得

$$x + y + z = (a + 2)t + b。 \tag{5}$$

当 $a \neq -2$ 时，由式(1)(4)可得曲面 Σ 的方程为

$$\Sigma: x^2 + y^2 + z^2 = \frac{a^2 + 2}{(a + 2)^2}(x + y + z - b)^2 + \frac{2b}{a + 2}(x + y + z - b) + b^2。$$

当 $a = -2$ 时，此时直线 L_1 与 L_2 垂直，计算可得曲面 Σ 的方程为

$$\Sigma: \begin{cases} x + y + z = b \\ x^2 + y^2 + z^2 \geqslant \dfrac{5}{6}b^2。 \end{cases}$$

下面讨论旋转曲面 Σ 的类型。

情形一 当 $a = 1$，$b \neq 0$ 时，直线 L_1 与 L_2 平行，旋转曲面 Σ 是一个柱面；

情形二 当 $a = -2$，$b = 0$ 时，直线 L_1 与 L_2 垂直相交，旋转曲面 Σ 是一个平面；

情形三 当 $a = -2$，$b \neq 0$ 时，直线 L_1 与 L_2 垂直异面，旋转曲面 Σ 是去掉一个圆的平面；

情形四 当 $a \neq 1$，$a \neq -2$，$b = 0$ 时，直线 L_1 与 L_2 不垂直且相交，旋转曲面 Σ 是一个锥面；

情形五 当 $a \neq 1$，$a \neq -2$，$b \neq 0$ 时，直线 L_1 与 L_2 不垂直且异面，旋转曲面 Σ 是一个单叶双曲面。

> 注：设空间有两条异面且不垂直的直线，则其中一条直线绕另外一条直线旋转一周所得曲面必为单叶双曲面。

例 5.26 设抛物线 $\Gamma: \begin{cases} z = y^2 + 1 \\ x = 0 \end{cases}$ 沿着直线段 AB 平行移动形成一柱面 Σ，其中点 A、B 的坐标分别为 $A(0, 0, 1)$，$B(1, 1, 0)$。（1）试写出 Σ 的方程；（2）在重力的作用下，有一质点在 Σ 上从点 A 处开始下滑，问该质点滑行轨迹的方程是什么？它能否到达点 B？

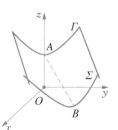

解 （1）在曲面 Σ 上任取一动点 $P(x, y, z)$，则存在一点 $Q(0, y_0, z_0) \in \Gamma$，使得 PQ 平行于 AB，则有

$$\begin{cases} z_0 = y_0^2 + 1 \\ \dfrac{-x}{1} = \dfrac{y_0 - y}{1} = \dfrac{z_0 - z}{-1} \end{cases}。$$

可得 Σ 的方程为 $\qquad z + x = (y - x)^2 + 1。$

（2）由于质点始终朝着下降速度最快的方向滑动，故

$$(2x - 2y - 1,\ 2y - 2x)\ /\!/\ (\mathrm{d}x,\mathrm{d}y),$$

解得 $\qquad 4(y + x) + \ln|4y - 4x + 1| = 0。$

因此，质点滑行轨迹的方程为 $\begin{cases} 4(y + x) + \ln|4y - 4x + 1| = 0 \\ z + x = (y - x)^2 + 1 \end{cases}$，质点不能到达点 B。

例 5.27 求曲线 $l:\begin{cases} y = 1 \\ x^2 + z^2 = 3 \end{cases}$ 绕 z 轴旋转一周所得曲面 Σ 的方程。

解 在曲面 Σ 上任取一动点 $P(x,\ y,\ z)$，则存在点 $Q(x_0,\ y_0,\ z_0) \in l$，使得当点 Q 绕 z 轴旋转时经过点 P，因此有

$$\begin{cases} y_0 = 1 \\ x_0^2 + z_0^2 = 3 \\ z = z_0 \\ x^2 + y^2 = x_0^2 + y_0^2 \end{cases}。$$

消去 x_0、y_0、z_0，得 $x^2 + y^2 + z^2 = 4$。

综上，旋转曲面 Σ 的方程为

$$\Sigma:\ x^2 + y^2 + z^2 = 4\ (|z| \leqslant \sqrt{3})。$$

例 5.28 设平面 $\pi: A_1 x + B_1 y + C_1 z = D_1$，曲面 $\Sigma: A_2 x^2 + B_2 y^2 + C_2 z^2 = D_2$，$A_2 B_2 C_2 D_2 \neq 0$，问：平面 π 和曲面 Σ 何时相切？并给出证明。

解 平面 π 和曲面 Σ 相切的充要条件是 $\dfrac{A_1^2}{A_2} + \dfrac{B_1^2}{B_2} + \dfrac{C_1^2}{C_2} = \dfrac{D_1^2}{D_2}$。证明如下：

首先，若平面 $\pi: A_1 x + B_1 y + C_1 z = D_1$ 与曲面 $\Sigma: A_2 x^2 + B_2 y^2 + C_2 z^2 = D_2$ 相切，不妨设切点为 $(x_0,\ y_0,\ z_0)$，则有

$$\begin{cases} A_1 x_0 + B_1 y_0 + C_1 z_0 = D_1 \\ A_2 x_0^2 + B_2 y_0^2 + C_2 z_0^2 = D_2 \\ \dfrac{A_2 x_0}{A_1} = \dfrac{B_2 y_0}{B_1} = \dfrac{C_2 z_0}{C_1} \end{cases}。 \tag{1}$$

令 $\dfrac{A_2 x_0}{A_1} = \dfrac{B_2 y_0}{B_1} = \dfrac{C_2 z_0}{C_1} = t$，则有 $x_0 = \dfrac{A_1 t}{A_2}$，$y_0 = \dfrac{B_1 t}{B_2}$，$z_0 = \dfrac{C_1 t}{C_2}$，代入（1）可得

$$\begin{cases} A_1 \left(\dfrac{A_1 t}{A_2} \right) + B_1 \left(\dfrac{B_1 t}{B_2} \right) + C_1 \left(\dfrac{C_1 t}{C_2} \right) = D_1 \\ A_2 \left(\dfrac{A_1 t}{A_2} \right)^2 + B_2 \left(\dfrac{B_1 t}{B_2} \right)^2 + C_2 \left(\dfrac{C_1 t}{C_2} \right)^2 = D_2 \end{cases},$$

即
$$\begin{cases} t\left(\dfrac{A_1^2}{A_2}+\dfrac{B_1^2}{B_2}+\dfrac{C_1^2}{C_2}\right)=D_1 \\ t^2\left(\dfrac{A_1^2}{A_2}+\dfrac{B_1^2}{B_2}+\dfrac{C_1^2}{C_2}\right)=D_2 \end{cases}$$

由此可得 $\dfrac{A_1^2}{A_2}+\dfrac{B_1^2}{B_2}+\dfrac{C_1^2}{C_2}=\dfrac{D_1^2}{D_2}$。

反之,若 $\dfrac{A_1^2}{A_2}+\dfrac{B_1^2}{B_2}+\dfrac{C_1^2}{C_2}=\dfrac{D_1^2}{D_2}$ 成立,则 $A_1\left(\dfrac{A_1 D_2}{A_2 D_1}\right)+B_1\left(\dfrac{B_1 D_2}{B_2 D_1}\right)+C_1\left(\dfrac{C_1 D_2}{C_2 D_1}\right)=D_1$。 若记

$P(x_0,y_0,z_0)=\left(\dfrac{A_1 D_2}{A_2 D_1},\dfrac{B_1 D_2}{B_2 D_1},\dfrac{C_1 D_2}{C_2 D_1}\right)$,则点 P 在平面 $\pi:A_1 x+B_1 y+C_1 z=D_1$ 上,且

容易验证点 P 也在曲面 $\Sigma:A_2 x^2+B_2 y^2+C_2 z^2=D_2$ 上,并且有 $\dfrac{A_2 x_0}{A_1}=\dfrac{B_2 y_0}{B_1}=\dfrac{C_2 z_0}{C_1}$。 所

以平面 $\pi:A_1 x+B_1 y+C_1 z=D_1$ 与曲面 $\Sigma:A_2 x^2+B_2 y^2+C_2 z^2=D_2$ 在点 P 处相切。

综上,结论成立。

例 5.29 在空间四面体 $A-BCD$ 中,四个三角形 $\triangle ABC$、$\triangle ACD$、$\triangle ABD$、$\triangle BCD$ 的面积分别为 S_1、S_2、S_3、S_4,且这四个面所在平面的指向外侧的单位法向量分别为 $\boldsymbol{n}_1$、$\boldsymbol{n}_2$、$\boldsymbol{n}_3$、$\boldsymbol{n}_4$,求 $S_1 \boldsymbol{n}_1+S_2 \boldsymbol{n}_2+S_3 \boldsymbol{n}_3+S_4 \boldsymbol{n}_4$,并给出理由。

不妨设 $\triangle BCD$ 的三个顶点按逆时针方向排序。

解 注意到

$$\boldsymbol{n}_1=\frac{1}{2S_1}\overrightarrow{AB}\times\overrightarrow{AC},\ \boldsymbol{n}_2=\frac{1}{2S_2}\overrightarrow{AC}\times\overrightarrow{AD},\ \boldsymbol{n}_3=\frac{1}{2S_3}\overrightarrow{AD}\times\overrightarrow{AB},\ \boldsymbol{n}_4=\frac{1}{2S_4}\overrightarrow{CB}\times\overrightarrow{CD}$$

则有

$$\begin{aligned}
&S_1\boldsymbol{n}_1+S_2\boldsymbol{n}_2+S_3\boldsymbol{n}_3+S_4\boldsymbol{n}_4\\
=&\frac{1}{2}[\overrightarrow{AB}\times\overrightarrow{AC}+\overrightarrow{AC}\times\overrightarrow{AD}+\overrightarrow{AD}\times\overrightarrow{AB}+\overrightarrow{CB}\times\overrightarrow{CD}]\\
=&\frac{1}{2}[\overrightarrow{AB}\times\overrightarrow{AC}+\overrightarrow{AC}\times\overrightarrow{AD}+\overrightarrow{AD}\times\overrightarrow{AB}+(\overrightarrow{CA}+\overrightarrow{AB})\times(\overrightarrow{CA}+\overrightarrow{AD})]\\
=&\frac{1}{2}[\overrightarrow{AB}\times\overrightarrow{AC}+\overrightarrow{AC}\times\overrightarrow{AD}+\overrightarrow{AD}\times\overrightarrow{AB}+\overrightarrow{CA}\times\overrightarrow{AD}+\overrightarrow{AB}\times\overrightarrow{CA}+\overrightarrow{AB}\times\overrightarrow{AD}]\\
=&\boldsymbol{0}。
\end{aligned}$$

例 5.30 设 $L_1:\begin{cases}A_1 x+B_1 y+C_1 z+D_1=0\\A_2 x+B_2 y+C_2 z+D_2=0\end{cases}$, $L_2:\begin{cases}A_3 x+B_3 y+C_3 z+D_3=0\\A_4 x+B_4 y+C_4 z+D_4=0\end{cases}$, 证

明:直线 L_1 与 L_2 共面的充要条件是 $\begin{vmatrix}A_1&B_1&C_1&D_1\\A_2&B_2&C_2&D_2\\A_3&B_3&C_3&D_3\\A_4&B_4&C_4&D_4\end{vmatrix}=0$。

证明 直线 L_1 与 L_2 共面,则存在不全为 0 的 m_1、m_2,和不全为 0 的 m_3、m_4,满足

$$m_1(A_1 x+B_1 y+C_1 z+D_1)+m_2(A_2 x+B_2 y+C_2 z+D_2)$$

$$\equiv m_3(A_3x + B_3y + C_3z + D_3) + m_4(A_4x + B_4y + C_4z + D_4)。$$

于是存在不全为 0 的 m_1、m_2，和不全为 0 的 m_3、m_4，满足

$$\begin{pmatrix} A_1 & B_1 & C_1 & D_1 \\ A_2 & B_2 & C_2 & D_2 \\ A_3 & B_3 & C_3 & D_3 \\ A_4 & B_4 & C_4 & D_4 \end{pmatrix}^{\mathrm{T}} \begin{pmatrix} m_1 \\ m_2 \\ -m_3 \\ -m_4 \end{pmatrix} = \mathbf{0} \tag{1}$$

必要性　若直线 L_1 与 L_2 共面，则(1)成立，即齐次方程组 $\begin{pmatrix} A_1 & B_1 & C_1 & D_1 \\ A_2 & B_2 & C_2 & D_2 \\ A_3 & B_3 & C_3 & D_3 \\ A_4 & B_4 & C_4 & D_4 \end{pmatrix}^{\mathrm{T}} \begin{pmatrix} x_1 \\ x_2 \\ x_3 \\ x_4 \end{pmatrix} = \mathbf{0}$

有非零解，故系数行列式为 0，所以 $\begin{vmatrix} A_1 & B_1 & C_1 & D_1 \\ A_2 & B_2 & C_2 & D_2 \\ A_3 & B_3 & C_3 & D_3 \\ A_4 & B_4 & C_4 & D_4 \end{vmatrix} = 0。$

充分性　若 $\begin{vmatrix} A_1 & B_1 & C_1 & D_1 \\ A_2 & B_2 & C_2 & D_2 \\ A_3 & B_3 & C_3 & D_3 \\ A_4 & B_4 & C_4 & D_4 \end{vmatrix} = 0$，则 $\begin{pmatrix} A_1 & B_1 & C_1 & D_1 \\ A_2 & B_2 & C_2 & D_2 \\ A_3 & B_3 & C_3 & D_3 \\ A_4 & B_4 & C_4 & D_4 \end{pmatrix}^{\mathrm{T}} \begin{pmatrix} x_1 \\ x_2 \\ x_3 \\ x_4 \end{pmatrix} = \mathbf{0}$ 有非零解，即存

在不全为 0 的 m_1、m_2、$-m_3$、$-m_4$ 使得 $\begin{pmatrix} A_1 & B_1 & C_1 & D_1 \\ A_2 & B_2 & C_2 & D_2 \\ A_3 & B_3 & C_3 & D_3 \\ A_4 & B_4 & C_4 & D_4 \end{pmatrix}^{\mathrm{T}} \begin{pmatrix} m_1 \\ m_2 \\ -m_3 \\ -m_4 \end{pmatrix} = \mathbf{0}。$ 下证 m_1、m_2

以及 m_3、m_4 均不全为 0。否则，不妨设 $m_1 = m_2 = 0$，则有 $\begin{pmatrix} A_3 & A_4 \\ B_3 & B_4 \\ C_3 & C_4 \\ D_3 & D_4 \end{pmatrix} \begin{pmatrix} m_3 \\ m_4 \end{pmatrix} = \begin{pmatrix} 0 \\ 0 \\ 0 \\ 0 \end{pmatrix}，$

$\mathrm{R}\left(\begin{pmatrix} A_3 & A_4 \\ B_3 & B_4 \\ C_3 & C_4 \\ D_3 & D_4 \end{pmatrix} \right) \leqslant 1$，矛盾，故式(1)成立，直线 L_1 与 L_2 共面。

> 注：由此可得，两直线 $L_1: \begin{cases} A_1x + B_1y + C_1z + D_1 = 0 \\ A_2x + B_2y + C_2z + D_2 = 0 \end{cases}$ 与 $L_2:$
>
> $\begin{cases} A_3x + B_3y + C_3z + D_3 = 0 \\ A_4x + B_4y + C_4z + D_4 = 0 \end{cases}$ 异面的充要条件是 $\begin{vmatrix} A_1 & B_1 & C_1 & D_1 \\ A_2 & B_2 & C_2 & D_2 \\ A_3 & B_3 & C_3 & D_3 \\ A_4 & B_4 & C_4 & D_4 \end{vmatrix} \neq 0。$

例 5.31 给定椭圆抛物面 Σ：$z=\dfrac{1}{2}(x^2+y^2)$，$P(a,b,c)$ 为曲面外一固定点，满足 $a^2+b^2>2c$，过点 $P(a,b,c)$ 作曲面 Σ 的所有切平面，证明：所有切平面的切点在同一个平面上。

证明 任取一个切点 $Q(x,y,z)$，则曲面 Σ 在该切点处的切平面的法向量为 $\boldsymbol{n}=(x,y,-1)$。 故曲面 Σ 在该切点处的切平面 π 的方程为

$$\pi：x(X-x)+y(Y-y)-(Z-z)=0。$$

根据已知条件可得 $x(a-x)+y(b-y)-(c-z)=0$。
结合切点 $Q(x,y,z)$ 在曲面上，有 $ax+by-z-c=0$。 即所有切平面的切点在同一个平面 $(ax+by-z-c=0)$ 上。

例 5.32 （1）设两条异面直线 l_1 和 l_2 的距离是 $a(a>0)$，夹角是 $\theta\left(0<\theta<\dfrac{\pi}{2}\right)$，判别直线 l_2 绕直线 l_1 旋转一周所得曲面的类型；

（2）若 l_1：$\dfrac{x+1}{2}=\dfrac{y+3}{1}=\dfrac{z-2}{2}$，$l_2$：$\dfrac{x-2}{-4}=\dfrac{y-1}{3}=\dfrac{z-3}{1}$，求 l_2 绕 l_1 旋转一周所得曲面 Σ，以及相距为 2 且垂直于 l_1 的两个平行平面所围立体体积的最小值。

解 （1）建立适当的坐标系，不妨设直线 l_1 是 z 轴，直线 l_2 的方程为

$$l_2：\dfrac{x-a}{0}=\dfrac{y}{\sin\theta}=\dfrac{z}{\cos\theta}。$$

将 z 视作常数，有 $\begin{cases}x=a\\y=\tan\theta\cdot z\end{cases}$。

所以直线 l_2 绕直线 l_1 旋转一周所得曲面的方程为 $x^2+y^2-\tan^2\theta\cdot z^2=a^2$，这是一个单叶双曲面。

（2）容易计算得到直线 l_1 和 l_2 的距离是 3，夹角是 $\theta=\arccos\dfrac{1}{\sqrt{26}}$，通过平移和旋转，将直线 l_1 变为 z 轴，而直线 l_2 的方程变为 l_2：$\dfrac{x-3}{0}=\dfrac{y}{\sin\theta}=\dfrac{z}{\cos\theta}$。 由（1），直线 l_2 绕直线 l_1 旋转一周所得曲面的方程为

$$\Sigma'：x^2+y^2-25z^2=9。$$

进一步，此时相距为 2 且垂直于 l_1 的两个平行平面变为相距为 2 且垂直于 z 轴的两个平行平面，不妨设它们的方程为 $z=c$ 以及 $z=c+2$。 此时曲面 Σ' 以及两个平行平面 $z=c$ 和 $z=c+2$ 所围立体体积为

$$V=\int_c^{c+2}\mathrm{d}z\iint\limits_{x^2+y^2\leqslant 25z^2+9}\mathrm{d}x\,\mathrm{d}y=\int_c^{c+2}\pi(25z^2+9)\mathrm{d}z。$$

令 $\dfrac{\mathrm{d}V}{\mathrm{d}c}=\pi(25(c+2)^2+9)-\pi(25c^2+9)=0$，得 $c=-1$，此时体积取最小值且最小值为

$$V(1)=\int_{-1}^1\pi(25z^2+9)\mathrm{d}z=\dfrac{104\pi}{3}。$$

例 5.33　有一圆锥形的塔,底半径为 R,高为 $h(h>R)$,现沿塔身建一登上塔顶的楼梯,要求楼梯曲线在每一点的切线与过该点垂直于 xOy 平面的直线的夹角为 $\dfrac{\pi}{4}$,楼梯入口在点 $(R,0,0)$,试求楼梯曲线的方程。

解　在曲线上任取一动点 $P(x,y,z)$,因 $\dfrac{h-z}{h}=\dfrac{r}{R}$,故曲线的参数方程为

$$\begin{cases} x=r(\theta)\cos\theta \\ y=r(\theta)\sin\theta \\ z=h-\dfrac{h}{R}r(\theta) \end{cases} \tag{1}$$

且在点 $P(x,y,z)$ 处的切向量为 $\boldsymbol{s}=(x'(\theta),y'(\theta),z'(\theta))$,垂线方向向量为 $\boldsymbol{k}=(0,0,1)$。　由于

$$\begin{cases} x'(\theta)=r'(\theta)\cos\theta-r(\theta)\sin\theta \\ y'(\theta)=r'(\theta)\sin\theta+r(\theta)\cos\theta \\ z'(\theta)=-\dfrac{h}{R}r'(\theta) \end{cases},$$

故

$$\cos\frac{\pi}{4}=\frac{\boldsymbol{s}\cdot\boldsymbol{k}}{|\boldsymbol{s}|\cdot|\boldsymbol{k}|}=\frac{z'(\theta)}{\sqrt{x'^2(\theta)+y'^2(\theta)+z'^2(\theta)}},$$

即

$$\frac{1}{\sqrt{2}}=\frac{-\dfrac{h}{R}r'(\theta)}{\sqrt{r'^2(\theta)+r^2(\theta)+\dfrac{h^2}{R^2}r'^2(\theta)}}。$$

化简得 $\dfrac{\mathrm{d}r}{\mathrm{d}\theta}=\pm\dfrac{Rr}{\sqrt{h^2-R^2}}$。　由实际问题可知 $\dfrac{\mathrm{d}r}{\mathrm{d}\theta}<0$,解得 $r=C\mathrm{e}^{-\frac{R}{\sqrt{h^2-R^2}}\theta}$。　结合 $\theta=0,r=R$ 得 $C=R$,故 $r=R\mathrm{e}^{-\frac{R}{\sqrt{h^2-R^2}}\theta}$。　将此式代入参数方程(1)即得楼梯曲线方程为

$$\begin{cases} x=R\mathrm{e}^{-\frac{R}{\sqrt{h^2-R^2}}\theta}\cos\theta \\ y=R\mathrm{e}^{-\frac{R}{\sqrt{h^2-R^2}}\theta}\sin\theta \\ z=h-\dfrac{h}{R}R\mathrm{e}^{-\frac{R}{\sqrt{h^2-R^2}}\theta} \end{cases}。$$

练习题五

5.1　对于已知的非零向量 $\boldsymbol{a}$、$\boldsymbol{b}$,方程 $\boldsymbol{a}\times\boldsymbol{c}=\boldsymbol{b}$ 有解的充要条件是(　　)。

(A) 向量 $\boldsymbol{a}$ 必须与向量 $\boldsymbol{b}$ 平行　　　　(B) 只要向量 $\boldsymbol{a}$ 与向量 $\boldsymbol{b}$ 不平行即可

(C) 向量 $\boldsymbol{a}$ 必须与向量 $\boldsymbol{b}$ 垂直　　　　(D) 对于非零向量 $\boldsymbol{a}$、$\boldsymbol{b}$ 该方程总有解

5.2 设曲线 $\begin{cases} xyz=2 \\ x-y-z=0 \end{cases}$ 在点 $(2,1,1)$ 处的一个切向量与 z 轴正方向的夹角为锐角,求此切向量与 y 轴正方向的夹角。

5.3 已知空间四个向量 a、b、c、d,其中 a、b、c 三个向量不共面,试用 a、b、c 表示向量 d。

5.4 设三个向量 a、b、c 不共面,而 $\boldsymbol{\alpha}=3a+b-7c$,$\boldsymbol{\beta}=a-3b+kc$,$\boldsymbol{\gamma}=a+b-3c$ 共面。求常数 k 的值。

5.5 已知空间四面体 $S\text{-}ABC$,棱 BC,CA,AB,SA,SB,SC 的长度分别为 a、b、c、p、q、r,证明该四面体的体积为 $V=\dfrac{1}{6}\sqrt{\begin{vmatrix} p^2 & \dfrac{p^2+q^2-c^2}{2} & \dfrac{p^2+r^2-b^2}{2} \\ \dfrac{p^2+q^2-c^2}{2} & q^2 & \dfrac{q^2+r^2-a^2}{2} \\ \dfrac{p^2+r^2-b^2}{2} & \dfrac{q^2+r^2-a^2}{2} & r^2 \end{vmatrix}}$。

5.6 证明:三个向量 a、b、c 共面的充分必要条件是向量 $a\times b$、$b\times c$、$c\times a$ 共面。

5.7 在平面 $\pi:2x+3y+4z-9=0$ 上求过点 $P(1,1,1)$ 且与 xy 坐标面成最大夹角的直线方程。

5.8 已知圆 $C:\begin{cases} x^2+y^2+z^2=4 \\ x^2+y^2+z^2+x-2y+2z-1=0 \end{cases}$,(1) 求圆 C 的圆心坐标和半径;(2) 求过圆 C 且与平面 $\pi:3x+4y+10=0$ 相切的球面方程。

5.9 已知空间有一个不透明的球体,占有空间区域 $\Omega:x^2+y^2+z^2=2z$。另有一束平行于直线 $l:\dfrac{x}{1}=\dfrac{y}{1}=\dfrac{z}{-1}$ 的平行光束照在该球体上,求球体在 xOy 面上留下的阴影部分区域的边界曲线方程。

5.10 设曲面 Σ 是由半支双曲线 $\begin{cases} x=0 \\ y=\sqrt{z^2+1} \end{cases}$ 绕直线 $l:x=y=z$ 旋转一周而形成的曲面,求原点到曲面 Σ 的最短距离。

5.11 设曲面 Σ 是以半支双曲线 $\begin{cases} x=0 \\ y=\sqrt{z^2+1} \end{cases}$ 为准线,而母线平行于直线 $l:x=y=z$ 的柱面,求原点到曲面 Σ 的最短距离。

5.12 一束激光(视为线束)由点 $P(3,-5,2)$ 出发沿直线 $L:\begin{cases} 9x+2y-17=0 \\ z=2 \end{cases}$ 射向平面 $x-y-3z+9=0$ 所在的镜面。如果某一质点沿该光束的路径以常速度 $v=1$ 运行,试求该质点关于时间 t 的位置向量函数。

5.13 已知一个正方体的两个侧面的方程为 $\pi_1:x-2y-2z+4=0$ 和 $\pi_2:2x+2y-z-13=0$,其中心为 $M(1,1,-2)$,求其他各个面的方程。

5.14 一动直线 l 沿三条直线 $l_1:\begin{cases} x=0 \\ y=0 \end{cases}$,$l_2:\begin{cases} x=1 \\ z=0 \end{cases}$,$l_3:\begin{cases} y-1=0 \\ z+1=0 \end{cases}$ 滑动,求动直线形成的曲面的方程。

5.15 在空间直角右手坐标系中,有一个质点沿着顶点在原点,以 z 轴为对称轴,半顶角为 α

的锥面 $\left(0<\alpha<\dfrac{\pi}{2}\right)$ 上一条母线，自原点起作速度为 v（常数）的匀速直线运动（沿 z 轴正方向），同时该母线绕对称轴作角速度为 ω（常数）的等速旋转运动（运动的方向与 z 轴正方向满足右手法则）。此时质点在圆锥面上的轨迹称为圆锥螺线，试建立该圆锥螺线的参数方程。

5.16　设行列式 $\begin{vmatrix} a_1 & b_1 & c_1 \\ a_2 & b_2 & c_2 \\ a_3 & b_3 & c_3 \end{vmatrix} \neq 0$，则直线 $l_1: \dfrac{x-a_3}{a_1-a_2} = \dfrac{y-b_3}{b_1-b_2} = \dfrac{z-c_3}{c_1-c_2}$ 与直线 $l_2:$

$\dfrac{x-a_1}{a_3-a_2} = \dfrac{y-b_1}{b_3-b_2} = \dfrac{z-c_1}{c_3-c_2}$（　　　）。

（A）相交于一点　　　　（B）重合　　　　　　（C）平行但不重合　　（D）异面

5.17　已知一平面与空间四边形 $ABCD$ 的四条边 AB、BC、CD、DA 分别交于点 P、Q、R、S，证明：$\dfrac{AP}{PB} \cdot \dfrac{BQ}{QC} \cdot \dfrac{CR}{RD} \cdot \dfrac{DS}{SA} = 1$。

5.18　设有三个不同平面 $\pi_1: x = cy + bz$，$\pi_2: y = az + cx$ 以及 $\pi_3: z = bx + ay$，请给出这三个平面交于一条直线的条件。

5.19　某球体与平面 $x+y+z=3$ 与 $x+y+z=9$ 相切，且球心在直线 $\begin{cases} 2x=y \\ 3x=z \end{cases}$ 上，求该球面方程。

5.20　给定两条直线 $L_1: x=y=z$ 以及 $L_2: \begin{cases} x=3z+1 \\ y=4z+2 \end{cases}$，证明这两条直线异面，并求它们的公垂线方程和距离。

5.21　有半径为 r、$kr(k \geqslant 1)$ 的两个球面，距离为 $d > r + kr$，在球心连线上有一点光源，使得照射在两球面的面积之和最大，求点光源的位置。

5.22　地面上位于边长为 b 的正方形四个顶点处的雷达站同时发现一枚导弹，这时导弹到四个雷达站的距离按照环绕的次序分别为 R_1、R_2、R_3、R_4，求此时导弹离地面的高度 h。

5.23　在空间将向量 v 绕单位向量 $\mathbf{k}$ 旋转 θ 角得向量 $\boldsymbol{v}_r$（按右手法则），试用 $\boldsymbol{v}$、$\mathbf{k}$，以及 θ 表示向量 $\boldsymbol{v}_r$。

5.24　设 Ω 是空间单位立方体 $ABCD\text{-}EFGO$，其中 $A(1,0,1)$，$B(1,1,1)$，$C(0,1,1)$，$D(0,0,1)$，$E(1,0,0)$，$F(1,1,0)$，$G(0,1,0)$，$O(0,0,0)$。
(1) 求直线 OE 绕直线 OB 旋转一周所得曲面方程；
(2) 求直线 AE 绕直线 OB 旋转一周所得曲面方程；
(3) 若几何体 Ω 的密度为 1，求该几何体对轴 OB 的转动惯量。

5.25　过椭球面 $ax^2 + by^2 + cz^2 = 1$ 外一点 $P(\alpha, \beta, \gamma)$ 作该椭球面的切平面，再过原点作切平面的垂线，求垂足的轨迹方程。

5.26　有一个以平面上三条直线 $a_i x + b_i y + c_i = 0$（$i=1, 2, 3$）为边界的三角形，证明其面积（不计较符号）是 $S = \dfrac{\begin{vmatrix} a_1 & b_1 & c_1 \\ a_2 & b_2 & c_2 \\ a_3 & b_3 & c_3 \end{vmatrix}^2}{2 \begin{vmatrix} a_1 & b_1 \\ a_2 & b_2 \end{vmatrix} \cdot \begin{vmatrix} a_2 & b_2 \\ a_3 & b_3 \end{vmatrix} \cdot \begin{vmatrix} a_3 & b_3 \\ a_1 & b_1 \end{vmatrix}}$。

5.27 有一个以空间四个平面 $a_i x + b_i y + c_i z + d_i = 0$ $(i = 1, 2, 3, 4)$ 为边界的四面体,证明其

体积(不计较符号)是 $V = \dfrac{\begin{vmatrix} a_1 & b_1 & c_1 & d_1 \\ a_2 & b_2 & c_2 & d_2 \\ a_3 & b_3 & c_3 & d_3 \\ a_4 & b_4 & c_4 & d_4 \end{vmatrix}^3}{6 \begin{vmatrix} a_1 & b_1 & c_1 \\ a_2 & b_2 & c_2 \\ a_3 & b_3 & c_3 \end{vmatrix} \cdot \begin{vmatrix} a_2 & b_2 & c_2 \\ a_3 & b_3 & c_3 \\ a_4 & b_4 & c_4 \end{vmatrix} \cdot \begin{vmatrix} a_3 & b_3 & c_3 \\ a_4 & b_4 & c_4 \\ a_1 & b_1 & c_1 \end{vmatrix} \cdot \begin{vmatrix} a_4 & b_4 & c_4 \\ a_1 & b_1 & c_1 \\ a_2 & b_2 & c_2 \end{vmatrix}}$。

5.28 求空间四个平面 $\pi_1 : lx + my = 1$,$\pi_2 : my + nz = 1$,$\pi_3 : lx + nz = 1$,$\pi_4 : lx + my + nz = 1$,$(lmn \neq 0)$ 所围成的四面体的体积。

5.29 求出过原点且和椭球面 $4x^2 + 5y^2 + 6z^2 = 1$ 的交线为一个圆周的所有平面。

5.30 求过 x 轴的平面 π,使得该平面与椭球面 $\dfrac{x^2}{a^2} + \dfrac{y^2}{b^2} + \dfrac{z^2}{c^2} = 1 (0 < c < a < b)$ 的交线为一个圆。

5.31 已知点 $A(1, 0, 0)$ 与点 $B(0, 1, 1)$,直线段 AB 绕 z 轴旋转一周所成的旋转曲面为 S,求由 S 以及两平面 $z = 0$,$z = 1$ 所围的立体体积。

5.32 求以原点为顶点,经过三个坐标轴的圆锥面的方程。

5.33 求圆 $C \begin{cases} z = 1 \\ x^2 + y^2 = 1 \end{cases}$ 在平面 $x + y + z + 2 = 0$ 上的投影曲线方程。

5.34 指出 $\Sigma : (k-3)x^2 + y^2 = (k+3)z$ 表示何种曲面。

5.35 证明:到定直线以及该直线上一个定点的距离的平方和为正常数的点的轨迹是一个旋转曲面。

5.36 在 xOy 坐标面中,单位圆 $x^2 + y^2 = 1$ 内有一个内接正五边形 C,Σ_1 是以曲线 C 为准线,以平行于 z 轴的直线为母线的柱面。半球面 $\Sigma_2 : z = \sqrt{1 - x^2 - y^2}$,求半球面 Σ_2 被柱面 Σ_1 所截得的部分的面积。

5.37 求 xOy 平面上的曲线 $y = x^2 + 2$ 绕直线 $y = 1$ 旋转一周所得旋转曲面的方程。

5.38 求直线 $l : \dfrac{x-3}{2} = \dfrac{y-1}{3} = z+1$ 绕定直线 $\begin{cases} x = 2 \\ y = 3 \end{cases}$ 旋转一周所得旋转曲面的方程。

5.39 求直线 $L_1 : \dfrac{x-1}{1} = \dfrac{y}{2} = \dfrac{z}{2}$ 绕直线 $L_2 : x = y = z$ 旋转一周所得曲面方程。

5.40 设直线 $L_1 : \begin{cases} A_1 x + B_1 y + C_1 z + D_1 = 0 \\ A_2 x + B_2 y + C_2 z + D_2 = 0 \end{cases}$ 和 $L_2 : \begin{cases} A_3 x + B_3 y + C_3 z + D_3 = 0 \\ A_4 x + B_4 y + C_4 z + D_4 = 0 \end{cases}$ 是异面直线,试求其公垂线方程。

5.41 给定椭球面 $\Sigma : \dfrac{x^2}{a^2} + \dfrac{y^2}{b^2} + \dfrac{z^2}{c^2} = 1$,$P(x_0, y_0, z_0)$ 为椭球面外一固定点,过点 P 作椭球面 Σ 的所有切平面,证明:所有切平面的切点在同一个平面上。

练习题五解析与提示

5.1 C。 5.2 $\dfrac{3\pi}{4}$。 5.3 $d = \dfrac{(bcd)}{(abc)}a + \dfrac{(cad)}{(abc)}b + \dfrac{(abd)}{(abc)}c$。 5.4 $k = 1$。

5.5 **提示** 利用混合积。

5.6 **证明** 参见例 5.10，$[(\boldsymbol{a}\times\boldsymbol{b})\times(\boldsymbol{b}\times\boldsymbol{c})]\cdot(\boldsymbol{c}\times\boldsymbol{a})=(\boldsymbol{abc})\boldsymbol{b}\cdot(\boldsymbol{c}\times\boldsymbol{a})=(\boldsymbol{abc})^2$。

5.7 $\dfrac{x-1}{8}=\dfrac{y-1}{12}=\dfrac{z-1}{-13}$。

5.8 (1) 圆 C 的圆心坐标为 $\left(-\dfrac{1}{3},\dfrac{2}{3},-\dfrac{2}{3}\right)$，半径为 $\sqrt{3}$；(2) $\left(x+\dfrac{5}{4}\right)^2+\left(y-\dfrac{5}{2}\right)^2+$ $\left(z+\dfrac{5}{2}\right)^2=\dfrac{169}{16}$ 和 $x^2+y^2+z^2=4$。

5.9 $\begin{cases}x^2+y^2-xy-x-y-\dfrac{1}{2}=0\\ z=0\end{cases}$。　　**5.10** 最短距离是 1。

5.11 最短距离是 $\dfrac{1}{\sqrt[4]{3}}$。

5.12 $\boldsymbol{r}(t)=\begin{cases}(3,-5,2)+\dfrac{1}{\sqrt{85}}(-2t,9t,0), & 0\leqslant t\leqslant\sqrt{85}\\[2mm](1,4,2)+\dfrac{1}{\sqrt{85}}(0,7(t-\sqrt{85}),-6(t-\sqrt{85})), & \sqrt{85}<t\end{cases}$。

5.13 与 π_1 相对的侧面为 $x-2y-2z-10=0$；与 π_2 相对的侧面为 $2x+2y-z+1=0$。

另外一对侧面为 $2x-y+2z-4=0$ 和 $2x-y+2z+10=0$。

5.14 $xy+xz-yz-y=0$。　　**5.15** $\begin{cases}x=vt\sin\alpha\cos\omega t\\ y=vt\sin\alpha\sin\omega t,\ t\geqslant 0\\ z=vt\cos\alpha\end{cases}$。　　**5.16** A。

5.17 **提示** 利用点到平面的距离。

5.18 **解** 三个平面交于一条直线，因此方程组 $\begin{cases}x=cy+bz\\ y=az+cx\\ z=bx+ay\end{cases}$ 有无穷多解，可知

$$\begin{vmatrix}1 & -c & -b\\ -c & 1 & -a\\ -b & -a & 1\end{vmatrix}=0\Leftrightarrow a^2+b^2+c^2+2abc=1。$$

5.19 $(x-1)^2+(y-2)^2+(z-3)^2=3$。

5.20 公垂线方程为 $\begin{cases}x+4y-5z=0\\ x-3y+9z+5=0\end{cases}$，距离为 $\dfrac{1}{\sqrt{14}}$。

5.21 点光源距离两个球的球心的距离分别为 $\dfrac{1}{1+k\sqrt{k}}d$，$\dfrac{k\sqrt{k}}{1+k\sqrt{k}}d$ 即可。

5.22 $h=\sqrt{-\dfrac{b^2}{2}+\dfrac{R_1^2+R_2^2+R_3^2+R_4^2}{4}-\dfrac{R_1^4+R_2^4+R_3^4+R_4^4-2R_1^2R_3^2-R_2^2R_4^2}{8b^2}}$

5.23 $\boldsymbol{v}_r=\cos\theta\boldsymbol{v}+(1-\cos\theta)(\boldsymbol{v}\cdot\mathbf{k})\mathbf{k}+\sin\theta(\mathbf{k}\times\boldsymbol{v})$。

5.24　(1) $xy+yz+zx=0$；(2) $xy+yz+zx-x-y-z+1=0$；(3) $\dfrac{1}{6}$。

5.25　参见例 5.28，垂足的轨迹方程 $\begin{cases} x(x-\alpha)+y(y-\beta)+z(z-\gamma)=0 \\ \dfrac{x^2}{a}+\dfrac{y^2}{b}+\dfrac{z^2}{c}=(x^2+y^2+z^2)^2 \end{cases}$ 。

5.26　**提示**　利用外积的几何意义以及克莱姆法则。

5.27　**提示**　利用混合积的几何意义以及克莱姆法则。

5.28　$V=\dfrac{1}{12\,|lmn|}$。　5.29　$x\pm z=0$。　5.30　$z=\pm\dfrac{c\sqrt{b^2-a^2}}{b\sqrt{a^2-c^2}}y$。

5.31　$V=\pi\int_0^1(1-2z+2z^2)\mathrm{d}z=\dfrac{2}{3}\pi$。　5.32　$xy+yz+zx=0$。

5.33　$\begin{cases} x+y+z+2=0 \\ (1+x-z)^2+(1+y-z)^2=1 \end{cases}$。

5.34　**解**　分以下四个情形讨论：

情形一　当 $k<-3$ 或 $-3<k<3$ 时，曲面 Σ 表示双曲抛物面；

情形二　当 $k=-3$ 时，曲面 Σ 表示两个平面；

情形三　当 $k=3$ 时，曲面 Σ 表示抛物柱面；

情形四　当 $k>3$ 时，曲面 Σ 表示椭圆抛物面。

5.35　**提示**　建立坐标系。　5.36　$S=\pi\left[5\cos\left(\dfrac{\pi}{5}\right)-3\right]$。

5.37　$(y-1)^2+z^2=(x^2+1)^2$。　5.38　$(x-2)^2+(y-3)^2=13z^2+18z+10$。

5.39　$x^2+y^2+z^2=9\left(\dfrac{x+y+z-1}{5}\right)^2+2\,\dfrac{x+y+z-1}{5}+1$。

5.40　**解**　记 $\boldsymbol{n}_i=(A_i,B_i,C_i)$，$\boldsymbol{s}_1=\boldsymbol{n}_1\times\boldsymbol{n}_2$，$\boldsymbol{s}_2=\boldsymbol{n}_3\times\boldsymbol{n}_4$，则公垂线方程为

$l:\begin{cases} (\boldsymbol{s}_1,\boldsymbol{s}_2,\boldsymbol{n}_2)(A_1x+B_1y+C_1z+D_1)-(\boldsymbol{s}_1,\boldsymbol{s}_2,\boldsymbol{n}_1)(A_2x+B_2y+C_2z+D_2)=0 \\ (\boldsymbol{s}_1,\boldsymbol{s}_2,\boldsymbol{n}_4)(A_3x+B_3y+C_3z+D_3)-(\boldsymbol{s}_1,\boldsymbol{s}_2,\boldsymbol{n}_3)(A_4x+B_4y+C_4z+D_4)=0 \end{cases}$。

5.41　略。

第六讲 多元函数微分学

6.1 基本概念与内容要点

本讲内容主要包含二元函数的极限、连续性以及有界闭区域上连续函数的性质,偏导数和全微分的概念、计算,多元复合函数的偏导数计算,隐函数存在定理,方向导数与梯度,多元微分学在几何上的应用(空间曲线的切线与法平面以及空间曲面的切平面与法线),多元函数无条件极值和条件极值(拉格朗日乘数法)。

1. 二元函数的极限、连续性以及有界闭区域上连续函数的性质

(1) 二重极限 设函数 $f(x,y)$ 点集 D 上有定义,$P_0(x_0,y_0)$ 是 D 的聚点。若对于任意给定的正数 ε,总存在正数 δ,使得 D 上满足不等式 $0<|PP_0|=\sqrt{(x-x_0)^2+(y-y_0)^2}<\delta$ 的一切点,都有 $|f(x,y)-A|<\varepsilon$ 成立,则称常数 A 为函数 $f(x,y)$ 当 $(x,y)\to(x_0,y_0)$ 时的极限,记作 $\lim\limits_{(x,y)\to(x_0,y_0)}f(x,y)=A$ 或者记作 $f(x,y)\to A$(当$(x,y)\to(x_0,y_0)$)。

(2) 二元函数的连续性 设函数 $f(x,y)$ 点集 D 上有定义,$P_0(x_0,y_0)$ 是 D 的聚点,且 $P_0\in D$。若 $\lim\limits_{(x,y)\to(x_0,y_0)}f(x,y)=f(x_0,y_0)$,则称函数 $f(x,y)$ 在点 $P_0(x_0,y_0)$ 连续。

(3) 有界闭区域上连续函数的性质

① 最大值和最小值定理。有界闭区域 D 上的多元连续函数在 D 上一定有界,且可以取到最大值和最小值。

② 介值定理。有界闭区域 D 上的多元连续函数必可取到介于最大值和最小值之间的任何数值。

2. 偏导数和全微分的概念

(1) 偏导数 设函数 $z=f(x,y)$ 在点 (x_0,y_0) 的某个领域中有定义,当 y 固定在 y_0,而 x 在 x_0 处有增量 Δx 时,相应的函数有增量 $f(x_0+\Delta x,y_0)-f(x_0,y_0)$,如果 $\lim\limits_{\Delta x\to0}\dfrac{f(x_0+\Delta x,y_0)-f(x_0,y_0)}{\Delta x}$ 存在,则称此极限值为函数 $z=f(x,y)$ 在点 (x_0,y_0) 处对 x 的偏导数,记作 $\dfrac{\partial z}{\partial x}\Big|_{(x_0,y_0)}$,或者 $\dfrac{\partial f}{\partial x}\Big|_{(x_0,y_0)}$、$f_x(x_0,y_0)$,即有 $\dfrac{\partial z}{\partial x}\Big|_{(x_0,y_0)}=\lim\limits_{\Delta x\to0}\dfrac{f(x_0+\Delta x,y_0)-f(x_0,y_0)}{\Delta x}$。

类似地,可定义 $\dfrac{\partial z}{\partial y}\Big|_{(x_0,y_0)}=\lim\limits_{\Delta y\to0}\dfrac{f(x_0,y_0+\Delta y)-f(x_0,y_0)}{\Delta y}$。

① 高阶偏导数。函数 $z=f(x,y)$ 的偏导函数 $\dfrac{\partial z}{\partial x}$ 都是 x、y 的函数,如果可以继续求偏导,则可定义 $\dfrac{\partial^2 z}{\partial x^2}=\dfrac{\partial}{\partial x}\left(\dfrac{\partial z}{\partial x}\right)$,$\dfrac{\partial^2 z}{\partial x \partial y}=\dfrac{\partial}{\partial y}\left(\dfrac{\partial z}{\partial x}\right)$,$\dfrac{\partial^2 z}{\partial y \partial x}=\dfrac{\partial}{\partial x}\left(\dfrac{\partial z}{\partial y}\right)$,$\dfrac{\partial^2 z}{\partial y^2}=\dfrac{\partial}{\partial y}\left(\dfrac{\partial z}{\partial y}\right)$,等等。

② 若二阶混合偏导函数 $\dfrac{\partial^2 z}{\partial x \partial y}$ 以及 $\dfrac{\partial^2 z}{\partial y \partial x}$ 在区域 D 上连续,则它们一定相等。

(2)全微分　若函数 $z=f(x,y)$ 在点 (x,y) 的某领域中有定义,如果它的全增量 $\Delta z=f(x+\Delta x,y+\Delta y)-f(x,y)$ 满足 $\Delta z=A\Delta x+B\Delta y+o(\rho)$,其中,常数 A、B 与 Δx、Δy 无关,$\rho=\sqrt{(\Delta x)^2+(\Delta y)^2}$,则称函数 $z=f(x,y)$ 在 (x,y) 点可微,且称 $A\Delta x+B\Delta y$ 是函数 $z=f(x,y)$ 在点 (x,y) 的全微分,记作 $\mathrm{d}z$,即有

$$\mathrm{d}z=A\Delta x+B\Delta y=A\mathrm{d}x+B\mathrm{d}y。$$

① 可微的必要条件。若函数 $z=f(x,y)$ 在点 (x,y) 处可微,则函数 $z=f(x,y)$ 在点 (x,y) 处连续,其偏导数一定存在且其全微分 $\mathrm{d}z=\dfrac{\partial z}{\partial x}\mathrm{d}x+\dfrac{\partial z}{\partial y}\mathrm{d}y$。

② 可微的充分条件。若函数 $z=f(x,y)$ 在点 (x,y) 处的偏导函数 $\dfrac{\partial z}{\partial x}$、$\dfrac{\partial z}{\partial y}$ 连续,那么函数 $z=f(x,y)$ 在该点处可微。

3. 多元复合函数的偏导数

假设函数 $u=u(x,y)$,$v=v(x,y)$ 在点 (x,y) 处具有对 x 以及 y 的偏导数,函数 $z=f(u,v)$ 在对应点 (u,v) 处具有连续偏导数,那么复合函数 $z=f[u(x,y),v(x,y)]$ 在点 (x,y) 处的两个偏导数都存在,且其偏导数计算公式如下:

$$\dfrac{\partial z}{\partial x}=\dfrac{\partial z}{\partial u}\cdot\dfrac{\partial u}{\partial x}+\dfrac{\partial z}{\partial v}\cdot\dfrac{\partial v}{\partial x},\quad \dfrac{\partial z}{\partial y}=\dfrac{\partial z}{\partial u}\cdot\dfrac{\partial u}{\partial y}+\dfrac{\partial z}{\partial v}\cdot\dfrac{\partial v}{\partial y}。$$

① 对于多元函数的其他复合情况,可得类似上述偏导数计算公式。当复合函数的复合情况比较复杂时,也可借助于树形图加以理解。

② 对于中间变量没有给出的多元函数,在计算偏导数的时候需要注意记号的书写。

4. 隐函数存在定理

(1)二元方程情形　若二元函数 $F(x,y)$ 在点 $P(x_0,y_0)$ 的某一邻域内具有连续的偏导数且 $F(x_0,y_0)=0$,$F_y(x_0,y_0)\neq 0$,则方程 $F(x,y)=0$ 在点 $P(x_0,y_0)$ 的某一邻域内能唯一确定一个连续且具有连续导数的一元函数 $y=f(x)$,它满足条件 $y_0=f(x_0)$,且有 $\dfrac{\mathrm{d}y}{\mathrm{d}x}=-\dfrac{F_x}{F_y}$。

(2)三元方程情形　若三元函数 $F(x,y,z)$ 在点 $P(x_0,y_0,z_0)$ 的某一邻域内具有连续的偏导数且 $F(x_0,y_0,z_0)=0$,$F_z(x_0,y_0,z_0)\neq 0$,则方程 $F(x,y,z)=0$ 在点 $P(x_0,y_0,z_0)$ 的某一邻域内能唯一确定一个连续且具有连续偏导数的二元函数 $z=f(x,y)$,它满足条件 $z_0=f(x_0,y_0)$,且有 $\dfrac{\partial z}{\partial x}=-\dfrac{F_x}{F_z}$,$\dfrac{\partial z}{\partial y}=-\dfrac{F_y}{F_z}$。

(3)方程组情形　若两个四元函数 $F(x,y,u,v)$,$G(x,y,u,v)$ 在点 $P(x_0,y_0,u_0,v_0)$ 的某一邻域内具有对各个变量的连续偏导数且 $F(x_0,y_0,u_0,v_0)=0$,$G(x_0,y_0,$

$u_0, v_0)=0$，雅可比行列式 $J=\dfrac{\partial(F,G)}{\partial(u,v)}=\begin{vmatrix} F_u & F_v \\ G_u & G_v \end{vmatrix}$ 在点 $P(x_0, y_0, u_0, v_0)$ 处不为零,则方

程组 $\begin{cases} F(x,y,u,v)=0 \\ G(x,y,u,v)=0 \end{cases}$ 在点 $P(x_0, y_0, u_0, v_0)$ 的某一邻域内能唯一确定一组连续且具有

连续偏导数的二元函数 $u=u(x,y)$，$v=v(x,y)$，它满足条件 $u_0=u(x_0, y_0)$，$v_0=v(x_0, y_0)$，且

$$\frac{\partial u}{\partial x}=-\frac{\begin{vmatrix} F_x & F_v \\ G_x & G_v \end{vmatrix}}{\begin{vmatrix} F_u & F_v \\ G_u & G_v \end{vmatrix}}, \quad \frac{\partial u}{\partial y}=-\frac{\begin{vmatrix} F_y & F_v \\ G_y & G_v \end{vmatrix}}{\begin{vmatrix} F_u & F_v \\ G_u & G_v \end{vmatrix}},$$

$$\frac{\partial v}{\partial x}=-\frac{\begin{vmatrix} F_u & F_x \\ G_u & G_x \end{vmatrix}}{\begin{vmatrix} F_u & F_v \\ G_u & G_v \end{vmatrix}}, \quad \frac{\partial v}{\partial y}=-\frac{\begin{vmatrix} F_u & F_y \\ G_u & G_y \end{vmatrix}}{\begin{vmatrix} F_u & F_v \\ G_u & G_v \end{vmatrix}}。$$

> 注:除了上述的公式法,多元隐函数的导数、偏导数的计算有时候也可以采取直接推导的方法。

5. 方向导数与梯度

(1) 给定二元函数 $z=f(x,y)$，点 $P(x_0, y_0)$ 以及一个方向 l，与 l 同向的单位向量是 $e_l=(\cos\alpha, \cos\beta)$，则 $f(x,y)$ 在点 $P(x_0, y_0)$ 处沿 l 方向的方向导数定义为

$$\frac{\partial f}{\partial l}\bigg|_{(x_0, y_0)}=\lim_{t\to 0^+}\frac{f(x_0+t\cos\alpha, y_0+t\cos\beta)-f(x_0, y_0)}{t}。$$

> 注:类似可定义三元函数 $f(x,y,z)$ 在点 $P(x_0, y_0, z_0)$ 处沿方向 $(\cos\alpha, \cos\beta, \cos\gamma)$ 的方向导数:
> $$\frac{\partial f}{\partial l}\bigg|_{(x_0, y_0, z_0)}=\lim_{t\to 0^+}\frac{f(x_0+t\cos\alpha, y_0+t\cos\beta, z_0+t\cos\gamma)-f(x_0, y_0, z_0)}{t}。$$

(2) 若函数 $z=f(x,y)$ 在点 (x,y) 可微,则函数 $f(x,y)$ 在点 (x,y) 处沿任一方向 l 的方向导数都存在,且有

$$\frac{\partial f}{\partial l}=\frac{\partial f}{\partial x}\cos\alpha+\frac{\partial f}{\partial y}\cos\beta。$$

其中 $e_l=(\cos\alpha, \cos\beta)$ 是与 l 同向的单位向量。

类似地,可微函数 $u=f(x,y,z)$ 在点 (x,y,z) 处沿 $(\cos\alpha, \cos\beta, \cos\gamma)$ 方向的方向导数为

$$\frac{\partial f}{\partial l}=\frac{\partial f}{\partial x}\cos\alpha+\frac{\partial f}{\partial y}\cos\beta+\frac{\partial f}{\partial z}\cos\gamma,$$

其中,$\cos\alpha$、$\cos\beta$、$\cos\gamma$ 为方向 l 的方向余弦。

(3) 设函数 $z=f(x,y)$ 在平面区域 D 内具有一阶连续偏导数,定义向量函数 $\dfrac{\partial f}{\partial x}\mathbf{i}+\dfrac{\partial f}{\partial y}\mathbf{j}=\left(\dfrac{\partial f}{\partial x},\dfrac{\partial f}{\partial y}\right)$ 为函数 $z=f(x,y)$ 在点 (x,y) 处的梯度,记作 $\mathbf{grad}f(x,y)$,即 $\mathbf{grad}f(x,y)=\left(\dfrac{\partial f}{\partial x},\dfrac{\partial f}{\partial y}\right)$。

类似地,三元函数 $u=f(x,y,z)$ 的梯度为 $\mathbf{grad}f(x,y,z)=\left(\dfrac{\partial f}{\partial x},\dfrac{\partial f}{\partial y},\dfrac{\partial f}{\partial z}\right)$。

(4) 若函数 $z=f(x,y)$ 在点 (x,y) 可微,$e_l=(\cos\alpha,\cos\beta,\cos\gamma)$,记 θ 为向量 $\mathbf{grad}f$ 和向量 e_l 的夹角,则函数 $f(x,y)$ 在点 (x,y) 处沿任一方向 l 的方向导数:

$$\frac{\partial f}{\partial l}=\frac{\partial f}{\partial x}\cos\alpha+\frac{\partial f}{\partial y}\cos\beta=\mathbf{grad}f\cdot e_l=|\mathbf{grad}f|\cos\theta。$$

由上式可知,当 $\cos\theta=1$,即向量 $\mathbf{grad}f$ 和向量 e_l 同向时,方向导数取最大值 $|\mathbf{grad}f|$;当 $\cos\theta=-1$,即向量 $\mathbf{grad}f$ 和向量 e_l 反向时,方向导数取最小值 $-|\mathbf{grad}f|$;当 $\cos\theta=0$,即向量 $\mathbf{grad}f$ 和向量 e_l 垂直时,方向导数为 0。

6. 多元微分学在几何上的应用

(1) 空间曲线的切线与法平面　假设空间曲线 Γ 的参数方程为 $\begin{cases}x=x(t)\\y=y(t)\\z=z(t)\end{cases}$,其中 $x(t)$、$y(t)$、$z(t)$ 都是 t 的可导函数,点 $M_0(x_0,y_0,z_0)$ 是曲线 Γ 上的一定点,对应的参数值为 t_0,且 $x'(t_0)$、$y'(t_0)$、$z'(t_0)$ 不同时为零,则曲线 Γ 在 M_0 处的切线方程为

$$\frac{x-x_0}{x'(t_0)}=\frac{y-y_0}{y'(t_0)}=\frac{z-z_0}{z'(t_0)}。$$

法平面方程为 $x'(t_0)(x-x_0)+y'(t_0)(y-y_0)+z'(t_0)(z-z_0)=0$。

> 注:假设空间曲线 Γ 的方程是以一般方程形式给出,设为 $\Gamma\begin{cases}F(x,y,z)=0\\G(x,y,z)=0\end{cases}$,点 $M_0(x_0,y_0,z_0)$ 是曲线 Γ 上的一定点,则曲线 Γ 在点 $M_0(x_0,y_0,z_0)$ 处的切线的方向向量为
>
> $$s=\begin{vmatrix}\mathbf{i}&\mathbf{j}&\mathbf{k}\\F_x&F_y&F_z\\G_x&G_y&G_z\end{vmatrix}_{(x_0,y_0,z_0)}。$$
>
> 由此可以写出切线和法平面方程。

(2) 空间曲面的切平面与法线　设曲面 Σ 的方程为 $F(x,y,z)=0$,点 $M_0(x_0,y_0,z_0)\in\Sigma$,函数 $F(x,y,z)$ 在点 (x_0,y_0,z_0) 处有不全为 0 的连续的偏导数,则在点 $M_0(x_0,y_0,z_0)$ 处曲面的切平面方程为

$$F_x(x_0,y_0,z_0)(x-x_0)+F_y(x_0,y_0,z_0)(y-y_0)+F_z(x_0,y_0,z_0)(z-z_0)=0。$$

法线方程为
$$\frac{x-x_0}{F_x(x_0,y_0,z_0)}=\frac{y-y_0}{F_y(x_0,y_0,z_0)}=\frac{z-z_0}{F_z(x_0,y_0,z_0)}。$$

7. 多元函数无条件极值和条件极值(拉格朗日乘数法)

(1) 无条件极值　给定二元函数 $z=f(x,y)$,其定义域为 D,点 $P_0(x_0,y_0)$ 为其内点,对于点 $P_0(x_0,y_0)$ 的某个去心领域 $\mathring{U}(P_0)$ 中任意一个点 $P(x,y)$,都有

$$f(x,y)<f(x_0,y_0),\text{或 } f(x,y)>f(x_0,y_0),$$

则称点 $P_0(x_0,y_0)$ 是函数 $z=f(x,y)$ 的极大值点或者极小值点。

① 极值的必要条件。设函数 $z=f(x,y)$ 在点 (x_0,y_0) 处具有偏导数,点 (x_0,y_0) 为其极值点,则 $z=f(x,y)$ 在该点处的偏导数为零,即

$$f_x(x_0,y_0)=0,\ f_y(x_0,y_0)=0。$$

② 极值的充分条件。设函数 $z=f(x,y)$ 在点 (x_0,y_0) 的某一邻域内连续且有一阶以及二阶连续偏导数,满足 $f_x(x_0,y_0)=0$、$f_y(x_0,y_0)=0$,记

$$f_{xx}(x_0,y_0)=A,\ f_{xy}(x_0,y_0)=B,\ f_{yy}(x_0,y_0)=C,$$

则 $f(x,y)$ 在点 (x_0,y_0) 处是否取得极值的条件如下:

(Ⅰ) 当 $AC-B^2>0$ 时具有极值,且当 $A<0$ 时点 (x_0,y_0) 是极大值点,当 $A>0$ 时点 (x_0,y_0) 是极小值点;

(Ⅱ) 当 $AC-B^2<0$ 时,点 (x_0,y_0) 不是极值点;

(Ⅲ) 当 $AC-B^2=0$ 时,可能有极值,也可能没有极值,还需另作讨论。

> 注:求函数 $z=f(x,y)$ 的极值点时需要注意:偏导数不存在的点也可能是极值点。

(2) 条件极值(拉格朗日乘数法)　给定目标函数 $f(x,y)$ 以及约束条件 $\varphi(x,y)=0$,求函数 $f(x,y)$ 在条件 $\varphi(x,y)=0$ 下的极值点时,可引进辅助函数(拉格朗日函数):

$$L=f(x,y)+\lambda\varphi(x,y)。$$

如果点 (x_0,y_0) 是函数 $z=f(x,y)$ 在条件 $\varphi(x,y)=0$ 下的极值点,则该点必满足以下方程组

$$\begin{cases} L_x=f_x(x,y)+\lambda\varphi_x(x,y)=0 \\ L_y=f_y(x,y)+\lambda\varphi_y(x,y)=0 \\ L_\lambda=\varphi(x,y)=0 \end{cases}。$$

> 注:上述方法可推广到自变量多于两个,约束条件多于两个的情形,例如求函数 $u=f(x,y,z,t)$ 在附加条件 $\varphi(x,y,z,t)=0$ 以及 $\psi(x,y,z,t)=0$ 下的极值时,可以先构造拉格朗日函数:
>
> $$L=f(x,y,z,t)+\lambda\varphi(x,y,z,t)+\mu\varphi(x,y,z,t)。$$

求其一阶偏导数,并使之为零,得到的解就是函数 $u=f(x,y,z,t)$ 在附加条件下的可能极值点。

6.2 例题选讲

例 6.1 求 $\lim\limits_{(x,y)\to(\infty,\infty)}\dfrac{x+y}{x^2-xy+y^2}$。

解 由于

$$0\leqslant\left|\frac{x+y}{x^2-xy+y^2}\right|\leqslant\frac{2\mid x+y\mid}{x^2+y^2}\leqslant 2\left(\frac{1}{\mid x\mid}+\frac{1}{\mid y\mid}\right)\to 0,\ (x,y)\to(\infty,\infty),\ 故$$

$$\lim\limits_{(x,y)\to(\infty,\infty)}\frac{x+y}{x^2-xy+y^2}=0。$$

> 注:本题也可以利用极坐标。

例 6.2 设二元函数 $f(x,y)$ 在 $(0,0)$ 处连续,且 $\lim\limits_{(x,y)\to(0,0)}\dfrac{f(x,y)-xy}{x^2+y^2}=1$,问 $(0,0)$ 是否为函数 $f(x,y)$ 的极值点(说明理由)?

解 $(0,0)$ 是函数 $f(x,y)$ 的极小值点,理由如下。根据已知条件

$$\lim\limits_{(x,y)\to(0,0)}\frac{f(x,y)-xy}{x^2+y^2}=1,$$

可得: $f(0,0)=\lim\limits_{(x,y)\to(0,0)}f(x,y)-xy=\lim\limits_{(x,y)\to(0,0)}\dfrac{f(x,y)-xy}{x^2+y^2}\cdot(x^2+y^2)=0,$

且 $\dfrac{f(x,y)-xy}{x^2+y^2}=1+\alpha$,其中 $\lim\limits_{(x,y)\to(0,0)}\alpha=0$。所以当 (x,y) 位于点 $(0,0)$ 的充分小的去心邻域时,有

$$f(x,y)=xy+(\alpha+1)(x^2+y^2)=\frac{(x+y)^2}{2}-\frac{x^2+y^2}{2}+(\alpha+1)(x^2+y^2)$$

$$=\frac{(x+y)^2}{2}+\left(\alpha+\frac{1}{2}\right)(x^2+y^2)>0=f(0,0)。$$

例 6.3 设二元函数 $f(x,y)$ 在 $D=\{(x,y)\mid x^2+y^2<1\}$ 上有定义,$f(x,0)$ 在 $x=0$ 处连续,且 $f'_2(x,y)$ 在 D 上有界,证明:$f(x,y)$ 在 $(0,0)$ 处连续。

证明 不妨设当 $(x,y)\in D$ 时,$\mid f'_2(x,y)\mid\leqslant M$,则

$$f(x,y)-f(0,0)$$
$$=f(x,y)-f(x,0)+f(x,0)-f(0,0)=f'_2(x,\xi)y+f(x,0)-f(0,0)。$$

所以当 $(x,y)\to(0,0)$ 时,有

$$\mid f(x,y)-f(0,0)\mid=\mid f'_2(x,\xi)y+f(x,0)-f(0,0)\mid$$

$$\leqslant |f'_2(x, \xi)y| + |f(x, 0) - f(0, 0)| \leqslant M|y| + |f(x, 0) - f(0, 0)| \to 0.$$

因此 $\lim\limits_{(x, y) \to (0, 0)} f(x, y) = f(0, 0)$，也就是 $f(x, y)$ 在 $(0, 0)$ 处连续。

例 6.4 设 $f(x, t) = \dfrac{\displaystyle\int_0^{\sqrt{t}} \mathrm{d}x \int_{x^2}^t \sin y^2 \mathrm{d}y}{\left\{\left[\dfrac{2}{\pi}\arctan\left(\dfrac{x}{t^2}\right)\right]^x - 1\right\} \cdot \arctan(t^{\frac{3}{2}})}$，求 $\lim\limits_{t \to 0^+}\left[\lim\limits_{x \to +\infty} f(x, t)\right]$。

解 注意到 $\displaystyle\int_0^{\sqrt{t}} \mathrm{d}x \int_{x^2}^t \sin y^2 \mathrm{d}y = \int_0^t \mathrm{d}y \int_0^{\sqrt{y}} \sin y^2 \mathrm{d}x = \int_0^t \sqrt{y} \cdot \sin y^2 \mathrm{d}y$，

以及 $\dfrac{2}{\pi}\arctan\left(\dfrac{x}{t^2}\right) = \dfrac{2}{\pi}\left[\dfrac{\pi}{2} - \arctan\left(\dfrac{t^2}{x}\right)\right] = 1 - \dfrac{2}{\pi}\arctan\left(\dfrac{t^2}{x}\right)$，

因此

$$\begin{aligned}\lim_{x \to +\infty} f(x, t) &= \lim_{x \to +\infty} \frac{\displaystyle\int_0^{\sqrt{t}} \mathrm{d}x \int_{x^2}^t \sin y^2 \mathrm{d}y}{\left\{\left[\dfrac{2}{\pi}\arctan\left(\dfrac{x}{t^2}\right)\right]^x - 1\right\} \cdot \arctan(t^{\frac{3}{2}})} \\ &= \lim_{x \to +\infty} \frac{\displaystyle\int_0^t \sqrt{y} \cdot \sin y^2 \mathrm{d}y}{\left\{\left[1 - \dfrac{2}{\pi}\arctan\left(\dfrac{t^2}{x}\right)\right]^x - 1\right\} \cdot \arctan(t^{\frac{3}{2}})} = \frac{\displaystyle\int_0^t \sqrt{y} \cdot \sin y^2 \mathrm{d}y}{(\mathrm{e}^{-\frac{2}{\pi}t^2} - 1) \cdot \arctan(t^{\frac{3}{2}})}.\end{aligned}$$

所以

$$\begin{aligned}\lim_{t \to 0^+}\left[\lim_{x \to +\infty} f(x, t)\right] &= \lim_{t \to 0^+} \frac{\displaystyle\int_0^t \sqrt{y} \cdot \sin y^2 \mathrm{d}y}{(\mathrm{e}^{-\frac{2}{\pi}t^2} - 1) \cdot \arctan(t^{\frac{3}{2}})} = \lim_{t \to 0^+} \frac{\displaystyle\int_0^t \sqrt{y} \cdot \sin y^2 \mathrm{d}y}{\left(-\dfrac{2}{\pi}t^2\right) t^{\frac{3}{2}}} \\ &= \lim_{t \to 0^+} -\frac{\pi}{2} \cdot \frac{\sqrt{t} \cdot \sin t^2}{\dfrac{7}{2}t^{\frac{5}{2}}} = -\frac{\pi}{7}.\end{aligned}$$

例 6.5 设 $R = \dfrac{R_1 R_2 R_3}{R_1 R_2 + R_2 R_3 + R_3 R_1}$，其中 $R_1 > R_2 > R_3 > 0$，问对 R_1、R_2、R_3 中哪一个作微小的改变，对 R 的影响最大。

解 $\dfrac{\partial R}{\partial R_1} = \dfrac{R_2 R_3(R_1 R_2 + R_2 R_3 + R_3 R_1) - R_1 R_2 R_3(R_2 + R_3)}{(R_1 R_2 + R_2 R_3 + R_3 R_1)^2} = \dfrac{R_2^2 R_3^2}{(R_1 R_2 + R_2 R_3 + R_3 R_1)^2}$。

同理，$\dfrac{\partial R}{\partial R_2} = \dfrac{R_1^2 R_3^2}{(R_1 R_2 + R_2 R_3 + R_3 R_1)^2}$，且 $\dfrac{\partial R}{\partial R_3} = \dfrac{R_1^2 R_2^2}{(R_1 R_2 + R_2 R_3 + R_3 R_1)^2}$。

结合条件可知 $\dfrac{\partial R}{\partial R_3} = \dfrac{R_1^2 R_2^2}{(R_1 R_2 + R_2 R_3 + R_3 R_1)^2}$ 最大，因此 R_3 作微小的改变时，对 R 的影响最大。

例 6.6 设 $f(x, y)$ 在 $D = \{(x, y) \mid 0 \leqslant x, y \leqslant 1\}$ 上连续，在点 $(0, 0)$ 处可微，且满足 $f_x(0, 0) = 0$，$f_y(0, 0) = 1$，求极限 $\lim\limits_{x \to 0^+} \dfrac{\displaystyle\int_0^{x^2} \mathrm{d}t \int_x^{\sqrt{t}} f(t, u) \mathrm{d}u}{x \arcsin x - x^2}$。

解 注意到当 $x \to 0$ 时，$x\arcsin x - x^2 = x\left(x + \dfrac{x^3}{6} + o(x^3)\right) - x^2 = \dfrac{x^4}{6} + o(x^4) \sim \dfrac{x^4}{6}$，

交换次序可得 $\displaystyle\int_0^{x^2} \mathrm{d}t \int_x^{\sqrt{t}} f(t,u)\mathrm{d}u = -\int_0^x \mathrm{d}u \int_0^{u^2} f(t,u)\mathrm{d}t$。

利用洛必达法则，有

$$\lim_{x\to 0^+} \frac{\displaystyle\int_0^{x^2}\mathrm{d}t\int_x^{\sqrt{t}}f(t,u)\mathrm{d}u}{x\arcsin x - x^2} = -\lim_{x\to 0^+}\frac{\displaystyle\int_0^x\mathrm{d}u\int_0^{u^2}f(t,u)\mathrm{d}t}{\dfrac{x^4}{6}} = -\lim_{x\to 0^+}\frac{\displaystyle\int_0^{x^2}f(t,x)\mathrm{d}t}{\dfrac{2x^3}{3}}$$

结合积分中值定理以及 $f(x,y)$ 在点 $(0,0)$ 处可微性的条件，其中

$$\int_0^{x^2} f(t,x)\mathrm{d}t = x^2 f(\xi,x) = x^2\left[f_x(0,0)\xi + f_y(0,0)x + o(x)\right],$$

上式中的 ξ 介于 0 和 x^2 之间。所以

$$\lim_{x\to 0^+}\frac{\displaystyle\int_0^{x^2}\mathrm{d}t\int_x^{\sqrt{t}}f(t,u)\mathrm{d}u}{x\arcsin x - x^2} = -\lim_{x\to 0^+}\frac{\displaystyle\int_0^{x^2}f(t,x)\mathrm{d}t}{\dfrac{2x^3}{3}}$$

$$= -\lim_{x\to 0^+}\frac{x^2\left[f_x(0,0)\xi + f_y(0,0)x + o(x)\right]}{\dfrac{2x^3}{3}} = -\frac{3}{2}。$$

例 6.7 已知函数 $z = u(x,y)\mathrm{e}^{ax+by}$，其中 $u(x,y)$ 满足 $\dfrac{\partial^2 u}{\partial x\partial y} = 0$，试确定常数 a 和 b，使得函数 $z = z(x,y)$ 满足方程 $\dfrac{\partial^2 z}{\partial x\partial y} - \dfrac{\partial z}{\partial x} - \dfrac{\partial z}{\partial y} + z = 0$。

解 计算可得 $\dfrac{\partial z}{\partial x} = \dfrac{\partial u}{\partial x}\mathrm{e}^{ax+by} + u(x,y)\cdot a\mathrm{e}^{ax+by} = \mathrm{e}^{ax+by}\left[\dfrac{\partial u}{\partial x} + au(x,y)\right]$，

$$\frac{\partial z}{\partial y} = \frac{\partial u}{\partial y}\mathrm{e}^{ax+by} + u(x,y)\cdot b\mathrm{e}^{ax+by} = \mathrm{e}^{ax+by}\left[\frac{\partial u}{\partial y} + bu(x,y)\right],$$

且 $\dfrac{\partial^2 z}{\partial x\partial y} = b\mathrm{e}^{ax+by}\left[\dfrac{\partial u}{\partial x} + au(x,y)\right] + \mathrm{e}^{ax+by}\left[\dfrac{\partial^2 u}{\partial x\partial y} + a\dfrac{\partial u}{\partial y}\right]$

$$= \mathrm{e}^{ax+by}\left[b\frac{\partial u}{\partial x} + a\frac{\partial u}{\partial y} + abu(x,y) + \frac{\partial^2 u}{\partial x\partial y}\right] = \mathrm{e}^{ax+by}\left[b\frac{\partial u}{\partial x} + a\frac{\partial u}{\partial y} + abu(x,y)\right]。$$

代入 $\dfrac{\partial^2 z}{\partial x\partial y} - \dfrac{\partial z}{\partial x} - \dfrac{\partial z}{\partial y} + z = 0$ 可得

$$\mathrm{e}^{ax+by}\left[(b-1)\frac{\partial u}{\partial x} + (a-1)\frac{\partial u}{\partial y} + (ab-a-b+1)u(x,y)\right] = 0。$$

$\dfrac{\partial^2 z}{\partial x\partial y} - \dfrac{\partial z}{\partial x} - \dfrac{\partial z}{\partial y} + z = 0$ 等价于下式：

$$(b-1)\frac{\partial u}{\partial x}+(a-1)\frac{\partial u}{\partial y}+(ab-a-b+1)u(x,y)=0。$$

即有 $a=b=1$ 时,等式成立。

例 6.8　设 $f(x,y,z)$ 是可微函数,满足 $xf_x+yf_y+zf_z>2020\sqrt{x^2+y^2+z^2}$,则 $f(0,0,0)$ 是 $f(x,y,z)$ 的(　　)。

(A) 最小值　　　　　　　　　　　　(B) 最大值

(C) 极大值,但不是最大值　　　　　　(D) 极小值,但不是最小值

解　任取一点 (x,y,z) $((x,y,z)\neq(0,0,0))$,构造函数 $g(t)=f(tx,ty,tz)$, $t\in[0,1]$。则当 $t\in(0,1)$ 时,

$$g'(t)=xf_1'(tx,ty,tz)+yf_2'(tx,ty,tz)+zf_3'(tx,ty,tz)$$
$$=\frac{1}{t}\big[txf_1'(tx,ty,tz)+tyf_2'(tx,ty,tz)+tzf_3'(tx,ty,tz)\big]$$
$$>\frac{2020}{t}\sqrt{(tx)^2+(ty)^2+(tz)^2}>0$$

因此,$g(t)=f(tx,ty,tz)$ 是 $[0,1]$ 上的严格单调增加函数,$g(1)>g(0)$,即为 $f(x,y,z)>f(0,0,0)$。结合点 (x,y,z) 的任意性,$f(0,0,0)$ 是函数 $f(x,y,z)$ 的最小值,所以选择 A。

例 6.9　设 $f(x)$、$g(x)$ 均有二阶连续导数,满足 $f(0)>0$, $g(0)<0$,且 $f'(0)=g'(0)=0$,则函数 $z=f(x)g(y)$ 在点 $(0,0)$ 处取得极小值的一个充分条件是(　　)。

(A) $f''(0)<0$, $g''(0)>0$　　　　　　(B) $f''(0)<0$, $g''(0)<0$

(C) $f''(0)>0$, $g''(0)>0$　　　　　　(D) $f''(0)>0$, $g''(0)<0$

解　$z=f(x)g(y)$,由于

$$\frac{\partial z}{\partial x}=f'(x)g(y),\quad\frac{\partial z}{\partial y}=f(x)g'(y),$$

得到 $\left.\dfrac{\partial z}{\partial x}\right|_{(0,0)}=\left.\dfrac{\partial z}{\partial y}\right|_{(0,0)}=0$,即 $(0,0)$ 点是函数 $f(x)g(y)$ 的驻点。

另一方面,$\dfrac{\partial^2 z}{\partial x^2}=f''(x)g(y)$, $\dfrac{\partial^2 z}{\partial y^2}=f(x)g''(y)$, $\dfrac{\partial^2 z}{\partial x\partial y}=f'(x)g'(y)$,

即

$$A=\left.\frac{\partial^2 z}{\partial x^2}\right|_{(0,0)}=f''(0)g(0),\ B=\left.\frac{\partial^2 z}{\partial x\partial y}\right|_{(0,0)}=f'(0)g'(0)=0;$$

$$C=\left.\frac{\partial^2 z}{\partial y^2}\right|_{(0,0)}=f(0)g''(0),\ AC-B^2=f''(0)g''(0)f(0)g(0)。$$

因此,当 $f(0)>0$, $g(0)<0$, $f''(0)<0$, $g''(0)>0$ 时满足条件 $AC-B^2>0$,且 $A>0$,此时 $z=f(x)g(x)$ 在点 $(0,0)$ 处取极小值。选择 A。

例 6.10　设 $f(x,y)$ 与 $\varphi(x,y)$ 均为可微函数,且 $\varphi_y'(x,y)\neq0$,已知 (x_0,y_0) 是 $f(x,y)$ 在约束条件 $\varphi(x,y)=0$ 下的一个极值点,下列选项正确的是(　　)。

(A) 若 $f_x'(x_0,y_0)=0$,则 $f_y'(x_0,y_0)=0$

(B) 若 $f_x'(x_0,y_0)=0$,则 $f_y'(x_0,y_0)\neq0$

(C) 若 $f_x'(x_0,y_0)\neq0$,则 $f_y'(x_0,y_0)=0$

(D) 若 $f'_x(x_0,y_0)\neq 0$，则 $f'_y(x_0,y_0)\neq 0$

解 由题设知点 (x_0,y_0) 必为拉格朗日函数 $L=f(x,y)+\lambda\varphi(x,y)$ 的驻点，即点 (x_0,y_0) 满足条件

$$\begin{cases} L_x\Big|_{(x_0,y_0)}=f'_x(x_0,y_0)+\lambda\varphi'_x(x_0,y_0)=0 & (1) \\ L_y\Big|_{(x_0,y_0)}=f'_y(x_0,y_0)+\lambda\varphi'_y(x_0,y_0)=0。 & (2) \\ \varphi(x_0,y_0)=0 & (3) \end{cases}$$

因 $\varphi'_y(x_0,y_0)\neq 0$，于是由式(2)可得 $\lambda=-\dfrac{f'_y(x_0,y_0)}{\varphi'_y(x_0,y_0)}$，代入(1)就有

$$f'_x(x_0,y_0)-\frac{\varphi'_x(x_0,y_0)f'_y(x_0,y_0)}{\varphi'_y(x_0,y_0)}=0,$$

即
$$f'_x(x_0,y_0)\varphi'_y(x_0,y_0)=\varphi'_x(x_0,y_0)f'_y(x_0,y_0)。 \qquad (4)$$

于是，当 $f'_x(x_0,y_0)\neq 0$ 时式(4)的左端不等于零，由此得到

$$\varphi'_x(x_0,y_0)f'_y(x_0,y_0)\neq 0,\quad f'_y(x_0,y_0)\neq 0。$$

故应选 D。

例 6.11 设函数 $f(x,y)$ 具有二阶连续偏导数，满足 $f_x^2 f_{yy}-2f_x f_y f_{xy}+f_y^2 f_{xx}=0$，其中 $f_y\neq 0$。$y=y(x,z)$ 是由方程 $z=f(x,y)$ 所确定的隐函数，求 $\dfrac{\partial^2 y}{\partial x^2}$。

解 在等式 $z=f(x,y)$ 两边对 x 求偏导，可得 $0=f_x+f_y\dfrac{\partial y}{\partial x}$，即 $\dfrac{\partial y}{\partial x}=-\dfrac{f_x}{f_y}$。 所以

$$\begin{aligned}
\frac{\partial^2 y}{\partial x^2} &=-\frac{\partial}{\partial x}\left(\frac{f_x}{f_y}\right)=-\frac{\dfrac{\partial}{\partial x}(f_x)\cdot f_y-f_x\cdot\dfrac{\partial}{\partial x}(f_y)}{(f_y)^2} \\
&=-\frac{\left(f_{xx}+f_{xy}\cdot\dfrac{\partial y}{\partial x}\right)\cdot f_y-f_x\cdot\dfrac{\partial}{\partial x}\left(f_{yx}+f_{yy}\cdot\dfrac{\partial y}{\partial x}\right)}{(f_y)^2} \\
&=-\frac{\left[f_{xx}+f_{xy}\cdot\left(-\dfrac{f_x}{f_y}\right)\right]\cdot f_y-f_x\cdot\left[f_{yx}+f_{yy}\cdot\left(-\dfrac{f_x}{f_y}\right)\right]}{(f_y)^2} \\
&=-\frac{f_{xx}(f_y)^2-2f_x f_y f_{xy}+f_{yy}(f_x)^2}{(f_y)^3}。
\end{aligned}$$

由题设条件 $f_y^2 f_{xx}-2f_{xy}f_x f_y+f_x^2 f_{yy}=0$，得 $\dfrac{\partial^2 y}{\partial x^2}=0$。

例 6.12 设二元函数 $F(\xi,\eta)$ 的两个偏导数 F'_1 以及 F'_2 不同时为零，$u(x,y)$ 具有二阶连续偏导且满足 $F(u_x,u_y)=0$，证明：$u_{xx}\cdot u_{yy}=u_{xy}^2$。

证明 在 $F(u_x,u_y)=0$ 两边分别对 x 以及 y 求偏导可得

$$F'_1(u_x,u_y)\cdot u_{xx}+F'_2(u_x,u_y)\cdot u_{yx}=0,\quad F'_1(u_x,u_y)\cdot u_{xy}+F'_2(u_x,u_y)\cdot u_{yy}=0。$$

结合已知条件，F_1' 以及 F_2' 不同时为零，有 $\begin{vmatrix} u_{xx} & u_{yx} \\ u_{xy} & u_{yy} \end{vmatrix} = 0$，即 $u_{xx} \cdot u_{yy} = u_{xy}^2$。

例 6.13　将方程 $(x-z)\dfrac{\partial z}{\partial x} + y\dfrac{\partial z}{\partial y} = 0$ 变换为以 y，z 为自变量，x 为因变量的方程，并求解。

解　注意到 $\mathrm{d}x = \dfrac{\partial x}{\partial y}\mathrm{d}y + \dfrac{\partial x}{\partial z}\mathrm{d}z$，则有 $\mathrm{d}z = \dfrac{1}{\partial x/\partial z}\mathrm{d}x - \dfrac{\partial x/\partial y}{\partial x/\partial z}\mathrm{d}y$，所以 $\dfrac{\partial z}{\partial x} = \dfrac{1}{\partial x/\partial z}$ 且 $\dfrac{\partial z}{\partial y} = -\dfrac{\partial x/\partial y}{\partial x/\partial z}$。代入 $(x-z)\dfrac{\partial z}{\partial x} + y\dfrac{\partial z}{\partial y} = 0$ 可得

$$(x-z)\frac{1}{\partial x/\partial z} + y\left(-\frac{\partial x/\partial y}{\partial x/\partial z}\right) = 0，\text{即 } (x-z) - y\frac{\partial x}{\partial y} = 0。$$

此时，解方程 $(x-z) - y\dfrac{\partial x}{\partial y} = 0$ 可得 $y = (x-z)\varphi(z)$，其中 φ 是一元函数。

例 6.14　证明方程 $y\dfrac{\partial u}{\partial x} + x\dfrac{\partial u}{\partial y} = 0$ 的解为 $u = f(x^2 - y^2)$，其中 f 为任一可微函数。

解　令 $p = x^2 - y^2$，$q = y$，则将 $u = u(x, y)$ 看成复合函数 $u[p(x, y), q(y)]$，这时，

$$\frac{\partial u}{\partial x} = \frac{\partial u}{\partial p} \cdot \frac{\partial p}{\partial x} = 2x\frac{\partial u}{\partial p}，$$

且

$$\frac{\partial u}{\partial y} = \frac{\partial u}{\partial p} \cdot \frac{\partial p}{\partial y} + \frac{\partial u}{\partial q} \cdot \frac{\mathrm{d}q}{\mathrm{d}y} = -2y\frac{\partial u}{\partial p} + \frac{\partial u}{\partial q}，$$

所以

$$y\frac{\partial u}{\partial x} + x\frac{\partial u}{\partial y} = y\left(2x\frac{\partial u}{\partial p}\right) + x\left(-2y\frac{\partial u}{\partial p} + \frac{\partial u}{\partial q}\right) = x\frac{\partial u}{\partial q} = 0。$$

因此，$\dfrac{\partial u}{\partial q} = 0$，即 u 是与 q 无关而仅与 p 有关的函数，也就是 $u = u(p) = f(x^2 - y^2)$。

例 6.15　设 $u = f(x, y)$ 具有二阶连续偏导数，且满足等式 $4\dfrac{\partial^2 u}{\partial x^2} + 12\dfrac{\partial^2 u}{\partial x \partial y} + 5\dfrac{\partial^2 u}{\partial y^2} = 0$，确定 a、b 的值，使得该等式在变换 $\xi = x + ay$，$\eta = x + by$ 下化简为 $\dfrac{\partial^2 u}{\partial \xi \partial \eta} = 0$。

解　由复合函数求导法则，可得

$$\frac{\partial u}{\partial x} = \frac{\partial u}{\partial \xi}\frac{\partial \xi}{\partial x} + \frac{\partial u}{\partial \eta}\frac{\partial \eta}{\partial x} = \frac{\partial u}{\partial \xi} + \frac{\partial u}{\partial \eta}，$$

$$\frac{\partial u}{\partial y} = \frac{\partial u}{\partial \xi}\frac{\partial \xi}{\partial y} + \frac{\partial u}{\partial \eta}\frac{\partial \eta}{\partial y} = a\frac{\partial u}{\partial \xi} + b\frac{\partial u}{\partial \eta}，$$

以及，$\dfrac{\partial^2 u}{\partial x^2} = \dfrac{\partial\left(\dfrac{\partial u}{\partial \xi} + \dfrac{\partial u}{\partial \eta}\right)}{\partial x} = \left(\dfrac{\partial^2 u}{\partial \xi^2} \cdot \dfrac{\partial \xi}{\partial x} + \dfrac{\partial^2 u}{\partial \xi \partial \eta} \cdot \dfrac{\partial \eta}{\partial x}\right) + \left(\dfrac{\partial^2 u}{\partial \eta \partial \xi} \cdot \dfrac{\partial \xi}{\partial x} + \dfrac{\partial^2 u}{\partial \eta^2} \cdot \dfrac{\partial \eta}{\partial x}\right)$

$$= \frac{\partial^2 u}{\partial \xi^2} + 2\frac{\partial^2 u}{\partial \xi \partial \eta} + \frac{\partial^2 u}{\partial \eta^2}。$$

同理可得

$$\frac{\partial^2 u}{\partial x \partial y} = \frac{\partial^2 u}{\partial \xi^2} \frac{\partial \xi}{\partial y} + \frac{\partial^2 u}{\partial \xi \partial \eta} \frac{\partial \eta}{\partial y} + \frac{\partial^2 u}{\partial \eta \partial \xi} \frac{\partial \xi}{\partial y} + \frac{\partial^2 u}{\partial \eta^2} \frac{\partial \eta}{\partial y} = a \frac{\partial^2 u}{\partial \xi^2} + (a+b) \frac{\partial^2 u}{\partial \xi \partial \eta} + b \frac{\partial^2 u}{\partial \eta^2},$$

$$\frac{\partial^2 u}{\partial y^2} = a\left(\frac{\partial^2 u}{\partial \xi^2} a + \frac{\partial^2 u}{\partial \xi \partial \eta} b \right) + b\left(\frac{\partial^2 u}{\partial \eta \partial \xi} a + \frac{\partial^2 u}{\partial \eta^2} b \right) = a^2 \frac{\partial^2 u}{\partial \xi^2} + 2ab \frac{\partial^2 u}{\partial \xi \partial \eta} + b^2 \frac{\partial^2 u}{\partial \eta^2}.$$

代入原方程并化简,有

$$4 \frac{\partial^2 u}{\partial x^2} + 12 \frac{\partial^2 u}{\partial x \partial y} + 5 \frac{\partial^2 u}{\partial y^2}$$

$$= (5a^2 + 12a + 4) \frac{\partial^2 u}{\partial \xi^2} + (5b^2 + 12b + 4) \frac{\partial^2 u}{\partial \eta^2} + [8 + 12(a+b) + 10ab] \frac{\partial^2 u}{\partial \xi \partial \eta} = 0.$$

选取常数 a、b 使得 $\begin{cases} 5a^2 + 12a + 4 = 0 \\ 5b^2 + 12b + 4 = 0 \\ 8 + 12(a+b) + 10ab \neq 0 \end{cases}$,也就是取 $a = -2$,$b = -\dfrac{2}{5}$,或 $a = -\dfrac{2}{5}$,

$b = -2$ 可使原方程化简为 $\dfrac{\partial^2 u}{\partial \xi \partial \eta} = 0$。

例 6.16 通过变换 $u = x^2 + y^2$,$v = \dfrac{1}{x} + \dfrac{1}{y}$,$w = \ln z - x - y$,将方程 $yz_x - xz_y = (y - x)z$ 化为 $w = w(u, v)$ 的微分方程。

解
$$du = d(x^2 + y^2) = 2x\,dx + 2y\,dy,$$

$$dv = d\left(\frac{1}{x} + \frac{1}{y} \right) = -\frac{1}{x^2}dx - \frac{1}{y^2}dy,$$

故

$$dw = w_u du + w_v dv = w_u(2x\,dx + 2y\,dy) + w_v\left(-\frac{1}{x^2}dx - \frac{1}{y^2}dy \right)$$

$$= \left(2xw_u - \frac{w_v}{x^2} \right)dx + \left(2yw_u - \frac{w_v}{y^2} \right)dy.$$

另一方面,

$$dw = d(\ln z - x - y)$$

$$= -dx - dy + \frac{1}{z}dz$$

$$= -dx - dy + \frac{1}{z}(z_x dx + z_y dy) = \left(\frac{z_x}{z} - 1 \right)dx + \left(\frac{z_y}{z} - 1 \right)dy.$$

结合全微分形式不变形,可得

$$2xw_u - \frac{w_v}{x^2} = \frac{z_x}{z} - 1, \text{且 } 2yw_u - \frac{w_v}{y^2} = \frac{z_y}{z} - 1,$$

即
$$z_x = z\left(2xw_u - \frac{w_v}{x^2} + 1 \right),\ z_y = z\left(2yw_u - \frac{w_v}{y^2} + 1 \right).$$

代入已知等式 $yz_x - xz_y = (y - x)z$,可得

$$yz\left(2xw_u - \frac{w_v}{x^2} + 1\right) - xz\left(2yw_u - \frac{w_v}{y^2} + 1\right) = (y-x)z,$$

化简即为 $w_v = 0$。

例 6.17 设函数 $u = u(x, y)$ 满足拉普拉斯方程 $u_{xx} + u_{yy} = 0$，证明：$v = u\left(\dfrac{x}{x^2+y^2}, \dfrac{y}{x^2+y^2}\right)$ 也满足拉普拉斯方程。

证明 记 $\xi = \dfrac{x}{x^2+y^2}$，$\eta = \dfrac{y}{x^2+y^2}$，则有

$$\xi_x = \frac{x^2+y^2 - 2x^2}{(x^2+y^2)^2} = \frac{y^2 - x^2}{(x^2+y^2)^2}, \quad \xi_y = -\frac{2xy}{(x^2+y^2)^2},$$

以及

$$\eta_x = -\frac{2xy}{(x^2+y^2)^2}, \quad \eta_y = \frac{x^2+y^2 - 2y^2}{(x^2+y^2)^2} = \frac{x^2 - y^2}{(x^2+y^2)^2}。$$

因此，

$$\xi_{xx} = (\xi_x)_x = (-\eta_y)_x = -\eta_{yx} = -(\eta_x)_y = -(\xi_y)_y = -\xi_{yy}, \tag{1}$$

$$\eta_{xx} = (\eta_x)_x = (\xi_y)_x = \xi_{yx} = (\xi_x)_y = (-\eta_y)_y = -\eta_{yy}。 \tag{2}$$

另一方面，$v_x = u_\xi \xi_x + u_\eta \eta_x$，且

$$\begin{aligned}
v_{xx} &= (u_\xi \xi_x + u_\eta \eta_x)_x = (u_{\xi\xi}\xi_x + u_{\xi\eta}\eta_x)\xi_x + u_\xi \xi_{xx} + (u_{\eta\xi}\xi_x + u_{\eta\eta}\eta_x)\eta_x + u_\eta \eta_{xx} \\
&= u_{\xi\xi}(\xi_x)^2 + u_{\eta\eta}(\eta_x)^2 + 2u_{\xi\eta}\eta_x\xi_x + u_\xi \xi_{xx} + u_\eta \eta_{xx}。
\end{aligned} \tag{3}$$

类似地，有 $v_y = u_\xi \xi_y + u_\eta \eta_y$，且

$$\begin{aligned}
v_{yy} &= (u_\xi \xi_y + u_\eta \eta_y)_y = (u_{\xi\xi}\xi_y + u_{\xi\eta}\eta_y)\xi_y + u_\xi \xi_{yy} + (u_{\eta\xi}\xi_y + u_{\eta\eta}\eta_y)\eta_y + u_\eta \eta_{yy} \\
&= u_{\xi\xi}(\xi_y)^2 + u_{\eta\eta}(\eta_y)^2 + 2u_{\xi\eta}\eta_y\xi_y + u_\xi \xi_{yy} + u_\eta \eta_{yy}。
\end{aligned} \tag{4}$$

由式(1)～(4)以及已知条件，可得

$$\begin{aligned}
& v_{xx} + v_{yy} \\
={}& u_{\xi\xi}\left[(\xi_x)^2 + (\xi_y)^2\right] + u_{\eta\eta}\left[(\eta_x)^2 + (\eta_y)^2\right] + 2u_{\xi\eta}(\eta_x\xi_x + \eta_y\xi_y) \\
& + u_\xi(\xi_{xx} + \xi_{yy}) + u_\eta(\eta_{xx} + \eta_{yy}) \\
={}& u_{\xi\xi}\left[(\xi_x)^2 + (\xi_y)^2\right] + u_{\eta\eta}\left[(\xi_x)^2 + (\xi_y)^2\right] = (u_{\xi\xi} + u_{\eta\eta})\left[(\xi_x)^2 + (\xi_y)^2\right] = 0。
\end{aligned}$$

综上，结论得证。

例 6.18 通过变换 $x = u$，$y = \dfrac{u}{1+uv}$，$w = \dfrac{u}{1 + \dfrac{1}{z} - \dfrac{1}{x}}$ 将方程 $x^2 z_x + y^2 z_y = z^2$ 化为 $w = w(u, v)$ 的微分方程。

解 注意到 $u = x$，$v = \dfrac{1}{y} - \dfrac{1}{x}$，$w = \dfrac{1}{z} - \dfrac{1}{x}$，则有 $\mathrm{d}u = \mathrm{d}x$ 且 $\mathrm{d}v = -\dfrac{1}{y^2}\mathrm{d}y + \dfrac{1}{x^2}\mathrm{d}x$，所以，

$$\mathrm{d}w = w_u\,\mathrm{d}u + w_v\,\mathrm{d}v = w_u\,\mathrm{d}x + w_v\left(-\frac{1}{y^2}\mathrm{d}y + \frac{1}{x^2}\mathrm{d}x\right) = \left(w_u + \frac{w_v}{x^2}\right)\mathrm{d}x - \frac{w_v}{y^2}\mathrm{d}y。$$

另一方面，

$$\mathrm{d}w = \mathrm{d}\left(\frac{1}{z} - \frac{1}{x}\right) = -\frac{1}{z^2}\mathrm{d}z + \frac{1}{x^2}\mathrm{d}x = -\frac{1}{z^2}(z_x\,\mathrm{d}x + z_y\,\mathrm{d}y) + \frac{1}{x^2}\mathrm{d}x$$

$$= \left(\frac{1}{x^2} - \frac{z_x}{z^2}\right)\mathrm{d}x - \frac{z_y}{z^2}\mathrm{d}y。$$

结合全微分形式不变形，可得

$$w_u + \frac{w_v}{x^2} = \frac{1}{x^2} - \frac{z_x}{z^2}，且 -\frac{w_v}{y^2} = -\frac{z_y}{z^2}，$$

即

$$z_x = -z^2\left(w_u + \frac{w_v}{x^2} - \frac{1}{x^2}\right)，\quad z_y = \frac{z^2 w_v}{y^2}。$$

代入已知等式 $x^2 z_x + y^2 z_y = z^2$，可得

$$-x^2 z^2\left(w_u + \frac{w_v}{x^2} - \frac{1}{x^2}\right) + y^2 \cdot \frac{z^2 w_v}{y^2} = z^2，$$

化简即为 $w_u = 0$。

例 6.19 设二元函数 $f(x,y)$ 在区域 D 内可微，且 $\sqrt{\left(\frac{\partial f}{\partial x}\right)^2 + \left(\frac{\partial f}{\partial y}\right)^2} \leqslant M$。 $A(x_1, y_1)$，$B(x_2, y_2)$ 是 D 内任意两点，连接 AB 的直线段包含在 D 内，$|AB|$ 表示线段 AB 的长度，证明不等式 $|f(x_1, y_1) - f(x_2, y_2)| \leqslant M|AB|$。

解 构造函数

$$\varphi(t) = f[x_1 + t(x_2 - x_1), y_1 + t(y_2 - y_1)]，t \in [0,1]，$$

显然 $\varphi(t)$ 在 $[0,1]$ 上可导。根据拉格朗日中值定理，存在 $c \in (0,1)$，使得

$$\varphi(1) - \varphi(0) = \varphi'(c) = \frac{\partial f(\xi, \eta)}{\partial x}(x_2 - x_1) + \frac{\partial f(\xi, \eta)}{\partial y}(y_2 - y_1)，$$

其中，$(\xi, \eta) = (x_1 + c(x_2 - x_1), y_1 + c(y_2 - y_1))$。 所以

$$|f(x_1, y_1) - f(x_2, y_2)| = |\varphi(1) - \varphi(0)| = \left|\frac{\partial f(\xi, \eta)}{\partial x}(x_2 - x_1) - \frac{\partial f(\xi, \eta)}{\partial y}(y_2 - y_1)\right|$$

$$\leqslant \left[\left(\frac{\partial f(\xi, \eta)}{\partial x}\right)^2 + \left(\frac{\partial f(\xi, \eta)}{\partial y}\right)^2\right]^{1/2} \cdot [(x_2 - x_1)^2 + (y_2 - y_1)^2]^{1/2} \leqslant M|AB|$$

综上，不等式成立。

例 6.20 设 $z = z(x,y)$ 由参数方程 $x = a\sin\varphi\cos\theta$，$y = a\sin\varphi\sin\theta$，$z = a\cos\varphi$（其中 a 是常数）所确定，求 z_x、z_y。

解 在方程组 $\begin{cases} x = a\sin\varphi\cos\theta \\ y = a\sin\varphi\sin\theta \end{cases}$ 两边对 x 求偏导得

$$\begin{cases} 1 = a\cos\varphi\cos\theta \cdot \varphi_x - a\sin\varphi\sin\theta \cdot \theta_x \\ 0 = a\cos\varphi\sin\theta \cdot \varphi_x + a\sin\varphi\cos\theta \cdot \theta_x \end{cases}$$

解得 $\varphi_x = \dfrac{\cos\theta}{a\cos\varphi}$，故

$$z_x = -a\sin\varphi \cdot \varphi_x = -a\sin\varphi \cdot \frac{\cos\theta}{a\cos\varphi} = -\tan\varphi\cos\theta。$$

类似地，在方程组 $\begin{cases} x = a\sin\varphi\cos\theta \\ y = a\sin\varphi\sin\theta \end{cases}$ 两边对 y 求偏导得

$$\begin{cases} 0 = a\cos\varphi\cos\theta \cdot \varphi_y - a\sin\varphi\sin\theta \cdot \theta_y \\ 1 = a\cos\varphi\sin\theta \cdot \varphi_y + a\sin\varphi\cos\theta \cdot \theta_y \end{cases}$$

解得 $\varphi_y = \dfrac{\sin\theta}{a\cos\varphi}$，故

$$z_y = -a\sin\varphi \cdot \varphi_y = -a\sin\varphi \cdot \frac{\sin\theta}{a\cos\varphi} = -\tan\varphi\sin\theta。$$

> 🔍 注：事实上，根据参数方程 $x = a\sin\varphi\cos\theta$，$y = a\sin\varphi\sin\theta$，$z = a\cos\varphi$，则必有 $x^2 + y^2 + z^2 = a^2$，$z = z(x, y)$ 是其确定的隐函数，由此亦可求得同样结果。

例 6.21　设二元函数 $f(x, y)$ 可微，满足 $f_1'(x, y) = -f(x, y)$，$\lim\limits_{n\to\infty}\left[\dfrac{f\left(0, y+\frac{1}{n}\right)}{f(0, y)}\right]^n = e^{\cot y}$ 以及 $f\left(0, \dfrac{\pi}{2}\right) = 1$，求 $f(x, y)$。

解　由 $\lim\limits_{n\to\infty}\left[\dfrac{f\left(0, y+\frac{1}{n}\right)}{f(0, y)}\right]^n = e^{\lim\limits_{n\to\infty}\frac{f\left(0, y+\frac{1}{n}\right) - f(0, y)}{f(0, y)} \cdot n} = e^{\frac{f_2'(0, y)}{f(0, y)}} = e^{\cot y}$ 可知 $\dfrac{f_2'(0, y)}{f(0, y)} = \cot y$，

解得 $f(0, y) = C_1\sin y$。结合 $f\left(0, \dfrac{\pi}{2}\right) = 1$ 有 $C_1 = 1$，即

$$f(0, y) = \sin y。 \tag{1}$$

另一方面，解方程 $f_1'(x, y) = -f(x, y)$ 可得 $f(x, y) = e^{-x}C_2(y)$，结合式（1）可知 $C_2(y) = \sin y$。

综上，$f(x, y) = e^{-x}\sin y$。

例 6.22　设二元函数 $z = z(x, y)$ 满足方程 $z_{xx} + z_{yy} + m^2 z = 0$，其中 m 是一个常数。求该方程在变换 $\begin{cases} x = e^r\cos\theta \\ y = e^r\sin\theta \end{cases}$ 下的方程。

解　由 $\begin{cases} x = e^r\cos\theta \\ y = e^r\sin\theta \end{cases}$ 可得 $\begin{cases} r = \dfrac{1}{2}\ln(x^2 + y^2) \\ \theta = \arctan\dfrac{y}{x} \end{cases}$，因此

$$z_x = z_r r_x + z_\theta \theta_x = z_r \cdot \frac{x}{x^2+y^2} - z_\theta \cdot \frac{y}{x^2+y^2},$$

且 $z_{xx} = \dfrac{\partial}{\partial x}\left(z_r \cdot \dfrac{x}{x^2+y^2} - z_\theta \cdot \dfrac{y}{x^2+y^2} \right)$

$$= \left[z_{rr} \cdot \frac{x}{x^2+y^2} + z_{r\theta} \cdot \left(-\frac{y}{x^2+y^2} \right) \right] \frac{x}{x^2+y^2} + z_r \cdot \frac{y^2-x^2}{(x^2+y^2)^2}$$

$$- \left[z_{\theta r} \cdot \frac{x}{x^2+y^2} + z_{\theta\theta} \cdot \left(-\frac{y}{x^2+y^2} \right) \right] \frac{y}{x^2+y^2} + z_\theta \cdot \frac{2xy}{(x^2+y^2)^2}$$

$$= z_{rr} \cdot \left(\frac{x}{x^2+y^2} \right)^2 - 2z_{r\theta} \frac{xy}{(x^2+y^2)^2} + z_{\theta\theta} \cdot \left(\frac{y}{x^2+y^2} \right)^2$$

$$+ z_r \cdot \frac{y^2-x^2}{(x^2+y^2)^2} + z_\theta \cdot \frac{2xy}{(x^2+y^2)^2}.$$

类似地,有

$$z_{yy} = z_{rr} \cdot \left(\frac{y}{x^2+y^2} \right)^2 + 2z_{r\theta} \frac{xy}{(x^2+y^2)^2} + z_{\theta\theta} \cdot \left(\frac{x}{x^2+y^2} \right)^2$$

$$+ z_r \cdot \frac{x^2-y^2}{(x^2+y^2)^2} - z_\theta \cdot \frac{2xy}{(x^2+y^2)^2}.$$

代入已知方程可得

$$z_{rr} \cdot \frac{1}{x^2+y^2} + z_{\theta\theta} \cdot \frac{1}{x^2+y^2} + m^2 z = 0,$$

即

$$z_{rr} + z_{\theta\theta} + m^2 \mathrm{e}^{2r} z = 0.$$

例 6.23 设二元函数 $z = z(x, y)$ 是由方程 $F\left(z+\dfrac{1}{x}, z-\dfrac{1}{y} \right) = 0$ 所确定的隐函数,具有连续的二阶偏导数,$F'_1 = F'_2 \neq 0$. 证明:

(1) $x^2 \dfrac{\partial z}{\partial x} + y^2 \dfrac{\partial z}{\partial y} = 0$;   (2) $x^3 \dfrac{\partial^2 z}{\partial x^2} + xy(x+y) \dfrac{\partial^2 z}{\partial x \partial y} + y^3 \dfrac{\partial^2 z}{\partial y^2} = 0$.

证明 (1) 由隐函数求导法则可得

$$\frac{\partial z}{\partial x} = -\frac{-\dfrac{1}{x^2}F'_1}{F'_1 + F'_2} = \frac{1}{x^2} \cdot \frac{F'_1}{F'_1 + F'_2},$$

$$\frac{\partial z}{\partial y} = -\frac{\dfrac{1}{y^2}F'_2}{F'_1 + F'_2} = -\frac{1}{y^2} \cdot \frac{F'_2}{F'_1 + F'_2}.$$

故有

$$x^2 \frac{\partial z}{\partial x} + y^2 \frac{\partial z}{\partial y} = \frac{F'_1}{F'_1 + F'_2} - \frac{F'_2}{F'_1 + F'_2} = 0.$$

(2) 在等式 $x^2 \dfrac{\partial z}{\partial x} + y^2 \dfrac{\partial z}{\partial y} = 0$ 两端分别对 x 和 y 求偏导,有

$$2x \frac{\partial z}{\partial x} + x^2 \frac{\partial^2 z}{\partial x^2} + y^2 \frac{\partial^2 z}{\partial x \partial y} = 0, \tag{1}$$

$$x^2\frac{\partial^2 z}{\partial x\partial y}+2y\frac{\partial z}{\partial y}+y^2\frac{\partial^2 z}{\partial^2 y}=0。 \tag{2}$$

式（1）乘以 x 加上式（2）乘以 y，得

$$x\left(2x\frac{\partial z}{\partial x}+x^2\frac{\partial^2 z}{\partial x^2}+y^2\frac{\partial^2 z}{\partial x\partial y}\right)+y\left(x^2\frac{\partial^2 z}{\partial x\partial y}+2y\frac{\partial z}{\partial y}+y^2\frac{\partial^2 z}{\partial^2 y}\right)$$

$$=2x^2\frac{\partial z}{\partial x}+2y^2\frac{\partial z}{\partial y}+x^3\frac{\partial^2 z}{\partial x^2}+y^3\frac{\partial^2 z}{\partial^2 y}+xy(x+y)\frac{\partial^2 z}{\partial x\partial y}=0。$$

注意到 $x^2\dfrac{\partial z}{\partial x}+y^2\dfrac{\partial z}{\partial y}=0$，即有 $x^3\dfrac{\partial^2 z}{\partial x^2}+xy(x+y)\dfrac{\partial^2 z}{\partial x\partial y}+y^3\dfrac{\partial^2 z}{\partial y^2}=0$。

例 6.24　设 $f(x,y)$ 具有二阶连续偏导数，满足 $f''_{11}(r\cos\theta,r\sin\theta)+f''_{22}(r\cos\theta,r\sin\theta)=\dfrac{1}{r}$，记 $u=\displaystyle\int_0^{2\pi}f(r\cos\theta,r\sin\theta)\mathrm{d}\theta$。求 $r\dfrac{\mathrm{d}^2u}{\mathrm{d}r^2}+\dfrac{\mathrm{d}u}{\mathrm{d}r}$。

解　通过计算可得

$$\frac{\mathrm{d}u}{\mathrm{d}r}=\int_0^{2\pi}\frac{\partial}{\partial r}f(r\cos\theta,r\sin\theta)\mathrm{d}\theta$$

$$=\int_0^{2\pi}\left[\cos\theta f'_1(r\cos\theta,r\sin\theta)+\sin\theta f'_2(r\cos\theta,r\sin\theta)\right]\mathrm{d}\theta；$$

$$\frac{\mathrm{d}^2u}{\mathrm{d}r^2}=\frac{\partial}{\partial r}\int_0^{2\pi}\left[\cos\theta f'_1(r\cos\theta,r\sin\theta)+\sin\theta f'_2(r\cos\theta,r\sin\theta)\right]\mathrm{d}\theta$$

$$=\int_0^{2\pi}\frac{\partial}{\partial r}\left[\cos\theta f'_1(r\cos\theta,r\sin\theta)+\sin\theta f'_2(r\cos\theta,r\sin\theta)\right]\mathrm{d}\theta$$

$$=\int_0^{2\pi}\left[\cos^2\theta f''_{11}(r\cos\theta,r\sin\theta)+2\sin\theta\cos\theta f''_{12}(r\cos\theta,r\sin\theta)\right.$$

$$\left.+\sin^2\theta f''_{22}(r\cos\theta,r\sin\theta)\right]\mathrm{d}\theta。$$

所以，

$$r\frac{\mathrm{d}^2u}{\mathrm{d}r^2}+\frac{\mathrm{d}u}{\mathrm{d}r}=\int_0^{2\pi}r\left[\cos^2\theta f''_{11}(r\cos\theta,r\sin\theta)+2\sin\theta\cos\theta f''_{12}(r\cos\theta,r\sin\theta)\right.$$

$$\left.+\sin^2\theta f''_{22}(r\cos\theta,r\sin\theta)\right]\mathrm{d}\theta+\int_0^{2\pi}\left[\cos\theta f'_1(r\cos\theta,r\sin\theta)\right. \tag{1}$$

$$\left.+\sin\theta f'_2(r\cos\theta,r\sin\theta)\right]\mathrm{d}\theta。$$

其中，

$$\int_0^{2\pi}\cos\theta f'_1(r\cos\theta,r\sin\theta)\mathrm{d}\theta=\int_0^{2\pi}f'_1(r\cos\theta,r\sin\theta)\mathrm{d}\sin\theta$$

$$=\sin\theta f'_1(r\cos\theta,r\sin\theta)\Big|_0^{2\pi}$$

$$-\int_0^{2\pi}\sin\theta\left[-r\sin\theta f''_{11}(r\cos\theta,r\sin\theta)+r\cos\theta f''_{12}(r\cos\theta,r\sin\theta)\right]\mathrm{d}\theta$$

$$=\int_0^{2\pi}\left[r\sin^2\theta f''_{11}(r\cos\theta,r\sin\theta)-r\sin\theta\cos\theta f''_{12}(r\cos\theta,r\sin\theta)\right]\mathrm{d}\theta, \tag{2}$$

$$\int_0^{2\pi} \sin\theta f_2'(r\cos\theta, r\sin\theta)\mathrm{d}\theta$$

$$= -\int_0^{2\pi} f_2'(r\cos\theta, r\sin\theta)\mathrm{d}\cos\theta = -\left\{ \cos\theta f_2'(r\cos\theta, r\sin\theta)\Big|_0^{2\pi} \right.$$

$$\left. -\int_0^{2\pi} \cos\theta[-r\sin\theta f_{21}''(r\cos\theta, r\sin\theta) + r\cos\theta f_{22}''(r\cos\theta, r\sin\theta)]\mathrm{d}\theta \right\}$$

$$= \int_0^{2\pi} [-r\sin\theta\cos\theta f_{21}''(r\cos\theta, r\sin\theta) + r\cos^2\theta f_{22}''(r\cos\theta, r\sin\theta)]\mathrm{d}\theta \text{。} \qquad (3)$$

将式(2)(3)代入式(1),可得

$$r\frac{\mathrm{d}^2 u}{\mathrm{d}r^2} + \frac{\mathrm{d}u}{\mathrm{d}r} = \int_0^{2\pi} r[f_{11}''(r\cos\theta, r\sin\theta) + f_{22}''(r\cos\theta, r\sin\theta)]\mathrm{d}\theta = \int_0^{2\pi}\mathrm{d}\theta = 2\pi \text{。}$$

例 6.25 假设变量 x、y、u、v 满足方程组 $\begin{cases} x + y^2 = u^3 + v^2 \\ 3x^2 - 2y^3 = 2u - v^3 \end{cases}$。

(1) 当方程组在点 $P_0(1,1,1,1)$ 处确定了函数组 $u=u(x,y)$, $v=v(x,y)$ 时计算该点处的偏导数 $\dfrac{\partial u}{\partial x}\Big|_{P_0}$;

(2) 当方程组在点 $P_0(1,1,1,1)$ 处确定了函数组 $u=u(x,v)$, $y=y(x,v)$ 时计算该点处的偏导数 $\dfrac{\partial u}{\partial x}\Big|_{P_0}$。

解 (1) 在方程两边分别对 x 求偏导,可得

$$\begin{cases} 1 = 3u^2 u_x + 2v v_x \\ 6x = 2u_x - 3v^2 v_x \end{cases}$$

将已知条件 $(x,y,u,v) = (1,1,1,1)$ 代入,有 $\dfrac{\partial u}{\partial x}\Big|_{P_0} = \dfrac{15}{13}$。

(2) 两方程分别对 x 求偏导,可得

$$\begin{cases} 1 + 2y y_x = 3u^2 u_x \\ 6x - 6y^2 y_x = 2u_x \end{cases}$$

类似地,将条件 $(x,y,u,v) = (1,1,1,1)$ 代入得到 $\dfrac{\partial u}{\partial x}\Big|_{P_0} = \dfrac{9}{11}$。

> 注:在求由方程组所确定的函数的偏导数时,必须确认哪些变量是自变量,哪些是因变量。

例 6.26 设可微函数 $z=f(x,y)$ 满足方程 $x\dfrac{\partial f}{\partial x} + y\dfrac{\partial f}{\partial y} = 0$,证明:在极坐标系下,上述方程可化为 $\dfrac{\partial f}{\partial \rho} = 0$。

证明 令 $\begin{cases} x = \rho\cos\theta \\ y = \rho\sin\theta \end{cases}$,由多元复合函数求导法则可得:

$$\frac{\partial f}{\partial \rho}=\frac{\partial f}{\partial x}\frac{\partial x}{\partial \rho}+\frac{\partial f}{\partial y}\frac{\partial y}{\partial \rho}=\frac{\partial f}{\partial x}\cdot\cos\theta+\frac{\partial f}{\partial y}\cdot\sin\theta,$$

$$\frac{\partial f}{\partial \theta}=\frac{\partial f}{\partial x}\frac{\partial x}{\partial \theta}+\frac{\partial f}{\partial y}\frac{\partial y}{\partial \theta}=-\frac{\partial f}{\partial x}\cdot\rho\sin\theta+\frac{\partial f}{\partial y}\cdot\rho\cos\theta。$$

上面两式解出

$$\frac{\partial f}{\partial x}=\cos\theta\frac{\partial f}{\partial \rho}-\frac{\sin\theta}{\rho}\frac{\partial f}{\partial \theta},\quad\frac{\partial f}{\partial y}=\sin\theta\frac{\partial f}{\partial \rho}+\frac{\cos\theta}{\rho}\frac{\partial f}{\partial \theta}。$$

代入已知条件 $x\frac{\partial f}{\partial x}+y\frac{\partial f}{\partial y}=0$，即为

$$x\frac{\partial f}{\partial x}+y\frac{\partial f}{\partial y}=\rho\cos\theta\left(\cos\theta\frac{\partial f}{\partial \rho}-\frac{\sin\theta}{\rho}\frac{\partial f}{\partial \theta}\right)+\rho\sin\theta\left(\sin\theta\frac{\partial f}{\partial \rho}+\frac{\cos\theta}{\rho}\frac{\partial f}{\partial \theta}\right)$$

$$=\rho\frac{\partial f}{\partial \rho}=0。$$

综上，原方程可化为 $\frac{\partial f}{\partial \rho}=0$。

例 6.27 设函数 $u=u(x,y)$ 可微，设 $x=\rho\cos\theta$，$y=\rho\sin\theta$。

(1) 当 $\rho\neq 0$ 时，试用 u 对 ρ，θ 的一阶偏导数表示 xu_y-yu_x；

(2) 若 $xu_y-yu_x=\dfrac{x+y}{\sqrt{x^2+y^2}}$ $(x^2+y^2\neq 0)$，求 $u(x,y)$。

解 (1) 注意到 $\begin{cases}\rho=\sqrt{x^2+y^2}\\\theta=\arctan\dfrac{y}{x}\end{cases}$，计算可得 $\rho_x=\cos\theta$，$\rho_y=\sin\theta$，$\theta_x=-\dfrac{1}{\rho}\sin\theta$，以及 $\theta_y=\dfrac{1}{\rho}\cos\theta$。所以

$$u_x=u_\rho\rho_x+u_\theta\theta_x=u_\rho\cos\theta+u_\theta\left(-\frac{1}{\rho}\sin\theta\right),$$

$$u_y=u_\rho\rho_y+u_\theta\theta_y=u_\rho\sin\theta+u_\theta\frac{1}{\rho}\cos\theta。$$

因此

$$xu_y-yu_x=\rho\cos\theta(u_\rho\sin\theta+u_\theta\frac{1}{\rho}\cos\theta)-\rho\sin\theta\left[u_\rho\cos\theta+u_\theta\left(-\frac{1}{\rho}\sin\theta\right)\right]=u_\theta。$$

(2) 由(1)以及已知条件可得 $u_\theta=\cos\theta+\sin\theta$，积分可得 $u=\sin\theta-\cos\theta+g(r)$，其中，$g$ 是一个可导函数。所以，

$$u(x,y)=\sin\theta-\cos\theta+g(r)=\frac{y-x}{\sqrt{x^2+y^2}}+g(\sqrt{x^2+y^2})。$$

例 6.28 设三元函数 $F(x,y,z)$ 以及 $G(x,y,z)$ 具有连续的偏导数，满足 $\dfrac{\partial(F,G)}{\partial(x,z)}\neq$

0,空间曲线 Γ: $\begin{cases} F(x,y,z)=0 \\ G(x,y,z)=0 \end{cases}$ 过点 $P_0(x_0,y_0,z_0)$,记 Γ 在 xOy 平面上的投影曲线为 S,求 S 上过点 (x_0,y_0) 的切线方程。

解 由 $F(x,y,z)=0$ 以及 $G(x,y,z)=0$ 定义的曲面在点 $P_0(x_0,y_0,z_0)$ 处的切平面分别为

$$F_x(P_0)(x-x_0)+F_y(P_0)(y-y_0)+F_z(P_0)(z-z_0)=0,$$

$$G_x(P_0)(x-x_0)+G_y(P_0)(y-y_0)+G_z(P_0)(z-z_0)=0。$$

上述两切平面的交线就是曲线 Γ 在点 P_0 处的切线,而该切线在 xOy 面上的投影就是投影曲线 S 过点 (x_0,y_0) 的切线。消去 $z-z_0$,得到

$$(F_xG_z-G_xF_z)_{P_0}(x-x_0)+(F_yG_z-G_yF_z)_{P_0}(y-y_0)=0。$$

因此投影曲线 S 过点 (x_0,y_0) 的切线方程为

$$\begin{cases} (F_xG_z-G_xF_z)_{P_0}(x-x_0)+(F_yG_z-G_yF_z)_{P_0}(y-y_0)=0 \\ z=0 \end{cases}。$$

例 6.29 设二元函数 $z=f(x,y)$ 在平面上可微,l_1 和 l_2 是两个给定的非零向量,它们的夹角是 θ,且 $0<\theta<\pi$,证明:$\left(\dfrac{\partial f}{\partial x}\right)^2+\left(\dfrac{\partial f}{\partial y}\right)^2 \leqslant \dfrac{2}{\sin^2\theta}\left[\left(\dfrac{\partial f}{\partial l_1}\right)^2+\left(\dfrac{\partial f}{\partial l_2}\right)^2\right]$。

证明 不妨设两向量 l_1 和 l_2 的方向余弦分别为 $(\cos\alpha,\sin\alpha)$ 以及 $[\cos(\alpha+\theta),\sin(\alpha+\theta)]$,由于 $z=f(x,y)$ 在平面上可微,故有

$$\frac{\partial f}{\partial l_1}=\frac{\partial f}{\partial x}\cos\alpha+\frac{\partial f}{\partial y}\sin\alpha,\quad \frac{\partial f}{\partial l_2}=\frac{\partial f}{\partial x}\cos(\alpha+\theta)+\frac{\partial f}{\partial y}\sin(\alpha+\theta)。$$

解得

$$\frac{\partial f}{\partial x}=\frac{1}{\sin\theta}\left[\frac{\partial f}{\partial l_1}\sin(\alpha+\theta)-\frac{\partial f}{\partial l_2}\sin\alpha\right],\quad \frac{\partial f}{\partial y}=-\frac{1}{\sin\theta}\left[\frac{\partial f}{\partial l_1}\cos(\alpha+\theta)-\frac{\partial f}{\partial l_2}\cos\alpha\right]。$$

所以

$$\begin{aligned}
\left(\frac{\partial f}{\partial x}\right)^2+\left(\frac{\partial f}{\partial y}\right)^2 &=\frac{1}{\sin^2\theta}\left\{\left[\frac{\partial f}{\partial l_1}\sin(\alpha+\theta)-\frac{\partial f}{\partial l_2}\sin\alpha\right]^2+\left[\frac{\partial f}{\partial l_1}\cos(\alpha+\theta)-\frac{\partial f}{\partial l_2}\cos\alpha\right]^2\right\} \\
&=\frac{1}{\sin^2\theta}\left[\left(\frac{\partial f}{\partial l_1}\right)^2+\left(\frac{\partial f}{\partial l_2}\right)^2-2\cos\theta\cdot\frac{\partial f}{\partial l_1}\cdot\frac{\partial f}{\partial l_2}\right] \\
&\leqslant\frac{1}{\sin^2\theta}\left[\left(\frac{\partial f}{\partial l_1}\right)^2+\left(\frac{\partial f}{\partial l_2}\right)^2+2\cdot\left|\frac{\partial f}{\partial l_1}\cdot\frac{\partial f}{\partial l_2}\right|\right]\leqslant\frac{2}{\sin^2\theta}\left[\left(\frac{\partial f}{\partial l_1}\right)^2+\left(\frac{\partial f}{\partial l_2}\right)^2\right]。
\end{aligned}$$

例 6.30 设 $l_i(i=1,2,\cdots,n)$ 是 xOy 平面上以定点 $P_0(x_0,y_0)$ 为起点的 n 个向量 $(n\geqslant2)$,相邻两个向量之间的夹角为 $\dfrac{2\pi}{n}$,二元函数 $f(x,y)$ 在点 P_0 处可微,证明:$\displaystyle\sum_{i=1}^{n}\left.\frac{\partial f}{\partial l_i}\right|_{P_0}=0$。

证明 不妨设 $l_i=\left[\cos\left(\alpha+\dfrac{2i\pi}{n}\right),\sin\left(\alpha+\dfrac{2i\pi}{n}\right)\right]$,$i=1,2,\cdots,n$,其中 α 是一个定值。

由于 $f(x, y)$ 在点 P_0 处可微, 故

$$\frac{\partial f}{\partial l_i}\bigg|_{P_0} = f_x(x_0, y_0)\cos\left(\alpha + \frac{2i\pi}{n}\right) + f_y(x_0, y_0)\sin\left(\alpha + \frac{2i\pi}{n}\right), \quad i = 1, 2, \cdots, n_\circ$$

所以

$$\sum_{i=1}^n \frac{\partial f}{\partial l_i}\bigg|_{P_0} = \sum_{i=1}^n \left[f_x(x_0, y_0)\cos\left(\alpha + \frac{2i\pi}{n}\right) + f_y(x_0, y_0)\sin\left(\alpha + \frac{2i\pi}{n}\right) \right]$$

$$= f_x(x_0, y_0)\sum_{i=1}^n \left[\cos\left(\alpha + \frac{2i\pi}{n}\right)\right] + f_y(x_0, y_0)\sum_{i=1}^n \left[\sin\left(\alpha + \frac{2i\pi}{n}\right)\right]$$

$$= f_x(x_0, y_0)\sum_{i=1}^n \left[\cos\alpha\cos\left(\frac{2i\pi}{n}\right) - \sin\alpha\sin\left(\frac{2i\pi}{n}\right)\right]$$

$$\quad + f_y(x_0, y_0)\sum_{i=1}^n \left[\sin\alpha\cos\left(\frac{2i\pi}{n}\right) + \cos\alpha\sin\left(\frac{2i\pi}{n}\right)\right]$$

$$= f_x(x_0, y_0)\left\{\cos\alpha\sum_{i=1}^n \cos\left(\frac{2i\pi}{n}\right) - \sin\alpha\sum_{i=1}^n \sin\left(\frac{2i\pi}{n}\right)\right\}$$

$$\quad + f_y(x_0, y_0)\left\{\sin\alpha\sum_{i=1}^n \cos\left(\frac{2i\pi}{n}\right) + \cos\alpha\sum_{i=1}^n \sin\left(\frac{2i\pi}{n}\right)\right\}$$

其中,

$$\sum_{i=1}^n \sin\left(\frac{2i\pi}{n}\right) = \frac{\sin\left[\left(n+\frac{1}{2}\right)\frac{2\pi}{n}\right] - \sin\frac{\pi}{n}}{2\sin\frac{\pi}{n}} = 0,$$

$$\sum_{i=1}^n \cos\left(\frac{2i\pi}{n}\right) = \frac{\cos\frac{\pi}{n} - \cos\left[\left(n+\frac{1}{2}\right)\frac{2\pi}{n}\right]}{2\sin\frac{\pi}{n}} = 0_\circ$$

故 $\displaystyle\sum_{i=1}^n \frac{\partial f}{\partial l_i}\bigg|_{P_0} = 0_\circ$

> 注: 其中用到两个基本恒等式:
>
> $$(1) \sum_{i=1}^n \sin x = \frac{\sin\left[\left(n+\frac{1}{2}\right)x\right] - \sin\frac{x}{2}}{2\sin\frac{x}{2}}; \quad (2) \sum_{i=1}^n \cos x = \frac{\cos\frac{x}{2} - \cos\left[\left(n+\frac{1}{2}\right)x\right]}{2\sin\frac{x}{2}}_\circ$$

例 6.31　设二元函数 $u(x, y) = 50 - x^2 - 4y^2$。(1) 给定点 $P_0(1, -2)$, 问 $u(x, y)$ 在点 $P_0(1, -2)$ 处沿什么方向的函数值增加最快? (2) 求一条过点 $P_0(1, -2)$ 的曲线 l, 使得动点 $P(x, y)$ 从点 $P_0(1, -2)$ 沿曲线 l 变化时, 二元函数 $u(x, y)$ 的函数值增加最快。

解　(1) 注意到

$$\mathbf{grad}\, u(x, y)\bigg|_{P_0} = (u_x, u_y)\bigg|_{(1, -2)} = (-2x, -8y)\bigg|_{(1, -2)} = (-2, 16)_\circ$$

结合方向导数的性质，$u(x,y)$ 在点 $P_0(1,-2)$ 处沿 $(-2,16)$ 方向的方向导数取到最大值，即 $u(x,y)$ 的函数值增加最快。

（2）假设曲线 l 的参数方程为 $l:\begin{cases} x=x(t) \\ y=y(t) \end{cases}$，则曲线 l 在其上一动点 $P(x,y)$ 处的切线的方向向量为 $\boldsymbol{s}=[x'(t),y'(t)]$。根据题意应有 $\boldsymbol{s}$ 与 $\mathbf{grad}u(x,y)$ 同向平行，即 $[x'(t),y'(t)]$ 与 (u_x,u_y) 平行，亦即有 $\dfrac{\mathrm{d}y}{\mathrm{d}x}=\dfrac{y'(t)}{x'(t)}=\dfrac{u_y}{u_x}=\dfrac{4y}{x}$，解得 $y=Cx^4$。由于曲线 l 过点 $P_0(1,-2)$，代入可得 $C=-2$。注意到同向平行的条件，可得曲线 l 的方程为 $l:y=-2x^4(x\leqslant 1)$。

例 6.32 求二元函数 $u=(x+2y+3z)^2$ 在球面 $x^2+y^2+z^2=28$ 上任意点处、沿任意方向的方向导数中的最大值与最小值。

解 由于函数 $u=(x+2y+3z)^2$ 在任意定点处的方向导数中沿梯度方向的方向导数取最大值（沿梯度反方向的方向导数最小值），且该最大值（最小值）是函数在该点处梯度的模（模的相反数），因此本题实际上就是求在约束条件 $x^2+y^2+z^2=28$ 下，目标函数 $|\mathbf{grad}f|=|(f_x,f_y,f_z)|=\sqrt{56}\,|x+2y+3z|$ 的最值。

构造拉格朗日函数 $L=(x+2y+3z)^2+\lambda(x^2+y^2+z^2-28)$，令

$$\begin{cases} L_x=2(x+2y+3z)+2\lambda x=0 \\ L_y=4(x+2y+3z)+2\lambda y=0 \\ L_z=6(x+2y+3z)+2\lambda z=0 \\ L_\lambda=x^2+y^2+z^2-28=0 \end{cases} \tag{1}$$

解方程组（1）得到 $(x,y,z)=(\pm\sqrt{2},\pm 2\sqrt{2},\pm 3\sqrt{2})$，从而方向导数的最大值和最小值分别为 $|\mathbf{grad}f|\,\big|_{(\pm\sqrt{2},\pm 2\sqrt{2},\pm 3\sqrt{2})}=\sqrt{56}\cdot 14\sqrt{2}=56\sqrt{7}$ 和 $-|\mathbf{grad}f|\,\big|_{(\pm\sqrt{2},\pm 2\sqrt{2},\pm 3\sqrt{2})}=-56\sqrt{7}$。

例 6.33 试判断 $(0,0)$ 是否为二元函数 $f(x,y)=x^4-3x^2y+2y^2$ 的极值点？说明理由。

解 注意到当 $\varepsilon\to 0^+$ 时，有

$$f(\varepsilon,\varepsilon)=\varepsilon^4-3\varepsilon^3+2\varepsilon^2>0，且 f\left(\varepsilon,\frac{3}{4}\varepsilon^2\right)=\varepsilon^4-3\varepsilon^2\cdot\frac{3}{4}\varepsilon^2+2\left(\frac{3}{4}\varepsilon^2\right)^2=-\frac{1}{8}\varepsilon^4<0。$$

$f(0,0)=0$，所以 $(0,0)$ 不是二元函数 $f(x,y)=x^4-3x^2y+2y^2$ 的极值点。

> **注**：利用极值的充分性定理判别二元函数极值时，如果出现 $AC-B^2=0$，此时定理失效，一般利用极值点的定义加以判别。

例 6.34 设曲线 $\Gamma:\begin{cases} x=x(t) \\ y=y(t) \end{cases}(\alpha<t<\beta)$ 是区域 D 内的一条光滑曲线，即 $x(t)$、$y(t)$ 在 $[\alpha,\beta]$ 上具有连续的导数且 $[x'(t)]^2+[y'(t)]^2\neq 0$。二元函数 $f(x,y)$ 在区域 D 内具有连续的偏导数，若点 $P_0\in\Gamma$ 是 $f(x,y)$ 在曲线 Γ 上的极值点，证明：$f(x,y)$ 在点 P_0 处沿 Γ 的切线方向的方向导数为零。

证明 不妨设点 $P_0(x_0,y_0)$，对应于参数值 $t=t_0$，则曲线 Γ 在点 P_0 处的切线方向是

$s = \pm [x'(t_0), y'(t_0)]$。记 $g(t) = f[x(t), y(t)]$，根据已知条件 $t = t_0$ 是 $g(t)$ 的极值点，因此

$$g'(t)\Big|_{t=t_0} = f'_1(x(t), y(t)) \cdot x'(t) + f'_2(x(t), y(t)) \cdot y'(t)\Big|_{t=t_0} = 0$$

即有 $\quad f'_1(x(t_0), y(t_0)) \cdot x'(t_0) + f'_2(x(t_0), y(t_0)) \cdot y'(t_0) = 0$

所以 $f(x, y)$ 在点 P_0 处沿 Γ 的切线方向的方向导数为

$$\frac{\partial f}{\partial s} = \pm \left(f'_1(x_0 y_0) \cdot \frac{x'(t_0)}{\sqrt{(x'(t_0))^2 + (y'(t_0))^2}} + f'_2(x_0 y_0) \cdot \frac{y'(t_0)}{\sqrt{(x'(t_0))^2 + (y'(t_0))^2}} \right) = 0。$$

例 6.35　设有二元函数 $f(x, y)$ 以及点 $P_0(x_0, y_0)$，对于任意的过点 $P_0(x_0, y_0)$ 且在 xOy 平面内的任意一条直线 l，$f(x, y)$ 在点 $P_0(x_0, y_0)$ 处取到极小值（当 $(x, y) \in l$ 时），问：$f(x, y)$ 在点 $P_0(x_0, y_0)$ 处是否取到极小值（说明理由）？

解　$f(x, y)$ 在点 $P_0(x_0, y_0)$ 处未必取到极小值，反例如下。取 $f(x, y) = (2x - y^2)(3x - y^2)$ 以及 $(x_0, y_0) = (0, 0)$，则：

(1) 由于 $f(0, 0) = 0$，且当 $\varepsilon \to 0^+$ 时，有

$$f(-\varepsilon, \varepsilon) = (-2\varepsilon - \varepsilon^2)(-3\varepsilon - \varepsilon^2) > 0,$$

$$f\left(\frac{5}{12}\varepsilon, \sqrt{\varepsilon}\right) = \left(\frac{5}{6}\varepsilon - \varepsilon\right)\left(\frac{5}{4}\varepsilon - \varepsilon\right) < 0。$$

因此 $(0, 0)$ 不是函数 $f(x, y) = (2x - y^2)(3x - y^2)$ 的极小值点。

(2) 注意到 $f(x, 0) = 6x^2$ 在 $x = 0$ 处取到极小值，$f(0, y) = y^4$ 在 $y = 0$ 处取到极小值，且对于过点 $P_0(0, 0)$ 且在 xOy 平面内的任意一条直线 l（不是两个坐标轴所在直线），设其方程为 $l: \begin{cases} x = mt \\ y = nt \end{cases}$（其中常数 m、n 非零），则当 $t \to 0$ 时，有

$$f(x, y) = f(mt, nt) = (2mt - n^2 t^2)(3mt - n^2 t^2) = 6m^2 t^2 - 5mn^2 t^3 + n^4 t^4 > 0。$$

即对于任意的过点 $P_0(0, 0)$ 且在 xOy 平面内的任意一条直线 l，$f(x, y)$ 在点 $P_0(0, 0)$ 处取到极小值（当 $(x, y) \in l$ 时）。

例 6.36　设二元函数 $f(x, y) = 2(y - x^2)^2 - y^2 - \frac{1}{7}x^7$，(1) 试判断 $(0, 0)$ 是否为该二元函数的极值点；(2) 对于任意的过点 $(0, 0)$ 且在 xOy 平面内的任意一条直线 l，$f(x, y)$ 在点 $(0, 0)$ 处是否取到极小值（当 $(x, y) \in l$ 时）？

解　(1) 由于 $f(0, 0) = 0$，且当 $\varepsilon \to 0^+$ 时，有 $f(\sqrt{\varepsilon}, \varepsilon) = -\varepsilon^2 - \frac{1}{7}\varepsilon^{\frac{7}{2}} < 0$，以及

$$f(\varepsilon, \varepsilon) = 2(\varepsilon - \varepsilon^2)^2 - \varepsilon^2 - \frac{1}{7}\varepsilon^7 = \varepsilon^2 - 4\varepsilon^3 + 2\varepsilon^4 - \frac{1}{7}\varepsilon^7 > 0。$$

所以 $(0, 0)$ 不是二元函数 $f(x, y) = 2(y - x^2)^2 - y^2 - \frac{1}{7}x^7$ 的极值点。

(2) $f(x, 0) = 2x^4 - \frac{1}{7}x^7$ 在 $x = 0$ 处取到极小值，$f(0, y) = 2y^2 - y^2 = y^2$ 在 $y = 0$ 处

取到极小值。对于过点$(0,0)$且在xOy平面内的任意一条直线l(不是两个坐标轴),设其方程为$l:\begin{cases}x=mt\\y=nt\end{cases}$(其中常数$m$、$n$非零),则当$t\to 0$时,有

$$f(x,y)=f(mt,nt)=2(nt-m^2t^2)^2-n^2t^2-\frac{1}{7}m^7t^7$$

$$=n^2t^2-4m^2nt^3+2m^4t^4-\frac{1}{7}m^7t^7>0。$$

即对于任意的过点$(0,0)$且在xOy平面内的任意一条直线l,$f(x,y)$在点$(0,0)$处取到极小值(当$(x,y)\in l$时)。

例 6.37 设生产某种商品必须投入两种要素,x和y分别为两种要素的投入量,产量$\theta=2x^\alpha y^\beta$,其中α、β为正常数,且$\alpha+\beta=1$。假设两种要素的单位价格分别为p_1和p_2,试问:当产量为 12 时,要使得投入总费用最小,两要素应该各投入多少?

解 由于投入总费用为p_1x+p_2y,根据题意满足条件$2x^\alpha y^\beta-12=0$,所以本题实际上是条件极值问题。构造拉格朗日函数:

$$L=p_1x+p_2y+\lambda(2x^\alpha y^\beta-12),$$

令

$$\begin{cases}L_x=p_1+2\lambda\alpha x^{\alpha-1}y^\beta=0\\L_y=p_2+2\lambda\beta x^\alpha y^{\beta-1}=0。\\L_\lambda=2x^\alpha y^\beta-12=0\end{cases} \quad (1)$$

由方程组(1)得到关系式$\dfrac{\alpha y}{\beta x}=\dfrac{p_1}{p_2}$,结合$2x^\alpha y^\beta-12=0$解得唯一驻点$x_0=6\left(\dfrac{\alpha p_2}{\beta p_1}\right)^\beta$,$y_0=6\left(\dfrac{\beta p_1}{\alpha p_2}\right)^\alpha$。所以当产量为 12 时,两要素各投入$6\left(\dfrac{\alpha p_2}{\beta p_1}\right)^\beta$和$6\left(\dfrac{\beta p_1}{\alpha p_2}\right)^\alpha$时,可使得投入总费用最小。

例 6.38 设一个大剧院的顶部是半椭球面S,其方程为$z=4\sqrt{1-\dfrac{x^2}{16}-\dfrac{y^2}{36}}$。(1)设$M(x,y)$为椭球面$S$在$xOy$面上投影区域内一点,问函数$z=4\sqrt{1-\dfrac{x^2}{16}-\dfrac{y^2}{36}}$在点$M(x,y)$处沿$xOy$面上什么方向的方向导数最小?(2)求剧院屋顶上点$P(1,3,\sqrt{11})$处的雨水流下时所在曲线的轨迹方程。

解 (1)由于函数$z=4\sqrt{1-\dfrac{x^2}{16}-\dfrac{y^2}{36}}$在点$M(x,y)$处的梯度为

$$\mathbf{grad}z(x,y)=(z_x,z_y)=\left(-\frac{x}{4\sqrt{1-\dfrac{x^2}{16}-\dfrac{y^2}{36}}},-\frac{y}{9\sqrt{1-\dfrac{x^2}{16}-\dfrac{y^2}{36}}}\right),$$

所以,$z=4\sqrt{1-\dfrac{x^2}{16}-\dfrac{y^2}{36}}$在点$M(x,y)$处沿

$$-\mathbf{grad}z(x,y)=\left(\frac{x}{4\sqrt{1-\dfrac{x^2}{16}-\dfrac{y^2}{36}}},\ \frac{y}{9\sqrt{1-\dfrac{x^2}{16}-\dfrac{y^2}{36}}}\right)$$

方向的方向导数最小。

(2) 假设屋顶上点 $P(1,3,\sqrt{11})$ 处的雨水流下时的曲线为 Γ，其在 xOy 面上的投影曲线

为 l，且假设 l 的参数方程为 $l:\begin{cases}x=x(t)\\ y=y(t)\end{cases}$。 根据题意有

$$(x'(t),y'(t))\ 平行于\ \left(\frac{x}{4\sqrt{1-\dfrac{x^2}{16}-\dfrac{y^2}{36}}},\ \frac{y}{9\sqrt{1-\dfrac{x^2}{16}-\dfrac{y^2}{36}}}\right),$$

即 $\dfrac{\mathrm{d}y}{\mathrm{d}x}=\dfrac{\dfrac{y}{9\sqrt{1-\dfrac{x^2}{16}-\dfrac{y^2}{36}}}}{\dfrac{x}{4\sqrt{1-\dfrac{x^2}{16}-\dfrac{y^2}{36}}}}=\dfrac{4y}{9x}$，解得 $y=Cx^{\frac{4}{9}}$。 结合 $x=1$ 时 $y=3$ 有 $C=3$，因此 $y=3x^{\frac{4}{9}}$。

综上，可得剧院屋顶上点 $P(1,3,\sqrt{11})$ 处雨水流下时的曲线 Γ：$\begin{cases}z=4\sqrt{1-\dfrac{x^2}{16}-\dfrac{y^2}{36}}\\ y=3x^{\frac{4}{9}}\end{cases}$。

例 6.39 设有一座小山，其底面所在平面为 xOy 坐标面，底部区域为 $D=\{(x,y)\mid x^2+y^2-xy\leqslant 75\}$，小山的高度函数为 $h(x,y)=75-x^2-y^2+xy$。

(1) 设 $M(x_0,y_0)$ 为区域 D 上的一个点，问 $h(x,y)$ 在该点沿平面上什么方向的方向导数最大？ 若记方向导数的最大值为 $g(x_0,y_0)$，试写出 $g(x_0,y_0)$ 的表达式。

(2) 欲利用此小山开展攀岩活动，为此需要在山脚寻找一上山坡度最大的点作为攀登的起点，也就是说，要在 D 的边界曲线 $x^2+y^2-xy=75$ 上找出使(1)中的 $g(x,y)$ 达到最大值的点，试确定攀登起点的位置。

解 (1) 根据方向导数的性质，函数 $h(x,y)$ 在点 M 处沿该点处的梯度方向取到最大方向导数。 由于

$$\mathbf{grad}h(x,y)\bigg|_{(x_0,y_0)}=\left(\frac{\partial h}{\partial x},\frac{\partial h}{\partial y}\right)\bigg|_{(x_0,y_0)}=(-2x_0+y_0,\ -2y_0+x_0).$$

故 $h(x,y)$ 在点 M 处沿 $(-2x_0+y_0,\ -2y_0+x_0)$ 方向的方向导数取到最大值且最大值是梯度向量的模，也就是 $g(x_0,y_0)=\sqrt{(y_0-2x_0)^2+(x_0-2y_0)^2}$。

(2) 根据题意，即要求 $g(x,y)$ 在条件 $x^2+y^2-xy-75=0$ 下的最大值点。 为计算方便，考虑 $g^2(x,y)=(y-2x)^2+(x-2y)^2=5x^2+5y^2-8xy$ 在条件 $x^2+y^2-xy-75=0$ 下的最大值点。 构造拉格朗日函数：

$$L=5x^2+5y^2-8xy+\lambda(x^2+y^2-xy-75),$$

令

$$\begin{cases} \dfrac{\partial L}{\partial x} = 10x - 8y + \lambda(2x - y) = 0 \\[2mm] \dfrac{\partial L}{\partial y} = 10y - 8x + \lambda(2y - x) = 0 \\[2mm] \dfrac{\partial L}{\partial \lambda} = x^2 + y^2 - xy - 75 = 0 \end{cases} \tag{1}$$

将方程组(1)中的前面两式相加,得 $(x+y)(\lambda+2)=0$,即有 $x=-y$ 或 $\lambda=-2$。 若 $x=-y$,代入方程组(1),则有 $x=\pm 5$,$y=\mp 5$;若 $\lambda=-2$,则 $y=x$,代入方程组(1),得 $x=\pm 5\sqrt{3}$,$y=\pm 5\sqrt{3}$。 于是得到可能的极值点为

$$M_1(5,-5),\ M_2(-5,5),\ M_3(5\sqrt{3},\ 5\sqrt{3}),\ M_4(-5\sqrt{3},\ -5\sqrt{3})。$$

计算 $f(x,y)=g^2(x,y)=5x^2+5y^2-8xy$ 在这些点的函数值为

$$f(M_1)=f(M_2)=450,\ f(M_3)=f(M_4)=150。$$

综上,由于该实际问题存在最大值,且最大值只可能在 M_1、M_2、M_3、M_4 中取到,所以 $g(x,y)$ 在 M_1、M_2 取到最大值,即 M_1、M_2 可选作为攀登的起点。

例 6.40 设二元函数 $f(x,y)=ax^2+2bxy+cy^2+dx+ey$,其中 a、b、c、d、e 是常数。记平面区域 $D=\{(x,y)\mid 0\leqslant x,\ y\leqslant 1\}$,且 $f(x,y)$ 在区域 D 的边界上取值小于等于零,证明:对于任意的 $(x,y)\in D$,都有 $f(x,y)\leqslant 0$。

证明 反证法 若存在 $(x_1,y_1)\in D$,有 $f(x_1,y_1)>0$。 首先根据题意,当 $0\leqslant x\leqslant 1$ 时,有 $f(x,0)=ax^2+dx\leqslant 0$。 由此可得 $d\leqslant 0$;类似地,当 $0\leqslant y\leqslant 1$ 时,有 $f(0,y)=cy^2+ey\leqslant 0$,可得 $e\leqslant 0$。

其次,显然 $f(x,y)=ax^2+2bxy+cy^2+dx+ey$ 在闭区域 $D=\{(x,y)\mid 0\leqslant x,\ y\leqslant 1\}$ 上连续。不妨设 (x_0,y_0) 为 $f(x,y)$ 在 D 上的最大值点,则 $f(x_0,y_0)\geqslant f(x_1,y_1)>0$。 结合已知条件,可知点 (x_0,y_0) 在区域 D 的内部,即点 (x_0,y_0) 为 $f(x,y)$ 的极大值点,所以必有 $f_x(x_0,y_0)=f_y(x_0,y_0)=0$,即

$$2ax_0+2by_0+d=0,\ 且\ 2bx_0+2cy_0+e=0,$$

可得 $\qquad 2ax_0^2+2bx_0y_0+dx_0=0$,且 $2bx_0y_0+2cy_0^2+ey_0=0$。

两式相加并化简,则有 $f(x_0,y_0)=\dfrac{dx_0+ey_0}{2}$。

综上,可得 $f(x_0,y_0)=\dfrac{dx_0+ey_0}{2}\leqslant 0$,与 $f(x_0,y_0)>0$ 矛盾。

例 6.41 设二元函数 $f(x,y)$ 在平面上有连续的二阶偏导数,则任何角度 α,定义一元函数,$g_\alpha(t)=f(t\cos\alpha,\ t\sin\alpha)$,若对任何 α 都有 $\left.\dfrac{\mathrm{d}g_\alpha(t)}{\mathrm{d}t}\right|_{t=0}=0$,且 $\left.\dfrac{\mathrm{d}^2 g_\alpha(t)}{\mathrm{d}t^2}\right|_{t=0}>0$,证明:$f(0,0)$ 是 $f(x,y)$ 的极小值。

证明 首先,由 $\left.\dfrac{\mathrm{d}g_\alpha(t)}{\mathrm{d}t}\right|_{t=0}=0$ 可得 $\cos\alpha f_1'(0,0)+\sin\alpha f_2'(0,0)=0$,结合 α 的任意性,有 $f_1'(0,0)=f_2'(0,0)=0$;其次,由 $\left.\dfrac{\mathrm{d}^2 g_\alpha(t)}{\mathrm{d}t^2}\right|_{t=0}>0$ 可得:

$$\cos^2\alpha f''_{11}(0,0) + 2\sin\alpha\cos\alpha f''_{12}(0,0) + \sin^2 f''_{22}(0,0) > 0。$$

若记 $A = f''_{11}(0,0)$，$B = f''_{12}(0,0)$，$C = f''_{22}(0,0)$，则对任何角度 α，都有

$$\cos^2\alpha \cdot A + 2\sin\alpha\cos\alpha \cdot B + \sin^2\alpha \cdot C > 0 \qquad (1)$$

在式(1)中分别取 $\alpha = 0, \dfrac{\pi}{2}$，可得 $A > 0$ 以及 $C > 0$。以下证明 $AC - B^2 > 0$。否则，若 $AC - B^2 \leqslant 0$，构造一元二次函数 $g(u) = Cu^2 + 2Bu + A$。其判别式 $\Delta = 4(B^2 - AC) \geqslant 0$，故方程 $Cu^2 + 2Bu + A = 0$ 有实根，记作 $u = u_0$。此时存在 $\alpha_0 \in \left(-\dfrac{\pi}{2}, \dfrac{\pi}{2}\right)$，使得 $\tan\alpha_0 = u_0$，因此

$$C(\tan\alpha_0)^2 + 2B\tan\alpha_0 + A = 0,$$

即

$$\cos^2\alpha_0 \cdot A + 2\sin\alpha_0\cos\alpha_0 \cdot B + \sin^2\alpha_0 \cdot C = 0。$$

与式(1)矛盾。

综上，$f(0,0)$ 是 $f(x,y)$ 的极小值，得证。

> 注：证明 $AC - B^2 > 0$ 时也可以利用矩阵的正定性。

例 6.42 设三角形三边之总长为定值 $2p$，问该三角形绕其一边旋转一周所得几何体体积何时取到最大值并求最大值。

解 设三角形三边的长分别为 x、y、z，长为 x 的边对应的高为 h，三角形的面积为 S，则该三角形绕长为 x 的边旋转一周所得几何体体积为 $V = \dfrac{1}{3}\pi h^2 x$。注意到 $S = \dfrac{1}{2}xh$ 以及三角形的面积为 $S = \sqrt{p(p-x)(p-y)(p-z)}$，可得

$$V = \frac{1}{3}\pi h^2 x = \frac{1}{3}\pi\left(\frac{2S}{x}\right)^2 x = \frac{4\pi}{3x}S^2 = \frac{4\pi p}{3} \cdot \frac{1}{x}(p-x)(p-y)(p-z)。$$

以下只需要求 $\dfrac{1}{x}(p-x)(p-y)(p-z)$ 的最大值，由于 $x + y + z = 2p$，该问题是一个条件极值问题。为此记

$$L = \ln\left(\frac{1}{x}(p-x)(p-y)(p-z)\right) + \lambda(x+y+z-2p),$$

令

$$\begin{cases} L_x = -\dfrac{1}{x} - \dfrac{1}{p-x} + \lambda = 0 \\[2mm] L_y = -\dfrac{1}{p-y} + \lambda = 0 \\[2mm] L_z = -\dfrac{1}{p-z} + \lambda = 0 \\[2mm] L_\lambda = x + y + z - 2p = 0 \end{cases} \qquad (1)$$

解方程组(1)可得 $(x,y,z) = \left(\dfrac{p}{2}, \dfrac{3p}{4}, \dfrac{3p}{4}\right)$（唯一可能的最大值点）。由于这是一个实

际问题,故当 $(x, y, z) = \left(\dfrac{p}{2}, \dfrac{3p}{4}, \dfrac{3p}{4}\right)$ 时,体积 V 取到最大值且 $V_{max} = \dfrac{1}{12}\pi p^3$。

注:本题也可以采用不等式放缩加以解决。

例 6.43 设 $(x_1, y_1, z_1), \cdots, (x_n, y_n, z_n)$ 是空间 n 个定点,试在平面 $Ax + By + Cz + D = 0$ 上求一点,使其到 n 个给定点距离的平方和最小。

解 在平面 $Ax + By + Cz + D = 0$ 上任意取一点 (x, y, z),则该点到 n 个给定点距离的平方和为 $\displaystyle\sum_{i=1}^{n}\left[(x_i - x)^2 + (y_i - y)^2 + (z - z_i)^2\right]$,转化为求 $f(x, y, z) = \displaystyle\sum_{i=1}^{n}\left[(x_i - x)^2 + (y_i - y)^2 + (z - z_i)^2\right]$ 的最小值,其中 (x, y, z) 满足平面 $Ax + By + Cz + D = 0$。 构造拉格朗日函数:

$$L = \sum_{i=1}^{n}\left[(x_i - x)^2 + (y_i - y)^2 + (z - z_i)^2\right] + \lambda(Ax + By + Cz + D),$$

令
$$\begin{cases} L_x = -\displaystyle\sum_{i=1}^{n}2(x_i - x) + A\lambda = -2n(\bar{x} - x) + A\lambda = 0 \\ L_y = -\displaystyle\sum_{i=1}^{n}2(y_i - y) + B\lambda = -2n(\bar{y} - y) + B\lambda = 0 \\ L_z = -\displaystyle\sum_{i=1}^{n}2(z_i - z) + C\lambda = -2n(\bar{z} - z) + C\lambda = 0 \\ L_\lambda = Ax + By + Cz + D = 0 \end{cases} \quad (1)$$

记 $\bar{x} = \dfrac{1}{n}\displaystyle\sum_{i=1}^{n}x_i$,$\bar{y} = \dfrac{1}{n}\displaystyle\sum_{i=1}^{n}y_i$,$\bar{z} = \dfrac{1}{n}\displaystyle\sum_{i=1}^{n}z_i$。 解方程组(1)可得

$$\begin{cases} x = \bar{x} - \dfrac{A}{A^2 + B^2 + C^2}(A\bar{x} + B\bar{y} + C\bar{z} + D) \\ y = \bar{y} - \dfrac{B}{A^2 + B^2 + C^2}(A\bar{x} + B\bar{y} + C\bar{z} + D) \\ z = \bar{z} - \dfrac{C}{A^2 + B^2 + C^2}(A\bar{x} + B\bar{y} + C\bar{z} + D) \end{cases}$$

所以满足条件的点为

$$\Big(\bar{x} - \dfrac{A}{A^2 + B^2 + C^2}(A\bar{x} + B\bar{y} + C\bar{z} + D), \ \bar{y} - \dfrac{B}{A^2 + B^2 + C^2}(A\bar{x} + B\bar{y} + C\bar{z} + D),$$
$$\bar{z} - \dfrac{C}{A^2 + B^2 + C^2}(A\bar{x} + B\bar{y} + C\bar{z} + D)\Big)。$$

例 6.44 设 $P_1(x_1, y_1, z_1), \cdots, P_n(x_n, y_n, z_n)$ 是空间 n 个点,平面 $\pi: A'x + B'y + C'z + D' = 0$ 是使得 n 个点 P_i 到平面距离的平方和取到最小值的平面。记 $\bar{x} = \dfrac{1}{n}\displaystyle\sum_{i=1}^{n}x_i$,$\bar{y} = \dfrac{1}{n}\displaystyle\sum_{i=1}^{n}y_i$,$\bar{z} = \dfrac{1}{n}\displaystyle\sum_{i=1}^{n}z_i$,证明:平面 π 必经过点 $(\bar{x}, \bar{y}, \bar{z})$,即 $A'\bar{x} + B'\bar{y} + C'\bar{z} + D' = 0$。

证明　记 $f(A,B,C,D)$ 是 n 个定点 P_i 到平面 $Ax+By+Cz+D=0$ 的距离的平方和,则 $f(A,B,C,D)=\sum\limits_{i=1}^{n}\dfrac{(Ax_i+By_i+Cz_i+D)^2}{A^2+B^2+C^2}$。由极值的必要条件可知 $f_D(A,B,C,D)=0$,即为

$$f_D(A,B,C,D)=\sum_{i=1}^{n}\frac{2(Ax_i+By_i+Cz_i+D)}{A^2+B^2+C^2}=0,$$

化简即为 $A'\bar{x}+B'\bar{y}+C'\bar{z}+D'=0$。

例 6.45　设二元函数 $f(x,y)$ 在平面上具有连续的偏导数,并且满足 $\lim\limits_{\rho\to+\infty}[xf_x(x,y)+yf_y(x,y)]=-1$,其中 $\rho=\sqrt{x^2+y^2}$,证明:$f(x,y)$ 在平面上能取到最大值。

证明　因为 $\lim\limits_{\rho\to+\infty}[xf_x(x,y)+yf_y(x,y)]=-1$,所以存在 $R>0$,使得当 $\rho>R$ 时,有

$$xf_x(x,y)+yf_y(x,y)<0。$$

另一方面,根据有界闭区域上连续函数的性质,$f(x,y)$ 在有界闭区域 $x^2+y^2\leqslant R^2$ 上一定能够取到最大值 $f(x_0,y_0)$。

若记 $x=r\cos\theta$,$y=r\sin\theta$,则 $f(x,y)=f(r\cos\theta,r\sin\theta)$。对于任意固定的 θ $(0\leqslant\theta<2\pi)$,$f(x,y)$ 是 r 的一元函数。再记 $g(r)=f(r\cos\theta,r\sin\theta)$,则当 $x^2+y^2>R^2$ 时,有

$$g'(r)=\cos\theta\cdot f_x(r\cos\theta,r\sin\theta)+\sin\theta\cdot f_y(r\cos\theta,r\sin\theta)$$
$$=\frac{1}{r}[x\cdot f_x(x,y)+y\cdot f_y(x,y)]<0。$$

故 $g(r)$ 是单调递减函数,当 $r>R$ 时,$f(r\cos\theta,r\sin\theta)<f(R\cos\theta,R\sin\theta)\leqslant f(x_0,y_0)$,因此 $f(x_0,y_0)$ 是函数 $f(x,y)$ 在平面上的最大值。

例 6.46　设二元函数 $f(x,y)$ 在 $D:x^2+y^2<1$ 上连续,$g(x,y)$ 在 D 上连续有界,且满足

(1) 当 $x^2+y^2\to1$ 时,$f(x,y)\to+\infty$;(2) $f_{xx}(x,y)+f_{yy}(x,y)=\mathrm{e}^{f(x,y)}$,$g_{xx}(x,y)+g_{yy}(x,y)\geqslant\mathrm{e}^{g(x,y)}$。

证明:对于任意的 $(x,y)\in D$,$f(x,y)\geqslant g(x,y)$。

证明　记 $F(x,y)=f(x,y)-g(x,y)$,由(1)以及 $g(x,y)$ 在 D 上的有界性知,当 $x^2+y^2\to1$ 时,$F(x,y)\to+\infty$。因此不妨设 (x_0,y_0) 为函数 $F(x,y)$ 在 D 上的最小值点,以下只需要证明 $F(x_0,y_0)\geqslant0$。否则,若 $F(x_0,y_0)<0$,即 $f(x_0,y_0)<g(x_0,y_0)$,则有

$$f_{xx}(x_0,y_0)+f_{yy}(x_0,y_0)=\mathrm{e}^{f(x_0,y_0)}<\mathrm{e}^{g(x_0,y_0)}\leqslant g_{xx}(x_0,y_0)+g_{yy}(x_0,y_0),$$

也就是　$[f_{xx}(x_0,y_0)-g_{xx}(x_0,y_0)]+[f_{yy}(x_0,y_0)-g_{yy}(x_0,y_0)]<0。$ （1）

另一方面,因为 (x_0,y_0) 为函数 $F(x,y)$ 在 D 上的最小值点,故 (x_0,y_0) 为函数 $F(x,y)$ 的极小值点,所以 $x=x_0$ 为函数 $F(x,y_0)$ 的极小值点,且 $y=y_0$ 为函数 $F(x_0,y)$ 的极小值点。因而有

$$F_{xx}(x_0,y_0)=[F(x,y_0)]''\Big|_{x=x_0}\geqslant0,\text{且 }F_{yy}(x_0,y_0)=[F(x_0,y)]''\Big|_{y=y_0}\geqslant0,$$

也就是 $f_{xx}(x_0,y_0)-g_{xx}(x_0,y_0)\geqslant 0$，且 $f_{yy}(x_0,y_0)-g_{yy}(x_0,y_0)\geqslant 0$。

由此可得 $[f_{xx}(x_0,y_0)-g_{xx}(x_0,y_0)]+[f_{yy}(x_0,y_0)-g_{yy}(x_0,y_0)]\geqslant 0$。

与(1)式相矛盾，得证。

练习题六

6.1 $\lim\limits_{(x,y)\to(0,0)}\dfrac{\ln(1+xy)}{x+\tan y}$ 是否存在？

6.2 二重极限 $\lim\limits_{(x,y)\to(x_0,y_0)}f(x,y)$ 与二次极限 $\lim\limits_{x\to x_0}\lim\limits_{y\to y_0}f(x,y)$ 以及 $\lim\limits_{y\to y_0}\lim\limits_{x\to x_0}f(x,y)$ 有何关系，能否互推？

6.3 已知电阻 R_1、R_2、R_3 并联的等效电阻为 $R=\dfrac{1}{\dfrac{1}{R_1}+\dfrac{1}{R_2}+\dfrac{1}{R_3}}$，其中 $R_1>R_2>R_3>0$。

R_1、R_2、R_3 中哪一个微小的改变，对 R 的影响最大？

6.4 (1) 设 $u=\dfrac{x-y}{x+y}$，求 $\dfrac{\partial^5 u}{\partial x^3\partial y^2}$；(2) 设 $u=xyz\mathrm{e}^{x+y+z}$，求 $\dfrac{\partial^{p+q+r}u}{\partial x^p\partial y^q\partial z^r}$。

6.5 设 $f(u,v)$ 具有二阶连续偏导，$f(1,1)=2$ 为 $f(u,v)$ 的极值，记 $z=f(x+y,f(x,y))$，求 $z_{xy}\big|_{(1,1)}$。

6.6 已知二元函数 $f(x,y)$ 以及一定点 $P(x_0,y_0)$，满足 $f_x(x_0,y_0)$ 存在，且 $f_y(x,y)$ 在点 $P(x_0,y_0)$ 处连续，证明：$f(x,y)$ 在点 $P(x_0,y_0)$ 处可微。

6.7 二元函数 $f(x,y)=\begin{cases}\left(1-\cos\dfrac{x^2}{y}\right)\sqrt{x^2+y^2}, & y\neq 0\\ 0, & y=0\end{cases}$ 在点 $(0,0)$ 处可微吗？证明你的结论。

6.8 已知函数二元函数 $f(x,y)=\begin{cases}xy, & xy\neq 0\\ x, & y=0\\ y, & x=0\end{cases}$，给出下列四个结论：(1) $f_x(0,0)=1$；(2) $f_{xy}(0,0)=1$；(3) $\lim\limits_{(x,y)\to(0,0)}f(x,y)=0$；(4) $\lim\limits_{y\to 0}\lim\limits_{x\to 0}f(x,y)=0$。则其中正确结论的个数为（   ）。

(A) 4 (B) 3 (C) 2 (D) 1

6.9 设 $u(x,y)$ 具有二阶连续偏导数，$u_{xx}(x,y)=u_{yy}(x,y)$，$u(x,2x)=x$，$u_x(x,2x)=x^2$，求 $u_{xx}(x,2x)$ 和 $u_{xy}(x,2x)$。

6.10 称二元函数 $f(x,y)$ 是 n 次齐次函数，如果对于任意的 $t>0$，都有 $f(tx,ty)=t^n f(x,y)$ 成立。设 $f(x,y)$ 是可微函数，证明：$f(x,y)$ 是 n 次齐次函数当且仅当 $xf_x(x,y)+yf_y(x,y)=nf(x,y)$。

6.11 设二元函数 $f(x,y)$ 满足 $f_y(x,y)=2(y+1)$，$f(y,y)=(y+1)^2-(2-y)\ln y$，求曲线 $f(x,y)=0$ 所围平面图形绕直线 $y=-1$ 旋转一周所得几何体的体积。

6.12 设函数 $f(x,y)$ 可微，且对于任意的 x、y 都有 $\dfrac{\partial f(x,y)}{\partial x}>0$，$\dfrac{\partial f(x,y)}{\partial y}<0$，则使

得不等式 $f(x_1, y_1) < f(x_2, y_2)$ 成立的一个充分条件是( )。

(A) $x_1 > x_2$, $y_1 < y_2$ (B) $x_1 > x_2$, $y_1 > y_2$

(C) $x_1 < x_2$, $y_1 < y_2$ (D) $x_1 < x_2$, $y_1 > y_2$

6.13 设函数 $f(x, y)$ 具有二阶连续偏导，满足 $f_y \neq 0$，C 是任意一个常数。证明：$f(x, y) = C$ 表示一条直线当且仅当 $f_x^2 f_{yy} - 2 f_x f_y f_{xy} + f_y^2 f_{xx} = 0$。

6.14 设函数 $f(x, y)$ 处处具有二阶连续偏导数，且满足 $f(0, 0) = f_x(0, 0) = f_y(0, 0) = 0$。证明：

$$f(x, y) = \int_0^1 (1-t)\left[x^2 f_{xx}(tx, ty) + 2xy f_{xy}(tx, ty) + y^2 f_{yy}(tx, ty)\right] dt$$

6.15 设 $f(x, y) = \displaystyle\int_0^{xy} e^{-t^2} dt$，求 $\dfrac{x}{y} \dfrac{\partial^2 f}{\partial x^2} - 2 \dfrac{\partial^2 f}{\partial x \partial y} + \dfrac{y}{x} \dfrac{\partial^2 f}{\partial y^2}$。

6.16 设 $\begin{cases} u = f(ux, v+y) \\ v = g(u-x, v^2 y) \end{cases}$，其中 f、g 具有一阶连续偏导数，求 $\dfrac{\partial u}{\partial x}$，$\dfrac{\partial v}{\partial x}$。

6.17 设 $x^2 y^2 + x^2 + y^2 - 1 = 0$，当 $xy > 0$ 时，证明：$\dfrac{dx}{\sqrt{1-x^4}} + \dfrac{dy}{\sqrt{1-y^4}} = 0$。

6.18 设函数 $u = u(x, y)$ 由方程组 $\begin{cases} u = f(x, y, z, t) \\ g(y, z, t) = 0 \\ h(z, t) = 0 \end{cases}$ 确定，其中 $f(x, y, z, t)$, $g(y, z, t)$, $h(z, t)$ 具有连续的偏导数，求 u_x 以及 u_y。

6.19 设 $z = f(x, y)$ 在平面有界闭区域 D 上具有二阶连续偏导数且 $z_{xx} + z_{yy} = 0$，$z_{xy} \neq 0$，证明：z 的最大值只能在 D 的边界上取到。

6.20 证明：旋转曲面 $\Sigma: z = f(\sqrt{x^2 + y^2})$（其中 $f' \neq 0$）上任意一点处的法线与其旋转轴相交。

6.21 求椭球面 $x^2 + 2y^2 + z^2 = 1$ 上平行于平面 $x - y + 2z = 0$ 的切平面方程。

6.22 设二元函数 $f(x, y)$ 在点 $(0, 0)$ 的某邻域内有定义，满足 $f(0, 0) = 0$，且 $f_x(0, 0) = 3$，$f_y(0, 0) = -1$，则以下选项为真命题的是( )。

(A) $dz\Big|_{(0,0)} = 3dx - dy$

(B) 曲面 $z = f(x, y)$ 在点 $(0, 0, 0)$ 处的一个法向量为 $(3, -1, 1)$

(C) 曲线 $\begin{cases} z = f(x, y) \\ y = 0 \end{cases}$ 在点 $(0, 0, 0)$ 处的一个切向量为 $(1, 0, 3)$

(D) 曲线 $\begin{cases} z = f(x, y) \\ y = 0 \end{cases}$ 在点 $(0, 0, 0)$ 处的一个切向量为 $(3, 0, 1)$

6.23 过直线 $\begin{cases} 10x + 2y - 2z = 27 \\ x + y - z = 0 \end{cases}$ 作曲面 $3x^2 + y^2 - z^2 = 27$ 的切平面，求切平面的方程。

6.24 设方程 $z + \sqrt{x^2 + y^2 + z^2} = x^3 f\left(\dfrac{y}{x}\right)$ 确定了隐函数 $z = z(x, y)$，其中 f 可微，证明：曲面 $\Sigma: z = z(x, y)$ 上任意一点处的切平面在 Oz 轴上的截距与切点到原点的距离之比为常数，并求此常数。

6.25 设空间有三个点 P、A 以及点 $B(a, b, c)$，θ 是向量 $\overrightarrow{PA}$ 和 $\overrightarrow{PB}$ 的夹角。证明：函数

$$f(x,y,z)=\sqrt{(x-a)^2+(y-b)^2+(z-c)^2}\ \text{在点}P\text{处沿从点}P\text{到点}A\text{方向的方向导}$$
数为$-\cos\theta$。

6.26 求二元函数$f(x,y)=x+y+xy$在曲线C：$x^2+xy+y^2=3$上的最大方向导数。

6.27 求函数$u=x^2+y^2+z^2$在椭球面$2x^2+2y^2+z^2=1$上哪一点处沿哪一个方向的方向导数最大？并求其最大值。

6.28 求函数$f(x,y)=\left(y+\dfrac{x^3}{3}\right)e^{x+y}$的极值。

6.29 设$u(x,y)$在$D=\{(x,y)\,|\,x^2+y^2\leqslant1\}$上具有二阶连续偏导数，且在区域$D$的内部满足$\dfrac{\partial^2u}{\partial x^2}+\dfrac{\partial^2u}{\partial y^2}=u(x,y)$，在$x^2+y^2=1$上满足$u(x,y)\geqslant0$。证明：对于任意的$(x,y)\in D$，都有$u(x,y)\geqslant0$。

6.30 设函数$f(x,y)$在$D=\{(x,y)\,|\,x^2+y^2\leqslant16\}$上可微，满足$|f(x,y)|\leqslant1$，证明：存在$D$内一点$(x_0,y_0)$，使得$f_x^2(x_0,y_0)+f_y^2(x_0,y_0)<1$。

6.31 设曲面Σ的方程为$F(x,y,z)=0$，其中$F(x,y,z)$具有一阶连续偏导数，$Q(x_0,y_0,z_0)$为曲面外的一定点，如果$P(x',y',z')$是曲面上与点Q相距最近的一个内点，证明：曲面Σ在点P处的切平面的法向量平行于向量$\overrightarrow{PQ}$。

练习题六解析与提示

6.1 **解** 不存在，因为$\lim\limits_{\substack{x\to0\\y=-x}}\dfrac{\ln(1+xy)}{x+\tan y}=\lim\limits_{x\to0}\dfrac{\ln(1-x^2)}{x-\tan x}$不存在。

6.2 不能互推。 **6.3** 参见例6.5，R_3。

6.4 （1）$\dfrac{\partial^5u}{\partial x^3\partial y^2}=12\left[\dfrac{12}{(x+y)^5}-\dfrac{20x}{(x+y)^6}\right]$；（2）$\dfrac{\partial^{p+q+r}u}{\partial x^p\partial y^q\partial z^r}=(p+x)(q+y)(r+z)e^{x+y+z}$。

6.5 $z_{xy}\Big|_{(1,1)}=f_{11}''(2,2)+f_2'(2,2)\cdot f_{12}''(1,1)$。

6.6 **提示** 利用可微性的定义。 **6.7** 不可微。 **6.8** $f_{xy}(0,0)$不存在，选择B。

6.9 $u_{xx}(x,2x)=-\dfrac{4}{3}x$，$u_{xy}(x,2x)=\dfrac{5}{3}x$。 **6.10** **提示** 全导数公式。

6.11 $f(x,y)=(y+1)^2-(2-x)\ln x$，$V=\displaystyle\int_1^2\pi(2-x)\ln x\,dx=2\pi\ln2-\dfrac{5}{4}\pi$。

6.12 D。 **6.13** 参见例6.11。

6.14 **证明** 注意到$x^2f_{xx}(tx,ty)+2xyf_{xy}(tx,ty)+y^2f_{yy}(tx,ty)=\dfrac{d^2}{dt^2}f(tx,ty)$，所以

$$\int_0^1(1-t)[x^2f_{xx}(tx,ty)+2xyf_{xy}(tx,ty)+y^2f_{yy}(tx,ty)]dt$$
$$=\int_0^1(1-t)\dfrac{d^2}{dt^2}f(tx,ty)dt=\int_0^1(1-t)d\left(\dfrac{d}{dt}f(tx,ty)\right)$$

$$=(1-t) \cdot \frac{\mathrm{d}}{\mathrm{d}t} f(tx, ty) \Big|_0^1 + \int_0^1 \frac{\mathrm{d}}{\mathrm{d}t} f(tx, ty)\mathrm{d}t = \int_0^1 \frac{\mathrm{d}}{\mathrm{d}t} f(tx, ty)\mathrm{d}t$$

$$= f(tx, ty) \Big|_0^1 = f(x, y)。$$

6.15 **解**　由于 $\frac{\partial^2 f}{\partial x^2} = -2xy^3 \mathrm{e}^{-x^2 y^2}$，$\frac{\partial^2 f}{\partial x \partial y} = \mathrm{e}^{-x^2 y^2} - 2x^2 y^2 \mathrm{e}^{-x^2 y^2}$，$\frac{\partial^2 f}{\partial y^2} = -2x^3 y \mathrm{e}^{-x^2 y^2}$，

于是

$$\frac{x}{y} \frac{\partial^2 f}{\partial x^2} - 2 \frac{\partial^2 f}{\partial x \partial y} + \frac{y}{x} \frac{\partial^2 f}{\partial y^2} = -2x^2 y^2 \mathrm{e}^{-x^2 y^2} - 2\mathrm{e}^{-x^2 y^2} + 4x^2 y^2 \mathrm{e}^{-x^2 y^2} - 2x^2 y^2 \mathrm{e}^{-x^2 y^2}$$

$$= -2\mathrm{e}^{-x^2 y^2}。$$

6.16 **解**　由题意可知,方程组 $\begin{cases} u = f(ux, v+y) \\ v = g(u-x, v^2 y) \end{cases}$ 确定了函数组 $\begin{cases} u = u(x, y) \\ v = u(x, y) \end{cases}$。记

$$F(x, y, u, v) = u - f(ux, v+y), G(x, y, u, v) = v - g(u-x, v^2 y)。$$

计算可得

$$J = \frac{\partial(F,G)}{\partial(u, v)} = \begin{vmatrix} 1 - f_1' \cdot x & -f_2' \\ -g_1' & 1 - g_2' \cdot 2vy \end{vmatrix} = (1 - xf_1')(1 - 2vyg_2') - f_2' \cdot g_1',$$

$$\frac{\partial(F,G)}{\partial(x, v)} = \begin{vmatrix} -f_1' \cdot u & -f_2' \\ g_1' & 1 - g_2' \cdot 2vy \end{vmatrix} = (2vyg_2' - 1)uf_1' + f_2' \cdot g_1',$$

$$\frac{\partial(F,G)}{\partial(u, x)} = \begin{vmatrix} 1 - f_1' \cdot x & -f_1' u \\ -g_1' & g_1' \end{vmatrix} = (1 - xf_1')g_1' - uf_1' g_1',$$

所以,

$$\frac{\partial u}{\partial x} = -\frac{1}{J} \cdot \frac{\partial(F,G)}{\partial(x, v)} = -\frac{(2vyg_2' - 1)uf_1' + f_2' \cdot g_1'}{(1 - xf_1')(1 - 2vyg_2') - f_2' \cdot g_1'},$$

$$\frac{\partial v}{\partial x} = -\frac{1}{J} \cdot \frac{\partial(F,G)}{\partial(u, x)} = -\frac{(1 - xf_1')g_1' - uf_1' g_1'}{(1 - xf_1')(1 - 2vyg_2') - f_2' \cdot g_1'}。$$

6.17 **提示**　隐函数求导。

6.18 $u_x = f_1'$，$u_y = f_2' + f_3' \cdot \frac{-g_1' h_2'}{g_2' h_2' - g_3' h_1'} + f_4' \cdot \frac{g_1' h_1'}{g_2' h_2' - g_3' h_1'}$。

6.19 **提示**　反证法。

6.20 **提示**　空间两条直线共面的判定。

6.21 切平面方程为 $x - y + 2z = \pm\sqrt{\frac{11}{2}}$。　**6.22**　C。

6.23 $9x + y - z - 27 = 0$ 或 $9x + 17y - 17z + 27 = 0$。

6.24 常数是 -2。　**6.25** **提示**　方向导数的计算公式以及向量的夹角公式。

6.26 最大方向导数是 3。

6.27 **解**　任取椭球面 $2x^2 + 2y^2 + z^2 = 1$ 上一点 $P(x, y, z)$,则函数 $u = x^2 + y^2 + z^2$

在点 $P(x,y,z)$ 处的最大方向导数是 $|\mathbf{grad}u(x,y,z)|=\sqrt{4(x^2+y^2+z^2)}$ （沿梯度方向）。而 $\sqrt{4(x^2+y^2+z^2)}$ 在椭球面 $2x^2+2y^2+z^2=1$ 上点 $(0,0,\pm1)$ 处取最大值，所以函数 $u=x^2+y^2+z^2$ 在椭球面 $2x^2+2y^2+z^2=1$ 上点 $(0,0,\pm1)$ 处沿 $(0,0,\pm1)$ 方向的方向导数最大，且最大值均为 2。

6.28 解 由极值的必要条件，先求 $f(x,y)$ 的驻点。由

$$\frac{\partial f}{\partial x}=x^2\mathrm{e}^{x+y}+\left(y+\frac{x^3}{3}\right)\mathrm{e}^{x+y}=\left(x^2+y+\frac{x^3}{3}\right)\mathrm{e}^{x+y}=0,$$

$$\frac{\partial f}{\partial y}=\mathrm{e}^{x+y}+\left(y+\frac{x^3}{3}\right)\mathrm{e}^{x+y}=\left(1+y+\frac{x^3}{3}\right)\mathrm{e}^{x+y}=0。$$

解得 $x=1,y=-\dfrac{4}{3}$；$x=-1,y=-\dfrac{2}{3}$，于是得到两个驻点 $\left(1,-\dfrac{4}{3}\right),\left(-1,-\dfrac{2}{3}\right)$。下面利用极值的充分性判别定理，为此先求二阶偏导：

$$A=\frac{\partial^2 f}{\partial x^2}=\left(2x+x^2+x^2+y+\frac{x^3}{3}\right)\mathrm{e}^{x+y}=\left(2x+2x^2+y+\frac{x^3}{3}\right)\mathrm{e}^{x+y},$$

$$B=\frac{\partial^2 f}{\partial x\partial y}=\left(1+x^2+y+\frac{x^3}{3}\right)\mathrm{e}^{x+y},\ C=\frac{\partial^2 f}{\partial y^2}=\left(2+y+\frac{x^3}{3}\right)\mathrm{e}^{x+y}。$$

在驻点 $M_1\left(1,-\dfrac{4}{3}\right)$ 处，由于 $(AC-B^2)_{M_1}=2\mathrm{e}^{-\frac{2}{3}}>0$，并且此时 $A\big|_{M_1}=3\mathrm{e}^{-\frac{1}{3}}>0$，故 $\left(1,-\dfrac{4}{3}\right)$ 为函数的极小值点，函数的极小值为 $f\left(1,-\dfrac{4}{3}\right)=-\mathrm{e}^{-\frac{1}{3}}$。

在驻点 $M_2\left(-1,-\dfrac{2}{3}\right)$ 处，由于 $(AC-B^2)_{M_2}=-2\mathrm{e}^{-\frac{10}{3}}<0$，故 $M_2\left(-1,-\dfrac{2}{3}\right)$ 不是函数的极值点。

6.29 反证法。 **6.30 提示** 构造函数 $F(x,y)=\dfrac{1}{8}(x^2+y^2)-f(x,y)$。

6.31 提示 条件极值。

第七讲 多元函数积分学

7.1 基本概念与内容要点

本讲内容主要包括二、三重积分的概念、性质、计算及其应用,两类曲线积分的概念、性质、计算以及格林公式,两类曲面积分的概念、性质、计算以及高斯公式,斯托克斯公式,向量场的散度与旋度的。

1. 二重积分的概念、性质、计算及其应用

(1) 二重积分概念 $\iint\limits_{D} f(x, y)\mathrm{d}x\mathrm{d}y = \lim\limits_{\lambda \to 0}\sum\limits_{i=1}^{n} f(\xi_i, \eta_i)\Delta\sigma_i$,该积分可以看作以 $f(x, y)$ 为面密度函数的平面形物体的质量(占有平面区域 D);若 $f(x, y)$ 非负连续,则二重积分也可以看作一个曲顶柱体的体积,这个柱体是以片面区域 D 为底,以曲面 $\Sigma : z = f(x, y)$ 为顶的柱体。

(2) 二重积分的性质

性质 1 设 α、β 是常数,则

$$\iint\limits_{D} [\alpha f(x, y) + \beta g(x, y)]\mathrm{d}x\mathrm{d}y = \alpha\iint\limits_{D} f(x, y)\mathrm{d}x\mathrm{d}y + \beta\iint\limits_{D} f(x, y)\mathrm{d}x\mathrm{d}y。$$

性质 2 若积分区域 $D = D_1 + D_2$,则

$$\iint\limits_{D} f(x, y)\mathrm{d}x\mathrm{d}y = \iint\limits_{D_1} f(x, y)\mathrm{d}x\mathrm{d}y + \iint\limits_{D_2} f(x, y)\mathrm{d}x\mathrm{d}y。$$

性质 3 设在 l 上有 $f(x, y) \leqslant g(x, y)$,则 $\iint\limits_{D} f(x, y)\mathrm{d}x\mathrm{d}y \leqslant \iint\limits_{D} g(x, y)\mathrm{d}x\mathrm{d}y$;特别地,$\left|\iint\limits_{D} f(x, y)\mathrm{d}x\mathrm{d}y\right| \leqslant \iint\limits_{D} |f(x, y)| \mathrm{d}x\mathrm{d}y$。

性质 4 若被积函数 $f(x, y) = 1$,则 $\iint\limits_{D} f(x, y)\mathrm{d}x\mathrm{d}y = \sigma$,其中 σ 表示积分区域 D 的面积。

性质 5 若被积函数在闭区域 D 上的最大值和最小值分别为 M、m,则

$$m\sigma \leqslant \iint\limits_{D} f(x, y)\mathrm{d}x\mathrm{d}y \leqslant M\sigma。$$

性质 6　设 $f(x, y)$ 在 D 上连续,则至少存在一点 $(\xi, \eta) \in D$,满足

$$\iint\limits_{D} f(x, y) \mathrm{d}x \mathrm{d}y = f(\xi, \eta)\sigma。$$

性质 7　(对称性质):

① 若积分区域 D 关于 y 轴对称,则

$$\iint\limits_{D} f(x, y) \mathrm{d}x \mathrm{d}y$$

$$= \begin{cases} 2\iint\limits_{D_{x \geqslant 0}} f(x, y)\mathrm{d}x\mathrm{d}y, & \text{当 } f(x, y) \text{ 关于 } x \text{ 为偶函数时,即 } f(-x, y) = f(x, y) \\ 0, & \text{当 } f(x, y) \text{ 关于 } x \text{ 为奇函数时,即 } f(-x, y) = -f(x, y) \end{cases}。$$

② 若积分区域 D 关于 x 轴对称,则

$$\iint\limits_{D} f(x, y) \mathrm{d}x \mathrm{d}y$$

$$= \begin{cases} 2\iint\limits_{D_{y \geqslant 0}} f(x, y)\mathrm{d}x\mathrm{d}y, & \text{当 } f(x, y) \text{ 关于 } y \text{ 为偶函数时,即 } f(x, -y) = f(x, y) \\ 0, & \text{当 } f(x, y) \text{ 关于 } y \text{ 为奇函数时,即 } f(x, -y) = -f(x, y) \end{cases}。$$

③ 若积分区域 D 关于直线 $y = x$ 对称,则

$$\iint\limits_{D} f(x, y) \mathrm{d}x \mathrm{d}y = \iint\limits_{D} f(y, x) \mathrm{d}x \mathrm{d}y。$$

④ 若积分区域 D 关于坐标原点对称,则

$$\iint\limits_{D} f(x, y) \mathrm{d}x \mathrm{d}y = \begin{cases} 2\iint\limits_{D_{x \geqslant 0}} f(x, y)\mathrm{d}x\mathrm{d}y, & \text{当 } f(-x, -y) = f(x, y) \text{ 时} \\ 0, & \text{当 } f(-x, -y) = -f(x, y) \text{ 时} \end{cases}。$$

> 注:在计算重积分之前应该利用对称性尽量化简。

(3) 二重积分的计算方法

方法一　在直角坐标系下化为两种次序的累次积分。若积分区域 D 可以表示为 $D: \begin{cases} y_1(x) \leqslant y \leqslant y_2(x) \\ a \leqslant x \leqslant b \end{cases}$,其中 $y_1(x), y_2(x)$ 在 $[a, b]$ 上连续,此时二重积分可以化为先对 y 后对 x 的累次积分,即

$$\iint\limits_{D} f(x, y) \mathrm{d}x \mathrm{d}y = \int_a^b \mathrm{d}x \int_{y_1(x)}^{y_2(x)} f(x, y) \mathrm{d}y。$$

若积分区域 D 可以表示为 $D: \begin{cases} x_1(y) \leqslant x \leqslant x_2(y) \\ c \leqslant y \leqslant d \end{cases}$,其中 $x_1(y), x_2(y)$ 在 $[c, d]$ 上连续,此时二重积分可以化为先对 x 后对 y 的累次积分,即

$$\iint\limits_{D} f(x,y)\mathrm{d}x\,\mathrm{d}y = \int_c^d \mathrm{d}y \int_{x_1(y)}^{x_2(y)} f(x,y)\mathrm{d}x。$$

方法二 极坐标系下的累次积分计算。若积分区域 D 可以表示为 $D:\begin{cases}\rho_1(\theta)\leqslant\rho\leqslant\rho_2(\theta)\\ \alpha\leqslant\theta\leqslant\beta\end{cases}$，其中 $\rho_1(\theta)$，$\rho_2(\theta)$ 在 $[\alpha,\beta]$ 上连续，则

$$\iint\limits_{D} f(x,y)\mathrm{d}x\,\mathrm{d}y = \int_\alpha^\beta \mathrm{d}\theta \int_{\rho_1(\theta)}^{\rho_2(\theta)} f(\rho\cos\theta,\rho\sin\theta)\rho\,\mathrm{d}\rho。$$

> 注：有时在极坐标系下也需要交换累次积分的次序。

方法三　换元法 设函数 $f(x,y)$ 在 xOy 平面中的闭区域 D 上连续，若变换
$T:\begin{cases}x=x(u,v)\\ y=y(u,v)\end{cases}$ 将 uOv 平面中的闭区域 D' 变为 xOy 平面中的闭区域 D，且满足

① $x=x(u,v)$，$y=y(u,v)$ 在 D' 上具有一阶连续偏导数。

② 在闭区域 D' 上雅可比行列式 $J(u,v)=\dfrac{\partial(x,y)}{\partial(u,v)}\neq 0$。

③ 变换是一对一的。

则有

$$\iint\limits_{D} f(x,y)\mathrm{d}x\,\mathrm{d}y = \iint\limits_{D'} f(x(u,v),y(u,v))\,|\,J(u,v)\,|\,\mathrm{d}u\,\mathrm{d}v$$

（4）二重积分的应用（体积、曲面面积、质量、质心、转动惯量、引力等）

① 曲面面积：设曲面 Σ 由方程 $\begin{cases}z=z(x,y)\\ (x,y)\in D_{xy}\end{cases}$ 给出，$z(x,y)$ 在 D_{xy} 上具有一阶连续偏导数，则曲面的面积为

$$S = \iint\limits_{D_{xy}} \sqrt{1+z_x^2+z_y^2}\,\mathrm{d}x\,\mathrm{d}y。$$

> 注：当曲面 Σ 向其他坐标面投影时，有类似的计算公式。例如，当曲面 Σ 由方程
> $\begin{cases}x=x(y,z)\\ (y,z)\in D_{yz}\end{cases}$ 给出时，$x=x(y,z)$ 在 D_{yz} 上具有一阶连续偏导数，曲面的面积为
>
> $$S = \iint\limits_{D_{yz}} \sqrt{1+x_y^2+x_z^2}\,\mathrm{d}y\,\mathrm{d}z。$$

② 平面物体的质量：设某物体占有平面区域 D，其面密度函数为 $\mu(x,y)$，且 $\mu(x,y)$ 在 D 上连续，则

$$物体的质量\ M = \iint\limits_{D_{xy}} \mu(x,y)\mathrm{d}x\,\mathrm{d}y。$$

③ 平面物体的质心：设某物体占有平面区域 D，其面密度函数为 $\mu(x,y)$，且 $\mu(x,y)$ 在

D 上连续,若$(\bar{x}, \bar{y})$为其质心坐标,则

$$\bar{x} = \dfrac{\iint\limits_{D} x\mu(x, y)\,\mathrm{d}x\,\mathrm{d}y}{\iint\limits_{D} \mu(x, y)\,\mathrm{d}x\,\mathrm{d}y}, \quad \bar{y} = \dfrac{\iint\limits_{D} y\mu(x, y)\,\mathrm{d}x\,\mathrm{d}y}{\iint\limits_{D} \mu(x, y)\,\mathrm{d}x\,\mathrm{d}y}.$$

④ 平面物体对于两坐标轴的转动惯量:设某物体占有平面区域 D,其面密度函数为 $\mu(x, y)$,且 $\mu(x, y)$ 在 D 上连续,则该物体对于两坐标轴的转动惯量分别为

$$I_x = \iint\limits_{D} y^2 \mu(x, y)\,\mathrm{d}x\,\mathrm{d}y, \quad I_y = \iint\limits_{D} x^2 \mu(x, y)\,\mathrm{d}x\,\mathrm{d}y.$$

注:平面物体对于一般直线的转动惯量通常用微元法。

2. 三重积分的概念、性质、计算以及应用

(1) 三重积分的概念 $\iiint\limits_{\Omega} f(x, y, z)\,\mathrm{d}x\,\mathrm{d}y\,\mathrm{d}z = \lim\limits_{\lambda \to 0} \sum\limits_{i=1}^{n} f(\xi_i, \eta_i, \zeta_i)\Delta V_i$。 该积分可以看作以 $f(x, y, z)$ 为体密度函数的空间某物体的质量(占有空间闭区域 Ω)。

(2) 三重积分的性质 三重积分具有类似于二重积分的性质,如关于积分区域的可加性、关于被积函数的单调性、对称性等。

(3) 三重积分的计算

方法一 直角坐标系下的计算:

① 坐标面投影法:若积分区域可以表示为 $\Omega: \begin{cases} z_1(x, y) \leqslant z \leqslant z_2(x, y) \\ (x, y) \in D_{xy} \end{cases}$,其中 $z_1(x, y)$,$z_2(x, y)$ 在 D_{xy} 上连续,则

$$\iiint\limits_{\Omega} f(x, y, z)\,\mathrm{d}x\,\mathrm{d}y\,\mathrm{d}z = \iint\limits_{D_{xy}} \mathrm{d}x\,\mathrm{d}y \int_{z_1(x, y)}^{z_2(x, y)} f(x, y, z)\,\mathrm{d}z.$$

② 坐标轴投影法:若积分区域可以表示为 $\Omega: \begin{cases} p \leqslant z \leqslant q \\ (x, y) \in D_z \end{cases}$,则

$$\iiint\limits_{\Omega} f(x, y, z)\,\mathrm{d}x\,\mathrm{d}y\,\mathrm{d}z = \int_{p}^{q} \mathrm{d}z \iint\limits_{D_z} f(x, y, z)\,\mathrm{d}x\,\mathrm{d}y.$$

方法二 柱面坐标系下的计算:直角坐标与柱面坐标之间的关系是 $\begin{cases} x = \rho\cos\theta, & 0 \leqslant \rho \leqslant +\infty \\ y = \rho\sin\theta, & 0 \leqslant \theta \leqslant 2\pi \\ z = z, & -\infty < z < +\infty \end{cases}$,把以 x、y、z 为积分变量的三重积分转化为以 ρ、θ、z 为积分变量的三重积分的公式为

$$\iiint\limits_{\Omega} f(x, y, z)\,\mathrm{d}x\,\mathrm{d}y\,\mathrm{d}z = \iiint\limits_{\Omega} f(\rho\cos\theta, \rho\sin\theta, z)\rho\,\mathrm{d}\rho\,\mathrm{d}\theta\,\mathrm{d}z.$$

再依据变量 ρ、θ、z 在积分区域 Ω 中的变化范围,将变换后的三重积分转化为累次积分,

例如,若积分区域可以表示为 $\Omega: \begin{cases} z_1(\rho,\theta) \leqslant z \leqslant z_2(\rho,\theta) \\ \rho_1(\theta) \leqslant \rho \leqslant \rho_2(\theta) \\ \alpha \leqslant \theta \leqslant \beta \end{cases}$,则有

$$\iiint\limits_{\Omega} f(x,y,z)\mathrm{d}x\,\mathrm{d}y\,\mathrm{d}z = \int_{\alpha}^{\beta}\mathrm{d}\theta\int_{\rho_1(\theta)}^{\rho_2(\theta)}\mathrm{d}\rho\int_{z_1(\rho,\theta)}^{z_2(\rho,\theta)} f(\rho\cos\theta,\rho\sin\theta,z)\rho\mathrm{d}z。$$

方法三　球面坐标系下的计算:直角坐标与球面坐标之间的关系是 $\begin{cases} x = r\sin\varphi\cos\theta, & 0 \leqslant \rho < +\infty \\ y = r\sin\varphi\sin\theta, & 0 \leqslant \varphi \leqslant \pi \\ z = r\cos\varphi, & 0 \leqslant \theta \leqslant 2\pi \end{cases}$,把以 x、y、z 为积分变量的三重积分转化为以 r、φ、θ 为积分变量的三重积分的公式为

$$\iiint\limits_{\Omega} f(x,y,z)\mathrm{d}x\,\mathrm{d}y\,\mathrm{d}z = \iiint\limits_{\Omega} f(r\sin\varphi\cos\theta,r\sin\varphi\sin\theta,r\cos\varphi)r^2\sin\varphi\mathrm{d}r\mathrm{d}\varphi\mathrm{d}\theta。$$

再依据变量 r、φ、θ 在积分区域 Ω 中的变化范围,将变换后的三重积分转化为累次积分。

例如,若积分区域可以表示为 $\Omega: \begin{cases} r_1(\varphi,\theta) \leqslant r \leqslant r_2(\varphi,\theta) \\ \varphi_1(\theta) \leqslant \varphi \leqslant \varphi_2(\theta) \\ \alpha \leqslant \theta \leqslant \beta \end{cases}$,则

$$\iiint\limits_{\Omega} f(x,y,z)\mathrm{d}x\,\mathrm{d}y\,\mathrm{d}z = \iiint\limits_{\Omega} f(r\sin\varphi\cos\theta,r\sin\varphi\sin\theta,r\cos\varphi)r^2\sin\varphi\mathrm{d}r\mathrm{d}\varphi\mathrm{d}\theta。$$

方法四　三重积分换元法(类似于二重积分换元法)。

(4) 三重积分的应用　设某物体占有空间区域 Ω,其体密度函数为 $\mu(x,y,z)$,且 $\mu(x,y,z)$ 在 Ω 上连续,则物体的质量 $M = \iiint\limits_{\Omega}\mu(x,y,z)\mathrm{d}x\,\mathrm{d}y\,\mathrm{d}z$。

若 $(\bar{x},\bar{y},\bar{z})$ 为其质心坐标,则

$$\bar{x} = \frac{\iiint\limits_{\Omega} x\mu(x,y,z)\mathrm{d}x\,\mathrm{d}y\,\mathrm{d}z}{\iiint\limits_{\Omega}\mu(x,y,z)\mathrm{d}x\,\mathrm{d}y\,\mathrm{d}z},\ \bar{y} = \frac{\iiint\limits_{\Omega} y\mu(x,y,z)\mathrm{d}x\,\mathrm{d}y\,\mathrm{d}z}{\iiint\limits_{\Omega}\mu(x,y,z)\mathrm{d}x\,\mathrm{d}y\,\mathrm{d}z},\ \bar{z} = \frac{\iiint\limits_{\Omega} z\mu(x,y,z)\mathrm{d}x\,\mathrm{d}y\,\mathrm{d}z}{\iiint\limits_{\Omega}\mu(x,y,z)\mathrm{d}x\,\mathrm{d}y\,\mathrm{d}z}。$$

物体对于三个坐标轴的转动惯量分别

$$I_x = \iiint\limits_{\Omega}(y^2 + z^2)\mu(x,y,z)\mathrm{d}x\,\mathrm{d}y\,\mathrm{d}z,$$

$$I_y = \iiint\limits_{\Omega}(x^2 + z^2)\mu(x,y,z)\mathrm{d}x\,\mathrm{d}y\,\mathrm{d}z,$$

$$I_z = \iiint\limits_{\Omega}(x^2 + y^2)\mu(x,y,z)\mathrm{d}x\,\mathrm{d}y\,\mathrm{d}z。$$

注:空间物体对于一般直线的转动惯量通常也用微元法。

3. 两类曲线积分的概念、性质、计算以及格林公式

(1) 第一类曲线积分的概念　弧长的曲线积分(也称为第一类曲线积分)$\int_l f(x,y)\mathrm{d}s = \lim_{\lambda \to 0} \sum_{i=1}^n f(\xi_i, \eta_i)\Delta s_i$,可以看作以 $f(x,y)$ 为线密度的曲线形构件的质量,也可以看作一个柱面的面积。这个柱面是以 l 为准线,以平行于 z 轴的直线为母线,并且在点 (x,y) 处的高度为 $f(x,y)$。

> 注:上面的定义可类似推广到三元函数 $f(x,y,z)$ 在空间曲线 Γ 上的情形,即
> $$\int_\Gamma f(x,y,z)\mathrm{d}s = \lim_{\lambda \to 0} \sum_{i=1}^n f(\xi_i, \eta_i, \zeta_i)\Delta s_i。$$

(2) 第一类曲线积分的性质

性质1　设 α、β 是常数,则

$$\int_l [\alpha f(x,y) + \beta g(x,y)]\mathrm{d}s = \alpha \int_l f(x,y)\mathrm{d}s + \beta \int_l g(x,y)\mathrm{d}s。$$

性质2　若积分弧段 l 可以分成两段光滑曲线弧 l_1 和 l_2,则

$$\int_l f(x,y)\mathrm{d}s = \int_{l_1} f(x,y)\mathrm{d}s + \int_{l_2} f(x,y)\mathrm{d}s。$$

性质3　设在 l 上有 $f(x,y) \leqslant g(x,y)$,则 $\int_l f(x,y)\mathrm{d}s \leqslant \int_l g(x,y)\mathrm{d}s$。

性质4　对称性质(类似于二重积分):

① 若积分曲线 l 关于 y 轴对称,则

$$\int_l f(x,y)\mathrm{d}s = \begin{cases} 2\int_{l_{x \geqslant 0}} f(x,y)\mathrm{d}s, & \text{当 } f(x,y) \text{ 关于 } x \text{ 为偶函数时} \\ 0, & \text{当 } f(x,y) \text{ 关于 } x \text{ 为奇函数时} \end{cases}。$$

② 若积分曲线 l 关于 x 轴对称,则

$$\int_l f(x,y)\mathrm{d}s = \begin{cases} 2\int_{l_{y \geqslant 0}} f(x,y)\mathrm{d}s, & \text{当 } f(x,y) \text{ 关于 } y \text{ 为偶函数时} \\ 0, & \text{当 } f(x,y) \text{ 关于 } y \text{ 为奇函数时} \end{cases}。$$

③ 若积分曲线 l 关于直线 $y=x$ 对称,则 $\int_l f(x,y)\mathrm{d}s = \int_l f(y,x)\mathrm{d}s$。

> 注:曲线 l 所满足的方程可以用来化简被积函数(事实上,本讲涉及的两类曲线积分和两类曲面积分都有这样的性质),因此在计算积分之前应该尽量化简积分表达式。

(3) 第一类曲线积分的计算　当平面曲线 l 由参数方程 $x=x(t)$, $y=y(t)$, $\alpha \leqslant t \leqslant \beta$ 给出时,有

$$\int_l f(x,y)\mathrm{d}s = \int_\alpha^\beta f[x(t),y(t)]\sqrt{[x'(t)]^2+[y'(t)]^2}\,\mathrm{d}t .$$

① 此时积分下限小于积分上限(与下面的对坐标的曲线积分计算公式注意比较)。

② 当积分弧段是以显函数形式或者极坐标系下的方程给出时,也可以得到相应的计算公式。例如,当曲线 $l:\rho=\rho(\theta),\alpha\leqslant\theta\leqslant\beta$ 给出时,则

$$\int_l f(x,y)\mathrm{d}s = \int_\alpha^\beta f(\rho\cos\theta,\rho\sin\theta)\sqrt{\rho^2+\rho'^2}\,\mathrm{d}\theta .$$

③ 对于分段光滑的曲线,可以先分段计算再利用可加性。

④ 如果空间曲线 $\Gamma:\begin{cases} x=x(t) \\ y=y(t) \\ z=z(t) \end{cases},\alpha\leqslant t\leqslant\beta$,其中 $x(t)$、$y(t)$、$z(t)$ 具有一阶连续的导数,则有

$$\int_\Gamma f(x,y,z)\mathrm{d}s = \int_\alpha^\beta f[x(t),y(t),z(t)]\sqrt{x'^2+y'^2+z'^2}\,\mathrm{d}t .$$

(4) 第二类曲线积分的概念　对坐标的曲线积分(也称为第二类曲线积分)

$$\int_l P(x,y)\mathrm{d}x + Q(x,y)\mathrm{d}y = \lim_{\lambda\to0}\sum_{i=1}^n [P(\xi_i,\eta_i)\Delta x_i + Q(\xi_i,\eta_i)\Delta y_i],$$

可以看作某质点在变力 $\boldsymbol{F}(x,y)=(P(x,y),Q(x,y))$ 的作用下从曲线 l 的起点移动到终点时变力所作的功 W,即 $W=\int_l P(x,y)\mathrm{d}x + Q(x,y)\mathrm{d}y$。 有时候也写成

$$W=\int_l \boldsymbol{F}(x,y)\cdot\mathrm{d}\boldsymbol{r},\text{其中 }\boldsymbol{F}(x,y)=(P(x,y),Q(x,y)),\mathrm{d}\boldsymbol{r}=(\mathrm{d}x,\mathrm{d}y) .$$

① 第二类曲线积分与曲线的方向有关系。

② 上述定义也可类似推广如下:

$$\int_\Gamma P(x,y,z)\mathrm{d}x + Q(x,y,z)\mathrm{d}y + R(x,y,z)\mathrm{d}z$$

$$=\lim_{\lambda\to0}\sum_{i=1}^n [P(\xi_i,\eta_i,\zeta_i)\Delta x_i + Q(\xi_i,\eta_i,\zeta_i)\Delta y_i + R(\xi_i,\eta_i,\zeta_i)\Delta z_i] .$$

(5) 第二类曲线积分的性质

性质 1　设 α、β 是常数,则有

$$\int_l [\alpha F_1(x,y)+\beta F_2(x,y)]\mathrm{d}\boldsymbol{r} = \alpha\int_l F_1(x,y)\mathrm{d}\boldsymbol{r} + \beta\int_l F_2(x,y)\mathrm{d}\boldsymbol{r} .$$

性质 2　若积分弧段 l 可以分成两段光滑曲线弧 l_1 和 l_2,则

$$\int_l F(x,y)\cdot\mathrm{d}\boldsymbol{r} = \int_{l_1} F(x,y)\cdot\mathrm{d}\boldsymbol{r} + \int_{l_2} F(x,y)\cdot\mathrm{d}\boldsymbol{r} .$$

性质 3　记 l^{-1} 是 l 的反方向曲线弧,则 $\int_{l^{-1}} F(x,y)\cdot\mathrm{d}\boldsymbol{r} = -\int_l F(x,y)\cdot\mathrm{d}\boldsymbol{r}$。

(6) 第二类曲线积分的计算　当平面有向曲线 l 由参数方程 $x=x(t),y=y(t)$ 给出,参

数 t 从起点参数 α 变到终点参数 β 时,对坐标的曲线积分有如下的计算公式

$$\int_l P(x,y)\mathrm{d}x + Q(x,y)\mathrm{d}y = \int_\alpha^\beta \left\{ P[x(t),y(t)]x'(t) + Q[x(t),y(t)]y'(t) \right\}\mathrm{d}t。$$

需要注意的是下限对应于起点,上限对应于终点。

> 🔍 注:在空间曲线上,有类似的定积分计算公式。如果 $\Gamma:\begin{cases} x=x(t) \\ y=y(t) \\ z=z(t) \end{cases}$,参数 t 从起点参
>
> 数 α 变到终点参数 β,其中 $x(t)$、$y(t)$、$z(t)$ 具有一阶连续的导数,则
>
> $$\int_\Gamma P\mathrm{d}x + Q\mathrm{d}y + R\mathrm{d}z = \int_\alpha^\beta \{P[x(t),y(t),z(t)]x'(t) + Q[x(t),y(t),$$
> $$z(t)]y'(t) + R[x(t),y(t),z(t)]z'(t)\}\mathrm{d}t。$$

(7) 两类曲线积分之间的关系　两类曲线积分有如下的关系:

$$\int_l P(x,y)\mathrm{d}x + Q(x,y)\mathrm{d}y = \int_l [P(x,y)\cos\alpha + Q(x,y)\cos\beta]\mathrm{d}s,$$

其中,$(\cos\alpha,\cos\beta)$ 是曲线 l 上点 (x,y) 处的与曲线指向一致的单位切向量。

(8) 格林公式　设 D 是一个平面区域,规定其正向边界曲线 l 如下:当观察者沿 D 的边界行走时,区域内在它附近的那一部分总在他的左边。例如,当 $D = \{(x,y) \mid x^2 + y^2 \leqslant 1\}$ 时,其正向边界曲线就是单位圆周,且取逆时针方向;当 $D = \{(x,y) \mid 1 \leqslant x^2 + y^2 \leqslant 4\}$ 时,其正向边界曲线包含两条有向曲线,一条是单位圆周,取顺时针方向,另一条是半径为 2 的圆周,取逆时针方向(需要特别注意方向)。

定理(格林公式)　设闭区域 D 由分段光滑的曲线所围成,其正向边界曲线是 l,函数 $P(x,y)$、$Q(x,y)$ 在 D 上具有一阶连续偏导,则有

$$\oint_l P\mathrm{d}x + Q\mathrm{d}y = \iint_D \left(\frac{\partial Q}{\partial x} - \frac{\partial P}{\partial y} \right) \mathrm{d}x\,\mathrm{d}y。$$

在应用格林公式的时候特别要注意以下两点:

① 函数 $P(x,y)$、$Q(x,y)$ 在 D 上具有一阶连续偏导;

② 闭曲线 l 是区域 D 的正向边界曲线,当积分曲线不封闭的时候,通常需要添加曲线后再利用格林公式。

(9) 曲线积分与路径无关的条件

定理　设 D 是一个单连通域,$P(x,y)$、$Q(x,y)$ 在 D 上具有一阶连续偏导数,则以下四个条件等价:

(1) 曲线积分 $\int_l P(x,y)\mathrm{d}x + Q(x,y)\mathrm{d}y$ 与路径无关,只与起点和终点有关,其中 l 是 D 内任一分段光滑曲线。

(2) 在 D 内任一分段光滑闭曲线 C 上有 $\oint_C P(x,y)\mathrm{d}x + Q(x,y)\mathrm{d}y = 0$。

(3) $\dfrac{\partial Q}{\partial x} = \dfrac{\partial P}{\partial y}$ 在区域 D 内恒成立。

（4）$P(x,y)\mathrm{d}x+Q(x,y)\mathrm{d}y$ 是某个二元函数的全微分（恰当微分），即存在二元函数 $u=u(x,y)$，使得 $\mathrm{d}u=P(x,y)\mathrm{d}x+Q(x,y)\mathrm{d}y$。

关于上述结论，需注意以下几点：

① 条件（4）中，二元函数 $u=u(x,y)$ 也称为 $P(x,y)\mathrm{d}x+Q(x,y)\mathrm{d}y$ 的原函数，容易看到，原函数存在的时候一定不唯一，彼此可以相差任意常数，且原函数

$$u(x,y)=\int_{(x_0,y_0)}^{(x,y)}P\mathrm{d}x+Q\mathrm{d}y=\int_{x_0}^{x}P(x,y_0)\mathrm{d}x+\int_{y_0}^{y}Q(x,y)\mathrm{d}y。$$

也可以这样计算：

$$u(x,y)=\int_{y_0}^{y}Q(x_0,y)\mathrm{d}y+\int_{x_0}^{x}P(x,y)\mathrm{d}x。$$

其中 (x_0,y_0) 是 D 内任意一定点。

> 注：原函数也可以通过解偏微分方程或者凑微分的方式求解。

② 曲线积分基本定理：当 $P(x,y)\mathrm{d}x+Q(x,y)\mathrm{d}y$ 的原函数 $u=u(x,y)$ 存在时，则有

$$\int_{l}P(x,y)\mathrm{d}x+Q(x,y)\mathrm{d}y=u(B)-u(A),$$

其中，点 A 对应于曲线 l 的起点，而点 B 对应于曲线 l 的终点。

③ 当曲线积分与路径无关的时候，也可以通过改变路径的方式求解（选择路径时应该尽量简单，同时需要考虑被积函数的特点）。

④ 当 $P(x,y)\mathrm{d}x+Q(x,y)\mathrm{d}y$ 的原函数 $u=u(x,y)$ 存在时，一阶微分方程

$$P(x,y)\mathrm{d}x+Q(x,y)\mathrm{d}y=0$$

也称为全微分方程，其通解为 $u(x,y)=C$。

4. 两类曲面积分的概念、性质、计算以及高斯公式和斯托克斯公式

（1）第一类曲面积分的概念　对面积的曲面积分（也称为第一类曲面积分）$\iint\limits_{\Sigma}f(x,y,z)\mathrm{d}S=\lim\limits_{\lambda\to0}\sum\limits_{i=1}^{n}f(\xi_i,\eta_i,\zeta_i)\Delta S_i$ 可以看作以 $f(x,y,z)$ 为面密度的某个曲面形构件的质量。

（2）第一类曲面积分的性质　由定义可以看出，对面积的曲面积分有与对弧长的曲线积分类似的性质，在此不再赘述。

（3）第一类曲面积分的计算　设曲面 Σ 由方程 $z=z(x,y)$ 给出，且 Σ 在坐标面 xOy 上的投影区域为 D_{xy}，$z(x,y)$ 在 D_{xy} 上具有一阶连续偏导数，被积函数 $f(x,y,z)$ 在 Σ 上连续，则

$$\iint\limits_{\Sigma}f(x,y,z)\mathrm{d}S=\iint\limits_{D_{xy}}f(x,y,z(x,y))\sqrt{1+z_x^2+z_y^2}\,\mathrm{d}x\mathrm{d}y。$$

即通过所谓"三替换"把曲面积分化为二重积分：D_{xy} 替换 Σ，$z(x,y)$ 替换被积函数 $f(x,y,z)$ 中的 z，$\sqrt{1+z_x^2+z_y^2}\,\mathrm{d}x\mathrm{d}y$ 替换 $\mathrm{d}S$。

> 注:当 Σ 由方程 $x=x(y,z)$ 或者 $y=y(x,z)$ 给出时,有如下类似的计算公式:
>
> $$\iint_{\Sigma}f(x,y,z)\mathrm{d}S=\iint_{D_{yz}}f(x(y,z),y,z)\sqrt{1+x_y^2+x_z^2}\,\mathrm{d}y\mathrm{d}z,$$
>
> $$\iint_{\Sigma}f(x,y,z)\mathrm{d}S=\iint_{D_{xz}}f(x,y(x,z),z)\sqrt{1+y_x^2+y_z^2}\,\mathrm{d}x\mathrm{d}z。$$

> 注:第一类曲面积分的计算可转化为二重积分以外,还有球面坐标计算、柱坐标计算、换元法、普阿松定理等计算方法。

(4) 第二类曲面积分的概念　对坐标的曲面积分(也称为第二类曲面积分)

$$\iint_{\Sigma}P(x,y,z)\mathrm{d}y\mathrm{d}z+Q(x,y,z)\mathrm{d}z\mathrm{d}x+R(x,y,z)\mathrm{d}x\mathrm{d}y$$
$$=\lim_{\lambda\to0}\sum_{i=1}^{n}\left[P(\xi_i,\eta_i,\zeta_i)(\Delta S_i)_{yz}+Q(\xi_i,\eta_i,\zeta_i)(\Delta S_i)_{zx}+R(\xi_i,\eta_i,\zeta_i)(\Delta S_i)_{xy}\right],$$

可以看作在单位时间内通过速度场

$$V(x,y,z)=(P(x,y,z),Q(x,y,z),R(x,y,z))$$

中某个定向曲面 Σ 的流体的质量(假定密度为 1 且流体是稳定不可压缩的),即流量 Φ,需要注意的是,第二类曲面积分与曲面的方向有关系。

(5) 第二类曲面积分的性质　第二类曲面积分的性质与第二类曲线积分的性质类似。

(6) 第二类曲面积分的计算　设定向曲面 Σ 由方程 $z=z(x,y)$ 给出,且 Σ 在坐标面 xOy 上的投影区域为 D_{xy},$z(x,y)$ 在 D_{xy} 上具有一阶连续偏导数,被积函数 $R(x,y,z)$ 在 Σ 上连续,则

$$\iint_{\Sigma}R(x,y,z)\mathrm{d}x\mathrm{d}y=\pm\iint_{D_{xy}}R[x,y,z(x,y)]\mathrm{d}x\mathrm{d}y。$$

当 Σ 取上侧时,积分前取"+",当 Σ 取下侧时,积分前取"-"。

> 注:如果 Σ 由 $x=x(y,z)$ 给出,则有 $\iint_{\Sigma}P(x,y,z)\mathrm{d}y\mathrm{d}z=\pm\iint_{D_{yz}}P[x(y,z),y,z]\mathrm{d}y\mathrm{d}z$。
>
> 如果 Σ 由 $y=y(x,z)$ 给出,则有 $\iint_{\Sigma}Q(x,y,z)\mathrm{d}z\mathrm{d}x=\pm\iint_{D_{zx}}Q[x,y(z,x),z]\mathrm{d}z\mathrm{d}x$。

(7) 两类曲面积分之间的关系　两类曲面积分有如下的关系:

$$\iint_{\Sigma}P(x,y,z)\mathrm{d}y\mathrm{d}z+Q(x,y,z)\mathrm{d}z\mathrm{d}x+R(x,y,z)\mathrm{d}x\mathrm{d}y$$

$$=\iint\limits_{\Sigma}\left[P(x,y,z)\cos\alpha+Q(x,y,z)\cos\beta+R(x,y,z)\cos\gamma\right]\mathrm{d}S。$$

其中 $(\cos\alpha,\cos\beta,\cos\gamma)$ 是定向曲面 Σ 上点 (x,y,z) 处的与曲面指向一致的单位法向量。

(8) 高斯公式

定理（高斯公式） 设空间闭区域 Ω 是由分片光滑的闭曲面 Σ 所围成，函数 $P(x,y,z)$，$Q(x,y,z)$，$R(x,y,z)$ 在 Ω 上具有一阶连续偏导数，则有

$$\iiint\limits_{\Omega}\left(\frac{\partial P}{\partial x}+\frac{\partial Q}{\partial y}+\frac{\partial R}{\partial z}\right)\mathrm{d}x\mathrm{d}y\mathrm{d}z=\oiint\limits_{\Sigma}P\mathrm{d}y\mathrm{d}z+Q\mathrm{d}z\mathrm{d}x+R\mathrm{d}x\mathrm{d}y,$$

或

$$\iiint\limits_{\Omega}\left(\frac{\partial P}{\partial x}+\frac{\partial Q}{\partial y}+\frac{\partial R}{\partial z}\right)\mathrm{d}x\mathrm{d}y\mathrm{d}z=\oiint\limits_{\Sigma}(P\cos\alpha+Q\cos\beta+R\cos\gamma)\mathrm{d}S,$$

其中 Σ 是 Ω 的整个边界曲面的外侧。

(9) 斯托克斯公式

定理（斯托克斯公式） 设 Γ 为分段光滑的空间有向闭曲线，Σ 是以 Γ 为边界的分片光滑的有向曲面，Γ 的正向与 Σ 的指向符合右手法则，函数 $P(x,y,z)$，$Q(x,y,z)$，$R(x,y,z)$ 在曲面 Σ（连同边界）上具有一阶连续偏导数，则有

$$\iint\limits_{\Sigma}\left(\frac{\partial R}{\partial y}-\frac{\partial Q}{\partial z}\right)\mathrm{d}y\mathrm{d}z+\left(\frac{\partial P}{\partial z}-\frac{\partial R}{\partial x}\right)\mathrm{d}z\mathrm{d}x+\left(\frac{\partial Q}{\partial x}-\frac{\partial P}{\partial y}\right)\mathrm{d}x\mathrm{d}y=\oint\limits_{\Gamma}P\mathrm{d}x+Q\mathrm{d}y+R\mathrm{d}z。$$

注：可以按照如下方式记忆：

$$\iint\limits_{\Sigma}\begin{vmatrix}\mathrm{d}y\mathrm{d}z & \mathrm{d}z\mathrm{d}x & \mathrm{d}x\mathrm{d}y\\ \dfrac{\partial}{\partial x} & \dfrac{\partial}{\partial y} & \dfrac{\partial}{\partial z}\\ P & Q & R\end{vmatrix}=\oint\limits_{\Gamma}P\mathrm{d}x+Q\mathrm{d}y+R\mathrm{d}z,$$

即

$$\iint\limits_{\Sigma}\begin{vmatrix}\cos\alpha & \cos\beta & \cos\gamma\\ \dfrac{\partial}{\partial x} & \dfrac{\partial}{\partial y} & \dfrac{\partial}{\partial z}\\ P & Q & R\end{vmatrix}\mathrm{d}S=\oint\limits_{\Gamma}P\mathrm{d}x+Q\mathrm{d}y+R\mathrm{d}z。$$

其中，$n=(\cos\alpha,\cos\beta,\cos\gamma)$ 是定向曲面 Σ 上点 (x,y,z) 处的与曲面指向一致的单位法向量。

(10) 向量场的散度与旋度

① 散度：在空间直角坐标系下，设有向量场

$$\boldsymbol{A}(x,y,z)=(P(x,y,z),Q(x,y,z),R(x,y,z)),$$

则称数量 $\dfrac{\partial P}{\partial x}+\dfrac{\partial Q}{\partial y}+\dfrac{\partial R}{\partial z}$ 为向量场 $\boldsymbol{A}(x,y,z)$ 在点 (x,y,z) 处的散度，记为

$$\text{div}(\boldsymbol{A}) = \frac{\partial P}{\partial x} + \frac{\partial Q}{\partial y} + \frac{\partial R}{\partial z}。$$

② 旋度：设有向量场 $\boldsymbol{A}(x, y, z) = (P(x, y, z), Q(x, y, z), R(x, y, z))$，称向量

$$\left(\frac{\partial R}{\partial y} - \frac{\partial Q}{\partial z}\right)\mathbf{i} + \left(\frac{\partial P}{\partial z} - \frac{\partial R}{\partial x}\right)\mathbf{j} + \left(\frac{\partial Q}{\partial x} - \frac{\partial P}{\partial y}\right)\mathbf{k}$$

为向量场 $\boldsymbol{A}(x, y, z)$ 在点 (x, y, z) 处的旋度，记为

$$\mathbf{rot}(\boldsymbol{A}) = \left(\frac{\partial R}{\partial y} - \frac{\partial Q}{\partial z}\right)\mathbf{i} + \left(\frac{\partial P}{\partial z} - \frac{\partial R}{\partial x}\right)\mathbf{j} + \left(\frac{\partial Q}{\partial x} - \frac{\partial P}{\partial y}\right)\mathbf{k}。$$

> 注：旋度也可以这样记忆：$\mathbf{rot}(\boldsymbol{A}) = \begin{vmatrix} \mathbf{i} & \mathbf{j} & \mathbf{k} \\ \dfrac{\partial}{\partial x} & \dfrac{\partial}{\partial y} & \dfrac{\partial}{\partial z} \\ P & Q & R \end{vmatrix}。$

7.2 例题选讲

例 7.1 设 $\varphi(t) = \iint\limits_{D_t} \dfrac{\mathrm{e}^x \cos y}{x^2 + y^2}\mathrm{d}x\,\mathrm{d}y$，其中 $D_t = \{(x, y) \mid t^2 \leqslant x^2 + y^2 \leqslant 4t^2\}$，求 $\lim\limits_{t \to 0^+} \varphi(t)$。

解 由推广的二重积分中值定理，存在 $(\xi, \eta) \in D_t$，使得

$$\iint\limits_{D_t} \frac{\mathrm{e}^x \cos y}{x^2 + y^2}\mathrm{d}x\,\mathrm{d}y = \mathrm{e}^\xi \cos \xi \iint\limits_{D_t} \frac{1}{x^2 + y^2}\mathrm{d}x\,\mathrm{d}y,$$

故 $\varphi(t) = \mathrm{e}^\xi \cos \xi \iint\limits_{D_t} \dfrac{1}{x^2 + y^2}\mathrm{d}x\,\mathrm{d}y = \mathrm{e}^\xi \cos \xi \cdot \int_0^{2\pi} \mathrm{d}\theta \int_t^{2t} \dfrac{1}{\rho^2}\rho\,\mathrm{d}\rho = \mathrm{e}^\xi \cos \xi \cdot 2\pi \ln 2$，

所以，$\lim\limits_{t \to 0^+} \varphi(t) = \lim\limits_{\xi \to 0^+} \mathrm{e}^\xi \cos \xi \cdot 2\pi \ln 2 = 2\pi \ln 2$。

例 7.2 设 $f(u)$ 在 $u = 0$ 处可导，$f(0) = 0$，$D = \{(x, y) \mid x^2 + y^2 \leqslant 2tx, y \geqslant 0\}$，其中 $t > 0$，求极限 $\lim\limits_{t \to 0^+} \dfrac{1}{t^4} \iint\limits_D y f(\sqrt{x^2 + y^2})\mathrm{d}x\,\mathrm{d}y$。

解
$$\iint\limits_D y f(\sqrt{x^2 + y^2})\mathrm{d}x\,\mathrm{d}y = \int_0^{\frac{\pi}{2}} \mathrm{d}\theta \int_0^{2t\cos\theta} \rho \sin\theta f(\rho)\rho\,\mathrm{d}\rho$$

$$= \int_0^{2t} \mathrm{d}\rho \int_0^{\arccos\frac{\rho}{2t}} \rho^2 \sin\theta f(\rho)\mathrm{d}\theta = \int_0^{2t} \rho^2 f(\rho)\left(1 - \frac{\rho}{2t}\right)\mathrm{d}\rho$$

$$= \int_0^{2t} \rho^2 f(\rho)\mathrm{d}\rho - \frac{1}{2t}\int_0^{2t} \rho^3 f(\rho)\mathrm{d}\rho,$$

所以 $\lim\limits_{t \to 0^+} \dfrac{1}{t^4} \iint\limits_D y f(\sqrt{x^2 + y^2})\mathrm{d}x\,\mathrm{d}y = \lim\limits_{t \to 0^+} \dfrac{\displaystyle\int_0^{2t} \rho^2 f(\rho)\mathrm{d}\rho - \frac{1}{2t}\int_0^{2t} \rho^3 f(\rho)\mathrm{d}\rho}{t^4}$

$$= \lim_{t \to 0^+} \frac{2t \int_0^{2t} \rho^2 f(\rho) \mathrm{d}\rho - \int_0^{2t} \rho^3 f(\rho) \mathrm{d}\rho}{2t^5} = \lim_{t \to 0^+} \frac{2\int_0^{2t} \rho^2 f(\rho) \mathrm{d}\rho + 16t^3 f(2t) - 16t^3 f(2t)}{10t^4}$$

$$= \lim_{t \to 0^+} \frac{\int_0^{2t} \rho^2 f(\rho) \mathrm{d}\rho}{5t^4} = \lim_{t \to 0^+} \frac{4t^2 f(2t) \cdot 2}{20t^3} = \frac{4}{5} f'(0)_\circ$$

例 7.3 计算 $I = \iint\limits_D \dfrac{y^2 \mathrm{e}^{-xy}}{x^2 + y^2} \mathrm{d}x \, \mathrm{d}y$，其中，$D$ 是由 $y = x$ 以及 x 轴正半轴围成的位于第一象限部分的无界区域。

解　$I = \iint\limits_D \dfrac{y^2 \mathrm{e}^{-xy}}{x^2 + y^2} \mathrm{d}x \, \mathrm{d}y = \displaystyle\int_0^{\frac{\pi}{4}} \mathrm{d}\theta \int_0^{+\infty} \frac{\rho^2 \sin^2\theta \, \mathrm{e}^{-\rho^2 \sin\theta\cos\theta}}{\rho^2} \rho \, \mathrm{d}\rho$

$$= -\frac{1}{2} \int_0^{\frac{\pi}{4}} \tan\theta \, \mathrm{d}\theta \int_0^{+\infty} \mathrm{d}(\mathrm{e}^{-\rho^2 \sin\theta\cos\theta}) = \frac{1}{2} \int_0^{\frac{\pi}{4}} \tan\theta \, \mathrm{d}\theta = \frac{1}{4} \ln 2_\circ$$

例 7.4 计算 $I = \iint\limits_D \sqrt{\dfrac{1 - x^2 - y^2}{1 + x^2 + y^2}} \mathrm{d}x \, \mathrm{d}y$，其中 $D: x^2 + y^2 \leqslant 1$ 位于第一象限部分区域。

解　$I = \iint\limits_D \sqrt{\dfrac{1 - x^2 - y^2}{1 + x^2 + y^2}} \mathrm{d}x \, \mathrm{d}y = \displaystyle\int_0^{\frac{\pi}{2}} \mathrm{d}\theta \int_0^1 \sqrt{\dfrac{1 - \rho^2}{1 + \rho^2}} \rho \, \mathrm{d}\rho = \int_0^{\frac{\pi}{2}} \mathrm{d}\theta \int_0^1 \dfrac{1 - \rho^2}{\sqrt{1 - \rho^4}} \rho \, \mathrm{d}\rho,$

其中 $\displaystyle\int_0^1 \dfrac{1 - \rho^2}{\sqrt{1 - \rho^4}} \rho \, \mathrm{d}\rho = \int_0^1 \dfrac{\rho}{\sqrt{1 - \rho^4}} \mathrm{d}\rho - \int_0^1 \dfrac{\rho^3}{\sqrt{1 - \rho^4}} \mathrm{d}\rho$

$$= \frac{1}{2} \left[\arcsin \rho^2 \right] \Big|_0^1 + \frac{1}{2} \left[\sqrt{1 - \rho^4} \right] \Big|_0^1 = \frac{\pi}{4} - \frac{1}{2}_\circ$$

所以，$I = \iint\limits_D \sqrt{\dfrac{1 - x^2 - y^2}{1 + x^2 + y^2}} \mathrm{d}x \, \mathrm{d}y = \dfrac{\pi}{2} \left[\dfrac{\pi}{4} - \dfrac{1}{2} \right] = \dfrac{\pi^2}{8} - \dfrac{\pi}{4}_\circ$

例 7.5 计算 $\displaystyle\iint\limits_D \dfrac{1}{x^4 + y^2} \mathrm{d}x \, \mathrm{d}y$，其中 $D = \{ (x, y) \mid y \geqslant x^2 + 1 \}$。

解　$\displaystyle\iint\limits_D \dfrac{1}{x^4 + y^2} \mathrm{d}x \, \mathrm{d}y = 2 \int_0^{+\infty} \mathrm{d}x \int_{x^2 + 1}^{+\infty} \dfrac{1}{x^4 + y^2} \mathrm{d}y = 2 \int_0^{+\infty} \left(\dfrac{1}{x^2} \arctan \dfrac{y}{x^2} \Big|_{x^2 + 1}^{+\infty} \right) \mathrm{d}x$

$$= 2 \int_0^{+\infty} \frac{1}{x^2} \left[\frac{\pi}{2} - \arctan \frac{x^2 + 1}{x^2} \right] \mathrm{d}x = 2 \int_0^{+\infty} \frac{1}{x^2} \cdot \arctan \frac{x^2}{x^2 + 1} \mathrm{d}x$$

$$= -2 \int_0^{+\infty} \arctan \frac{x^2}{x^2 + 1} \mathrm{d}\left(\frac{1}{x} \right) = -2 \left(\frac{\arctan \dfrac{x^2}{x^2 + 1}}{x} \Big|_0^{+\infty} - \int_0^{+\infty} \frac{1}{x} \cdot \frac{1}{1 + \left(\dfrac{x^2}{x^2 + 1} \right)^2} \cdot \frac{2x}{(1 + x^2)^2} \mathrm{d}x \right)$$

$$= 2 \int_0^{+\infty} \frac{1}{x} \cdot \frac{1}{1 + \left(\dfrac{x^2}{x^2 + 1} \right)^2} \cdot \frac{2x}{(1 + x^2)^2} \mathrm{d}x = 4 \int_0^{+\infty} \frac{1}{2x^4 + 2x^2 + 1} \mathrm{d}x$$

$$= 2 \int_0^{+\infty} \frac{1}{x^4 + x^2 + \dfrac{1}{2}} \mathrm{d}x = \sqrt{2} \int_0^{+\infty} \frac{\left(x^2 + \dfrac{1}{\sqrt{2}} \right) - \left(x^2 - \dfrac{1}{\sqrt{2}} \right)}{x^4 + x^2 + \dfrac{1}{2}} \mathrm{d}x$$

$$= \sqrt{2} \left[\int_0^{+\infty} \frac{x^2 + \frac{1}{\sqrt{2}}}{x^4 + x^2 + \frac{1}{2}} \mathrm{d}x - \int_0^{+\infty} \frac{x^2 - \frac{1}{\sqrt{2}}}{x^4 + x^2 + \frac{1}{2}} \mathrm{d}x \right]$$

$$= \sqrt{2} \left(\int_0^{+\infty} \frac{1 + \frac{1}{\sqrt{2}\,x^2}}{x^2 + 1 + \frac{1}{2x^2}} \mathrm{d}x - \int_0^{+\infty} \frac{1 - \frac{1}{\sqrt{2}\,x^2}}{x^2 + 1 + \frac{1}{2x^2}} \mathrm{d}x \right)$$

$$= \sqrt{2} \left[\int_0^{+\infty} \frac{1}{\left(x - \frac{1}{\sqrt{2}\,x} \right)^2 + \sqrt{2} + 1} \mathrm{d}\left(x - \frac{1}{\sqrt{2}\,x} \right) - \int_0^{+\infty} \frac{1}{\left(x + \frac{1}{\sqrt{2}\,x} \right)^2 - \sqrt{2} + 1} \mathrm{d}\left(x + \frac{1}{\sqrt{2}\,x} \right) \right]$$

$$= \sqrt{2} \left[\frac{1}{\sqrt{\sqrt{2}+1}} \arctan\left(\frac{x - \frac{1}{\sqrt{2}\,x}}{\sqrt{\sqrt{2}+1}} \right) \Bigg|_0^{+\infty} - \frac{1}{2\sqrt{\sqrt{2}-1}} \ln \left| \frac{x + \frac{1}{\sqrt{2}\,x} - \sqrt{\sqrt{2}-1}}{x + \frac{1}{\sqrt{2}\,x} + \sqrt{\sqrt{2}-1}} \right| \Bigg|_0^{+\infty} \right]$$

$$= \sqrt{2} \, \frac{1}{\sqrt{\sqrt{2}+1}} \left(\frac{\pi}{2} + \frac{\pi}{2} \right) = \frac{\sqrt{2}\,\pi}{\sqrt{\sqrt{2}+1}}.$$

例 7.6 计算 $I = \iint\limits_D \ln|\sin(x-y)| \, \mathrm{d}x\,\mathrm{d}y$,其中 D:$\{(x, y) \mid x \leqslant y \leqslant \pi, 0 \leqslant x \leqslant \pi\}$。

解 $I = \iint\limits_D \ln|\sin(x-y)| \, \mathrm{d}x\,\mathrm{d}y = \iint\limits_D \ln\sin(y-x)\,\mathrm{d}x\,\mathrm{d}y$。

令 $u = y - x$,$v = y + x$,则

$$I = \frac{1}{2} \iint\limits_D \ln(\sin u)\,\mathrm{d}u\,\mathrm{d}v = \frac{1}{2} \int_0^\pi \mathrm{d}u \int_u^{2\pi - u} \ln(\sin u)\,\mathrm{d}v = \int_0^\pi (\pi - u) \ln(\sin u)\,\mathrm{d}u$$

$$= 2\pi \int_0^{\frac{\pi}{2}} \ln(\sin u)\,\mathrm{d}u - \pi \int_0^{\frac{\pi}{2}} \ln(\sin u)\,\mathrm{d}u = \pi \int_0^{\frac{\pi}{2}} \ln(\sin u)\,\mathrm{d}u = -\frac{\pi^2}{2} \ln 2.$$

例 7.7 计算 $\int_0^1 \mathrm{d}x \int_0^1 \mathrm{d}y \int_x^{xy} z^z (\ln z + 1)\,\mathrm{d}z$。

解 $\int_0^1 \mathrm{d}x \int_0^1 \mathrm{d}y \int_x^{xy} z^z (\ln z + 1)\,\mathrm{d}z = \int_0^1 \mathrm{d}x \int_0^1 \mathrm{d}y \int_x^{xy} \mathrm{d}(\mathrm{e}^{z\ln z})$

$$= \int_0^1 \mathrm{d}x \int_0^1 (\mathrm{e}^{xy\ln(xy)} - \mathrm{e}^{x\ln x})\,\mathrm{d}y = \int_0^1 \mathrm{d}x \int_0^1 (xy)^{xy}\,\mathrm{d}y - \int_0^1 \mathrm{d}x \int_0^1 x^x\,\mathrm{d}y$$

$$= \int_0^1 x^x\,\mathrm{d}x - \int_0^1 x^x\,\mathrm{d}x = 0.$$

例 7.8 设 $f(x)$ 具有连续的导函数,$D_t = \{(x, y) \mid 0 \leqslant x, y \leqslant t\}$,$g(t) = \iint\limits_{D_t} f(x)f(y)\,\mathrm{d}x\,\mathrm{d}y$,$g(1) = 0$,$B = \max\limits_{x \in [0,1]} \{|f'(x)|\}$,证明:对于任意的 $t \in (0, 1)$,有 $g(t) \leqslant \dfrac{B^2}{64}$。

证明　$g(t) = \iint\limits_{D_t} f(x)f(y)\mathrm{d}x\,\mathrm{d}y = \int_0^t \mathrm{d}x \int_0^t f(x)f(y)\mathrm{d}y = \left(\int_0^t f(x)\mathrm{d}x\right)^2$，

由 $g(1) = 0$，可得 $\int_0^1 f(x)\mathrm{d}x = 0$。记 $F(t) = \int_0^t f(x)\mathrm{d}x$，则 $F(0) = F(1) = 0$，故对于任意的

$t \in (0, 1)$，存在 $\xi \in (0, 1)$，使得 $F(t) = \dfrac{t(t-1)}{2}F''(\xi) = \dfrac{t(t-1)}{2}f'(\xi)$。所以

$$g(t) = \left(\int_0^t f(x)\mathrm{d}x\right)^2 = F^2(t) = \left[\frac{t(t-1)}{2}f'(\xi)\right]^2 \leqslant \frac{B^2}{64}.$$

例 7.9　设 $f(x, y)$ 具有二阶连续偏导数，满足 $f(x, 0) = f(0, y) = 0$，且 $|f_{xy}(x, y)|$

$\leqslant M$，记 $D = \{(x, y) \mid 0 \leqslant x \leqslant 1, 0 \leqslant y \leqslant 2\}$，证明：$\left|\iint\limits_D f(x, y)\mathrm{d}x\,\mathrm{d}y\right| \leqslant M$。

证明　由拉格朗日中值定理可得：

$$\begin{aligned}
f(x, y) &= f(x, y) - f(0, y) = f_1'(\xi, y)x = \left[f_1'(\xi, y) - f_1'(\xi, 0)\right]x \\
&= f_{12}''(\xi, \eta)yx,
\end{aligned}$$

故　　　　　　　　　　$|f(x, y)| = |f_{12}''(\xi, \eta)yx| \leqslant Mxy$。

所以　　　　　　$\left|\iint\limits_D f(x, y)\mathrm{d}x\,\mathrm{d}y\right| \leqslant \iint\limits_D |f(x, y)|\mathrm{d}x\,\mathrm{d}y \leqslant \iint\limits_D Mxy\,\mathrm{d}x\,\mathrm{d}y = M$。

例 7.10　设二元函数 $f(x, y)$ 满足等式 $f(x, y) = y\sqrt{1-x^2} + x\iint\limits_D f(x, y)\mathrm{d}x\,\mathrm{d}y$，其中

平面区域 $D = \{(x, y) \mid x^2 + y^2 \leqslant 1, y \geqslant 0\}$，求 $\iint\limits_D xf(x, y)\mathrm{d}x\,\mathrm{d}y$。

解　记 $A = \iint\limits_D f(x, y)\mathrm{d}x\,\mathrm{d}y$，则 $f(x, y) = y\sqrt{1-x^2} + Ax$，所以

$$A = \iint\limits_D f(x, y)\mathrm{d}x\,\mathrm{d}y = \iint\limits_D (y\sqrt{1-x^2} + Ax)\mathrm{d}x\,\mathrm{d}y = \iint\limits_D y\sqrt{1-x^2}\,\mathrm{d}x\,\mathrm{d}y$$

$$= \int_{-1}^1 \mathrm{d}x \int_0^{\sqrt{1-x^2}} y\sqrt{1-x^2}\,\mathrm{d}y = \frac{1}{2}\int_{-1}^1 (1-x^2)^{\frac{3}{2}}\mathrm{d}x = \int_0^1 (1-x^2)^{\frac{3}{2}}\mathrm{d}x = \frac{3\pi}{16}.$$

因此 $f(x, y) = y\sqrt{1-x^2} + \dfrac{3\pi}{16}x$，计算可得

$$\iint\limits_D xf(x, y)\mathrm{d}x\,\mathrm{d}y = \iint\limits_D x\left[y\sqrt{1-x^2} + \frac{3\pi}{16}x\right]\mathrm{d}x\,\mathrm{d}y = \frac{3\pi^2}{128}.$$

例 7.11　求连续函数 $f(x, y)$，使其满足 $f(x, y) = \sqrt{1-x^2-y^2} - \dfrac{8}{\pi}\iint\limits_D f(x,$

$y)\mathrm{d}x\,\mathrm{d}y$，其中平面区域 $D = \{(x, y) \mid x^2 + y^2 \leqslant y, x \geqslant 0\}$。

解　设 $\iint\limits_D f(x, y)\mathrm{d}x\,\mathrm{d}y = A$，则 $f(x, y) = \sqrt{1-x^2-y^2} - \dfrac{8}{\pi}A$，故

$$A = \iint\limits_{D} f(x, y)\,dx\,dy = \iint\limits_{D} \left(\sqrt{1-x^2-y^2} - \frac{8}{\pi}A \right) dx\,dy$$

$$= \iint\limits_{D} \sqrt{1-x^2-y^2}\,dx\,dy - \frac{8}{\pi}A \times \frac{\pi}{8} = \iint\limits_{D} \sqrt{1-x^2-y^2}\,dx\,dy - A$$

其中，

$$\iint\limits_{D} \sqrt{1-x^2-y^2}\,dx\,dy = \int_0^{\frac{\pi}{2}} d\theta \int_0^{\sin\theta} \sqrt{1-\rho^2}\,\rho\,d\rho = \frac{1}{3}\int_0^{\frac{\pi}{2}}(1-\cos^3\theta)\,d\theta = \frac{1}{3}\left(\frac{\pi}{2} - \frac{2}{3} \right),$$

所以，$2A = \frac{1}{3}\left(\frac{\pi}{2} - \frac{2}{3} \right)$，$A = \frac{1}{6}\left(\frac{\pi}{2} - \frac{2}{3} \right)$，即 $f(x, y) = \sqrt{1-x^2-y^2} - \frac{4}{3\pi}\left(\frac{\pi}{2} - \frac{2}{3} \right)$。

例 7.12 计算 $I = \iint\limits_{x^2+y^2\leq 4} \mathrm{sgn}(x^2-y^2+2)\,dx\,dy$。

解 记 $D_1 = \{(x, y) \mid \sqrt{2+x^2} \leq y \leq \sqrt{4-x^2},\ 0 \leq x \leq 1\}$,

$$D_2 = \{(x, y) \mid 0 \leq y \leq \sqrt{4-x^2},\ 0 \leq x \leq 2\} - D_1,$$

则由对称性得：

$$\iint\limits_{D} \mathrm{sgn}(x^2-y^2+2)\,dx\,dy = 4\iint\limits_{D_1+D_2} \mathrm{sgn}(x^2-y^2+2)\,dx\,dy$$

$$= 4\iint\limits_{D_2} dx\,dy - 4\iint\limits_{D_1} dx\,dy = 4\iint\limits_{D_1+D_2} dx\,dy - 8\iint\limits_{D_1} dx\,dy = 4\pi - 8\iint\limits_{D_1} dx\,dy。$$

由于 $\iint\limits_{D_1} dx\,dy = \int_0^1 dx \int_{\sqrt{2+x^2}}^{\sqrt{4-x^2}} dy = \int_0^1 [\sqrt{4-x^2} - \sqrt{2+x^2}]\,dx$，其中，

$$\int_0^1 \sqrt{4-x^2}\,dx = \frac{1}{2}\left[x\sqrt{4-x^2} + 4\arcsin\frac{x}{2} \right]\Big|_0^1 = \frac{\sqrt{3}}{2} + \frac{\pi}{3},$$

$$\int_0^1 \sqrt{2+x^2}\,dx = \frac{1}{2}\left[x\sqrt{2+x^2} + 2\ln(x+\sqrt{2+x^2}) \right]\Big|_0^1 = \frac{\sqrt{3}}{2} + \ln(1+\sqrt{3}) - \frac{1}{2}\ln 2,$$

故 $\iint\limits_{D_1} dx\,dy = \frac{\sqrt{3}}{2} + \frac{\pi}{3} - \left[\frac{\sqrt{3}}{2} + \ln(1+\sqrt{3}) - \frac{1}{2}\ln 2 \right] = \frac{\pi}{3} - \ln(1+\sqrt{3}) + \frac{1}{2}\ln 2$。

所以，$I = \iint\limits_{x^2+y^2\leq 4} \mathrm{sgn}(x^2-y^2+2)\,dx\,dy = 4\pi - 8\left[\frac{\pi}{3} - \ln(1+\sqrt{3}) + \frac{1}{2}\ln 2 \right] = \frac{4\pi}{3} + 8\ln(1+\sqrt{3}) - 4\ln 2$。

例 7.13 交换积分次序 $\int_0^2 dx \int_{\sqrt{2+x^2}}^{\sqrt{4-x^2}} f(x, y)\,dy$。

解 记 $D_1 = \{(x, y) \mid \sqrt{2+x^2} \leq y \leq \sqrt{4-x^2},\ 0 \leq x \leq 1\}$,

$$D_2 = \{(x, y) \mid \sqrt{4-x^2} \leq y \leq \sqrt{2+x^2},\ 1 \leq x \leq 2\},$$

则 $\int_0^2 dx \int_{\sqrt{2+x^2}}^{\sqrt{4-x^2}} f(x,y) dy = \int_0^1 dx \int_{\sqrt{2+x^2}}^{\sqrt{4-x^2}} f(x,y) dy - \int_1^2 dx \int_{\sqrt{4-x^2}}^{\sqrt{2+x^2}} f(x,y) dy$

$$= \iint_{D_1} f(x,y) dx\, dy - \iint_{D_2} f(x,y) dx\, dy$$

$$= \int_{\sqrt2}^{\sqrt3} dy \int_0^{\sqrt{y^2-2}} f(x,y) dx + \int_{\sqrt3}^2 dy \int_0^{\sqrt{4-y^2}} f(x,y) dx - \int_0^{\sqrt3} dy \int_{\sqrt{4-y^2}}^2 f(x,y) dx -$$

$\int_{\sqrt3}^{\sqrt6} dy \int_{\sqrt{y^2-2}}^2 f(x,y) dx$。

例 7.14　计算 $I = \iint_D y\, dx\, dy$，其中 D 是由曲线 $\left(\dfrac{x}{a}+\dfrac{y}{b}\right)^3 = \dfrac{xy}{c}$ 所围成的闭区域，其中 a、b、$c > 0$。

解　令 $\begin{cases} x = a\rho\cos^2\theta \\ y = b\rho\sin^2\theta \end{cases}$，则

$$\frac{\partial(x,y)}{\partial(\rho,\theta)} = \begin{vmatrix} a\cos^2\theta & -2a\rho\sin\theta\cos\theta \\ b\sin^2\theta & 2b\rho\sin\theta\cos\theta \end{vmatrix} = 2ab\rho\sin\theta\cos\theta,$$

故 $I = \iint_D y\, dx\, dy = \int_0^{2\pi} d\theta \int_0^{\frac{ab}{c}\sin^2\theta\cos^2\theta} b\rho\sin^2\theta \cdot 2ab\rho \mid \sin\theta\cos\theta \mid d\rho$

$$= \int_0^{2\pi} 2ab^2\sin^2\theta \mid \sin\theta\cos\theta \mid \cdot \frac{a^3b^3}{3c^3} \cdot \sin^6\theta\cos^6\theta\, d\theta$$

$$= \frac{2a^4b^5}{3c^3} \int_0^{2\pi} \mid \sin^9\theta\cos^7\theta \mid d\theta = \frac{8a^4b^5}{3c^3} \int_0^{\frac{\pi}{2}} \sin^9\theta\cos^7\theta\, d\theta$$

$$= \frac{4a^4b^5}{3c^3} \int_0^{\frac{\pi}{2}} \sin^7\theta\cos^7\theta\, d\theta = \frac{4a^4b^5}{3c^3} \cdot \frac{1}{2^7} \int_0^{\frac{\pi}{2}} \sin^7 2\theta\, d\theta$$

$$= \frac{4a^4b^5}{3c^3} \cdot \frac{1}{2^8} \int_0^{\pi} \sin^7 x\, dx = \frac{4a^4b^5}{3c^3} \cdot \frac{1}{2^7} \cdot \frac{6}{7} \cdot \frac{4}{5} \cdot \frac{2}{3} = \frac{a^4b^5}{210c^3}。$$

例 7.15　计算 $I = \iint_D \dfrac{1}{xy(\ln^2 x + \ln^2 y)} dx\, dy$，其中，$D$ 是由 $x^2 + y^2 = 1$ 以及 $x + y = 1$ 所围成的位于第一象限部分的闭区域。

解　令 $\begin{cases} \ln x = \rho\cos\theta \\ \ln y = \rho\sin\theta \end{cases}$，即 $\begin{cases} x = e^{\rho\cos\theta} \\ y = e^{\rho\sin\theta} \end{cases}$，则

$$\frac{\partial(x,y)}{\partial(\rho,\theta)} = \begin{vmatrix} \cos\theta\, e^{\rho\cos\theta} & -\rho\sin\theta\, e^{\rho\cos\theta} \\ \sin\theta\, e^{\rho\sin\theta} & \rho\, e^{\rho\sin\theta}\cos\theta \end{vmatrix} = \rho\, e^{\rho(\sin\theta+\cos\theta)}。$$

边界曲线 $x^2 + y^2 = 1$ 变为 $e^{2\rho\cos\theta} + e^{2\rho\sin\theta} = 1$，$x + y = 1$ 变为 $e^{\rho\cos\theta} + e^{\rho\sin\theta} = 1$，若设 $e^{\rho\cos\theta} + e^{\rho\sin\theta} = 1$ 所确定的隐函数为 $\rho = f(\theta)$，则 $e^{2\rho\cos\theta} + e^{2\rho\sin\theta} = 1$ 所确定的隐函数为 $\rho = \dfrac{1}{2}f(\theta)$。

所以

$$I = \iint_D \frac{1}{xy(\ln^2 x + \ln^2 y)} dx\, dy = \iint_D \frac{1}{e^{\rho(\sin\theta+\cos\theta)}\rho^2} \cdot \rho\, e^{\rho(\sin\theta+\cos\theta)} d\rho\, d\theta$$

$$= \iint\limits_{D} \frac{1}{\rho} \,\mathrm{d}\rho \,\mathrm{d}\theta = \int_{\pi}^{\frac{3\pi}{2}} \mathrm{d}\theta \int_{\frac{1}{2}f(\theta)}^{f(\theta)} \frac{1}{\rho} \,\mathrm{d}\rho = \frac{\pi}{2} \ln 2 \, 。$$

例 7.16 一个底半径为 1，高为 6 的圆柱形水桶，在距离底部为 2 处有两个小孔，且两个小孔的连线与圆柱的轴线垂直相交，问该水桶最多能盛多少水？

解 建立坐标系，使得圆柱形水桶的底面是 xOy 坐标面，且两个小孔的坐标分别为点 $A(1, 0, 2)$ 和点 $B(-1, 0, 2)$，不妨假设水面所在平面的方程为 π：$z = ky + 2$ $(2 \leqslant k \leqslant 4)$，则水桶的盛水量

$$V = \iint\limits_{x^2+y^2 \leqslant 1, \, ky+2 \geqslant 0} (ky+2) \,\mathrm{d}x \,\mathrm{d}y = \int_{-\frac{2}{k}}^{1} \mathrm{d}y \int_{-\sqrt{1-y^2}}^{\sqrt{1-y^2}} (ky+2) \,\mathrm{d}x$$

$$= \int_{-\frac{2}{k}}^{1} 2(ky+2) \sqrt{1-y^2} \,\mathrm{d}y = 2k \int_{-\frac{2}{k}}^{1} y\sqrt{1-y^2} \,\mathrm{d}y + 4 \int_{-\frac{2}{k}}^{1} \sqrt{1-y^2} \,\mathrm{d}y \, 。$$

故 $\dfrac{\mathrm{d}V}{\mathrm{d}k} = 2 \int_{-\frac{2}{k}}^{1} y\sqrt{1-y^2} \,\mathrm{d}y - 2k \left(-\dfrac{2}{k}\right) \sqrt{1-\dfrac{4}{k^2}} \cdot \dfrac{4}{k^2} - 4 \sqrt{1-\dfrac{4}{k^2}} \cdot \dfrac{4}{k^2} = 2 \int_{-\frac{2}{k}}^{1} y\sqrt{1-y^2} \,\mathrm{d}y$

> 0 。

因此，当 $k = 4$ 时，水桶的盛水量达到最大值且最大值为

$$V_{\max} = V \Big|_{k=4} = \int_{-\frac{1}{2}}^{1} \mathrm{d}y \int_{-\sqrt{1-y^2}}^{\sqrt{1-y^2}} (4y+2) \,\mathrm{d}x = 2 \int_{-\frac{1}{2}}^{1} (4y+2) \sqrt{1-y^2} \,\mathrm{d}y = \frac{4\pi}{3} + \frac{3\sqrt{3}}{2} \, 。$$

例 7.17 设 $f(x)$ 是连续函数，证明：

$$\int_{0}^{\frac{\pi}{2}} \mathrm{d}x \int_{0}^{\frac{\pi}{2}} \sin x \cdot f(\sin x \cdot \sin y) \,\mathrm{d}y = \frac{\pi}{2} \int_{0}^{\frac{\pi}{2}} \sin u \cdot f(\cos u) \,\mathrm{d}u \, 。$$

证明 作换元 $\sin x \cdot \sin y = \cos u$，则 $y = \arcsin\left(\dfrac{\cos u}{\sin x}\right)$，且

$$\int_{0}^{\frac{\pi}{2}} \sin x \cdot f(\sin x \cdot \sin y) \,\mathrm{d}y = \int_{\frac{\pi}{2}}^{\frac{\pi}{2}-x} \sin x \cdot f(\cos u) \cdot \frac{1}{\sqrt{1-\left(\dfrac{\cos u}{\sin x}\right)^2}} \cdot \left(-\frac{\sin u}{\sin x}\right) \,\mathrm{d}u$$

$$= \int_{\frac{\pi}{2}-x}^{\frac{\pi}{2}} \sin x \cdot f(\cos u) \cdot \frac{\sin u}{\sqrt{\sin^2 x - \cos^2 u}} \,\mathrm{d}u \, ,$$

故 $\displaystyle\int_{0}^{\frac{\pi}{2}} \mathrm{d}x \int_{0}^{\frac{\pi}{2}} \sin x \cdot f(\sin x \cdot \sin y) \,\mathrm{d}y = \int_{0}^{\frac{\pi}{2}} \mathrm{d}x \int_{\frac{\pi}{2}-x}^{\frac{\pi}{2}} \sin x \cdot f(\cos u) \cdot \dfrac{\sin u}{\sqrt{\sin^2 x - \cos^2 u}} \,\mathrm{d}u$ 。

交换积分次序可得：

$$\int_{0}^{\frac{\pi}{2}} \mathrm{d}x \int_{0}^{\frac{\pi}{2}} \sin x \cdot f(\sin x \cdot \sin y) \,\mathrm{d}y = \int_{0}^{\frac{\pi}{2}} \mathrm{d}u \int_{\frac{\pi}{2}-u}^{\frac{\pi}{2}} \sin x \cdot f(\cos u) \cdot \frac{\sin u}{\sqrt{\sin^2 x - \cos^2 u}} \,\mathrm{d}x$$

$$= \int_{0}^{\frac{\pi}{2}} \mathrm{d}u \int_{\frac{\pi}{2}-u}^{\frac{\pi}{2}} \sin u \cdot f(\cos u) \cdot \frac{\sin x}{\sqrt{\sin^2 u - \cos^2 x}} \,\mathrm{d}x$$

$$= \int_{0}^{\frac{\pi}{2}} \sin u \cdot f(\cos u) \cdot \left(-\arcsin\left(\frac{\cos x}{\sin u}\right) \Big|_{\frac{\pi}{2}-u}^{\frac{\pi}{2}}\right) \mathrm{d}u$$

$$= \frac{\pi}{2} \int_0^{\frac{\pi}{2}} \sin u \cdot f(\cos u) \mathrm{d}u。$$

综上,结论得证。

例 7.18　若 $f(x,y)$ 在区域 $D: a \leqslant x \leqslant b, c \leqslant y \leqslant d$ 上的两个累次积分都存在,则它们必定相等。这句话对吗? 你能证明或找个例子来说明你的结论吗?

解　取 $f(x,y) = \dfrac{x-y}{(x+y)^3}$,$D: 0 \leqslant x \leqslant 1, 0 \leqslant y \leqslant 1$,则有

$$\int_0^1 \mathrm{d}x \int_0^1 \frac{x-y}{(x+y)^3} \mathrm{d}y = \int_0^1 \frac{y}{(x+y)^2}\Big|_0^1 \mathrm{d}x = \int_0^1 \frac{1}{(x+1)^2}\mathrm{d}x = -\frac{1}{x+1}\Big|_0^1 = \frac{1}{2},$$

$$\int_0^1 \mathrm{d}y \int_0^1 \frac{x-y}{(x+y)^3} \mathrm{d}x = \int_0^1 \frac{-x}{(x+y)^2}\Big|_0^1 \mathrm{d}y = -\int_0^1 \frac{1}{(1+y)^2}\mathrm{d}y = \frac{1}{1+y}\Big|_0^1 = -\frac{1}{2}。$$

说明该函数先 y 后 x 的二次积分与先 x 后 y 的二次积分不相等,因此命题不成立。

例 7.19　设有一个半径为 R 的球形物体,其内任一点 P 处的密度 $\rho = \dfrac{1}{|PP_0|}$。其中,点 P_0 是一个定点,且它到球心的距离为 r_0,求该物体的质量。

解　以球心为原点建立空间直角坐标系,使得点 P_0 的坐标 $(0,0,r_0)$,则

$$\rho = \frac{1}{|PP_0|} = \frac{1}{\sqrt{x^2+y^2+(z-r_0)^2}},$$

所以,$M = \iiint\limits_{\Omega} \rho \mathrm{d}x\mathrm{d}y\mathrm{d}z = \iiint\limits_{\Omega} \dfrac{1}{\sqrt{x^2+y^2+(z-r_0)^2}}\mathrm{d}x\mathrm{d}y\mathrm{d}z$

$$= \int_0^{2\pi} \mathrm{d}\theta \int_0^{\pi} \mathrm{d}\varphi \int_0^R \frac{1}{\sqrt{r^2+r_0^2-2rr_0\cos\varphi}} r^2 \sin\varphi \mathrm{d}r$$

$$= 2\pi \int_0^R \mathrm{d}r \int_0^{\pi} \frac{1}{\sqrt{r^2+r_0^2-2rr_0\cos\varphi}} r^2 \sin\varphi \mathrm{d}\varphi$$

$$= \frac{2\pi}{r_0} \int_0^R r\left[\sqrt{r^2+r_0^2-2rr_0\cos\varphi}\right]\Big|_0^{\pi} \mathrm{d}r = \frac{4\pi}{r_0}\int_0^R r^2 \mathrm{d}r = \frac{4\pi R^3}{3r_0}。$$

例 7.20　设 $f(x)$ 连续且恒大于零,记

$$F(t) = \frac{\iiint\limits_{\Omega_t} f(x^2+y^2+z^2)\mathrm{d}x\mathrm{d}y\mathrm{d}z}{\iint\limits_{D_t} f(x^2+y^2)\mathrm{d}x\mathrm{d}y}, \quad G(t) = \frac{\iint\limits_{D_t} f(x^2+y^2)\mathrm{d}x\mathrm{d}y}{\int_{-t}^{t} f(x^2)\mathrm{d}x},$$

其中,$\Omega_t = \{(x,y,z) \mid x^2+y^2+z^2 \leqslant t^2\}$,$D_t = \{(x,y) \mid x^2+y^2 \leqslant t^2\}$。

(1) 讨论 $F(t)$ 在区间 $(0,+\infty)$ 内的单调性;(2) 证明:当 $t > 0$ 时,$F(t) > \dfrac{2}{\pi}G(t)$。

解　(1) 由于

$$F(t) = \frac{\iiint\limits_{\Omega_t} f(x^2+y^2+z^2)\,\mathrm{d}x\,\mathrm{d}y\,\mathrm{d}z}{\iint\limits_{D_t} f(x^2+y^2)\,\mathrm{d}x\,\mathrm{d}y} = \frac{\int_0^{2\pi}\mathrm{d}\theta\int_0^{\pi}\mathrm{d}\varphi\int_0^t f(r^2)r^2\sin\varphi\,\mathrm{d}r}{\int_0^{2\pi}\mathrm{d}\theta\int_0^t f(\rho^2)\rho\,\mathrm{d}\rho} = \frac{2\int_0^t f(x^2)x^2\,\mathrm{d}x}{\int_0^t f(x^2)x\,\mathrm{d}x},$$

故
$$F'(t) = 2\left[\frac{\int_0^t f(x^2)x^2\,\mathrm{d}x}{\int_0^t f(x^2)x\,\mathrm{d}x}\right]' = 2\,\frac{f(t^2)t^2\int_0^t f(x^2)x\,\mathrm{d}x - f(t^2)t\int_0^t f(x^2)x^2\,\mathrm{d}x}{\left[\int_0^t f(x^2)x\,\mathrm{d}x\right]^2}$$

$$= 2\,\frac{f(t^2)t\int_0^t f(x^2)(t-x)x\,\mathrm{d}x}{\left[\int_0^t f(x^2)x\,\mathrm{d}x\right]^2} > 0。$$

所以，$F(t)$ 在区间 $(0,+\infty)$ 上单调增加。

（2）由于

$$G(t) = \frac{\iint\limits_{D_t} f(x^2+y^2)\,\mathrm{d}x\,\mathrm{d}y}{\int_{-t}^t f(x^2)\,\mathrm{d}x} = \frac{\int_0^{2\pi}\mathrm{d}\theta\int_0^t f(\rho^2)\rho\,\mathrm{d}\rho}{\int_{-t}^t f(x^2)\,\mathrm{d}x} = \frac{2\pi\int_0^t f(\rho^2)\rho\,\mathrm{d}\rho}{2\int_0^t f(x^2)\,\mathrm{d}x} = \frac{\pi\int_0^t f(x^2)x\,\mathrm{d}x}{\int_0^t f(x^2)\,\mathrm{d}x},$$

故当 $t>0$ 时，$F(t) > \dfrac{2}{\pi}G(t) \Leftrightarrow \dfrac{2\int_0^t f(x^2)x^2\,\mathrm{d}x}{\int_0^t f(x^2)x\,\mathrm{d}x} > \dfrac{2}{\pi}\,\dfrac{\pi\int_0^t f(x^2)x\,\mathrm{d}x}{\int_0^t f(x^2)\,\mathrm{d}x}$

$$\Leftrightarrow \int_0^t f(x^2)x^2\,\mathrm{d}x\int_0^t f(x^2)\,\mathrm{d}x > \left[\int_0^t f(x^2)x\,\mathrm{d}x\right]^2。$$

记 $g(t) = \int_0^t f(x^2)x^2\,\mathrm{d}x\int_0^t f(x^2)\,\mathrm{d}x - \left[\int_0^t f(x^2)x\,\mathrm{d}x\right]^2$。显然 $g(0)=0$，且

$$g'(t) = f(t^2)t^2\int_0^t f(x^2)\,\mathrm{d}x + f(t^2)\int_0^t f(x^2)x^2\,\mathrm{d}x - 2f(t^2)t\int_0^t f(x^2)x\,\mathrm{d}x$$

$$= f(t^2)\int_0^t f(x^2)(t-x)^2\,\mathrm{d}x > 0,$$

所以，$g(t)$ 在 $[0,+\infty)$ 上单调增加，$g(t) > g(0) = 0$，命题得证。

例 7.21 设 $f(x)$ 在 $[0,1]$ 上连续，且 $f(x) = 1 + \lambda\int_x^1 f(y)f(y-x)\,\mathrm{d}y$，证明：$\lambda \leqslant 1/2$。

证明 记 $a = \int_0^1 f(x)\,\mathrm{d}x$，则

$$a = \int_0^1\left[1 + \lambda\int_x^1 f(y)f(y-x)\,\mathrm{d}y\right]\mathrm{d}x = 1 + \lambda\int_0^1\mathrm{d}x\int_x^1 f(y)f(y-x)\,\mathrm{d}y$$

$$= 1 + \lambda\int_0^1\mathrm{d}y\int_0^y f(y)f(y-x)\,\mathrm{d}x = 1 + \lambda\int_0^1\mathrm{d}y\int_0^y f(y)f(t)\,\mathrm{d}t$$

$$= 1 + \lambda\int_0^1 f(y)\left(\int_0^y f(t)\,\mathrm{d}t\right)\mathrm{d}y = 1 + \lambda\int_0^1\left[\int_0^y f(t)\,\mathrm{d}t\right]\mathrm{d}\left[\int_0^y f(t)\,\mathrm{d}t\right]$$

$$= 1 + \frac{\lambda}{2}\left[\int_0^y f(t)\,\mathrm{d}t\right]^2\Big|_0^1 = 1 + \frac{\lambda}{2}\left[\int_0^1 f(t)\,\mathrm{d}t\right]^2 = 1 + \frac{\lambda}{2}a^2。$$

故 $a = 1 + \dfrac{\lambda}{2} a^2$，$\dfrac{\lambda}{2} a^2 - a + 1 = 0$，判别式非负，得 $1 - 4 \times \dfrac{\lambda}{2} \geqslant 0$，所以 $\lambda \leqslant 1/2$。

例 7.22　求曲线 $(x^3 + y^3)^2 = x^2 + y^2$ 所围成平面图形在第一象限部分的面积。

解　记曲线 $(x^3 + y^3)^2 = x^2 + y^2$ 所围成平面图形在第一象限部分为 D，令 $\begin{cases} x = \rho\cos\theta, \\ y = \rho\sin\theta, \end{cases}$

得边界曲线的极坐标方程为 $\rho = \dfrac{1}{\sqrt{\sin^3\theta + \cos^3\theta}}$，故 D 的面积为

$$S = \iint\limits_{D} \mathrm{d}x\,\mathrm{d}y = \int_0^{\frac{\pi}{2}} \mathrm{d}\theta \int_0^{\frac{1}{\sqrt{\sin^3\theta + \cos^3\theta}}} \rho\,\mathrm{d}\rho = \frac{1}{2} \int_0^{\frac{\pi}{2}} \frac{1}{\sin^3\theta + \cos^3\theta} \mathrm{d}\theta。$$

先求

$$\begin{aligned}
\int \frac{1}{\sin^3\theta + \cos^3\theta} \mathrm{d}\theta &= \int \frac{1}{(\sin\theta + \cos\theta)(1 - \sin\theta\cos\theta)} \mathrm{d}\theta \\
&= \frac{1}{3} \int \left[\frac{2}{\sin\theta + \cos\theta} + \frac{\sin\theta + \cos\theta}{1 - \sin\theta\cos\theta} \right] \mathrm{d}\theta \\
&= \frac{1}{3} \int \left[\frac{\sqrt{2}}{\sin\left(\theta + \dfrac{\pi}{4}\right)} + \frac{2(\sin\theta + \cos\theta)}{(\sin\theta - \cos\theta)^2 + 1} \right] \mathrm{d}\theta \\
&= \frac{\sqrt{2}}{3} \ln\left| \csc\left(\theta + \frac{\pi}{4}\right) - \operatorname{ctg}\left(\theta + \frac{\pi}{4}\right) \right| + \frac{2}{3} \arctan(\sin\theta - \cos\theta) + C,
\end{aligned}$$

所以，$\displaystyle\int_0^{\frac{\pi}{2}} \frac{1}{\sin^3\theta + \cos^3\theta} \mathrm{d}\theta$

$$= \left\{ \frac{\sqrt{2}}{3} \ln\left| \csc\left(\theta + \frac{\pi}{4}\right) - \operatorname{ctg}\left(\theta + \frac{\pi}{4}\right) \right| + \frac{2}{3} \arctan(\sin\theta - \cos\theta) \right\} \Bigg|_0^{\frac{\pi}{2}} = \frac{2\sqrt{2}}{3} \ln(1 + \sqrt{2}) + \frac{\pi}{3},$$

因而 $S = \dfrac{1}{2} \displaystyle\int_0^{\frac{\pi}{2}} \dfrac{1}{\sin^3\theta + \cos^3\theta} \mathrm{d}\theta = \dfrac{1}{2} \left[\dfrac{2\sqrt{2}}{3} \ln(1 + \sqrt{2}) + \dfrac{\pi}{3} \right] = \dfrac{\sqrt{2}}{3} \ln(1 + \sqrt{2}) + \dfrac{\pi}{6}$。

例 7.23　求曲面 $z^2 = x^2 + \dfrac{y^2}{4}$，$2z = x^2 + \dfrac{y^2}{2}$ 所围立体的体积。

解　两曲面的交线在 xOy 面上的投影曲线是 l：$\begin{cases} \sqrt{x^2 + \dfrac{y^2}{4}} = \dfrac{1}{2}\left(x^2 + \dfrac{y^2}{2}\right), \\ z = 0 \end{cases}$，所以它们

所围立体的体积为　$V = \iint\limits_{\frac{1}{2}\left(x^2 + \frac{y^2}{2}\right) \leqslant \sqrt{x^2 + \frac{y^2}{4}}} \left[\sqrt{x^2 + \frac{y^2}{4}} - \frac{1}{2}\left(x^2 + \frac{y^2}{2}\right) \right] \mathrm{d}x\,\mathrm{d}y$。

作广义极坐标换元 $\begin{cases} x = \rho\cos\theta, \\ y = 2\rho\sin\theta, \end{cases}$ 可得

$$V = \iint\limits_{\frac{1}{2}\left(x^2 + \frac{y^2}{2}\right) \leqslant \sqrt{x^2 + \frac{y^2}{4}}} \left[\sqrt{x^2 + \frac{y^2}{4}} - \frac{1}{2}\left(x^2 + \frac{y^2}{2}\right) \right] \mathrm{d}x\,\mathrm{d}y$$

$$= \int_0^{2\pi} d\theta \int_0^{\frac{2}{1+\sin^2\theta}} \left[\rho - \frac{1}{2}(\rho^2\cos^2\theta + 2\rho^2\sin^2\theta)\right]2\rho\,d\rho$$

$$= \int_0^{2\pi} \left[\frac{16}{3(1+\sin^2\theta)^3} - (1+\sin^2\theta)\frac{4}{(1+\sin^2\theta)^4}\right]d\theta = \frac{4}{3}\int_0^{2\pi} \frac{1}{(1+\sin^2\theta)^3}d\theta$$

$$= \frac{16}{3}\int_0^{\frac{\pi}{2}} \frac{\sec^6\theta}{(1+2\tan^2\theta)^3}d\theta = \frac{16}{3}\int_0^{\frac{\pi}{2}} \frac{(1+\tan^2\theta)^2}{(1+2\tan^2\theta)^3}d(\tan\theta)$$

$$\xlongequal{\sqrt{2}\tan\theta = x} \frac{16}{3\sqrt{2}}\int_0^{+\infty} \frac{\left(1+\frac{x^2}{2}\right)^2}{(1+x^2)^3}dx = \frac{16}{3\sqrt{2}}\int_0^{+\infty} \frac{1+x^2+\frac{x^4}{4}}{(1+x^2)^3}dx$$

$$= \frac{16}{3\sqrt{2}}\left[\int_0^{+\infty} \frac{1}{(1+x^2)^2}dx + \frac{1}{4}\int_0^{+\infty} \frac{x^4}{(1+x^2)^3}dx\right].$$

其中
$$\int_0^{+\infty} \frac{1}{(1+x^2)^2}dx = \int_0^{\frac{\pi}{2}} \frac{1}{\sec^4\theta}\sec^2\theta\,d\theta = \frac{\pi}{4},$$

$$\int_0^{+\infty} \frac{x^4}{(1+x^2)^3}dx = \int_0^{\frac{\pi}{2}} \frac{\tan^4\theta}{\sec^6\theta}\sec^2\theta\,d\theta = \int_0^{\frac{\pi}{2}} \sin^4\theta\,d\theta = \frac{3\pi}{16},$$

所以, $V = \dfrac{16}{3\sqrt{2}}\left[\displaystyle\int_0^{+\infty} \frac{1}{(1+x^2)^2}dx + \frac{1}{4}\int_0^{+\infty} \frac{x^4}{(1+x^2)^3}dx\right] = \dfrac{16}{3\sqrt{2}}\left[\dfrac{\pi}{4} + \dfrac{3\pi}{64}\right] = \dfrac{19\sqrt{2}}{24}\pi.$

例 7.24 求 $\displaystyle\lim_{t\to 0^+} \frac{1}{t^6}\int_0^t dx \int_x^t \sin(x^2 y^2)dy$。

解 交换次序得:

$$\int_0^t dx \int_x^t \sin(x^2 y^2)dy = \int_0^t dy \int_0^y \sin(x^2 y^2)dx = \int_0^t \left[\int_0^y \sin(x^2 y^2)dx\right]dy,$$

所以, $\displaystyle\lim_{t\to 0^+}\frac{1}{t^6}\int_0^t dx \int_x^t \sin(x^2 y^2)dy = \lim_{t\to 0^+} \dfrac{\displaystyle\int_0^t \left[\int_0^y \sin(x^2 y^2)dx\right]dy}{t^6}$

$$= \lim_{t\to 0^+} \frac{\displaystyle\int_0^t \sin(x^2 t^2)dx}{6t^5} = \lim_{t\to 0^+} \frac{\displaystyle\int_0^{t^2}\sin(u^2)du}{6t^6} = \lim_{t\to 0^+}\frac{\sin(t^4)\cdot 2t}{36t^5} = \frac{1}{18}.$$

例 7.25 证明下列积分不等式:

(1) $\dfrac{61}{165}\pi \leqslant \displaystyle\iint_{x^2+y^2\leqslant 1} \sin\sqrt{(x^2+y^2)^3}\,dx\,dy \leqslant \dfrac{2}{5}\pi$;

(2) $\dfrac{\pi}{4}\left(1 - \dfrac{1}{e}\right) \leqslant \left(\displaystyle\int_0^1 e^{-x^2}dx\right)^2 \leqslant \dfrac{16}{25}$;

(3) 设 $f(x) > 0$, 在 $[a, b]$ 上连续, 且 $\displaystyle\int_a^b f(x)dx = A$, 证明:

$$\int_a^b f(x)e^{f(x)}dx \int_a^b \frac{1}{f(x)}dx \geqslant (b-a)(b-a+A);$$

(4) $1 \leqslant \displaystyle\iint_D (\cos y^2 + \sin x^2)dx\,dy \leqslant \sqrt{2}$, 其中, $D = \{(x, y) \mid 0 \leqslant y \leqslant 1, 0 \leqslant x \leqslant 1\}$。

证明　(1) 先计算二重积分：

$$\iint\limits_{x^2+y^2\leqslant 1} \sin\sqrt{(x^2+y^2)^3}\,\mathrm{d}x\,\mathrm{d}y = \int_0^{2\pi}\mathrm{d}\theta\int_0^1 \sin\rho^3\,\rho\,\mathrm{d}\rho = 2\pi\int_0^1 \sin\rho^3\,\rho\,\mathrm{d}\rho。$$

利用不等式 $t - \dfrac{t^3}{3!} \leqslant \sin t \leqslant t$（当 $t \geqslant 0$ 时），可得

$$\rho^4 - \frac{\rho^{10}}{3!} = \left(\rho^3 - \frac{\rho^9}{3!}\right)\rho \leqslant \sin\rho^3\,\rho \leqslant \rho^3\,\rho = \rho^4，$$

故　　　　　　$$\frac{61}{5\times 66} = \int_0^1\left(\rho^4 - \frac{\rho^{10}}{3!}\right)\mathrm{d}\rho \leqslant \int_0^1 \sin\rho^3\,\rho\,\mathrm{d}\rho \leqslant \int_0^1 \rho^4\,\mathrm{d}\rho = \frac{1}{5}。$$

所以，$\dfrac{61}{165}\pi \leqslant \displaystyle\iint\limits_{x^2+y^2\leqslant 1} \sin\sqrt{(x^2+y^2)^3}\,\mathrm{d}x\,\mathrm{d}y \leqslant \dfrac{2}{5}\pi$。

(2) 记 $I = \displaystyle\int_0^1 \mathrm{e}^{-x^2}\,\mathrm{d}x$，由于 $\mathrm{e}^{-x^2} \leqslant 1 - x^2 + \dfrac{x^4}{2!}$，故

$$I = \int_0^1 \mathrm{e}^{-x^2}\,\mathrm{d}x \leqslant \int_0^1\left(1 - x^2 + \frac{x^4}{2!}\right)\mathrm{d}x = \frac{23}{30} < \frac{4}{5}，$$

右边得证；另一方面，

$$(2I)^2 = 4\left(\int_0^1 \mathrm{e}^{-x^2}\,\mathrm{d}x\right)^2 = 4\iint\limits_{0\leqslant x,\,y\leqslant 1} \mathrm{e}^{-x^2-y^2}\,\mathrm{d}x\,\mathrm{d}y = \iint\limits_{-1\leqslant x,\,y\leqslant 1} \mathrm{e}^{-x^2-y^2}\,\mathrm{d}x\,\mathrm{d}y$$

$$> \iint\limits_{x^2+y^2\leqslant 1} \mathrm{e}^{-x^2-y^2}\,\mathrm{d}x\,\mathrm{d}y = \int_0^{2\pi}\mathrm{d}\theta\int_0^1 \mathrm{e}^{-\rho^2}\,\rho\,\mathrm{d}\rho = \pi(1-\mathrm{e}^{-1})，$$

左边得证。

(3) 记 $D = \{(x,\,y)\mid a\leqslant x,\,y\leqslant b\}$，则

$$\int_a^b f(x)\mathrm{e}^{f(x)}\,\mathrm{d}x\int_a^b\frac{1}{f(x)}\,\mathrm{d}x = \int_a^b f(x)\mathrm{e}^{f(x)}\,\mathrm{d}x\int_a^b\frac{1}{f(y)}\,\mathrm{d}y = \iint\limits_D\frac{f(x)}{f(y)}\mathrm{e}^{f(x)}\,\mathrm{d}x\,\mathrm{d}y。$$

由对称性，$\displaystyle\iint\limits_D\frac{f(x)}{f(y)}\mathrm{e}^{f(x)}\,\mathrm{d}x\,\mathrm{d}y = \iint\limits_D\frac{f(y)}{f(x)}\mathrm{e}^{f(y)}\,\mathrm{d}x\,\mathrm{d}y$，所以

$$\iint\limits_D\frac{f(x)}{f(y)}\mathrm{e}^{f(x)}\,\mathrm{d}x\,\mathrm{d}y = \frac{1}{2}\left[\iint\limits_D\frac{f(x)}{f(y)}\mathrm{e}^{f(x)}\,\mathrm{d}x\,\mathrm{d}y + \iint\limits_D\frac{f(y)}{f(x)}\mathrm{e}^{f(y)}\,\mathrm{d}x\,\mathrm{d}y\right]$$

$$= \frac{1}{2}\iint\limits_D\left[\frac{f(x)}{f(y)}\mathrm{e}^{f(x)} + \frac{f(y)}{f(x)}\mathrm{e}^{f(y)}\right]\mathrm{d}x\,\mathrm{d}y \geqslant \iint\limits_D\mathrm{e}^{\frac{f(x)+f(y)}{2}}\,\mathrm{d}x\,\mathrm{d}y$$

$$\geqslant \iint\limits_D\left[1 + \frac{f(x)+f(y)}{2}\right]\mathrm{d}x\,\mathrm{d}y = \iint\limits_D[1+f(x)]\,\mathrm{d}x\,\mathrm{d}y$$

$$= (b-a)^2 + \int_a^b\mathrm{d}x\int_a^b f(x)\,\mathrm{d}y = (b-a)^2 + (b-a)A = (b-a)(b-a+A)。$$

(4) 记 $I = \displaystyle\iint\limits_D(\cos y^2 + \sin x^2)\,\mathrm{d}x\,\mathrm{d}y$，由对称性得：

$$\iint\limits_{D}(\cos y^2 + \sin x^2)\mathrm{d}x\,\mathrm{d}y = \iint\limits_{D}(\cos x^2 + \sin y^2)\mathrm{d}x\,\mathrm{d}y。$$

故 $2I = \iint\limits_{D}(\cos y^2 + \sin x^2 + \cos x^2 + \sin y^2)\mathrm{d}x\,\mathrm{d}y$

$$= \sqrt{2}\iint\limits_{D}\left[\sin\left(x^2 + \frac{\pi}{4}\right) + \sin\left(y^2 + \frac{\pi}{4}\right)\right]\mathrm{d}x\,\mathrm{d}y。$$

当 $(x,y) \in D = \{(x,y) \mid 0 \leqslant y \leqslant 1, 0 \leqslant x \leqslant 1\}$ 时，$\sqrt{2} \leqslant \sin\left(x^2 + \frac{\pi}{4}\right) + \sin\left(y^2 + \frac{\pi}{4}\right) \leqslant 2$，

故 $$2 \leqslant \sqrt{2}\iint\limits_{D}\left[\sin\left(x^2 + \frac{\pi}{4}\right) + \sin\left(y^2 + \frac{\pi}{4}\right)\right]\mathrm{d}x\,\mathrm{d}y \leqslant 2\sqrt{2},$$

即 $1 \leqslant I \leqslant \sqrt{2}$，结论成立。

例 7.26 设 $f(u)$ 具有连续的导函数，$\lim\limits_{u \to +\infty} f'(u) = A > 0$，$I_R = \iint\limits_{D} f'(x^2 + y^2)\mathrm{d}x\,\mathrm{d}y$，其中 $D = \{(x,y) \mid x^2 + y^2 \leqslant R^2, x \geqslant 0, y \geqslant 0\}$，求 $\lim\limits_{R \to +\infty}\dfrac{I_R}{R^2}$。

解 由 $\lim\limits_{u \to +\infty} f'(u) = A > 0$ 以及保号性，存在 $M > 0$，当 $u > M$ 时，$f'(u) > \dfrac{A}{2}$，故由微分中值定理知，当 $u > M$ 时，

$$f(u) = f(M) + f'(\xi)(u - M) > f(M) + \frac{A}{2}(u - M) \to +\infty, u \to +\infty,$$

所以 $\lim\limits_{u \to +\infty} f(u) = +\infty$。而

$$I_R = \iint\limits_{D} f'(x^2 + y^2)\mathrm{d}x\,\mathrm{d}y = \int_0^{\frac{\pi}{2}}\mathrm{d}\theta\int_0^R f'(\rho^2)\rho\,\mathrm{d}\rho = \frac{\pi}{4}\left[f(R^2) - f(0)\right],$$

故 $$\lim\limits_{R \to +\infty}\frac{I_R}{R^2} = \lim\limits_{R \to +\infty}\frac{\frac{\pi}{4}\left[f(R^2) - f(0)\right]}{R^2} = \frac{\pi}{4}\lim\limits_{R \to +\infty}\frac{2Rf'(R^2)}{2R} = \frac{\pi}{4}A。$$

例 7.27 设 $f(x)$ 是 $[0,1]$ 上的连续正值函数，单调减，证明：$\dfrac{\int_0^1 xf^2(x)\mathrm{d}x}{\int_0^1 xf(x)\mathrm{d}x} \leqslant \dfrac{\int_0^1 f^2(x)\mathrm{d}x}{\int_0^1 f(x)\mathrm{d}x}$。

证明 记 $D = \{(x,y) \mid 0 \leqslant x,y \leqslant 1\}$，则

$$\frac{\int_0^1 xf^2(x)\mathrm{d}x}{\int_0^1 xf(x)\mathrm{d}x} \leqslant \frac{\int_0^1 f^2(x)\mathrm{d}x}{\int_0^1 f(x)\mathrm{d}x} \Leftrightarrow \int_0^1 f^2(x)\mathrm{d}x\int_0^1 xf(x)\mathrm{d}x \geqslant \int_0^1 xf^2(x)\mathrm{d}x\int_0^1 f(x)\mathrm{d}x$$

$$\Leftrightarrow \int_0^1 f^2(x)\mathrm{d}x\int_0^1 yf(y)\mathrm{d}y \geqslant \int_0^1 xf^2(x)\mathrm{d}x\int_0^1 f(y)\mathrm{d}y$$

$$\Leftrightarrow \iint\limits_{D} f^2(x)yf(y)\mathrm{d}x\,\mathrm{d}y \geqslant \iint\limits_{D} xf^2(x)f(y)\mathrm{d}x\,\mathrm{d}y$$

$$\Leftrightarrow \iint\limits_D [f^2(x)yf(y) - xf^2(x)f(y)]\mathrm{d}x\,\mathrm{d}y \geqslant 0.$$

另一方面,由对称性得:

$$\iint\limits_D [f^2(x)yf(y) - xf^2(x)f(y)]\mathrm{d}x\,\mathrm{d}y = \iint\limits_D [f^2(y)xf(x) - yf^2(y)f(x)]\mathrm{d}x\,\mathrm{d}y.$$

所以,只需要证明

$$\iint\limits_D [f^2(x)yf(y) - xf^2(x)f(y) + f^2(y)xf(x) - yf^2(y)f(x)]\mathrm{d}x\,\mathrm{d}y \geqslant 0,$$

即

$$\iint\limits_D f(x)f(y)(y-x)(f(x)-f(y))\mathrm{d}x\,\mathrm{d}y \geqslant 0.$$

由已知条件,$f(x)$ 在 $[0,1]$ 上单调减,上式显然成立,故结论成立。

例 7.28 已知动球 C_R 的半径为 R,球心在另一定球面 $K: x^2 + y^2 + z^2 = a^2 (a > 0)$ 上,试问 R 等于多少时,C_R 被球面 K 所截得的曲面的面积最大? 求最大的面积。

解 不妨设动球 C_R 的球心在点 $(0, 0, a)$,其方程为 $x^2 + y^2 + (z-a)^2 = R^2$。 此时 C_R 被球面 K 所截得的曲面为

$$\Sigma: \begin{cases} z = a - \sqrt{R^2 - x^2 - y^2} \\ (x, y) \in D_{xy}: x^2 + y^2 \leqslant R^2 - \dfrac{R^4}{4a^2} \end{cases}$$

所以,曲面 Σ 的面积为

$$S = \iint\limits_{D_{xy}} \sqrt{1 + z_x'^2 + z_y'^2}\,\mathrm{d}x\,\mathrm{d}y$$

$$= \iint\limits_{D_{xy}} \sqrt{1 + \frac{x^2}{R^2 - x^2 - y^2} + \frac{y^2}{R^2 - x^2 - y^2}}\,\mathrm{d}x\,\mathrm{d}y$$

$$= R \iint\limits_{D_{xy}} \sqrt{\frac{1}{R^2 - x^2 - y^2}}\,\mathrm{d}x\,\mathrm{d}y$$

$$= R \int_0^{2\pi} \mathrm{d}\theta \int_0^{\sqrt{R^2 - \frac{R^4}{4a^2}}} \sqrt{\frac{1}{R^2 - \rho^2}}\,\rho\,\mathrm{d}\rho = 2\pi\left(R^2 - \frac{R^3}{2a}\right).$$

令 $\dfrac{\mathrm{d}S}{\mathrm{d}R} = 2\pi\left(2R - \dfrac{3R^2}{2a}\right) = 0$,得唯一驻点 $R = \dfrac{4a}{3}$。

综上,当 $R = \dfrac{4a}{3}$ 时,C_R 被球面 K 所截得的曲面面积最大,最大值为 $S\left(\dfrac{4a}{3}\right) = \dfrac{32\pi a^2}{27}$。

例 7.29 计算 $\iiint\limits_{\Omega} \sin^2\left(\dfrac{\pi}{6}(x+y+z)\right)\mathrm{d}x\,\mathrm{d}y\,\mathrm{d}z$,其中,$\Omega = \{(x, y, z) \mid 0 \leqslant x, y, z \leqslant 1\}$。

解 $\iiint\limits_{\Omega} \sin^2\left(\dfrac{\pi}{6}(x+y+z)\right)\mathrm{d}x\,\mathrm{d}y\,\mathrm{d}z = \dfrac{1}{2}\iiint\limits_{\Omega}\left[1 - \cos\left(\dfrac{\pi}{3}(x+y+z)\right)\right]\mathrm{d}x\,\mathrm{d}y\,\mathrm{d}z$

$$= \frac{1}{2} - \frac{1}{2} \iiint\limits_{\Omega} \left[\cos\left(\frac{\pi}{3}(x+y+z) \right) \right] \mathrm{d}x\,\mathrm{d}y\,\mathrm{d}z。$$

其中，$\iiint\limits_{\Omega} \cos\left(\frac{\pi}{3}(x+y+z) \right) \mathrm{d}x\,\mathrm{d}y\,\mathrm{d}z = \int_0^1 \mathrm{d}x \int_0^1 \mathrm{d}y \int_0^1 \cos\left(\frac{\pi}{3}(x+y+z) \right) \mathrm{d}z$

$$= \frac{3}{\pi} \int_0^1 \mathrm{d}x \int_0^1 \sin\left(\frac{\pi}{3}(x+y+z) \right) \Big|_0^1 \mathrm{d}y$$

$$= \frac{3}{\pi} \int_0^1 \mathrm{d}x \int_0^1 \left\{ \sin\left[\frac{\pi}{3}(x+y+1) \right] - \sin\left[\frac{\pi}{3}(x+y) \right] \right\} \mathrm{d}y$$

$$= \frac{3}{\pi} \int_0^1 -\frac{3}{\pi} \cos\left[\frac{\pi}{3}(x+y+1) \right] \Big|_0^1 \mathrm{d}x + \frac{3}{\pi} \int_0^1 \frac{3}{\pi} \cos\left[\frac{\pi}{3}(x+y) \right] \Big|_0^1 \mathrm{d}x$$

$$= -\frac{9}{\pi^2} \int_0^1 \left\{ \cos\left[\frac{\pi}{3}(x+2) \right] - \cos\left[\frac{\pi}{3}(x+1) \right] \right\} \mathrm{d}x + \frac{9}{\pi^2} \int_0^1 \left\{ \cos\left[\frac{\pi}{3}(x+1) \right] - \cos\left(\frac{\pi}{3}x \right) \right\} \mathrm{d}x$$

$$= -\frac{9}{\pi^2} \left\{ \frac{3}{\pi} \sin\left[\frac{\pi}{3}(x+2) \right] \Big|_0^1 + \frac{3}{\pi} \sin\left[\frac{\pi}{3}(x+1) \right] \Big|_0^1 \right\} + \frac{9}{\pi^2} \left[\frac{3}{\pi} \sin\left(\frac{\pi}{3}(x+1) \right) \Big|_0^1 - \frac{3}{\pi} \sin\left(\frac{\pi}{3}x \right) \Big|_0^1 \right]$$

$$= -\frac{9}{\pi^2} \left[\frac{3}{\pi} \left(\sin\pi - \sin\frac{2}{3}\pi \right) + \frac{3}{\pi} \left(\sin\frac{2}{3}\pi - \sin\frac{\pi}{3} \right) \right] + \frac{9}{\pi^2} \left[\frac{3}{\pi} \left(\sin\frac{2}{3}\pi - \sin\frac{\pi}{3} \right) - \frac{3}{\pi} \left(\sin\frac{\pi}{3} \right) \right] = 0。$$

所以，
$$\iiint\limits_{\Omega} \sin^2\left[\frac{\pi}{6}(x+y+z) \right] \mathrm{d}x\,\mathrm{d}y\,\mathrm{d}z = \frac{1}{2}。$$

注：本题亦可通过换元法求解。

例 7.30 计算下列累次积分：

(1) $\int_0^1 \mathrm{d}x \int_0^{1-x} \mathrm{d}y \int_{x+y}^1 \frac{\sin z}{z} \mathrm{d}z$；(2) $\int_0^1 \mathrm{d}x \int_0^{1-x} \mathrm{d}z \int_0^{1-x-z} (1-y) \mathrm{e}^{-(1-y-z)^2} \mathrm{d}y$。

解 (1) 记 $\Omega = \{ (x, y, z) \mid x+y \leqslant z \leqslant 1, 0 \leqslant y \leqslant 1-x, 0 \leqslant x \leqslant 1 \}$，则

$$\int_0^1 \mathrm{d}x \int_0^{1-x} \mathrm{d}y \int_{x+y}^1 \frac{\sin z}{z} \mathrm{d}z = \iiint\limits_{\Omega} \frac{\sin z}{z} \mathrm{d}x\,\mathrm{d}y\,\mathrm{d}z。$$

交换次序得：

$$\iiint\limits_{\Omega} \frac{\sin z}{z} \mathrm{d}x\,\mathrm{d}y\,\mathrm{d}z = \int_0^1 \mathrm{d}z \int_0^z \mathrm{d}y \int_0^{z-y} \frac{\sin z}{z} \mathrm{d}x = \int_0^1 \frac{\sin z}{z} \mathrm{d}z \int_0^z (z-y) \mathrm{d}y$$

$$= \frac{1}{2} \int_0^1 \frac{\sin z}{z} z^2 \mathrm{d}z = \frac{1}{2}(\sin 1 - \cos 1),$$

所以
$$\int_0^1 \mathrm{d}x \int_0^{1-x} \mathrm{d}y \int_{x+y}^1 \frac{\sin z}{z} \mathrm{d}z = \frac{1}{2}(\sin 1 - \cos 1)。$$

(2) 记 $\Omega = \{ (x, y, z) \mid 0 \leqslant y \leqslant 1-x-z, 0 \leqslant z \leqslant 1-x, 0 \leqslant x \leqslant 1 \}$，则

$$\int_0^1 \mathrm{d}x \int_0^{1-x} \mathrm{d}z \int_0^{1-x-z} (1-y) \mathrm{e}^{-(1-y-z)^2} \mathrm{d}y = \iiint\limits_{\Omega} (1-y) \mathrm{e}^{-(1-y-z)^2} \mathrm{d}x\,\mathrm{d}y\,\mathrm{d}z。$$

注意到被积函数的特点,将积分区域表示为 $\Omega:\begin{cases} 0 \leqslant x \leqslant 1-y-z \\ 0 \leqslant z \leqslant 1-y \\ 0 \leqslant y \leqslant 1 \end{cases}$，交换次序得：

$$\iiint_\Omega (1-y)e^{-(1-y-z)^2}\,dx\,dy\,dz = \int_0^1 dy\int_0^{1-y} dz\int_0^{1-y-z}(1-y)e^{-(1-y-z)^2}\,dx$$

$$= \int_0^1 dy\int_0^{1-y}(1-y-z)(1-y)e^{-(1-y-z)^2}\,dz$$

$$= \frac{1}{2}\int_0^1(1-y)(1-e^{-(1-y)^2})\,dy = \frac{1}{2}\left[1-\frac{1}{2}-\frac{1}{2}e^{-(1-y)^2}\Big|_0^1\right] = \frac{1}{4e}.$$

例 7.31 设球体 $\Omega: x^2+y^2+z^2 \leqslant z$ 上任一点处的密度等于该点到原点的距离的平方,求该球体的质心坐标。

解 设该球体的质心坐标为 $(\bar{x},\bar{y},\bar{z})$,由于 $\mu(x,y,z)=x^2+y^2+z^2$,故

$$\bar{x}=\frac{\iiint_\Omega x\mu\,dv}{\iiint_\Omega \mu\,dv},\quad \bar{y}=\frac{\iiint_\Omega y\mu\,dv}{\iiint_\Omega \mu\,dv},\quad \bar{z}=\frac{\iiint_\Omega z\mu\,dv}{\iiint_\Omega \mu\,dv}.$$

由对称性得,$\iiint_\Omega x\mu\,dv=\iiint_\Omega y\mu\,dv=0$,故 $\bar{x}=\bar{y}=0$。以下计算 $\bar{z}$。因为

$$\iiint_\Omega z\mu\,dv=\iiint_\Omega z(x^2+y^2+z^2)\,dv=\int_0^{2\pi}d\theta\int_0^{\frac{\pi}{2}}d\varphi\int_0^{\cos\varphi}r\cos\varphi\,r^2\,r^2\sin\varphi\,dr$$

$$=2\pi\int_0^{\frac{\pi}{2}}\frac{1}{6}\cos^7\varphi\sin\varphi\,d\varphi=\frac{\pi}{3}\cdot\frac{1}{8}=\frac{\pi}{24}.$$

$$\iiint_\Omega \mu\,dv=\iiint_\Omega(x^2+y^2+z^2)\,dv=\int_0^{2\pi}d\theta\int_0^{\frac{\pi}{2}}d\varphi\int_0^{\cos\varphi}r^2\,r^2\sin\varphi\,dr$$

$$=2\pi\int_0^{\frac{\pi}{2}}\frac{1}{5}\cos^5\varphi\sin\varphi\,d\varphi=\frac{2\pi}{5}\cdot\frac{1}{6}=\frac{\pi}{15}.$$

故 $\bar{z}=\dfrac{\iiint_\Omega z\mu\,dv}{\iiint_\Omega \mu\,dv}=\dfrac{\frac{\pi}{24}}{\frac{\pi}{15}}=\dfrac{5}{8}.$

综上,求该球体的质心坐标为 $\left(0,0,\dfrac{5}{8}\right)$。

例 7.32 三个半径均为 R 的圆柱面,其对称轴两两正交,求它们所围成的几何体的体积以及表面积。

解 先求几何体体积,记曲面

$$\Sigma_1:\begin{cases}z=\sqrt{R^2-x^2}\\(x,y)\in D=\left\{(x,y)\Big|0\leqslant y\leqslant x,0\leqslant x\leqslant\frac{R}{\sqrt{2}}\right\}\bigcup\\\quad\left\{(x,y)\Big|0\leqslant y\leqslant\sqrt{R^2-x^2},\frac{R}{\sqrt{2}}\leqslant x\leqslant R\right\}\end{cases},$$

V_1 是以曲面 Σ_1 为顶,以

$$D = \left\{(x, y) \Big| 0 \leqslant y \leqslant x, 0 \leqslant x \leqslant \frac{R}{\sqrt{2}}\right\} \bigcup \left\{(x, y) \Big| 0 \leqslant y \leqslant \sqrt{R^2 - x^2}, \frac{R}{\sqrt{2}} \leqslant x \leqslant R\right\}$$

为底的曲顶柱体体积，则

$$V_1 = \iint\limits_{D} \sqrt{R^2 - x^2}\, dx\, dy = \int_0^{\frac{R}{\sqrt{2}}} dx \int_0^x \sqrt{R^2 - x^2}\, dy + \int_{\frac{R}{\sqrt{2}}}^R dx \int_0^{\sqrt{R^2-x^2}} \sqrt{R^2 - x^2}\, dy = \left(1 - \frac{\sqrt{2}}{2}\right) R^3.$$

由对称性知，几何体的体积 $V = 16V_1 = 16\left(1 - \frac{\sqrt{2}}{2}\right)R^3 = 8(2 - \sqrt{2})R^3$。

而曲面 Σ_1 的面积为

$$S_1 = \iint\limits_{D} \sqrt{1 + z_x^2 + z_y^2}\, dx\, dy = \iint\limits_{D} \sqrt{1 + \frac{x^2}{R^2 - x^2}}\, dx\, dy = R \iint\limits_{D} \frac{1}{\sqrt{R^2 - x^2}}\, dx\, dy$$

$$= R\left[\int_0^{\frac{R}{\sqrt{2}}} dx \int_0^x \frac{1}{\sqrt{R^2 - x^2}}\, dy + \int_{\frac{R}{\sqrt{2}}}^R dx \int_0^{\sqrt{R^2-x^2}} \frac{1}{\sqrt{R^2 - x^2}}\, dy\right] = (2 - \sqrt{2})R^2.$$

由对称性得，几何体表面积 $S = 24S_1 = 24(2 - \sqrt{2})R^2$。

例 7.33 设 Ω 是由曲面 $z = \ln\sqrt{x^2 + y^2}$ 与平面 $z = 0$，$z = 1$ 围成的立体，求 Ω 的体积和表面积。

解 Ω 的体积 $V = \int_0^1 dz \iint\limits_{x^2+y^2 \leqslant e^{2z}} dx\, dy = \int_0^1 \pi e^{2z}\, dz = \frac{e^2 - 1}{2}\pi$。 由于

$$z_x = \frac{x}{x^2 + y^2},\ z_y = \frac{y}{x^2 + y^2},\ dS = \sqrt{1 + z_x^2 + z_y^2}\, dx\, dy = \sqrt{1 + \frac{1}{x^2 + y^2}}\, dx\, dy,$$

故 Ω 的侧面积为

$$A_1 = \iint\limits_{1 \leqslant x^2+y^2 \leqslant e^2} \sqrt{1 + \frac{1}{x^2 + y^2}}\, dx\, dy = \int_0^{2\pi} d\theta \int_1^e \sqrt{1 + \frac{1}{\rho^2}} \cdot \rho\, d\rho = \pi \int_1^{e^2} \sqrt{\frac{u+1}{u}}\, du.$$

令 $\sqrt{\frac{u+1}{u}} = t$，则

$$A_1 = \pi \int_{\sqrt{2}}^{\frac{\sqrt{1+e^2}}{e}} t \cdot d\frac{1}{t^2 - 1} = -2\pi \int_{\sqrt{2}}^{\frac{\sqrt{1+e^2}}{e}} \frac{t^2}{(t^2 - 1)^2}\, dt = \pi\left(e\sqrt{1 + e^2} - \sqrt{2} + \ln\frac{e + \sqrt{1 + e^2}}{1 + \sqrt{2}}\right),$$

所以，Ω 的表面积为

$$A = \pi e^2 + \pi + A_1 = \pi e^2 + \pi + \pi\left(e\sqrt{1 + e^2} - \sqrt{2} + \ln\frac{e + \sqrt{1 + e^2}}{1 + \sqrt{2}}\right).$$

例 7.34 求由曲面 $\left(\frac{x}{a} + \frac{y}{b}\right)^2 + \frac{z^2}{c^2} = 1$ $(a, b, c > 0)$ 围成的在第一卦限部分的体积。

解 记曲面 $\left(\frac{x}{a} + \frac{y}{b}\right)^2 + \frac{z^2}{c^2} = 1$ 围成的在第一卦限部分区域是 Ω，作换元

$$\begin{cases} x = ar\sin\varphi\cos^2\theta \\ y = br\sin\varphi\sin^2\theta \\ z = cr\cos\varphi \end{cases}, \text{则曲面} \left(\frac{x}{a} + \frac{y}{b}\right)^2 + \frac{z^2}{c^2} = 1 \text{变为} r = 1。\text{且}$$

$$J = \frac{\partial(x,y,z)}{\partial(r,\varphi,\theta)} = \begin{vmatrix} a\sin\varphi\cos^2\theta & ar\cos\varphi\cos^2\theta & -ar\sin\varphi\sin2\theta \\ b\sin\varphi\sin^2\theta & br\cos\varphi\sin^2\theta & br\sin\varphi\sin2\theta \\ c\cos\varphi & -cr\sin\varphi & 0 \end{vmatrix} = abcr^2\sin\varphi\sin2\theta。$$

所以， $$V(\Omega) = \iiint\limits_{\Omega} dx\,dy\,dz = \int_0^{\frac{\pi}{2}} d\theta \int_0^{\frac{\pi}{2}} d\varphi \int_0^1 abcr^2\sin\varphi\sin2\theta\,dr = \frac{abc}{3}。$$

例 7.35 证明：$\dfrac{3\pi}{2} \leqslant \displaystyle\iiint\limits_{x^2+y^2+z^2\leqslant 1} \sqrt[3]{x+2y-2z+5}\,dx\,dy\,dz \leqslant 3\pi$.

证明 记 $f(x,y,z) = x+2y-2z$，先求 $f(x,y,z) = x+2y-2z$ 在 $x^2+y^2+z^2$ $\leqslant 1$ 上的最值。

记 $L = x+2y-2z+\lambda(x^2+y^2+z^2-1)$，令

$$\begin{cases} L_x = 1+2x\lambda = 0 \\ L_y = 2+2y\lambda = 0 \\ L_z = -2+2z\lambda = 0 \\ L_\lambda = x^2+y^2+z^2-1 = 0 \end{cases},$$

得 $(x,y,z) = \left(\dfrac{1}{3}, \dfrac{2}{3}, -\dfrac{2}{3}\right)$，或者 $\left(-\dfrac{1}{3}, -\dfrac{2}{3}, \dfrac{2}{3}\right)$。而 $f\left(\dfrac{1}{3}, \dfrac{2}{3}, -\dfrac{2}{3}\right) = 3$，$f\left(-\dfrac{1}{3}, -\dfrac{2}{3}, \dfrac{2}{3}\right) = -3$，所以

$$\sqrt[3]{2} \leqslant \sqrt[3]{x+2y-2z+5} \leqslant 2,$$

即 $$\frac{3\pi}{2} \leqslant \sqrt[3]{2} \times \frac{4\pi}{3} \leqslant \iiint\limits_{x^2+y^2+z^2\leqslant 1} \sqrt[3]{x+2y-2z+5}\,dx\,dy\,dz \leqslant 2 \times \frac{4\pi}{3} \leqslant 3\pi。$$

注 本题也可以通过换元法加以证明。

例 7.36 求曲面 $(x^2+y^2+z^2)^2 = a^2(x^2+y^2-z^2)$（其中 a 是正常数）所围成的立体的体积。

解 注意到曲面围成的几何体是 $\Omega: \begin{cases} 0 \leqslant r \leqslant a\sqrt{-\cos2\varphi} \\ \dfrac{\pi}{4} \leqslant \varphi \leqslant \dfrac{3\pi}{4} \\ 0 \leqslant \theta \leqslant 2\pi \end{cases}$，故立体的体积是

$$V = \iiint\limits_{\Omega} dV = \int_0^{2\pi} d\theta \int_{\frac{\pi}{4}}^{\frac{3\pi}{4}} d\varphi \int_0^{a\sqrt{-\cos2\varphi}} r^2\sin\varphi\,dr$$

$$= \frac{2\pi a^3}{3} \int_{\frac{\pi}{4}}^{\frac{3\pi}{4}} (-\cos2\varphi)^{\frac{3}{2}}\sin\varphi\,d\varphi = -\frac{2\pi a^3}{3} \int_{\frac{\pi}{4}}^{\frac{3\pi}{4}} (1-2\cos^2\varphi)^{\frac{3}{2}}\,d\cos\varphi$$

$$\xrightarrow{\text{令}\sqrt{2}\cos\varphi=t} \frac{\sqrt{2}}{3}\pi a^3\int_{-1}^{1}(1-t^2)^{\frac{3}{2}}\mathrm{d}t$$

$$\xrightarrow{\text{令}\,t=\sin u} \frac{\sqrt{2}}{3}\pi a^3\int_{-\frac{\pi}{2}}^{\frac{\pi}{2}}\cos^3 u\,\mathrm{d}\sin u=\frac{2\sqrt{2}}{3}\pi a^3\int_{0}^{\frac{\pi}{2}}\cos^4 u\,\mathrm{d}u=\frac{\sqrt{2}}{8}\pi^2 a^3 .$$

例 7.37　证明由 $x=a$，$x=b$ 以及连续正值函数 $y=f(x)$ 所围成的平面图形绕 x 轴旋转一周所得几何体(假设体密度函数为 1)对 x 轴的转动惯量为 $I_x=\dfrac{\pi}{2}\displaystyle\int_a^b f^4(x)\mathrm{d}x$。

证明　注意到曲线 $y=f(x)$ 绕 x 轴旋转一周所得曲面的方程为 $\Sigma\colon y^2+z^2=f^2(x)$，记平面 $x=a$，$x=b$ 以及曲面 Σ 所围成的空间区域是 Ω,则该物体对 x 轴的转动惯量为

$$I_x=\iiint\limits_{\Omega}(y^2+z^2)\mathrm{d}V=\int_a^b\mathrm{d}x\iint\limits_{y^2+z^2\leqslant f^2(x)}(y^2+z^2)\mathrm{d}y\mathrm{d}z,$$

其中，

$$\iint\limits_{y^2+z^2\leqslant f^2(x)}(y^2+z^2)\mathrm{d}y\mathrm{d}z=\int_0^{2\pi}\mathrm{d}\theta\int_0^{f(x)}\rho^2\rho\,\mathrm{d}\rho=\frac{\pi}{2}f^4(x),$$

所以，$I_x=\dfrac{\pi}{2}\displaystyle\int_a^b f^4(x)\mathrm{d}x$，得证。

例 7.38　设有一物体占有空间闭区域 $\Omega\colon\begin{cases}1\leqslant x^2+y^2\leqslant 4\\0\leqslant z\leqslant 4\end{cases}$，密度为 1,求其对位于原点处的单位质点产生的引力。

解　设该物体对原点处单位质点产生的引力为 $\boldsymbol{F}=(F_x,F_y,F_z)$，由对称性，$F_x=F_y=0$。任取区域 Ω 内包含点 (x,y,z) 的体积微元,视其为一个质点,则该微元对单位质点产生的引力 $\mathrm{d}\boldsymbol{F}$ 为 $\dfrac{G\mathrm{d}r}{x^2+y^2+z^2}$，其方向指向 $\boldsymbol{r}=(x,y,z)$。则 $\mathrm{d}F_z=\dfrac{Gz\mathrm{d}r}{(x^2+y^2+z^2)^{\frac{3}{2}}}$，故

$$F_z=\iiint\limits_{\Omega}\mathrm{d}F_z=\iiint\limits_{\Omega}\frac{Gz}{(x^2+y^2+z^2)^{\frac{3}{2}}}\mathrm{d}r=G\int_0^{2\pi}\mathrm{d}\theta\int_1^2\mathrm{d}\rho\int_0^4\frac{z}{(\rho^2+z^2)^{\frac{3}{2}}}\rho\mathrm{d}z$$

$$=2\pi G\int_1^2\left(1-\frac{\rho}{\sqrt{\rho^2+16}}\right)\mathrm{d}\rho=2\pi G(1+\sqrt{17}-2\sqrt{5}) .$$

所以,物体对原点处单位质点产生的引力为 $\boldsymbol{F}=(0,0,2\pi G(1+\sqrt{17}-2\sqrt{5}))$。

例 7.39　设某物体占有空间闭区域 Ω,密度为常数 ρ,其中 Ω 由 $z=x^2+y^2$，$z=0$，$|x|=a$，$|y|=a(a>0)$ 所围成,试求:(1) Ω 的体积;(2) 物体的质心坐标;(3)该物体对于 z 轴的转动惯量。

解　(1) $V=\displaystyle\iint\limits_{|x|\leqslant a,|y|\leqslant a}(x^2+y^2)\mathrm{d}x\mathrm{d}y=\int_{-a}^{a}\mathrm{d}x\int_{-a}^{a}(x^2+y^2)\mathrm{d}y$

$$=4\int_0^a\mathrm{d}x\int_0^a(x^2+y^2)\mathrm{d}y=4\int_0^a\left(ax^2+\frac{a^3}{3}\right)\mathrm{d}x=\frac{8}{3}a^4 .$$

(2) 设质心坐标为 $(\bar{x},\bar{y},\bar{z})$，由对称性，$\bar{x}=\bar{y}=0$，$\bar{z}=\dfrac{\iiint\limits_{\Omega}z\mathrm{d}x\mathrm{d}y\mathrm{d}z}{\iiint\limits_{\Omega}\mathrm{d}x\mathrm{d}y\mathrm{d}z}$。其中，

$$\iiint\limits_{\Omega} z \, \mathrm{d}x \, \mathrm{d}y \, \mathrm{d}z = \int_{-a}^{a} \mathrm{d}x \int_{-a}^{a} \mathrm{d}y \int_{0}^{x^2+y^2} z \, \mathrm{d}z = \frac{1}{2} \int_{-a}^{a} \mathrm{d}x \int_{-a}^{a} (x^2+y^2)^2 \, \mathrm{d}y = \frac{56}{45} a^6 \text{。}$$

结合(1)，$\iiint\limits_{\Omega} \mathrm{d}x \, \mathrm{d}y \, \mathrm{d}z = \dfrac{8}{3} a^4$，所以 $\bar{z} = \dfrac{\iiint\limits_{\Omega} z \, \mathrm{d}x \, \mathrm{d}y \, \mathrm{d}z}{\iiint\limits_{\Omega} \mathrm{d}x \, \mathrm{d}y \, \mathrm{d}z} = \dfrac{7}{15} a^2$，即质心坐标为 $\left(0, 0, \dfrac{7}{15} a^2\right)$。

(3) $I_z = \iiint\limits_{\Omega} (x^2+y^2) \rho \, \mathrm{d}x \, \mathrm{d}y \, \mathrm{d}z = \rho \iint\limits_{|x| \leqslant a, |y| \leqslant a} \mathrm{d}x \, \mathrm{d}y \int_{0}^{x^2+y^2} (x^2+y^2) \, \mathrm{d}z = \dfrac{112}{45} a^6 \rho$。

例 7.40 求曲面 $(x^2+y^2)^2 + z^4 = y$ 所围几何体的体积。

解 记曲面 $(x^2+y^2)^2 + z^4 = y$ 所围几何体为 Ω，其在第一卦象中部分的体积为 V_1，令

$$\begin{cases} x = r \sin\varphi \cos\theta \\ y = r \sin\varphi \sin\theta \\ z = r \cos\varphi \end{cases}$$，则曲面 $(x^2+y^2)^2 + z^4 = y$ 在球面坐标系下的方程为

$$r = \sqrt[3]{\frac{\sin\varphi \sin\theta}{\sin^4\varphi + \cos^4\varphi}} \text{。}$$

$$\begin{aligned} V_1 &= \int_{0}^{\frac{\pi}{2}} \mathrm{d}\theta \int_{0}^{\frac{\pi}{2}} \mathrm{d}\varphi \int_{0}^{\sqrt[3]{\frac{\sin\varphi \sin\theta}{\sin^4\varphi + \cos^4\varphi}}} r^2 \sin\varphi \, \mathrm{d}r = \frac{1}{3} \int_{0}^{\frac{\pi}{2}} \mathrm{d}\theta \int_{0}^{\frac{\pi}{2}} \sin\varphi \, \frac{\sin\varphi \sin\theta}{\sin^4\varphi + \cos^4\varphi} \, \mathrm{d}\varphi \\ &= \frac{1}{3} \int_{0}^{\frac{\pi}{2}} \frac{\sin^2\varphi}{\sin^4\varphi + \cos^4\varphi} \, \mathrm{d}\varphi = \frac{1}{3} \int_{0}^{\frac{\pi}{2}} \frac{\tan^2\varphi \sec^2\varphi}{\tan^4\varphi + 1} \, \mathrm{d}\varphi \\ &= \frac{1}{3} \int_{0}^{\frac{\pi}{2}} \frac{\tan^2\varphi}{\tan^4\varphi + 1} \, \mathrm{d}(\tan\varphi) = \frac{1}{3} \int_{0}^{+\infty} \frac{x^2}{1+x^4} \, \mathrm{d}x \text{。} \end{aligned}$$

其中，$$\int_{0}^{+\infty} \frac{x^2}{1+x^4} \, \mathrm{d}x \xlongequal{x=\frac{1}{t}} \int_{+\infty}^{0} \frac{\frac{1}{t^2}}{1+\frac{1}{t^4}} \left(-\frac{1}{t^2}\right) \mathrm{d}t = \int_{0}^{+\infty} \frac{1}{1+t^4} \, \mathrm{d}t \text{。}$$

$$\begin{aligned} \int_{0}^{+\infty} \frac{x^2}{1+x^4} \, \mathrm{d}x &= \frac{1}{2} \int_{0}^{+\infty} \frac{x^2+1}{1+x^4} \, \mathrm{d}x = \frac{1}{2} \int_{0}^{+\infty} \frac{\frac{1}{x^2}+1}{\frac{1}{x^2}+x^2} \, \mathrm{d}x = \frac{1}{2} \int_{0}^{+\infty} \frac{1}{\left(x-\frac{1}{x}\right)^2 + 2} \, \mathrm{d}\left(x-\frac{1}{x}\right) \\ &= \frac{1}{2} \times \frac{1}{\sqrt{2}} \arctan\left(\frac{x-\frac{1}{x}}{\sqrt{2}}\right) \Big|_{0}^{+\infty} = \frac{\sqrt{2}}{4} \pi \text{。} \end{aligned}$$

所以，$V_1 = \dfrac{1}{3} \times \dfrac{\sqrt{2}}{4} \pi = \dfrac{\sqrt{2}}{12} \pi$。由对称性，几何体体积 $V = 4V_1 = 4 \times \dfrac{\sqrt{2}}{12} \pi = \dfrac{\sqrt{2}}{3} \pi$。

例 7.41 (1) 设有一个半径为 R 的球体，点 P_0 是此球表面上的一个定点，球体上任一点处的密度与该点到点 P_0 的距离的平方成正比(比例系数为 k)，求该球体的重心位置。

(2) 设某物体占有空间闭区域 $\Omega: \{(x, y, z) \mid \sqrt{x^2+y^2} \leqslant z \leqslant 1\}$，其密度为 1，求该物体绕直线 $l: x = y = z$ 的转动惯量。

解 (1) 不妨设该球体占有区域 $\Omega: x^2+y^2+(z-R)^2 \leqslant R^2$，点 P_0 选为原点，则球体上

任一点(x,y,z)处的密度为$\mu=k(x^2+y^2+z^2)$，设该球体的重心坐标为$(\bar x,\bar y,\bar z)$。由对

称性，$\bar x=\bar y=0$，且$\bar z=\dfrac{\iiint\limits_\Omega z\mu\,\mathrm dx\,\mathrm dy\,\mathrm dz}{\iiint\limits_\Omega \mu\,\mathrm dx\,\mathrm dy\,\mathrm dz}$。 其中，

$$\iiint\limits_\Omega z\mu\,\mathrm dx\,\mathrm dy\,\mathrm dz=k\iiint\limits_\Omega z(x^2+y^2+z^2)\,\mathrm dx\,\mathrm dy\,\mathrm dz=k\int_0^{2\pi}\mathrm d\theta\int_0^{\frac{\pi}{2}}\mathrm d\varphi\int_0^{2R\cos\varphi}r\cos\varphi\, r^4\sin\varphi\,\mathrm dr$$

$$=2\pi k\int_0^{\frac{\pi}{2}}\sin\varphi\cos\varphi\frac{64R^6}{6}\cos^6\varphi\,\mathrm d\varphi=\frac{64\pi kR^6}{3}\times\frac18=\frac{8\pi kR^6}{3},$$

$$\iiint\limits_\Omega \mu\,\mathrm dx\,\mathrm dy\,\mathrm dz=k\iiint\limits_\Omega(x^2+y^2+z^2)\,\mathrm dx\,\mathrm dy\,\mathrm dz=k\int_0^{2\pi}\mathrm d\theta\int_0^{\frac{\pi}{2}}\mathrm d\varphi\int_0^{2R\cos\varphi}r^2r^2\sin\varphi\,\mathrm dr$$

$$=\frac{2\pi k}{5}\int_0^{\frac{\pi}{2}}\sin\varphi\,32R^5\cos^5\varphi\,\mathrm d\varphi=\frac{32k\pi R^5}{15}。$$

所以 $$\bar z=\frac{\iiint\limits_\Omega z\mu\,\mathrm dx\,\mathrm dy\,\mathrm dz}{\iiint\limits_\Omega \mu\,\mathrm dx\,\mathrm dy\,\mathrm dz}=\frac{\dfrac{8\pi kR^6}{3}}{\dfrac{32k\pi R^5}{15}}=\frac{5R}{4}。$$

综上，该球体的重心坐标为$\left(0,0,\dfrac{5R}{4}\right)$。

（2）任取区域Ω内包含点(x,y,z)的微元$\mathrm dV$，视其为一个质点，由于点(x,y,z)到直线$l: x=y=z$的距离为

$$d=\sqrt{\frac{(x-y)^2+(y-z)^2+(z-x)^2}{3}},$$

则该微元对直线$l: x=y=z$的转动惯量是

$$\mathrm dI=m\mathrm d^2=\frac{(x-y)^2+(y-z)^2+(z-x)^2}{3}\mathrm dV。$$

所以 $I=\iiint\limits_\Omega\mathrm dI=\iiint\limits_\Omega\dfrac{(x-y)^2+(y-z)^2+(z-x)^2}{3}\mathrm dV=\dfrac23\iiint\limits_\Omega(x^2+y^2+z^2-xy-yz-zx)\mathrm dV=\dfrac23\iiint\limits_\Omega(x^2+y^2+z^2)\mathrm dV=\dfrac23\int_0^{2\pi}\mathrm d\theta\int_0^1\mathrm d\rho\int_\rho^1(\rho^2+z^2)\rho\,\mathrm dz$

$=\dfrac{4\pi}{3}\int_0^1\left[\rho^3(1-\rho)+\rho\dfrac{1-\rho^3}{3}\right]\mathrm d\rho=\dfrac\pi5。$

例 7.42 设有一高度为$h(t)$（其中t为时间）的雪堆在融化过程中其侧面满足方程$z=h(t)-\dfrac{2(x^2+y^2)}{h(t)}$（设长度单位是cm，时间单位是h），已知体积减少的速度与侧面面积成正比，比例系数为0.9，问高度为$130\,\mathrm{cm}$的雪堆全部融化需要多少时间？

解 设t时刻雪堆的体积和侧面积分别为$V(t)$、$S(t)$，此时雪堆的侧面方程为

$$\Sigma:\begin{cases} z = h(t) - \dfrac{2(x^2 + y^2)}{h(t)} \\ (x,y) \in D_{xy}:x^2 + y^2 \leqslant \dfrac{h^2(t)}{2} \end{cases},$$

故
$$S(t) = \iint\limits_{D_{xy}} \sqrt{1 + z_x^2 + z_y^2}\,\mathrm{d}x\,\mathrm{d}y = \iint\limits_{D_{xy}} \sqrt{1 + \frac{16x^2}{h^2(t)} + \frac{16y^2}{h^2(t)}}\,\mathrm{d}x\,\mathrm{d}y$$

$$= \frac{1}{h(t)} \iint\limits_{D_{xy}} \sqrt{h^2(t) + 16x^2 + 16y^2}\,\mathrm{d}x\,\mathrm{d}y$$

$$= \frac{1}{h(t)} \int_0^{2\pi} \mathrm{d}\theta \int_0^{\frac{h(t)}{\sqrt{2}}} \sqrt{h^2(t) + 16\rho^2}\,\rho\,\mathrm{d}\rho = \frac{13\pi}{12} h^2(t)。$$

另一方面,雪堆可以表示为 $\Omega:\begin{cases} 0 \leqslant z \leqslant h(t) \\ (x,y) \in D_z:x^2 + y^2 \leqslant \dfrac{h^2(t) - h(t)z}{2} \end{cases}$,所以

$$V(t) = \int_0^{h(t)} \mathrm{d}z \iint\limits_{x^2 + y^2 \leqslant \frac{h^2(t) - h(t)z}{2}} \mathrm{d}x\,\mathrm{d}y = \frac{\pi}{2} \int_0^{h(t)} [h^2(t) - h(t)z]\,\mathrm{d}z = \frac{\pi}{4} h^3(t),$$

$$\frac{\mathrm{d}V(t)}{\mathrm{d}t} = \frac{3\pi}{4} h^2(t) \frac{\mathrm{d}h(t)}{\mathrm{d}t}。$$

结合已知条件 $\dfrac{\mathrm{d}V(t)}{\mathrm{d}t} = -0.9S(t)$ 得:

$$\frac{3\pi}{4} h^2(t) \frac{\mathrm{d}h(t)}{\mathrm{d}t} = -0.9 \frac{13\pi}{12} h^2(t),\quad \frac{\mathrm{d}h(t)}{\mathrm{d}t} = -\frac{13}{10},\quad h(t) = -\frac{13}{10}t + C。$$

将 $t = 0$, $h = 130$ 代入得到 $C = 130$,故 $h(t) = -\dfrac{13}{10}t + 130$。令 $h(t) = 0$,得 $t = 100$,即雪堆全部融化需要 $100\,\mathrm{h}$。

例 7.43 设 $f(x,y,z)$ 在 $\Omega = \{(x,y,z) \mid 0 \leqslant x,y,z \leqslant 1\}$ 上具有六阶连续偏导,且 $f(x,y,z)$ 在 Ω 的边界上取值为零,$\left| \dfrac{\partial^6 f}{\partial x^2 \partial y^2 \partial z^2} \right| \leqslant M$,其中 M 是常数。证明:

$$\left| \iiint\limits_{\Omega} f(x,y,z)\,\mathrm{d}V \right| \leqslant \frac{M}{1728}。$$

证明 由于 $f(x,y,0) = f(x,y,1) = 0$,故 $f_{xxyy}(x,y,0) = f_{xxyy}(x,y,1) = 0$,因此,

$$\iiint\limits_{\Omega} xyz(1-x)(1-y)(1-z)f_{xxyyzz}(x,y,z)\,\mathrm{d}V$$

$$= \int_0^1 x(1-x)\,\mathrm{d}x \int_0^1 y(1-y)\,\mathrm{d}y \int_0^1 z(1-z)f_{xxyyzz}(x,y,z)\,\mathrm{d}z, \tag{1}$$

其中,$\displaystyle\int_0^1 z(1-z)f_{xxyyzz}(x,y,z)\,\mathrm{d}z = \int_0^1 z(1-z)\,\mathrm{d}f_{xxyyz}(x,y,z)$

$$=z(1-z)f_{xxyyz}(x,y,z)\Big|_0^1 -\int_0^1 f_{xxyyz}(x,y,z)(1-2z)\mathrm{d}z$$

$$=-\int_0^1 f_{xxyyz}(x,y,z)(1-2z)\mathrm{d}z=-\int_0^1 (1-2z)\mathrm{d}f_{xxyy}(x,y,z)$$

$$=-\Big[(1-2z)f_{xxyy}(x,y,z)\Big|_0^1 +2\int_0^1 f_{xxyy}(x,y,z)\mathrm{d}z\Big]=-2\int_0^1 f_{xxyy}(x,y,z)\mathrm{d}z.$$

代入式(1)可得：

$$\iiint_\Omega xyz(1-x)(1-y)(1-z)f_{xxyyzz}(x,y,z)\mathrm{d}V$$

$$=-2\int_0^1 x(1-x)\mathrm{d}x\int_0^1 y(1-y)\mathrm{d}y\int_0^1 f_{xxyy}(x,y,z)\mathrm{d}z=\cdots=-8\iiint_\Omega f(x,y,z)\mathrm{d}x\mathrm{d}y\mathrm{d}z.$$

所以，$\left|\iiint_\Omega f(x,y,z)\mathrm{d}V\right|=\dfrac{1}{8}\left|\iiint_\Omega xyz(1-x)(1-y)(1-z)f_{xxyyzz}(x,y,z)\mathrm{d}V\right|$

$$\leqslant \dfrac{1}{8}\iiint_\Omega |xyz(1-x)(1-y)(1-z)f_{xxyyzz}(x,y,z)|\mathrm{d}V$$

$$\leqslant \dfrac{M}{8}\iiint_\Omega xyz(1-x)(1-y)(1-z)\mathrm{d}V=\dfrac{M}{8}\cdot\dfrac{1}{6^3}=\dfrac{M}{1728}.$$

例 7.44 求半径为 R、密度函数为 1 的均匀球体对空间一单位质点产生的引力。

解 设该球体占有空间区域 $\Omega: x^2+y^2+z^2\leqslant R^2$，单位质点位于点 $(0,0,a)$，该球体对单位质点产生的引力为 $\boldsymbol{F}=(F_x,F_y,F_z)$。由对称性，$F_x=F_y=0$，任取区域 Ω 内包含点 (x,y,z) 的体积微元，视其为一个质点，则该微元对单位质点产生的引力 $\mathrm{d}\boldsymbol{F}$ 为 $\dfrac{G\mathrm{d}r}{x^2+y^2+(z-a)^2}$，其方向指向 $\boldsymbol{r}=(x,y,z-a)$。则 $\mathrm{d}F_z=\dfrac{G(z-a)\mathrm{d}r}{[x^2+y^2+(z-a)^2]^{\frac{3}{2}}}$，故

$$F_z=\iiint_\Omega \mathrm{d}F_z=\iiint_\Omega \dfrac{G(z-a)}{[x^2+y^2+(z-a)^2]^{\frac{3}{2}}}\mathrm{d}r$$

$$=G\int_{-R}^R (z-a)\mathrm{d}z\iint_{x^2+y^2\leqslant R^2-z^2}\dfrac{1}{[x^2+y^2+(z-a)^2]^{\frac{3}{2}}}\mathrm{d}x\mathrm{d}y.$$

$$\iint_{x^2+y^2\leqslant R^2-z^2}\dfrac{1}{[x^2+y^2+(z-a)^2]^{\frac{3}{2}}}\mathrm{d}x\mathrm{d}y=\int_0^{2\pi}\mathrm{d}\theta\int_0^{\sqrt{R^2-z^2}}\dfrac{1}{[\rho^2+(z-a)^2]^{\frac{3}{2}}}\rho\mathrm{d}\rho$$

$$=-2\pi\dfrac{1}{\sqrt{\rho^2+(z-a)^2}}\Big|_0^{\sqrt{R^2-z^2}}=2\pi\left(\dfrac{1}{|z-a|}-\dfrac{1}{\sqrt{R^2+a^2-2az}}\right),$$

故 $F_z=2\pi G\int_{-R}^R\left(\dfrac{z-a}{|z-a|}-\dfrac{z-a}{\sqrt{R^2+a^2-2az}}\right)\mathrm{d}z.$ 其中

$$\int_{-R}^R \dfrac{z-a}{|z-a|}\mathrm{d}z=\begin{cases}-2R, & a>R\\ -2a, & a\leqslant R\end{cases},$$

$$\int_{-R}^{R}\frac{z-a}{\sqrt{R^2+a^2-2az}}\,\mathrm{d}z=\begin{cases}-2R+\dfrac{2R^3}{3a^2},&a>R\\[2mm]-\dfrac{4}{3}a,&a\leqslant R\end{cases}$$

所以
$$F_z=\begin{cases}-\dfrac{4\pi GR^3}{3a^2},&a>R\\[2mm]-\dfrac{4}{3}\pi Ga,&a\leqslant R\end{cases}$$

即球体对单位质点产生的引力为 $\boldsymbol{F}=\begin{cases}\left(0,\,0,\,-\dfrac{4\pi GR^3}{3a^2}\right),&a>R\\[3mm]\left(0,\,0,\,-\dfrac{4}{3}\pi Ga\right),&a\leqslant R\end{cases}$

注：若将题目中的球体改为球壳，结果如何？即求半径为 R，密度函数为 1 的均匀球壳对空间一单位质点（不在球壳上）产生的引力。

例 7.45 求 $\displaystyle\iiint\limits_{\Omega}\frac{xyz}{\sqrt{a^2x^2+b^2y^2+c^2z^2}}\,\mathrm{d}x\,\mathrm{d}y\,\mathrm{d}z$，其中

$$\Omega=\{(x,\,y,\,z)\mid x^2+y^2+z^2\leqslant R^2,\,x,\,y,\,z\geqslant0\},\,a>b>c>0.$$

解 $\displaystyle\iiint\limits_{\Omega}\frac{xyz}{\sqrt{a^2x^2+b^2y^2+c^2z^2}}\,\mathrm{d}x\,\mathrm{d}y\,\mathrm{d}z$

$$=\int_0^R\mathrm{d}x\int_0^{\sqrt{R^2-x^2}}\mathrm{d}y\int_0^{\sqrt{R^2-x^2-y^2}}\frac{xyz}{\sqrt{a^2x^2+b^2y^2+c^2z^2}}\,\mathrm{d}z$$

$$=\frac{1}{c^2}\int_0^R\mathrm{d}x\int_0^{\sqrt{R^2-x^2}}xy\left(\sqrt{R^2c^2+(a^2-c^2)x^2+(b^2-c^2)y^2}-\sqrt{a^2x^2+b^2y^2}\right)\mathrm{d}y$$

$$=\frac{1}{c^2}\int_0^R x\left\{\frac{1}{3(b^2-c^2)}\left[R^2c^2+(a^2-c^2)x^2+(b^2-c^2)y^2\right]^{\frac{3}{2}}\Big|_0^{\sqrt{R^2-x^2}}\right.$$
$$\left.-\frac{1}{3b^2}(a^2x^2+b^2y^2)^{\frac{3}{2}}\Big|_0^{\sqrt{R^2-x^2}}\right\}\mathrm{d}x$$

$$=\frac{1}{c^2}\int_0^R x\left\{\frac{1}{3(b^2-c^2)}\left[(b^2R^2+(a^2-b^2)x^2)^{\frac{3}{2}}-(c^2R^2+(a^2-c^2)x^2)^{\frac{3}{2}}\right]\right.$$
$$\left.-\frac{1}{3b^2}\left[(b^2R^2+(a^2-b^2)x^2)^{\frac{3}{2}}-(a^2x^2)^{\frac{3}{2}}\right]\right\}\mathrm{d}x$$

$$=\frac{1}{c^2}\left\{\frac{1}{3(b^2-c^2)}\cdot\frac{1}{5(a^2-b^2)}(a^5-b^5)R^5-\frac{1}{3(b^2-c^2)}\cdot\right.$$
$$\frac{1}{5(a^2-c^2)}(a^5-c^5)R^5-\frac{1}{3b^2}\cdot\frac{1}{5(a^2-b^2)}(a^5-b^5)R^5+\frac{1}{3b^2}\cdot\frac{1}{5a^2}a^5R^5\Big\}$$

$$=\frac{R^5}{15c^2}\left\{\frac{1}{(b^2-c^2)(a^2-b^2)}(a^5-b^5)-\frac{1}{(b^2-c^2)(a^2-c^2)}(a^5-c^5)\right.$$

$$- \frac{1}{b^2(a^2-b^2)}(a^5-b^5)+\frac{1}{a^2b^2}a^5\Big\}$$

$$= \frac{R^5}{15c^2}\Big\{\frac{c^2(a^5-b^5)}{b^2(b^2-c^2)(a^2-b^2)}-\frac{a^5-c^5}{(b^2-c^2)(a^2-c^2)}+\frac{1}{a^2b^2}a^5\Big\}$$

$$= \frac{R^5}{15c^2}\Big\{\frac{c^2(a^5-b^5)}{b^2(b^2-c^2)(a^2-b^2)}+\frac{c^5}{(b^2-c^2)(a^2-c^2)}+\frac{a^3c^2(c^2-a^2-b^2)}{b^2(b^2-c^2)(a^2-c^2)}\Big\}$$

$$= \frac{R^5}{15(b^2-c^2)}\Big\{\frac{a^5-b^5}{b^2(a^2-b^2)}+\frac{c^3}{a^2-c^2}+\frac{a^3(c^2-a^2-b^2)}{b^2(a^2-c^2)}\Big\}$$

$$= \frac{R^5}{15(b^2-c^2)}\cdot\frac{(a^5-b^5)(a^2-c^2)+c^3b^2(a^2-b^2)+(a^2-b^2)a^3(c^2-a^2-b^2)}{b^2(a^2-b^2)(a^2-c^2)}$$

$$= \frac{R^5}{15}\cdot\frac{-a^2b^3+b^3c^2+a^2c^3-b^2c^3-c^2a^3+b^2a^3}{(a^2-b^2)(a^2-c^2)(b^2-c^2)}$$

$$= \frac{R^5}{15}\cdot\frac{(b-c)(c-a)(b-a)(ab+bc+ca)}{(a^2-b^2)(a^2-c^2)(b^2-c^2)}=\frac{(ab+bc+ca)R^5}{15(a+b)(b+c)(c+a)}。$$

例 7.46 设平面曲线 l：$\begin{cases} y=\sin x \\ 0\leqslant x\leqslant\pi \end{cases}$，证明：$\frac{1+\sqrt{2}}{4}\pi^2<\int_l x\,\mathrm{d}s<\frac{\sqrt{6}}{4}\pi^2$。

证明 注意到 $\int_l x\,\mathrm{d}s=\int_0^\pi x\sqrt{1+\cos^2 x}\,\mathrm{d}x=\frac{\pi}{2}\int_0^\pi\sqrt{1+\cos^2 x}\,\mathrm{d}x$，故原不等式等价于

$$\frac{1+\sqrt{2}}{2}\pi<\int_0^\pi\sqrt{1+\cos^2 x}\,\mathrm{d}x<\frac{\sqrt{6}}{2}\pi。$$

即只需证明 $$\frac{1+\sqrt{2}}{4}\pi<\int_0^{\frac{\pi}{2}}\sqrt{1+\cos^2 x}\,\mathrm{d}x<\frac{\sqrt{6}}{4}\pi。$$

由于 $\int_0^{\frac{\pi}{2}}\sqrt{1+\cos^2 x}\,\mathrm{d}x=\int_0^{\frac{\pi}{4}}\sqrt{1+\cos^2 x}\,\mathrm{d}x+\int_{\frac{\pi}{4}}^{\frac{\pi}{2}}\sqrt{1+\cos^2 x}\,\mathrm{d}x。$

对 $\int_{\frac{\pi}{4}}^{\frac{\pi}{2}}\sqrt{1+\cos^2 x}\,\mathrm{d}x$ 作换元 $x=\frac{\pi}{2}-t$，可得

$$\int_{\frac{\pi}{4}}^{\frac{\pi}{2}}\sqrt{1+\cos^2 x}\,\mathrm{d}x=-\int_{\frac{\pi}{4}}^0\sqrt{1+\sin^2 t}\,\mathrm{d}t=\int_0^{\frac{\pi}{4}}\sqrt{1+\sin^2 x}\,\mathrm{d}x,$$

所以 $$\int_0^{\frac{\pi}{2}}\sqrt{1+\cos^2 x}\,\mathrm{d}x=\int_0^{\frac{\pi}{4}}\sqrt{1+\cos^2 x}\,\mathrm{d}x+\int_0^{\frac{\pi}{4}}\sqrt{1+\sin^2 x}\,\mathrm{d}x$$

$$=\int_0^{\frac{\pi}{4}}(\sqrt{1+\sin^2 x}+\sqrt{1+\cos^2 x})\,\mathrm{d}x。$$

构造函数 $f(x)=\sqrt{1+\sin^2 x}+\sqrt{1+\cos^2 x}$，$x\in\left(0,\frac{\pi}{4}\right)$，则

$$f'(x)=\frac{\sin x\cos x}{\sqrt{1+\sin^2 x}}+\frac{-\sin x\cos x}{\sqrt{1+\cos^2 x}}=\sin x\cos x\left(\frac{1}{\sqrt{1+\sin^2 x}}-\frac{1}{\sqrt{1+\cos^2 x}}\right)$$

$$=\sin x\cos x\frac{\sqrt{1+\cos^2 x}-\sqrt{1+\sin^2 x}}{\sqrt{1+\sin^2 x}\sqrt{1+\cos^2 x}}>0。$$

因此，$f(x)$ 在 $\left[0,\dfrac{\pi}{4}\right]$ 上单调增加，故

$$\frac{1+\sqrt{2}}{4}\pi=\int_0^{\frac{\pi}{4}}(1+\sqrt{2})\,\mathrm{d}x<\int_0^{\frac{\pi}{4}}(\sqrt{1+\sin^2 x}+\sqrt{1+\cos^2 x})\,\mathrm{d}x<\int_0^{\frac{\pi}{4}}\left(\frac{\sqrt{6}}{2}+\frac{\sqrt{6}}{2}\right)\mathrm{d}x=\frac{\sqrt{6}}{4}\pi。$$

综上，结论成立。

例 7.47　计算 $\displaystyle\oint_L \mathrm{e}^{\sqrt{x^2+y^2}}\,\mathrm{d}s$，其中 L 为圆周 $x^2+y^2=a^2$，直线 $y=x$ 以及 x 轴在第一象限内所围成的扇形区域的整个边界曲线。

解　积分曲线 $L=L_1+L_2+L_3$，其中 $L_1:y=0$，$0\leqslant x\leqslant a$，$L_2:y=x$，$0\leqslant x\leqslant\dfrac{a}{\sqrt{2}}$，

$L_3:y=\sqrt{a^2-x^2}$，$\dfrac{a}{\sqrt{2}}\leqslant x\leqslant a$，由可加性知，

$$\oint_L \mathrm{e}^{\sqrt{x^2+y^2}}\,\mathrm{d}s=\int_{L_1}\mathrm{e}^{\sqrt{x^2+y^2}}\,\mathrm{d}s+\int_{L_2}\mathrm{e}^{\sqrt{x^2+y^2}}\,\mathrm{d}s+\int_{L_3}\mathrm{e}^{\sqrt{x^2+y^2}}\,\mathrm{d}s$$

$$=\int_0^a \mathrm{e}^x\,\mathrm{d}x+\int_0^{\frac{a}{\sqrt{2}}}\mathrm{e}^{\sqrt{2}x}\sqrt{2}\,\mathrm{d}x+\int_{\frac{a}{\sqrt{2}}}^a \mathrm{e}^a\cdot\frac{a}{\sqrt{a^2-x^2}}\,\mathrm{d}x$$

$$=\mathrm{e}^x\Big|_0^a+\mathrm{e}^{\sqrt{2}x}\Big|_0^{\frac{a}{\sqrt{2}}}+a\,\mathrm{e}^a\arcsin\frac{x}{a}\Big|_{\frac{a}{\sqrt{2}}}^a=2(\mathrm{e}^a-1)+a\,\mathrm{e}^a\left(\frac{\pi}{2}-\frac{\pi}{4}\right)=\mathrm{e}^a\left(2+\frac{\pi}{4}a\right)-2。$$

例 7.48　计算 $\displaystyle\int_L \frac{|y|}{x^2+y^2+z^2}\,\mathrm{d}s$，其中 $L:\begin{cases}x^2+y^2+z^2=4a^2\\ x^2+y^2=2ax\\ z\geqslant 0\end{cases}$，$a>0$。

解　积分曲线的参数方程为 $L:\begin{cases}x=a+a\cos t\\ y=a\sin t,\ 0\leqslant t\leqslant 2\pi。\\ z=2a\sin\dfrac{t}{2}\end{cases}$

$$\mathrm{d}s=\sqrt{(x')^2+(y')^2+(z')^2}\,\mathrm{d}t=\sqrt{(-a\sin t)^2+(a\cos t)^2+\left(a\cos\frac{t}{2}\right)^2}\,\mathrm{d}t$$

$$=a\sqrt{1+\left(\cos\frac{t}{2}\right)^2}\,\mathrm{d}t，\text{所以}$$

$$\int_L \frac{|y|}{x^2+y^2+z^2}\,\mathrm{d}s=\frac{1}{4a^2}\int_L |y|\,\mathrm{d}s=\frac{1}{4a^2}\int_0^{2\pi}|a\sin t|\,a\sqrt{1+\left(\cos\frac{t}{2}\right)^2}\,\mathrm{d}t$$

$$=\frac{1}{4}\int_0^{2\pi}|\sin t|\sqrt{1+\left(\cos\frac{t}{2}\right)^2}\,\mathrm{d}t=\frac{1}{4}\int_{-\pi}^{\pi}|\sin t|\sqrt{1+\left(\cos\frac{t}{2}\right)^2}\,\mathrm{d}t$$

$$=\frac{1}{2}\int_0^{\pi}\sin t\sqrt{1+\left(\cos\frac{t}{2}\right)^2}\,\mathrm{d}t=-\int_0^{\pi}\sqrt{1+\left(\cos\frac{t}{2}\right)^2}\,\mathrm{d}\left[1+\left(\cos\frac{t}{2}\right)^2\right]$$

$$=-\frac{2}{3}\left[1+\left(\cos\frac{t}{2}\right)^2\right]^{\frac{3}{2}}\Big|_0^{\pi}=\frac{2}{3}(2\sqrt{2}-1)。$$

例 7.49 求柱面 $x^{\frac{2}{3}} + y^{\frac{2}{3}} = 1$ 含在球面 $x^2 + y^2 + z^2 = 1$ 内的那部分面积。

解 记 S_1 是以 l：$\begin{cases} x^{\frac{2}{3}} + y^{\frac{2}{3}} = 1 \\ z = 0 \end{cases}$，$x, y \geqslant 0$ 为准线，以平行于 z 轴的直线为母线，并且在点 (x, y) 处的高度为 $f(x, y) = \sqrt{1 - x^2 - y^2}$ 的柱面的面积。由对称性得，所求柱面面积 $S = 8S_1 = 8\int_l f(x, y) \mathrm{d}s$。注意到 l 的参数方程为 $\begin{cases} x = \cos^3 t \\ y = \sin^3 t \end{cases}$，$0 \leqslant t \leqslant \dfrac{\pi}{2}$，所以

$$S = 8\int_l \sqrt{1 - x^2 - y^2}\, \mathrm{d}s = 8\int_0^{\frac{\pi}{2}} \sqrt{1 - \cos^6 t - \sin^6 t} \sqrt{9\cos^4 t \sin^2 t + 9\sin^4 t \cos^2 t}\, \mathrm{d}t$$

$$= 24\sqrt{3}\int_0^{\frac{\pi}{2}} \sin^2 t \cos^2 t\, \mathrm{d}t = \frac{3\sqrt{3}}{2}\pi。$$

例 7.50 设螺旋形弹簧一圈的方程为 $x = a\cos t$，$y = a\sin t$，$z = kt$，其中 $0 \leqslant t \leqslant 2\pi$，它的线密度函数为 $\rho(x, y, z) = x^2 + y^2 + z^2$，求

（1）螺旋形弹簧关于 z 轴的转动惯量 I_z；（2）螺旋形弹簧的重心。

解 （1）$\mathrm{d}s = \sqrt{(x')^2 + (y')^2 + (z')^2}\, \mathrm{d}t = \sqrt{(-a\sin t)^2 + (a\cos t)^2 + k^2}\, \mathrm{d}t = \sqrt{a^2 + k^2}\, \mathrm{d}t$。

$$I_z = \int_\Gamma (x^2 + y^2)\rho\, \mathrm{d}s = \int_0^{2\pi} a^2(a^2 + k^2 t^2)\sqrt{a^2 + k^2}\, \mathrm{d}t = a^2\sqrt{a^2 + k^2}\left(a^2 t + \frac{k^2}{3}t^3\right)\Big|_0^{2\pi}$$

$$= \pi a^2\sqrt{a^2 + k^2}\left(2a^2 + \frac{8}{3}k^2\pi^2\right)。$$

（2）由于 $M = \int_\Gamma \rho\, \mathrm{d}s = \int_0^{2\pi} (a^2 + k^2 t^2)\sqrt{a^2 + k^2}\, \mathrm{d}t$

$$= \sqrt{a^2 + k^2}\left(a^2 t + \frac{k^2}{3}t^3\right)\Big|_0^{2\pi} = \pi\sqrt{a^2 + k^2}\left(2a^2 + \frac{8}{3}k^2\pi^2\right)。$$

螺旋形弹簧关于 yOz，zOx，xOy 平面的静力矩分别为

$$M_x = \int_\Gamma x\rho\, \mathrm{d}s = \int_0^{2\pi} a\cos t \cdot (a^2 + k^2 t^2)\sqrt{a^2 + k^2}\, \mathrm{d}t$$

$$= 4a\pi k^2\sqrt{a^2 + k^2}；$$

$$M_y = \int_\Gamma y\rho\, \mathrm{d}s = \int_0^{2\pi} a\sin t \cdot (a^2 + k^2 t^2)\sqrt{a^2 + k^2}\, \mathrm{d}t$$

$$= -4a\pi^2 k^2\sqrt{a^2 + k^2}；$$

$$M_z = \int_\Gamma z\rho\, \mathrm{d}s = \int_0^{2\pi} kt(a^2 + k^2 t^2)\sqrt{a^2 + k^2}\, \mathrm{d}t$$

$$= k\sqrt{a^2 + k^2}\left(a^2\frac{t^2}{2} + \frac{k^2}{4}t^4\right)\Big|_0^{2\pi} = 2\pi^2 k\sqrt{a^2 + k^2}(a^2 + 2k^2\pi^2)。$$

$$\bar{x} = \frac{M_x}{M} = \frac{6ak^2}{3a^2 + 4k^2\pi^2}，\quad \bar{y} = \frac{M_y}{M} = \frac{-6\pi ak^2}{3a^2 + 4k^2\pi^2}，\quad \bar{z} = \frac{M_z}{M} = \frac{3\pi k(a^2 + 2k^2\pi^2)}{3a^2 + 4k^2\pi^2}，$$

即螺旋形弹簧的重心为 $\left(\dfrac{6ak^2}{3a^2+4k^2\pi^2},\ \dfrac{-6\pi ak^2}{3a^2+4k^2\pi^2},\ \dfrac{3\pi k(a^2+2k^2\pi^2)}{3a^2+4k^2\pi^2}\right)$。

例 7.51　计算曲线 $(x-y)^2=a(x+y)$，$x^2-y^2=\dfrac{9}{8}z^2$ 上从 $O(0,0,0)$ 到点 $A(x_0,$ $y_0,z_0)$ 的一段弧的长度 $(a>0)$。

解　注意到曲线 $(x-y)^2=a(x+y)$，$x^2-y^2=\dfrac{9}{8}z^2$ 关于 xOy 坐标面对称，不妨设 $z_0>0$。由曲线方程联立可得 $(x-y)^3=\dfrac{9a}{8}z^2$，$x-y=\dfrac{3^{2/3}}{2}a^{1/3}z^{2/3}$。为方便计算，记 $t=\dfrac{3^{2/3}}{2}z^{2/3}$，此时曲线的参数方程为

$$\begin{cases} x=\dfrac{a^{\frac{1}{3}}t+a^{-\frac{1}{3}}t^2}{2} \\[2mm] y=\dfrac{a^{-\frac{1}{3}}t^2-a^{\frac{1}{3}}t}{2},\ 0\leqslant t\leqslant\dfrac{(3z_0)^{\frac{2}{3}}}{2}。 \\[2mm] z=\dfrac{2\sqrt{2}}{3}t^{\frac{3}{2}} \end{cases}$$

记 $t_0=\dfrac{(3z_0)^{\frac{2}{3}}}{2}$，$\mathrm{d}s=\sqrt{x'^2+y'^2+z'^2}\,\mathrm{d}t=\dfrac{a^{\frac{1}{3}}+2a^{-\frac{1}{3}}t}{\sqrt{2}}\mathrm{d}t$，从而曲线的弧长为

$$L=\int_l\mathrm{d}s=\int_0^{t_0}\sqrt{x'^2+y'^2+z'^2}\,\mathrm{d}t=\int_0^{t_0}\frac{a^{\frac{1}{3}}+2a^{-\frac{1}{3}}t}{\sqrt{2}}\mathrm{d}t=\frac{a^{\frac{1}{3}}t_0+a^{-\frac{1}{3}}t_0^2}{\sqrt{2}}$$

$$=\frac{1}{\sqrt{2}}\left[\frac{a^{\frac{1}{3}}(3z_0)^{\frac{2}{3}}}{2}+\frac{(3z_0)^{\frac{4}{3}}}{4a^{\frac{1}{3}}}\right]。$$

所以弧长为 $L=\dfrac{1}{\sqrt{2}}\left[\dfrac{a^{\frac{1}{3}}(3\,|\,z_0\,|)^{\frac{2}{3}}}{2}+\dfrac{(3\,|\,z_0\,|)^{\frac{4}{3}}}{4a^{\frac{1}{3}}}\right]。$

例 7.52　有一条长度为 L，宽度为 D 的弯曲跑道，试求其面积 S。

解　设跑道的中心轴线是曲线 l，在 l 上取长度为 $\mathrm{d}s$ 的一小段曲线弧。不妨设曲线弧的两个端点分别是点 A 和 B，则曲线 l 在点 A 和点 B 处的法线与跑道的边界曲线所围成区域可近似地看作一个高为 D、中位线长度为 $\mathrm{d}s$ 的梯形。因此面积的微元 $\mathrm{d}S=D\mathrm{d}s$，该跑道的面积 $S=\displaystyle\int_l\mathrm{d}S=\int_l D\mathrm{d}s=DL$。

例 7.53　计算 $\displaystyle\int_l\frac{1}{x}\arctan\frac{y}{x}\mathrm{d}x+\frac{2}{y}\arctan\frac{x}{y}\mathrm{d}y$，其中积分曲线 l 是圆 $x^2+y^2=1$，$x^2+y^2=4$ 与直线 $y=x$，$y=\sqrt{3}x$ 在第一象限所围闭区域的正向边界。

解　记积分曲线 l 所围平面闭区域为 D，由格林公式得：

$$\int_l\frac{1}{x}\arctan\frac{y}{x}\mathrm{d}x+\frac{2}{y}\arctan\frac{x}{y}\mathrm{d}y=\iint\limits_D\left[\frac{\partial}{\partial x}\left(\frac{2}{y}\arctan\frac{x}{y}\right)-\frac{\partial}{\partial y}\left(\frac{1}{x}\arctan\frac{y}{x}\right)\right]\mathrm{d}x\,\mathrm{d}y$$

$$= \iint\limits_{D} \frac{1}{x^2+y^2} \mathrm{d}x\,\mathrm{d}y。$$

区域可以表示为 $D:\begin{cases} 1 \leqslant \rho \leqslant 2 \\ \dfrac{\pi}{4} \leqslant \theta \leqslant \dfrac{\pi}{3} \end{cases}$，故

$$\iint\limits_{D} \frac{1}{x^2+y^2} \mathrm{d}x\,\mathrm{d}y = \int_{\frac{\pi}{4}}^{\frac{\pi}{3}} \mathrm{d}\theta \int_{1}^{2} \frac{1}{\rho^2}\rho\,\mathrm{d}\rho = \frac{\pi}{12}\ln 2，$$

所以，
$$\int_{l} \frac{1}{x}\arctan\frac{y}{x}\mathrm{d}x + \frac{2}{y}\arctan\frac{x}{y}\mathrm{d}y = \frac{\pi}{12}\ln 2。$$

例 7.54 设有一个力场，其场力的大小与作用点到 z 轴的距离成反比，方向垂直 z 轴且指向 z 轴，试求一质点沿圆弧 $x=\cos\theta$，$y=1$，$z=\sin\theta$ 从点 $A(1,1,0)$ 依参数增加的方向移动到点 $B(0,1,1)$ 时场力所作的功。

解 注意到 $|\boldsymbol{F}| = \dfrac{k}{\sqrt{x^2+y^2}}$，$\mathbf{e}_F = \dfrac{1}{\sqrt{x^2+y^2}}(-x,-y,0)$，所以，

$$\boldsymbol{F} = |\boldsymbol{F}| \cdot \mathbf{e}_F = \frac{k}{\sqrt{x^2+y^2}} \cdot \frac{1}{\sqrt{x^2+y^2}}(-x,-y,0) = -k\left(\frac{x}{x^2+y^2}, \frac{y}{x^2+y^2}, 0\right)。$$

场力所作的功为

$$W = -k\int_{l} \frac{x}{x^2+y^2}\mathrm{d}x + \frac{y}{x^2+y^2}\mathrm{d}y = -k\int_{0}^{\frac{\pi}{2}} \frac{\cos\theta}{1+\cos^2\theta}(-\sin\theta)\mathrm{d}\theta$$

$$= k\int_{0}^{\frac{\pi}{2}} \frac{\sin\theta\cos\theta}{1+\cos^2\theta}\mathrm{d}\theta = -\frac{k}{2}\int_{0}^{\frac{\pi}{2}} \frac{1}{1+\cos^2\theta}\mathrm{d}(1+\cos^2\theta) = \frac{k}{2}\ln 2。$$

例 7.55 计算 $\displaystyle\int_{L} \frac{\left(x-\dfrac{1}{2}-y\right)\mathrm{d}x + \left(x-\dfrac{1}{2}+y\right)\mathrm{d}y}{\left(x-\dfrac{1}{2}\right)^2+y^2}$，其中 L 是单位圆 $x^2+y^2=1$ 上从

点 $(0,-1)$ 到点 $(0,1)$ 的逆时针弧段。

解 $P(x,y) = \dfrac{x-\dfrac{1}{2}-y}{\left(x-\dfrac{1}{2}\right)^2+y^2}$，$Q(x,y) = \dfrac{x-\dfrac{1}{2}+y}{\left(x-\dfrac{1}{2}\right)^2+y^2}$。

$$Q_x(x,y) = \left(\frac{x-\dfrac{1}{2}+y}{\left(x-\dfrac{1}{2}\right)^2+y^2}\right)_x = \frac{\left(x-\dfrac{1}{2}\right)^2+y^2-2\left(x-\dfrac{1}{2}+y\right)\left(x-\dfrac{1}{2}\right)}{\left[\left(x-\dfrac{1}{2}\right)^2+y^2\right]^2}$$

$$= \frac{-\left(x-\dfrac{1}{2}\right)^2+y^2-2y\left(x-\dfrac{1}{2}\right)}{\left[\left(x-\dfrac{1}{2}\right)^2+y^2\right]^2},$$

$$P_y(x,y)=\left(\frac{x-\frac{1}{2}-y}{\left(x-\frac{1}{2}\right)^2+y^2}\right)_y=\frac{-\left(x-\frac{1}{2}\right)^2-y^2-2\left(x-\frac{1}{2}-y\right)y}{\left[\left(x-\frac{1}{2}\right)^2+y^2\right]^2}$$

$$=\frac{-\left(x-\frac{1}{2}\right)^2+y^2-2y\left(x-\frac{1}{2}\right)}{\left[\left(x-\frac{1}{2}\right)^2+y^2\right]^2}。$$

所以，$Q_x(x,y)=P_y(x,y)$。

若记 L' 是圆 $\left(x-\frac{1}{2}\right)^2+y^2=\frac{5}{4}$ 上从点 $(0,-1)$ 到点 $(0,1)$ 的逆时针弧段，L'' 是从点 $(0,1)$ 到点 $(0,-1)$ 的有向直线段，D 是 L' 与 L'' 所围区域，则有

$$\int_L\frac{\left(x-\frac{1}{2}-y\right)dx+\left(x-\frac{1}{2}+y\right)dy}{\left(x-\frac{1}{2}\right)^2+y^2}=\int_{L'}\frac{\left(x-\frac{1}{2}-y\right)dx+\left(x-\frac{1}{2}+y\right)dy}{\left(x-\frac{1}{2}\right)^2+y^2}$$

$$=\frac{4}{5}\int_{L'}\left(x-\frac{1}{2}-y\right)dx+\left(x-\frac{1}{2}+y\right)dy$$

$$=\frac{4}{5}\left[\int_{L'+L''}\left(x-\frac{1}{2}-y\right)dx+\left(x-\frac{1}{2}+y\right)dy-\int_{L''}\left(x-\frac{1}{2}-y\right)dx+\left(x-\frac{1}{2}+y\right)dy\right]$$

$$=\frac{4}{5}\left[\iint_D2\,dx\,dy-\int_{L''}\left(x-\frac{1}{2}-y\right)dx+\left(x-\frac{1}{2}+y\right)dy\right]$$

$$=\frac{4}{5}\left[2\left(\frac{\pi-\arctan2}{\pi}\cdot\frac{5}{4}\pi+\frac{1}{2}\right)-\int_1^{-1}\left(y-\frac{1}{2}\right)dy\right]=2(\pi-\arctan2)。$$

例 7.56 设有一条长度为 L，宽度为 D 的弯曲跑道，试用曲线积分求其面积 S。

解 不妨设跑道的中心轴线是曲线 $l=\overset{\frown}{PQ}$，跑道两侧边界曲线分别是 $\overset{\frown}{AB}$ 和 $\overset{\frown}{CD}$，且跑道所占平面区域的正向边界曲线是 $\Gamma=\overset{\frown}{AC}+\overset{\frown}{CD}+\overset{\frown}{DB}+\overset{\frown}{BA}$，则由格林公式可得，该跑道的面积 $S=\int_\Gamma x\,dy$。

为方便计算，不妨设点 $A(0,D)$，$C(0,0)$，点 P 是线段 AC 的中点，曲线 $\overset{\frown}{PQ}$：$\begin{cases}x=x(t)\\y=y(t)\end{cases}$，$t:\alpha\to\beta$（不妨设 $\alpha<\beta$)，其中 $x(t)$ 以及 $y(t)$ 具有二阶连续导数且 $[x'(t)]^2+[y'(t)]^2\neq0$，则边界曲线 $\Gamma=\overset{\frown}{AC}+\overset{\frown}{CD}+\overset{\frown}{DB}+\overset{\frown}{BA}$ 中四段曲线弧的参数方程分别如下：

$$\overset{\frown}{AC}:\begin{cases}x=0\\y=y\end{cases},\ y:D\to0;\quad\overset{\frown}{CD}:\begin{cases}x=x(t)+\dfrac{D}{2}\dfrac{y'(t)}{\sqrt{[x'(t)]^2+[y'(t)]^2}}\\y=y(t)-\dfrac{D}{2}\dfrac{x'(t)}{\sqrt{[x'(t)]^2+[y'(t)]^2}}\end{cases},\ t:\alpha\to\beta;$$

$$\widehat{DB}:\begin{cases}x=x(\beta)-r\dfrac{y'(\beta)}{\sqrt{[x'(\beta)]^2+[y'(\beta)]^2}}\\ y=y(\beta)+r\dfrac{x'(\beta)}{\sqrt{[x'(\beta)]^2+[y'(\beta)]^2}}\end{cases},\ r:-\dfrac{D}{2}\to\dfrac{D}{2};$$

$$\widehat{BA}:\begin{cases}x=x(t)-\dfrac{D}{2}\cdot\dfrac{y'(t)}{\sqrt{[x'(t)]^2+[y'(t)]^2}}\\ y=y(t)+\dfrac{D}{2}\cdot\dfrac{x'(t)}{\sqrt{[x'(t)]^2+[y'(t)]^2}}\end{cases},\ t:\beta\to\alpha;$$

所以，$S=\displaystyle\int_\Gamma x\,\mathrm{d}y=\int_{\widehat{AC}+\widehat{CD}+\widehat{DB}+\widehat{BA}}x\,\mathrm{d}y=\int_{\widehat{AC}}x\,\mathrm{d}y+\int_{\widehat{CD}}x\,\mathrm{d}y+\int_{\widehat{DB}}x\,\mathrm{d}y+\int_{\widehat{BA}}x\,\mathrm{d}y$

$=0+\displaystyle\int_\alpha^\beta\left(x(t)+\dfrac{D}{2}\dfrac{y'(t)}{\sqrt{(x'(t))^2+(y'(t))^2}}\right)\mathrm{d}\left(y(t)-\dfrac{D}{2}\dfrac{x'(t)}{\sqrt{(x'(t))^2+(y'(t))^2}}\right)$

$\quad+\displaystyle\int_{-\frac{D}{2}}^{\frac{D}{2}}\left(x(\beta)-r\dfrac{y'(\beta)}{\sqrt{(x'(\beta))^2+(y'(\beta))^2}}\right)\mathrm{d}\left(y(\beta)+r\dfrac{x'(\beta)}{\sqrt{(x'(\beta))^2+(y'(\beta))^2}}\right)$

$\quad+\displaystyle\int_\beta^\alpha\left(x(t)-\dfrac{D}{2}\cdot\dfrac{y'(t)}{\sqrt{(x'(t))^2+(y'(t))^2}}\right)\mathrm{d}\left(y(t)+\dfrac{D}{2}\cdot\dfrac{x'(t)}{\sqrt{(x'(t))^2+(y'(t))^2}}\right)$

$=\displaystyle\int_\alpha^\beta\left(x(t)y'(t)-\dfrac{D}{2}\cdot x(t)\cdot\dfrac{x''(t)[y'(t)]^2-x'(t)y'(t)y''(t)}{\{[x'(t)]^2+[y'(t)]^2\}^{\frac{3}{2}}}+\dfrac{D}{2}\cdot\right.$

$\left.\dfrac{(y'(t))^2}{\sqrt{[x'(t)]^2+[y'(t)]^2}}-\dfrac{D^2}{4}\cdot y'(t)\cdot\dfrac{x''(t)[y'(t)]^2-x'(t)y'(t)y''(t)}{\{[x'(t)]^2+[y'(t)]^2\}^2}\right)\mathrm{d}t$

$\quad+\displaystyle\int_{-\frac{D}{2}}^{\frac{D}{2}}\left(x(\beta)-r\dfrac{y'(\beta)}{\sqrt{[x'(\beta)]^2+[y'(\beta)]^2}}\right)\dfrac{x'(\beta)}{\sqrt{[x'(\beta)]^2+[y'(\beta)]^2}}\mathrm{d}r$

$\quad-\displaystyle\int_\alpha^\beta\left(x(t)y'(t)+\dfrac{D}{2}\cdot x(t)\cdot\dfrac{x''(t)[y'(t)]^2-x'(t)y'(t)y''(t)}{\{[x'(t)]^2+[y'(t)]^2\}^{\frac{3}{2}}}-\dfrac{D}{2}\cdot\right.$

$\left.\dfrac{[y'(t)]^2}{\sqrt{[x'(t)]^2+[y'(t)]^2}}-\dfrac{D^2}{4}\cdot y'(t)\cdot\dfrac{x''(t)(y'(t))^2-x'(t)y'(t)y''(t)}{\{[x'(t)]^2+[y'(t)]^2\}^2}\right)\mathrm{d}t$

$=-D\displaystyle\int_\alpha^\beta x(t)\cdot\dfrac{x''(t)[y'(t)]^2-x'(t)y'(t)y''(t)}{\{[x'(t)]^2+[y'(t)]^2\}^{\frac{3}{2}}}\mathrm{d}t$

$\quad+D\displaystyle\int_\alpha^\beta\dfrac{[y'(t)]^2}{\sqrt{[x'(t)]^2+[y'(t)]^2}}\mathrm{d}t+D\dfrac{x(\beta)x'(\beta)}{\sqrt{[x'(\beta)]^2+[y'(\beta)]^2}}$

$=-D\displaystyle\int_\alpha^\beta x(t)\,\mathrm{d}\left(\dfrac{x'(t)}{\sqrt{[x'(t)]^2+[y'(t)]^2}}\right)+D\int_\alpha^\beta\dfrac{[y'(t)]^2}{\sqrt{[x'(t)]^2+[y'(t)]^2}}\mathrm{d}t$

$\quad+D\dfrac{x(\beta)x'(\beta)}{\sqrt{[x'(\beta)]^2+[y'(\beta)]^2}}$

$=-D\left[\dfrac{x(t)x'(t)}{\sqrt{[x'(t)]^2+[y'(t)]^2}}\Big|_\alpha^\beta-\displaystyle\int_\alpha^\beta\dfrac{(x'(t))^2}{\sqrt{[x'(t)]^2+[y'(t)]^2}}\right]$

$\quad+D\displaystyle\int_\alpha^\beta\dfrac{(y'(t))^2}{\sqrt{[x'(t)]^2+[y'(t)]^2}}\mathrm{d}t+D\dfrac{x(\beta)x'(\beta)}{\sqrt{[x'(\beta)]^2+[y'(\beta)]^2}}$

$$=D\int_\alpha^\beta \sqrt{[x'(t)]^2+[y'(t)]^2}\,dt=DL\,。$$

例7.57 已知当参数 t 从 0 变化到 $\frac{\pi}{2}$ 时,动点 $P(t(1-\sin t),\ t\cos t)$ 在 xOy 坐标面上形成一条逆时针方向的封闭曲线 L,求曲线 L 所围平面图形的面积。

解 由已知条件,有向曲线 L 的参数方程为

$$L:\begin{cases}x=t(1-\sin t)\\y=t\cos t\end{cases},\ t:0\to\frac{\pi}{2}。$$

记曲线 L 所围平面图形是 D,由格林公式得:

$$\int_L x\,dy-y\,dx=2\iint_D dx\,dy=2S(D),$$

所以

$$S(D)=\frac{1}{2}\int_L x\,dy-y\,dx。$$

利用参数方程计算公式可得

$$\int_L x\,dy-y\,dx=\int_0^{\frac{\pi}{2}}[t(1-\sin t)(\cos t-t\sin t)-t\cos t(1-\sin t-t\cos t)]dt$$

$$=\int_0^{\frac{\pi}{2}}t^2(1-\sin t)dt=\frac{\pi^3}{24}+[-t^2\cos t+2t\sin t+2\cos t]\Big|_0^{\frac{\pi}{2}}$$

$$=\frac{\pi^3}{24}-\pi+2$$

综上,曲线 L 所围平面图形的面积 $S(D)=\frac{1}{2}\int_L x\,dy-y\,dx=\frac{\pi^3}{48}-\frac{\pi}{2}+1。$

例7.58 设 P、Q 在光滑曲线弧段 L 上连续,证明:$\left|\int_L P\,dx+Q\,dy\right|\leqslant Ml$,其中 l 为曲线弧段 L 的长度,$M=\max\limits_{(x,y)\in L}\{\sqrt{P^2+Q^2}\}$,并利用该结论证明:$\lim\limits_{R\to+\infty}I_R=0$,其中 $I_R=\int_{x^2+y^2=R^2}\dfrac{y\,dx-x\,dy}{(x^2+xy+y^2)^2}。$

证明 记 $\boldsymbol{\tau}=(\cos\alpha,\cos\beta)$ 是曲线弧段 L 上点 (x,y) 处与曲线指向一致的单位切向量,则

$$\int_L P\,dx+Q\,dy=\int_L(P\cos\alpha+Q\cos\beta)ds,$$

$$\left|\int_L P\,dx+Q\,dy\right|=\left|\int_L(P\cos\alpha+Q\cos\beta)ds\right|\leqslant\int_L|P\cos\alpha+Q\cos\beta|ds$$

$$\leqslant\int_L\sqrt{P^2+Q^2}\,ds\leqslant M\int_L ds=Ml。$$

在曲线积分 $\int_{x^2+y^2=R^2}\dfrac{y\,dx-x\,dy}{(x^2+xy+y^2)^2}$ 中,$P=\dfrac{y}{(x^2+xy+y^2)^2}$,$Q=\dfrac{-x}{(x^2+xy+y^2)^2}$,

所以

$$\max_{x^2+y^2=R^2}\left\{\sqrt{P^2+Q^2}\right\}=\max_{x^2+y^2=R^2}\left\{\sqrt{\frac{y^2}{(x^2+xy+y^2)^4}+\frac{x^2}{(x^2+xy+y^2)^4}}\right\}$$

$$=\max_{x^2+y^2=R^2}\left\{\sqrt{\frac{x^2+y^2}{(x^2+xy+y^2)^4}}\right\}=\frac{4}{R^3}\,.$$

由结论可知

$$|I_R|=\left|\int_{x^2+y^2=R^2}\frac{y\,dx-x\,dy}{(x^2+xy+y^2)^2}\right|\leqslant\frac{4}{R^3}2\pi R=\frac{8\pi}{R^2}\to0(R\to+\infty),\text{故}\lim_{R\to+\infty}I_R=0\,.$$

例 7.59 已知平面区域 $D=\{(x,y)\mid0\leqslant x,y\leqslant\pi\}$，$l$ 是其正向边界曲线,试证明:

(1) $\oint_l x\,e^{\sin y}dy-y\,e^{-\sin x}dx=\int_l x\,e^{-\sin y}dy-y\,e^{\sin x}dx$；

(2) $\oint_l x\,e^{\sin y}dy-y\,e^{-\sin x}dx\geqslant2\pi^2$。

证明 (1) 由格林公式,左边 $=\oint_l x\,e^{\sin y}dy-y\,e^{-\sin x}dx=\iint_D(e^{\sin y}+e^{-\sin x})dx\,dy$,

右边 $=\oint_l x\,e^{-\sin y}dy-y\,e^{\sin x}dx=\iint_D(e^{-\sin y}+e^{\sin x})dx\,dy$。

考虑到积分区域关于直线 $y=x$ 对称,$\iint_D(e^{\sin y}+e^{-\sin x})dx\,dy=\iint_D(e^{-\sin y}+e^{\sin x})dx\,dy$。

所以, $\oint_l x\,e^{\sin y}dy-y\,e^{-\sin x}dx=\int_l x\,e^{-\sin y}dy-y\,e^{\sin x}dx$。

(2) $\oint_l x\,e^{\sin y}dy-y\,e^{-\sin x}dx=\iint_D(e^{\sin y}+e^{-\sin x})dx\,dy$,由对称性得:

$$\iint_D(e^{\sin y}+e^{-\sin x})dx\,dy=\iint_D(e^{\sin x}+e^{-\sin x})dx\,dy,$$

所以,原式 $=\iint_D(e^{\sin x}+e^{-\sin x})dx\,dy\geqslant2\iint_D dx\,dy=2\pi^2$。

例 7.60 设 $f(x,y)$ 在单位圆内具有连续的偏导数,在边界上取值为零,试证明:

$$\lim_{\varepsilon\to0}\iint_D\frac{xf_x+yf_y}{x^2+y^2}dx\,dy=-2\pi f(0,0),\quad D:\varepsilon^2\leqslant x^2+y^2\leqslant1。$$

证明 $\iint_D\frac{xf_x+yf_y}{x^2+y^2}dx\,dy$

$$=\int_0^{2\pi}d\theta\int_\varepsilon^1\frac{\rho\cos\theta f_x(\rho\cos\theta,\rho\sin\theta)+\rho\sin\theta f_y(\rho\cos\theta,\rho\sin\theta)}{\rho^2}\rho\,d\rho$$

$$=\int_0^{2\pi}d\theta\int_\varepsilon^1[\cos\theta f_x(\rho\cos\theta,\rho\sin\theta)+\sin\theta f_y(\rho\cos\theta,\rho\sin\theta)]d\rho$$

$$=\int_0^{2\pi}d\theta\int_\varepsilon^1 d[f(\rho\cos\theta,\rho\sin\theta)]=\int_0^{2\pi}[f(\rho\cos\theta,\rho\sin\theta)]\Big|_\varepsilon^1 d\theta$$

$$= \int_0^{2\pi} [-f(\varepsilon\cos\theta, \varepsilon\sin\theta)]\mathrm{d}\theta。$$

由定积分中值定理,存在 $\xi \in (0, 2\pi)$,满足

$$\int_0^{2\pi} [-f(\varepsilon\cos\theta, \varepsilon\sin\theta)]\mathrm{d}\theta = -2\pi f(\varepsilon\cos\xi, \varepsilon\sin\xi)。$$

所以,$\displaystyle\lim_{\varepsilon\to 0}\iint\limits_{D}\frac{xf_x + yf_y}{x^2 + y^2}\mathrm{d}x\,\mathrm{d}y = \lim_{\varepsilon\to 0}[-2\pi f(\varepsilon\cos\xi, \varepsilon\sin\xi)] = -2\pi f(0, 0)。$

例 7.61　试求 λ,使得曲线积分 $\displaystyle\int_{(x_0, y_0)}^{(x, y)} \frac{x}{y}r^\lambda \mathrm{d}x - \frac{x^2}{y^2}r^\lambda \mathrm{d}y$ $(r=\sqrt{x^2 + y^2})$ 在 $y > 0$ 区域内与路径无关,并求此积分。

解　$P = \dfrac{x}{y}r^\lambda, Q = -\dfrac{x^2}{y^2}r^\lambda$,由于

$$\frac{\partial P}{\partial y} = x \cdot \frac{y \cdot \lambda r^{\lambda-1} \cdot \dfrac{2y}{2\sqrt{x^2+y^2}} - r^\lambda}{y^2} = \frac{x}{y^2}(\lambda y^2 r^{\lambda-2} - r^\lambda),$$

$$\frac{\partial Q}{\partial x} = -\frac{2x \cdot r^\lambda + x^2 \cdot \lambda r^{\lambda-1} \cdot \dfrac{2x}{2\sqrt{x^2+y^2}}}{y^2} = -\frac{x}{y^2}(2r^\lambda + x^2\lambda r^{\lambda-2})。$$

令 $\dfrac{\partial P}{\partial y} = \dfrac{\partial Q}{\partial x}$,得:

$$\frac{x}{y^2}(\lambda y^2 r^{\lambda-2} - r^\lambda) = -\frac{x}{y^2}(2r^\lambda + x^2\lambda r^{\lambda-2}),$$

$$r^\lambda = -\lambda r^{\lambda-2}(x^2 + y^2) = -\lambda r^\lambda。$$

因此当 $\lambda = -1$ 时曲线积分 $\displaystyle\int_{(x_0, y_0)}^{(x, y)} \frac{x}{y}r^\lambda \mathrm{d}x - \frac{x^2}{y^2}r^\lambda \mathrm{d}y$ 与路径无关。

且有 $\displaystyle\int_{(x_0, y_0)}^{(x, y)} \frac{x}{y}r^\lambda \mathrm{d}x - \frac{x^2}{y^2}r^\lambda \mathrm{d}y = \int_{x_0}^{x} \frac{x}{y_0\sqrt{x^2+y_0^2}}\mathrm{d}x - \int_{y_0}^{y} \frac{x^2}{y^2\sqrt{x^2+y^2}}\mathrm{d}y$

$$= \frac{1}{y_0}\sqrt{x^2+y_0^2}\Big|_{x_0}^{x} - \left(-\sqrt{1+\frac{x^2}{y^2}}\right)\Big|_{y_0}^{y}$$

$$= \frac{1}{y_0}(\sqrt{x^2+y_0^2} - \sqrt{x_0^2+y_0^2}) + \sqrt{1+\frac{x^2}{y^2}} - \sqrt{1+\frac{x^2}{y_0^2}}$$

$$= \frac{\sqrt{x^2+y^2}}{y} - \frac{\sqrt{x_0^2+y_0^2}}{y_0}。$$

例 7.62　设 $P(x, y), Q(x, y)$ 具有连续的一阶偏导数,并且对于任意的 x_0, y_0 以及正常数 R,都有积分 $\displaystyle\int_L P(x, y)\mathrm{d}x + Q(x, y)\mathrm{d}y = 0$,其中 L 是半圆周 $y = y_0 + \sqrt{R^2 - (x-x_0)^2}$,证明:$P(x, y) = 0, Q_x(x, y) = 0$。

证明 任取 x_0、y_0 以及正常数 R，L 是上半圆周 $y = y_0 + \sqrt{R^2 - (x - x_0)^2}$，起点为 $A(x_0 + R, y_0)$，终点为 $B(x_0 - R, y_0)$。记 D 是 L 和直线段 AB 所围成的区域。由已知条件 $\int_L P(x, y)\mathrm{d}x + Q(x, y)\mathrm{d}y = 0$，则

$$\int_{L+BA} P(x, y)\mathrm{d}x + Q(x, y)\mathrm{d}y = \int_{BA} P(x, y)\mathrm{d}x + Q(x, y)\mathrm{d}y$$

$$= \int_{BA} P(x, y)\mathrm{d}x = \int_{x_0-R}^{x_0+R} P(x, y_0)\mathrm{d}x.$$

由定积分中值定理，存在 $c \in (x_0 - R, x_0 + R)$，满足

$$\int_{x_0-R}^{x_0+R} P(x, y_0)\mathrm{d}x = 2RP(c, y_0),$$

$$\int_{L+BA} P(x, y)\mathrm{d}x + Q(x, y)\mathrm{d}y = 2RP(c, y_0).$$

另一方面，由格林公式以及二重积分中值定理得

$$\int_{L+BA} P(x, y)\mathrm{d}x + Q(x, y)\mathrm{d}y = \iint_D (Q_x - P_y)\mathrm{d}x\mathrm{d}y = (Q_x - P_y)\Big|_{(\xi, \eta)} \cdot \frac{\pi}{2}R^2, \ (\xi, \eta) \in D,$$

所以，$(Q_x - P_y)\Big|_{(\xi, \eta)} \cdot \frac{\pi}{2}R^2 = 2RP(c, y_0)$，$(Q_x - P_y)\Big|_{(\xi, \eta)} \cdot \frac{\pi}{2}R = 2P(c, y_0)$，令 $R \to 0$，得 $P(x_0, y_0) = 0$。由 x_0、y_0 的任意性，$P(x, y) = 0$。

下证 $Q_x(x, y) = 0$。否则，不妨设 $Q_x(m, n) > 0$。由连续性知，存在点 (m, n) 的某个邻域 K，对于任意的 $(x, y) \in K$，$Q_x(x, y) > 0$，在 K 中任取半径充分小的上半圆周 L_1：$y = n + \sqrt{r^2 - (x - m)^2}$，起点为 $C(m + r, n)$，终点为 $D(m - r, n)$，记 D_1 是 L_1 和直线段 DC 所围成的区域，所以，

$$\int_{L_1+DC} P(x, y)\mathrm{d}x + Q(x, y)\mathrm{d}y = \int_{L_1+DC} Q(x, y)\mathrm{d}y = \iint_{D_1} Q_x \mathrm{d}x\mathrm{d}y > 0.$$

另一方面，$\int_{L_1+DC} P(x, y)\mathrm{d}x + Q(x, y)\mathrm{d}y = \int_{DC} Q(x, y)\mathrm{d}y = 0$，矛盾，所以 $Q_x(x, y) = 0$。

例 7.63 设 $f(x, y)$ 在区域 $D = \{(x, y) \mid x^2 + y^2 \leqslant 1\}$ 上具有二阶连续偏导数，且 $\dfrac{\partial^2 f}{\partial x^2} + \dfrac{\partial^2 f}{\partial y^2} = \mathrm{e}^{-x^2-y^2}$，求 $\iint_D \left(x\dfrac{\partial f}{\partial x} + y\dfrac{\partial f}{\partial y}\right)\mathrm{d}x\mathrm{d}y$。

解 $\displaystyle\iint_D \left(x\frac{\partial f}{\partial x} + y\frac{\partial f}{\partial y}\right)\mathrm{d}x\mathrm{d}y$

$$= \int_0^{2\pi}\mathrm{d}\theta\int_0^1 [\rho\cos\theta f_x(\rho\cos\theta, \rho\sin\theta) + \rho\sin\theta f_y(\rho\cos\theta, \rho\sin\theta)]\rho\mathrm{d}\rho$$

$$= \int_0^1 \rho\mathrm{d}\rho\int_0^{2\pi} [\rho\cos\theta f_x(\rho\cos\theta, \rho\sin\theta) + \rho\sin\theta f_y(\rho\cos\theta, \rho\sin\theta)]\mathrm{d}\theta.$$

注意到定积分 $\displaystyle\int_0^{2\pi} [\rho\cos\theta f_x(\rho\cos\theta, \rho\sin\theta) + \rho\sin\theta f_y(\rho\cos\theta, \rho\sin\theta)]\mathrm{d}\theta$ 可以看作逆时

针圆周 $x^2 + y^2 = \rho^2$ 上的曲线积分,故

$$
\begin{aligned}
原式 &= \int_0^1 \rho \, d\rho \oint_{x^2+y^2=\rho^2, 逆时针方向} -f_y(x, y) dx + f_x(x, y) dy \\
&= \int_0^1 \rho \, d\rho \iint_{x^2+y^2 \leqslant \rho^2} [f_{xx}(x, y) + f_{yy}(x, y)] dx \, dy \\
&= \int_0^1 \rho \, d\rho \iint_{x^2+y^2 \leqslant \rho^2} e^{-x^2-y^2} dx \, dy = \pi \int_0^1 (1 - e^{-\rho^2}) \rho \, d\rho = \frac{\pi}{2e}。
\end{aligned}
$$

例 7.64 求 $\displaystyle\int_l \frac{(x+y-z)dx + (y+z-x)dy + (x+z-y)dz}{\sqrt{x^2+y^2+z^2}}$。 其中 l 为曲线 $\begin{cases} x^2+y^2+z^2=1 \\ x+y+z=1 \end{cases}$ 上从点 $A(1, 0, 0)$ 逆时针方向到点 $B(0, 0, 1)$ 的一段弧(从 z 轴正向看去)。

解 记 l' 为曲线 $\begin{cases} x^2+y^2+z^2=1 \\ x+y+z=1 \end{cases}$ (从 z 轴正向看去,取逆时针方向),由对称性可得:

$$
\begin{aligned}
&\int_l \frac{(x+y-z)dx + (y+z-x)dy + (x+z-y)dz}{\sqrt{x^2+y^2+z^2}} \\
&= \frac{2}{3} \int_{l'} \frac{(x+y-z)dx + (y+z-x)dy + (x+z-y)dz}{\sqrt{x^2+y^2+z^2}} \\
&= \frac{2}{3} \int_{l'} (x+y-z)dx + (y+z-x)dy + (x+z-y)dz \\
&= \frac{2}{3} \iint_\Sigma \begin{vmatrix} dy\,dz & dz\,dx & dx\,dy \\ \dfrac{\partial}{\partial x} & \dfrac{\partial}{\partial y} & \dfrac{\partial}{\partial z} \\ x+y-z & y+z-x & x+z-y \end{vmatrix} = -\frac{4}{3} \iint_\Sigma dy\,dz + dz\,dx + dx\,dy \\
&= -\frac{4}{3} \sqrt{3} \iint_\Sigma dS = -\frac{4}{3} \sqrt{3} \cdot \frac{2}{3} \pi = -\frac{8\sqrt{3}}{9} \pi。
\end{aligned}
$$

注:本题亦可用参数方程求解。

另解 l 的参数方程为 $\begin{cases} x = \dfrac{1}{3} + \dfrac{1}{\sqrt{3}}\cos\theta - \dfrac{1}{3}\sin\theta \\ y = \dfrac{2}{3}\sin\theta + \dfrac{1}{3} \\ z = \dfrac{1}{3} - \dfrac{1}{\sqrt{3}}\cos\theta - \dfrac{1}{3}\sin\theta \end{cases}$, θ 从 $-\dfrac{\pi}{6}$ 变到 $\dfrac{7\pi}{6}$,故

$$
\begin{aligned}
&\int_l \frac{(x+y-z)dx + (y+z-x)dy + (x+z-y)dz}{\sqrt{x^2+y^2+z^2}} \\
&= \int_l (x+y-z)dx + (y+z-x)dy + (x+z-y)dz
\end{aligned}
$$

$$= \int_{-\frac{\pi}{6}}^{\frac{7\pi}{6}} -\frac{2\sqrt{3}}{3} d\theta = -\frac{2\sqrt{3}}{3} \cdot \frac{8\pi}{6} = -\frac{8\sqrt{3}}{9}\pi.$$

例 7.65 计算 $\iint\limits_{\Sigma} f(x, y, z) dS$，其中，$\Sigma$ 为球面 $x^2 + y^2 + z^2 = 2$，$f(x, y, z) = \begin{cases} x^2 + y^2, & z \geqslant x^2 + y^2 \\ 0, & z < x^2 + y^2 \end{cases}$。

解 记球面 $x^2 + y^2 + z^2 = 2$ 位于 $z \geqslant x^2 + y^2$ 内的那部分曲面为 Σ_1，则 $\Sigma_1: \begin{cases} z = \sqrt{2 - x^2 - y^2} \\ x^2 + y^2 \leqslant 1 \end{cases}$，故

$$\iint\limits_{\Sigma} f(x, y, z) dS = \iint\limits_{\Sigma_1} (x^2 + y^2) dS$$

$$= \iint\limits_{x^2+y^2 \leqslant 1} (x^2 + y^2) \sqrt{1 + \frac{x^2}{2 - x^2 - y^2} + \frac{x^2}{2 - x^2 - y^2}} dx dy$$

$$= \sqrt{2} \iint\limits_{x^2+y^2 \leqslant 1} (x^2 + y^2) \frac{1}{\sqrt{2 - x^2 - y^2}} dx dy$$

$$= \sqrt{2} \int_0^{2\pi} d\theta \int_0^1 \frac{\rho^2}{\sqrt{2 - \rho^2}} \rho d\rho = 2\sqrt{2}\pi \int_0^1 \frac{\rho^2}{\sqrt{2 - \rho^2}} \rho d\rho.$$

令 $\rho = \sqrt{2}\sin t$ 得

$$\int_0^1 \frac{\rho^2}{\sqrt{2 - \rho^2}} \rho d\rho = \int_0^{\frac{\pi}{4}} 2\sqrt{2}\sin^3 t \, dt = 2\sqrt{2}\left(\frac{\cos^3 t}{3} - \cos t\right)\Big|_0^{\frac{\pi}{4}} = 2\sqrt{2}\left(\frac{2}{3} - \frac{5\sqrt{2}}{12}\right),$$

所以，原式 $\iint\limits_{\Sigma} f(x, y, z) dS = 8\pi\left(\frac{2}{3} - \frac{5\sqrt{2}}{12}\right)$。

例 7.66 计算 $\iint\limits_{\Sigma} (x^2 + 2y^2 + 3z^2) dS$，其中积分曲面 $\Sigma: x^2 + y^2 + z^2 = 2y$。

解一 记 $\Sigma_1: \begin{cases} z = \sqrt{2y - x^2 - y^2} \\ x^2 + y^2 \leqslant 2y \end{cases}$，由对称性得：

$$\iint\limits_{\Sigma} (x^2 + 2y^2 + 3z^2) dS = 2\iint\limits_{\Sigma_1} (x^2 + 2y^2 + 3z^2) dS$$

$$= 2 \iint\limits_{x^2+y^2 \leqslant 2y} \left[x^2 + 2y^2 + 3(2y - x^2 - y^2)\right] \sqrt{1 + z_x^2 + z_y^2} \, dx dy$$

$$= 2 \iint\limits_{x^2+y^2 \leqslant 2y} (6y - 2x^2 - y^2) \sqrt{1 + \frac{x^2}{2y - x^2 - y^2} + \frac{(1-y)^2}{2y - x^2 - y^2}} \, dx dy$$

$$= 2 \iint\limits_{x^2+y^2 \leqslant 2y} \frac{6y - 2x^2 - y^2}{\sqrt{2y - x^2 - y^2}} dx dy.$$

令 $\begin{cases} x = \rho\cos\theta \\ y = 1 + \rho\sin\theta \end{cases}$，则

$$\begin{aligned}
原式 &= 2\iint\limits_{x^2+y^2\leqslant 2y} \frac{6y-2x^2-y^2}{\sqrt{2y-x^2-y^2}}\,\mathrm{d}x\,\mathrm{d}y \\
&= 2\int_0^{2\pi}\mathrm{d}\theta\int_0^1 \frac{6+6\rho\sin\theta-2\rho^2\cos^2\theta-1-2\rho\sin\theta-\rho^2\sin^2\theta}{\sqrt{1-\rho^2}}\rho\,\mathrm{d}\rho \\
&= 2\int_0^{2\pi}\mathrm{d}\theta\int_0^1 \frac{5-2\rho^2\cos^2\theta-\rho^2\sin^2\theta}{\sqrt{1-\rho^2}}\rho\,\mathrm{d}\rho = 2\pi\int_0^1 \frac{10\rho-3\rho^3}{\sqrt{1-\rho^2}}\,\mathrm{d}\rho = 16\pi。
\end{aligned}$$

解二　利用对称性得：

$$\iint\limits_{\Sigma}(x^2+2y^2+3z^2)\mathrm{d}S = \iint\limits_{\Sigma}(2x^2+2y^2+2z^2)\mathrm{d}S = 2\iint\limits_{\Sigma}(x^2+y^2+z^2)\mathrm{d}S$$

$$= 4\iint\limits_{\Sigma}y\,\mathrm{d}S = 4\iint\limits_{\Sigma}(y-1+1)\mathrm{d}S = 4\iint\limits_{\Sigma}\mathrm{d}S = 16\pi。$$

其中，$\iint\limits_{\Sigma}(y-1)\mathrm{d}S = 0$。

例 7.67　计算 $\iint\limits_{\Sigma}\dfrac{1}{\rho}\mathrm{d}S$，其中 Σ 为椭球面 $\dfrac{x^2}{a^2}+\dfrac{y^2}{b^2}+\dfrac{z^2}{c^2}=1$，$\rho$ 为原点到椭球面 $\dfrac{x^2}{a^2}+\dfrac{y^2}{b^2}+\dfrac{z^2}{c^2}=1$ 上点 (x,y,z) 处的切平面的距离。

解　椭球面 $\dfrac{x^2}{a^2}+\dfrac{y^2}{b^2}+\dfrac{z^2}{c^2}=1$ 上点 (x,y,z) 处的切平面方程为 $\dfrac{xX}{a^2}+\dfrac{yY}{b^2}+\dfrac{zZ}{c^2}=1$，所

以，$\rho = \dfrac{1}{\sqrt{\dfrac{x^2}{a^4}+\dfrac{y^2}{b^4}+\dfrac{z^2}{c^4}}}$，记 $\Sigma_1: \begin{cases} z = c\sqrt{1-\dfrac{x^2}{a^2}-\dfrac{y^2}{b^2}} \\ (x,y)\in D: \dfrac{x^2}{a^2}+\dfrac{y^2}{b^2}\leqslant 1 \end{cases}$，由对称性可得：

$$\iint\limits_{\Sigma}\frac{1}{\rho}\mathrm{d}S = \iint\limits_{\Sigma}\sqrt{\frac{x^2}{a^4}+\frac{y^2}{b^4}+\frac{z^2}{c^4}}\,\mathrm{d}S = 2\iint\limits_{\Sigma_1}\sqrt{\frac{x^2}{a^4}+\frac{y^2}{b^4}+\frac{z^2}{c^4}}\,\mathrm{d}S$$

$$= 2\iint\limits_{D}\sqrt{\frac{x^2}{a^4}+\frac{y^2}{b^4}+\frac{z^2}{c^4}}\sqrt{1+z_x^2+z_y^2}\,\mathrm{d}x\,\mathrm{d}y = 2\iint\limits_{D}\sqrt{\frac{x^2}{a^4}+\frac{y^2}{b^4}+\frac{z^2}{c^4}}\frac{c^2}{z}\sqrt{\frac{x^2}{a^4}+\frac{y^2}{b^4}+\frac{z^2}{c^4}}\,\mathrm{d}x\,\mathrm{d}y$$

$$= 2\iint\limits_{D}\left(\frac{x^2c^2}{a^4z}+\frac{y^2c^2}{b^4z}+\frac{z}{c^2}\right)\mathrm{d}x\,\mathrm{d}y。$$

计算得

$$\iint\limits_{D}\frac{x^2c^2}{a^4z}\mathrm{d}x\,\mathrm{d}y = \iint\limits_{D}\frac{x^2c}{a^4\sqrt{1-\dfrac{x^2}{a^2}-\dfrac{y^2}{b^2}}}\mathrm{d}x\,\mathrm{d}y = \frac{c}{a^4}\int_0^{2\pi}\mathrm{d}\theta\int_0^1\frac{a^2\rho^2\cos^2\theta}{\sqrt{1-\rho^2}}ab\rho\,\mathrm{d}\rho = \frac{2\pi abc}{3a^2}。$$

类似有，

$$\iint\limits_{D} \frac{y^2c^2}{b^4z}\,\mathrm{d}x\,\mathrm{d}y=\frac{2\pi abc}{3b^2},\quad \iint\limits_{D}\frac{z}{c^2}\,\mathrm{d}x\,\mathrm{d}y=\frac{2\pi abc}{3c^2}。$$

故 $\displaystyle\iint\limits_{\Sigma}\frac{1}{\rho}\mathrm{d}S=2\iint\limits_{D}\Big(\frac{x^2c^2}{a^4z}+\frac{y^2c^2}{b^4z}+\frac{z}{c^2}\Big)\mathrm{d}x\,\mathrm{d}y$

$$=\frac{4\pi abc}{3a^2}+\frac{4\pi abc}{3b^2}+\frac{4\pi abc}{3c^2}=\frac{4\pi abc}{3}\Big(\frac{1}{a^2}+\frac{1}{b^2}+\frac{1}{c^2}\Big)。$$

例 7.68 设函数 $f(x)$ 连续，a，b，c 是常数，曲面 Σ：$x^2+y^2+z^2=1$，证明：

$$\iint\limits_{\Sigma}f(ax+by+cz)\mathrm{d}S=2\pi\int_{-1}^{1}f(\sqrt{a^2+b^2+c^2}\,u)\mathrm{d}u。$$

证明 **情形一** 当 $a=b=c=0$ 时，由于

$$\iint\limits_{\Sigma}f(ax+by+cz)\mathrm{d}S=4\pi f(0)，$$

$$2\pi\int_{-1}^{1}f(\sqrt{a^2+b^2+c^2}\,u)\mathrm{d}u=4\pi f(0)。$$

结论成立。

情形二 当 a、b、c 是不全为零的常数时，将 $f(ax+by+cz)$ 视作为单位球面物体的面密度函数，作平面 π_u：$ax+by+cz=\sqrt{a^2+b^2+c^2}\,u(-1\leqslant u\leqslant 1)$，任取 $[u,u+\mathrm{d}u]\subset[-1,1]$，两个平面 π_u 和 $\pi_{u+\mathrm{d}u}$ 之间物体的质量微元是

$$\mathrm{d}M=f(ax+by+cz)\cdot 2\pi\mathrm{d}u=2\pi f(\sqrt{a^2+b^2+c^2}\,u)\mathrm{d}u。$$

因此该球面形物体的质量为

$$M=\int_{-1}^{1}\mathrm{d}M=2\pi\int_{-1}^{1}f(\sqrt{a^2+b^2+c^2}\,u)\mathrm{d}u。$$

另一方面，球面形物体的质量 $M=\displaystyle\iint\limits_{\Sigma}f(ax+by+cz)\mathrm{d}S$，所以，

$$\iint\limits_{\Sigma}f(ax+by+cz)\mathrm{d}S=2\pi\int_{-1}^{1}f(\sqrt{a^2+b^2+c^2}\,u)\mathrm{d}u。$$

例 7.69 求面密度为 1 的均匀锥面 $\dfrac{x^2}{a^2}+\dfrac{y^2}{a^2}-\dfrac{z^2}{b^2}=0$ $(0\leqslant z\leqslant b)$ 对于直线 l：$\dfrac{x}{1}=\dfrac{y}{0}=\dfrac{z-b}{0}$ 的转动惯量。

解 由于空间任意一点 (x,y,z) 到直线 l：$\dfrac{x}{1}=\dfrac{y}{0}=\dfrac{z-b}{0}$ 的距离为 $d=\sqrt{y^2+(z-b)^2}$，且锥面为 Σ：$z=\dfrac{b}{a}\sqrt{x^2+y^2}$ $(0\leqslant z\leqslant b)$，所以

$$I_l = \iint\limits_{\Sigma} (y^2 + (z-b)^2) \mathrm{d}S$$

$$= \iint\limits_{x^2+y^2 \leqslant a^2} \left[y^2 + \left(\frac{b}{a}\sqrt{x^2+y^2} - b \right)^2 \right] \sqrt{1 + z_x^2 + z_y^2} \, \mathrm{d}x\,\mathrm{d}y$$

$$= \frac{\sqrt{a^2+b^2}}{a} \int_0^{2\pi} \mathrm{d}\theta \int_0^a \left[\rho^2 \sin^2\theta + \left(\frac{b}{a}\rho - b \right)^2 \right] \rho \, \mathrm{d}\rho$$

$$= \frac{\sqrt{a^2+b^2}}{a} \left(\frac{a^4}{4} + \frac{a^2 b^2}{6} \right) \pi = \frac{a\sqrt{a^2+b^2}}{12} (3a^2 + 2b^2)\pi.$$

例 7.70　求 $F(t) = \iint\limits_{x+y+z=t} f(x, y, z) \mathrm{d}S$，其中 $f(x, y, z) = $
$\begin{cases} 1 - x^2 - y^2 - z^2, & x^2 + y^2 + z^2 \leqslant 1 \\ 0, & x^2 + y^2 + z^2 > 1 \end{cases}$。

解　当 $|t| > \sqrt{3}$ 时，原点到平面 $x + y + z = t$ 上点的距离大于 1，$f(x, y, z) = 0$，
$F(t) = \iint\limits_{x+y+z=t} f(x, y, z) \mathrm{d}S = 0$。

当 $|t| \leqslant \sqrt{3}$ 时，$f(x, y, z) = 1 - \rho^2$，其中 $\rho = \sqrt{x^2 + y^2 + z^2}$ 是平面 $x + y + z = t$ 被球面 $x^2 + y^2 + z^2 = 1$ 截出的圆形区域内任一点 (x, y, z) 到原点的距离。此时，积分区域即为该圆形区域，原点到平面 $x + y + z = t$ 的距离为 $\dfrac{|t|}{\sqrt{3}}$。利用对称性，将坐标系进行旋转，使得平面 $x + y + z = t$ 上的积分区域旋转到平面 $z = \dfrac{|t|}{\sqrt{3}}$ 上。所以

$$F(t) = \iint\limits_{z=|t|/\sqrt{3},\, x^2+y^2 \leqslant 1-\frac{t^2}{3}} (1 - x^2 - y^2 - z^2) \mathrm{d}S = \iint\limits_{x^2+y^2 \leqslant 1-\frac{t^2}{3}} \left(1 - x^2 - y^2 - \frac{t^2}{3} \right) \mathrm{d}x\,\mathrm{d}y$$

$$= \pi \left(1 - \frac{t^2}{3} \right)^2 - \iint\limits_{x^2+y^2 \leqslant 1-\frac{t^2}{3}} (x^2 + y^2) \mathrm{d}x\,\mathrm{d}y = \pi \left(1 - \frac{t^2}{3} \right)^2 - \int_0^{2\pi} \mathrm{d}\theta \int_0^{\sqrt{1-\frac{t^2}{3}}} \rho^3 \mathrm{d}\rho$$

$$= \pi \left(1 - \frac{t^2}{3} \right)^2 - \frac{\pi}{2} \left(1 - \frac{t^2}{3} \right)^2 = \frac{\pi}{18} (3 - t^2)^2.$$

综上，　　　　$F(t) = \iint\limits_{x+y+z=t} f(x, y, z) \mathrm{d}S = \begin{cases} 0, & |t| > \sqrt{3} \\ \dfrac{\pi}{18} (3 - t^2)^2, & |t| \leqslant \sqrt{3} \end{cases}$。

例 7.71　计算曲面积分 $\iint\limits_{\Sigma} \dfrac{\mathrm{e}^z}{\sqrt{x^2+y^2}} \mathrm{d}x\,\mathrm{d}y$，其中，$\Sigma$ 是锥面 $z = \sqrt{x^2+y^2}$，平面 $z = 1$，$z = 2$ 所围成区域的整个边界曲面，指向外侧。

解　记 $\Sigma_1: \begin{cases} z = 2 \\ x^2 + y^2 \leqslant 4 \end{cases}$ 指向上侧，$\Sigma_2: \begin{cases} z = 1 \\ x^2 + y^2 \leqslant 1 \end{cases}$ 指向下侧，$\Sigma_3: \begin{cases} z = \sqrt{x^2+y^2} \\ 1 \leqslant x^2 + y^2 \leqslant 4 \end{cases}$ 指向

下侧,则 $\Sigma=\Sigma_1+\Sigma_2+\Sigma_3$,由于

$$\iint\limits_{\Sigma_1}\frac{e^z}{\sqrt{x^2+y^2}}dxdy=\iint\limits_{x^2+y^2\leqslant4}\frac{e^2}{\sqrt{x^2+y^2}}dxdy=\int_0^{2\pi}d\theta\int_0^2\frac{e^2}{\rho}\rho d\rho=4\pi e^2,$$

$$\iint\limits_{\Sigma_2}\frac{e^z}{\sqrt{x^2+y^2}}dxdy=-\iint\limits_{x^2+y^2\leqslant1}\frac{e}{\sqrt{x^2+y^2}}dxdy=-\int_0^{2\pi}d\theta\int_0^1\frac{e}{\rho}\rho d\rho=-2\pi e,$$

$$\iint\limits_{\Sigma_3}\frac{e^z}{\sqrt{x^2+y^2}}dxdy=-\iint\limits_{1\leqslant x^2+y^2\leqslant4}\frac{e^{\sqrt{x^2+y^2}}}{\sqrt{x^2+y^2}}dxdy=-\int_0^{2\pi}d\theta\int_1^2\frac{e^\rho}{\rho}\rho d\rho=-2\pi(e^2-e),$$

所以,

$$\iint\limits_{\Sigma}\frac{e^z}{\sqrt{x^2+y^2}}dxdy=\iint\limits_{\Sigma_1}\frac{e^z}{\sqrt{x^2+y^2}}dxdy+\iint\limits_{\Sigma_2}\frac{e^z}{\sqrt{x^2+y^2}}dxdy+\iint\limits_{\Sigma_3}\frac{e^z}{\sqrt{x^2+y^2}}dxdy$$
$$=4\pi e^2-2\pi e-2\pi(e^2-e)=2\pi e^2。$$

注:由于 $\dfrac{e^z}{\sqrt{x^2+y^2}}$ 在 Σ 所围成的区域中不具有一阶连续偏导数,故本题不能直接用高斯公式。

例 7.72 设 a 和 b 是两个常向量,$r=(x,y,z)$,且 $a\times b=(k_1,k_2,k_3)$。

(1) 证明:$\mathbf{rot}[(a\cdot r)b]=a\times b$;

(2) 求向量场 $(a\cdot r)b$ 沿闭曲线 $l:\begin{cases}x^2+y^2+z^2=1\\x+y+z=0\end{cases}$(从 z 轴的正方向看去,曲线取逆时针方向)的环流量 Φ。

解 (1) 证明略。

(2) 设 $a=(a_1,a_2,a_3)$,$b=(b_1,b_2,b_3)$,则,

$$(a\cdot r)b=((a_1x+a_2y+a_3z)b_1,(a_1x+a_2y+a_3z)b_2,(a_1x+a_2y+a_3z)b_3),$$

所以环流量为

$$\Phi=\int_l(a_1x+a_2y+a_3z)b_1dx+(a_1x+a_2y+a_3z)b_2dy+(a_1x+a_2y+a_3z)b_3dz$$
$$=\iint\limits_{\Sigma}\begin{vmatrix}dydz&dzdx&dxdy\\\dfrac{\partial}{\partial x}&\dfrac{\partial}{\partial y}&\dfrac{\partial}{\partial z}\\(a_1x+a_2y+a_3z)b_1&(a_1x+a_2y+a_3z)b_2&(a_1x+a_2y+a_3z)b_3\end{vmatrix}$$
$$=\iint\limits_{\Sigma}(a_2b_3-a_3b_2)dydz+(a_3b_1-a_1b_3)dzdx+(a_1b_2-a_2b_1)dxdy$$
$$=\iint\limits_{\Sigma}k_1dydz+k_2dzdx+k_3dxdy=\frac{k_1+k_2+k_3}{\sqrt3}\iint\limits_{\Sigma}dS=\frac{(k_1+k_2+k_3)\pi}{\sqrt3}。$$

例 7.73 计算曲面积分 $I = \oiint\limits_{\Sigma} \dfrac{x\,\mathrm{d}y\,\mathrm{d}z + y\,\mathrm{d}z\,\mathrm{d}x + z\,\mathrm{d}x\,\mathrm{d}y}{(x^2+y^2+z^2)^{\frac{3}{2}}}$，其中，$\Sigma$ 是曲面 $2x^2 + 2y^2 + z^2 = 4$ 的外侧。

解 积分曲面 Σ 是一个封闭曲面，如果不注意高斯公式的条件，直接用公式，将会得到错误的结果（因为被积函数在原点处没有定义）。为此，构建一个半径充分小的球面 Σ_1：$x^2 + y^2 + z^2 = \varepsilon^2$，取内侧。记 Ω 为椭球面 $2x^2 + 2y^2 + z^2 = 4$ 和球面 $x^2 + y^2 + z^2 = \varepsilon^2$ 之间的空间闭区域，故

$$I = \oiint\limits_{\Sigma} \frac{x\,\mathrm{d}y\,\mathrm{d}z + y\,\mathrm{d}z\,\mathrm{d}x + z\,\mathrm{d}x\,\mathrm{d}y}{(x^2+y^2+z^2)^{\frac{3}{2}}}$$

$$= \oiint\limits_{\Sigma+\Sigma_1} \frac{x\,\mathrm{d}y\,\mathrm{d}z + y\,\mathrm{d}z\,\mathrm{d}x + z\,\mathrm{d}x\,\mathrm{d}y}{(x^2+y^2+z^2)^{\frac{3}{2}}} - \oiint\limits_{\Sigma_1} \frac{x\,\mathrm{d}y\,\mathrm{d}z + y\,\mathrm{d}z\,\mathrm{d}x + z\,\mathrm{d}x\,\mathrm{d}y}{(x^2+y^2+z^2)^{\frac{3}{2}}},$$

其中，$\oiint\limits_{\Sigma+\Sigma_1} \dfrac{x\,\mathrm{d}y\,\mathrm{d}z + y\,\mathrm{d}z\,\mathrm{d}x + z\,\mathrm{d}x\,\mathrm{d}y}{(x^2+y^2+z^2)^{\frac{3}{2}}}$

$$= \iiint\limits_{\Omega} \left[\frac{\partial}{\partial x}\left(\frac{x}{(x^2+y^2+z^2)^{\frac{3}{2}}}\right) + \frac{\partial}{\partial y}\left(\frac{y}{(x^2+y^2+z^2)^{\frac{3}{2}}}\right) + \frac{\partial}{\partial z}\left(\frac{z}{(x^2+y^2+z^2)^{\frac{3}{2}}}\right) \right] \mathrm{d}x\,\mathrm{d}y\,\mathrm{d}z$$

$$= \iiint\limits_{\Omega} \left[\frac{y^2+z^2-2x^2}{(x^2+y^2+z^2)^{\frac{5}{2}}} + \frac{z^2+x^2-2y^2}{(x^2+y^2+z^2)^{\frac{5}{2}}} + \frac{x^2+y^2-2z^2}{(x^2+y^2+z^2)^{\frac{5}{2}}} \right] \mathrm{d}x\,\mathrm{d}y\,\mathrm{d}z = 0。$$

记 $\Omega_1 = \{(x, y, z) \mid x^2+y^2+z^2 \leqslant \varepsilon^2\}$，则

$$\oiint\limits_{\Sigma_1} \frac{x\,\mathrm{d}y\,\mathrm{d}z + y\,\mathrm{d}z\,\mathrm{d}x + z\,\mathrm{d}x\,\mathrm{d}y}{(x^2+y^2+z^2)^{\frac{3}{2}}} = \frac{1}{\varepsilon^3} \oiint\limits_{\Sigma_1} x\,\mathrm{d}y\,\mathrm{d}z + y\,\mathrm{d}z\,\mathrm{d}x + z\,\mathrm{d}x\,\mathrm{d}y = -\frac{1}{\varepsilon^3} \iiint\limits_{\Omega_1} 3\,\mathrm{d}x\,\mathrm{d}y\,\mathrm{d}z$$

$$= -\frac{3}{\varepsilon^3} \cdot \frac{4\pi\varepsilon^3}{3} = -4\pi。$$

所以， $I = \oiint\limits_{\Sigma} \dfrac{x\,\mathrm{d}y\,\mathrm{d}z + y\,\mathrm{d}z\,\mathrm{d}x + z\,\mathrm{d}x\,\mathrm{d}y}{(x^2+y^2+z^2)^{\frac{3}{2}}} = 0 - (-4\pi) = 4\pi。$

例 7.74 计算曲面积分 $I = \iint\limits_{\Sigma} \dfrac{x\,\mathrm{d}y\,\mathrm{d}z + y\,\mathrm{d}z\,\mathrm{d}x + z\,\mathrm{d}x\,\mathrm{d}y}{(x^2+y^2+z^2)^{\frac{3}{2}}}$，其中 Σ 为曲面 $\dfrac{z}{10} = 1 - \sqrt{\dfrac{(x-2)^2}{25} + \dfrac{(y-1)^2}{16}}$ 在 xOy 坐标面以上的部分，取上侧。

解 作一个半径充分小的半球面 Σ_1：$\begin{cases} x^2+y^2+z^2 = \varepsilon^2 \\ z \geqslant 0 \end{cases}$，方向取下侧。记曲面

$$\Sigma_2: \begin{cases} z = 0 \\ (x, y) \in D_{xy}: x^2+y^2 \geqslant \varepsilon^2, \ \dfrac{(x-2)^2}{25} + \dfrac{(y-1)^2}{16} \leqslant 1 \end{cases},$$

方向取下侧。记 Ω 为曲面 Σ、Σ_1、Σ_2 的所围成的空间闭区域,故

$$I = \oiint\limits_{\Sigma} \frac{x\,dy\,dz + y\,dz\,dx + z\,dx\,dy}{(x^2 + y^2 + z^2)^{\frac{3}{2}}}$$

$$= \oiint\limits_{\Sigma + \Sigma_1 + \Sigma_3} \frac{x\,dy\,dz + y\,dz\,dx + z\,dx\,dy}{(x^2 + y^2 + z^2)^{\frac{3}{2}}} - \iint\limits_{\Sigma_1} \frac{x\,dy\,dz + y\,dz\,dx + z\,dx\,dy}{(x^2 + y^2 + z^2)^{\frac{3}{2}}} -$$

$$\iint\limits_{\Sigma_2} \frac{x\,dy\,dz + y\,dz\,dx + z\,dx\,dy}{(x^2 + y^2 + z^2)^{\frac{3}{2}}},$$

其中,$\oiint\limits_{\Sigma + \Sigma_1 + \Sigma_3} \dfrac{x\,dy\,dz + y\,dz\,dx + z\,dx\,dy}{(x^2 + y^2 + z^2)^{\frac{3}{2}}}$

$$= \iiint\limits_{\Omega} \left[\frac{\partial}{\partial x}\left(\frac{x}{(x^2+y^2+z^2)^{\frac{3}{2}}} \right) + \frac{\partial}{\partial y}\left(\frac{y}{(x^2+y^2+z^2)^{\frac{3}{2}}} \right) + \frac{\partial}{\partial z}\left(\frac{z}{(x^2+y^2+z^2)^{\frac{3}{2}}} \right) \right] dx\,dy\,dz$$

$$= \iiint\limits_{\Omega} \left[\frac{y^2+z^2-2x^2}{(x^2+y^2+z^2)^{\frac{5}{2}}} + \frac{z^2+x^2-2y^2}{(x^2+y^2+z^2)^{\frac{5}{2}}} + \frac{x^2+y^2-2z^2}{(x^2+y^2+z^2)^{\frac{5}{2}}} \right] dx\,dy\,dz = 0;$$

$$\iint\limits_{\Sigma_2} \frac{x\,dy\,dz + y\,dz\,dx + z\,dx\,dy}{(x^2+y^2+z^2)^{\frac{3}{2}}} = \iint\limits_{\Sigma_2} \frac{z\,dx\,dy}{(x^2+y^2+z^2)^{\frac{3}{2}}} = 0 \text{。}$$

对于 $\iint\limits_{\Sigma_1} \dfrac{x\,dy\,dz + y\,dz\,dx + z\,dx\,dy}{(x^2+y^2+z^2)^{\frac{3}{2}}}$,记曲面 Σ_3:$\begin{cases} z=0 \\ x^2+y^2 \leqslant \varepsilon^2 \end{cases}$,方向取上侧,$\Omega_1$ 为曲面 Σ_1、

Σ_3 所围成的空间闭区域,则有

$$\iint\limits_{\Sigma_1} \frac{x\,dy\,dz + y\,dz\,dx + z\,dx\,dy}{(x^2+y^2+z^2)^{\frac{3}{2}}} = \frac{1}{\varepsilon^3} \iint\limits_{\Sigma_1} x\,dy\,dz + y\,dz\,dx + z\,dx\,dy$$

$$= \frac{1}{\varepsilon^3}\left[\iint\limits_{\Sigma_1 + \Sigma_3} x\,dy\,dz + y\,dz\,dx + z\,dx\,dy - \iint\limits_{\Sigma_3} x\,dy\,dz + y\,dz\,dx + z\,dx\,dy \right]$$

$$= -\frac{1}{\varepsilon^3} \iiint\limits_{\Omega_1} 3\,dx\,dy\,dz = -\frac{3}{\varepsilon^3} \cdot \frac{2\pi\varepsilon^3}{3} = -2\pi \text{。}$$

所以,$I = \iint\limits_{\Sigma} \dfrac{x\,dy\,dz + y\,dz\,dx + z\,dx\,dy}{(x^2+y^2+z^2)^{\frac{3}{2}}} = 2\pi$。

例 7.75 计算 $\iint\limits_{\Sigma} \dfrac{ax\,dy\,dz + (z+a)^2\,dx\,dy}{(x^2+y^2+z^2)^{\frac{1}{2}}}$,其中,$\Sigma$ 为下半球面 $z = -\sqrt{a^2-x^2-y^2}$ 的

上侧。

解 补一块有向平面 Σ_1:$\begin{cases} x^2+y^2 \leqslant a^2 \\ z=0 \end{cases}$,取下侧,记 Σ 和 Σ_1 所围成的空间区域为

Ω,得:

$$\iint\limits_{\Sigma} \frac{ax\,\mathrm{d}y\,\mathrm{d}z + (z+a)^2\,\mathrm{d}x\,\mathrm{d}y}{(x^2+y^2+z^2)^{\frac{1}{2}}} = \frac{1}{a}\iint\limits_{\Sigma} ax\,\mathrm{d}y\,\mathrm{d}z + (z+a)^2\,\mathrm{d}x\,\mathrm{d}y$$

$$= \frac{1}{a}\left[\iint\limits_{\Sigma+\Sigma_1} ax\,\mathrm{d}y\,\mathrm{d}z + (z+a)^2\,\mathrm{d}z\,\mathrm{d}y - \iint\limits_{\Sigma_1} ax\,\mathrm{d}y\,\mathrm{d}z + (z+a)^2\,\mathrm{d}x\,\mathrm{d}y\right].$$

其中，$\displaystyle\iint\limits_{\Sigma+\Sigma_1} ax\,\mathrm{d}y\,\mathrm{d}z + (z+a)^2\,\mathrm{d}z\,\mathrm{d}y = -\iiint\limits_{\Omega}(3a+2z)\,\mathrm{d}x\,\mathrm{d}y\,\mathrm{d}z$

$$= -\left(3a\times\frac{2}{3}\pi a^3 + 2\int_{-a}^{0}\mathrm{d}z\iint\limits_{x^2+y^2\leqslant a^2-z^2} z\,\mathrm{d}x\,\mathrm{d}y\right) = -\frac{3\pi a^4}{2},$$

$$\iint\limits_{\Sigma_1} ax\,\mathrm{d}y\,\mathrm{d}z + (z+a)^2\,\mathrm{d}x\,\mathrm{d}y = \iint\limits_{\Sigma_1}(z+a)^2\,\mathrm{d}x\,\mathrm{d}y = -\iint\limits_{x^2+y^2\leqslant a^2} a^2\,\mathrm{d}x\,\mathrm{d}y = -\pi a^4.$$

所以，$\displaystyle\iint\limits_{\Sigma} \frac{ax\,\mathrm{d}y\,\mathrm{d}z + (z+a)^2\,\mathrm{d}x\,\mathrm{d}y}{(x^2+y^2+z^2)^{\frac{1}{2}}} = \frac{1}{a}\left[-\frac{3\pi a^4}{2}+\pi a^4\right] = -\frac{\pi a^3}{2}.$

例 7.76 计算曲面积分 $\displaystyle\iint\limits_{\Sigma} \frac{2\,\mathrm{d}y\,\mathrm{d}z}{x\cos^2 x} + \frac{\mathrm{d}z\,\mathrm{d}x}{\cos^2 y} - \frac{\mathrm{d}x\,\mathrm{d}y}{z\cos^2 z}$，其中，$\Sigma$ 是球面 $x^2+y^2+z^2=1$ 的外侧。

解 $\displaystyle\iint\limits_{\Sigma} \frac{2\,\mathrm{d}y\,\mathrm{d}z}{x\cos^2 x}$

$$= \iint\limits_{y^2+z^2\leqslant 1} \frac{2\,\mathrm{d}y\,\mathrm{d}z}{\sqrt{1-y^2-z^2}\cos^2\sqrt{1-y^2-z^2}} - \iint\limits_{y^2+z^2\leqslant 1} \frac{2\,\mathrm{d}y\,\mathrm{d}z}{-\sqrt{1-y^2-z^2}\cos^2\sqrt{1-y^2-z^2}}$$

$$= 4\iint\limits_{y^2+z^2\leqslant 1} \frac{\mathrm{d}y\,\mathrm{d}z}{\sqrt{1-y^2-z^2}\cos^2\sqrt{1-y^2-z^2}} = 4\int_0^{2\pi}\mathrm{d}\theta\int_0^1 \frac{1}{\sqrt{1-\rho^2}\cos^2\sqrt{1-\rho^2}}\rho\,\mathrm{d}\rho$$

$$= -8\pi\tan\sqrt{1-\rho^2}\,\Big|_0^1 = 8\pi\tan 1;$$

$$\iint\limits_{\Sigma} \frac{\mathrm{d}z\,\mathrm{d}x}{\cos^2 y} = \iint\limits_{x^2+z^2\leqslant 1} \frac{\mathrm{d}z\,\mathrm{d}x}{\cos^2\sqrt{1-x^2-z^2}} - \iint\limits_{x^2+z^2\leqslant 1} \frac{\mathrm{d}z\,\mathrm{d}x}{\cos^2(-\sqrt{1-x^2-z^2})} = 0;$$

$$\iint\limits_{\Sigma} \frac{\mathrm{d}x\,\mathrm{d}y}{z\cos^2 z} = \iint\limits_{x^2+y^2\leqslant 1} \frac{\mathrm{d}x\,\mathrm{d}y}{\sqrt{1-x^2-y^2}\cos^2\sqrt{1-x^2-y^2}}$$

$$- \iint\limits_{x^2+y^2\leqslant 1} \frac{\mathrm{d}x\,\mathrm{d}y}{-\sqrt{1-x^2-y^2}\cos^2\sqrt{1-x^2-y^2}}$$

$$= 2\iint\limits_{x^2+y^2\leqslant 1} \frac{\mathrm{d}x\,\mathrm{d}y}{\sqrt{1-x^2-y^2}\cos^2\sqrt{1-x^2-y^2}} = 2\int_0^{2\pi}\mathrm{d}\theta\int_0^1 \frac{1}{\sqrt{1-\rho^2}\cos^2\sqrt{1-\rho^2}}\rho\,\mathrm{d}\rho = 4\pi\tan 1.$$

所以，$\displaystyle\iint\limits_{\Sigma} \frac{2\,\mathrm{d}y\,\mathrm{d}z}{x\cos^2 x} + \frac{\mathrm{d}z\,\mathrm{d}x}{\cos^2 y} - \frac{\mathrm{d}x\,\mathrm{d}y}{z\cos^2 z} = 8\pi\tan 1 + 0 - 4\pi\tan 1 = 4\pi\tan 1.$

注 本题也可以转化为第一类曲面积分或者用对称性化简后再加以计算。

例7.77 设三元函数 $f(x,y,z)$ 以及 $g(x,y,z)$ 在空间区域 $x^2+y^2+z^2<4$ 上具有二阶连续偏导数,曲面 Σ: $x^2+y^2+z^2=1$,指向外侧,计算向量场 $\mathbf{grad}f(x,y,z)\times \mathbf{grad}g(x,y,z)$ 通过定向曲面 Σ 的通量 Φ。

解 注意到 $\mathbf{grad}f(x,y,z)\times \mathbf{grad}g(x,y,z)=\begin{vmatrix} \mathbf{i} & \mathbf{j} & \mathbf{k} \\ f_x & f_y & f_z \\ g_x & g_y & g_z \end{vmatrix}$

$$=(f_yg_z-f_zg_y,\ f_zg_x-f_xg_z,\ f_xg_y-f_yg_x),$$

则向量场 $\mathbf{grad}f(x,y,z)\times \mathbf{grad}g(x,y,z)$ 通过定向曲面 Σ 的通量为

$$\Phi=\iint\limits_{\Sigma}(f_yg_z-f_zg_y)\mathrm{d}y\mathrm{d}z+(f_zg_x-f_xg_z)\mathrm{d}z\mathrm{d}x+(f_xg_y-f_yg_x)\mathrm{d}x\mathrm{d}y。$$

记 $\Omega=\{(x,y,z)\mid x^2+y^2+z^2\leqslant1\}$,由高斯公式可得:

$$\Phi=\iiint\limits_{\Omega}\left[\frac{\partial}{\partial x}(f_yg_z-f_zg_y)+\frac{\partial}{\partial y}(f_zg_x-f_xg_z)+\frac{\partial}{\partial z}(f_xg_y-f_yg_x)\right]\mathrm{d}V$$

$$=\iiint\limits_{\Omega}[f_{yx}g_z+f_yg_{zx}-f_{zx}g_y-f_zg_{yx}+f_{zy}g_x+f_zg_{xy}-f_{xy}g_z$$

$$-f_xg_{zy}+f_{xz}g_y+f_xg_{yz}-f_{yz}g_x-f_yg_{xz}]\mathrm{d}V$$

$$=0。$$

例7.78 设三元函数 $f(x,y,z)$ 以及 $g(x,y,z)$ 在空间区域 $\frac{1}{4}<x^2+y^2+z^2<4$ 上具有二阶连续偏导数,曲面 Σ: $x^2+y^2+z^2=1$,指向外侧。计算向量场 $\mathbf{grad}f(x,y,z)\times \mathbf{grad}g(x,y,z)$ 通过定向曲面 Σ 的通量 Φ。

解 注意到 $\mathbf{grad}f(x,y,z)\times \mathbf{grad}g(x,y,z)=\begin{vmatrix} \mathbf{i} & \mathbf{j} & \mathbf{k} \\ f_x & f_y & f_z \\ g_x & g_y & g_z \end{vmatrix}$

$$=(f_yg_z-f_zg_y,\ f_zg_x-f_xg_z,\ f_xg_y-f_yg_x),$$

则向量场 $\mathbf{grad}f(x,y,z)\times \mathbf{grad}g(x,y,z)$ 通过定向曲面 Σ 的通量为

$$\Phi=\iint\limits_{\Sigma}(f_yg_z-f_zg_y)\mathrm{d}y\mathrm{d}z+(f_zg_x-f_xg_z)\mathrm{d}z\mathrm{d}x+(f_xg_y-f_yg_x)\mathrm{d}x\mathrm{d}y。$$

记有向曲面 $\Sigma_1=\{(x,y,z)\mid x^2+y^2+z^2=1,z\geqslant0\}$,有向曲线 l_1: $\begin{cases} x^2+y^2=1 \\ z=0 \end{cases}$ (取逆时针方向)以及有向曲面 $\Sigma_2=\{(x,y,z)\mid x^2+y^2+z^2=1,z\leqslant0\}$,有向曲线 l_2: $\begin{cases} x^2+y^2=1 \\ z=0 \end{cases}$ (取顺时针方向),则由斯托克斯公式可得

$$\Phi=\iint\limits_{\Sigma}(f_yg_z-f_zg_y)\mathrm{d}y\mathrm{d}z+(f_zg_x-f_xg_z)\mathrm{d}z\mathrm{d}x+(f_xg_y-f_yg_x)\mathrm{d}x\mathrm{d}y$$

$$=\iint\limits_{\Sigma_1}(f_yg_z-f_zg_y)\mathrm{d}y\mathrm{d}z+(f_zg_x-f_xg_z)\mathrm{d}z\mathrm{d}x+(f_xg_y-f_yg_x)\mathrm{d}x\mathrm{d}y$$

$$+ \iint\limits_{\Sigma_2} (f_y g_z - f_z g_y) \mathrm{d}y\mathrm{d}z + (f_z g_x - f_x g_z) \mathrm{d}z\mathrm{d}x + (f_x g_y - f_y g_x) \mathrm{d}x\mathrm{d}y$$

$$= \iint\limits_{\Sigma_1} \begin{vmatrix} \mathrm{d}y\mathrm{d}z & \mathrm{d}z\mathrm{d}x & \mathrm{d}x\mathrm{d}y \\ \dfrac{\partial}{\partial x} & \dfrac{\partial}{\partial y} & \dfrac{\partial}{\partial z} \\ fg_x & fg_y & fg_z \end{vmatrix} + \iint\limits_{\Sigma_2} \begin{vmatrix} \mathrm{d}y\mathrm{d}z & \mathrm{d}z\mathrm{d}x & \mathrm{d}x\mathrm{d}y \\ \dfrac{\partial}{\partial x} & \dfrac{\partial}{\partial y} & \dfrac{\partial}{\partial z} \\ fg_x & fg_y & fg_z \end{vmatrix}$$

$$= \int\limits_{l_1} fg_x \mathrm{d}x + fg_y \mathrm{d}y + fg_z \mathrm{d}z + \int\limits_{l_2} fg_x \mathrm{d}x + fg_y \mathrm{d}y + fg_z \mathrm{d}z = 0 \, .$$

> 🔍 注：**请读者比较例 7.77 和例 7.78 的区别。**

例 7.79　设函数 $u = u(x, y, z)$，$v = v(x, y, z)$ 在闭区域 Ω 上具有一阶及二阶连续偏导数，Σ 是闭区域 Ω 的整个边界曲面，$\dfrac{\partial v}{\partial n}$ 为函数 $v = v(x, y, z)$ 沿 Σ 的外法线方向的方向导数，符号 $\Delta = \dfrac{\partial}{\partial x^2} + \dfrac{\partial}{\partial y^2} + \dfrac{\partial}{\partial z^2}$ 称为拉普拉斯算子。试证明格林第一公式：

$$\iiint\limits_{\Omega} u \Delta v \mathrm{d}x\mathrm{d}y\mathrm{d}z = \oiint\limits_{\Sigma} u \frac{\partial v}{\partial n} \mathrm{d}S - \iiint\limits_{\Omega} \left(\frac{\partial u}{\partial x} \frac{\partial v}{\partial x} + \frac{\partial u}{\partial y} \frac{\partial v}{\partial y} + \frac{\partial u}{\partial z} \frac{\partial v}{\partial z} \right) \mathrm{d}x\mathrm{d}y\mathrm{d}z \, .$$

证明　由方向导数的计算公式，$\dfrac{\partial v}{\partial n} = \dfrac{\partial v}{\partial x} \cos\alpha + \dfrac{\partial v}{\partial y} \cos\beta + \dfrac{\partial v}{\partial z} \cos\gamma$，其中 $\cos\alpha$、$\cos\beta$、$\cos\gamma$ 是 Σ 在点 (x, y, z) 处的外法线向量的方向余弦，于是曲面积分

$$\oiint\limits_{\Sigma} u \frac{\partial v}{\partial n} \mathrm{d}S = \oiint\limits_{\Sigma} u \left(\frac{\partial v}{\partial x} \cos\alpha + \frac{\partial v}{\partial y} \cos\beta + \frac{\partial v}{\partial z} \cos\gamma \right) \mathrm{d}S$$

$$= \oiint\limits_{\Sigma} \left[\left(u \frac{\partial v}{\partial x} \right) \cos\alpha + \left(u \frac{\partial v}{\partial y} \right) \cos\beta + \left(u \frac{\partial v}{\partial z} \right) \cos\gamma \right] \mathrm{d}S$$

$$= \oiint\limits_{\Sigma} u \frac{\partial v}{\partial x} \mathrm{d}y\mathrm{d}z + u \frac{\partial v}{\partial y} \mathrm{d}z\mathrm{d}x + u \frac{\partial v}{\partial z} \mathrm{d}x\mathrm{d}y$$

$$= \iiint\limits_{\Omega} \left[\frac{\partial}{\partial x} \left(u \frac{\partial v}{\partial x} \right) + \frac{\partial}{\partial y} \left(u \frac{\partial v}{\partial y} \right) + \frac{\partial}{\partial z} \left(u \frac{\partial v}{\partial z} \right) \right] \mathrm{d}x\mathrm{d}y\mathrm{d}z$$

$$= \iiint\limits_{\Omega} u \Delta v \mathrm{d}x\mathrm{d}y\mathrm{d}z + \iiint\limits_{\Omega} \left(\frac{\partial u}{\partial x} \frac{\partial v}{\partial x} + \frac{\partial u}{\partial y} \frac{\partial v}{\partial y} + \frac{\partial u}{\partial z} \frac{\partial v}{\partial z} \right) \mathrm{d}x\mathrm{d}y\mathrm{d}z \, .$$

上式移项即得所要证明的等式。

例 7.80　设有空间闭区域 $\Omega = \{(x, y, z) \mid x^2 + y^2 + z^2 \leqslant 1\}$，函数 $f(x, y, z)$ 在 Ω 上具有一阶连续偏导数，且在边界上取值为零，M 为 $\sqrt{\left(\dfrac{\partial f}{\partial x}\right)^2 + \left(\dfrac{\partial f}{\partial y}\right)^2 + \left(\dfrac{\partial f}{\partial z}\right)^2}$ 在 Ω 上的最大值，试证明：

$$(1) \iiint\limits_{\Omega} \left[3f(x, y, z) + x \frac{\partial f}{\partial x} + y \frac{\partial f}{\partial y} + z \frac{\partial f}{\partial z} \right] \mathrm{d}x\mathrm{d}y\mathrm{d}z = 0 \, ;$$

(2) $\left| \iiint\limits_{\Omega} f(x, y, z)\mathrm{d}x\,\mathrm{d}y\,\mathrm{d}z \right| \leqslant \dfrac{\pi}{3}M$。

证明 （1）记 Σ 为 Ω 的边界曲面，取外侧，由高斯公式得：

$$\iiint\limits_{\Omega} \left[3f(x, y, z) + x\frac{\partial f}{\partial x} + y\frac{\partial f}{\partial y} + z\frac{\partial f}{\partial z} \right] \mathrm{d}x\,\mathrm{d}y\,\mathrm{d}z$$

$$= \iint\limits_{\Sigma} xf(x, y, z)\mathrm{d}y\,\mathrm{d}z + yf(x, y, z)\mathrm{d}z\,\mathrm{d}x + zf(x, y, z)\mathrm{d}x\,\mathrm{d}y = 0。$$

（2）由（1）知

$$\iiint\limits_{\Omega} f(x, y, z)\mathrm{d}x\,\mathrm{d}y\,\mathrm{d}z = -\frac{1}{3}\iiint\limits_{\Omega}\left(x\frac{\partial f}{\partial x} + y\frac{\partial f}{\partial y} + z\frac{\partial f}{\partial z} \right)\mathrm{d}x\,\mathrm{d}y\,\mathrm{d}z,$$

故 $\left| \iiint\limits_{\Omega} f(x, y, z)\mathrm{d}x\,\mathrm{d}y\,\mathrm{d}z \right| = \dfrac{1}{3}\left| \iiint\limits_{\Omega}\left(x\dfrac{\partial f}{\partial x} + y\dfrac{\partial f}{\partial y} + z\dfrac{\partial f}{\partial z} \right)\mathrm{d}x\,\mathrm{d}y\,\mathrm{d}z \right|$

$$\leqslant \frac{1}{3}\iiint\limits_{\Omega}\left| x\frac{\partial f}{\partial x} + y\frac{\partial f}{\partial y} + z\frac{\partial f}{\partial z} \right|\mathrm{d}x\,\mathrm{d}y\,\mathrm{d}z$$

$$\leqslant \frac{1}{3}\iiint\limits_{\Omega}\sqrt{x^2 + y^2 + z^2}\sqrt{\left(\frac{\partial f}{\partial x}\right)^2 + \left(\frac{\partial f}{\partial y}\right)^2 + \left(\frac{\partial f}{\partial z}\right)^2}\,\mathrm{d}x\,\mathrm{d}y\,\mathrm{d}z$$

$$\leqslant \frac{1}{3}M\iiint\limits_{\Omega}\sqrt{x^2 + y^2 + z^2}\,\mathrm{d}x\,\mathrm{d}y\,\mathrm{d}z$$

$$= \frac{1}{3}M\int_0^{2\pi}\mathrm{d}\theta\int_0^{\pi}\mathrm{d}\varphi\int_0^1 r r^2 \sin\varphi\,\mathrm{d}r = \frac{\pi}{3}M。$$

例 7.81 设有向闭曲线 Γ 是由圆锥螺线 $\overset{\frown}{OA}$：$x = \theta\cos\theta$，$y = \theta\sin\theta$，$z = \theta$，（θ 从 0 变到 2π）和有向直线段 $\overrightarrow{AO}$ 构成，其中 $O(0, 0, 0)$，$A(2\pi, 0, 2\pi)$，Γ 将其所在的圆锥面 $z = \sqrt{x^2 + y^2}$ 划分成两部分，Σ 是其中的有界部分。

（1）如果 $\boldsymbol{F} = (z, 1, -x)$ 表示一力场，求 $\boldsymbol{F}$ 沿 Γ 所做的功 W；（2）如果 $\boldsymbol{F} = (z, 1, -x)$ 表示流体的流速，求流体通过 Σ 流向上侧的流量。（单位略）。

解 （1）力 $\boldsymbol{F}$ 沿 Γ 所做的功为

$$W = \oint_{\Gamma} z\,\mathrm{d}x + \mathrm{d}y - x\,\mathrm{d}z = \int_{\overset{\frown}{OA}} z\,\mathrm{d}x + \mathrm{d}y - x\,\mathrm{d}z + \int_{\overrightarrow{AO}} z\,\mathrm{d}x + \mathrm{d}y - x\,\mathrm{d}z$$

$$= \int_0^{2\pi}\left[\theta(\cos\theta - \theta\sin\theta) + \sin\theta + \theta\cos\theta - \theta\cos\theta\right]\mathrm{d}\theta + \int_{2\pi}^0 (x - x)\mathrm{d}x$$

$$= \int_0^{2\pi}(\theta\cos\theta - \theta^2\sin\theta)\mathrm{d}\theta + 0 = 4\pi^2。$$

另解 应用斯托克斯公式，可得 $W = \iint\limits_{\Sigma} 2\mathrm{d}z\,\mathrm{d}x = 2\iint\limits_{\Sigma} -z_y\,\mathrm{d}x\,\mathrm{d}y = 2\iint\limits_{\Sigma} -\dfrac{y}{\sqrt{x^2 + y^2}}\mathrm{d}x\,\mathrm{d}y =$

$-2\int_0^{2\pi}\mathrm{d}\theta\int_0^{\theta}\dfrac{r\sin\theta}{r}\cdot r\,\mathrm{d}r = -\int_0^{2\pi}\theta^2\sin\theta\,\mathrm{d}\theta = 4\pi^2$。

（2）Γ 所在的圆锥面方程为 $z = \sqrt{x^2 + y^2}$，曲面 Σ 上任一点 (x, y, z) 处向上的一个法向

量为 $\boldsymbol{n}=(-z_x,-z_y,1)=\left(\dfrac{-x}{\sqrt{x^2+y^2}},\dfrac{-y}{\sqrt{x^2+y^2}},1\right)$，$\Sigma$ 在 xOy 面上的投影区域为 D 且

在极坐标系下可表示为 $0\leqslant\rho\leqslant\theta$，$0\leqslant\theta\leqslant2\pi$，故流体通过 Σ 流向上侧的流量为

$$\Phi=\iint\limits_{\Sigma}z\,\mathrm{d}y\,\mathrm{d}z+\mathrm{d}z\,\mathrm{d}x-x\,\mathrm{d}x\,\mathrm{d}y=\iint\limits_{\Sigma}[z\cdot(-z_x)+(-z_y)-x]\mathrm{d}x\,\mathrm{d}y$$

$$=\iint\limits_{\Sigma}\left(-2x-\dfrac{y}{\sqrt{x^2+y^2}}\right)\mathrm{d}x\,\mathrm{d}y=\iint\limits_{D}\left(-2x-\dfrac{y}{\sqrt{x^2+y^2}}\right)\mathrm{d}x\,\mathrm{d}y$$

$$=-\int_0^{2\pi}\mathrm{d}\theta\int_0^{\theta}(2\rho\cos\theta+\sin\theta)\rho\,\mathrm{d}\rho=-\int_0^{2\pi}\left(\dfrac{2}{3}\theta^3\cos\theta+\dfrac{\theta^2}{2}\sin\theta\right)\mathrm{d}\theta=-6\pi^2。$$

练习题七

7.1　计算 $I=\iint\limits_{D}\sqrt{|y-x^2|}\,\mathrm{d}x\,\mathrm{d}y$，其中 $D:\begin{cases}-1\leqslant x\leqslant1\\0\leqslant y\leqslant2\end{cases}$。

7.2　计算 $I=\iint\limits_{D}\dfrac{1}{\sqrt{1-\dfrac{x^2}{a^2}-\dfrac{y^2}{b^2}}}\mathrm{d}x\,\mathrm{d}y$，其中 $D:\dfrac{x^2}{a^2}+\dfrac{y^2}{b^2}\leqslant1$。

7.3　证明：$\int_0^1\mathrm{d}x\int_0^1(xy)^{xy}\mathrm{d}y=\int_0^1x^x\,\mathrm{d}x$。

7.4　设 $f(x)$ 是区间 $[a,b]$ 上的连续函数，满足 $0\leqslant f(x)\leqslant M$，其中，$M$ 是一个正常数。证明：

$$\left[\int_a^b f(x)\mathrm{d}x\right]^2\leqslant\left[\int_a^b f(x)\sin x\,\mathrm{d}x\right]^2+\left[\int_a^b f(x)\cos x\,\mathrm{d}x\right]^2+\dfrac{M^2}{12}(b-a)^4。$$

7.5　计算 $I=\iint\limits_{D}\dfrac{1}{1-xy}\mathrm{d}x\,\mathrm{d}y$，其中 $D:\{(x,y)\mid 0\leqslant x\leqslant1,0\leqslant y\leqslant1\}$。

7.6　计算 $I=\iint\limits_{D}\dfrac{1}{1+xy}\mathrm{d}x\,\mathrm{d}y$，其中，$D:\{(x,y)\mid 0\leqslant x\leqslant1,-1\leqslant y\leqslant1\}$。

7.7　计算 $\iint\limits_{D}f''_{xy}(x,y)\mathrm{d}x\,\mathrm{d}y$，其中，$f''_{xy}(x,y)$ 连续，$D=\{(x,y)\mid a\leqslant x\leqslant b,c\leqslant y\leqslant d\}$。

7.8　计算 $I=\iint\limits_{D}\left|xy-\dfrac{1}{4}\right|\mathrm{d}x\,\mathrm{d}y$，其中 $D=\{(x,y)\mid 0\leqslant x\leqslant1,0\leqslant y\leqslant1\}$。

7.9　已知函数 $f(x,y)$ 具有二阶连续偏导数，且 $f(1,y)=0$，$f(x,1)=0$，$\iint\limits_{D}f(x,y)\mathrm{d}x\,\mathrm{d}y=a$，其中，$D=\{(x,y)\mid 0\leqslant x\leqslant1,0\leqslant y\leqslant1\}$。试计算二重积分 $\iint\limits_{D}xyf_{xy}(x,y)\mathrm{d}x\,\mathrm{d}y$。

7.10　计算 $I=\iint\limits_{D}\left(\sqrt{\dfrac{x}{a}}+\sqrt{\dfrac{y}{b}}\right)^2\mathrm{d}x\,\mathrm{d}y$，其中，$D$ 是由曲线 $\sqrt{\dfrac{x}{a}}+\sqrt{\dfrac{y}{b}}=1$ 以及坐标轴所围区

域，a、$b > 0$。

7.11 证明：$\int_a^b \mathrm{d}x \int_a^x (x-y)^{n-2} f(y)\mathrm{d}y = \dfrac{1}{n-1}\int_a^b (b-y)^{n-1} f(y)\mathrm{d}y$，其中，$n$ 为大于 1 的正整数。

7.12 设 $D = \left\{ (x,y) \,\middle|\, 0 \leqslant x, y \leqslant \dfrac{\pi}{2} \right\}$，计算 $\iint\limits_D \sin x \cdot \mathrm{e}^{\sin x \cdot \sin y} \mathrm{d}x\,\mathrm{d}y$。

7.13 设 $z = f(x,y)$ 是由 $F(x+az, y+bz) = 0$ 所确定的隐函数，其中 $F(u,v)$ 可微，a、b 是常数，且 $aF_u + bF_v \neq 0$。计算 $\iint\limits_{x^2+y^2 \leqslant 1} \mathrm{e}^{-x^2-y^2}(az_x + bz_y)\mathrm{d}x\,\mathrm{d}y$。

7.14 有一个面密度为常数 μ 的均匀薄片，占有平面区域 Ω：$\{(x,y) \mid R_1 \leqslant \sqrt{x^2+y^2} \leqslant R_2, x \geqslant 0\}$，求该物体对位于点 $M(0,0,a)$ $(a>0)$ 处的单位质点产生的引力。

7.15 设 $f(x)$ 在区间 $[0,1]$ 上连续，且 $\int_0^1 f(x)\mathrm{d}x = m$，试计算 $\int_0^1 \mathrm{d}x \int_x^1 \mathrm{d}y \int_x^y f(x)f(y)f(z)\mathrm{d}z$。

7.16 设有一个均匀的物体，占有空间区域 Ω：$\{(x,y,z) \mid x^2+y^2 \leqslant z \leqslant 1\}$，将其置于水平桌面上，证明：当该物体处于稳定平衡位置时，其对称轴线与桌面所成的夹角 $\theta = \arctan\sqrt{\dfrac{3}{2}}$。

7.17 将累次积分 $\int_0^1 \mathrm{d}x \int_0^1 \mathrm{d}y \int_0^{x^2+y^2} f(x,y,z)\mathrm{d}z$ (1) 转化为先 x 后 z，再对 y 的累次积分；(2) 转化为先 y 后 z，再对 x 的累次积分。

7.18 设 $f(x)$ 在 $[a,b]$ 上连续，证明：$\dfrac{1}{b-a}\int_a^b f(x)\mathrm{d}x \leqslant \sqrt{\dfrac{1}{b-a}\int_a^b f^2(x)\mathrm{d}x}$。

7.19 求由曲线 $y=x^3$，$y=4x^3$，$x=y^3$，$x=4y^3$ 所围第一象限闭区域的面积。

7.20 记 $I(x) = \int_0^{2x} \mathrm{d}u \int_0^{\sqrt{2ux-u^2}} \dfrac{\cos(t-u)^2}{\ln(1+x\,|\,x\,|)}\mathrm{d}t$，证明：$\lim\limits_{x \to 0} I(x) = \dfrac{\pi}{2}$。

7.21 设 Ω 是平面曲线 $\begin{cases} x^2 = 2z \\ y = 0 \end{cases}$ 绕 z 轴旋转一周所得曲面与平面 $z=1$，$z=2$ 围成的空间区域，计算下面的三重积分：

(1) $\iiint\limits_\Omega (x^2+y^2+z^2)\mathrm{d}x\,\mathrm{d}y\,\mathrm{d}z$；(2) $\iiint\limits_\Omega \dfrac{1}{x^2+y^2+z^2}\mathrm{d}x\,\mathrm{d}y\,\mathrm{d}z$。

7.22 计算三重积分 $\iiint\limits_\Omega \dfrac{xyz}{x^2+y^2}\mathrm{d}x\,\mathrm{d}y\,\mathrm{d}z$，其中 Ω 是由曲面 $(x^2+y^2+z^2)^2 = 2xy$ 围成的在第一卦限的部分。

7.23 求下列几何体的体积：

(1) $\Omega = \{(x,y,z) \mid x+y \leqslant z \leqslant \mathrm{e}^{x+y}, 0 \leqslant y \leqslant x, 0 \leqslant x \leqslant 1\}$；

(2) $\Omega = \{(x,y,z) \mid (x^2+y^2+z^2)^2 \leqslant x^2+y^2\}$。

7.24 设 Ω 是由椭球面 $\dfrac{x^2}{a^2}+\dfrac{y^2}{b^2}+\dfrac{z^2}{c^2}=1$ 与椭圆锥面 $\dfrac{x^2}{a^2}+\dfrac{y^2}{b^2}=\dfrac{z^2}{c^2}$ $(z \geqslant 0)$ 所围成的空间区域，求其体积。

7.25 求立体 $\Omega=\{(x,y,z)\mid 2x+2y-z\leqslant 4,(x-2)^2+(y+1)^2+(z-1)^2\leqslant 4\}$ 的体积。

7.26 设 Ω 是空间一区域,体密度函数是 $\mu(x,y,z)$,对于空间任意一点 $P(x_0,y_0,z_0)$,定义该物体对于点 $P(x_0,y_0,z_0)$ 的转动惯量为

$$I(x_0,y_0,z_0)=\iiint\limits_{\Omega}\big[(x-x_0)^2+(y-y_0)^2+(z-z_0)^2\big]\mu(x,y,z)\mathrm{d}x\mathrm{d}y\mathrm{d}z。$$

若 $\Omega:\dfrac{x^2}{a^2}+\dfrac{y^2}{b^2}+\dfrac{z^2}{c^2}\leqslant 1$(其中 $0<a\leqslant b\leqslant c$),$(x_0,y_0,z_0)$ 是区域 Ω 中任意一定点,该物体的体密度函数是 $\mu(z)$,且 $\mu(z)$ 关于 z 是偶函数。证明:$I(x_0,y_0,z_0)\leqslant I(0,0,c)$。

7.27 在均匀半球体 $\Omega_1:x^2+y^2+z^2\leqslant r^2,z\geqslant 0$,下面接一个与半球体具有相同半径,高为 h 的均匀圆柱体 Ω_2,使得 $\Omega_1+\Omega_2$ 的质心在球心处,求圆柱体的半径与其高之比。设 Ω_1 的体密度为 ρ_1,Ω_2 的体密度为 ρ_2。

7.28 (1) 有一面密度是常数 μ 的球面形物体,占有空间区域 $\Omega:\{(x,y,z)\mid x^2+y^2+z^2=R^2\}$,求其对位于点 $(0,0,a)$ $(a>0,a\neq R)$ 处的单位质点所产生的引力;(2) 假设地球是一个半径为 R,体密度是常数 μ 的球体,现有一条通过球心的直通道,将一物体在通道口静止释放,求该物体的运动规律。

7.29 设有一个空间物体,质量为 M,占有区域 Ω,直线 l_0 经过该物体的质心,l 是一条与直线 l_0 平行且与直线 l_0 相距为 d 的直线。I_l 以及 I_{l_0} 表示该物体对于直线 l 以及直线 l_0 的转动惯量,证明:$I_l=I_{l_0}+d^2M$。

7.30 设 $b>a>0$,证明:$\dfrac{\pi(a+b)}{4}<\displaystyle\int_0^{\frac{\pi}{2}}\sqrt{a^2\sin^2x+b^2\cos^2x}\,\mathrm{d}x<\pi\sqrt{\dfrac{a^2+b^2}{8}}$。

7.31 计算 $\displaystyle\int_l(x^2+y^2)^2\mathrm{d}s$,其中 l 是 $x^2+y^2+z^2=1$ 与平面 $x=y$ 的交线。

7.32 求摆线 $x=a(t-\sin t)$,$y=a(1-\cos t)$ 对应于参数 $0\leqslant t\leqslant\pi$ 的一段弧的形心。

7.33 计算 $\displaystyle\int_L(x^{4/3}+y^{4/3})\mathrm{d}s$,其中 L 为内摆线 $x^{2/3}+y^{2/3}=a^{2/3}(a>0)$。

7.34 设 L 为 $1/8$ 球面 $x^2+y^2+z^2=R^2(x,y,z\geqslant 0)$ 的边界曲线,求 L 的形心。

7.35 计算 $I=\displaystyle\int_l|y|\mathrm{d}s$,其中 l 为双纽线 $(x^2+y^2)^2=a^2(x^2-y^2)(a>0)$ 的一周。

7.36 设 $L_1:x^2+y^2=1$,$L_2:x^2+y^2=2$,$L_3:x^2+2y^2=2$,$L_4:2x^2+y^2=2$ 为四条逆时针方向的平面曲线,$I_i=\displaystyle\int_{L_i}\left(y+\dfrac{y^3}{6}\right)\mathrm{d}x+\left(2x-\dfrac{x^3}{3}\right)\mathrm{d}y(i=1,2,3,4)$,则 $\max\{I_1,I_2,I_3,I_4\}$ 为(　　)。

(A) I_1　　　　　　(B) I_2　　　　　　(C) I_3　　　　　　(D) I_4

7.37 设 $\dfrac{(x-y)\mathrm{d}x+(x+y)\mathrm{d}y}{(x^2+y^2)^n}$ 在区域 $x>0$ 内是某二元函数 $u=u(x,y)$ 的全微分,求 n 以及 $u(x,y)$。

7.38 设 L 是平面上一条分段光滑的简单闭曲线(取正向),且点 $(-2,0)$ 以及 $(2,0)$ 不在该

曲线上,计算:

$$I = \int_L \left(\frac{y}{(2-x)^2 + y^2} + \frac{y}{(2+x)^2 + y^2} \right) \mathrm{d}x + \left(\frac{2-x}{(2-x)^2 + y^2} - \frac{2+x}{(2+x)^2 + y^2} \right) \mathrm{d}y。$$

7.39 已知当参数 t 从 -1 变化到 1 时,动点 $P(t - t^3, 1 - t^4)$ 在 xOy 坐标面上形成一条顺时针方向的封闭曲线 L,求曲线 L 所围平面图形的面积。

7.40 在过点 $O(0, 0)$ 和 $A(\pi, 0)$ 的曲线族 $y = \alpha \sin x (\alpha > 0)$ 中,求一条曲线 L,使得该曲线上从点 $O(0, 0)$ 到点 $A(\pi, 0)$ 的积分 $\int_L (1 + y^3) \mathrm{d}x + (2x + y) \mathrm{d}y$ 的值最小。

7.41 计算 $\int_\Gamma (y - z) \mathrm{d}x + (z - x) \mathrm{d}y + (x - y) \mathrm{d}z$,其中 Γ 为圆柱面 $x^2 + y^2 = a^2$ 与 $\dfrac{x}{a} + \dfrac{z}{h} = 1 (a > 0, h > 0)$ 的交线,从 x 轴正向看去 Γ 取逆时针方向。

7.42 质点 P 沿以 AB 为直径的半圆周逆时针方向从点 $A(1, 2)$ 运动至点 $B(3, 4)$。在此过程中,受到变力 $\boldsymbol{F}$ 的作用,$\boldsymbol{F}$ 的大小等于点 P 与原点 O 之间的距离,其方向垂直于线段 OP,且与 y 轴正向的夹角小于 $\dfrac{\pi}{2}$,求变力 $\boldsymbol{F}$ 对质点所作的功。

7.43 设二元函数 $f(x, y)$ 在上半平面 $D = \{(x, y) \mid y > 0\}$ 内具有连续的偏导数,且对于任意的 $t > 0$,成立 $f(tx, ty) = t^{-2} f(x, y)$。证明:对于 D 内任意分段光滑的有向简单闭曲线 l,$\int_l yf(x, y) \mathrm{d}x - xf(x, y) \mathrm{d}y = 0$。

7.44 设曲线积分 $\int_l \left[\varphi(x) - \dfrac{x^2}{2} \right] y \mathrm{d}y + \dfrac{3}{2} y^2 \varphi(x) \mathrm{d}x$ 在全平面上与路径无关,其中 $\varphi(x)$ 具有一阶连续偏导数,并且当 l 是从点 $O(0, 0)$ 到 $A(1, 1)$ 的有向曲线时,该曲线积分的值为 $\dfrac{1}{4}$,求 $\varphi(x)$。

7.45 设 $F(x, y)$ 具有一阶连续偏导数,曲线积分 $\int_l F(x, y)(\cos x \, \mathrm{d}y - y \sin x \, \mathrm{d}x)$ 与路径无关,且 $F(0, 1) = 0$,求 $F(x, y) = 0$ 所确定的隐函数。

7.46 证明:$\iint_D \left(\dfrac{\partial^2 u}{\partial x^2} + \dfrac{\partial^2 u}{\partial y^2} \right) \mathrm{d}x \, \mathrm{d}y = \int_l \dfrac{\partial u}{\partial n} \mathrm{d}s$。其中,$l$ 为 D 的正向边界,$\dfrac{\partial u}{\partial n}$ 是 $u(x, y)$ 在点 (x, y) 处沿 l 的外法线方向的方向导数。

7.47 设 $f(x, y)$ 在 $D: x^2 + y^2 \leqslant 1$ 上可微,且 $\dfrac{\partial^2 f}{\partial x^2} + \dfrac{\partial^2 f}{\partial y^2} = x^2 y^2$,求:

$$\iint_D \left[\frac{x}{\sqrt{x^2 + y^2}} f_x(x, y) + \frac{y}{\sqrt{x^2 + y^2}} f_y(x, y) \right] \mathrm{d}x \, \mathrm{d}y。$$

7.48 设函数 $f(x)$ 具有连续导数,$f(x) > 0$,且在右半平面 $D = \{(x, y) \mid x > 0\}$ 内曲线积分 $\int_L \left[y \mathrm{e}^x f(x) - \dfrac{y}{x} \right] \mathrm{d}x - \ln f(x) \mathrm{d}y$ 与路径无关,$f(1) = \dfrac{1}{2}$,求 $f(x)$。

7.49 设 Σ 是简单光滑闭曲面,$\boldsymbol{n}$ 为 Σ 的外法线方向,$\boldsymbol{d}$ 是一非零常向量,θ 是 $\boldsymbol{n}$ 和 $\boldsymbol{d}$ 的夹角,

试求 $\iint\limits_{\Sigma}\cos\theta\,\mathrm{d}S$。

7.50 计算下列对面积的曲面积分：

(1) $\iint\limits_{\Sigma}(x+y+z+a)^2\,\mathrm{d}S$，其中，$\Sigma$：$(x-a)^2+(y-a)^2+(z-a)^2=a^2$；

(2) $\iint\limits_{\Sigma}xyz(y^2z^2+z^2x^2+x^2y^2)\,\mathrm{d}S$，其中，$\Sigma$：$x^2+y^2+z^2=a^2$ 在第一象限中的部分。

7.51 计算 $\iint\limits_{\Sigma}\dfrac{\mathrm{d}S}{x^2+y^2+z^2}$，其中，$\Sigma$ 为柱面 $x^2+y^2=R^2$ 夹在 $z=0$ 和 $z=H$（$H>0$）之间的部分。

7.52 计算 $\iint\limits_{\Sigma}\rho\,\mathrm{d}S$，其中 Σ 为椭球面 $\dfrac{x^2}{a^2}+\dfrac{y^2}{b^2}+\dfrac{z^2}{c^2}=1$，$\rho$ 为原点到椭球面 $\dfrac{x^2}{a^2}+\dfrac{y^2}{b^2}+\dfrac{z^2}{c^2}=1$ 上点 (x,y,z) 处的切平面的距离。

7.53 求 $\iint\limits_{\Sigma}\dfrac{1}{\lambda-z}\,\mathrm{d}S$，其中 Σ：$x^2+y^2+z^2=R^2$，$\lambda>R$。

7.54 计算曲面积分 $I=\iint\limits_{\Sigma}e^y\,\mathrm{d}y\,\mathrm{d}z+ye^x\,\mathrm{d}z\,\mathrm{d}x+x^2y\,\mathrm{d}x\,\mathrm{d}y$，其中，$\Sigma$ 为旋转椭圆抛物面 $z=x^2+y^2$ 被平面 $x=0$，$x=1$，$y=0$，$y=1$ 所截出部分的上侧。

7.55 计算曲面积分：

$$I=\iint\limits_{\Sigma}(f(x,y,z)+x)\,\mathrm{d}y\,\mathrm{d}z+(2f(x,y,z)+y)\,\mathrm{d}z\,\mathrm{d}x+(f(x,y,z)+z)\,\mathrm{d}x\,\mathrm{d}y,$$

其中 $f(x,y,z)$ 是连续函数，Σ 为平面 $x-y+z=1$ 在第四卦象部分的上侧。

7.56 设曲面 Σ 是由曲线 $\begin{cases}z=e^y\\x=0\end{cases}$，$0\leqslant y\leqslant a$ 绕 z 轴旋转所得曲面，取下侧，计算曲面积分

$$\iint\limits_{\Sigma}4xz\,\mathrm{d}y\,\mathrm{d}z-2yz\,\mathrm{d}z\,\mathrm{d}x+(1-z^2)\,\mathrm{d}x\,\mathrm{d}y。$$

7.57 设 Σ 是以空间曲线 l 为边界的光滑曲面，试求可导函数 $\varphi(x)$，使得曲面积分

$$I=\iint\limits_{\Sigma}(1-x^2)\varphi(x)\,\mathrm{d}y\,\mathrm{d}z+4xy\varphi(x)\,\mathrm{d}z\,\mathrm{d}x+4xz\,\mathrm{d}x\,\mathrm{d}y$$

与曲面的形状无关。

7.58 设 $f(u)$ 具有连续的一阶导数，试计算曲面积分：

$$I=\iint\limits_{\Sigma}x^3\,\mathrm{d}y\,\mathrm{d}z+\left[\dfrac{1}{z}f\left(\dfrac{y}{z}\right)+y^3\right]\mathrm{d}z\,\mathrm{d}x+\left[\dfrac{1}{y}f\left(\dfrac{y}{z}\right)+z^3\right]\mathrm{d}x\,\mathrm{d}y,$$

其中 Σ 是由 $z\geqslant\sqrt{x^2+y^2}$ 以及 $1\leqslant x^2+y^2+z^2\leqslant4$ 所确定区域 Ω 的外侧表面。

7.59 计算 $I=\displaystyle\int_{\Gamma}xyz\,\mathrm{d}z$，其中，$\Gamma$：$\begin{cases}y-z=0\\x^2+y^2+z^2=1\end{cases}$，从 z 轴正向看取逆时针方向。

7.60 设对于半空间 $x>0$ 内任意的光滑有向封闭曲面 Σ 都有曲面积分 $\iint\limits_{\Sigma}xf(x)\,\mathrm{d}y\,\mathrm{d}z-$

$$xyf(x)\mathrm{d}z\,\mathrm{d}x - \mathrm{e}^{2x}z\,\mathrm{d}x\,\mathrm{d}y = 0。$$ 其中,函数 $f(x)$ 在 $(0,+\infty)$ 内具有连续阶导数,且 $\lim\limits_{x\to 0^{+}} f(x) = 1$,求 $f(x)$。

7.61 计算曲线积分 $I = \displaystyle\int_{\Gamma}(y^2-z^2)\mathrm{d}x + (z^2-x^2)\mathrm{d}y + (x^2-y^2)\mathrm{d}z$,其中,$\Gamma$ 是平面 $x+y+z = \dfrac{3}{2}$ 与立方体 $\Omega:\{(x,y,z)\mid 0\leqslant x,y,z\leqslant 1\}$ 的表面的交线,若从 x 轴的正向看去取逆时针方向。

7.62 试用高斯公式证明阿基米德浮力定律,即浸入静止流体中的物体受到的浮力的大小等于该物体所排开的流体的重力,方向垂直向上。

7.63 求 $\displaystyle\iint_{\Sigma} x\,\mathrm{d}y\,\mathrm{d}z + y\,\mathrm{d}z\,\mathrm{d}x + z\,\mathrm{d}x\,\mathrm{d}y$,其中,$\Sigma$ 是 $x+y+z = 6$ 被 $(x-1)^2 + (y-1)^2 + (z-1)^2 = 12$ 所截得的平面区域,取下侧。

练习题七解析与提示

7.1 **解** 记 D_1: $\begin{cases} x^2 \leqslant y \leqslant 2 \\ 0 \leqslant x \leqslant 1 \end{cases}$, D_2: $\begin{cases} 0 \leqslant y \leqslant x^2 \\ 0 \leqslant x \leqslant 1 \end{cases}$,则由对称性得:

$$I = \iint_{D} \sqrt{|y-x^2|}\,\mathrm{d}x\,\mathrm{d}y = 2\left[\iint_{D_1}\sqrt{y-x^2}\,\mathrm{d}x\,\mathrm{d}y + \iint_{D_2}\sqrt{x^2-y}\,\mathrm{d}x\,\mathrm{d}y\right],$$

其中,$\displaystyle\iint_{D_1}\sqrt{y-x^2}\,\mathrm{d}x\,\mathrm{d}y = \int_0^1 \mathrm{d}x \int_{x^2}^2 \sqrt{y-x^2}\,\mathrm{d}y = \frac{2}{3}\int_0^1 (2-x^2)^{\frac{3}{2}}\,\mathrm{d}x$

$\xrightarrow{x=\sqrt{2}\sin t} \dfrac{2}{3}\displaystyle\int_0^{\frac{\pi}{4}}(2-2\sin^2 t)^{\frac{3}{2}}\sqrt{2}\cos t\,\mathrm{d}t = \dfrac{8}{3}\displaystyle\int_0^{\frac{\pi}{4}}\cos^4 t\,\mathrm{d}t = \dfrac{2}{3}\displaystyle\int_0^{\frac{\pi}{4}}(1+\cos 2t)^2\,\mathrm{d}t = \dfrac{2}{3} + \dfrac{\pi}{4}$;

$\displaystyle\iint_{D_2}\sqrt{x^2-y}\,\mathrm{d}x\,\mathrm{d}y = \int_0^1 \mathrm{d}x \int_0^{x^2}\sqrt{x^2-y}\,\mathrm{d}y = -\frac{2}{3}\int_0^1\left[(x^2-y)^{\frac{3}{2}}\Big|_0^{x^2}\right]\mathrm{d}x = \frac{2}{3}\int_0^1 x^3\,\mathrm{d}x = \dfrac{1}{6}$。

所以, $$I = \iint_{D}\sqrt{|y-x^2|}\,\mathrm{d}x\,\mathrm{d}y = 2\left[\frac{2}{3}+\frac{\pi}{4}+\frac{1}{6}\right] = \frac{\pi}{2} + \frac{5}{3}。$$

7.2 $\dfrac{ab\pi^2}{2}$。 7.3 **提示** 二重积分交换次序。

7.4 **证明** 注意到

$$\left[\int_a^b f(x)\mathrm{d}x\right]^2 - \left[\int_a^b f(x)\sin x\,\mathrm{d}x\right]^2 - \left[\int_a^b f(x)\cos x\,\mathrm{d}x\right]^2$$

$$= \iint_{D} f(x)f(y)[1-\cos(x-y)]\mathrm{d}x\,\mathrm{d}y,$$

$$= 2\iint_{D} f(x)f(y)\sin^2\left(\frac{x-y}{2}\right)\mathrm{d}x\,\mathrm{d}y \leqslant \frac{M^2}{2}\iint_{D}(x-y)^2\mathrm{d}x\,\mathrm{d}y = \frac{M^2}{12}(b-a)^4。$$

7.5　$I = \dfrac{\pi^2}{6}$。　　7.6　$I = \dfrac{\pi^2}{4}$。

7.7　**解**　$\displaystyle\iint\limits_{D} f''_{xy}(x,y)\mathrm{d}x\mathrm{d}y = \int_a^b \mathrm{d}x \int_c^d f''_{xy}(x,y)\mathrm{d}y = \int_a^b \mathrm{d}x \int_c^d \mathrm{d}[f'_x(x,y)]$

$$= \int_a^b [f'_x(x,d) - f'_x(x,c)]\mathrm{d}x = \int_a^b \mathrm{d}[f(x,d) - f(x,c)]$$

$$= [f(x,d) - f(x,c)]\Big|_a^b = f(b,d) - f(b,c) - f(a,d) + f(a,c)。$$

7.8　**解**　$\displaystyle I = \iint\limits_{D} \left| xy - \frac{1}{4} \right| \mathrm{d}x\mathrm{d}y = \int_0^{\frac{1}{4}} \mathrm{d}x \int_0^1 \left(\frac{1}{4} - xy \right) \mathrm{d}y + \int_{\frac{1}{4}}^1 \mathrm{d}x \int_0^{\frac{1}{4x}} \left(\frac{1}{4} - xy \right) \mathrm{d}y$

$$+ \int_{\frac{1}{4}}^1 \mathrm{d}x \int_{\frac{1}{4x}}^1 \left(xy - \frac{1}{4} \right) \mathrm{d}y = \frac{3}{32} + \frac{1}{8}\ln 2。$$

7.9　**解**　$\displaystyle\iint\limits_{D} xy f_{xy}(x,y)\mathrm{d}x\mathrm{d}y = \int_0^1 x\mathrm{d}x \int_0^1 y f_{xy}(x,y)\mathrm{d}y = \int_0^1 x\mathrm{d}x \int_0^1 y\mathrm{d}(f_x(x,y))$,

其中，

$$\int_0^1 y\mathrm{d}(f_x(x,y)) = y f_x(x,y)\Big|_0^1 - \int_0^1 f_x(x,y)\mathrm{d}y = -\int_0^1 f_x(x,y)\mathrm{d}y。$$

故　$\displaystyle\iint\limits_{D} xy f_{xy}(x,y)\mathrm{d}x\mathrm{d}y = -\int_0^1 x\mathrm{d}x \int_0^1 f_x(x,y)\mathrm{d}y = -\iint\limits_{D} x f_x(x,y)\mathrm{d}x\mathrm{d}y$

$$= -\int_0^1 \mathrm{d}y \int_0^1 x f_x(x,y)\mathrm{d}x = -\int_0^1 \mathrm{d}y \int_0^1 x\mathrm{d}(f(x,y))$$

$$= -\int_0^1 \left[x f(x,y)\Big|_0^1 - \int_0^1 f(x,y)\mathrm{d}x \right]\mathrm{d}y$$

$$= \int_0^1 \mathrm{d}y \int_0^1 f(x,y)\mathrm{d}x = \iint\limits_{D} f(x,y)\mathrm{d}x\mathrm{d}y = a。$$

7.10　**解**　令 $\begin{cases} x = a\rho^2\cos^4\theta, \\ y = b\rho^2\sin^4\theta \end{cases}$，则

$$\frac{\partial(x,y)}{\partial(\rho,\theta)} = \begin{vmatrix} 2a\rho\cos^4\theta & -4a\rho^2\sin\theta\cos^3\theta \\ 2b\rho\sin^4\theta & 4b\rho^2\sin^3\theta\cos\theta \end{vmatrix} = 8ab\rho^3\sin^3\theta\cos^3\theta。$$

故　$\displaystyle I = \iint\limits_{D} \left(\sqrt{\frac{x}{a}} + \sqrt{\frac{y}{b}} \right)^2 \mathrm{d}x\mathrm{d}y = \iint\limits_{D} (\rho\cos^2\theta + \rho\sin^2\theta)^2 \, | \, 8ab\rho^3\sin^3\theta\cos^3\theta \, | \, \mathrm{d}\rho\mathrm{d}\theta$

$$= \int_0^{\frac{\pi}{2}} \mathrm{d}\theta \int_0^1 8ab\rho^5\sin^3\theta\cos^3\theta\mathrm{d}\rho = \frac{ab}{9}。$$

7.11　**证明**　记 D：$\begin{cases} a \leqslant y \leqslant x, \\ a \leqslant x \leqslant b \end{cases}$，则

$$\int_a^b \mathrm{d}x \int_a^x (x-y)^{n-2} f(y)\mathrm{d}y = \iint\limits_{D} (x-y)^{n-2} f(y)\mathrm{d}x\mathrm{d}y。$$

注意到积分区域也可以表示为 D：$\begin{cases} y \leqslant x \leqslant b, \\ a \leqslant y \leqslant b \end{cases}$，故

$$\iint\limits_{D}(x-y)^{n-2}f(y)\mathrm{d}x\,\mathrm{d}y=\int_a^b\mathrm{d}y\int_y^b(x-y)^{n-2}f(y)\mathrm{d}x$$

$$=\frac{1}{n-1}\int_a^b f(y)\Big[(x-y)^{n-1}\Big]\Big|_y^b\,\mathrm{d}y=\frac{1}{n-1}\int_a^b f(y)(b-y)^{n-1}\mathrm{d}y。$$

所以，
$$\int_a^b\mathrm{d}x\int_a^x(x-y)^{n-2}f(y)\mathrm{d}y=\frac{1}{n-1}\int_a^b(b-y)^{n-1}f(y)\mathrm{d}y。$$

7.12 **解** 由例 7.17 得，

$$\iint\limits_{D}\sin x\cdot\mathrm{e}^{\sin x\cdot\sin y}\mathrm{d}x\,\mathrm{d}y=\int_0^{\frac{\pi}{2}}\mathrm{d}x\int_0^{\frac{\pi}{2}}\sin x\cdot\mathrm{e}^{\sin x\cdot\sin y}\mathrm{d}y=\frac{\pi}{2}\int_0^{\frac{\pi}{2}}\sin u\cdot\mathrm{e}^{\cos u}\mathrm{d}u=\frac{\pi}{2}(\mathrm{e}-1)。$$

> 🔍 **注**: 请读者思考本题的其他解法。

7.13 **解** $\pi(\mathrm{e}^{-1}-1)$。

7.14 **解** $F=\left(2G\mu\left[\ln\left(\dfrac{\sqrt{R_2^2+a^2}+R_2}{\sqrt{R_1^2+a^2}+R_1}\right)-\dfrac{R_2}{\sqrt{R_2^2+a^2}}+\dfrac{R_1}{\sqrt{R_1^2+a^2}}\right],\ 0,\right.$

$$\left.\pi G\mu a\left(\frac{1}{\sqrt{R_2^2+a^2}}-\frac{1}{\sqrt{R_1^2+a^2}}\right)\right)。$$

7.15 **解** 记 $F(x)=\displaystyle\int_0^x f(t)\mathrm{d}t$，则

$$\int_0^1\mathrm{d}x\int_x^1\mathrm{d}y\int_x^y f(x)f(y)f(z)\mathrm{d}z=\int_0^1\mathrm{d}x\int_x^1 f(x)f(y)\big[F(y)-F(x)\big]\mathrm{d}y$$

$$=\int_0^1\mathrm{d}x\int_x^1 f(x)f(y)F(y)\mathrm{d}y-\int_0^1\mathrm{d}x\int_x^1 f(x)f(y)F(x)\mathrm{d}y$$

$$=\frac{1}{2}\int_0^1 f(x)\big[F^2(1)-F^2(x)\big]\mathrm{d}x-\int_0^1 f(x)F(x)\big[F(1)-F(x)\big]\mathrm{d}x$$

$$=\frac{1}{2}\left[F^3(1)-\frac{F^3(1)}{3}\right]-\frac{1}{2}F^3(1)+\frac{1}{3}F^3(1)=\frac{m^3}{6}。$$

7.16 **提示** 利用空间几何体的重心。

7.17 **解** (1) $\displaystyle\int_0^1\mathrm{d}x\int_0^1\mathrm{d}y\int_0^{x^2+y^2}f(x,y,z)\mathrm{d}z$

$$=\int_0^1\mathrm{d}y\int_0^{y^2}\mathrm{d}z\int_0^1 f(x,y,z)\mathrm{d}x+\int_0^1\mathrm{d}y\int_{y^2}^{1+y^2}\mathrm{d}z\int_{\sqrt{z-y^2}}^1 f(x,y,z)\mathrm{d}x；$$

(2) $\displaystyle\int_0^1\mathrm{d}x\int_0^1\mathrm{d}y\int_0^{x^2+y^2}f(x,y,z)\mathrm{d}z$

$$=\int_0^1\mathrm{d}x\int_0^{x^2}\mathrm{d}z\int_0^1 f(x,y,z)\mathrm{d}y+\int_0^1\mathrm{d}x\int_{x^2}^{1+x^2}\mathrm{d}z\int_{\sqrt{z-x^2}}^1 f(x,y,z)\mathrm{d}y。$$

7.18 **证明** 记 $D=\{(x,y)\mid a\leqslant x,y\leqslant b\}$，则 $(f(x)-f(y))^2$ 在区域 D 上非负连续，故

$$\iint\limits_{D}(f(x)-f(y))^{2}\mathrm{d}x\,\mathrm{d}y\geqslant 0。$$

另一方面，$\iint\limits_{D}\left[f(x)-f(y)\right]^{2}\mathrm{d}x\,\mathrm{d}y$

$$=\iint\limits_{D}(f^{2}(x)-2f(x)f(y)+f^{2}(y))\mathrm{d}x\,\mathrm{d}y=2(b-a)\int_{a}^{b}f^{2}(x)\mathrm{d}x-2\left[\int_{a}^{b}f(x)\mathrm{d}x\right]^{2},$$

所以，$2(b-a)\int_{a}^{b}f^{2}(x)\mathrm{d}x-2\left[\int_{a}^{b}f(x)\mathrm{d}x\right]^{2}\geqslant 0,\ \left[\int_{a}^{b}f(x)\mathrm{d}x\right]^{2}\leqslant(b-a)\int_{a}^{b}f^{2}(x)\mathrm{d}x,$

即 $\dfrac{1}{b-a}\int_{a}^{b}f(x)\mathrm{d}x\leqslant\sqrt{\dfrac{1}{b-a}\int_{a}^{b}f^{2}(x)\mathrm{d}x}$。

7.19　解　记该区域为 D，作换元 $\begin{cases}u=\dfrac{y}{x^{3}}\\[2mm]v=\dfrac{x}{y^{3}}\end{cases}$，则

$$J=\frac{\partial(u,v)}{\partial(x,y)}=\begin{vmatrix}-\dfrac{3y}{x^{4}}&\dfrac{1}{x^{3}}\\[3mm]\dfrac{1}{y^{3}}&-\dfrac{3x}{y^{4}}\end{vmatrix}=\frac{8}{x^{3}y^{3}}=8(uv)^{\frac{3}{2}}。$$

所以，区域 D 的面积 $S=\iint\limits_{D}\mathrm{d}x\,\mathrm{d}y=\int_{1}^{4}\mathrm{d}v\int_{1}^{4}\dfrac{1}{8(uv)^{\frac{3}{2}}}\mathrm{d}u=\dfrac{1}{8}$。

7.20　提示　单侧极限以及二重积分中值定理。

7.21　解　平面曲线 $\begin{cases}x^{2}=2z\\y=0\end{cases}$ 绕 z 轴旋转一周所得曲面方程为 $x^{2}+y^{2}=2z$。

(1) $\displaystyle\iiint\limits_{\Omega}(x^{2}+y^{2}+z^{2})\mathrm{d}x\,\mathrm{d}y\,\mathrm{d}z=\int_{1}^{2}\mathrm{d}z\iint\limits_{x^{2}+y^{2}\leqslant 2z}(x^{2}+y^{2}+z^{2})\mathrm{d}x\,\mathrm{d}y$。其中，

$$\iint\limits_{x^{2}+y^{2}\leqslant 2z}(x^{2}+y^{2}+z^{2})\mathrm{d}x\,\mathrm{d}y=\int_{0}^{2\pi}\mathrm{d}\theta\int_{0}^{\sqrt{2z}}\rho^{2}\rho\,\mathrm{d}\rho+2\pi z^{3}=2\pi z^{2}+2\pi z^{3},$$

故原式 $=2\pi\displaystyle\int_{1}^{2}(z^{2}+z^{3})\mathrm{d}z=\dfrac{73}{6}\pi$。

(2) $\displaystyle\iiint\limits_{\Omega}\dfrac{1}{x^{2}+y^{2}+z^{2}}\mathrm{d}x\,\mathrm{d}y\,\mathrm{d}z=\int_{1}^{2}\mathrm{d}z\iint\limits_{x^{2}+y^{2}\leqslant 2z}\dfrac{1}{x^{2}+y^{2}+z^{2}}\mathrm{d}x\,\mathrm{d}y$，其中，

$$\iint\limits_{x^{2}+y^{2}\leqslant 2z}\dfrac{1}{x^{2}+y^{2}+z^{2}}\mathrm{d}x\,\mathrm{d}y=\int_{0}^{2\pi}\mathrm{d}\theta\int_{0}^{\sqrt{2z}}\dfrac{\rho}{\rho^{2}+z^{2}}\mathrm{d}\rho=2\pi\times\dfrac{1}{2}\ln(\rho^{2}+z^{2})\Big|_{0}^{\sqrt{2z}}$$

$$=\pi\left[\ln(2z+z^{2})-\ln(z^{2})\right]=\pi\ln\dfrac{z+2}{z}。$$

故原式 $=\pi\displaystyle\int_{1}^{2}\ln\left(1+\dfrac{2}{z}\right)\mathrm{d}z=\pi\left[z\ln\left(1+\dfrac{2}{z}\right)\Big|_{1}^{2}-\int_{1}^{2}-\dfrac{2}{2+z}\mathrm{d}z\right]=\pi(6\ln 2-3\ln 3)=3\pi\ln\dfrac{4}{3}$。

7.22 解 Ω 可以表示为 $\begin{cases} 0 \leqslant r \leqslant \sin\varphi\sqrt{\sin 2\theta} \\ 0 \leqslant \varphi \leqslant \dfrac{\pi}{2} \\ 0 \leqslant \theta \leqslant \dfrac{\pi}{2} \end{cases}$ ，故

$$\iiint\limits_{\Omega} \frac{xyz}{x^2+y^2}\mathrm{d}x\,\mathrm{d}y\,\mathrm{d}z = \int_0^{\frac{\pi}{2}}\mathrm{d}\theta\int_0^{\frac{\pi}{2}}\mathrm{d}\varphi\int_0^{\sin\varphi\sqrt{\sin 2\theta}} \frac{r^3\sin^2\varphi\cos\varphi\sin\theta\cos\theta}{r^2\sin^2\varphi}r^2\sin\varphi\,\mathrm{d}r$$

$$= \int_0^{\frac{\pi}{2}}\mathrm{d}\theta\int_0^{\frac{\pi}{2}}\sin^5\varphi\cos\varphi\sin^3\theta\cos^3\theta\,\mathrm{d}\varphi$$

$$= \frac{1}{6}\int_0^{\frac{\pi}{2}}\sin^3\theta\cos^3\theta\,\mathrm{d}\theta = \frac{1}{48}\int_0^{\frac{\pi}{2}}\sin^3 2\theta\,\mathrm{d}\theta = \frac{1}{48}\cdot\frac{2}{3} = \frac{1}{72}.$$

7.23 解 （1）记 $D = \{(x,y) \mid 0 \leqslant y \leqslant x, 0 \leqslant x \leqslant 1\}$，则

$$V(\Omega) = \iiint\limits_{\Omega}\mathrm{d}x\,\mathrm{d}y\,\mathrm{d}z = \iint\limits_{D}\mathrm{d}x\,\mathrm{d}y\int_{x+y}^{\mathrm{e}^{x+y}}\mathrm{d}z = \iint\limits_{D}(\mathrm{e}^{x+y}-x-y)\mathrm{d}x\,\mathrm{d}y$$

$$= \int_0^1\mathrm{d}x\int_0^x(\mathrm{e}^{x+y}-x-y)\mathrm{d}y = \int_0^1\left[\mathrm{e}^x(\mathrm{e}^x-1)-x^2-\frac{x^2}{2}\right]\mathrm{d}x = \frac{\mathrm{e}^2}{2}-\mathrm{e}.$$

（2）由对称性知，只需要计算几何体在第一卦象部分体积 V_1。令 $\begin{cases} x = r\sin\varphi\cos\theta \\ y = r\sin\varphi\sin\theta \\ z = r\cos\varphi \end{cases}$，则 Ω

在第一卦象部分的边界曲面为 $r = \sin\varphi$，故

$$V_1 = \int_0^{\frac{\pi}{2}}\mathrm{d}\theta\int_0^{\frac{\pi}{2}}\mathrm{d}\varphi\int_0^{\sin\varphi}r^2\sin\varphi\,\mathrm{d}r = \frac{\pi^2}{32}.$$

所以 $V(\Omega) = 8V_1 = \dfrac{\pi^2}{4}$。

7.24 解 $V = \iint\limits_{\frac{x^2}{a^2}+\frac{y^2}{b^2}\leqslant\frac{1}{2}}\left(c\sqrt{1-\frac{x^2}{a^2}-\frac{y^2}{b^2}}-c\sqrt{\frac{x^2}{a^2}+\frac{y^2}{b^2}}\right)\mathrm{d}x\,\mathrm{d}y = \dfrac{2-\sqrt{2}}{3}\pi abc$。

7.25 9π。 **7.26 提示** 利用题中的定义。

7.27 解 设 $\Omega_1 + \Omega_2$ 的质心坐标为 $(\bar{x}, \bar{y}, \bar{z})$。由对称性，$\bar{x} = \bar{y} = 0$，且 $\bar{z} = $

$\dfrac{\iiint\limits_{\Omega_1+\Omega_2} z\rho\,\mathrm{d}x\,\mathrm{d}y\,\mathrm{d}z}{\iiint\limits_{\Omega_1+\Omega_2} \rho\,\mathrm{d}x\,\mathrm{d}y\,\mathrm{d}z}$。要使得 $\Omega_1 + \Omega_2$ 的质心在球心处，只需要 $\iiint\limits_{\Omega_1+\Omega_2} z\rho\,\mathrm{d}x\,\mathrm{d}y\,\mathrm{d}z = 0$。由于

$$\iiint\limits_{\Omega_1} z\rho\,\mathrm{d}x\,\mathrm{d}y\,\mathrm{d}z = \iiint\limits_{\Omega_1} z\rho_1\,\mathrm{d}x\,\mathrm{d}y\,\mathrm{d}z = \rho_1\int_0^r\mathrm{d}z\iint\limits_{x^2+y^2\leqslant r^2-z^2} z\,\mathrm{d}x\,\mathrm{d}y = \rho_1\int_0^r\pi z(r^2-z^2)\mathrm{d}z = \frac{\pi}{4}\rho_1 r^4,$$

$$\iiint\limits_{\Omega_2} z\rho\,dx\,dy\,dz = \iiint\limits_{\Omega_2} z\rho_2\,dx\,dy\,dz = \rho_2 \int_{-h}^{0} dz \iint\limits_{x^2+y^2\leqslant r^2} z\,dx\,dy = \rho_2 \int_{-h}^{0} \pi z r^2\,dz = -\frac{\pi}{2}\rho_2 r^2 h^2,$$

所以,只需要 $\dfrac{\pi}{4}\rho_1 r^4 - \dfrac{\pi}{2}\rho_2 r^2 h^2 = 0$,即 $\dfrac{r}{h} = \sqrt{\dfrac{2\rho_2}{\rho_1}}$。

7.28 **提示** 微元法。(1) $\boldsymbol{F} = \begin{cases} \left(0,\,0,\,-\dfrac{4\pi GR^2\mu}{a^2}\right), & a>R \\ (0,\,0,\,0), & a<R \end{cases}$;(2) 以球心为坐标原点

建立 x 坐标轴,使得该物体所在点的坐标为 R,从静止释放物体的时刻开始计时,则物体的运动规律为 $x=R\cos(\omega t)$(其中 ω 是常数),即该物体作简谐振动。

7.29 **提示** 建立坐标系,微元法。 **7.30** 参见例 7.46。

7.31 **解** 曲线 l 的参数方程为 $\begin{cases} x=\dfrac{1}{\sqrt{2}}\cos\theta \\ y=\dfrac{1}{\sqrt{2}}\cos\theta \\ z=\sin\theta \end{cases}$,$0\leqslant\theta\leqslant 2\pi$。 故

$$\int_l (x^2+y^2)^2\,ds = \int_0^{2\pi} \cos^4\theta \sqrt{\frac{1}{2}\sin^2\theta + \frac{1}{2}\sin^2\theta + \cos^2\theta}\,d\theta$$

$$= \int_0^{2\pi} \cos^4\theta\,d\theta = \left(\frac{3}{8}\theta + \frac{1}{4}\sin 2\theta + \frac{1}{32}\sin 4\theta\right)\Big|_0^{2\pi} = \frac{3}{4}\pi。$$

7.32 **解** 记曲线 l 的形心坐标为 $(\bar{x},\,\bar{y})$,$ds=\sqrt{x'^2+y'^2}\,dt = 2a\sin\dfrac{t}{2}\,dt$,则曲线 l 的长度为

$$L = \int_0^{\pi} ds = \int_0^{\pi} 2a\sin\frac{t}{2}\,dt = 4a。$$

$$\int_l x\,ds = \int_0^{\pi} a(t-\sin t)2a\sin\frac{t}{2}\,dt = \frac{16a^2}{3},$$

$$\int_l y\,ds = \int_0^{\pi} a(1-\cos t)2a\sin\frac{t}{2}\,dt = \frac{16a^2}{3},$$

所以 $\bar{x} = \dfrac{\displaystyle\int_l x\,ds}{L} = \dfrac{16a^2/3}{4a} = \dfrac{4a}{3}$,$\bar{y} = \dfrac{\displaystyle\int_l y\,ds}{L} = \dfrac{16a^2/3}{4a} = \dfrac{4a}{3}$。

即,曲线弧 l 的形心坐标为 $\left(\dfrac{4a}{3},\,\dfrac{4a}{3}\right)$。

7.33 **解** 积分曲线的参数方程为 $\begin{cases} x=a\cos^3 t \\ y=a\sin^3 t \end{cases}$,$0\leqslant t\leqslant 2\pi$,则

$$ds = \sqrt{(x')^2+(y')^2}\,dt = \sqrt{(-3a\sin t\cos^2 t)^2 + (3a\cos t\sin^2 t)^2}\,dt = 3a\,|\sin t\cos t|\,dt。$$

所以，$\displaystyle\int_L (x^{4/3}+y^{4/3})\mathrm{d}s = \int_0^{2\pi} a^{4/3}(\cos^4 t+\sin^4 t)3a\mid\sin t\cos t\mid\mathrm{d}t$

$$= 4\int_0^{\frac{\pi}{2}} a^{4/3}(\cos^4 t+\sin^4 t)3a\sin t\cos t\,\mathrm{d}t$$

$$= 12a^{7/3}\left[\int_0^{\frac{\pi}{2}}\cos^5 t\sin t\,\mathrm{d}t + \int_0^{\frac{\pi}{2}}\sin^5 t\cos t\,\mathrm{d}t\right]$$

$$= 12a^{7/3}\left[-\frac{1}{6}\cos^6 t\Big|_0^{\frac{\pi}{2}} + \frac{1}{6}\sin^6 t\Big|_0^{\frac{\pi}{2}}\right] = 4a^{7/3}。$$

7.34 $\left(\dfrac{4R}{3\pi},\ \dfrac{4R}{3\pi},\ \dfrac{4R}{3\pi}\right)$。

7.35 解 记 l_1 为曲线 l 位于第一象限的部分，其极坐标系下的方程为 l_1：$\begin{cases}\rho = a\sqrt{\cos 2\theta}\\ 0\leqslant\theta\leqslant\dfrac{\pi}{4}\end{cases}$，故

$$\int_{l_1}\mid y\mid\mathrm{d}s = \int_{l_1} y\,\mathrm{d}s = \int_0^{\frac{\pi}{4}} a\sqrt{\cos 2\theta}\sin\theta\sqrt{\rho^2+\rho'^2}\,\mathrm{d}\theta$$

$$= \int_0^{\frac{\pi}{4}} a\sqrt{\cos 2\theta}\sin\theta\,\frac{a}{\sqrt{\cos 2\theta}}\,\mathrm{d}\theta = a^2\left(1-\frac{\sqrt{2}}{2}\right),$$

所以 $\displaystyle I = \int_l\mid y\mid\mathrm{d}s = 4\int_{l_1}\mid y\mid\mathrm{d}s = 4a^2\left(1-\frac{\sqrt{2}}{2}\right) = 2a^2(2-\sqrt{2})。$

7.36 解 记 L_i 所围成的区域为 $D_i(i=1,2,3,4)$，由格林公式得：

$$I_i = \int_{L_i}\left(y+\frac{y^3}{6}\right)\mathrm{d}x + \left(2x-\frac{x^3}{3}\right)\mathrm{d}y = \iint_{D_i}\left(2-x^2-1-\frac{y^2}{2}\right)\mathrm{d}x\,\mathrm{d}y = \iint_{D_i}\left(1-x^2-\frac{y^2}{2}\right)\mathrm{d}x\,\mathrm{d}y。$$

在 D_4 上，被积函数 $1-x^2-\dfrac{y^2}{2}$ 非负(不恒为零)，而在区域 D_4 之外，被积函数 $1-x^2-\dfrac{y^2}{2}$ 为负，故 I_4 大于 I_1，也大于 I_2。记 $K=D_3\cap D_4$，当 $(x,y)\in D_4-K$ 时，被积函数 $1-x^2-\dfrac{y^2}{2}$ 非负(不恒为零)，而当 $(x,y)\in D_3-K$ 时，被积函数 $1-x^2-\dfrac{y^2}{2}$ 为负，故 I_4 大于 I_3。综上，$\max\{I_1,I_2,I_3,I_4\}=I_4$，选 D。

7.37 解 记 $P(x,y)=\dfrac{x-y}{(x^2+y^2)^n}$，$Q(x,y)=\dfrac{x+y}{(x^2+y^2)^n}$，则

$\dfrac{(x-y)\mathrm{d}x+(x+y)\mathrm{d}y}{(x^2+y^2)^n}$ 在区域 $x>0$ 内是某二元函数 $u=u(x,y)$ 的全微分

$$\Longleftrightarrow \frac{\partial Q(x,y)}{\partial x} = \frac{\partial P(x,y)}{\partial y}$$

$$\Longleftrightarrow \frac{x^2+y^2-2nx(x+y)}{(x^2+y^2)^{n+1}} = \frac{-x^2-y^2-2ny(x-y)}{(x^2+y^2)^{n+1}}\Longleftrightarrow n=1。$$

取 $(x_0,y_0)=(1,0)$ 得

$$u(x,y)=\int_1^x P(x,0)\mathrm{d}x+\int_0^y Q(x,y)\mathrm{d}y=\int_1^x\frac{1}{x}\mathrm{d}x+\int_0^y\frac{x+y}{x^2+y^2}\mathrm{d}y$$

$$=\ln x+\arctan\frac{y}{x}+\frac{1}{2}[\ln(x^2+y^2)-\ln(x^2)]=\arctan\frac{y}{x}+\frac{1}{2}\ln(x^2+y^2)。$$

7.38 解 记曲线 L 所围成的区域是 D,分三个情形加以讨论:

情形一 当点 $(-2,0)$ 以及 $(2,0)$ 都在区域 D 的外部时,$I=0$;

情形二 当点 $(-2,0)$ 以及 $(2,0)$ 都在区域 D 的内部时,$I=-4\pi$;

情形三 当点 $(-2,0)$ 以及 $(2,0)$ 一个在区域 D 的内部,另一个在区域 D 的外部时,$I=-2\pi$。

7.39 解 由已知条件,有向曲线 L 的参数方程为 $L:\begin{cases}x=t-t^3\\y=1-t^4\end{cases}$,$t:-1\to1$。记曲线 L 所围平面图形是 D,由格林公式得

$$\int_L x\,\mathrm{d}y-y\,\mathrm{d}x=2\iint_D\mathrm{d}x\,\mathrm{d}y=-2S(D),$$

所以 $$S(D)=-\frac{1}{2}\int_L x\,\mathrm{d}y-y\,\mathrm{d}x。$$

利用参数方程计算公式可得:

$$\frac{1}{2}\int_L x\,\mathrm{d}y-y\,\mathrm{d}x=\frac{1}{2}\int_{-1}^1[(t-t^3)(-4t^3)-(1-t^4)(1-3t^2)]\mathrm{d}t=-\frac{16}{35}。$$

综上,曲线 L 所围平面图形的面积 $S(D)=-\frac{1}{2}\int_L x\,\mathrm{d}y-y\,\mathrm{d}x=\frac{16}{35}$。

7.40 解 记 $I(\alpha)=\int_L(1+y^3)\mathrm{d}x+(2x+y)\mathrm{d}y$,由于 $L:y=\alpha\sin x\,(\alpha>0)$,$x$ 从 0 变到 π,故

$$I(\alpha)=\int_L(1+y^3)\mathrm{d}x+(2x+y)\mathrm{d}y\int_0^\pi(1+\alpha^3\sin^3 x)\mathrm{d}x+(2x+\alpha\sin x)(\alpha\cos x)\mathrm{d}x$$

$$=\left(x+2\alpha x\sin x+2\alpha\cos x+\frac{\alpha^2}{2}\sin^2 x\right)\Big|_0^\pi+\alpha^3\int_0^\pi\sin^3 x\,\mathrm{d}x=\pi-4\alpha+\frac{4}{3}\alpha^3。$$

$I'(\alpha)=-4+4\alpha^2$,令 $I'(\alpha)=0$ 得 $\alpha=1$(负号舍去)。$a>0$ 时,$I'(\alpha)>0$,单调增加;$a<1$ 时,$I'(\alpha)<0$,单调减少;所以 $I(\alpha)$ 当 $\alpha=1$ 时取最小值,且最小值为 $I(1)=\pi-\frac{8}{3}$,此时的曲线为 $y=\sin x$。

7.41 解 Γ 的参数方程为 $\begin{cases}x=a\cos\theta\\y=a\sin\theta\\z=h(1-\cos\theta)\end{cases}$,$\theta$ 从 0 变到 2π。所以,

$$\int_{\Gamma}(y-z)\mathrm{d}x+(z-x)\mathrm{d}y+(x-y)\mathrm{d}z=\int_0^{2\pi}[a\sin\theta-h(1-\cos\theta)](-a\sin\theta)\mathrm{d}\theta$$

$$+[h(1-\cos\theta)-a\cos\theta](a\cos\theta)\mathrm{d}\theta+(a\cos\theta-a\sin\theta)h\sin\theta\mathrm{d}\theta$$

$$=\int_0^{2\pi}[-a^2-ah+ah(\sin\theta+\cos\theta)]\mathrm{d}\theta$$

$$=(-a^2\theta-ah\theta+ah(\sin\theta-\cos\theta))\Big|_0^{2\pi}=-2\pi(a^2+ah)。$$

7.42 解 依题意 $F=(-y,x)$，运动曲线的参数方程可取作 $l:\begin{cases}x=2+\sqrt{2}\cos\theta\\y=3+\sqrt{2}\sin\theta\end{cases}$，参数 θ 从 $-\dfrac{3}{4}\pi$ 变到 $\dfrac{\pi}{4}$，则功

$$W=\int_l-y\mathrm{d}x+x\mathrm{d}y$$

$$=\int_{\frac{-3\pi}{4}}^{\frac{\pi}{4}}-(3+\sqrt{2}\sin\theta)\cdot(-\sqrt{2}\sin\theta)\mathrm{d}\theta+(2+\sqrt{2}\cos\theta)\cdot\sqrt{2}\cos\theta\mathrm{d}\theta$$

$$=\int_{\frac{-3\pi}{4}}^{\frac{\pi}{4}}(2+3\sqrt{2}\sin\theta+2\sqrt{2}\cos\theta)\mathrm{d}\theta=(2\theta-3\sqrt{2}\cos\theta+2\sqrt{2}\sin\theta)\Big|_{\frac{-3\pi}{4}}^{\frac{\pi}{4}}=2\pi-2。$$

7.43 证明 因为 $P(x,y)=yf(x,y)$，$Q(x,y)=-xf(x,y)$ 故对于 D 内任意分段光滑的有向简单闭曲线 l，

$$\int_l yf(x,y)\mathrm{d}x-xf(x,y)\mathrm{d}y=0\Leftrightarrow\frac{\partial}{\partial x}Q(x,y)=\frac{\partial}{\partial y}P(x,y)$$

$$\Leftrightarrow-f(x,y)-xf_x(x,y)=f(x,y)+yf_y(x,y)$$

$$\Leftrightarrow xf_x(x,y)+yf_y(x,y)=-2f(x,y)。$$

在 $f(tx,ty)=t^{-2}f(x,y)$ 两边对 t 求导：

$$xf_1'(tx,ty)+yf_2'(tx,ty)=-2t^{-3}f(x,y),$$

令 $t=1$ 即得上式，所以命题成立。

7.44 $\varphi(x)=\dfrac{13}{9\mathrm{e}^3}\mathrm{e}^{3x}-\dfrac{x}{3}-\dfrac{1}{9}。$

7.45 解 根据已知条件可得：

$$\frac{\partial}{\partial x}[\cos xF(x,y)]=\frac{\partial}{\partial y}[-y\sin xF(x,y)],$$

所以

$$-y\sin xF_y(x,y)=F_x(x,y)\cos x。$$

由于 $F(x,y)=0$ 所确定的隐函数 $y=y(x)$ 满足 $\dfrac{\mathrm{d}y}{\mathrm{d}x}=-\dfrac{F_x}{F_y}=y\tan x$，且 $y(0)=1$。该方程的通解为 $y\cos x=C$，故 $C=1$，所以 $F(x,y)=0$ 所确定的隐函数是 $y=\sec x$。

7.46 提示 格林公式。

7.47 提示 先将二重积分化为先 θ 后 ρ 的累次积分，再将对 θ 的定积分转化为对坐标

的曲线积分,用格林公式以及条件,$\dfrac{\pi}{168}$。

7.48　**解**　由已知可得 $y' - \dfrac{1}{x}y = -\mathrm{e}^x y^2$,结合初值 $f(1) = \dfrac{1}{2}$,$f(x) = \dfrac{x}{x\mathrm{e}^x - \mathrm{e}^x + 2}$。

7.49　**提示**　高斯公式,积分为 0。

7.50　**解**　(1) 利用对称性知,

$$\iint\limits_{\Sigma}(x-a)\mathrm{d}S = \iint\limits_{\Sigma}(y-a)\mathrm{d}S = \iint\limits_{\Sigma}(z-a)\mathrm{d}s = 0,$$

$$\iint\limits_{\Sigma}(x-a)(y-a)\mathrm{d}S = \iint\limits_{\Sigma}(y-a)(z-a)\mathrm{d}S = \iint\limits_{\Sigma}(z-a)(x-a)\mathrm{d}S = 0,$$

则 $\displaystyle\iint\limits_{\Sigma}(x+y+z+a)^2\mathrm{d}S = \iint\limits_{\Sigma}(x-a+y-a+z-a+4a)^2\mathrm{d}S$

$$= \iint\limits_{\Sigma}[(x-a)^2 + (y-a)^2 + (z-a)^2 + 16a^2]\mathrm{d}S = 17。$$

(2) 由于 $\Sigma:\begin{cases} z = \sqrt{a^2-x^2-y^2} \\ (x,y) \in D_{xy} = \{(x,y) \mid x^2+y^2 \leqslant a^2, x,y \geqslant 0\} \end{cases}$,故

$$\iint\limits_{\Sigma}xyz(y^2z^2 + z^2x^2 + x^2y^2)\mathrm{d}S = 3\iint\limits_{\Sigma}x^3y^3z\mathrm{d}S$$

$$= 3\iint\limits_{D_{xy}}x^3y^3\sqrt{a^2-x^2-y^2}\sqrt{1+z_x^2+z_y^2}\,\mathrm{d}x\,\mathrm{d}y$$

$$= 3\iint\limits_{D_{xy}}x^3y^3\sqrt{a^2-x^2-y^2}\sqrt{1+\dfrac{x^2}{a^2-x^2-y^2}+\dfrac{y^2}{a^2-x^2-y^2}}\,\mathrm{d}x\,\mathrm{d}y$$

$$= 3a\iint\limits_{D_{xy}}x^3y^3\,\mathrm{d}x\,\mathrm{d}y = 3a\int_0^{\frac{\pi}{2}}\mathrm{d}\theta\int_0^a \rho^3\cos^3\theta\rho^3\sin^3\theta\rho\,\mathrm{d}\rho = 3a\cdot\dfrac{a^8}{8}\int_0^{\frac{\pi}{2}}\cos^3\theta\sin^3\theta\,\mathrm{d}\theta = \dfrac{a^9}{32}。$$

7.51　**解**　由对称性知,$\displaystyle\iint\limits_{\Sigma}\dfrac{1}{x^2+y^2+z^2}\mathrm{d}S = 2\iint\limits_{\Sigma_1}\dfrac{1}{x^2+y^2+z^2}\mathrm{d}S$,其中

$$\Sigma_1:\begin{cases} x = \sqrt{R^2-y^2} \\ (y,z) \in D_{yz}: -R \leqslant y \leqslant R, 0 \leqslant z \leqslant H \end{cases}$$

为 Σ 在 yOz 面前侧的部分,则,

$$\mathrm{d}S = \sqrt{1+x_y'^2+x_z'^2}\,\mathrm{d}y\mathrm{d}z = \sqrt{1+\dfrac{y^2}{R^2-y^2}}\,\mathrm{d}z\mathrm{d}y = \dfrac{R}{\sqrt{R^2-y^2}}\mathrm{d}y\mathrm{d}z。$$

所以,$\displaystyle\iint\limits_{\Sigma_1}\dfrac{1}{x^2+y^2+z^2}\mathrm{d}S = \iint\limits_{D_{yz}}\dfrac{1}{R^2+z^2}\cdot\dfrac{R}{\sqrt{R^2-y^2}}\mathrm{d}y\mathrm{d}z$

$$= R\int_{-R}^R\mathrm{d}y\int_0^H\dfrac{1}{R^2+z^2}\dfrac{1}{\sqrt{R^2-y^2}}\mathrm{d}z = \pi\arctan\dfrac{H}{R}。$$

故 $\iint\limits_{\Sigma}\dfrac{1}{x^2+y^2+z^2}\mathrm{d}S=2\pi\arctan\dfrac{H}{R}$。

7.52 $\iint\limits_{\Sigma}\rho\mathrm{d}S=4\pi abc$。

7.53 **解** 注意到积分曲面是球面,故

$$\iint\limits_{\Sigma}\dfrac{1}{\lambda-z}\mathrm{d}S=\iint\limits_{D_{\theta\varphi}}\dfrac{1}{\lambda-R\cos\varphi}R^2\sin\varphi\,\mathrm{d}\theta\,\mathrm{d}\varphi,$$

其中,$D_{\theta\varphi}=\{(\theta,\varphi)\mid 0\leqslant\theta\leqslant 2\pi,0\leqslant\varphi\leqslant\pi\}$ 所以

$$\iint\limits_{\Sigma}\dfrac{1}{\lambda-z}\mathrm{d}S=\int_0^{2\pi}\mathrm{d}\theta\int_0^{\pi}\dfrac{1}{\lambda-R\cos\varphi}R^2\sin\varphi\,\mathrm{d}\varphi$$

$$=2\pi R\int_0^{\pi}\dfrac{1}{\lambda-R\cos\varphi}R\sin\varphi\,\mathrm{d}\varphi=2\pi R\ln(\lambda-R\cos\varphi)\Big|_0^{\pi}=2\pi R\ln\left(\dfrac{\lambda+R}{\lambda-R}\right)。$$

7.54 **解** 记 $D=\{(x,y)\mid 0\leqslant x,y\leqslant 1\}$,则

$$I=\iint\limits_{\Sigma}\mathrm{e}^y\mathrm{d}y\mathrm{d}z+y\mathrm{e}^x\mathrm{d}z\mathrm{d}x+x^2y\mathrm{d}x\mathrm{d}y=\iint\limits_{\Sigma}[\mathrm{e}^y(-2x)+y\mathrm{e}^x(-2y)+x^2y]\mathrm{d}x\mathrm{d}y$$

$$=\iint\limits_{D}[\mathrm{e}^y(-2x)+y\mathrm{e}^x(-2y)+x^2y]\mathrm{d}x\mathrm{d}y$$

$$=\int_0^1\mathrm{d}x\int_0^1[\mathrm{e}^y(-2x)+y\mathrm{e}^x(-2y)+x^2y]\mathrm{d}y$$

$$=\int_0^1\left[-2x(\mathrm{e}-1)-\dfrac{2}{3}\mathrm{e}^x+\dfrac{x^2}{2}\right]\mathrm{d}x=\dfrac{11}{6}-\dfrac{5\mathrm{e}}{3}。$$

7.55 **解** 记 $D:\begin{cases}z=0\\x-1\leqslant y\leqslant 0,0\leqslant x\leqslant 1\end{cases}$,曲面 Σ 上点 (x,y) 处的与曲面指向一致的单位法向量为 $\boldsymbol{n}=\left(\dfrac{1}{\sqrt{3}},-\dfrac{1}{\sqrt{3}},\dfrac{1}{\sqrt{3}}\right)$,则

$$I=\iint\limits_{\Sigma}(f(x,y,z)+x)\mathrm{d}y\mathrm{d}z+(2f(x,y,z)+y)\mathrm{d}z\mathrm{d}x+(f(x,y,z)+z)\mathrm{d}x\mathrm{d}y$$

$$=\iint\limits_{\Sigma}\left[(f(x,y,z)+x)\dfrac{1}{\sqrt{3}}+(2f(x,y,z)+y)\left(-\dfrac{1}{\sqrt{3}}\right)+(f(x,y,z)+z)\dfrac{1}{\sqrt{3}}\right]\mathrm{d}S$$

$$=\dfrac{1}{\sqrt{3}}\iint\limits_{\Sigma}(x-y+z)\mathrm{d}S=\dfrac{1}{\sqrt{3}}\iint\limits_{\Sigma}\mathrm{d}S=\dfrac{1}{2}。$$

7.56 **解** 令 $\Sigma_1:z=\mathrm{e}^a$,$x^2+y^2\leqslant a^2$,取上侧,记 Σ、Σ_1 所围成的几何体是 Ω,则

$$\iint\limits_{\Sigma}4xz\mathrm{d}y\mathrm{d}z-2yz\mathrm{d}z\mathrm{d}x+(1-z^2)\mathrm{d}x\mathrm{d}y$$

$$=\iint\limits_{\Sigma+\Sigma_1}4xz\mathrm{d}y\mathrm{d}z-2yz\mathrm{d}z\mathrm{d}x+(1-z^2)\mathrm{d}x\mathrm{d}y-\iint\limits_{\Sigma_1}4xz\mathrm{d}y\mathrm{d}z-2yz\mathrm{d}z\mathrm{d}x+(1-z^2)\mathrm{d}x\mathrm{d}y。$$

其中，$\displaystyle\iint\limits_{\Sigma+\Sigma_1}4xz\,\mathrm{d}y\,\mathrm{d}z-2yz\,\mathrm{d}z\,\mathrm{d}x+(1-z^2)\,\mathrm{d}x\,\mathrm{d}y=\iiint\limits_{\Omega}(4z-2z-2z)\,\mathrm{d}x\,\mathrm{d}y\,\mathrm{d}z=0$，

$$\iint\limits_{\Sigma_1}4xz\,\mathrm{d}y\,\mathrm{d}z-2yz\,\mathrm{d}z\,\mathrm{d}x+(1-z^2)\,\mathrm{d}x\,\mathrm{d}y$$

$$=\iint\limits_{\Sigma_1}(1-z^2)\,\mathrm{d}x\,\mathrm{d}y=\iint\limits_{x^2+y^2\leqslant a^2}(1-\mathrm{e}^{2a})\,\mathrm{d}x\,\mathrm{d}y=\pi a^2(1-\mathrm{e}^{2a})。$$

故 $\displaystyle\iint\limits_{\Sigma}4xz\,\mathrm{d}y\,\mathrm{d}z-2yz\,\mathrm{d}z\,\mathrm{d}x+(1-z^2)\,\mathrm{d}z\,\mathrm{d}y=\pi a^2(\mathrm{e}^{2a}-1)。$

7.57 $\varphi(x)=c(x^2-1)-2$，其中 c 为任意常数。

7.58 解 由高斯公式得：

$$I=\iiint\limits_{\Omega}\left[3x^2+\frac{1}{z^2}f'\left(\frac{y}{z}\right)+3y^2-\frac{1}{z^2}f'\left(\frac{y}{z}\right)+3z^2\right]\mathrm{d}x\,\mathrm{d}y\,\mathrm{d}z=3\iiint\limits_{\Omega}(x^2+y^2+z^2)\,\mathrm{d}x\,\mathrm{d}y\,\mathrm{d}z。$$

注意到，$\Omega:\begin{cases}1\leqslant r\leqslant 2\\[4pt]0\leqslant\varphi\leqslant\dfrac{\pi}{4}\\[4pt]0\leqslant\theta\leqslant 2\pi\end{cases}$，所以，

$$I=3\int_0^{2\pi}\mathrm{d}\theta\int_0^{\frac{\pi}{4}}\mathrm{d}\varphi\int_1^2 r^2\cdot r^2\sin\varphi\,\mathrm{d}r=\frac{93}{5}\pi(2-\sqrt{2})。$$

7.59 解 $\Gamma:\begin{cases}y-z=0\\x^2+y^2+z^2=1\end{cases}$ 在 xOy 面上投影为 $\Gamma':x^2+2y^2=1$。记 Σ 为平面

$y-z=0$ 被 Γ 所截出部分，方向取上侧，$\mathbf{e}_n=\dfrac{1}{\sqrt{2}}(0,-1,1)$，则，

$$\int_{\Gamma}xyz\,\mathrm{d}z=\iint\limits_{\Sigma}\begin{vmatrix}0 & -\dfrac{1}{\sqrt{2}} & -\dfrac{1}{\sqrt{2}}\\[8pt]\dfrac{\partial}{\partial x} & \dfrac{\partial}{\partial y} & \dfrac{\partial}{\partial z}\\[8pt]0 & 0 & xyz\end{vmatrix}\mathrm{d}S=\frac{1}{\sqrt{2}}\iint\limits_{\Sigma}yz\,\mathrm{d}S$$

$$=\frac{1}{\sqrt{2}}\iint\limits_{x^2+2y^2\leqslant 1}y^2\cdot\sqrt{2}\,\mathrm{d}x\,\mathrm{d}y=\iint\limits_{x^2+2y^2\leqslant 1}y^2\,\mathrm{d}x\,\mathrm{d}y。$$

令 $\begin{cases}x=\rho\cos\theta\\[4pt]y=\dfrac{1}{\sqrt{2}}\rho\sin\theta\end{cases}$，则，

$$\iint\limits_{x^2+2y^2\leqslant 1}y^2\,\mathrm{d}x\,\mathrm{d}y=\int_0^{2\pi}\mathrm{d}\theta\int_0^1\frac{1}{2}\rho^2\sin^2\theta\frac{1}{\sqrt{2}}\rho\,\mathrm{d}\rho=\frac{1}{8\sqrt{2}}\int_0^{2\pi}\sin^2\theta\,\mathrm{d}\theta=\frac{\sqrt{2}}{16}\pi，$$

所以 $\displaystyle I=\int_{\Gamma}xyz\,\mathrm{d}z=\frac{\sqrt{2}}{16}\pi。$

7.60 解 由题设及高斯公式得:

$$0 = \iint_{\Sigma} x f(x) \mathrm{d}y\mathrm{d}z - x y f(x) \mathrm{d}z\mathrm{d}x - \mathrm{e}^{2x} z \mathrm{d}x\mathrm{d}y$$

$$= \pm \iiint_{\Omega} [x f'(x) + f(x) - x f(x) - \mathrm{e}^{2x}] \mathrm{d}x\mathrm{d}y\mathrm{d}z,$$

其中,Ω 是由 Σ 所围成的空间有界闭区域。由 Σ 的任意性可得:

$$x f'(x) + f(x) - x f(x) - \mathrm{e}^{2x} = 0, \ x > 0,$$

即

$$f'(x) + \left(\frac{1}{x} - 1\right) f(x) = \frac{1}{x} \mathrm{e}^{2x}, \ x > 0。$$

于是 $f(x) = \dfrac{\mathrm{e}^x}{x}(\mathrm{e}^x + C)$。

由于 $\lim\limits_{x\to 0^+} f(x) = \lim\limits_{x\to 0^+} \dfrac{\mathrm{e}^{2x} + C\mathrm{e}^x}{x} = 1$,则 $\lim\limits_{x\to 0^+}(\mathrm{e}^{2x} + C\mathrm{e}^x) = 0$,$C + 1 = 0$,$C = -1$。

综上,$f(x) = \dfrac{\mathrm{e}^x}{x}(\mathrm{e}^x - 1)$。

7.61 解 记曲面 Σ 为平面 $x + y + z = \dfrac{3}{2}$ 被 Γ 所围成的部分,取上侧,Σ 的单位法向量 $\boldsymbol{n} = \dfrac{1}{\sqrt{3}}(1, 1, 1)$,由斯托克斯公式,有

$$I = \iint_{\Sigma} \begin{vmatrix} \dfrac{1}{\sqrt{3}} & \dfrac{1}{\sqrt{3}} & \dfrac{1}{\sqrt{3}} \\ \dfrac{\partial}{\partial x} & \dfrac{\partial}{\partial y} & \dfrac{\partial}{\partial z} \\ y^2 - x^2 & z^2 - x^2 & x^2 - y^2 \end{vmatrix} \mathrm{d}S = -\frac{4}{\sqrt{3}} \iint_{\Sigma}(x + y + z) \mathrm{d}S$$

$$= -\frac{4}{\sqrt{3}} \cdot \frac{3}{2} \iint_{\Sigma} \mathrm{d}S = -2\sqrt{3} \iint_{D_{xy}} \sqrt{3} \, \mathrm{d}x\mathrm{d}y。$$

其中 D_{xy} 为 Σ 在 xOy 坐标面上的投影区域,于是,

$$I = -6 \iint_{D_{xy}} \mathrm{d}x\mathrm{d}y = -6 \cdot \frac{3}{4} = -\frac{9}{2}。$$

7.62 提示 微元法,高斯公式。

7.63 解 设 Σ 在 xOy 面上的投影区域是 D_{xy},则

D_{xy}:$(x-1)^2 + (y-1)^2 + (5-x-y)^2 \leqslant 12$,即 $2x^2 + 2y^2 + 2xy - 12x - 12y + 15 \leqslant 0$。

另一方面,对称性可知 $\iint_{\Sigma} x\mathrm{d}y\mathrm{d}z + y\mathrm{d}z\mathrm{d}x + z\mathrm{d}x\mathrm{d}y = 3\iint_{\Sigma} z\mathrm{d}x\mathrm{d}y$,所以

$$\iint_{\Sigma} x\mathrm{d}y\mathrm{d}z + y\mathrm{d}z\mathrm{d}x + z\mathrm{d}x\mathrm{d}y = -3\iint_{D_{xy}}(6 - x - y)\mathrm{d}x\mathrm{d}y$$

$$\underline{\underline{x=u+2,\ y=v+2}}-3\iint\limits_{u^2+uv+v^2\leqslant\frac{9}{2}}(2-u-v)\,\mathrm{d}u\,\mathrm{d}v$$

$$\underline{\underline{p=u+\frac{v}{2},\ q=\frac{\sqrt{3}}{2}v}}-3\iint\limits_{p^2+q^2\leqslant\frac{9}{2}}\left(2-p+\frac{q}{\sqrt{3}}-\frac{2}{\sqrt{3}}q\right)\frac{2}{\sqrt{3}}\,\mathrm{d}p\,\mathrm{d}q$$

$$=-18\sqrt{3}\,\pi\text{。}$$

第八讲 无穷级数

8.1 基本概念与内容要点

本讲内容主要包含常数项级数收敛、发散的概念以及收敛级数的性质,正项级数收敛性判别法、交错级数的莱布尼茨判别法以及一般常数项级数的绝对收敛性与条件收敛性,幂级数的概念、收敛性特点(阿贝尔定理)以及和函数的性质,将函数展开为幂级数的条件以及常见函数的幂级数展开公式,三角级数及其收敛性(狄利克雷定理)。

1. 常数项级数收敛、发散的概念以及收敛级数的性质

(1) 常数项级数 指形如 $\sum_{n=1}^{\infty} u_n$ 的表达式,也称为级数。称 $s_n = \sum_{k=1}^{n} u_k$ 为级数 $\sum_{n=1}^{\infty} u_n$ 的部分和数列。当部分和数列 s_n 收敛于 s,即 $\lim_{n\to\infty} s_n = s$ 时,称级数 $\sum_{n=1}^{\infty} u_n$ 是收敛的且其和为 s;反之,若 $\lim_{n\to\infty} s_n$ 不存在,则称级数 $\sum_{n=1}^{\infty} u_n$ 发散。

(2) 收敛级数的性质

① 若级数 $\sum_{n=1}^{\infty} u_n$ 收敛于 s,即 $\sum_{n=1}^{\infty} u_n = s$,则 $\sum_{n=1}^{\infty} k u_n = ks$。

② 若 $\sum_{n=1}^{\infty} u_n = s$,$\sum_{n=1}^{\infty} v_n = \sigma$,则 $\sum_{n=1}^{\infty} (u_n \pm v_n) = s \pm \sigma = \sum_{n=1}^{\infty} u_n \pm \sum_{n=1}^{\infty} v_n$。

③ 在级数中去掉、增加或者改变有限项,不会改变级数的收敛性(级数的和可能改变)。

④ 如果级数 $\sum_{n=1}^{\infty} u_n$ 收敛于 s,在该级数中任意加括号所得到的新级数仍然收敛且其和不变。

⑤ 若级数 $\sum_{n=1}^{\infty} u_n$ 收敛,则其一般项趋于零,即 $u_n \to 0 (n \to \infty)$ (反之未必)。

2. 正项级数收敛性判别法

对于正项级数 $\sum_{n=1}^{\infty} u_n (u_n \geqslant 0)$,其敛散性判别有如下方法:

(1) 收敛 充分必要条件是其部分和数列 s_n 有界。

(2) **比较审敛法** 设 $\sum_{n=1}^{\infty} u_n$,$\sum_{n=1}^{\infty} v_n$ 都是正项级数且 $u_n \leqslant v_n$,则:当级数 $\sum_{n=1}^{\infty} v_n$ 收敛时,级

数 $\sum\limits_{n=1}^{\infty} u_n$ 也收敛;当级数 $\sum\limits_{n=1}^{\infty} u_n$ 发散时,级数 $\sum\limits_{n=1}^{\infty} v_n$ 也发散。

（3）**比较审敛法的极限形式**　如果 $\lim\limits_{n\to\infty}\dfrac{u_n}{v_n}=l$,则:当 $l=0$ 且级数 $\sum\limits_{n=1}^{\infty} v_n$ 收敛时,级数 $\sum\limits_{n=1}^{\infty} u_n$ 也收敛;当 $0<l<+\infty$ 时,级数 $\sum\limits_{n=1}^{\infty} u_n$ 和 $\sum\limits_{n=1}^{\infty} v_n$ 具有相同的敛散性;当 $l=+\infty$ 且 $\sum\limits_{n=1}^{\infty} v_n$ 发散时,级数 $\sum\limits_{n=1}^{\infty} u_n$ 也发散。

（4）**比值审敛法（达朗贝尔判别法）**　给定正项级数 $\sum\limits_{n=1}^{\infty} u_n$ 且 $\lim\limits_{n\to\infty}\dfrac{u_{n+1}}{u_n}=l$,则:当 $l<1$ 时,级数 $\sum\limits_{n=1}^{\infty} u_n$ 收敛;当 $l>1$ 时,级数 $\sum\limits_{n=1}^{\infty} u_n$ 发散;当 $l=1$ 时,级数 $\sum\limits_{n=1}^{\infty} u_n$ 的敛散性无法判别。

（5）**根值审敛法（柯西判别法）**　给定正项级数 $\sum\limits_{n=1}^{\infty} u_n$ 且 $\lim\limits_{n\to\infty}\sqrt[n]{u_n}=l$,则:当 $l<1$ 时,级数 $\sum\limits_{n=1}^{\infty} u_n$ 收敛;当 $l>1$ $(l=+\infty)$ 时,级数 $\sum\limits_{n=1}^{\infty} u_n$ 发散;当 $l=1$ 时,级数 $\sum\limits_{n=1}^{\infty} u_n$ 的敛散性无法判别。

（6）**积分审敛法**　给定正项级数 $\sum\limits_{n=1}^{\infty} u_n$,如果存在非负递减函数 $f(x)$ 使得 $f(n)=u_n$,则级数 $\sum\limits_{n=1}^{\infty} u_n$ 收敛的充分必要条件是反常积分 $\int_1^{+\infty} f(x)\mathrm{d}x$ 收敛。

3. 交错级数的莱布尼茨判别法以及一般常数项级数的绝对收敛性与条件收敛性

（1）**交错级数**　形如 $\sum\limits_{n=1}^{\infty}(-1)^n u_n\,(u_n>0)$ 或者 $\sum\limits_{n=1}^{\infty}(-1)^{n+1} u_n\,(u_n>0)$ 的级数(各项正负交替出现)。

（2）**莱布尼茨判别法**　若交错级数 $\sum\limits_{n=1}^{\infty}(-1)^n u_n$ 满足条件:①u_n 单调递减;② $\lim\limits_{n\to\infty} u_n=0$,则交错级数 $\sum\limits_{n=1}^{\infty}(-1)^{n+1} u_n$ 收敛。

（3）**绝对收敛与条件收敛**　给定一般常数项级数 $\sum\limits_{n=1}^{\infty} u_n$,若级数 $\sum\limits_{n=1}^{\infty}|u_n|$ 收敛,则称级数 $\sum\limits_{n=1}^{\infty} u_n$ 绝对收敛;若级数 $\sum\limits_{n=1}^{\infty}|u_n|$ 发散且级数 $\sum\limits_{n=1}^{\infty} u_n$ 收敛,则称级数 $\sum\limits_{n=1}^{\infty} u_n$ 条件收敛。

① 若级数 $\sum\limits_{n=1}^{\infty} u_n$ 绝对收敛,则级数 $\sum\limits_{n=1}^{\infty} u_n$ 一定收敛。该定理将一般常数项级数的收敛性判别归结为某个正项级数的收敛性判别。

② 若级数 $\sum\limits_{n=1}^{\infty}|u_n|$ 发散,则级数 $\sum\limits_{n=1}^{\infty} u_n$ 未必发散。

③ 若级数 $\sum\limits_{n=1}^{\infty}|u_n|$ 的发散性是由比值或者根值审敛法得到,则级数 $\sum\limits_{n=1}^{\infty} u_n$ 一定发散。

4. 幂级数的收敛性特点(阿贝尔定理)以及和函数的性质

(1) 函数项级数 设有一个定义在区间 I 上的函数序列 $f_n(x)$，$n=1$，$2\cdots$，称表达式 $\sum\limits_{n=1}^{\infty} f_n(x)$ 是区间 I 上的函数项级数。

若常数项级数 $\sum\limits_{n=1}^{\infty} f_n(x_0)$ 收敛，则称点 x_0 为函数项级数 $\sum\limits_{n=1}^{\infty} f_n(x)$ 的收敛点，否则称点 x_0 为发散点。全体收敛点的集合称为收敛域，一般用 K 表示，而全体发散点的集合称为发散域。

对于收敛域 K 中的任一个 x，有唯一的实数 $s(x)=\sum\limits_{n=1}^{\infty} f_n(x)$ 与之对应，称 $s(x)$ 为函数项级数 $\sum\limits_{n=1}^{\infty} u_n(x)$ 的和函数。

(2) 幂级数 形如 $\sum\limits_{n=0}^{\infty} a_n x^n$ 的级数(一种特殊的函数项级数)。关于幂级数的收敛性，有如下的阿贝尔定理。

阿贝尔定理 如果幂级数 $\sum\limits_{n=0}^{\infty} a_n x^n$ 当 $x=x_0 (x_0 \neq 0)$ 时收敛，则适合不等式 $|x|<|x_0|$ 的一切 x，$\sum\limits_{n=0}^{\infty} a_n x^n$ 绝对收敛；反之，如果级数 $\sum\limits_{n=0}^{\infty} a_n x^n$ 当 $x=x_0$ 时发散，则适合不等式 $|x|>|x_0|$ 的一切 x，$\sum\limits_{n=0}^{\infty} a_n x^n$ 发散。

由阿贝尔定理可得如下**重要的结论**:给定幂级数 $\sum\limits_{n=0}^{\infty} a_n x^n$，若它不在一点 $x=0$ 处收敛，也不是在整个数轴上收敛，则必存在唯一的正实数 R，使得当 $|x|<R$ 时，级数绝对收敛；当 $|x|>R$ 时，级数发散；当 $|x|=R$ 时，级数可能收敛也可能发散。

① 正数 R 通常称为幂级数 $\sum\limits_{n=0}^{\infty} a_n x^n$ 的收敛半径，而 $(-R, R)$ 称为收敛区间，幂级数 $\sum\limits_{n=0}^{\infty} a_n x^n$ 的收敛域必为下列四种情形之一:$(-R, R)$，$[-R, R)$，$(-R, R]$，$[-R, R]$。

② 为方便起见，若幂级数 $\sum\limits_{n=0}^{\infty} a_n x^n$ 只在点 $x=0$ 处收敛，此时规定其收敛半径 $R=0$；若幂级数 $\sum\limits_{n=0}^{\infty} a_n x^n$ 在整个数轴上都收敛，此时规定其收敛半径 $R=+\infty$。

(3) 收敛半径 R 的求法 给定幂级数 $\sum\limits_{n=0}^{\infty} a_n x^n$，若 $\lim\limits_{n \to \infty}\left|\dfrac{a_{n+1}}{a_n}\right|=\rho$ 或者 $\lim\limits_{n \to \infty}\sqrt[n]{|a_n|}=\rho$，则有:

①当 $\rho \neq 0$ 时，$R=\dfrac{1}{\rho}$；②当 $\rho=0$ 时，$R=+\infty$；③当 $\rho=+\infty$ 时，$R=0$。

> 注:当幂级数 $\sum\limits_{n=0}^{\infty} a_n x^n$ 中缺某些项时，上述求收敛半径的结论无法直接使用，通常需要换元或者回到幂级数的收敛半径的定义。

(4) 和函数 $s(x)$ 的性质

① 幂级数 $\sum\limits_{n=0}^{\infty} a_n x^n$ 的和函数 $s(x)$ 在其收敛域上连续。

② 幂级数 $\sum\limits_{n=0}^{\infty} a_n x^n$ 的和函数 $s(x)$ 在其收敛域上可积,且有逐项积分公式:

$$\int_0^x s(x)\,\mathrm{d}x = \int_0^x \left(\sum_{n=0}^{\infty} a_n x^n\right)\mathrm{d}x = \sum_{n=0}^{\infty} \frac{a_n}{n+1} x^{n+1}.$$

逐项积分后所得到的级数与原级数具有相同的收敛半径(收敛域可能发生变化)。

③ 幂级数 $\sum\limits_{n=0}^{\infty} a_n x^n$ 的和函数 $s(x)$ 在其收敛区间上可导,且有逐项求导公式:

$$s'(x) = \left(\sum_{n=0}^{\infty} a_n x^n\right)' = \sum_{n=0}^{\infty} a_n (x^n)' = \sum_{n=1}^{\infty} a_n x^{n-1}.$$

逐项求导后所得到的级数与原级数具有相同的收敛半径(收敛域也可能发生变化)。

注:幂级数 $\sum\limits_{n=0}^{\infty} a_n x^n$ 的和函数 $s(x)$ 在其收敛区间上具有任意阶导数。

5. 将函数展开为幂级数的条件以及常见函数的幂级数展开公式

(1) 将函数展开为幂级数的条件　若 $f(x)$ 在 $x = x_0$ 的某领域中具有各阶导数,则 $f(x)$ 在该领域中可以展开成泰勒级数的充分必要条件是:函数 $f(x)$ 的泰勒公式中的余项 $R_n(x)$ 当 $n \to \infty$ 时极限为 0,即 $\lim\limits_{n \to \infty} R_n(x) = 0$。

注:特别地,当 $x_0 = 0$ 时,$\sum\limits_{n=0}^{\infty} \dfrac{f^{(n)}(0)}{n!} x^n$ 称为 $f(x)$ 的麦克劳林级数。

(2) 将函数 $f(x)$ 展开为幂级数的步骤

第一步:求出函数 $f(x)$ 在点 $x = 0$ 处的各阶导数(若某阶导数不存在,则函数 $f(x)$ 不能展开成幂级数);

第二步:形式地写出幂级数 $\sum\limits_{n=0}^{\infty} \dfrac{f^{(n)}(0)}{n!} x^n$ 并求出其收敛半径 R;

第三步:验证泰勒公式中的余项 $R_n(x)$ 当 $n \to \infty$ 时极限是否 0,如果 $\lim\limits_{n \to \infty} R_n(x) = 0$,则 $\sum\limits_{n=0}^{\infty} \dfrac{f^{(n)}(0)}{n!} x^n$,$x \in (-R, R)$(端点处是否成立需要单独验证)。

(3) 常用函数的幂级数展开式

① $\mathrm{e}^x = 1 + x + \dfrac{1}{2!} x^2 + \cdots + \dfrac{1}{n!} x^n + \cdots,\ -\infty < x < +\infty$;

② $\sin x = x - \dfrac{1}{3!} x^3 + \dfrac{1}{5!} x^5 + \cdots + (-1)^n \dfrac{x^{2n+1}}{(2n+1)!} + \cdots,\ -\infty < x < +\infty$;

③ $\cos x = 1 - \dfrac{1}{2!} x^2 + \dfrac{1}{4!} x^4 + \cdots + (-1)^n \dfrac{x^{2n}}{(2n)!} + \cdots, \ -\infty < x < +\infty;$

④ $\ln(1+x) = x - \dfrac{1}{2} x^2 + \dfrac{1}{3} x^3 - \cdots + (-1)^n \dfrac{1}{n+1} x^{n+1} + \cdots, \ -1 < x \leqslant 1;$

⑤ $(1+x)^\mu = 1 + \mu x + \dfrac{\mu(\mu-1)}{2!} x^2 + \cdots + \dfrac{\mu(\mu-1)(\mu-2)\cdots(\mu-n+1)}{n!} x^n$

$+ \cdots, \ -1 < x < 1。$

6. 傅里叶级数及其收敛性(**狄利克雷充分条件**)

(1) 以 2π 为周期情形 设 $f(x)$ 是以 2π 为周期的函数,在一个周期内连续或者只有有限个第一类间断点,且一个周期内至多只有有限个极值点,则 $f(x)$ 可展开成如下的傅里叶级数(三角级数):

$$\dfrac{a_0}{2} + \sum_{n=1}^{\infty} (a_n \cos nx + b_n \sin nx)。$$

其中,$a_n = \dfrac{1}{\pi} \displaystyle\int_{-\pi}^{\pi} f(x) \cos nx \, \mathrm{d}x$,$n = 0, 1, 2, \cdots$;$b_n = \dfrac{1}{\pi} \displaystyle\int_{-\pi}^{\pi} f(x) \sin nx \, \mathrm{d}x$,$n = 1, 2, \cdots$(也称为傅里叶系数),并且当点 x 是 $f(x)$ 的连续点时,级数收敛于 $f(x)$,当点 x 是 $f(x)$ 的间断点时,级数收敛于 $\dfrac{f(x^+) + f(x^-)}{2}$。

(2) 一般周期情形 设 $f(x)$ 是以 $2l$ 为周期的周期函数,在一个周期内连续或者只有有限个第一类间断点,且一个周期内至多只有有限个极值点,则 $f(x)$ 可展开成如下的傅里叶级数(三角级数):

$$\dfrac{a_0}{2} + \sum_{n=1}^{\infty} \left(a_n \cos \dfrac{n\pi x}{l} + b_n \sin \dfrac{n\pi x}{l} \right)。 \tag{1}$$

其中,$a_n = \dfrac{1}{l} \displaystyle\int_{-l}^{l} f(x) \cos \dfrac{n\pi x}{l} \mathrm{d}x$,$n = 0, 1, 2, \cdots$;$b_n = \dfrac{1}{l} \displaystyle\int_{-l}^{l} f(x) \sin \dfrac{n\pi x}{l} \mathrm{d}x$,$n = 1, 2, \cdots$(也称为傅里叶系数)。并且当点 x 是 $f(x)$ 的连续点时,级数收敛于 $f(x)$,当点 x 是 $f(x)$ 的间断点时,级数收敛于 $\dfrac{f(x^+) + f(x^-)}{2}$。

(3) 正弦级数和余弦级数(以一般周期情形为例)

① 正弦级数:当 $f(x)$ 为奇函数时, 由于

$$a_n = \dfrac{1}{l} \int_{-l}^{l} f(x) \cos \dfrac{n\pi x}{l} \mathrm{d}x = 0, \ n = 0, 1, 2, \cdots,$$

$$b_n = \dfrac{2}{l} \int_{0}^{l} f(x) \sin \dfrac{n\pi x}{l} \mathrm{d}x, \ n = 1, 2, \cdots。$$

此时级数(1)变为 $\displaystyle\sum_{n=1}^{\infty} b_n \sin \dfrac{n\pi x}{l}$,只含有正弦项,称之为正弦级数。

② 余弦级数:当 $f(x)$ 为偶函数时,

$$a_n = \frac{2}{l} \int_{-l}^{l} f(x) \cos \frac{n\pi x}{l} \mathrm{d}x = 0, \; n = 0, \, 1, \, 2, \, \cdots,$$

$$b_n = 0, \; n = 1, \, 2, \, \cdots。$$

此时级数(1)变为 $\dfrac{a_0}{2} + \sum_{n=1}^{\infty} a_n \cos \dfrac{n\pi x}{l}$，只含有余弦项，称为余弦级数。

> 注：若 $f(x)$ 只在 $(0, l)$ 上有定义，则可对 $f(x)$ 先进行奇延拓或偶延拓，再进行周期延拓，得以 $2l$ 为周期的函数 $F(x)$。将 $F(x)$ 展开成傅里叶级数(正弦级数或者余弦级数)，再限制 x 在 $(0, l)$ 上，此时 $F(x) = f(x)$，即可得到 $f(x)$ 在 $(0, l)$ 内的傅里叶级展开式。

8.2 例题选讲

例 8.1 判断常数项级数：$\sqrt{2} + \sqrt{2-\sqrt{2}} + \sqrt{2-\sqrt{2+\sqrt{2}}} + \sqrt{2-\sqrt{2+\sqrt{2+\sqrt{2}}}} + \cdots$ 的敛散性。

解 $\sqrt{2} = 2\cos\dfrac{\pi}{4}$，$\sqrt{2+\sqrt{2}} = \sqrt{2+2\cos\dfrac{\pi}{4}} = 2\cos\dfrac{\pi}{4\times 2}$，$\cdots$。

利用数学归纳法容易证明：$\sqrt{2+\sqrt{2+\cdots\sqrt{2}}} = 2\cos\dfrac{\pi}{4\times 2^{n-1}}$（含有 n 个根号），因此

$$\sqrt{2-\sqrt{2+\sqrt{2+\cdots\sqrt{2}}}} = \sqrt{2-2\cos\dfrac{\pi}{4\times 2^{n-1}}} = 2\sin\dfrac{\pi}{4\times 2^n} = 2\sin\dfrac{\pi}{2^{n+2}},$$

因而原级数

$$\sqrt{2} + \sqrt{2-\sqrt{2}} + \sqrt{2-\sqrt{2+\sqrt{2}}} + \sqrt{2-\sqrt{2+\sqrt{2+\sqrt{2}}}} + \cdots = \sum_{n=1}^{\infty} 2\sin\left(\dfrac{\pi}{2^{n+1}}\right).$$

所以原级数收敛。

例 8.2 设 $a > 0$，考察级数下列级数的敛散性：

(1) $(a - a^{\frac{1}{2}}) + (a^{\frac{1}{3}} - a^{\frac{1}{4}}) + \cdots + (a^{\frac{1}{2n-1}} - a^{\frac{1}{2n}}) + \cdots$；

(2) $(1 - a) - (1 - a^{\frac{1}{2}}) + (1 - a^{\frac{1}{3}}) - (1 - a^{\frac{1}{4}}) + \cdots + (-1)^{n-1}(1 - a^{\frac{1}{n}}) + \cdots$。

解 (1) 当 $a = 1$ 时，级数(1)显然收敛；当 $a > 1$ 时，级数(1)是正项级数，且由于

$$\lim_{n \to \infty} \frac{a^{\frac{1}{2n-1}} - a^{\frac{1}{2n}}}{\dfrac{1}{2n(2n-1)}} = \lim_{n \to \infty} a^{\frac{1}{2n}} \cdot \frac{a^{\frac{1}{2n-1} - \frac{1}{2n}} - 1}{\dfrac{1}{2n(2n-1)}} = \ln a,$$

此时级数(1)收敛。

当 $0 < a < 1$ 时，级数(1)是负项级数，故级数(1)与下列正项级数具有相同的敛散性：

$$(a^{\frac{1}{2}} - a) + (a^{\frac{1}{4}} - a^{\frac{1}{3}}) + \cdots + (a^{\frac{1}{2n}} - a^{\frac{1}{2n-1}}) + \cdots \tag{3}$$

注意到
$$\lim_{n\to\infty}\frac{a^{\frac{1}{2n}}-a^{\frac{1}{2n-1}}}{\dfrac{1}{2n(2n-1)}}=\lim_{n\to\infty}a^{\frac{1}{2n-1}}\cdot\frac{a^{\frac{1}{2n}-\frac{1}{2n-1}}-1}{\dfrac{1}{2n(2n-1)}}=-\ln a,$$

故级数(3)收敛,所以级数(1)也收敛。综上,当 $a>0$ 时,级数(1)收敛。

(2) 当 $a=1$ 时,级数(2)显然收敛;当 $a>1$ 时,因为 $a>a^{\frac{1}{2}}>a^{\frac{1}{3}}>\cdots>1$,故有 $a-1>a^{\frac{1}{2}}-1>a^{\frac{1}{3}}-1>\cdots>0$,将级数(2)变形为

$$-(a-1)+(a^{\frac{1}{2}}-1)-(a^{\frac{1}{3}}-1)+(a^{\frac{1}{4}}-1)+\cdots+(-1)^n(a^{\frac{1}{n}}-1)+\cdots$$

结合 $\lim\limits_{n\to\infty}(a^{\frac{1}{n}}-1)=0$ 可知,上面的级数是一个收敛的交错级数,所以级数(2)收敛。

当 $0<a<1$ 时,因为 $a<a^{\frac{1}{2}}<a^{\frac{1}{3}}<\cdots<1$,故有 $1-a>1-a^{\frac{1}{2}}>1-a^{\frac{1}{3}}>\cdots>0$,结合 $\lim\limits_{n\to\infty}(1-a^{\frac{1}{n}})=0$ 可知级数(2)是收敛的交错级数。

综上,当 $a>0$ 时,级数(2)收敛。

例 8.3 设 $a_n=1+\dfrac{1}{2}+\cdots+\dfrac{1}{n}$, $n=1,2,3,\cdots$,求级数 $\sum\limits_{n=1}^{\infty}\dfrac{a_n}{n(n+1)}$ 的和。

解 注意到级数 $\sum\limits_{n=1}^{\infty}\dfrac{a_n}{n(n+1)}$ 的部分和

$$S_n=\sum_{k=1}^{n}\frac{a_k}{k(k+1)}=\sum_{k=1}^{n}\left(\frac{a_k}{k}-\frac{a_k}{k+1}\right)=\sum_{k=1}^{n}\left(\frac{a_k}{k}-\frac{a_{k+1}-\dfrac{1}{k+1}}{k+1}\right)$$

$$=\sum_{k=1}^{n}\left(\frac{a_k}{k}-\frac{a_{k+1}}{k+1}\right)+\sum_{k=1}^{n}\frac{1}{(k+1)^2}=1-\frac{1+\dfrac{1}{2}+\cdots+\dfrac{1}{n+1}}{n+1}+\sum_{k=1}^{n}\frac{1}{(k+1)^2},$$

所以,$\sum\limits_{n=1}^{\infty}\dfrac{a_n}{n(n+1)}=\lim\limits_{n\to\infty}S_n=\lim\limits_{n\to\infty}\left[1-\dfrac{1+\dfrac{1}{2}+\cdots+\dfrac{1}{n+1}}{n+1}+\sum\limits_{k=1}^{n}\dfrac{1}{(k+1)^2}\right]=\dfrac{\pi^2}{6}$。

注:其中用到 $\sum\limits_{n=1}^{\infty}\dfrac{1}{n^2}=\dfrac{\pi^2}{6}$。

例 8.4 求常数项级数 $\sum\limits_{n=2}^{\infty}\ln\left(1-\dfrac{1}{n^2}\right)$ 的和。

解 注意到级数 $\sum\limits_{n=2}^{\infty}\ln\left(1-\dfrac{1}{n^2}\right)$ 的部分和

$$S_n=\sum_{k=2}^{n+1}\ln\left(1-\frac{1}{k^2}\right)=\sum_{k=2}^{n+1}\left[\ln\left(\frac{k-1}{k}\right)+\ln\left(\frac{k+1}{k}\right)\right]=\ln\frac{1}{2}+\ln\left(\frac{n+2}{n+1}\right),$$

所以，$\displaystyle\sum_{n=2}^{\infty}\ln\left(1-\frac{1}{n^2}\right)=\lim_{n\to\infty}S_n=\lim_{n\to\infty}\left[\ln\frac{1}{2}+\ln\left(\frac{n+2}{n+1}\right)\right]=-\ln 2$。

例 8.5 求级数 $\displaystyle\sum_{n=0}^{\infty}\frac{1}{3^n}\left\{\frac{2^n}{3}\right\}$ 的和，其中 $\{x\}$ 表示 x 的小数部分。

解 注意到 $\left\{\dfrac{2^n}{3}\right\}=\left\{\dfrac{(3-1)^n}{3}\right\}=\left\{\dfrac{\sum_{k=0}^{n}C_n^k 3^k(-1)^{n-k}}{3}\right\}=\left\{\dfrac{(-1)^n}{3}\right\}=\begin{cases}\dfrac{2}{3}, & \text{当 }n\text{ 为奇数时}\\[2mm]\dfrac{1}{3}, & \text{当 }n\text{ 为偶数时}\end{cases}$,

所以，$\displaystyle\sum_{n=0}^{\infty}\frac{1}{3^n}\left\{\frac{2^n}{3}\right\}=\sum_{n=0}^{\infty}\frac{1}{3^{2n+1}}\cdot\frac{2}{3}+\sum_{n=0}^{\infty}\frac{1}{3^{2n}}\cdot\frac{1}{3}=\frac{2}{3}\cdot\frac{\frac{1}{3}}{1-\frac{1}{9}}+\frac{1}{3}\cdot\frac{1}{1-\frac{1}{9}}=\frac{5}{8}$。

例 8.6 求级数 $\displaystyle\sum_{n=0}^{\infty}\left(-\frac{1}{3}\right)^{[\sqrt{n}]}$ 的和，其中 $[x]$ 表示不超过 x 的最大整数。

解 由于 $\displaystyle\sum_{n=0}^{\infty}\left(-\frac{1}{3}\right)^{[\sqrt{n}]}=\sum_{k=0}^{\infty}\left[\sum_{n=k^2}^{k^2+2k}\left(-\frac{1}{3}\right)^{[\sqrt{n}]}\right]$,

且 $\displaystyle\sum_{n=k^2}^{k^2+2k}\left(-\frac{1}{3}\right)^{[\sqrt{n}]}=(2k+1)\left(-\frac{1}{3}\right)^k$,

所以 $$\sum_{n=0}^{\infty}\left(-\frac{1}{3}\right)^{[\sqrt{n}]}=\sum_{k=0}^{\infty}(2k+1)\left(-\frac{1}{3}\right)^k=\sum_{n=0}^{\infty}(2n+1)x^n\Big|_{x=-\frac{1}{3}}$$

记 $S(x)=\displaystyle\sum_{n=0}^{\infty}(2n+1)x^n$，则，

$$S(x)=\sum_{n=0}^{\infty}(2n+1)x^n=2\sum_{n=1}^{\infty}nx^n+\sum_{n=0}^{\infty}x^n=2x\left(\sum_{n=1}^{\infty}x^n\right)'+\frac{1}{1-x}$$
$$=2x\left(\frac{x}{1-x}\right)'+\frac{1}{1-x}=\frac{1+x}{(1-x)^2}。$$

故 $$\sum_{n=0}^{\infty}\left(-\frac{1}{3}\right)^{[\sqrt{n}]}=\sum_{n=0}^{\infty}(2n+1)x^n\Big|_{x=-\frac{1}{3}}=\frac{1+x}{(1-x)^2}\Big|_{x=-\frac{1}{3}}=\frac{3}{8}。$$

例 8.7 求级数 $\displaystyle\sum_{n=2}^{\infty}\frac{1}{2^n(n^2-1)}$ 的和。

解 由于 $\dfrac{1}{2^n(n^2-1)}=\dfrac{1}{2^{n+1}}\left(\dfrac{1}{n-1}-\dfrac{1}{n+1}\right)$，所以只需要求级数 $\displaystyle\sum_{n=2}^{\infty}\frac{1}{2^{n+1}(n-1)}$ 以及级数 $\displaystyle\sum_{n=2}^{\infty}\frac{1}{2^{n+1}(n+1)}$ 的和，而

$$\sum_{n=2}^{\infty}\frac{1}{2^{n+1}(n-1)}=\frac{1}{2}\sum_{n=2}^{\infty}\frac{1}{(n-1)}x^n\Big|_{x=\frac{1}{2}}=\frac{1}{2}\sum_{n=1}^{\infty}\frac{1}{n}x^{n+1}\Big|_{x=\frac{1}{2}}$$

$$= \frac{1}{4} \left[-\ln(1-x) \right] \Big|_{x=\frac{1}{2}} = \frac{1}{4} \ln 2,$$

$$\sum_{n=2}^{\infty} \frac{1}{2^{n+1}(n+1)} = \sum_{n=2}^{\infty} \frac{1}{(n+1)} x^{n+1} \Big|_{x=\frac{1}{2}} = \sum_{n=3}^{\infty} \frac{1}{n} x^{n} \Big|_{x=\frac{1}{2}}$$

$$= \left[-\ln(1-x) - x - \frac{x^2}{2} \right] \Big|_{x=\frac{1}{2}} = \ln 2 - \frac{5}{8}.$$

所以，

$$\sum_{n=2}^{\infty} \frac{1}{2^n(n^2-1)} = \sum_{n=2}^{\infty} \frac{1}{2^{n+1}(n-1)} - \sum_{n=2}^{\infty} \frac{1}{2^{n+1}(n+1)}$$

$$= \frac{1}{4} \ln 2 - \left(\ln 2 - \frac{5}{8} \right) = \frac{5}{8} - \frac{3}{4} \ln 2.$$

例 8.8 设正项级数 $\sum\limits_{n=1}^{\infty} a_n$ 收敛，证明：级数 $\sum\limits_{n=1}^{\infty} (a_n)^{1-\frac{1}{n}}$ 收敛。

证明 由于 $\sum\limits_{n=1}^{\infty} a_n$ 收敛，故 $\lim\limits_{n\to\infty} a_n = 0$，从而 $\lim\limits_{n\to\infty} \sqrt[n]{a_n + \frac{1}{n^2}} = 1$，因此存在 N，使得当 $n > N$ 时，$\frac{1}{2} < \sqrt[n]{a_n + \frac{1}{n^2}} < \frac{3}{2}$，所以当 $n > N$ 时，有

$$(a_n)^{1-\frac{1}{n}} \leqslant \left(a_n + \frac{1}{n^2} \right)^{1-\frac{1}{n}} = \frac{a_n + \frac{1}{n^2}}{\sqrt[n]{a_n + \frac{1}{n^2}}} \leqslant 2 \left(a_n + \frac{1}{n^2} \right).$$

结合已知条件以及比较审敛法，可知级数 $\sum\limits_{n=1}^{\infty} (a_n)^{1-\frac{1}{n}}$ 收敛，得证。

例 8.9 设级数 $\sum\limits_{n=1}^{\infty} x_n^2$ 收敛，记 $y_n = \prod\limits_{k=1}^{n} \cos x_k$，证明：数列 y_n 收敛。

证明 由于 $\sum\limits_{n=1}^{\infty} x_n^2$ 收敛，故 $\lim\limits_{n\to\infty} x_n = 0$，$\lim\limits_{n\to\infty} \cos(x_n) = 1$。根据题意，可不妨设 $\cos(x_n) > 0$，此时，

$$\lim_{n\to\infty} y_n = \lim_{n\to\infty} \prod_{k=1}^{n} \cos x_k = \lim_{n\to\infty} e^{\sum\limits_{k=1}^{n} \ln(\cos x_k)}. \tag{1}$$

另一方面，$\sum\limits_{n=1}^{\infty} \ln(\cos x_n)$ 是一个负项级数且因为

$$\lim_{n\to\infty} \frac{\ln(\cos x_n)}{x_n^2} = \lim_{n\to\infty} \frac{\ln(1 + \cos x_n - 1)}{x_n^2} = \lim_{n\to\infty} \frac{\cos x_n - 1}{x_n^2} = -\frac{1}{2}.$$

所以，级数 $\sum\limits_{n=1}^{\infty} \ln(\cos x_n)$ 收敛，结合式 (1)，知数列 y_n 收敛，得证。

例 8.10　判别级数 $\sum\limits_{n=1}^{\infty}\dfrac{(-1)^{[\sqrt{n}]}}{n}$ 敛散性,其中,记号 $[x]$ 表示不超过 x 的最大整数。

解　在级数 $\sum\limits_{n=1}^{\infty}\dfrac{(-1)^{[\sqrt{n}]}}{n}$ 中加括号可得如下级数(交错级数):

$$\sum_{n=1}^{\infty}(-1)^{n}\left[\frac{1}{n^2}+\frac{1}{n^2+1}+\cdots+\frac{1}{n^2+2n}\right]。 \tag{1}$$

记 $a_n=\dfrac{1}{n^2}+\dfrac{1}{n^2+1}+\cdots+\dfrac{1}{n^2+2n}$,则由 $\dfrac{1}{n^2}+\dfrac{1}{n^2+1}+\cdots+\dfrac{1}{n^2+2n}\leqslant\dfrac{2n+1}{n^2}$,可知 $\lim\limits_{n\to\infty}a_n=0$;另一方面,由于

$$
\begin{aligned}
a_n-a_{n+1}&=\left(\frac{1}{n^2}+\frac{1}{n^2+1}+\cdots+\frac{1}{n^2+2n}\right)\\
&\quad-\left(\frac{1}{(n+1)^2}+\frac{1}{(n+1)^2+1}+\cdots+\frac{1}{(n+1)^2+2(n+1)}\right)\\
&=\left(\frac{1}{n^2}-\frac{1}{(n+1)^2}\right)+\left(\frac{1}{n^2+1}-\frac{1}{(n+1)^2+1}\right)+\cdots\\
&\quad+\left(\frac{1}{n^2+2n}-\frac{1}{n^2+4n+1}\right)-\frac{1}{n^2+4n+2}-\frac{1}{n^2+4n+3}\\
&=(2n+1)\left[\frac{1}{n^2(n+1)^2}+\frac{1}{(n^2+1)((n+1)^2+1)}+\cdots+\frac{1}{(n^2+2n)(n^2+4n+1)}\right]\\
&\quad-\frac{1}{n^2+4n+2}-\frac{1}{n^2+4n+3}\\
&\geqslant(2n+1)\frac{2n+1}{(n^2+2n)(n^2+4n+1)}-\frac{1}{n^2+4n+1}-\frac{1}{n^2+4n+1}\\
&=\frac{(2n+1)^2}{(n^2+2n)(n^2+4n+1)}-\frac{2}{n^2+4n+1}=\frac{2n^2+1}{(n^2+2n)(n^2+4n+1)}>0。
\end{aligned}
$$

故 a_n 单调递减,结合莱布尼兹判别法,级数(1)收敛。

综上,级数 $\sum\limits_{n=1}^{\infty}\dfrac{(-1)^{[\sqrt{n}]}}{n}$ 收敛。

注:请读者思考:在本题解答中,由级数(1)收敛,为什么可推得原级数也收敛?

例 8.11　设级数 $\sum\limits_{n=1}^{\infty}a_n^2$、$\sum\limits_{n=1}^{\infty}b_n^2$ 收敛,p 是常数且 $p\geqslant2$,证明:级数 $\sum\limits_{n=1}^{\infty}(a_n\pm b_n)^p$ 绝对收敛。

证明　由于级数 $\sum\limits_{n=1}^{\infty}a_n^2$、$\sum\limits_{n=1}^{\infty}b_n^2$ 收敛,故 $\lim\limits_{n\to\infty}a_n=\lim\limits_{n\to\infty}b_n=0$,可得 $\lim\limits_{n\to\infty}(a_n\pm b_n)=0$,所以,存在 N,使得当 $n>N$ 时,$|a_n\pm b_n|\leqslant1$,此时,

$$|(a_n \pm b_n)^p| = |a_n \pm b_n|^p \leqslant |a_n \pm b_n|^2 \leqslant 2(a_n^2 + b_n^2)。$$

结合已知条件，级数 $\sum\limits_{n=1}^{\infty} |(a_n \pm b_n)^p|$ 收敛，亦即级数 $\sum\limits_{n=1}^{\infty}(a_n \pm b_n)^p$ 绝对收敛，得证。

例 8.12　设 $a_1 = 2$，$a_{n+1} = a_n^2 - a_n + 1$，$n = 1, 2, \cdots$，证明：级数 $\sum\limits_{n=1}^{\infty} \dfrac{1}{a_n}$ 收敛。

证明　注意到 $a_{n+1} - a_n = a_n^2 - 2a_n + 1 = (a_n - 1)^2 \geqslant 0$，则数列 a_n 单调增加且 $a_n \geqslant 2$。此时必有 $\lim\limits_{n\to\infty} a_n = +\infty$。否则，若数列 a_n 有上界，则 a_n 收敛。不妨设 $\lim\limits_{n\to\infty} a_n = a \geqslant 2$，在已知等式 $a_{n+1} = a_n^2 - a_n + 1$ 两边取极限可得 $a = a^2 - a + 1$，即有 $a = 1$，矛盾。

另一方面，由于 $a_{n+1} - 1 = a_n^2 - a_n = a_n(a_n - 1)$，可得 $\dfrac{1}{a_n} = \dfrac{1}{a_n - 1} - \dfrac{1}{a_{n+1} - 1}$，若记 S_n 为级数 $\sum\limits_{n=1}^{\infty} \dfrac{1}{a_n}$ 的部分和数列，则有

$$\lim_{n\to\infty} S_n = \lim_{n\to\infty} \sum_{k=1}^{n} \frac{1}{a_k} = \lim_{n\to\infty} \sum_{k=1}^{n} \left(\frac{1}{a_k - 1} - \frac{1}{a_{k+1} - 1} \right) = \lim_{n\to\infty} \sum_{k=1}^{n} \left(\frac{1}{a_1 - 1} - \frac{1}{a_{n+1} - 1} \right) = 1。$$

综上，级数 $\sum\limits_{n=1}^{\infty} \dfrac{1}{a_n}$ 收敛且其和为 1。

例 8.13　设 $a_n > 0$ 且单调增加，证明：级数 $\sum\limits_{n=1}^{\infty} \dfrac{1}{a_n}$ 和 $\sum\limits_{n=1}^{\infty} \dfrac{n}{a_1 + a_2 + \cdots + a_n}$ 具有相同的敛散性。

证明　当 n 足够大时，有

$$\frac{1}{a_n} \leqslant \frac{n}{a_1 + a_2 + \cdots + a_n} \leqslant \frac{n}{a_{[n/2]} + a_{[n/2]+1} + \cdots + a_n} \leqslant \frac{2}{a_{[n/2]}}。 \tag{1}$$

则当级数 $\sum\limits_{n=1}^{\infty} \dfrac{n}{a_1 + a_2 + \cdots + a_n}$ 收敛时，由式(1)以及比较审敛法可知，级数 $\sum\limits_{n=1}^{\infty} \dfrac{1}{a_n}$ 收敛；反之，若级数 $\sum\limits_{n=1}^{\infty} \dfrac{1}{a_n}$ 收敛，则级数 $\sum\limits_{n=2}^{\infty} \dfrac{1}{a_{[n/2]}}$ 收敛。同样由式(1)以及比较审敛法可知，级数 $\sum\limits_{n=1}^{\infty} \dfrac{n}{a_1 + a_2 + \cdots + a_n}$ 收敛，即级数 $\sum\limits_{n=1}^{\infty} \dfrac{1}{a_n}$ 和级数 $\sum\limits_{n=1}^{\infty} \dfrac{n}{a_1 + a_2 + \cdots + a_n}$ 具有相同的敛散性，得证。

> 🔍 **注**：实际上可以证明：设 $a_n > 0$ 且 $\sum\limits_{n=1}^{\infty} \dfrac{1}{a_n}$ 收敛，则 $\sum\limits_{n=1}^{\infty} \dfrac{n}{a_1 + \cdots + a_n}$ 收敛。

例 8.14　求级数 $\sum\limits_{\substack{n=1 \\ n \neq m}}^{\infty} \dfrac{1}{n^2 - m^2}$ 的和，其中 m 是一个正整数。

解　当 n 足够大时，部分和数列

$$S_{n-1} = \frac{1}{2m} \left\{ \left(-\frac{1}{m-1} - \frac{1}{m+1} \right) + \left(-\frac{1}{m-2} - \frac{1}{m+2} \right) + \cdots + \left(-\frac{1}{1} - \frac{1}{2m-1} \right) \right\}$$

$$+\frac{1}{2m}\left\{\left(\frac{1}{1}-\frac{1}{2m+1}\right)+\left(\frac{1}{2}-\frac{1}{2m+2}\right)+\cdots+\left(\frac{1}{n-m}-\frac{1}{n+m}\right)\right\}$$

$$=\frac{1}{2m}\left\{-\left(1+\frac{1}{2}+\cdots+\frac{1}{m-1}\right)-\left(\frac{1}{m+1}+\frac{1}{m+2}+\cdots+\frac{1}{2m-1}\right)\right\}$$

$$+\frac{1}{2m}\left\{\left(\frac{1}{1}+\frac{1}{2}+\cdots+\frac{1}{n-m}\right)-\left(\frac{1}{2m+1}+\frac{1}{2m+2}+\cdots+\frac{1}{n+m}\right)\right\}$$

$$=\frac{1}{2m}\left\{\left(\frac{1}{1}+\frac{1}{2}+\cdots+\frac{1}{n-m}\right)-\left(1+\frac{1}{2}+\cdots+\frac{1}{n+m}\right)+\frac{1}{m}+\frac{1}{2m}\right\}$$

$$=\frac{1}{2m}\left\{\ln(n-m)+\gamma+\varepsilon_{n-m}-\ln(n+m)-\gamma-\varepsilon_{n+m}+\frac{3}{2m}\right\}.$$

所以，$\displaystyle\sum_{\substack{n=1\\n\neq m}}^{\infty}\frac{1}{n^2-m^2}=\lim_{n\to\infty}S_{n-1}=\lim_{n\to\infty}\frac{1}{2m}\left\{\ln(n-m)+\varepsilon_{n-m}-\ln(n+m)-\varepsilon_{n+m}+\frac{3}{2m}\right\}=\frac{3}{4m^2}.$

> 注：其中用到欧拉公式：$1+\dfrac{1}{2}+\cdots+\dfrac{1}{n}=\ln n+\gamma+\varepsilon_n$，其中 γ 是欧拉常数，ε_n 是无穷小量。

例 8.15　求级数 $\displaystyle\sum_{n=1}^{\infty}\arctan\frac{1}{2n^2}$ 的和。

解　由于 $\arctan\dfrac{1}{2k^2}=\arctan(2k+1)-\arctan(2k-1)$，所以，

$$\sum_{n=1}^{\infty}\arctan\frac{1}{2n^2}=\lim_{n\to\infty}\sum_{k=1}^{n}\arctan\frac{1}{2k^2}=\lim_{n\to\infty}\sum_{k=1}^{n}\left[\arctan(2k+1)-\arctan(2k-1)\right]$$

$$=\lim_{n\to\infty}\left[\arctan(2n+1)-\arctan 1\right]=\frac{\pi}{4}.$$

例 8.16　求级数 $\displaystyle\sum_{n=1}^{\infty}\arctan\frac{2}{n^2}$ 的和。

解　由于 $\arctan\dfrac{2}{k^2}=\arctan(k+1)-\arctan(k-1)$，所以，

$$\sum_{n=1}^{\infty}\arctan\frac{2}{n^2}=\lim_{n\to\infty}\sum_{k=1}^{n}\arctan\frac{2}{k^2}=\lim_{n\to\infty}\sum_{k=1}^{n}\left[\arctan(k+1)-\arctan(k-1)\right]$$

$$=\lim_{n\to\infty}\left[\arctan(n+1)+\arctan n-\arctan 1\right]=\frac{3\pi}{4}.$$

例 8.17　设级数 $\displaystyle\sum_{n=1}^{\infty}a_n$ 收敛，其中 $a_n>0$，证明：$\displaystyle\lim_{n\to\infty}\frac{n^2}{\dfrac{1}{a_1}+\dfrac{1}{a_2}+\cdots+\dfrac{1}{a_n}}$ 存在。

证明 由于 $\sqrt[n]{a_1 a_2 \cdots a_n} \geqslant \dfrac{n}{\dfrac{1}{a_1} + \dfrac{1}{a_2} + \cdots + \dfrac{1}{a_n}}$，故

$$0 < \frac{n^2}{\dfrac{1}{a_1} + \dfrac{1}{a_2} + \cdots + \dfrac{1}{a_n}} \leqslant n \sqrt[n]{a_1 a_2 \cdots a_n} = n \sqrt[n]{\frac{(a_1)(2a_2)\cdots(na_n)}{n!}} \qquad (1)$$

$$= \frac{n}{\sqrt[n]{n!}} \sqrt[n]{(a_1)(2a_2)\cdots(na_n)} \text{。}$$

另一方面，据题意 $\displaystyle\sum_{n=1}^{\infty} a_n$ 收敛，若记 $S_n = \displaystyle\sum_{k=1}^{n} a_k$，则可不妨设 $\displaystyle\lim_{n\to\infty} S_n = S$，此时，

$$\sqrt[n]{(a_1)(2a_2)\cdots(na_n)} \leqslant \frac{a_1 + 2a_2 + \cdots na_n}{n}$$

$$= \frac{S_1 + 2(S_2 - S_1) + \cdots n(S_n - S_{n-1})}{n}$$

$$= \frac{-S_1 - S_2 - \cdots - S_{n-1} + nS_n}{n} \text{。}$$

其中，$\displaystyle\lim_{n\to\infty} \frac{-S_1 - S_2 - \cdots - S_{n-1} + nS_n}{n} = \lim_{n\to\infty} S_n - \frac{S_1 + S_2 + \cdots + S_{n-1}}{n-1} \cdot \frac{n-1}{n} = S - S = 0$。

所以，$\displaystyle\lim_{n\to\infty} \sqrt[n]{(a_1)(2a_2)\cdots(na_n)} = 0$，结合 $\displaystyle\lim_{n\to\infty} \frac{n}{\sqrt[n]{n!}} = \mathrm{e}$ 以及式(1)，可知 $\displaystyle\lim_{n\to\infty} \frac{n^2}{\dfrac{1}{a_1} + \dfrac{1}{a_2} + \cdots + \dfrac{1}{a_n}} = 0$，得证。

例 8.18 设 $a_n > 0$，则级数 $\displaystyle\sum_{n=1}^{\infty} a_n$ 与 $\displaystyle\sum_{n=1}^{\infty} \frac{a_n}{1 + a_n}$ 的收敛性有何关系？

解 级数 $\displaystyle\sum_{n=1}^{\infty} a_n$ 与 $\displaystyle\sum_{n=1}^{\infty} \frac{a_n}{1 + a_n}$ 具有相同的收敛性，理由如下。

若级数 $\displaystyle\sum_{n=1}^{\infty} a_n$ 收敛，则 $\displaystyle\lim_{n\to\infty} a_n = 0$，此时，$\displaystyle\lim_{n\to\infty} \frac{a_n}{\dfrac{a_n}{1 + a_n}} = 1$，由比较审敛法，级数 $\displaystyle\sum_{n=1}^{\infty} \frac{a_n}{1 + a_n}$

收敛；反之，若级数 $\displaystyle\sum_{n=1}^{\infty} \frac{a_n}{1 + a_n}$ 收敛，则 $\displaystyle\lim_{n\to\infty} \frac{a_n}{1 + a_n} = 0$，即 $\displaystyle\lim_{n\to\infty} \frac{1}{1 + \dfrac{1}{a_n}} = 0$，故 $\displaystyle\lim_{n\to\infty} a_n = 0$。 类似

地，由于 $\displaystyle\lim_{n\to\infty} \frac{a_n}{\dfrac{a_n}{1 + a_n}} = 1$，所以级数 $\displaystyle\sum_{n=1}^{\infty} a_n$ 收敛。

例 8.19 设 a 为实数，讨论下列级数的敛散性。

(1) $1-\dfrac{1}{2^a}+\dfrac{1}{3}-\dfrac{1}{4^a}+\dfrac{1}{5}-\dfrac{1}{6^a}+\cdots$; (2) $1-\dfrac{1}{2^a}+\dfrac{1}{\sqrt{3}}-\dfrac{1}{4^a}+\dfrac{1}{\sqrt{5}}-\dfrac{1}{6^a}+\cdots$。

解 (1) 当 $a\leqslant 0$ 时,级数的一般项不趋于 0,此时级数发散;当 $a=1$ 时,原级数即为 $\displaystyle\sum_{n=1}^{\infty}(-1)^{n-1}\dfrac{1}{n}$,此时级数收敛。

当 $0<a<1$ 时,考虑以下级数:

$$1-\left(\dfrac{1}{2^a}-\dfrac{1}{3}\right)-\left(\dfrac{1}{4^a}-\dfrac{1}{5}\right)-\cdots-\left(\dfrac{1}{(2n)^a}-\dfrac{1}{2n+1}\right)-\cdots。 \tag{1}$$

由于 $\displaystyle\lim_{n\to\infty}\dfrac{\dfrac{1}{(2n)^a}-\dfrac{1}{2n+1}}{\dfrac{1}{(2n)^a}}=1$ 且级数 $\displaystyle\sum_{n=1}^{\infty}\dfrac{1}{(2n)^a}$ 发散,结合正项级数的比较审敛法,可知级数

$\displaystyle\sum_{n=1}^{\infty}\left(\dfrac{1}{(2n)^a}-\dfrac{1}{2n+1}\right)$ 发散,故级数(1)发散,因而原级数发散(收敛级数加括号性质)。

当 $a>1$ 时,考虑以下级数:

$$\left(1-\dfrac{1}{2^a}\right)+\left(\dfrac{1}{3}-\dfrac{1}{4^a}\right)+\cdots+\left(\dfrac{1}{2n-1}-\dfrac{1}{(2n)^a}\right)+\cdots。 \tag{2}$$

由于 $\displaystyle\lim_{n\to\infty}\dfrac{\dfrac{1}{2n-1}-\dfrac{1}{(2n)^a}}{\dfrac{1}{2n-1}}=1$ 且级数 $\displaystyle\sum_{n=1}^{\infty}\dfrac{1}{2n-1}$ 发散。同样,由正项级数的比较审敛法,可知

级数 $\displaystyle\sum_{n=1}^{\infty}\left(\dfrac{1}{2n-1}-\dfrac{1}{(2n)^a}\right)$ 发散,即级数(2)发散,从而原级数发散。

综上,当 $a=1$ 时,原级数收敛;当 $a\neq 1$ 时,原级数发散。

(2) 当 $a\leqslant 0$ 时,级数的一般项不趋于 0,此时级数发散;当 $a=\dfrac{1}{2}$ 时,原级数即为

$\displaystyle\sum_{n=1}^{\infty}(-1)^{n-1}\dfrac{1}{\sqrt{n}}$,此时级数收敛。

当 $0<a<\dfrac{1}{2}$ 时,考虑以下级数:

$$1-\left(\dfrac{1}{2^a}-\dfrac{1}{\sqrt{3}}\right)-\left(\dfrac{1}{4^a}-\dfrac{1}{\sqrt{5}}\right)-\cdots-\left(\dfrac{1}{(2n)^a}-\dfrac{1}{\sqrt{2n+1}}\right)-\cdots。 \tag{3}$$

由于 $\displaystyle\lim_{n\to\infty}\dfrac{\dfrac{1}{(2n)^a}-\dfrac{1}{\sqrt{2n+1}}}{\dfrac{1}{(2n)^a}}=1$ 且级数 $\displaystyle\sum_{n=1}^{\infty}\dfrac{1}{(2n)^a}$ 发散,结合正项级数的比较审敛法,可知级数

$\sum\limits_{n=1}^{\infty}\left(\dfrac{1}{(2n)^a}-\dfrac{1}{\sqrt{2n+1}}\right)$ 发散,故级数(3)发散,因而原级数发散(收敛级数加括号性质)。

当 $a>\dfrac{1}{2}$ 时,考虑以下级数:

$$\left(1-\frac{1}{2^a}\right)+\left(\frac{1}{\sqrt{3}}-\frac{1}{4^a}\right)+\cdots+\left(\frac{1}{\sqrt{2n-1}}-\frac{1}{(2n)^a}\right)+\cdots。 \tag{4}$$

由于 $\lim\limits_{n\to\infty}\dfrac{\dfrac{1}{\sqrt{2n-1}}-\dfrac{1}{(2n)^a}}{\dfrac{1}{\sqrt{2n-1}}}=1$ 且级数 $\sum\limits_{n=1}^{\infty}\dfrac{1}{\sqrt{2n-1}}$ 发散,同样由正项级数的比较审敛法,可知

级数 $\sum\limits_{n=1}^{\infty}\left(\dfrac{1}{\sqrt{2n-1}}-\dfrac{1}{(2n)^a}\right)$ 发散,即级数(4)发散,从而原级数发散。

综上,当 $a=\dfrac{1}{2}$ 时,原级数收敛;当 $a\neq\dfrac{1}{2}$ 时,原级数发散。

例 8.20 将含有数字 9 的自然数从小到大排列得一数列,记作 a_n,试判别级数 $\sum\limits_{n=1}^{\infty}\dfrac{1}{a_n}$ 的敛散性(需说明理由)。

解 $\sum\limits_{n=1}^{\infty}\dfrac{1}{a_n}\geqslant\dfrac{1}{9}\cdot 1+\dfrac{1}{99}(90-8\times 9)+\dfrac{1}{999}(900-8\times 9\times 9)+\cdots$

$\geqslant\dfrac{1}{10}+\dfrac{1}{100}(90-8\times 9)+\dfrac{1}{1000}(900-8\times 9\times 9)+\cdots$

$=\dfrac{1}{10}+\left(\dfrac{9}{10}-\dfrac{8}{10}\cdot\dfrac{9}{10}\right)+\left(\dfrac{9}{10}-\dfrac{8}{10}\cdot\left(\dfrac{9}{10}\right)^2\right)+\left(\dfrac{9}{10}-\dfrac{8}{10}\cdot\left(\dfrac{9}{10}\right)^3\right)+\cdots,$

所以级数 $\sum\limits_{n=1}^{\infty}\dfrac{1}{a_n}$ 发散。

例 8.21 设 $f_n(x)=\sqrt[n]{x}+x-r$,其中 r 是正常数。

(1) 证明:$f_n(x)=0$ 有唯一正根(记作 x_n);(2) 判别级数 $\sum\limits_{n=1}^{\infty}x_n$ 的敛散性。

解 (1) 由于当 $x>0$ 时,$f_n'(x)=\dfrac{1}{n}x^{\frac{1}{n}-1}+1>0$,故 $f_n(x)$ 在 $[0,+\infty)$ 上严格单调增加;另一方面,$f_n(0)=-r<0$,$f_n(r)=\sqrt[n]{r}>0$,结合函数的连续性,$f_n(x)=0$ 有正根,所以 $f_n(x)=0$ 有唯一正根。

(2) 分两个情形加以讨论。

情形一 当 $0<r<1$ 时,由于 $f_n(r^n)=\sqrt[n]{r^n}+r^n-r=r^n>0$,结合 $f_n(x)$ 在 $[0,+\infty)$ 上严格单调增加性可知,$0<x_n\leqslant r^n$,此时级数 $\sum\limits_{n=1}^{\infty}x_n$ 收敛。

情形二 当 $r\geqslant 1$ 时,由于 $\lim\limits_{n\to\infty}\left(1-\dfrac{1}{n}\right)^n-\dfrac{1}{n}=\mathrm{e}^{-1}>0$,由数列极限的保号性,存在 N,

当 $n>N$ 时，$\left(1-\dfrac{1}{n}\right)^n-\dfrac{1}{n}>0$，即 $\sqrt[n]{\dfrac{1}{n}}+\dfrac{1}{n}<1$。所以当 $n>N$ 时，有

$$f_n\left(\frac{1}{n}\right)=\sqrt[n]{\frac{1}{n}}+\frac{1}{n}-r<1-r\leqslant 0。$$

故 $x_n\geqslant\dfrac{1}{n}$（$n>N$ 时），此时级数 $\displaystyle\sum_{n=1}^{\infty}x_n$ 发散。

综上，当 $0<r<1$ 时，级数 $\displaystyle\sum_{n=1}^{\infty}x_n$ 收敛；当 $r\geqslant 1$ 时，级数 $\displaystyle\sum_{n=1}^{\infty}x_n$ 发散。

例 8.22　设 $a_n=\displaystyle\int_0^{+\infty}\dfrac{1}{(1+x^2)^n}\mathrm{d}x$，常数 $p>2$，证明：$\displaystyle\sum_{n=1}^{\infty}a_n^p$ 收敛。

证明　由于 $a_n=\displaystyle\int_0^{+\infty}\dfrac{1}{(1+x^2)^n}\mathrm{d}x=\dfrac{x}{(1+x^2)^n}\Big|_0^{+\infty}+\int_0^{+\infty}\dfrac{2nx^2}{(1+x^2)^{n+1}}\mathrm{d}x$

$$=\frac{x}{(1+x^2)^n}\Big|_0^{+\infty}+2n\left[\int_0^{+\infty}\frac{x^2+1}{(1+x^2)^{n+1}}\mathrm{d}x-\int_0^{+\infty}\frac{1}{(1+x^2)^{n+1}}\mathrm{d}x\right]$$

$$=2n(a_n-a_{n+1})。$$

故 $a_{n+1}=\dfrac{2n-1}{2n}a_n$，因而

$$a_n=\frac{a_n}{a_{n-1}}\cdot\frac{a_{n-1}}{a_{n-2}}\cdot\cdots\cdot\frac{a_2}{a_1}\cdot a_1=\frac{2n-3}{2n-2}\cdot\frac{2n-5}{2n-4}\cdot\cdots\cdot\frac{1}{2}\cdot\frac{\pi}{2}。\tag{1}$$

注意到

$$\frac{2n-3}{2n-2}\cdot\frac{2n-5}{2n-4}\cdot\cdots\cdot\frac{1}{2}\leqslant\frac{2n-2}{2n-1}\cdot\frac{2n-4}{2n-3}\cdot\cdots\cdot\frac{2}{3}$$

$$=\frac{1}{2n-1}\cdot\frac{1}{\dfrac{2n-3}{2n-2}\cdot\dfrac{2n-5}{2n-4}\cdot\cdots\cdot\dfrac{1}{2}},$$

则有 $\dfrac{2n-3}{2n-2}\cdot\dfrac{2n-5}{2n-4}\cdot\cdots\cdot\dfrac{1}{2}\leqslant\dfrac{1}{\sqrt{2n-1}}$。结合式(1)可得 $a_n\leqslant\dfrac{1}{\sqrt{2n-1}}\cdot\dfrac{\pi}{2}$。所以当 $p>2$ 时，$(a_n)^p\leqslant\left(\dfrac{1}{\sqrt{2n-1}}\cdot\dfrac{\pi}{2}\right)^p\sim\dfrac{\pi^p}{2^{\frac{3}{2}p}}\cdot\dfrac{1}{n^{\frac{p}{2}}}$，故 $\displaystyle\sum_{n=1}^{\infty}a_n^p$ 收敛，得证。

例 8.23　设 a_n,b_n 是满足 $\mathrm{e}^{a_n}=a_n+\mathrm{e}^{b_n}$ 的两个实数列，已知 $a_n>0$ 且 $\displaystyle\sum_{n=1}^{\infty}a_n$ 收敛，证明：级数 $\displaystyle\sum_{n=1}^{\infty}\dfrac{b_n}{a_n}$ 收敛。

证明　由已知等式 $\mathrm{e}^{a_n}=a_n+\mathrm{e}^{b_n}$ 得 $b_n=\ln(\mathrm{e}^{a_n}-a_n)$，故只需证明级数 $\displaystyle\sum_{n=1}^{\infty}\dfrac{\ln(\mathrm{e}^{a_n}-a_n)}{a_n}$ 收敛。

令 $f(x)=\ln(e^x-x)$，则 $f(0)=0$，且当 $x>0$ 时，$f'(x)=\dfrac{e^x-1}{e^x-x}>0$，所以，函数 $f(x)$ 在 $(0,+\infty)$ 上单调增加。于是当 $x>0$ 时，$f(x)>f(0)=0$。由此可得 $b_n>0$，即级数 $\sum\limits_{n=1}^{\infty}\dfrac{b_n}{a_n}$ 为正项级数。

另一方面，$\sum\limits_{n=1}^{\infty}a_n$ 收敛，所以 $\lim\limits_{n\to\infty}a_n=0$。由于

$$\lim_{n\to\infty}\frac{\dfrac{\ln(e^{a_n}-a_n)}{a_n}}{a_n}=\lim_{x\to0^+}\frac{\ln(e^x-x)}{x^2}=\lim_{x\to0^+}\frac{e^x-1}{2x(e^x-x)}=\lim_{x\to0^+}\frac{x}{2x(e^x-x)}=\frac12,$$

结合比较审敛法，可知 $\sum\limits_{n=1}^{\infty}\dfrac{\ln(e^{a_n}-a_n)}{a_n}$ 收敛，即原级数 $\sum\limits_{n=1}^{\infty}\dfrac{b_n}{a_n}$ 收敛。

例 8.24 判别级数 $\sum\limits_{n=1}^{\infty}\dfrac{1}{\sqrt[n]{(n!)^{\alpha}}}$ 的敛散性，其中 $\alpha>0$ 为常数。

解一 记 $a_n=\left(\dfrac{1}{n!}\right)^{\frac{\alpha}{n}}$，则有

$$\begin{aligned}
\lim_{n\to\infty}\frac{\ln\dfrac{1}{a_n}}{\ln n}&=\alpha\lim_{n\to\infty}\frac{\ln1+\ln2+\cdots+\ln n}{n\ln n}\\
&=\alpha\lim_{n\to\infty}\frac{\ln(n+1)}{(n+1)\ln(n+1)-n\ln n}\\
&=\alpha\lim_{n\to\infty}\frac{\ln(n+1)}{n\ln\left(1+\dfrac{1}{n}\right)+\ln(n+1)}=\alpha,
\end{aligned}$$

情形一 当 $\alpha>1$ 时，由对数判别法知，级数 $\sum\limits_{n=1}^{\infty}\dfrac{1}{\sqrt[n]{(n!)^{\alpha}}}$ 收敛。

情形二 当 $0<\alpha\leqslant1$ 时，因 $a_n=\left(\dfrac{1}{n!}\right)^{\frac{\alpha}{n}}\geqslant\dfrac{1}{n}$，所以级数 $\sum\limits_{n=1}^{\infty}\dfrac{1}{\sqrt[n]{(n!)^{\alpha}}}$ 发散。

综上，当 $\alpha>1$ 时，级数 $\sum\limits_{n=1}^{\infty}\dfrac{1}{\sqrt[n]{(n!)^{\alpha}}}$ 收敛；当 $0<\alpha\leqslant1$ 时，级数 $\sum\limits_{n=1}^{\infty}\dfrac{1}{\sqrt[n]{(n!)^{\alpha}}}$ 发散。

> **注：** 正项级数的对数判别法（请读者证明）
>
> **定理** 对于正项级数 $\sum\limits_{n=1}^{\infty}a_n$，若 $\lim\limits_{n\to\infty}\dfrac{\ln\dfrac{1}{a_n}}{\ln n}=\rho$，则当 $\rho>1$ 时级数 $\sum\limits_{n=1}^{\infty}a_n$ 收敛；当 $\rho<1$ 时级数 $\sum\limits_{n=1}^{\infty}a_n$ 发散。

若注意到当 $n \to \infty$ 时，$\dfrac{1}{\sqrt[n]{n!}} \sim \dfrac{\mathrm{e}}{n}$，则有解法二。

解二　原级数的一般项 $\dfrac{1}{\sqrt[n]{(n!)^\alpha}} \sim \dfrac{\mathrm{e}^\alpha}{n^\alpha}$，故级数 $\displaystyle\sum_{n=1}^\infty \dfrac{1}{\sqrt[n]{(n!)^\alpha}}$ 与 $\displaystyle\sum_{n=1}^\infty \dfrac{\mathrm{e}^\alpha}{n^\alpha}$ 具有相同的敛散性，所以当 $\alpha > 1$ 时，级数 $\displaystyle\sum_{n=1}^\infty \dfrac{1}{\sqrt[n]{(n!)^\alpha}}$ 收敛；而当 $0 < \alpha \leqslant 1$ 时，级数 $\displaystyle\sum_{n=1}^\infty \dfrac{1}{\sqrt[n]{(n!)^\alpha}}$ 发散。

注 本题也可以用如下斯特林公式求解：
$$n! = \sqrt{2n\pi} \cdot \left(\dfrac{n}{\mathrm{e}}\right)^n \cdot \mathrm{e}^{\alpha_n}, \quad \dfrac{1}{12n+1} < \alpha_n < \dfrac{1}{12n}。$$

解三　因为 $(n!)^{\frac{\alpha}{n}} = (\sqrt{2\pi n} \cdot n^n \cdot \mathrm{e}^{-n+\alpha_n})^{\frac{\alpha}{n}} = n^\alpha (2\pi)^{\frac{\alpha}{2n}} n^{\frac{\alpha}{2n}} \mathrm{e}^{-\alpha + \frac{\alpha_n \alpha}{n}}$，故

$$\lim_{n\to\infty} \dfrac{\dfrac{1}{\sqrt[n]{(n!)^\alpha}}}{\dfrac{1}{n^\alpha}} = \lim_{n\to\infty} \dfrac{n^\alpha}{\sqrt[n]{(n!)^\alpha}} = \lim_{n\to\infty} \dfrac{n^\alpha}{n^\alpha (2\pi)^{\frac{\alpha}{2n}} n^{\frac{\alpha}{2n}} \mathrm{e}^{-\alpha + \frac{\alpha_n \alpha}{n}}} = \mathrm{e}^\alpha。$$

所以，级数 $\displaystyle\sum_{n=1}^\infty \dfrac{1}{\sqrt[n]{(n!)^\alpha}}$ 与 $\displaystyle\sum_{n=1}^\infty \dfrac{1}{n^\alpha}$ 具有相同的敛散性。以下同解法二。

例 8.25　设 $\displaystyle\sum_{n=1}^\infty a_n$ 收敛，令 $b_n = \dfrac{a_1 + 2a_2 + \cdots + na_n}{n(n+1)}$，证明：$\displaystyle\sum_{n=1}^\infty b_n$ 收敛，且 $\displaystyle\sum_{n=1}^\infty a_n = \displaystyle\sum_{n=1}^\infty b_n$。

证明
$$b_n = \dfrac{a_1 + 2a_2 + \cdots + na_n}{n} - \dfrac{a_1 + 2a_2 + \cdots + na_n}{n+1}$$
$$= \dfrac{a_1 + 2a_2 + \cdots + na_n}{n} - \dfrac{a_1 + 2a_2 + \cdots + na_n + (n+1)a_{n+1}}{n+1} + a_{n+1}。$$

若记 $c_n = \dfrac{a_1 + 2a_2 + \cdots + na_n}{n}$，则 $b_n = c_n - c_{n+1} + a_{n+1}$，因此，

$$\sum_{k=1}^n b_k = \sum_{k=1}^n (c_k - c_{k+1} + a_{k+1}) = c_1 - c_{n+1} + a_2 + a_3 + \cdots + a_{n+1} = \sum_{k=1}^{n+1} a_k - c_{n+1}。 \quad (1)$$

另一方面，记 $S_n = \displaystyle\sum_{k=1}^n a_k$，$S = \displaystyle\sum_{k=1}^\infty a_k = \lim_{n\to\infty} S_n$，则

$$\lim_{n\to\infty} c_n = \lim_{n\to\infty} \dfrac{a_1 + 2a_2 + \cdots + na_n}{n}$$

$$=\lim_{n\to\infty}\frac{S_1+2(S_2-S_1)+3(S_3-S_2)+\cdots+n(S_n-S_{n-1})}{n}$$

$$=\lim_{n\to\infty}\frac{-S_1-S_2-\cdots-S_{n-1}+nS_n}{n}$$

$$=\lim_{n\to\infty}\left(-\frac{n-1}{n}\cdot\frac{S_1+S_2+\cdots+S_{n-1}}{n-1}+S_n\right)=-S+S=0。\tag{2}$$

由式(1)(2)可得

$$\lim_{n\to\infty}\sum_{k=1}^{n}b_k=\lim_{n\to\infty}\sum_{k=1}^{n+1}a_k-c_{n+1}=S-0=S。$$

综上，级数 $\sum\limits_{n=1}^{\infty}b_n$ 收敛，且 $\sum\limits_{n=1}^{\infty}a_n=\sum\limits_{n=1}^{\infty}b_n$ 。

例 8.26 讨论级数 $\sum\limits_{n=1}^{\infty}\dfrac{(-1)^{n-1}}{[n+(-1)^{n-1}]^p}$ 的敛散性。

解 记 $a_n=\dfrac{(-1)^{n-1}}{[n+(-1)^{n-1}]^p}$，显然当 $p\leqslant 0$ 时，a_n 的极限不为零，级数 $\sum\limits_{n=1}^{\infty}\dfrac{(-1)^{n-1}}{[n+(-1)^{n-1}]^p}$ 发散，故以下只需要考虑 $p>0$。

当 $p>1$ 时，$|a_n|=\left|\dfrac{(-1)^{n-1}}{[n+(-1)^{n-1}]^p}\right|\sim\dfrac{1}{n^p}$，级数 $\sum\limits_{n=1}^{\infty}\dfrac{(-1)^{n-1}}{[n+(-1)^{n-1}]^p}$ 绝对收敛。

当 $0<p\leqslant 1$ 时，$|a_n|=\left|\dfrac{(-1)^{n-1}}{[n+(-1)^{n-1}]^p}\right|\sim\dfrac{1}{n^p}$，级数 $\sum\limits_{n=1}^{\infty}\left|\dfrac{(-1)^{n-1}}{[n+(-1)^{n-1}]^p}\right|$ 发散。

由于

$$a_n=\frac{(-1)^{n-1}}{[n+(-1)^{n-1}]^p}=\frac{(-1)^{n-1}}{n^p}\cdot\left[1+\frac{(-1)^{n-1}}{n}\right]^{-p}$$

$$=\frac{(-1)^{n-1}}{n^p}\cdot\left[1-\frac{p(-1)^{n-1}}{n}+o\left(\frac{1}{n}\right)\right]$$

$$=\frac{(-1)^{n-1}}{n^p}-\frac{p}{n^{p+1}}+o\left(\frac{1}{n^{p+1}}\right),$$

故级数 $\sum\limits_{n=1}^{\infty}\dfrac{(-1)^{n-1}}{[n+(-1)^{n-1}]^p}$ 收敛。此时级数 $\sum\limits_{n=1}^{\infty}\dfrac{(-1)^{n-1}}{[n+(-1)^{n-1}]^p}$ 条件收敛。

例 8.27 考虑级数 $\sum\limits_{n=1}^{\infty}\sin\pi(3+\sqrt5)^n$ 的敛散性。

解 注意到 $\sum\limits_{n=1}^{\infty}\sin\pi(3+\sqrt5)^n=\sum\limits_{n=1}^{\infty}-\sin\pi(3-\sqrt5)^n$，而

$$|-\sin\pi(3-\sqrt5)^n|\leqslant\pi(3-\sqrt5)^n,$$

且 $\sum\limits_{n=1}^{\infty}\pi(3-\sqrt5)^n$ 收敛，故 $\sum\limits_{n=1}^{\infty}-\sin\pi(3-\sqrt5)^n$ 绝对收敛，所以 $\sum\limits_{n=1}^{\infty}\sin\pi(3+\sqrt5)^n$ 绝对收敛。

例 8.28 试构造一正项级数，使其可用根值判别法判别其收敛性，但不能用比值判别法

判别其收敛性。

解 构造正项级数 $\sum\limits_{n=1}^{\infty}\dfrac{3+(-1)^n}{2^{n+1}}$，显然 $\lim\limits_{n\to\infty}\sqrt[n]{\dfrac{3+(-1)^n}{2^{n+1}}}=\dfrac{1}{2}<1$。由根值判别法，正项

级数 $\sum\limits_{n=1}^{\infty}\dfrac{3+(-1)^n}{2^{n+1}}$ 收敛；但是 $\dfrac{\dfrac{3+(-1)^{n+1}}{2^{n+2}}}{\dfrac{3+(-1)^n}{2^{n+1}}}=\dfrac{1}{2}\dfrac{3+(-1)^{n+1}}{3+(-1)^n}$ 的极限不存在，因此无法用比值

判别法判别其收敛性。

例 8.29 设 $f''(x)$ 在区间 $[0,\pi]$ 上连续且 $f(0)=f(\pi)=0$，记 $a_n=\dfrac{2}{\pi}\displaystyle\int_0^{\pi}f(x)\sin nx\,\mathrm{d}x$，

$n=1,2,\cdots$，证明：$\sum\limits_{n=1}^{\infty}n^2a_n^2$ 收敛。

证明 由于
$$a_n=\frac{2}{\pi}\int_0^{\pi}f(x)\sin nx\,\mathrm{d}x=-\frac{2}{n\pi}\int_0^{\pi}f(x)\mathrm{d}(\cos nx)$$
$$=-\frac{2}{n\pi}\left[f(x)\cos nx\Big|_0^{\pi}-\int_0^{\pi}\cos nx\cdot f'(x)\mathrm{d}x\right]$$
$$=\frac{2}{n\pi}\int_0^{\pi}\cos nx\cdot f'(x)\mathrm{d}x=\frac{2}{n^2\pi}\int_0^{\pi}f'(x)\mathrm{d}(\sin nx)$$
$$=\frac{2}{n^2\pi}\left[f'(x)\sin nx\Big|_0^{\pi}-\int_0^{\pi}\sin nx\cdot f''(x)\mathrm{d}x\right]$$
$$=-\frac{2}{n^2\pi}\int_0^{\pi}\sin nx\cdot f''(x)\mathrm{d}x。$$

故
$$0\leqslant n^2a_n^2=n^2\cdot\frac{4}{n^4\pi^2}\left(\int_0^{\pi}\sin nx\cdot f''(x)\mathrm{d}x\right)^2$$
$$\leqslant\frac{4}{n^2\pi^2}\left(\int_0^{\pi}|f''(x)|\,\mathrm{d}x\right)^2=\frac{C}{n^2}。$$

其中，$C=\dfrac{4}{\pi^2}\left(\displaystyle\int_0^{\pi}|f''(x)|\,\mathrm{d}x\right)^2\geqslant0$。

由正项级数的比较审敛法，级数 $\sum\limits_{n=1}^{\infty}n^2a_n^2$ 收敛，得证。

例 8.30 设 a_n 单调递减，$\lim\limits_{n\to\infty}a_n=0$，且级数 $\sum\limits_{n=1}^{\infty}b_n$ 满足 $\left|\sum\limits_{k=1}^{n}b_k\right|\leqslant M$，其中 M 是一个

常数，证明：级数 $\sum\limits_{n=1}^{\infty}a_nb_n$ 收敛。

证明 记 $S_n=\sum\limits_{k=1}^{n}b_k$，由于
$$\sum_{k=1}^{n+p}a_kb_k-\sum_{k=1}^{n}a_kb_k$$
$$=\sum_{k=n+1}^{n+p}a_kb_k=\sum_{k=n+1}^{n+p}a_k(S_k-S_{k-1})$$

$$= -a_{n+1}S_n + (a_{n+1} - a_{n+2})S_{n+1} + (a_{n+2} - a_{n+3})S_{n+2} + \cdots$$
$$+ (a_{n+p-1} - a_{n+p})S_{n+p-1} + a_{n+p}S_{n+p}。$$

故

$$\left| \sum_{k=1}^{n+p} a_k b_k - \sum_{k=1}^{n} a_k b_k \right|$$

$$= |-a_{n+1}S_n + (a_{n+1} - a_{n+2})S_{n+1} + (a_{n+2} - a_{n+3})S_{n+2} + \cdots$$
$$+ (a_{n+p-1} - a_{n+p})S_{n+p-1} + a_{n+p}S_{n+p} |$$

$$\leqslant a_{n+1}|S_n| + (a_{n+1} - a_{n+2})|S_{n+1}| + (a_{n+2} - a_{n+3})|S_{n+2}| + \cdots$$
$$+ (a_{n+p-1} - a_{n+p})|S_{n+p-1}| + a_{n+p}|S_{n+p}|$$

$$\leqslant 3Ma_{n+1}。$$

根据已知条件 $\lim\limits_{n \to \infty} a_{n+1} = 0$,对于任意的 $\varepsilon > 0$,存在 N,当 $n > N$ 时,$|a_{n+1}| \leqslant \dfrac{\varepsilon}{3M}$,此时 $\left| \sum\limits_{k=1}^{n+p} a_k b_k - \sum\limits_{k=1}^{n} a_k b_k \right| \leqslant 3Ma_{n+1} \leqslant \varepsilon$。由柯西收敛准则,数列 $\sum\limits_{k=1}^{n} a_k b_k$ 收敛,亦即级数 $\sum\limits_{n=1}^{\infty} a_n b_n$ 收敛,得证。

例 8.31 设 $f(x)$ 在 $[0, +\infty)$ 上连续,其零点为 x_n:$0 = x_0 < x_1 < x_2 < \cdots < x_n < \cdots$,且 $\lim\limits_{n \to \infty} x_n = +\infty$,证明:$\int_0^{+\infty} f(x)\mathrm{d}x$ 收敛当且仅当 $\sum\limits_{n=0}^{\infty} \int_{x_n}^{x_{n+1}} f(x)\mathrm{d}x$ 收敛。

证明 设 $f(x)$ 的原函数是 $F(x)$,注意到常数项级数 $\sum\limits_{n=0}^{\infty} \int_{x_n}^{x_{n+1}} f(x)\mathrm{d}x$ 的部分和为

$$S_n = \sum_{k=0}^{n-1} \int_{x_k}^{x_{k+1}} f(x)\mathrm{d}x = \int_0^{x_n} f(x)\mathrm{d}x。$$

若 $\int_0^{+\infty} f(x)\mathrm{d}x$ 收敛于 A,则 $\lim\limits_{n \to \infty} S_n = \lim\limits_{n \to \infty} \int_0^{x_n} f(x)\mathrm{d}x = \int_0^{+\infty} f(x)\mathrm{d}x = A$,故级数 $\sum\limits_{n=0}^{\infty} \int_{x_n}^{x_{n+1}} f(x)\mathrm{d}x$ 收敛于 A;反之,若级数 $\sum\limits_{n=0}^{\infty} \int_{x_n}^{x_{n+1}} f(x)\mathrm{d}x$ 收敛,则 $\lim\limits_{n \to \infty} S_n = \lim\limits_{n \to \infty} \int_0^{x_n} f(x)\mathrm{d}x = \lim\limits_{n \to \infty} [F(x_n) - F(0)]$ 存在,结合已知条件可得 $\lim\limits_{x \to \infty} F(x)$ 存在,从而 $\int_0^{+\infty} f(x)\mathrm{d}x$ 收敛。

例 8.32 设 $a_n > 0$,$\sum\limits_{n=1}^{\infty} a_n^k$ 收敛,其中常数 $k > 1$,证明:级数 $\sum\limits_{n=1}^{\infty} \dfrac{a_n}{n}$ 收敛。

证明 由于 $0 \leqslant \dfrac{a_n}{n} = a_n \cdot \dfrac{1}{n} \leqslant \dfrac{a_n^k}{k} + \dfrac{\left(\dfrac{1}{n}\right)^{\frac{k}{k-1}}}{\dfrac{k}{k-1}} = \dfrac{a_n^k}{k} + \dfrac{k-1}{k} \cdot \dfrac{1}{n^{\frac{k}{k-1}}}$。

结合级数 $\sum\limits_{n=1}^{\infty} a_n^k$、$\sum\limits_{n=1}^{\infty} \dfrac{1}{n^{\frac{k}{k-1}}}$ 收敛性以及比较审敛法,可知级数 $\sum\limits_{n=1}^{\infty} \dfrac{a_n}{n}$ 收敛。

注:其中用到 Young 不等式:设 a,b,p,$q > 0$,则有 $\dfrac{a^p}{p} + \dfrac{b^q}{q} \geqslant ab$。

例 8.33　设 $a_n > 0$ 且 $\lim\limits_{n \to \infty}\left(\dfrac{a_{n+1}}{a_n}\right)^n = q > \dfrac{1}{e}$，证明：$\sum\limits_{n=1}^{\infty} a_n$ 发散。

证明　记 $p = \dfrac{1}{2}\left(q + \dfrac{1}{e}\right)$，由于 $\lim\limits_{n \to \infty}\left(\dfrac{a_{n+1}}{a_n}\right)^n = q$，取 $\varepsilon = \dfrac{1}{2}\left(q - \dfrac{1}{e}\right) > 0$，则存在 N_1，

使得当 $n > N_1$ 时，$\left|\left(\dfrac{a_{n+1}}{a_n}\right)^n - q\right| < \varepsilon$，即有

$$\left(\frac{a_{n+1}}{a_n}\right)^n > q - \varepsilon = q - \frac{1}{2}\left(q - \frac{1}{e}\right) = \frac{1}{2}\left(q + \frac{1}{e}\right) = p。$$

另一方面，由于 $\lim\limits_{n \to \infty}\left(\dfrac{n}{n+1}\right)^n = \dfrac{1}{e}$，对于同样的 $\varepsilon = \dfrac{1}{2}\left(q - \dfrac{1}{e}\right) > 0$，存在 N_2，使得当 $n > N_2$

时，有 $\left|\left(\dfrac{n}{n+1}\right)^n - \dfrac{1}{e}\right| < \varepsilon$，即有

$$\left(\frac{n}{n+1}\right)^n < \frac{1}{e} + \varepsilon = \frac{1}{e} + \frac{1}{2}\left(q - \frac{1}{e}\right) = \frac{1}{2}\left(q + \frac{1}{e}\right) = p。$$

若取 $N = \max\{N_1, N_2\}$，则当 $n > N$ 时，有

$$\left(\frac{a_{n+1}}{a_n}\right)^n > p > \left(\frac{n}{n+1}\right)^n，$$

即 $\dfrac{a_{n+1}}{a_n} > \dfrac{n}{n+1} = \dfrac{\frac{1}{n+1}}{\frac{1}{n}}$，而级数 $\sum\limits_{n=1}^{\infty} \dfrac{1}{n}$ 发散，因此 $\sum\limits_{n=1}^{\infty} a_n$ 发散，得证。

例 8.34　设级数 $\sum\limits_{n=1}^{\infty} u_n (u_n > 0)$ 发散，记部分和 $s_n = \sum\limits_{k=1}^{n} u_k$，证明：$\sum\limits_{n=1}^{\infty} \dfrac{u_n}{s_n}$ 发散。

证明　注意到 $s_n = \sum\limits_{k=1}^{n} a_k \to +\infty$，则当 p 足够大时，有

$$\sum_{k=n+1}^{n+p} \frac{u_k}{s_k} \geq \sum_{k=n+1}^{n+p} \frac{u_k}{s_{n+p}} = \frac{s_{n+p} - s_n}{s_{n+p}} = 1 - \frac{s_n}{s_{n+p}} \geq \frac{1}{2},$$

所以级数 $\sum\limits_{n=1}^{\infty} \dfrac{u_n}{s_n}$ 发散。

> 注：事实上，可以证明如下更加一般的结论：设 $u_n > 0$，记 $s_n = \sum\limits_{k=1}^{n} u_k$，则级数 $\sum\limits_{n=1}^{\infty} u_n$ 与 $\sum\limits_{n=1}^{\infty} \dfrac{u_n}{s_n}$ 具有相同的敛散性。

例 8.35　设数列 $a_n > 0$ 且严格单调增加趋于正无穷大，证明：存在正整数 N，使得当 $n >$

N 时,恒有 $\dfrac{a_1}{a_2}+\dfrac{a_2}{a_3}+\cdots+\dfrac{a_n}{a_{n+1}}<n-2020$。

证明 注意到 $\dfrac{a_1}{a_2}+\dfrac{a_2}{a_3}+\cdots+\dfrac{a_n}{a_{n+1}}<n-2020$ 等价于

$$\frac{a_2-a_1}{a_2}+\frac{a_3-a_2}{a_3}+\cdots+\frac{a_{n+1}-a_n}{a_{n+1}}>2020。\tag{1}$$

记 $u_n=a_{n+1}-a_n>0$,$s_n=\displaystyle\sum_{k=1}^{n}u_k=a_{n+1}-a_1$,结合已知条件则有 $\displaystyle\sum_{n=1}^{\infty}u_n$ 发散,由例 8.34 可知,级数 $\displaystyle\sum_{n=1}^{\infty}\dfrac{u_n}{S_n}$ 发散。

另一方面,由于 $\displaystyle\lim_{n\to\infty}\dfrac{\dfrac{u_n}{S_n}}{\dfrac{u_n}{a_{n+1}}}=\lim_{n\to\infty}\dfrac{a_{n+1}}{S_n}=\lim_{n\to\infty}\dfrac{a_{n+1}}{a_{n+1}-a_1}=1$,结合比较审敛法,得级数 $\displaystyle\sum_{n=1}^{\infty}\dfrac{u_n}{a_{n+1}}$ 发散,即有 $\displaystyle\lim_{n\to\infty}\sum_{k=1}^{n}\dfrac{u_k}{a_{k+1}}=+\infty$,也就是 $\displaystyle\lim_{n\to\infty}\dfrac{a_2-a_1}{a_2}+\dfrac{a_3-a_2}{a_3}+\cdots+\dfrac{a_{n+1}-a_n}{a_{n+1}}=+\infty$。 所以存在正整数 N,使得当 $n>N$ 时,$\displaystyle\lim_{n\to\infty}\dfrac{a_2-a_1}{a_2}+\dfrac{a_3-a_2}{a_3}+\cdots+\dfrac{a_{n+1}-a_n}{a_{n+1}}>2020$,式(1)成立,得证。

例 8.36 设 $a_n>0$ 且级数 $\displaystyle\sum_{n=1}^{\infty}a_n$ 收敛,试判断级数 $\displaystyle\sum_{n=1}^{\infty}\dfrac{a_1+a_2+\cdots+a_n}{n}$ 以及级数 $\displaystyle\sum_{n=1}^{\infty}\sqrt[n]{a_1a_2\cdots a_n}$ 的敛散性,并说明理由。

解 (1) 由于 $\dfrac{a_1+a_2+\cdots+a_n}{n}\geqslant\dfrac{a_1}{n}$,故级数 $\displaystyle\sum_{n=1}^{\infty}\dfrac{a_1+a_2+\cdots+a_n}{n}$ 发散。

(2) 因为 $\displaystyle\sum_{n=1}^{\infty}a_n$ 收敛,故其部分和数列 S_n 有界,即存在常数 $M>0$,使得对于任意的 n,都有 $S_n\leqslant M$。 此时级数 $\displaystyle\sum_{n=1}^{\infty}\sqrt[n]{a_1a_2\cdots a_n}$ 的部分和为

$$\sigma_n=\sum_{k=1}^{n}\sqrt[k]{a_1a_2\cdots a_k}=\sum_{k=1}^{n}\sqrt[k]{\frac{a_1(2a_2)\cdots(ka_k)}{k!}}\leqslant\sum_{k=1}^{n}\sqrt[k]{\frac{a_1(2a_2)\cdots(ka_k)}{\left(\dfrac{k}{e}\right)^k}}$$

$$=e\sum_{k=1}^{n}\frac{1}{k}\sqrt[k]{a_1(2a_2)\cdots(ka_k)}\leqslant e\sum_{k=1}^{n}\frac{a_1+2a_2+\cdots+ka_k}{k^2}$$

$$=e\sum_{i=1}^{n}\left(i\sum_{k=i}^{n}\frac{1}{k^2}\right)a_i\leqslant 2e\sum_{i=1}^{n}a_i\leqslant 2eM,$$

所以级数 $\displaystyle\sum_{n=1}^{\infty}\sqrt[n]{a_1a_2\cdots a_n}$ 收敛。

例 8.37 设常数 $p > 0$，$x_1 = \dfrac{1}{4}$，$x_{n+1}^p = x_n^p + x_n^{2p}$，证明：级数 $\displaystyle\sum_{n=1}^{\infty} \dfrac{1}{1+x_n^p}$ 收敛并求其和。

证明 记 $u_n = x_n^p$，则 $u_1 = x_1^p = \dfrac{1}{4^p}$ 且 $u_{n+1} = u_n + u_n^2$，此时数列 u_n 单调增加，且 $\lim\limits_{n\to\infty} u_n = +\infty$，否则，$u_n$ 有上界，此时数列 u_n 收敛。若记 $\lim\limits_{n\to\infty} u_n = A > 0$，在等式 $u_{n+1} = u_n + u_n^2$ 两边取极限可得 $A = A + A^2$，矛盾。

另一方面，将等式 $u_{n+1} = u_n + u_n^2$ 变形可得：

$$\frac{1}{u_{n+1}} = \frac{1}{u_n + u_n^2} = \frac{1}{u_n} - \frac{1}{u_n + 1},$$

即

$$\frac{1}{u_n + 1} = \frac{1}{u_n} - \frac{1}{u_{n+1}}.$$

此时，级数 $\displaystyle\sum_{n=1}^{\infty} \dfrac{1}{1+x_n^p}$ 的部分和数列

$$S_n = \sum_{k=1}^{n} \frac{1}{x_n^p + 1} = \sum_{k=1}^{n} \frac{1}{u_n + 1} = \sum_{k=1}^{n} \left(\frac{1}{u_n} - \frac{1}{u_{n+1}} \right) = \frac{1}{u_1} - \frac{1}{u_{n+1}}.$$

故 $\lim\limits_{n\to\infty} S_n = \lim\limits_{n\to\infty} \left(\dfrac{1}{u_1} - \dfrac{1}{u_{n+1}} \right) = 4^p$，所以级数 $\displaystyle\sum_{n=1}^{\infty} \dfrac{1}{1+x_n^p}$ 收敛且其和为 4^p。

例 8.38 如果对于任意的收敛级数 $\displaystyle\sum_{n=1}^{\infty} b_n$，都有 $\displaystyle\sum_{n=1}^{\infty} a_n b_n$ 收敛，证明：a_n 有界。

证明 反证法 若 a_n 无界，则对于任意的正整数 k，存在 n_k，使得 $|a_{n_k}| \geqslant k$ 且 n_k 严格单调增加。

构造

$$b_n = \begin{cases} \operatorname{sgn}(a_{n_k}) \cdot \dfrac{1}{k^2}, & n = n_k \\ 0, & n \neq n_k \end{cases},$$

则由 $\displaystyle\sum_{n=1}^{\infty} |b_n| = \sum_{k=1}^{\infty} \dfrac{1}{k^2}$ 收敛，知级数 $\displaystyle\sum_{n=1}^{\infty} b_n$ 绝对收敛，因而 $\displaystyle\sum_{n=1}^{\infty} b_n$ 收敛；且此时 $\displaystyle\sum_{n=1}^{\infty} a_n b_n = \sum_{k=1}^{\infty} \dfrac{|a_{n_k}|}{k^2}$，其中 $\dfrac{|a_{n_k}|}{k^2} \geqslant \dfrac{1}{k}$。故级数 $\displaystyle\sum_{n=1}^{\infty} a_n b_n$ 发散，与已知条件矛盾。

综上，结论成立。

例 8.39 设 a_n、$b_n > 0$，级数 $\displaystyle\sum_{n=1}^{\infty} \dfrac{a_n}{b_n}$ 以及 $\displaystyle\sum_{n=1}^{\infty} \dfrac{a_n^2}{b_n^2}$ 均收敛，证明：级数 $\displaystyle\sum_{n=1}^{\infty} \dfrac{a_n}{a_n + b_n}$ 收敛。

证明 由于级数 $\displaystyle\sum_{n=1}^{\infty} \dfrac{a_n}{b_n}$ 收敛，故 $\lim\limits_{n\to\infty} \dfrac{a_n}{b_n} = 0$，因此 $\lim\limits_{n\to\infty} \dfrac{b_n}{a_n + b_n} = 1$。根据数列极限的定义，存在正整数 N，使得当 $n > N$ 时，有 $\dfrac{b_n}{a_n + b_n} < 2$，此时，

$$0 < \frac{a_n}{b_n} - \frac{a_n}{a_n + b_n} = \frac{a_n^2}{b_n(a_n + b_n)} = \frac{a_n^2}{b_n^2} \cdot \frac{b_n}{a_n + b_n} < 2\frac{a_n^2}{b_n^2}.$$

结合已知条件以及正项级数的比较审敛法，$\sum\limits_{n=1}^{\infty}\left(\dfrac{a_n}{b_n}-\dfrac{a_n}{a_n+b_n}\right)$ 收敛，所以级数

$\sum\limits_{n=1}^{\infty}\left[\dfrac{a_n}{b_n}-\left(\dfrac{a_n}{b_n}-\dfrac{a_n}{a_n+b_n}\right)\right]$ 收敛，即 $\sum\limits_{n=1}^{\infty}\dfrac{a_n}{a_n+b_n}$ 收敛，得证。

> 💡 注：本题中的条件"a_n、$b_n>0$"可以去掉，结论同样成立(参见习题 8.27)。

例 8.40 计算 $\displaystyle\int_0^{2\pi}\mathrm{d}x\int_0^{\pi}\sin y\,\mathrm{e}^{\sin y(\cos x-\sin x)}\mathrm{d}y$。

解 $\displaystyle\int_0^{2\pi}\mathrm{d}x\int_0^{\pi}\sin y\,\mathrm{e}^{\sin y(\cos x-\sin x)}\mathrm{d}y$

$$=\int_0^{2\pi}\mathrm{d}x\int_0^{\pi}\left[\sin y\sum_{n=0}^{\infty}\frac{(\sin y)^n(\cos x-\sin x)^n}{n!}\right]\mathrm{d}y$$

$$=\sum_{n=0}^{\infty}\frac{1}{n!}\int_0^{2\pi}(\cos x-\sin x)^n\mathrm{d}x\int_0^{\pi}(\sin y)^{n+1}\mathrm{d}y$$

$$=\sum_{n=0}^{\infty}\frac{1}{n!}\int_0^{2\pi}(\sqrt2)^n\cos^n x\,\mathrm{d}x\int_0^{\pi}(\sin y)^{n+1}\mathrm{d}y$$

$$=\sum_{n=0}^{\infty}\frac{1}{(2n)!}\int_0^{2\pi}(\sqrt2)^{2n}\cos^{2n}x\,\mathrm{d}x\int_0^{\pi}(\sin y)^{2n+1}\mathrm{d}y$$

$$=\sum_{n=0}^{\infty}\frac{2^n}{(2n)!}\cdot4\cdot\frac{(2n-1)!!}{(2n)!!}\cdot\frac{\pi}{2}\cdot2\cdot\frac{(2n)!!}{(2n+1)!!}$$

$$=4\pi\cdot\sum_{n=0}^{\infty}\frac{2^n}{(2n+1)!}=2\sqrt2\,\pi\cdot\sum_{n=0}^{\infty}\frac{(\sqrt2)^{2n+1}}{(2n+1)!}=2\sqrt2\,\pi\cdot\sum_{n=0}^{\infty}\frac{x^{2n+1}}{(2n+1)!}\bigg|_{x=\sqrt2}$$

$$=2\sqrt2\,\pi\cdot\frac{\mathrm{e}^x-\mathrm{e}^{-x}}{2}\bigg|_{x=\sqrt2}=\sqrt2\,\pi(\mathrm{e}^{\sqrt2}-\mathrm{e}^{-\sqrt2})。$$

例 8.41 求函数项级数 $\sum\limits_{n=1}^{\infty}\sin\left(\dfrac{1}{3n}\right)\cdot\dfrac{1}{3^n x^n}$ 的收敛域。

解 记 $u_n=\sin\left(\dfrac{1}{3n}\right)\cdot\dfrac{1}{3^n x^n}$，则 $\sqrt[n]{|u_n|}=\sqrt[n]{\left|\sin\left(\dfrac{1}{3n}\right)\cdot\dfrac{1}{3^n x^n}\right|}=\dfrac{1}{3|x|}$。故当 $\dfrac{1}{3|x|}$

<1，即 $|x|>\dfrac{1}{3}$ 时，级数 $\sum\limits_{n=1}^{\infty}|u_n|$ 收敛，因此 $\sum\limits_{n=1}^{\infty}\sin\left(\dfrac{1}{3n}\right)\cdot\dfrac{1}{3^n x^n}$ 收敛；而当 $\dfrac{1}{3|x|}>1$，即

$0<|x|<\dfrac{1}{3}$ 时，$|u_n|$ 不是无穷小量，因此级数 $\sum\limits_{n=1}^{\infty}\sin\left(\dfrac{1}{3n}\right)\cdot\dfrac{1}{3^n x^n}$ 发散。

另一方面，当 $x=\dfrac{1}{3}$ 时，级数 $\sum\limits_{n=1}^{\infty}\sin\left(\dfrac{1}{3n}\right)\cdot\dfrac{1}{3^n x^n}\bigg|_{x=\frac{1}{3}}=\sum\limits_{n=1}^{\infty}\sin\left(\dfrac{1}{3n}\right)$ 发散；而当 $x=-\dfrac{1}{3}$

时，级数 $\sum\limits_{n=1}^{\infty}\sin\left(\dfrac{1}{3n}\right)\cdot\dfrac{1}{3^n x^n}\bigg|_{x=-\frac{1}{3}}=\sum\limits_{n=1}^{\infty}(-1)^n\sin\left(\dfrac{1}{3n}\right)$ 收敛。

综上，函数项级数 $\sum\limits_{n=1}^{\infty}\sin\left(\dfrac{1}{3n}\right)\cdot\dfrac{1}{3^n x^n}$ 的收敛域 $K=\left[-\dfrac{1}{3},0\right)\cup\left(0,\dfrac{1}{3}\right)$。

例 8.42 求函数项级数 $\displaystyle\sum_{n=1}^{\infty}\frac{2^n\sin^n x}{n^2}$ 的收敛域。

解 当 $x=k\pi$ 时,级数 $\displaystyle\sum_{n=1}^{\infty}\frac{2^n\sin^n x}{n^2}$ 显然收敛。以下不妨设 $x\neq k\pi$。将 x 视作常数。记

$$u_n=\frac{2^n\sin^n x}{n^2},\ \text{则}\ \lim_{n\to\infty}\left|\frac{u_{n+1}}{u_n}\right|=\lim_{n\to\infty}\left|\frac{\dfrac{2^{n+1}\sin^{n+1}x}{(n+1)^2}}{\dfrac{2^n\sin^n x}{n^2}}\right|=2\,|\sin x\,|。\ \text{因此,当}\ 2\,|\sin x\,|<1\ \text{时,级数}$$

$\displaystyle\sum_{n=1}^{\infty}\frac{2^n\sin^n x}{n^2}$ 绝对收敛,其本身也收敛;当 $2\,|\sin x\,|>1$ 时,级数 $\displaystyle\sum_{n=1}^{\infty}\frac{2^n\sin^n x}{n^2}$ 发散;而当

$2\,|\sin x\,|=1$ 时,级数 $\displaystyle\sum_{n=1}^{\infty}\frac{2^n\sin^n x}{n^2}\bigg|_{|\sin x|=\frac{1}{2}}$ 收敛,即 $x\in\bigcup_{k\in\mathbf{Z}}\left[\left[k\pi-\dfrac{\pi}{6},\,k\pi\right)\bigcup\left(k\pi,\,k\pi+\dfrac{\pi}{6}\right]\right]$

时,级数收敛。结合 $x=k\pi$ 也是收敛点,可知函数项级数 $\displaystyle\sum_{n=1}^{\infty}\frac{2^n\sin^n x}{n^2}$ 的收敛域 $K=$

$\displaystyle\bigcup_{k\in\mathbf{Z}}\left[k\pi-\dfrac{\pi}{6},\,k\pi+\dfrac{\pi}{6}\right]$。

例 8.43 求幂级数 $\displaystyle\sum_{n=1}^{\infty}\frac{(-1)^n 8^n}{n\ln(n^3+n)}x^{3n-2}$ 的收敛域。

解 当 $x\neq 0$ 时,$\displaystyle\sum_{n=1}^{\infty}\frac{(-1)^n 8^n}{n\ln(n^3+n)}x^{3n-2}=\frac{1}{x^2}\cdot\sum_{n=1}^{\infty}\frac{1}{n\ln(n^3+n)}t^n\bigg|_{t=-8x^3}。$

记 $a_n=\dfrac{1}{n\ln(n^3+n)}$,当 n 足够大时,

$$1\leqslant n\ln(n^3+n)\leqslant n\ln(n^4)=4n\ln n。$$

则有 $\displaystyle\lim_{n\to\infty}\sqrt[n]{n\ln(n^3+n)}=1$,此时 $\displaystyle\lim_{n\to\infty}\sqrt[n]{a_n}=\lim_{n\to\infty}\sqrt[n]{\frac{1}{n\ln(n^3+n)}}=1$,所以幂级数

$\displaystyle\sum_{n=1}^{\infty}\frac{1}{n\ln(n^3+n)}t^n$ 的收敛半径为 1。

另一方面,当 $t=1$ 时,级数 $\displaystyle\sum_{n=1}^{\infty}\frac{1}{n\ln(n^3+n)}t^n\bigg|_{t=1}=\sum_{n=1}^{\infty}\frac{1}{n\ln(n^3+n)}$ 发散;而当 $t=-1$

时,级数 $\displaystyle\sum_{n=1}^{\infty}\frac{1}{n\ln(n^3+n)}t^n\bigg|_{t=-1}=\sum_{n=1}^{\infty}(-1)^n\frac{1}{n\ln(n^3+n)}$ 收敛。

所以,幂级数 $\displaystyle\sum_{n=1}^{\infty}\frac{1}{n\ln(n^3+n)}t^n$ 的收敛域为 $[-1,1)$,因而 $-8x^3\in[-1,1)$。解得 $x\in$

$\left(-\dfrac{1}{2},\,\dfrac{1}{2}\right]$,亦即幂级数 $\displaystyle\sum_{n=1}^{\infty}\frac{(-1)^n 8^n}{n\ln(n^3+n)}x^{3n-2}$ 的收敛域为 $\left(-\dfrac{1}{2},\,\dfrac{1}{2}\right]$。

例 8.44 已知 $a_0=3$,$a_1=1$,$a_{n-2}-n(n-1)a_n=0\ (n\geqslant 2)$,求幂级数 $\displaystyle\sum_{n=0}^{\infty}a_n x^n$ 的和函

数。

解 记 $S(x) = \sum\limits_{n=0}^{\infty} a_n x^n$，逐项求导，可得

$$S'(x) = \sum_{n=1}^{\infty} n a_n x^{n-1}, \quad S''(x) = \sum_{n=2}^{\infty} n(n-1) a_n x^{n-2}。$$

结合已知条件，有

$$S(x) = \sum_{n=0}^{\infty} a_n x^n = \sum_{m=2}^{\infty} a_{n-2} x^{n-2} = \sum_{n=2}^{\infty} n(n-1) a_n x^{n-2} = S''(x)。$$

得微分方程 $S''(x) - S(x) = 0$，其通解为 $S(x) = C_1 \mathrm{e}^x + C_2 \mathrm{e}^{-x}$。$S(0) = a_0 = 3$ 以及 $S'(0) = a_1 = 1$，解得 $C_1 = 2$，$C_2 = 1$，所以和函数 $S(x) = 2\mathrm{e}^x + \mathrm{e}^{-x}$，$x \in (-\infty, +\infty)$。

例 8.45 设 $a_0 = 1$，$a_1 = -2$，$a_2 = \dfrac{7}{2}$，$a_{n+1} = -\left(1 + \dfrac{1}{n+1}\right) a_n \ (n \geqslant 2)$，证明：$|x| < 1$ 时，幂级数 $\sum\limits_{n=0}^{\infty} a_n x^n$ 收敛，并求其和函数。

证明 (1) 由题设知，当 $n \geqslant 2$ 时，$a_{n+1} = -\left(1 + \dfrac{1}{n+1}\right) a_n$，此时

$$\lim_{n \to \infty} \left| \frac{a_{n+1}}{a_n} \right| = \lim_{n \to \infty} \left(1 + \frac{1}{1+n}\right) = 1。$$

故幂级数 $\sum\limits_{n=0}^{\infty} a_n x^n$ 的收敛半径 $R = 1$，因此当 $|x| < 1$ 时，幂级数 $\sum\limits_{n=0}^{\infty} a_n x^n$ 收敛。

(2) 当 $n \geqslant 2$ 时，$a_{n+1} = -\left(1 + \dfrac{1}{n+1}\right) a_n$。可推出，当 $n \geqslant 2$ 时，$a_n = (-1)^n \cdot \dfrac{7}{6}(n+1)$，所以和函数

$$
\begin{aligned}
S(x) &= \sum_{n=0}^{\infty} a_n x^n = 1 - 2x + \sum_{n=2}^{\infty} (-1)^n \cdot \frac{7}{6}(n+1) x^n = 1 - 2x + \frac{7}{6} \sum_{n=2}^{\infty} (n+1) t^n \bigg|_{t=-x} \\
&= 1 - 2x + \frac{7}{6} \left(\sum_{n=2}^{\infty} t^{n+1} \right)' \bigg|_{t=-x} = 1 - 2x + \frac{7}{6} \left(\frac{t^3}{1-t} \right)' \bigg|_{t=-x} \\
&= 1 - 2x + \frac{7}{6} \cdot \frac{3t^2 - 2t^3}{(1-t)^2} \bigg|_{t=-x} = \frac{1}{(1+x)^2} \left(\frac{x^3}{3} + \frac{x^2}{2} + 1 \right)。
\end{aligned}
$$

例 8.46 求函数项级数 $\sum\limits_{n=1}^{\infty} \dfrac{1}{2^n} \tan \dfrac{x}{2^n}$ 在 $(0, \pi)$ 上的和函数。

解 由于 $\dfrac{1}{2^k} \tan \dfrac{x}{2^k} = \dfrac{1}{2^k} \cot \dfrac{x}{2^k} - \dfrac{1}{2^{k-1}} \cot \dfrac{x}{2^{k-1}}$，故部分和

$$
\begin{aligned}
S_n(x) &= \frac{1}{2} \tan \frac{x}{2} + \frac{1}{2^2} \tan \frac{x}{2^2} + \cdots + \frac{1}{2^n} \tan \frac{x}{2^n} \\
&= \left(\frac{1}{2} \cot \frac{x}{2} - \cot x \right) + \left(\frac{1}{2^2} \cot \frac{x}{2^2} - \frac{1}{2} \cot \frac{x}{2} \right) + \cdots + \left(\frac{1}{2^n} \cot \frac{x}{2^n} - \frac{1}{2^{n-1}} \cot \frac{x}{2^{n-1}} \right) \\
&= \frac{1}{2^n} \cot \frac{x}{2^n} - \cot x。
\end{aligned}
$$

所以,和函数

$$S(x) = \lim_{n \to \infty} S_n(x) = \lim_{n \to \infty}\left(\frac{1}{2^n}\cot\frac{x}{2^n} - \cot x\right) = \frac{1}{x} - \cot x 。$$

例 8.47　已知幂级数 $\sum\limits_{n=0}^{\infty}\dfrac{x^{2n+1}}{(2n+1)!!}$ 的和函数为 $S(x)$,求极限 $\lim\limits_{x \to +\infty} \mathrm{e}^{-\frac{x^2}{2}}S(x)$。

解　由于 $S'(x) = \left(\sum\limits_{n=0}^{\infty}\dfrac{x^{2n+1}}{(2n+1)!!}\right)' = \sum\limits_{n=0}^{\infty}\dfrac{x^{2n}}{(2n-1)!!}$

$$= 1 + \sum_{n=1}^{\infty}\frac{x^{2n}}{(2n-1)!!} = 1 + \sum_{n=0}^{\infty}\frac{x^{2n+2}}{(2n+1)!!}$$

$$= 1 + xS(x),$$

故 $S'(x) - xS(x) = 1$,解得

$$S(x) = \mathrm{e}^{\int x \,\mathrm{d}x}\left(\int_0^x \mathrm{e}^{\int -x\,\mathrm{d}x}\,\mathrm{d}x + C\right) = \mathrm{e}^{\frac{x^2}{2}}\left(\int_0^x \mathrm{e}^{-\frac{x^2}{2}}\,\mathrm{d}x + C\right)。$$

结合 $S(0) = 0$,可得 $S(x) = \mathrm{e}^{\frac{x^2}{2}}\int_0^x \mathrm{e}^{-\frac{x^2}{2}}\,\mathrm{d}x$。 所以,

$$\lim_{x \to +\infty} \mathrm{e}^{-\frac{x^2}{2}}S(x) = \lim_{x \to +\infty} \mathrm{e}^{-\frac{x^2}{2}} \cdot \mathrm{e}^{\frac{x^2}{2}}\int_0^x \mathrm{e}^{-\frac{x^2}{2}}\,\mathrm{d}x = \int_0^{+\infty} \mathrm{e}^{-\frac{x^2}{2}}\,\mathrm{d}x = \sqrt{\frac{\pi}{2}} 。$$

例 8.48　求级数 $\sum\limits_{n=1}^{\infty}\dfrac{1}{3} \cdot \dfrac{2}{5} \cdot \dfrac{3}{7} \cdot \cdots \cdot \dfrac{n}{2n+1} \cdot \dfrac{1}{n+1}$ 的和。

解　注意到 $\sum\limits_{n=1}^{\infty}\dfrac{1}{3} \cdot \dfrac{2}{5} \cdot \dfrac{3}{7} \cdot \cdots \cdot \dfrac{n}{2n+1} \cdot \dfrac{1}{n+1}$

$$= 4\sum_{n=1}^{\infty}\frac{(2n)!!}{(2n+1)!!} \cdot \frac{1}{2(n+1)}\left(\frac{1}{\sqrt{2}}\right)^{2n+2}$$

$$= 4\sum_{n=1}^{\infty}\frac{(2n)!!}{(2n+1)!!} \cdot \frac{1}{2(n+1)}x^{2n+2}\bigg|_{x=\frac{1}{\sqrt{2}}} = 4\left[S(x) - \frac{x^2}{2}\right]\bigg|_{x=\frac{1}{\sqrt{2}}}。$$

其中,　　　　　$$S(x) = \sum_{n=0}^{\infty}\frac{(2n)!!}{(2n+1)!!} \cdot \frac{1}{2(n+1)}x^{2n+2}。 \tag{1}$$

以下求 $S(x)$,在式(1)两边求导可得

$$S'(x) = \left[\sum_{n=0}^{\infty}\frac{(2n)!!}{(2n+1)!!} \cdot \frac{1}{2(n+1)}x^{2n+2}\right]' = \sum_{n=0}^{\infty}\frac{(2n)!!}{(2n+1)!!}x^{2n+1}。$$

若记 $f(x) = \sum\limits_{n=0}^{\infty}\dfrac{(2n)!!}{(2n+1)!!}x^{2n+1}$,两边再求导可得:

$$f'(x) = 1 + \sum_{n=1}^{\infty}\frac{(2n)!!}{(2n-1)!!}x^{2n} = 1 + x\left[\sum_{n=1}^{\infty}\frac{(2n-2)!!}{(2n-1)!!}x^{2n}\right]'$$

$$= 1 + x[xf(x)]' = 1 + xf(x) + x^2 f'(x)。$$

因此 $f'(x)=1+xf(x)+x^2 f'(x)$，其通解为 $f(x)=\dfrac{1}{\sqrt{1-x^2}}(\arcsin x+C)$。由于

$f(0)=0$，代入可得 $C=0$，故 $f(x)=\dfrac{\arcsin x}{\sqrt{1-x^2}}$，因而

$$S(x)=\int_0^x S'(x)\mathrm{d}x=\int_0^x \frac{\arcsin x}{\sqrt{1-x^2}}\mathrm{d}x=\frac{1}{2}(\arcsin x)^2。$$

综上，$\displaystyle\sum_{n=1}^{\infty}\frac{1}{3}\cdot\frac{2}{5}\cdot\frac{3}{7}\cdot\cdots\cdot\frac{n}{2n+1}\cdot\frac{1}{n+1}=4\left[S(x)-\frac{x^2}{2}\right]\Big|_{x=\frac{1}{\sqrt{2}}}$

$$=4\left[\frac{1}{2}(\arcsin x)^2-\frac{x^2}{2}\right]\Big|_{x=\frac{1}{\sqrt{2}}}=\frac{\pi^2-8}{8}。$$

例 8.49 求幂级数 $\displaystyle\sum_{n=0}^{\infty}\frac{x^{3n}}{(3n)!}$ 的和函数。

解 首先，容易得到幂级数 $\displaystyle\sum_{n=0}^{\infty}\frac{x^{3n}}{(3n)!}$ 的收敛域是 $(-\infty,+\infty)$。由于

$$y'(x)=\sum_{n=1}^{\infty}\frac{x^{3n-1}}{(3n-1)!},\ y''(x)=\sum_{n=1}^{\infty}\frac{x^{3n-2}}{(3n-2)!},$$

于是 $\displaystyle y''(x)+y'(x)+y(x)=\sum_{n=1}^{\infty}\frac{x^{3n-2}}{(3n-2)!}+\sum_{n=1}^{\infty}\frac{x^{3n-1}}{(3n-1)!}+\sum_{n=0}^{\infty}\frac{x^{3n}}{(3n)!}$

$$=1+x+\frac{x^2}{2!}+\frac{x^3}{3!}+\frac{x^4}{4!}+\frac{x^5}{5!}+\frac{x^6}{6!}+\cdots$$

$$=\sum_{n=0}^{\infty}\frac{x^n}{n!}=\mathrm{e}^x。$$

因此，可得微分方程

$$y''+y'+y=\mathrm{e}^x。\tag{1}$$

方程(1)对应的齐次方程的通解为 $y=\mathrm{e}^{-\frac{1}{2}x}\left(C_1\cos\dfrac{\sqrt{3}}{2}x+C_2\sin\dfrac{\sqrt{3}}{2}x\right)$。设非齐次方程

(1)的一个特解为 $y^*=A\mathrm{e}^x$，代入原方程可得 $A=\dfrac{1}{3}$，因此非齐次方程(1)的通解为

$$y=\mathrm{e}^{-\frac{x}{2}}\left(C_1\cos\frac{\sqrt{3}}{2}x+C_2\sin\frac{\sqrt{3}}{2}x\right)+\frac{1}{3}\mathrm{e}^x。$$

注意到初始条件 $y(0)=1$, $y'(0)=0$，可得 $\begin{cases}y(0)=C_1+\dfrac{1}{3}=1\\ y'(0)=-\dfrac{1}{2}C_1+\dfrac{\sqrt{3}}{2}C_2+\dfrac{1}{3}=0\end{cases}$，解出 $C_1=$

$\dfrac{2}{3}$, $C_2=0$。

综上，$\displaystyle\sum_{n=0}^{\infty}\frac{x^{3n}}{(3n)!}=y(x)=\frac{2}{3}\mathrm{e}^{-\frac{x}{2}}\cos\frac{\sqrt{3}}{2}x+\frac{1}{3}\mathrm{e}^{x},\ -\infty<x<+\infty$。

例 8.50 证明：$\displaystyle\frac{5\pi}{2}\leqslant\int_{0}^{2\pi}\mathrm{e}^{\sin x}\mathrm{d}x\leqslant 2\pi\mathrm{e}^{\frac{1}{4}}$。

证明 对于任意的 x，由于 $\mathrm{e}^{\sin x}\geqslant 1+\sin x+\dfrac{\sin^2 x}{2!}+\dfrac{\sin^3 x}{3!}$，故

$$\int_{0}^{2\pi}\mathrm{e}^{\sin x}\mathrm{d}x\geqslant\int_{0}^{2\pi}\left(1+\sin x+\frac{\sin^2 x}{2!}+\frac{\sin^3 x}{3!}\right)\mathrm{d}x=2\pi+\frac{\pi}{2}=\frac{5\pi}{2}。$$

另一方面，$\displaystyle\int_{0}^{2\pi}\mathrm{e}^{\sin x}\mathrm{d}x=\int_{0}^{2\pi}\left(\sum_{n=0}^{\infty}\frac{\sin^n x}{n!}\right)\mathrm{d}x=\sum_{n=0}^{\infty}\int_{0}^{2\pi}\frac{\sin^n x}{n!}\mathrm{d}x$

$$=\sum_{n=0}^{\infty}\int_{0}^{2\pi}\frac{\sin^{(2n)}x}{(2n)!}\mathrm{d}x=\sum_{n=0}^{\infty}\frac{4}{(2n)!}\int_{0}^{\frac{\pi}{2}}\sin^{(2n)}x\,\mathrm{d}x$$

$$=\sum_{n=0}^{\infty}\frac{4}{(2n)!}\cdot\frac{(2n-1)!!}{(2n)!!}\cdot\frac{\pi}{2}=2\pi\sum_{n=0}^{\infty}\frac{1}{4^n(n!)^2}$$

$$\leqslant 2\pi\sum_{n=0}^{\infty}\frac{1}{4^n n!}=2\pi\mathrm{e}^{\frac{1}{4}}。$$

综上，结论成立。

例 8.51 将幂级数 $\displaystyle\sum_{n=1}^{\infty}(-1)^{n-1}\frac{x^{2n-1}}{2^{2n-2}\cdot(2n-1)!}$ 的和函数展开为 $x-1$ 的幂级数。

解 注意到

$$\sum_{n=1}^{\infty}(-1)^{n-1}\frac{x^{2n-1}}{2^{2n-2}\cdot(2n-1)!}=2\sum_{n=1}^{\infty}(-1)^{n-1}\frac{\left(\frac{x}{2}\right)^{2n-1}}{(2n-1)!}=2\sum_{n=0}^{\infty}(-1)^{n}\frac{\left(\frac{x}{2}\right)^{2n+1}}{(2n+1)!}。$$

故幂级数 $\displaystyle\sum_{n=1}^{\infty}(-1)^{n-1}\frac{x^{2n-1}}{2^{2n-2}\cdot(2n-1)!}$ 的和函数 $S(x)=2\sin\dfrac{x}{2},\ x\in(-\infty,+\infty)$。

下面将 $S(x)$ 展开为 $x-1$ 的幂级数。

$$S(x)=2\sin\frac{x}{2}=2\sin\frac{x-1+1}{2}=2\left(\sin\frac{x-1}{2}\cos\frac{1}{2}+\cos\frac{x-1}{2}\sin\frac{1}{2}\right)$$

$$=2\left[\sin\frac{1}{2}\sum_{n=0}^{\infty}(-1)^{n}\frac{\left(\frac{x-1}{2}\right)^{2n}}{(2n)!}+\cos\frac{1}{2}\sum_{n=0}^{\infty}(-1)^{n}\frac{\left(\frac{x-1}{2}\right)^{2n+1}}{(2n+1)!}\right],\ x\in(-\infty,+\infty)。$$

例 8.52 求 $\displaystyle\lim_{\substack{m\to\infty\\n\to\infty}}\sum_{i=1}^{m}\sum_{j=1}^{n}\frac{(-1)^{i+j}}{i+j}$。

解 $\displaystyle\sum_{i=1}^{m}\sum_{j=1}^{n}\frac{(-1)^{i+j}}{i+j}=-\sum_{i=1}^{m}\sum_{j=1}^{n}\int_{-1}^{0}x^{i+j-1}\mathrm{d}x=-\int_{-1}^{0}\sum_{i=1}^{m}\sum_{j=1}^{n}x^{i+j-1}\mathrm{d}x$

$$=-\int_{-1}^{0}\frac{1-x^n}{1-x}\cdot\frac{x(1-x^m)}{1-x}\mathrm{d}x=-\int_{-1}^{0}\frac{x-x^{m+1}-x^{n+1}+x^{m+n+1}}{(1-x)^2}\mathrm{d}x。$$

因为 $\left| \int_{-1}^0 \dfrac{x^k}{(1-x)^2}\mathrm{d}x \right| \leqslant \int_{-1}^0 |x|^k\mathrm{d}x = \dfrac{1}{k+1} \to 0,\ k\to\infty$，所以，

$$\lim_{\substack{m\to\infty\\n\to\infty}}\sum_{i=1}^m\sum_{j=1}^n\dfrac{(-1)^{i+j}}{i+j} = -\lim_{\substack{m\to\infty\\n\to\infty}}\int_{-1}^0\dfrac{x-x^{m+1}-x^{n+1}+x^{m+n+1}}{(1-x)^2}\mathrm{d}x = -\int_{-1}^0\dfrac{x}{(1-x)^2}\mathrm{d}x = \ln 2 - \dfrac{1}{2}。$$

例 8.53 设 $0 < x < 1$，n 是任意一个自然数，证明：$\displaystyle\sum_{k=1}^n x^k(1-x)^{2k} < \dfrac{4}{23}$。

证明 级数 $\displaystyle\sum_{k=1}^\infty x^k(1-x)^{2k}$ 的和函数为

$$S(x) = \sum_{k=1}^\infty x^k(1-x)^{2k} = \dfrac{x(1-x)^2}{1-x(1-x)^2},$$

且
$$S'(x) = \left[\dfrac{x(1-x)^2}{1-x(1-x)^2}\right]' = \dfrac{(3x-1)(x-1)}{[1-x(1-x)^2]^2}。$$

故当 $0 < x < 1$ 时，$S(x)$ 的最大值为 $S\left(\dfrac{1}{3}\right) = \dfrac{4}{23}$，此时有

$$\sum_{k=1}^n x^k(1-x)^{2k} < \sum_{k=1}^\infty x^k(1-x)^{2k} = S(x) \leqslant \dfrac{4}{23}。$$

综上，结论成立。

例 8.54 设 a_n 满足 $a_0 = 0$，$a_1 = 1$，$a_{n+1} = a_{n-1} + \dfrac{2}{3n}a_n$，$n \geqslant 1$，求幂级数 $\displaystyle\sum_{n=1}^\infty a_n x^{n-1}$ 的收敛域以及和函数。

解 计算可得 $a_2 = a_0 + \dfrac{2}{3}a_1 = \dfrac{2}{3}$。先用数学归纳法证明当 $n \geqslant 1$ 时，$\dfrac{1}{n} \leqslant a_n \leqslant n$。当 $n = 1,\ 2$ 时，显然成立。假设 $\dfrac{1}{2n-1} \leqslant a_{2n-1} \leqslant 2n-1$ 以及 $\dfrac{1}{2n} \leqslant a_{2n} \leqslant 2n$，则有

$$\dfrac{1}{2n+1} \leqslant \dfrac{1}{2n-1} \leqslant a_{2n-1} \leqslant a_{2n+1} = a_{2n-1} + \dfrac{2}{6n}a_{2n}$$

$$\leqslant 2n-1 + \dfrac{2}{6n}\cdot 2n \leqslant 2n+1,$$

$$\dfrac{1}{2n+2} \leqslant \dfrac{1}{2n} \leqslant a_{2n} \leqslant a_{2n+2} = a_{2n} + \dfrac{2}{3(2n+1)}a_{2n+1}$$

$$\leqslant 2n + \dfrac{2}{3(2n+1)}\cdot(2n+1) \leqslant 2n+2。$$

所以可得，当 $n \geqslant 1$ 时，$\dfrac{1}{n} \leqslant a_n \leqslant n$。

由于 $\sqrt[n]{\dfrac{1}{n}} \leqslant \sqrt[n]{a_n} \leqslant \sqrt[n]{n}$，故 $\lim\limits_{n\to\infty}\sqrt[n]{a_n}=1$，幂级数 $\sum\limits_{n=1}^{\infty}a_n x^{n-1}$ 的收敛半径为 1。另一方面，当 $x=1$ 时，级数 $\sum\limits_{n=1}^{\infty}a_n x^{n-1}\Big|_{x=1}=\sum\limits_{n=1}^{\infty}a_n$ 发散，而当 $x=-1$ 时，级数 $\sum\limits_{n=1}^{\infty}a_n x^{n-1}\Big|_{x=-1}=\sum\limits_{n=1}^{\infty}(-1)^{n-1}a_n$ 也发散，因此幂级数 $\sum\limits_{n=1}^{\infty}a_n x^{n-1}$ 的收敛 $K=(-1,1)$。

最后求和函数 $S(x)$。由于

$$S(x)=\sum_{n=1}^{\infty}a_n x^{n-1}=1+\sum_{n=2}^{\infty}a_n x^{n-1}=1+\sum_{n=1}^{\infty}a_{n+1}x^{n}=1+\sum_{n=1}^{\infty}\left(a_{n-1}+\frac{2}{3n}a_n\right)x^{n}$$

$$=1+\sum_{n=1}^{\infty}a_{n-1}x^{n}+\frac{2}{3}\sum_{n=1}^{\infty}\frac{a_n}{n}x^{n}=1+\sum_{n=2}^{\infty}a_{n-1}x^{n}+\frac{2}{3}\sum_{n=1}^{\infty}\frac{a_n}{n}x^{n}$$

$$=1+\sum_{n=1}^{\infty}a_n x^{n+1}+\frac{2}{3}\sum_{n=1}^{\infty}\frac{a_n}{n}x^{n}=1+x^2 S(x)+\frac{2}{3}\int_0^x S(x)\mathrm{d}x,$$

故
$$S(x)=1+x^2 S(x)+\frac{2}{3}\int_0^x S(x)\mathrm{d}x。$$

两边求导可得
$$(1-x^2)S'(x)=\left(2x+\frac{2}{3}\right)S(x),$$

解得通解为
$$S(x)=\frac{C}{1-x^2}\cdot\sqrt[3]{\frac{1+x}{1-x}}。$$

结合 $S(0)=1$，可得 $C=1$，所以幂级数 $\sum\limits_{n=1}^{\infty}a_n x^{n-1}$ 的和函数 $S(x)=\dfrac{1}{1-x^2}\cdot\sqrt[3]{\dfrac{1+x}{1-x}}$，$x\in(-1,1)$。

例 8.55　求函数项级数 $\sum\limits_{n=0}^{\infty}\dfrac{\sin(2n+1)x}{2n+1}$ 在 $(0,\pi)$ 上的和函数。

解　构造以 2π 为周期的函数 $f(x)$，使得 $f(x)=\begin{cases}-\dfrac{\pi}{4}, & -\pi<x<0 \\[2mm] 0, & x=0,\pi \\[2mm] \dfrac{\pi}{4}, & 0<x<\pi\end{cases}$，对其进行傅里叶级数展开，计算可得

$$a_n=\frac{1}{\pi}\int_{-\pi}^{\pi}f(x)\cos nx\,\mathrm{d}x=0,\ n=0,1,2,\cdots,$$

且

$$b_n=\frac{1}{\pi}\int_{-\pi}^{\pi}f(x)\sin nx\,\mathrm{d}x=\frac{2}{\pi}\int_0^{\pi}\frac{\pi}{4}\sin nx\,\mathrm{d}x=\frac{1}{2n}[1-(-1)^n],\ n=1,2,3,\cdots,$$

由狄雷克莱收敛定理可知，当 $x\in(0,\pi)$ 时，有

$$f(x) = \frac{a_0}{2} + \sum_{n=1}^{\infty}(a_n\cos nx + b_n\sin nx) = \sum_{n=1}^{\infty}\frac{1}{2n}\left[1-(-1)^n\right]\sin nx$$

$$= \sum_{n=0}^{\infty}\frac{1}{2n+1}\sin(2n+1)x,$$

即

$$\sum_{n=0}^{\infty}\frac{\sin(2n+1)x}{2n+1} = \frac{\pi}{4}, \text{当 } x \in (0, \pi) \text{ 时}。$$

例 8.56 设函数 $f(x)$ 在 $[0, \pi]$ 上连续,且当 $n \geqslant 1$ 时,都有 $\int_0^{\pi}f(x)\cos nx\,\mathrm{d}x = 0$,证明:$f(x)$ 是常值函数。

证明 先将函数 $f(x)$ 进行偶延拓,再周期延拓得函数 $F(x)$,对其进行傅里叶级数展开,计算可得

$$a_0 = \frac{1}{\pi}\int_{-\pi}^{\pi}F(x)\mathrm{d}x = \frac{2}{\pi}\int_0^{\pi}f(x)\mathrm{d}x,$$

$$a_n = \frac{1}{\pi}\int_{-\pi}^{\pi}F(x)\cos nx\,\mathrm{d}x = \frac{2}{\pi}\int_0^{\pi}f(x)\cos nx\,\mathrm{d}x = 0, \ n = 1, 2, \cdots,$$

$$b_n = \frac{1}{\pi}\int_{-\pi}^{\pi}F(x)\sin nx\,\mathrm{d}x = 0, \ n = 1, 2, 3, \cdots。$$

由狄雷克莱收敛定理可知,当 $x \in [0, \pi]$ 时,有

$$f(x) = F(x) = \frac{a_0}{2} + \sum_{n=1}^{\infty}(a_n\cos nx + b_n\sin nx) = \frac{1}{\pi}\int_0^{\pi}f(x)\mathrm{d}x。$$

综上可知,$f(x)$ 是常值函数。

练习题八

8.1 设 $a \geqslant 0$,则级数 $\displaystyle\sum_{n=1}^{\infty}(-1)^n\frac{1}{n+a^n}$ ( )。

　(A) 绝对收敛　　　(B) 条件收敛　　　(C) 收敛　　　(D) 发散

8.2 判断常数项级数 $\dfrac{1}{2} - 1 + \dfrac{1}{5} - \dfrac{1}{4} + \dfrac{1}{8} - \dfrac{1}{7} + \cdots + \dfrac{1}{3n-1} - \dfrac{1}{3n-2} + \cdots$ 的敛散性并在收敛时求和。

8.3 设 $|f'(x)| \leqslant M$,其中 M 是正常数,证明:

　(1) 级数 $\displaystyle\sum_{n=0}^{\infty}\left[f\left(\dfrac{n}{2^n}\right) - f\left(\dfrac{n+1}{2^{n+1}}\right)\right]$ 绝对收敛;(2) 数列 $f\left(\dfrac{n}{2^n}\right)$ 收敛。

8.4 证明:级数 $\displaystyle\sum_{n=1}^{\infty}\left(\mathrm{e} - 1 - \dfrac{1}{1!} - \dfrac{1}{2!} - \cdots - \dfrac{1}{n!}\right)$ 收敛。

8.5 讨论常数项级数 $\displaystyle\sum_{n=1}^{\infty}\dfrac{x^n}{1+x^{2n}}$ $(x > 0)$ 的敛散性。

8.6 设 $a_n > 0$，证明：级数 $\displaystyle\sum_{n=1}^{\infty} \frac{a_n}{(1+a_1)(1+a_2)\cdots(1+a_n)}$ 收敛。

8.7 判别下列级数的敛散性：(1) $\displaystyle\sum_{n=2}^{\infty} \frac{1}{(\ln n)^{\ln n}}$；(2) $\displaystyle\sum_{n=2}^{\infty} \frac{1}{(\ln\ln n)^{\ln n}}$。

8.8 试构造两个常数项级数 $\displaystyle\sum_{n=1}^{\infty} a_n$ 以及 $\displaystyle\sum_{n=1}^{\infty} b_n$，使得 $\displaystyle\lim_{n\to\infty}\frac{a_n}{b_n}=l$（正常数），但是它们具有不同的敛散性。

8.9 是否存在 a_n，使得级数 $\displaystyle\sum_{n=1}^{\infty} a_n$ 收敛且级数 $\displaystyle\sum_{n=1}^{\infty} a_n\ln n$ 发散？

8.10 判别级数 $\displaystyle\sum_{n=1}^{\infty} (n^{\frac{1}{n}} - n^{\frac{1}{n+1}})$ 的敛散性。　**8.11** 求级数 $\displaystyle\sum_{n=1}^{\infty} \frac{1}{n^2(n+1)^2(n+2)^2}$ 的和。

8.12 求级数 $\displaystyle\sum_{n=1}^{\infty} \arctan\frac{2n}{n^4+n^2+2}$ 的和。　**8.13** 求级数 $\displaystyle\sum_{n=0}^{\infty} \operatorname{arccot}(n^2+n+1)$ 的和。

8.14 设 a 为实数，讨论级数 $\displaystyle\sum_{n=2}^{\infty} (-1)^n \frac{1}{n^a(\ln n)^2}$ 的敛散性。

8.15 将不含数字 9 的自然数从小到大排列得一数列，记作 a_n，试判别级数 $\displaystyle\sum_{n=1}^{\infty} \frac{1}{a_n}$ 的敛散性（需说明理由）。

8.16 设 $f_n(x)=x^n+nx-1$，(1) 证明：$f_n(x)=0$ 有唯一正根（记作 x_n）；(2) 判别级数 $\displaystyle\sum_{n=1}^{\infty} x_n$ 的敛散性。

8.17 判别级数 $\displaystyle\sum_{n=1}^{\infty} (-1)^n \tan(\sqrt{n^2+2}\,\pi)$ 的敛散性。

8.18 假设级数 $\displaystyle\sum_{n=1}^{\infty} a_n$ 条件收敛，且 $\displaystyle\lim_{n\to\infty}\frac{a_{n+1}}{a_n}=r$，求 r 的值。

8.19 设 $u_n \neq 0 (n=1,2,3\cdots)$，满足 $\displaystyle\lim_{n\to\infty}\frac{n}{u_n}=1$，试判别级数 $\displaystyle\sum_{n=1}^{\infty} (-1)^{n+1}\left(\frac{1}{u_n}+\frac{1}{u_{n+1}}\right)$ 的敛散性（说明理由）。

8.20 设级数 $\displaystyle\sum_{n=1}^{\infty}\bigl[\ln n + a\ln(n+1) + b\ln(n+3)\bigr]$ 收敛，求常数 a、b。

8.21 设 u_n 是单调增加的正数列，证明：级数 $\displaystyle\sum_{n=1}^{\infty}\left(1-\frac{u_n}{u_{n+1}}\right)$ 收敛的充分必要条件是 u_n 有界。

8.22 设 u_n 是单调递减的正数列，证明：级数 $\displaystyle\sum_{n=1}^{\infty} u_n$ 与 $\displaystyle\sum_{n=0}^{\infty} 2^n u_{2^n}$ 具有相同的敛散性。

8.23 设 $a_n, b_n > 0$ 且 $\dfrac{a_{n+1}}{a_n} \leqslant \dfrac{b_{n+1}}{b_n}$，证明：

(1) 若 $\displaystyle\sum_{n=1}^{\infty} b_n$ 收敛，则 $\displaystyle\sum_{n=1}^{\infty} a_n$ 收敛；(2) 若 $\displaystyle\sum_{n=1}^{\infty} a_n$ 发散，则 $\displaystyle\sum_{n=1}^{\infty} b_n$ 发散。

8.24 设 $0 < x_1 < \dfrac{\pi}{2}$，$x_{n+1}=\sin x_n$，p 是一个常数，试判别级数 $\displaystyle\sum_{n=1}^{\infty} a_n^p$ 的敛散性。

8.25 设 $a_n > 0$ 且 $\lim\limits_{n \to \infty} \dfrac{\ln\left(\dfrac{1}{a_n}\right)}{\ln n} = r$，证明：

(1) 若 $r > 1$(可为 ∞)，则级数 $\sum\limits_{n=1}^{\infty} a_n$ 收敛；(2) 若 $r < 1$，则级数 $\sum\limits_{n=1}^{\infty} a_n$ 发散。

8.26 设常数 $\alpha > 0$，判别级数 $\sum\limits_{n=1}^{\infty} e^{-n^\alpha}$ 的敛散性。

8.27 设级数 $\sum\limits_{n=1}^{\infty} \dfrac{a_n}{b_n}$ 以及 $\sum\limits_{n=1}^{\infty} \left(\dfrac{a_n}{b_n}\right)^2$ 都收敛，且对于任意的 n，都有 $b_n(a_n + b_n) \neq 0$，证明：级数 $\sum\limits_{n=1}^{\infty} \dfrac{a_n}{a_n + b_n}$ 收敛。

8.28 求函数项级数 $\sum\limits_{n=1}^{\infty} \dfrac{(n+x)^n}{n^{n+x}}$ 的收敛域。

8.29 设 $0 < x < 1$，则 $\sum\limits_{n=0}^{\infty} \dfrac{x^{2^n}}{1 - x^{2^{n+1}}} = ($ 　　$)$。

(A) $\dfrac{x}{1-x}$ 　　　　 (B) $\dfrac{1-x}{x}$ 　　　　 (C) $\dfrac{1+x}{1-x}$ 　　　　 (D) $\dfrac{1+x}{x}$

8.30 设 $a_0 = 1$，$na_n = \left(n - \dfrac{1}{2}\right)a_{n-1}$，$n = 1, 2, 3, \cdots$，求幂级数 $\sum\limits_{n=0}^{\infty} a_n x^n$ 的和函数。

8.31 设 $a_0 = 1$，$a_1 = -\dfrac{1}{2}$，$a_2 = -\dfrac{7}{2}$，$a_{n+1} = -\left(1 + \dfrac{1}{n+1}\right)a_n (n \geqslant 2)$，证明：当 $|x| < 1$ 时，幂级数 $\sum\limits_{n=0}^{\infty} a_n x^n$ 收敛，并求其和函数。

8.32 求幂级数 $\sum\limits_{n=0}^{\infty} \dfrac{(2n)!!}{(2n+1)!!} x^{2n+1}$ 的和函数。 　　8.33 求级数 $\sum\limits_{n=1}^{\infty} \dfrac{1}{n(2n+1)2^n}$ 的和。

8.34 求 $\left(\sum\limits_{n=1}^{\infty} x^n\right)^3$ 中 x^{20} 的系数。

8.35 设 $f(x) = \begin{cases} x, & 0 \leqslant x \leqslant \dfrac{1}{2} \\ 2 - 2x, & \dfrac{1}{2} < x < 1 \end{cases}$，$S(x) = \dfrac{a_0}{2} + \sum\limits_{n=1}^{\infty} a_n \cos n\pi x$，$-\infty < x < +\infty$，其中 $a_n = 2\displaystyle\int_0^1 f(x) \cos n\pi x \, dx$，$n = 0, 1, 2, \cdots$，则 $S\left(-\dfrac{5}{2}\right)$ 等于 $($ 　　$)$。

(A) $\dfrac{1}{2}$ 　　　　 (B) $-\dfrac{1}{2}$ 　　　　 (C) $\dfrac{3}{4}$ 　　　　 (D) $-\dfrac{3}{4}$

8.36 将函数 $f(x) = 2 + |x|$ $(-1 \leqslant x \leqslant 1)$ 展开为以 2 为周期的傅里叶级数，并由此求级数 $\sum\limits_{n=1}^{\infty} \dfrac{1}{n^2}$ 的和。

8.37 设函数 $f(x)$ 是定义在区间 $(-\infty, +\infty)$ 上以 2π 为周期的函数，且在区间 $(-\pi, \pi)$ 上

满足 $|f'(x)| \leqslant 1$，a_n 和 b_n 是 $f(x)$ 的傅里叶系数，证明：级数 $\sum\limits_{n=1}^{\infty} a_n b_n$ 绝对收敛。

8.38 证明：$\sum\limits_{n=1}^{\infty} \dfrac{\sin nx}{n} = \dfrac{\pi - x}{2}$，$x \in (0, 2\pi)$。

练习题八解析与提示

8.1 C。 8.2 收敛，且和为 $-\dfrac{\sqrt{3}}{9}\pi$。

8.3 提示 利用拉格朗日中值定理。

8.4 提示 利用泰勒定理。

> 🔍 注：请读者思考级数 $\sum\limits_{n=1}^{\infty}\left(e - 1 - \dfrac{1}{1!} - \dfrac{1}{2!} - \cdots - \dfrac{1}{n!}\right)$ 的和是多少？

8.5 当 $x > 0$ 且 $x \neq 1$ 时级数 $\sum\limits_{n=1}^{\infty} \dfrac{x^n}{1 + x^{2n}}$ 收敛；当 $x = 1$ 时级数 $\sum\limits_{n=1}^{\infty} \dfrac{x^n}{1 + x^{2n}}$ 发散。

8.6 提示 考虑该正项级数的部分和数列。 8.7 (1) 收敛；(2) 收敛。

8.8 可取 $a_n = \dfrac{(-1)^n}{\sqrt{n}}$，$b_n = \dfrac{(-1)^n}{\sqrt{n} - (-1)^n}$。 8.9 存在，可取 $a_n = \dfrac{1}{n \ln^2 n}$，$n \geqslant 2$。

8.10 解 由于 $n^{\frac{1}{n}} - n^{\frac{1}{n+1}} = e^{\frac{\ln n}{n}} - e^{\frac{\ln n}{n+1}} = e^{\frac{\ln n}{n+1}}\left[e^{\frac{\ln n}{n(n+1)}} - 1\right] \sim \dfrac{\ln n}{n(n+1)}$，故级数 $\sum\limits_{n=1}^{\infty}(n^{\frac{1}{n}} - n^{\frac{1}{n+1}})$ 收敛。

8.11 $\sum\limits_{n=1}^{\infty} \dfrac{1}{n^2 (n+1)^2 (n+2)^2} = \dfrac{\pi^2}{4} - \dfrac{39}{16}$。

8.12 解 由于 $\arctan \dfrac{2n}{n^4 + n^2 + 2} = \arctan(n^2 + n + 1) - \arctan(n^2 - n + 1)$

$$= \arctan(n^2 + n + 1) - \arctan((n-1)^2 + (n-1) + 1),$$

所以，$\sum\limits_{n=1}^{\infty} \arctan \dfrac{2n}{n^4 + n^2 + 2} = \dfrac{\pi}{4}$。

8.13 $\sum\limits_{n=0}^{\infty} \operatorname{arccot}(n^2 + n + 1) = \dfrac{\pi}{2}$。

8.14 解 当 $a \geqslant 1$ 时，级数 $\sum\limits_{n=2}^{\infty} (-1)^n \dfrac{1}{n^a (\ln n)^2}$ 绝对收敛；当 $a < 0$ 时，级数 $\sum\limits_{n=2}^{\infty} (-1)^n \dfrac{1}{n^a (\ln n)^2}$ 发散；当 $0 \leqslant a < 1$ 时，级数 $\sum\limits_{n=2}^{\infty} (-1)^n \dfrac{1}{n^a (\ln n)^2}$ 条件收敛。

8.15 解 参见例 8.20，注意到，$\sum\limits_{n=1}^{\infty} \dfrac{1}{a_n} \leqslant 1 \times 8 + \dfrac{1}{10} \times 8 \times 9 + \dfrac{1}{100} \times 8 \times 9^2 + \cdots = 80$

所以级数 $\sum\limits_{n=1}^{\infty} \dfrac{1}{a_n}$ 收敛。

8.16 级数 $\sum\limits_{n=1}^{\infty} x_n$ 发散。 8.17 条件收敛。 8.18 $r = -1$。 8.19 条件收敛。

8.20 $a = -\dfrac{3}{2}$, $b = \dfrac{1}{2}$。 8.21 **提示** 必要性的证明,可以考虑反证法。

8.22 **提示** 利用正项级数比较审敛法。 8.23 **提示** 正项级数比较审敛法。

8.24 当 $p > 2$ 时,级数 $\sum\limits_{n=1}^{\infty} a_n^p$ 收敛;当 $p \leqslant 2$ 时,级数 $\sum\limits_{n=1}^{\infty} a_n^p$ 发散。

8.25 **提示** 数列极限的严格定义以及正项级数比较审敛法。

8.26 利用 8.25 的结论,级数 $\sum\limits_{n=1}^{\infty} \mathrm{e}^{-n^\alpha}$ 收敛。

8.27 参见例 8.39,证明级数 $\sum\limits_{n=1}^{\infty} \left(\dfrac{a_n}{b_n} - \dfrac{a_n}{a_n + b_n} \right)$ 收敛。

8.28 **解** 将 x 视作常数,记 $u_n = \dfrac{(n+x)^n}{n^{n+x}}$,注意到 $\lim\limits_{n \to \infty} \dfrac{u_n}{\frac{1}{n^x}} = \lim\limits_{n \to \infty} \left(1 + \dfrac{x}{n} \right)^n = \mathrm{e}^x$,故收敛

域 $K = (1, +\infty)$。

8.29 **解** $\dfrac{x^{2^n}}{1 - x^{2^{n+1}}} = -\dfrac{x^{2^n}}{x^{2^{n+1}} - 1} = -\dfrac{x^{2^n} + 1 - 1}{x^{2^{n+1}} - 1} = -\left(\dfrac{1}{x^{2^n} - 1} - \dfrac{1}{x^{2^{n+1}} - 1} \right)$,所以,

$$\sum_{n=0}^{\infty} \frac{x^{2^n}}{1 - x^{2^{n+1}}} = -\lim_{n \to \infty} \sum_{k=0}^{n} \left(\frac{1}{x^{2^k} - 1} - \frac{1}{x^{2^{k+1}} - 1} \right) = -\lim_{n \to \infty} \left(\frac{1}{x - 1} - \frac{1}{x^{2^{n+1}} - 1} \right)$$

$$= -\left(\frac{1}{x - 1} + 1 \right) = \frac{x}{1 - x}。$$

选择 A。

8.30 **提示** 当 $n \geqslant 1$ 时,$a_n = \dfrac{(2n-1)!!}{(2n)!!}$,$\sum\limits_{n=0}^{\infty} a_n x^n = 1 + \sum\limits_{n=1}^{\infty} \dfrac{(2n-1)!!}{(2n)!!} x^n = \dfrac{1}{\sqrt{1-x}}$,$-1 \leqslant x < 1$。

8.31 **证明** (1) 由题设,当 $n \geqslant 2$ 时,$a_{n+1} = -\left(1 + \dfrac{1}{n+1} \right) a_n$,因此 $\lim\limits_{n \to \infty} \left| \dfrac{a_{n+1}}{a_n} \right| = \lim\limits_{n \to \infty} \left(1 + \dfrac{1}{1+n} \right) = 1$。 故幂级数 $\sum\limits_{n=0}^{\infty} a_n x^n$ 的收敛半径 $R = 1$,因此当 $|x| < 1$ 时,幂级数 $\sum\limits_{n=0}^{\infty} a_n x^n$ 收敛。

(2) 当 $n \geqslant 2$ 时,$a_{n+1} = -\left(1 + \dfrac{1}{n+1} \right) a_n$。 可推出当 $n \geqslant 2$ 时,$a_n = (-1)^{n-1} \cdot \dfrac{7}{6} (n+1)$,计算可得和函数为 $S(x) = 1 - \dfrac{x}{2} - \dfrac{7(3x^2 + 2x^3)}{6(1+x)^2}$。

8.32 **解** 容易求得幂级数 $\sum\limits_{n=0}^{\infty} \dfrac{(2n)!!}{(2n+1)!!} x^{2n+1}$ 的收敛域是 $(-1, 1)$,记 $S(x) =$

$\sum\limits_{n=0}^{\infty}\dfrac{(2n)!!}{(2n+1)!!}x^{2n+1}$，两边求导可得

$$S'(x)=1+\sum_{n=1}^{\infty}\frac{(2n)!!}{(2n-1)!!}x^{2n}=1+x\left[\sum_{n=1}^{\infty}\frac{(2n-2)!!}{(2n-1)!!}x^{2n}\right]'$$

$$=1+x\left[xS(x)\right]'=1+xS(x)+x^2S'(x)$$

因此 $$S'(x)=1+xS(x)+x^2S'(x)。$$

其通解为 $S(x)=\dfrac{1}{\sqrt{1-x^2}}(\arcsin x+C)$。由于 $S(0)=0$，代入可得 $C=0$，故

$$S(x)=\frac{\arcsin x}{\sqrt{1-x^2}},\ x\in(-1,1)。$$

8.33 **提示** 构造幂级数，$\sum\limits_{n=1}^{\infty}\dfrac{1}{n(2n+1)2^n}=\ln 2+2+\sqrt{2}\ln\left(\dfrac{2-\sqrt{2}}{2+\sqrt{2}}\right)$。

8.34 **解** 当 $|x|<1$ 时，由于

$$\left(\sum_{n=1}^{\infty}x^n\right)^3=\left(\frac{x}{1-x}\right)^3=\left(\frac{1}{1-x}\right)^3\cdot x^3=\left(\frac{1}{1-x}\right)''\cdot\frac{x^3}{2}$$

$$=\left(\sum_{n=0}^{\infty}x^n\right)''\cdot\frac{x^3}{2}=\frac{x^3}{2}\sum_{n=2}^{\infty}n(n-1)x^{n-2}。$$

故 $\left(\sum\limits_{n=1}^{\infty}x^n\right)^3$ 中 x^{20} 的系数为 171。

8.35 **解** 由题设可知，级数是将 $f(x)$ 先进行偶延拓，再进行周期延拓（周期 2）所得函数的傅里叶级数，由狄利克雷收敛定理，就有

$$S\left(-\frac{5}{2}\right)=S\left(-\frac{1}{2}\right)=S\left(\frac{1}{2}\right)=\frac{f\left[\left(\frac{1}{2}\right)^+\right]+f\left[\left(\frac{1}{2}\right)^-\right]}{2}=\frac{\frac{1}{2}+1}{2}=\frac{3}{4},$$

故应选 C。

8.36 **解** 由于 $f(x)=2+|x|$ 是偶函数，则

$$b_n=0,\ n=1,2,\cdots\quad a_0=2\int_0^1(2+x)\mathrm{d}x=5,$$

$$a_n=2\int_0^1(2+x)\cos n\pi x\,\mathrm{d}x=\frac{2(\cos n\pi-1)}{n^2\pi^2},\ n=1,2,\cdots。$$

由狄利克雷收敛定理知

$$2+|x|=\frac{5}{2}+\sum_{n=1}^{\infty}\frac{2(\cos n\pi-1)}{n^2\pi^2}\cos n\pi x=\frac{5}{2}-\frac{4}{\pi^2}\sum_{n=0}^{\infty}\frac{\cos(2n+1)}{(2n+1)^2},\ x\in[-1,1]。$$

取 $x=0$ 得 $2=\dfrac{5}{2}-\dfrac{4}{\pi^2}\sum\limits_{k=0}^{\infty}\dfrac{1}{(2k+1)^2}$，即有 $\sum\limits_{k=0}^{\infty}\dfrac{1}{(2k+1)^2}=\dfrac{\pi^2}{8}$。 故

$$\sum_{n=1}^{\infty}\frac{1}{n^2}=\sum_{k=0}^{\infty}\frac{1}{(2k+1)^2}+\sum_{k=1}^{\infty}\frac{1}{(2k)^2}=\sum_{k=0}^{\infty}\frac{1}{(2k+1)^2}+\frac{1}{4}\sum_{n=1}^{\infty}\frac{1}{n^2},$$

所以

$$\sum_{n=1}^{\infty}\frac{1}{n^2}=\frac{4}{3}\sum_{k=0}^{\infty}\frac{1}{(2k+1)^2}=\frac{\pi^2}{6}。$$

8.37　**提示**　利用比较审敛法。

8.38　**提示**　将函数 $\dfrac{\pi-x}{2}$ 在区间 $(0,2\pi)$ 上展开为正弦级数。

第二部分

大学生高等数学竞赛模拟试题一

一、填空题：

1. 设 $\lim\limits_{x \to 0} \dfrac{ax + 2 \mid \sin x \mid}{bx - \mid \sin x \mid} \cdot \arctan \dfrac{1}{x} = \dfrac{\pi}{2}$，则 $a =$ _____ ，$b =$ _____ 。

2. $\lim\limits_{x \to 0} \dfrac{e^x - e^{\sin x}}{e^{\tan x} - e^x} =$ _____ 。

3. 设函数 $f(x) = (x - 1)(x - 2)^3 (x - 3)^5 (x - 4)^7$，则 $f^{(3)}(2) =$ _____ 。

4. 曲线 $y = x + \sqrt{x^2 - x + 1}$ 的渐近线方程是_____。

5. $\displaystyle\int_3^9 \dfrac{\sqrt{x - 3}}{\sqrt{x - 3} + \sqrt{9 - x}} =$ _____ 。   6. $\displaystyle\int \dfrac{x^9}{(x^5 + 1)^4} \mathrm{d}x =$ _____ 。

7. 设连续函数 $f(x)$ 满足 $f(x) = 4x^2 - \displaystyle\int_0^1 f(e^x)\mathrm{d}x$，则 $f(x) =$ _____ 。

8. 设函数 $f(x)$ 满足 $f'(x) = \arctan(x^2)$，$f(1) = 0$，则 $\displaystyle\int_0^1 f(x)\mathrm{d}x =$ _____ 。

二、在极坐标系中，求曲线 $\rho = 1 + \cos\theta \left(0 \leqslant \theta \leqslant \dfrac{\pi}{2}\right)$ 与射线 $\theta = 0$ 和 $\theta = \dfrac{\pi}{2}$ 所围成的平面区域绕极轴旋转所得几何体的体积。

三、设 $f(x)$ 无穷次可导，证明恒等式：$\left[x^{n-1} f\left(\dfrac{1}{x}\right) \right]^{(n)} = \dfrac{(-1)^n}{x^{n+1}} f^{(n)}\left(\dfrac{1}{x}\right)$，$n = 1$，$2$，$\cdots$。

四、设函数 $f(x)$ 在 $[0, 1]$ 上二阶可导，且 $f(0) = 0$，$f(1) = 1$，证明：存在 $\xi \in (0, 1)$，使得 $\xi f''(\xi) + (1 + \xi) f'(\xi) = 1 + \xi$。

五、设 $0 < x < 1$，试比较 $\sin x$ 与 $\ln(1 + x)$ 的大小，说明理由。

六、设函数 $f(x)$、$g(x)$ 在 $[0, 1]$ 上连续，且具有相同的单调性（同时增加或者减少），证明：$\displaystyle\int_0^1 f(x) g(x)\mathrm{d}x \geqslant \int_0^1 f(x)\mathrm{d}x \int_0^1 g(x)\mathrm{d}x$。

七、设函数 $f(x)$ 二阶可导，且满足 $x = \displaystyle\int_0^x f(t)\mathrm{d}t + \int_0^x t f(t - x)\mathrm{d}t$，求 $f(x)$。

八、(1) 解微分方程 $y' - xy = x e^{x^2}$，满足 $y(0) = 1$；(2) 设 $y = f(x)$ 为 (1) 中的解，证明：$\lim\limits_{n \to \infty} \displaystyle\int_0^1 \dfrac{n}{1 + n^2 x^2} f(x)\mathrm{d}x = \dfrac{\pi}{2}$。

大学生高等数学竞赛模拟试题二

一、设 $f(x) = \begin{cases} x^a \ln(1+x^2), & x > 0 \\ 0, & x \leqslant 0 \end{cases}$，确定 a 使得 $f(x)$ 满足：(1) $\lim\limits_{x \to 0^+} f(x)$ 存在；
(2) $f(x)$ 在 $x = 0$ 处连续；(3) $f(x)$ 在 $x = 0$ 处可导。

二、证明：级数 $\sum\limits_{n=1}^{\infty} \left[e - \left(1 + \dfrac{1}{1!} + \dfrac{1}{2!} + \cdots + \dfrac{1}{n!} \right) \right]$ 收敛。

三、计算 $\int_0^{2\pi} \dfrac{1}{2 + \cos x} dx$。

四、设 $a_n > 0$，$\sum\limits_{n=1}^{\infty} \dfrac{1}{a_n}$ 发散，证明：级数 $\sum\limits_{n=1}^{\infty} \dfrac{1}{1 + a_n}$ 发散。

五、设 a、$b > 0$，证明：$\left(\dfrac{a+1}{b+1} \right)^{b+1} \geqslant \left(\dfrac{a}{b} \right)^b$。

六、设 $0 < x < \dfrac{\pi}{2}$，证明：$\dfrac{\tan x}{x} > \dfrac{x}{\sin x}$。

七、设 $a > 0$，求 $\sum\limits_{n=1}^{\infty} \dfrac{n^2}{(1+a)^n}$。

八、设函数 $f(x)$ 满足方程，$e^x f(x) + 2e^{\pi-x} f(\pi-x) = 3\sin x$，$x \in \mathbf{R}$，求 $f(x)$ 的极值。

九、求函数 $f(x, y, z) = \dfrac{x^2 + yz}{x^2 + y^2 + z^2}$ 在 $D = \{(x, y, z) \mid 1 \leqslant x^2 + y^2 + z^2 \leqslant 4\}$ 的最大值、最小值。

大学生高等数学竞赛模拟试题三

一、给定 $f(x) = \sin x + x^2 + 1$，它在点 $x = 0$ 附近具有反函数 $x = f^{-1}(y)$，求 $\left[f^{-1}(y) \right]^{(4)} \big|_{y=1}$。

二、设 $f(x) = \sin^2(x^2 + 1)$，求 $f(x)$ 的麦克劳林级数展开以及 $f^{(n)}(0)$ $(n = 1, 2, 3\cdots)$。

三、计算 $\lim\limits_{n \to \infty} \dfrac{1}{n} \sum\limits_{k=1}^{n} \ln\left(1 + \dfrac{k^2 - k}{n^2}\right)$。

四、计算 $\iiint\limits_{\Omega} (x^2 + y^2 + z^2)^{\frac{5}{2}} \mathrm{d}x \mathrm{d}y \mathrm{d}z$，其中，$\Omega : x^2 + y^2 + z^2 \leqslant 2z$。

五、设 $D : x^2 + y^2 \leqslant R^2$，$f(x, y)$ 在 D 上可微，且满足 $x \dfrac{\partial f}{\partial x} + y \dfrac{\partial f}{\partial y} = 0$，证明：$f(x, y)$ 在 D 上是常值函数。

六、计算 $\int\limits_{l} (y - z)\mathrm{d}x + (z - x)\mathrm{d}y + (x - y)\mathrm{d}z$，其中，$l$ 是球面 $x^2 + y^2 + z^2 = 1$ 与 $(x-1)^2 + (y-1)^2 + (z-1)^2 = 4$ 的交线，从 x 轴正向看去，曲线取逆时针方向。

七、设 $f(x, y)$ 在其定义域中的某点处存在非零方向导数，且在三个不同方向上的方向导数相等，证明：$f(x, y)$ 在该点处不可微。

八、设区域 $D = \{(x, y) \mid x^2 + y^2 < 1\}$，二元函数 $u(x, y)$ 在 D 上具有二阶连续偏导数且在 $\{(x, y) \mid x^2 + y^2 \leqslant 1\}$ 上连续。当 $x^2 + y^2 = 1$ 时，$u(x, y) \geqslant 0$，且 $u(x, y)$ 满足 $\dfrac{\partial^2 u}{\partial x^2} + \dfrac{\partial u}{\partial x} + \dfrac{\partial u}{\partial y} = 2u$。证明：在 D 上恒有 $u(x, y) \geqslant 0$。

大学生高等数学竞赛模拟试题四

一、求下列极限：

(1) $\lim\limits_{x \to 0^+} \left(\dfrac{1}{x^5} \int_0^x \dfrac{\sin t}{t} \mathrm{d}t - \dfrac{1}{x^4} + \dfrac{1}{18x^2} \right)$；(2) $\lim\limits_{n \to \infty} \left(\dfrac{\sin \frac{\pi}{n}}{n+1} + \dfrac{\sin \frac{2\pi}{n}}{n+\frac{1}{2}} + \cdots + \dfrac{\sin \frac{n\pi}{n}}{n+\frac{1}{n}} \right)$。

二、 设函数 $f(x)$ 在 $[a, b]$ 上连续，存在数列 $x_n \in [a, b]$ 使得 $\lim\limits_{n \to \infty} f(x_n) = A$，证明：存在 $x^* \in [a, b]$ 使得 $f(x^*) = A$。

三、 设函数 $f(x)$ 在 $\left[0, \dfrac{1}{2}\right]$ 上二阶可导，且满足 $f(0) = f'(0)$，$f\left(\dfrac{1}{2}\right) = 0$，证明：存在 $\xi \in \left(0, \dfrac{1}{2}\right)$，使得 $f''(\xi) = \dfrac{3f'(\xi)}{1 - 2\xi}$。

四、 设函数 $f(x)$ 在 $[a, b]$ 上可导，且满足 $f'_+(a) \cdot f'_-(b) < 0$，证明：存在 $\xi \in (a, b)$，使得 $f'(\xi) = 0$。

五、 设蚊香在原点处燃烧后，空间点 $P(x, y, z)$ 处除虫菊酯（蚊香中的主要化学成分）的浓度为 $u(x, y, z) = \exp\left[-\left(x^2 + y^2 + \dfrac{z^2}{4} \right) \right]$。现有一只蚊子处于点 $(1, 2, 4)$ 处，问它沿什么曲线飞行比较合理。说明理由并给出飞行曲线的方程。

六、 设有一高度为 $h(t)$（t 为时间）的雪堆，在融化过程中，侧面满足方程 $z = h(t) - \dfrac{2(x^2 + y^2)}{h(t)}$（设长度单位是 cm，时间单位是 h），已知体积减小的速度与侧面面积成正比，比例系数为 0.9，问高度为 130 cm 的雪堆全部融化需要多少时间？

七、 求曲面 $x^2 + y^2 = ax$（其中 a 是正常数）被球面 $x^2 + y^2 + z^2 = a^2$ 所截下的那部分面积。

八、 设 $\Sigma: z - c = \sqrt{R^2 - (x - a)^2 - (y - b)^2}$，计算 $\iint\limits_{\Sigma} (x - a)yz\,\mathrm{d}x\,\mathrm{d}y + x^2\,\mathrm{d}y\,\mathrm{d}z + y^2\,\mathrm{d}z\,\mathrm{d}x$，曲面取上侧。

九、 设 $a_0 = 4$，$a_1 = 1$，$a_{n-2} = n(n-1)a_n$（$n \geq 2$）。(1) 求幂级数 $\sum\limits_{n=0}^{\infty} a_n x^n$ 的和函数 $S(x)$；(2) 求 $S(x)$ 的极值点。

十、 设有一个体密度为 1 的物体，占有空间区域 $\Omega: x^2 + y^2 + z^2 \leqslant 1$，求其对于直线 l：$2x = y = z$ 的转动惯量。

大学生高等数学竞赛模拟试题五

一、简答题

1. 计算极限 $L = \lim\limits_{x \to 0^+} \dfrac{x^x - (\sin x)^x}{x^2 \ln(1-x)}$。

2. 设 $x_n = \dfrac{n+1}{n^2+1} + \dfrac{n+\frac{1}{2}}{n^2+4} + \cdots + \dfrac{n+\frac{1}{n}}{n^2+n^2}$，计算极限 $\lim\limits_{n \to \infty} x_n$。

3. 计算定积分 $I = \displaystyle\int_{-\pi}^{\pi} \dfrac{\sin^6 x}{1+e^x} \, dx$。 4. 计算定积分 $I = \displaystyle\int_{2}^{3} \dfrac{x^2 - 2x + 2}{(x-1)^2} \ln x \, dx$。

5. 设 $\Sigma : x^2 + y^2 + z^2 = 2y$，计算曲面积分 $I = \displaystyle\oiint_{\Sigma} (\sqrt{2}\,x + \sqrt{3}\,y + 2z)^2 \, dS$。

6. 球体 $\Omega : x^2 + y^2 + z^2 \leqslant 4z$ 被旋转抛物面 $x^2 + y^2 + z = 4$ 分成两部分，求其中包含球心的那部分的体积。

二、 求常数 a、b，使当 $x \to 0$ 时，$f(x) = \ln(1+ax) + \dfrac{x}{1+bx}$ 关于 x 的无穷小的阶数最高。

三、 设 $x = t^3 + 2t + 1$，$\displaystyle\int_{1}^{y+t} e^{-u^2} \, du = t$，求导数 $\left. \dfrac{dy}{dx} \right|_{t=0}$，$\left. \dfrac{d^2 y}{dx^2} \right|_{t=0}$。

四、 计算三次积分 $I = \displaystyle\int_{0}^{1} dx \int_{x}^{1} dy \int_{y}^{1} y e^{1+z^4} \, dz$。

五、 设 $u = f(\sqrt{x^2 + y^2})$ 满足 $\dfrac{\partial^2 u}{\partial x^2} + \dfrac{\partial^2 u}{\partial y^2} - \dfrac{1}{x} \cdot \dfrac{\partial u}{\partial x} + u = x^2 + y^2$，求 $f(x)$。

六、 设 $\Sigma : z = 1 - x^2 - y^2 \, (z \geqslant -3)$，选定上侧，计算曲面积分

$$I = \iint_{\Sigma} yz\sqrt{x^2 + y^2 + z^2} \, dy \, dz + xz\sqrt{x^2 + y^2 + z^2} \, dz \, dx$$
$$+ (x^2 y^2 - 2xy\sqrt{x^2 + y^2 + z^2}) \, dx \, dy.$$

七、 设 $f(x)$ 二阶可导且满足 $\lim\limits_{x \to 0} \dfrac{f(x)}{x} = a$，试讨论级数 $\displaystyle\sum_{n=1}^{\infty} (-1)^{n-1} f\left(\dfrac{1}{n}\right)$ 的收敛性。

八、 设 $z = z(x, t)$ 具有连续的二阶偏导数，满足一维波动方程 $\dfrac{\partial^2 z}{\partial t^2} = \dfrac{\partial^2 z}{\partial x^2}$。 证明：

(1) 存在二阶可导函数 $F(x)$、$G(x)$，使得 $z(x, t) = F(x+t) + G(x-t)$；

(2) 若 $z(x, 0) = f(x)$ 且 $\dfrac{\partial z}{\partial t}(x, 0) = g(x)$，则有

$$z(x, t) = \dfrac{1}{2}[f(x+t) + f(x-t)] + \dfrac{1}{2} \int_{x-t}^{x+t} g(y) \, dy.$$

大学生高等数学竞赛模拟试题六

一、填空题

1. 设 $f(x)$ 连续且在点 $x=1$ 处可导,满足 $f(1+\sin x)-3f(1-\sin x)=8x+o(x)$ $(x\to 0)$,则曲线 $y=f(x)$ 在 $x=1$ 处的切线方程是_____。

2. 当 $x\to 0$ 时,$x-\sqrt[3]{\sin(x^3)}\sim Ax^k$,则 $A=$_____,$k=$_____。

3. 设函数 $f(x)=\dfrac{1}{1+2x+4x^2}$,则 $f^{(100)}(0)=$_____。

4. 已知 $f'(x)=\cos x+\tan x+x$,$-\dfrac{\pi}{2}<x<\dfrac{\pi}{2}$,且 $f(0)=1$,则当 $x\in(-1,1)$ 时,$f(x)=$_____。

5. 设非负连续函数 $f(x)$ 满足 $f(x)f(-x)=1$,$x\in\mathbf{R}$,则 $\displaystyle\int_{-\frac{\pi}{2}}^{\frac{\pi}{2}}\dfrac{\cos^2 x}{1+f(x)}\mathrm{d}x=$_____。

6. 曲线 $\rho=3\cos\theta$ 与曲线 $\rho=1+\cos\theta$ 所围公共部分图形的面积是_____。

7. 满足 $\dfrac{\mathrm{d}u}{\mathrm{d}t}=u(t)+\displaystyle\int_0^1 u(t)\mathrm{d}t$ 以及 $u(0)=1$ 的可微函数 $u(t)=$_____。

8. 极限 $\displaystyle\lim_{n\to\infty}\dfrac{\sqrt{1}+\sqrt{2}+\cdots+\sqrt{n}}{\sqrt{1^2+2^2+\cdots+n^2}}=$_____。

二、 设 $f(x)$ 在 $x=0$ 的某邻域中可导,且在 $x=0$ 处二阶可导,又 $f(0)=f'(0)=0$,$f''(0)\neq 0$,求极限 $\displaystyle\lim_{x\to 0}\dfrac{\displaystyle\int_0^x(x-t)f(t)\mathrm{d}t}{x\displaystyle\int_0^x f(x-t)\mathrm{d}t}$。

三、 设函数 $f(x)$ 在 $[0,a]$ $(a>0)$ 上可导,且满足 $f(0)=1$,$f(a)=0$,证明:存在互异的 ξ、$\eta\in(0,a)$,使得 $f'(\xi)f'(\eta)=\dfrac{1}{a^2}$。

四、 对于所有的正整数 $n>1$,证明:$\dfrac{1}{2n\mathrm{e}}<\dfrac{1}{\mathrm{e}}-\left(1-\dfrac{1}{n}\right)^n<\dfrac{1}{n\mathrm{e}}$。

五、 设 $I_n=\displaystyle\int_0^{\frac{\pi}{2}}\dfrac{\sin^2 nt}{\sin t}\mathrm{d}t$,其中 n 是正整数,证明:$\displaystyle\lim_{n\to\infty}(2I_n-\ln n)$ 存在。

六、 求出所有的可导函数 $f(x)$:$(0,+\infty)\to(0,+\infty)$,使其满足 $f'\left(\dfrac{1}{x}\right)=\dfrac{x}{f(x)}$。

七、设函数 $f(x)$：$[0,1] \rightarrow \mathbf{R}$，具有连续的导数，且满足 $\displaystyle\int_0^1 f(x)\mathrm{d}x = 0$，证明：对于任意的 $\alpha \in [0,1]$，都有 $\left| \displaystyle\int_0^\alpha f(x)\mathrm{d}x \right| \leqslant \dfrac{1}{8} \max_{x \in [0,1]} \{ | f'(x) | \}$。

大学生高等数学竞赛模拟试题七

一、 设 $\lim\limits_{n\to\infty} a_n = A$，求极限 $\lim\limits_{n\to\infty} \dfrac{a_{n+1}}{n+1} + \dfrac{a_{n+2}}{n+2} + \cdots + \dfrac{a_{2n}}{2n}$。

二、 设 $f(x)$ 为区间 $[a,b]$ 上的连续函数，且对于任一满足 $\int_a^b g(x)\mathrm{d}x = 0$ 的连续函数 $g(x)$，都有 $\int_a^b f(x)g(x)\mathrm{d}x = 0$，证明：$f(x)$ 为常值函数。

三、 设区域 $D = \{(x,y) \mid 0 \leqslant x \leqslant 2, 0 \leqslant y \leqslant 2\}$。（1）计算 $B = \iint\limits_D |xy - 1|\mathrm{d}x\mathrm{d}y$；（2）若 $f(x,y)$ 在 D 上连续，且有 $\iint\limits_D f(x,y)\mathrm{d}x\mathrm{d}y = 0$，$\iint\limits_D xyf(x,y)\mathrm{d}x\mathrm{d}y = 1$。证明：存在 $(\xi,\eta) \in D$，使得 $|f(\xi,\eta)| \geqslant \dfrac{1}{B}$。

四、 设常数 a、b、c 满足 $0 < a < b < c$，空间立体 Ω 由椭球面 $\Sigma: \dfrac{x^2}{a^2} + \dfrac{y^2}{b^2} + \dfrac{z^2}{c^2} = 1$ 所围成。对于曲面 Σ 上一定点 $P(x_0, y_0, z_0)$，记 π_p 为曲面 Σ 在点 $P(x_0, y_0, z_0)$ 处的切平面，记三元函数 $g(x,y,z)$ 是空间区域 Ω 内的点 (x,y,z) 到切平面 π_p 的距离。试计算 $I_p = \iiint\limits_\Omega g^2(x,y,z)\mathrm{d}x\mathrm{d}y\mathrm{d}z$，$I_p$ 何时取到最小值？

五、 计算 $\iint\limits_\Sigma \dfrac{b^2c^2x^2 + c^2a^2y^2 + a^2b^2z^2}{\sqrt{b^4c^4x^2 + c^4a^4y^2 + a^4b^4z^2}}\mathrm{d}S$，其中 $\Sigma: \dfrac{x^2}{a^2} + \dfrac{y^2}{b^2} + \dfrac{z^2}{c^2} = 1$。

六、 设 $a_n > 0$，且 $\lim\limits_{n\to\infty}\left(\dfrac{a_{n+1}}{a_n}\right)^n < \dfrac{1}{\mathrm{e}}$，证明：级数 $\sum\limits_{n=1}^\infty a_n$ 收敛。

七、 求常数项级数 $1 + \sum\limits_{n=1}^\infty (-1)^n \dfrac{(2n-1)!!}{(2n)!!}$ 的和。

八、 已知函数 $f(x)$ 在 $[a,b]$ 上连续，在 (a,b) 上可导，且 $f(a) = f(b) = 0$，证明：存在 $\xi \in (a,b)$，使得 $(b-a)f'(\xi) = f\left(\dfrac{a+b}{2}\right)$。

九、 设 $f(x)$ 的导函数 $f'(x)$ 在 $[a,b]$ 上连续，满足 $f(a) = f(b) = 0$，$\int_a^b f^2(x)\mathrm{d}x = 1$，证明：$\int_a^b [f'(x)]^2\mathrm{d}x \geqslant \dfrac{8}{(b-a)^2}$。

大学生高等数学竞赛模拟试题八

一、设 $D_n = \begin{vmatrix} 1 & 2 & \cdots & n \\ 1 & 2^2 & \cdots & n^2 \\ \vdots & \vdots & \ddots & \vdots \\ 1 & 2^n & \cdots & n^n \end{vmatrix}$，求极限 $\lim\limits_{n \to \infty}(D_n)^{\frac{1}{n^2 \ln n}}$。

二、已知函数 $f(x)$ 的二阶导数 $f''(x) > 0$，$g(x)$ 连续，$p(x)$ 连续且 $p(x) \geqslant 0$，$p(x)$ 不恒为零，证明：$\dfrac{\displaystyle\int_a^b p(x)f[g(x)]\mathrm{d}x}{\displaystyle\int_a^b p(x)\mathrm{d}x} \geqslant f\left(\dfrac{\displaystyle\int_a^b p(x)g(x)\mathrm{d}x}{\displaystyle\int_a^b p(x)\mathrm{d}x}\right)$。

三、设函数 $f(x)$ 连续，且满足 $f(x) = 1 + \dfrac{1}{2}\displaystyle\int_0^x f(x-y)f(1-y)\mathrm{d}y$，求 $\displaystyle\int_0^1 f(x)\mathrm{d}x$。

四、计算 $\lim\limits_{x \to +\infty} \dfrac{\displaystyle\int_0^x \dfrac{\sin^2 x}{1+\cos^2 x}\mathrm{d}x}{\displaystyle\int_0^x \dfrac{1}{1+\cos^2 x}\mathrm{d}x}$。

五、计算下列积分：(1) $I_1 = \iiint\limits_{\Omega} \cos x\, \mathrm{d}x\,\mathrm{d}y\,\mathrm{d}z$；(2) $I_2 = \iiint\limits_{\Omega} \cos(ax+by+cz)\mathrm{d}x\,\mathrm{d}y\,\mathrm{d}z$，其中 a、b、c 是常数且满足 $a^2+b^2+c^2=1$，Ω 是单位球体 $x^2+y^2+z^2 \leqslant 1$。

六、判别级数 $\sum\limits_{n=1}^{\infty} a^n \sin\dfrac{1}{n^p}$ 的敛散性，其中 a、p 是正常数。

七、判别级数 $\sum\limits_{n=1}^{\infty} \dfrac{(-1)^{[\sqrt{n}]}}{\sqrt{n}}$ 的敛散性，其中 $[x]$ 表示不超过 x 的最大整数。

八、已知函数 $f(x)$ 在 $[0,1]$ 上连续，在 $(0,1)$ 上可导，$f(0)=f(1)=0$，且存在一点 $a \in (0,1)$，使得 $f(a) > 0$，证明：存在 $\xi \in (0,1)$，使得 $|f'(\xi)| > 2f(a)$。

九、设平面区域 $D = \{(x,y) \mid x^4+y^4 < 2, y > x\}$，$\delta$ 是一个介于 0 和 2 之间的正常数，曲线 $C_\delta = \{(x,y) \mid (x,y) \in D, y=x+\delta\}$，二元函数 $f(x,y) = \dfrac{(x-y)^2}{4-(x+y)^2}$。证明：

(1) $f(x,y)$ 在 D 上有定义；

(2) $f(x,y)$ 在 C_δ 上不存在最大值；

(3) $f(x,y)$ 在 D 上有上界。

大学生高等数学竞赛模拟试题一解析与提示

一、填空题

1. $a=-1$，$b=2$。　　2. $\dfrac{1}{2}$。　　3. $f^{(3)}(2)=768$。　　4. $y=\dfrac{1}{2}$，$y=2x-\dfrac{1}{2}$。　　5. 3。

6. $-\dfrac{1}{10(x^5+1)^2}+\dfrac{1}{15(x^5+1)^3}+C$。

7. $f(x)=4x^2-(e^2-1)$。　　8. $\displaystyle\int_0^1 f(x)\,\mathrm{d}x=\dfrac{1}{4}\ln 2-\dfrac{\pi}{8}$。

二、解　由于曲线的参数方程是 $\begin{cases} x=(1+\cos\theta)\cos\theta \\ y=(1+\cos\theta)\sin\theta \end{cases}$，$0\leqslant\theta\leqslant\dfrac{\pi}{2}$，则体积

$$V=\int_0^2 \pi y^2\,\mathrm{d}x=\pi\int_{\frac{\pi}{2}}^0 \left[(1+\cos\theta)\sin\theta\right]^2\mathrm{d}\left[(1+\cos\theta)\cos\theta\right]=\frac{5\pi}{2}。$$

三、证明　数学归纳法　当 $n=1$ 时，结论显然成立；假设当 $k\leqslant n$ 时，都有

$$\left[x^{k-1}f\left(\frac{1}{x}\right)\right]^{(k)}=\frac{(-1)^k}{x^{k+1}}f^{(k)}\left(\frac{1}{x}\right)，$$

则 $\left[x^n f\left(\dfrac{1}{x}\right)\right]^{(n+1)}=\left\{\left[x^n f\left(\dfrac{1}{x}\right)\right]^{(n)}\right\}'=\left\{\left[x\cdot x^{n-1}f\left(\dfrac{1}{x}\right)\right]^{(n)}\right\}'$

$$=\left\{x\cdot\left[x^{n-1}f\left(\frac{1}{x}\right)\right]^{(n)}+n\left[x^{n-1}f\left(\frac{1}{x}\right)\right]^{(n-1)}\right\}'$$

$$=\left[x^{n-1}f\left(\frac{1}{x}\right)\right]^{(n)}+x\cdot\left\{\left[x^{n-1}f\left(\frac{1}{x}\right)\right]^{(n)}\right\}'+n\left[x^{n-1}f\left(\frac{1}{x}\right)\right]^{(n)}$$

$$=(n+1)\frac{(-1)^n}{x^{n+1}}f^{(n)}\left(\frac{1}{x}\right)+(n+1)\frac{(-1)^{n+1}}{x^{n+1}}f^{(n)}\left(\frac{1}{x}\right)+\frac{(-1)^{n+1}}{x^{n+2}}f^{(n+1)}\left(\frac{1}{x}\right)$$

$$=\frac{(-1)^{n+1}}{x^{n+2}}f^{(n+1)}\left(\frac{1}{x}\right)。$$

四、证明　首先，存在 $c\in(0,1)$，使得 $f'(c)=0$。构造函数 $F(x)=x\mathrm{e}^x\left[f'(x)-1\right]$，利用罗尔中值定理可证。

五、解　记 $f(x)=\sin x-\ln(1+x)$，则

$$f'(x)=\cos x-\frac{1}{1+x}，\quad f''(x)=-\sin x+\frac{1}{(1+x)^2}，$$

$$f'''(x) = -\cos x - \frac{2}{(1+x)^3}, \ f''''(x) = \sin x + \frac{6}{(1+x)^4}.$$

由泰勒定理得：

$$f(x) = f(0) + f'(0)x + \frac{f''(0)}{2}x^2 + \frac{f'''(0)}{3!}x^3 + \frac{f''''(\xi)}{4!}x^4$$

$$= \frac{1}{2}x^2 - \frac{1}{2}x^3 + \frac{f''''(\xi)}{4!}x^4 > \frac{1}{2}x^2 - \frac{1}{2}x^3 > 0.$$

六、提示 利用 $\displaystyle\iint\limits_{[0,1]\times[0,1]} [f(x) - f(y)][g(x) - g(y)]\,\mathrm{d}x\,\mathrm{d}y \geqslant 0$ 可证。

七、解 已知条件变形为 $x = \displaystyle\int_0^x f(t)\,\mathrm{d}t + \int_{-x}^0 (x+u)f(u)\,\mathrm{d}u$，求导可得：

$$1 = f(x) + \int_{-x}^0 f(u)\,\mathrm{d}u,$$

$$0 = f'(x) + f(-x). \tag{1}$$

再求导得 $0 = f''(x) - f'(-x)$。在(1)中令 x 为 $-x$，可得 $0 = f'(-x) + f(x)$，因此有 $0 = f''(x) + f(x)$。解得 $f(x) = C_1\cos x + C_2\sin x$。结合 $f(0) = 1$ 以及 $f'(0) = -1$ 可得 $C_1 = 1$ 和 $C_2 = -1$。综上，$f(x) = \cos x - \sin x$。

八、(1) $y = \mathrm{e}^{x^2}$。

(2) **证明** $\displaystyle\int_0^1 \frac{n}{1+n^2x^2} f(x)\,\mathrm{d}x = \int_0^1 \frac{n}{1+n^2x^2} \mathrm{e}^{x^2}\,\mathrm{d}x$

$$= \int_0^1 \frac{n}{1+n^2x^2}(\mathrm{e}^{x^2} - 1)\,\mathrm{d}x + \int_0^1 \frac{n}{1+n^2x^2}\,\mathrm{d}x,$$

其中，$\displaystyle\int_0^1 \frac{n}{1+n^2x^2}\,\mathrm{d}x = \arctan n \to \frac{\pi}{2}, \ n \to \infty.$

$$0 \leqslant \int_0^1 \frac{n}{1+n^2x^2}(\mathrm{e}^{x^2} - 1)\,\mathrm{d}x = \int_0^{\frac{1}{\sqrt{n}}} \frac{n}{1+n^2x^2}(\mathrm{e}^{x^2} - 1)\,\mathrm{d}x + \int_{\frac{1}{\sqrt{n}}}^1 \frac{n}{1+n^2x^2}(\mathrm{e}^{x^2} - 1)\,\mathrm{d}x$$

$$\leqslant (\mathrm{e}^{\frac{1}{n}} - 1)\int_0^{\frac{1}{\sqrt{n}}} \frac{n}{1+n^2x^2}\,\mathrm{d}x + (\mathrm{e} - 1)\int_{\frac{1}{\sqrt{n}}}^1 \frac{n}{1+n^2x^2}\,\mathrm{d}x$$

$$= (\mathrm{e}^{\frac{1}{n}} - 1)\cdot\arctan\sqrt{n} + (\mathrm{e} - 1)\cdot(\arctan n - \arctan\sqrt{n}) \to 0 \quad (n \to \infty).$$

综上，$\displaystyle\lim_{n\to\infty}\int_0^1 \frac{n}{1+n^2x^2} f(x)\,\mathrm{d}x = \frac{\pi}{2}$，得证。

大学生高等数学竞赛模拟试题二解析与提示

一、(1) $\alpha \geqslant -2$。   (2) $\alpha > -2$。   (3) $\alpha > -1$。

二、**证明**   由泰勒定理可得：

$$e^x = 1 + x + \frac{x^2}{2!} + \cdots + \frac{x^n}{n!} + \frac{e^{\xi}}{(n+1)!} x^{n+1},$$

其中 ξ 介于 0 和 x 之间。取 $x = 1$，则有

$$e = 1 + \frac{1}{1!} + \frac{1}{2!} + \cdots + \frac{1}{n!} + \frac{e^{\xi}}{(n+1)!},$$

其中 ξ 介于 0 和 1 之间。因此，

$$0 < e - \left(1 + \frac{1}{1!} + \frac{1}{2!} + \cdots + \frac{1}{n!}\right) < \frac{e}{(n+1)!}。$$

所以，级数 $\displaystyle\sum_{n=1}^{\infty}\left[e - \left(1 + \frac{1}{1!} + \frac{1}{2!} + \cdots + \frac{1}{n!}\right)\right]$ 收敛。

三、**解** $\displaystyle\int_0^{2\pi} \frac{1}{2+\cos x}\,\mathrm{d}x = 2\int_0^{\pi} \frac{1}{2+\cos x}\,\mathrm{d}x$

$$= \int_0^{\pi} \frac{1}{2+\cos x}\,\mathrm{d}x + \int_0^{\pi} \frac{1}{2-\cos x}\,\mathrm{d}x$$

$$= \int_0^{\pi} \frac{4}{4-\cos^2 x}\,\mathrm{d}x = 8\int_0^{\frac{\pi}{2}} \frac{1}{4-\cos^2 x}\,\mathrm{d}x = 8\int_0^{\frac{\pi}{2}} \frac{\sec^2 x}{4\sec^2 x - 1}\,\mathrm{d}x$$

$$= 4\int_0^{\frac{\pi}{2}} \frac{1}{4\tan^2 x + 3}\,\mathrm{d}(2\tan x) = 4 \cdot \frac{1}{\sqrt{3}} \cdot \arctan\left(\frac{2\tan x}{\sqrt{3}}\right)\Big|_0^{\frac{\pi}{2}} = \frac{2\pi}{\sqrt{3}}。$$

四、**证明**   **反证法**   若级数 $\displaystyle\sum_{n=1}^{\infty} \frac{1}{1+a_n}$ 收敛，则 $\displaystyle\lim_{n\to\infty} \frac{1}{1+a_n} = 0$，此时有

$$\lim_{n\to\infty} \frac{\dfrac{1}{a_n}}{\dfrac{1}{1+a_n}} = \lim_{n\to\infty} \frac{\dfrac{1}{a_n}}{\dfrac{1}{1+a_n}} = \lim_{n\to\infty} \frac{1}{1 - \dfrac{1}{1+a_n}} = 1$$

由比较审敛法，级数 $\displaystyle\sum_{n=1}^{\infty} \frac{1}{a_n}$ 收敛，矛盾。

五、证明 原不等式等价于

$$\left(1+\frac{a-b}{b+1}\right)^{b+1}\geqslant\left(1+\frac{a-b}{b}\right)^{b}。$$

因此,构造函数 $f(x)=\left(1+\dfrac{a-b}{x}\right)^{x}$,则有

$$f'(x)=\left[e^{x\ln\left(1+\frac{a-b}{x}\right)}\right]'=e^{x\ln\left(1+\frac{a-b}{x}\right)}\cdot\left[\ln\left(1+\frac{a-b}{x}\right)+x\cdot\frac{1}{1+\frac{a-b}{x}}\cdot\left(-\frac{a-b}{x^{2}}\right)\right]$$

$$=\left(1+\frac{a-b}{x}\right)^{x}\cdot\left[\ln\left(1+\frac{a-b}{x}\right)-\frac{a-b}{x+a-b}\right]\geqslant 0。$$

故 $f(x)=\left(1+\dfrac{a-b}{x}\right)^{x}$ 单调增加,$f(b)\leqslant f(b+1)$,即 $\left(\dfrac{a+1}{b+1}\right)^{b+1}\geqslant\left(\dfrac{a}{b}\right)^{b}$,得证。

六、证明 $\dfrac{\tan x}{x}>\dfrac{x}{\sin x}$ 等价于 $\dfrac{\sin^{2}x}{x^{2}\cos x}>1$。构造函数 $f(x)=\dfrac{\sin^{2}x}{x^{2}\cos x}$,则有

$$f'(x)=\left(\frac{\sin^{2}x}{x^{2}\cos x}\right)'=\frac{2\sin x\cos x\cdot x^{2}\cos x-\sin^{2}x(2x\cos x-x^{2}\sin x)}{x^{4}\cos^{2}x}$$

$$=\frac{2x\sin x\cos^{2}x-2\sin^{2}x\cos x+x\sin^{3}x}{x^{3}\cos^{2}x}$$

$$=\sin x\,\frac{2x\cos^{2}x-2\sin x\cos x+x\sin^{2}x}{x^{3}\cos^{2}x}$$

$$=\sin x\,\frac{x\cos^{2}x-2\sin x\cos x+x}{x^{3}\cos^{2}x}。\qquad(1)$$

再构造 $g(x)=x\cos^{2}x-2\sin x\cos x+x$,则

$$g'(x)=\cos^{2}x-2x\cos x\sin x-2\cos 2x+1$$
$$=3\sin^{2}x-2x\cos x\sin x=\sin x(3\sin x-2x\cos x)。\qquad(2)$$

再构造 $h(x)=3\sin x-2x\cos x$,则

$$h'(x)=3\cos x-2\cos x+2x\sin x=\cos x+2x\sin x>0。$$

故 $h(x)$ 单调增加,结合 $h(0)=0$ 可得 $h(x)>0$;结合式(2),$g'(x)>0$,$g(x)$ 单调增加,而 $g(0)=0$,所以 $g(x)>0$。再由式(1),$f'(x)>0$,$f(x)$ 单调增加,即当 $0<x<\dfrac{\pi}{2}$ 时,$f(x)>f(0^{+})=1$,得证。

七、解 由于 $\displaystyle\sum_{n=1}^{\infty}\frac{n^{2}}{(1+a)^{n}}=\left.\sum_{n=1}^{\infty}n^{2}x^{n}\right|_{x=\frac{1}{1+a}}$,记 $S(x)=\displaystyle\sum_{n=1}^{\infty}n^{2}x^{n}$,则有

$$S(x)=\sum_{n=1}^{\infty}n^{2}x^{n}=x\left[x\left(\sum_{n=1}^{\infty}x^{n}\right)'\right]'=x\left[x\left(\frac{x}{1-x}\right)'\right]'=x\left[\frac{x}{(1-x)^{2}}\right]'=\frac{x(1+x)}{(1-x)^{3}},$$

所以，$\displaystyle\sum_{n=1}^{\infty}\frac{n^2}{(1+a)^n}=S\left(\frac{1}{1+a}\right)=\left.\frac{x(1+x)}{(1-x)^3}\right|_{x=\frac{1}{1+a}}=\frac{(a+1)(a+2)}{a^3}$。

八、解 由已知等式可得

$$e^{\pi-x}f(\pi-x)+2e^{x}f(x)=3\sin x。$$

联立解方程组，可得 $f(x)=e^{-x}\sin x$。令一阶导数等于 0 得：

$$f'(x)=e^{-x}(\cos x-\sin x)=0，$$

得可能极值点 $x_k=\dfrac{\pi}{4}+k\pi,\ k\in\mathbf{Z}$，而 $f''(x)=-2\cos x\,e^{-x}$。

所以，当 $x=\dfrac{\pi}{4}+2k\pi$ 时，$f(x)$ 取极大值 $e^{-\left(\frac{\pi}{4}+2k\pi\right)}\dfrac{\sqrt{2}}{2}$；当 $x=\dfrac{\pi}{4}+(2k+1)\pi$ 时，$f(x)$ 取极

小值 $-e^{-\left(\frac{\pi}{4}+2k\pi+\pi\right)}\dfrac{\sqrt{2}}{2}$。

九、解 对于空间闭区域上连续函数的最值问题，一般要分区域内部和边界进行讨论。

（1）当点在区域内部时，令

$$\begin{cases}f_x(x,y,z)=\dfrac{2xy^2+2xz^2-2xyz}{(x^2+y^2+z^2)^2}=0\\[2mm]f_y(x,y,z)=\dfrac{zx^2+z^3-2yx^2-y^2z}{(x^2+y^2+z^2)^2}=0，\\[2mm]f_z(x,y,z)=\dfrac{yx^2+y^3-2zx^2-z^2y}{(x^2+y^2+z^2)^2}=0\end{cases}$$

解得驻点为 $(x,0,0)$，$(0,y,-y)$ 以及 $(0,y,y)$。因此

$$f(x,0,0)=1,\ f(0,y,y)=\frac{1}{2},\ f(0,y,-y)=-\frac{1}{2}。$$

（2）当点在圆周 $x^2+y^2+z^2=1$ 上时，记 $L=x^2+yz+\lambda(x^2+y^2+z^2-1)$，令

$$\begin{cases}L_x(x,y,z)=2x+2\lambda x=0\\ L_y(x,y,z)=z+2\lambda y=0\\ L_z(x,y,z)=y+2\lambda z=0\\ L_\lambda(x,y,z)=x^2+y^2+z^2-1=0\end{cases}，\qquad(1)$$

解方程组（1），得驻点：

$(1,0,0)$，$(-1,0,0)$，$\left(0,-\dfrac{\sqrt{2}}{2},-\dfrac{\sqrt{2}}{2}\right)$，$\left(0,-\dfrac{\sqrt{2}}{2},\dfrac{\sqrt{2}}{2}\right)$，$\left(0,\dfrac{\sqrt{2}}{2},-\dfrac{\sqrt{2}}{2}\right)$，$\left(0,\dfrac{\sqrt{2}}{2},\dfrac{\sqrt{2}}{2}\right)$，

代入得函数值分别为 $1,\ 1,\ \dfrac{1}{2},\ -\dfrac{1}{2},\ -\dfrac{1}{2},\ \dfrac{1}{2}$。

（3）当点在圆周 $x^2+y^2+z^2=4$ 上时，记 $L=x^2+yz+\lambda(x^2+y^2+z^2-4)$，令

$$\begin{cases} L_x(x,\,y,\,z)=2x+2\lambda x=0 \\ L_y(x,\,y,\,z)=z+2\lambda y=0 \\ L_z(x,\,y,\,z)=y+2\lambda z=0 \\ L_\lambda(x,\,y,\,z)=x^2+y^2+z^2-4=0 \end{cases}, \tag{2}$$

解方程组(2),得驻点:

$(2,\,0,\,0),\,(-2,\,0,\,0),\,(0,\,-\sqrt{2},\,-\sqrt{2}),\,(0,\,-\sqrt{2},\,\sqrt{2}),\,(0,\,\sqrt{2},\,-\sqrt{2}),\,(0,\,\sqrt{2},\,\sqrt{2}),$

代入得函数值分别为 $1,\,1,\,\dfrac{1}{2},\,-\dfrac{1}{2},\,-\dfrac{1}{2},\,\dfrac{1}{2}$。

综上可得, $f(x,\,y,\,z)=\dfrac{x^2+yz}{x^2+y^2+z^2}$ 在 D 上的最大值为 1,最小值为 $-\dfrac{1}{2}$。

大学生高等数学竞赛模拟试题三解析与提示

一、解 $\dfrac{\mathrm{d}y}{\mathrm{d}x} = \cos x + 2x$，则有 $\dfrac{\mathrm{d}x}{\mathrm{d}y} = \dfrac{1}{\cos x + 2x}$，所以，

$$\frac{\mathrm{d}^2 x}{\mathrm{d}y^2} = \frac{\mathrm{d}}{\mathrm{d}x}\left(\frac{1}{\cos x + 2x}\right) \cdot \frac{\mathrm{d}x}{\mathrm{d}y} = -\frac{2 - \sin x}{(\cos x + 2x)^2} \cdot \frac{1}{\cos x + 2x} = -\frac{2 - \sin x}{(\cos x + 2x)^3};$$

$$\frac{\mathrm{d}^3 x}{\mathrm{d}y^3} = \frac{\mathrm{d}}{\mathrm{d}x}\left(-\frac{2 - \sin x}{(\cos x + 2x)^3}\right) \cdot \frac{\mathrm{d}x}{\mathrm{d}y}$$

$$= -\frac{-\cos x (\cos x + 2x)^3 - 3(2 - \sin x)^2 (\cos x + 2x)^2}{(\cos x + 2x)^6} \cdot \frac{1}{\cos x + 2x}$$

$$= -\frac{-\cos^2 x - 2x \cos x - 12 + 12 \sin x - 3\sin^2 x}{(\cos x + 2x)^5};$$

$$\frac{\mathrm{d}^4 x}{\mathrm{d}y^4} = \frac{\mathrm{d}}{\mathrm{d}x}\left[-\frac{-\cos^2 x - 2x \cos x - 12 + 12\sin x - 3\sin^2 x}{(\cos x + 2x)^5}\right] \cdot \frac{\mathrm{d}x}{\mathrm{d}y}$$

$$= -\frac{\begin{array}{l}(2\cos x \sin x - 2\cos x + 2x \sin x + 12\cos x - 6\sin x \cos x)(\cos x + 2x)^5 - \\ 5(-\cos^2 x - 2x \cos x - 12 + 12\sin x - 3\sin^2 x)(\cos x + 2x)^4 (2 - \sin x)\end{array}}{(\cos x + 2x)^{11}} \, 。$$

所以，$\left[f^{-1}(y)\right]^{(4)}\Big|_{y=1} = \left[f^{-1}(y)\right]^{(4)}\Big|_{x=0} = -\dfrac{10 - 5(-13) \cdot 2}{1} = -140$。

二、解 因为 $f(x) = \sin^2(x^2 + 1) = \dfrac{1 - \cos(2x^2 + 2)}{2}$

$$= \frac{1}{2} - \frac{1}{2}\left[\cos(2x^2)\cos 2 - \sin(2x^2)\sin 2\right]$$

$$= \frac{1}{2} - \frac{\cos 2}{2}\sum_{k=0}^{\infty}\frac{(-1)^k (2x^2)^{2k}}{(2k)!} + \frac{\sin 2}{2}\sum_{k=0}^{\infty}\frac{(-1)^k (2x^2)^{2k+1}}{(2k+1)!}$$

$$= \frac{1}{2} - \frac{\cos 2}{2}\sum_{k=0}^{\infty}\frac{(-1)^k 2^{2k} x^{4k}}{(2k)!} + \frac{\sin 2}{2}\sum_{k=0}^{\infty}\frac{(-1)^k 2^{2k+1} x^{4k+2}}{(2k+1)!},$$

所以，

$$f^{(n)}(0) = \begin{cases} 0, & n = 2k+1 \\ -\dfrac{(-1)^k 2^{2k} \cos 2}{2 \cdot (2k)!}(4k)!, & n = 4k \\ \dfrac{(-1)^k 2^{2k+1}\sin 2}{2 \cdot (2k+1)!}(4k+2)!, & n = 4k+2 \end{cases} \, 。$$

三、解 $\dfrac{1}{n}\sum\limits_{k=1}^{n}\ln\left(1+\dfrac{(k-1)^2}{n^2}\right)\leqslant\dfrac{1}{n}\sum\limits_{k=1}^{n}\ln\left(1+\dfrac{k^2-k}{n^2}\right)\leqslant\dfrac{1}{n}\sum\limits_{k=1}^{n}\ln\left(1+\dfrac{k^2}{n^2}\right)$。

结合 $\lim\limits_{n\to\infty}\dfrac{1}{n}\sum\limits_{k=1}^{n}\ln\left(1+\dfrac{k^2}{n^2}\right)=\int_0^1\ln(1+x^2)\mathrm{d}x=\ln 2+\dfrac{\pi}{2}-2$,

$$\lim_{n\to\infty}\frac{1}{n}\sum_{k=1}^{n}\ln\left[1+\frac{(k-1)^2}{n^2}\right]=\int_0^1\ln(1+x^2)\mathrm{d}x=\ln 2+\frac{\pi}{2}-2,$$

以及夹逼准则,可得 $\lim\limits_{n\to\infty}\dfrac{1}{n}\sum\limits_{k=1}^{n}\ln\left(1+\dfrac{k^2-k}{n^2}\right)=\ln 2+\dfrac{\pi}{2}-2$。

四、解 $\displaystyle\iiint\limits_{\Omega}(x^2+y^2+z^2)^{\frac{5}{2}}\mathrm{d}x\,\mathrm{d}y\,\mathrm{d}z=\int_0^{2\pi}\mathrm{d}\theta\int_0^{\frac{\pi}{2}}\mathrm{d}\varphi\int_0^{2\cos\varphi}r^5 r^2\sin\varphi\,\mathrm{d}r=\dfrac{64\pi}{9}$。

五、证明 任意取定一点 $(x,y)\in D$, $(x,y)\neq(0,0)$, 记 $g(t)=f(tx,ty)$, $t\in[0,1]$。 则有

$$g'(t)=xf_1'(tx,ty)+yf_2'(tx,ty)=\frac{1}{t}\left[txf_1'(tx,ty)+tyf_2'(tx,ty)\right]=0。$$

故当 $t\in[0,1]$ 时,$g(t)$ 是常值函数,因此 $g(1)=g(0)$,即为 $f(x,y)=f(0,0)$,结合点 (x,y) 的任意性,$f(x,y)$ 在 D 上是常值函数,得证。

六、解 注意到曲线 l 实际上是球面 $x^2+y^2+z^2=1$ 与平面 $x+y+z=0$ 的交线,由斯托克斯公式可得

$$\int_l(y-z)\mathrm{d}x+(z-x)\mathrm{d}y+(x-y)\mathrm{d}z=\int_l\begin{vmatrix}\mathrm{d}y\,\mathrm{d}z & \mathrm{d}z\,\mathrm{d}x & \mathrm{d}x\,\mathrm{d}y\\ \dfrac{\partial}{\partial x} & \dfrac{\partial}{\partial y} & \dfrac{\partial}{\partial z}\\ y-z & z-x & x-y\end{vmatrix}$$

$$=-2\int_l\mathrm{d}y\,\mathrm{d}z+\mathrm{d}z\,\mathrm{d}x+\mathrm{d}x\,\mathrm{d}y=-2\int_l\sqrt{3}\,\mathrm{d}S=-2\sqrt{3}\,\pi。$$

七、证明 **反证法** 若 $f(x,y)$ 在该点处可微,由题意:存在方向 $\boldsymbol{l}_0=(\cos\theta_0,\sin\theta_0)$ 以及一点 $P(x_0,y_0)$,使得 $f(x,y)$ 在点 $P(x_0,y_0)$ 处沿 $\boldsymbol{l}_0$ 方向的方向导数非零,即有

$$\left.\frac{\partial f(x,y)}{\partial l_0}\right|_P=f_x(x_0,y_0)\cos\theta_0+f_y(x_0,y_0)\sin\theta_0\neq 0。\tag{1}$$

由题意,再设三个不同的方向 $\boldsymbol{l}_i=(\cos\theta_i,\sin\theta_i)$, $i=1,2,3$,使得当 $i=1,2,3$ 时,

$$\left.\frac{\partial f(x,y)}{\partial l_i}\right|_P=f_x(x_0,y_0)\cos\theta_i+f_y(x_0,y_0)\sin\theta_i=c\ (\text{其中}\ c\ \text{是一个常数}),$$

即

$$\begin{pmatrix}\cos\theta_1 & \sin\theta_1\\ \cos\theta_2 & \sin\theta_2\\ \cos\theta_3 & \sin\theta_3\end{pmatrix}\begin{pmatrix}f_x(x_0,y_0)\\ f_y(x_0,y_0)\end{pmatrix}=\begin{pmatrix}c\\ c\\ c\end{pmatrix}。\tag{2}$$

当 $c=0$ 时,由于 $r\left(\begin{pmatrix} \cos\theta_1 & \sin\theta_1 \\ \cos\theta_2 & \sin\theta_2 \\ \cos\theta_3 & \sin\theta_3 \end{pmatrix}\right)=2$,故齐次方程组 $\begin{pmatrix} \cos\theta_1 & \sin\theta_1 \\ \cos\theta_2 & \sin\theta_2 \\ \cos\theta_3 & \sin\theta_3 \end{pmatrix}\begin{pmatrix} x \\ y \end{pmatrix}=\begin{pmatrix} 0 \\ 0 \\ 0 \end{pmatrix}$

只有零解。结合式(2)有 $f_x(x_0,y_0)=f_y(x_0,y_0)=0$,与(1)式矛盾。

当 $c\neq 0$ 时,由于 $r\left(\begin{pmatrix} \cos\theta_1 & \sin\theta_1 \\ \cos\theta_2 & \sin\theta_2 \\ \cos\theta_3 & \sin\theta_3 \end{pmatrix}\right)=2$,$r\left(\begin{pmatrix} \cos\theta_1 & \sin\theta_1 & c \\ \cos\theta_2 & \sin\theta_2 & c \\ \cos\theta_3 & \sin\theta_3 & c \end{pmatrix}\right)=3$,故非齐次方程组

$\begin{pmatrix} \cos\theta_1 & \sin\theta_1 \\ \cos\theta_2 & \sin\theta_2 \\ \cos\theta_3 & \sin\theta_3 \end{pmatrix}\begin{pmatrix} x \\ y \end{pmatrix}=\begin{pmatrix} c \\ c \\ c \end{pmatrix}$ 无解,与(2)式矛盾。

综上,结论成立。

八、证明　反证法　若存在 $(x_0,y_0)\in\{(x,y)\mid x^2+y^2\leqslant 1\}$,使得 $u(x_0,y_0)<0$,结合已知条件,当 $x^2+y^2=1$ 时,$u(x,y)\geqslant 0$ 以及 $u(x,y)$ 的连续性,可知 $u(x,y)$ 在 $D=\{(x,y)\mid x^2+y^2<1\}$ 内可以取到最小值。不妨设为 (x^*,y^*),则有 $u(x^*,y^*)<0$,且

$$u_x(x^*,y^*)=u_y(x^*,y^*)=0,\quad u_{xx}(x^*,y^*)\geqslant 0。$$

另一方面,由已知条件可得

$$\frac{\partial^2 u}{\partial x^2}+\frac{\partial u}{\partial x}+\frac{\partial u}{\partial y}\Big|_{(x^*,y^*)}=2u(x^*,y^*),$$

因此　　　　　　$$0\leqslant\frac{\partial^2 u}{\partial x^2}+\frac{\partial u}{\partial x}+\frac{\partial u}{\partial y}\Big|_{(x^*,y^*)}=2u(x^*,y^*)<0。$$

矛盾,所以结论成立。

大学生高等数学竞赛模拟试题四解析与提示

一、(1) $\dfrac{1}{600}$。 (2) $\dfrac{2}{\pi}$。

二、**证明** 因为 $f(x)$ 在 $[a,b]$ 上连续,故不妨设 m 和 M 分别为 $f(x)$ 在 $[a,b]$ 上的最小值和最大值,因此 $m \leqslant f(x_n) \leqslant M$。结合极限的保号性可得 $m \leqslant A \leqslant M$。再由介值定理,存在 $x^* \in [a,b]$ 使得 $f(x^*) = A$。

三、**提示** 构造函数 $F(x) = f'(x)(1-2x) - f(x)$,$x \in \left[0, \dfrac{1}{2}\right]$,利用罗尔中值定理可证。

四、**提示** 费马引理。

五、**提示** 飞行曲线 T:$\begin{cases} x = x \\ y = 2x \\ z = 4\sqrt[4]{x} \end{cases}$,$x \geqslant 1$。

六、需要 $100\,\mathrm{h}$。

七、$4a^2$。

八、**提示** 利用高斯公式,$\dfrac{4}{3}\pi(a+b)R^3$。

九、**解** 注意到 $S''(x) = S(x)$,解出 $S(x) = \dfrac{5}{2}\mathrm{e}^x + \dfrac{3}{2}\mathrm{e}^{-x}$,极小值点为 $x = \dfrac{1}{2}\ln\left(\dfrac{3}{5}\right)$。

十、**提示** 利用微元法或者对称性,$I_l = \dfrac{8\pi}{15}$。

大学生高等数学竞赛模拟试题五解析与提示

一、简答题

1. 解 $L=\lim\limits_{x\to 0^+}\dfrac{x^x\left[1-\left(\dfrac{\sin x}{x}\right)^x\right]}{x^2\ln(1-x)}=-\lim\limits_{x\to 0^+}\dfrac{1-\mathrm{e}^{x\ln\left(\frac{\sin x}{x}\right)}}{x^3}=\lim\limits_{x\to 0}\dfrac{\ln\left(\dfrac{\sin x}{x}\right)}{x^2}$

$=\lim\limits_{x\to 0}\dfrac{\ln\left(1+\dfrac{\sin x}{x}-1\right)}{x^2}=\lim\limits_{x\to 0}\dfrac{\dfrac{\sin x}{x}-1}{x^2}=\lim\limits_{x\to 0}\dfrac{\sin x-x}{x^3}=-\dfrac{1}{6}$。

2. 解 $\displaystyle\sum_{k=1}^{n}\dfrac{n}{n^2+k^2}\leqslant x_n\leqslant\sum_{k=1}^{n}\dfrac{n+1}{n^2+k^2}$,

$\lim\limits_{k\to\infty}\displaystyle\sum_{k=1}^{n}\dfrac{n}{n^2+k^2}=\int_0^1\dfrac{\mathrm{d}x}{1+x^2}=\dfrac{\pi}{4}$, $\lim\limits_{k\to\infty}\displaystyle\sum_{k=1}^{n}\dfrac{n+1}{n^2+k^2}=\int_0^1\dfrac{\mathrm{d}x}{1+x^2}=\dfrac{\pi}{4}$。

由夹逼准则,得 $\lim\limits_{n\to\infty}x_n=\dfrac{\pi}{4}$。

3. 解 令 $x=-u$, 则有 $I=\displaystyle\int_{-\pi}^{\pi}\dfrac{\sin^6 u}{1+\mathrm{e}^{-u}}\mathrm{d}u=\int_{-\pi}^{\pi}\dfrac{\sin^6 x}{1+\mathrm{e}^{-x}}\mathrm{d}x$,

故 $I=\dfrac{1}{2}\left(\displaystyle\int_{-\pi}^{\pi}\dfrac{\sin^6 x}{1+\mathrm{e}^{x}}\mathrm{d}x+\int_{-\pi}^{\pi}\dfrac{\sin^6 x}{1+\mathrm{e}^{-x}}\mathrm{d}x\right)=\dfrac{1}{2}\int_{-\pi}^{\pi}\sin^6 x\,\mathrm{d}x=\dfrac{5}{16}\pi$。

4. 解 $I=\displaystyle\int_2^3\ln x\,\mathrm{d}x+\int_2^3\dfrac{\ln x}{(x-1)^2}\mathrm{d}x=\dfrac{3}{2}\ln 3+\ln 2-1$。

5. 解 由对称性可得:

$$I=\oiint_{\Sigma}(2x^2+3y^2+4z^2)\mathrm{d}S=3\oiint_{\Sigma}(x^2+y^2+z^2)\mathrm{d}S=6\oiint_{\Sigma}y\,\mathrm{d}S=24\pi。$$

6. 解 $V=\displaystyle\iint_{x^2+y^2\leqslant 3}\mathrm{d}x\,\mathrm{d}y\int_{2-\sqrt{4-x^2-y^2}}^{4-x^2-y^2}\mathrm{d}z=\dfrac{37}{6}\pi$。

二、解 $f(x)=\left\{ax-\dfrac{1}{2}(ax)^2+\dfrac{1}{3}(ax)^3+o(x^3)\right\}+\left\{x[1-(bx)+(bx)^2+o(x^2)]\right\}$

$=(a+1)x-\left(\dfrac{a^2}{2}+b\right)x^2+\left(\dfrac{a^3}{3}+b^2\right)x^3+o(x^3)$。

令 $\begin{cases}a+1=0\\\dfrac{a^2}{2}+b=0\end{cases}$,得 $\begin{cases}a=-1\\b=-\dfrac{1}{2}\end{cases}$。 此时当 $x\to 0$ 时, $f(x)$ 关于 x 的无穷小的阶数最高且阶数

为 3。

三、解 由隐函数求导可得 $\dfrac{\mathrm{d}y}{\mathrm{d}t}\bigg|_{t=0}=\mathrm{e}-1$，$\dfrac{\mathrm{d}^2y}{\mathrm{d}t^2}\bigg|_{t=0}=2\mathrm{e}$。所以

$$\frac{\mathrm{d}y}{\mathrm{d}x}\bigg|_{t=0}=\frac{\dfrac{\mathrm{d}y}{\mathrm{d}t}}{\dfrac{\mathrm{d}x}{\mathrm{d}t}}\bigg|_{t=0}=\frac{\mathrm{e}-1}{2},\quad \frac{\mathrm{d}^2y}{\mathrm{d}x^2}\bigg|_{t=0}=\frac{\dfrac{\mathrm{d}^2y}{\mathrm{d}t^2}\cdot\dfrac{\mathrm{d}x}{\mathrm{d}t}-\dfrac{\mathrm{d}y}{\mathrm{d}t}\cdot\dfrac{\mathrm{d}^2x}{\mathrm{d}t^2}}{\left(\dfrac{\mathrm{d}x}{\mathrm{d}t}\right)^3}\bigg|_{t=0}=\frac{\mathrm{e}}{2}.$$

四、解 交换积分次序，得 $\displaystyle\int_0^1\mathrm{d}x\int_x^1\mathrm{d}y\int_y^1 y\mathrm{e}^{1+z^4}\,\mathrm{d}z=\int_0^1\mathrm{d}z\int_0^z\mathrm{d}y\int_0^y y\mathrm{e}^{1+z^4}\,\mathrm{d}x=\frac{1}{12}(\mathrm{e}^2-\mathrm{e})$。

五、解 令 $r=\sqrt{x^2+y^2}$ 则有

$$\frac{\partial u}{\partial x}=\frac{x}{r}\cdot\frac{\mathrm{d}u}{\mathrm{d}r},\quad \frac{\partial^2 u}{\partial x^2}=\frac{r^2-x^2}{r^3}\cdot\frac{\mathrm{d}u}{\mathrm{d}r}+\frac{x^2}{r^2}\cdot\frac{\mathrm{d}^2u}{\mathrm{d}r^2},\quad \frac{\partial^2 u}{\partial y^2}=\frac{r^2-y^2}{r^3}\cdot\frac{\mathrm{d}u}{\mathrm{d}r}+\frac{y^2}{r^2}\cdot\frac{\mathrm{d}^2u}{\mathrm{d}r^2}.$$

代入方程有 $\dfrac{\mathrm{d}^2u}{\mathrm{d}r^2}+u=r^2$，解得

$$u(r)=C_1\cos r+C_2\sin r+r^2-2,$$

即 $f(x)=C_1\cos x+C_2\sin x+x^2-2$。

六、解 记 Σ_1：$z=-3(x^2+y^2\leqslant 4)$，选定下侧；Σ_2：$x^2+y^2+z^2=r^2$（其中 r 是充分小的正数），选定内侧。则有 $I=\underset{\Sigma+\Sigma_1+\Sigma_2}{\iint}-\underset{\Sigma_1}{\iint}-\underset{\Sigma_2}{\iint}=I_1-I_2-I_3$。其中，

$$I_1=\underset{\Sigma+\Sigma_1+\Sigma_2}{\iint}yz\sqrt{x^2+y^2+z^2}\,\mathrm{d}y\mathrm{d}z+xz\sqrt{x^2+y^2+z^2}\,\mathrm{d}z\mathrm{d}x$$
$$+(x^2y^2-2xy\sqrt{x^2+y^2+z^2})\,\mathrm{d}x\mathrm{d}y=0,$$

$$I_2=\underset{\Sigma_1}{\iint}(x^2y^2-2xy\sqrt{x^2+y^2+9})\,\mathrm{d}x\mathrm{d}y=-\underset{x^2+y^2\leqslant 4}{\iint}x^2y^2\,\mathrm{d}x\mathrm{d}y=-\frac{8\pi}{3},$$

$$I_3=\underset{\Sigma_2}{\iint}yzr\,\mathrm{d}y\mathrm{d}z+xzr\,\mathrm{d}z\mathrm{d}x+(x^2y^2-2xyr)\,\mathrm{d}x\mathrm{d}y=-\underset{x^2+y^2+z^2\leqslant r^2}{\iiint}0\,\mathrm{d}V=0.$$

综上，$I=\dfrac{8\pi}{3}$。

七、解 分两个情形加以讨论。

情形一 当 $a=0$ 时，由于 $f(x)=\dfrac{f''(0)}{2}x^2+o(x^2)$，故 $f\left(\dfrac{1}{n}\right)=\dfrac{f''(0)}{2n^2}+o\left(\dfrac{1}{n^2}\right)$，此时，

$$\lim_{n\to\infty}\frac{\left|(-1)^{n-1}f\left(\dfrac{1}{n}\right)\right|}{\dfrac{1}{n^2}}=\lim_{n\to\infty}\frac{\left|\dfrac{f''(0)}{2n^2}+o\left(\dfrac{1}{n^2}\right)\right|}{\dfrac{1}{n^2}}=\frac{|f''(0)|}{2}.$$

因此，$\sum_{n=1}^{\infty}(-1)^{n-1}f\left(\dfrac{1}{n}\right)$ 绝对收敛。

情形二 当 $a\neq0$ 时,可得 $f'(0)\neq0$。由函数极限的局部保号性,在 $x=0$ 的某个邻域内 $f(x)$ 单调且 $\lim\limits_{x\to0}f(x)=0$。因而当 n 充分大时,数列 $f\left(\dfrac{1}{n}\right)$ 单调且 $\lim\limits_{n\to\infty}f\left(\dfrac{1}{n}\right)=0$,所以级数

$\sum_{n=1}^{\infty}(-1)^{n-1}f\left(\dfrac{1}{n}\right)$ 收敛。另一方面,由于 $\lim\limits_{n\to\infty}\dfrac{\left|f\left(\dfrac{1}{n}\right)\right|}{\dfrac{1}{n}}=|a|\neq0$,级数 $\sum_{n=1}^{\infty}\left|f\left(\dfrac{1}{n}\right)\right|$ 发散,

因而级数 $\sum_{n=1}^{\infty}(-1)^{n-1}f\left(\dfrac{1}{n}\right)$ 条件收敛。

八、证明 (1) 令 $u=x+t$, $v=x-t$,则 $z_x=z_u+z_v$, $z_t=z_u-z_v$,且

$$z_{xx}=\frac{\partial}{\partial x}(z_u+z_v)=z_{uu}+2z_{uv}+z_{vv},\quad z_{tt}=\frac{\partial}{\partial t}(z_u-z_v)=z_{uu}-2z_{uv}+z_{vv}。$$

结合已知条件 $\dfrac{\partial^2z}{\partial t^2}=\dfrac{\partial^2z}{\partial x^2}$,可得 $\dfrac{\partial^2z}{\partial u\partial v}=0$,故 $z=F(u)+G(v)=F(x+t)+G(x-t)$。其中 $F(x)$、$G(x)$ 是二阶可导函数。

(2) 由(1), $z(x,t)=F(x+t)+G(x-t)$,可得

$$F(x)+G(x)=f(x),\ F'(x)-G'(x)=g(x),$$

得 $F'(x)=\dfrac{f'(x)+g(x)}{2}$, $G'(x)=\dfrac{f'(x)-g(x)}{2}$,所以

$$F(x)=\frac{1}{2}\left[f(x)+\int_0^xg(y)\mathrm{d}y\right]+C_1,\ G(x)=\frac{1}{2}\left[f(x)-\int_0^xg(y)\mathrm{d}y\right]+C_2。$$

代入 $z(x,t)=F(x+t)+G(x-t)$,得

$$z(x,t)=\frac{1}{2}\left[f(x+t)+\int_0^{x+t}g(y)\mathrm{d}y\right]+C_1+\frac{1}{2}\left[f(x-t)-\int_0^{x-t}g(y)\mathrm{d}y\right]+C_2$$

$$=\frac{1}{2}[f(x+t)+f(x-t)]+\frac{1}{2}\int_{x-t}^{x+t}g(y)\mathrm{d}y+C。$$

再令 $t=0$,有 $C=0$,因此 $z(x,t)=\dfrac{1}{2}[f(x+t)+f(x-t)]+\dfrac{1}{2}\int_{x-t}^{x+t}g(y)\mathrm{d}y$,得证。

大学生高等数学竞赛模拟试题六解析与提示

一、填空题

1. $y=2(x-1)$。   2. $A=\dfrac{1}{18}$，$k=7$。   3. $f^{(100)}(0)=-2^{100}\cdot100!$。

4. $f(x)=1+\dfrac{1}{2}\arcsin x+\dfrac{x}{2}\sqrt{1-x^2}+x\arcsin x$。

5. $\displaystyle\int_{-\frac{\pi}{2}}^{\frac{\pi}{2}}\dfrac{\cos^2 x}{1+f(x)}\mathrm{d}x=\dfrac{\pi}{4}$。   6. 面积是 $\dfrac{5\pi}{4}$。   7. $u(t)=\dfrac{1-\mathrm{e}}{3-\mathrm{e}}+\dfrac{2}{3-\mathrm{e}}\mathrm{e}^t$。

8. $\displaystyle\lim_{n\to\infty}\dfrac{\sqrt{1}+\sqrt{2}+\cdots+\sqrt{n}}{\sqrt{1^2+2^2+\cdots+n^2}}=\dfrac{2\sqrt{3}}{3}$。

二、解 $\displaystyle\lim_{x\to0}\dfrac{\displaystyle\int_0^x(x-t)f(t)\mathrm{d}t}{x\displaystyle\int_0^x f(x-t)\mathrm{d}t}=\lim_{x\to0}\dfrac{\displaystyle\int_0^x f(t)\mathrm{d}t}{\displaystyle\int_0^x f(t)\mathrm{d}t+xf(x)}=\lim_{x\to0}\dfrac{f(x)}{2f(x)+xf'(x)}$，

$$f(x)=f(0)+f'(0)x+\dfrac{f''(0)}{2}x^2+o(x^2)=\dfrac{f''(0)}{2}x^2+o(x^2)，$$

$$f'(x)=f'(0)+f''(0)x+o(x)=f''(0)x+o(x)。$$

可得 $\displaystyle\lim_{x\to0}\dfrac{\displaystyle\int_0^x(x-t)f(t)\mathrm{d}t}{x\displaystyle\int_0^x f(x-t)\mathrm{d}t}=\lim_{x\to0}\dfrac{f(x)}{2f(x)+xf'(x)}$

$$=\lim_{x\to0}\dfrac{\dfrac{f''(0)}{2}x^2+o(x^2)}{2\left[\dfrac{f''(0)}{2}x^2+o(x^2)\right]+x\left[f''(0)x+o(x)\right]}=\dfrac{1}{4}。$$

三、证明 记 $F(x)=f(x)-\dfrac{x}{a}$，由于 $F(0)=f(0)=1$ 以及 $F(a)=f(a)-1=-1$，由

零点定理知，存在一点 $c\in(0,a)$ 使得 $F(c)=f(c)-\dfrac{c}{a}=0$。再对 $f(x)$ 在 $[0,c]$ 以及 $[c,a]$ 上利用两次拉格朗日中值定理即可证明。

四、证明 首先，不等式左边等价于 $\left(1-\dfrac{1}{n}\right)^n<\dfrac{1}{2\mathrm{e}}\left(2-\dfrac{1}{n}\right)$，即等价于

$$n\ln\left(1-\frac{1}{n}\right)<\ln\left(2-\frac{1}{n}\right)-\ln 2\mathrm{e},\ \ln\left(1-\frac{1}{n}\right)<\frac{1}{n}\ln\left(2-\frac{1}{n}\right)-\frac{1}{n}\ln 2\mathrm{e}.$$

为此只需要证明：当 $0<x<1$ 时，$x\ln(2-x)-x\ln 2\mathrm{e}-\ln(1-x)>0$。

类似地，要证明不等式右边，只需要证明：当 $0<x<1$ 时，$(1-x)\ln(1-x)+x>0$。

五、证明 $I_n-I_{n-1}=\displaystyle\int_0^{\frac{\pi}{2}}\frac{\sin^2 nt}{\sin t}\mathrm{d}t-\int_0^{\frac{\pi}{2}}\frac{\sin^2(n-1)t}{\sin t}\mathrm{d}t=\frac{1}{2n-1}$，

故 $I_n=(I_n-I_{n-1})+(I_{n-1}-I_{n-2})+\cdots+(I_2-I_1)+I_1=\dfrac{1}{2n-1}+\dfrac{1}{2n-3}+\cdots+\dfrac{1}{3}+1$。

记 $y_n=2I_n-\ln n$，则有 $y_n=2\left(\dfrac{1}{2n-1}+\dfrac{1}{2n-3}+\cdots+\dfrac{1}{3}+1\right)-\ln n$。 因为

$$y_{n+1}-y_n=2\left(\frac{1}{2n+1}+\frac{1}{2n-1}+\cdots+\frac{1}{3}+1\right)-\ln(n+1)$$

$$-2\left(\frac{1}{2n-1}+\frac{1}{2n-3}+\cdots+\frac{1}{3}+1\right)+\ln n$$

$$=\frac{2}{2n+1}-\ln\left(1+\frac{1}{n}\right)<0,$$

所以，数列 y_n 单调递减。另一方面

$$y_n=2\left(\frac{1}{2n-1}+\frac{1}{2n-3}+\cdots+\frac{1}{3}+1\right)-\ln n$$

$$>\int_1^3\frac{1}{x}\mathrm{d}x+\int_3^5\frac{1}{x}\mathrm{d}x+\cdots+\int_{2n-1}^{2n+1}\frac{1}{x}\mathrm{d}x-\ln n$$

$$=\ln(2n+1)-\ln n>0,$$

数列 y_n 有下界。综上，数列 y_n 收敛，得证。

六、解 由 $f'\left(\dfrac{1}{x}\right)=\dfrac{x}{f(x)}$，可得 $f'(x)=\dfrac{1}{xf\left(\dfrac{1}{x}\right)}$，故

$$\left[f(x)f\left(\frac{1}{x}\right)\right]'=f'(x)f\left(\frac{1}{x}\right)+f(x)f'\left(\frac{1}{x}\right)\left(-\frac{1}{x^2}\right)=\frac{1}{x}-\frac{1}{x}=0.$$

因此，可设 $f(x)f\left(\dfrac{1}{x}\right)=a$（其中 a 是正常数），$f(x)=\dfrac{a}{f\left(\dfrac{1}{x}\right)}=axf'(x)$。 解得 $f(x)=$

$Cx^{\frac{1}{a}}$，代入 $f'(x)=\dfrac{1}{xf\left(\dfrac{1}{x}\right)}$ 可得 $C=\sqrt{a}$。

综上可得 $f(x)=\sqrt{a}\,x^{\frac{1}{a}}$（其中 a 是正常数）。

七、证明 构造函数 $F(x) = \int_0^x f(t)\mathrm{d}t$，则有 $F(0) = F(1) = 0$。故对于任意的 $\alpha \in [0, 1]$，都有 $F(\alpha) = \dfrac{\alpha(\alpha-1)}{2}F''(\xi)$，所以，

$$\left| \int_0^\alpha f(x)\mathrm{d}x \right| = |F(\alpha)| = \left| \frac{\alpha(\alpha-1)}{2}F''(\xi) \right| \leqslant \frac{1}{8}\max_{x\in[0,1]}\{|f'(x)|\}\,.$$

大学生高等数学竞赛模拟试题七解析与提示

一、解 由于 $\lim\limits_{n\to\infty} a_n = A$，故对于任意的正数 ε，存在 N_1，使得当 $n > N_1$ 时，有 $A - \varepsilon < a_n < A + \varepsilon$，所以当 $n > N_1$ 时，成立：

$$(A-\varepsilon)\left(\frac{1}{n+1}+\frac{1}{n+2}+\cdots+\frac{1}{2n}\right) < \frac{a_{n+1}}{n+1}+\frac{a_{n+2}}{n+2}+\cdots+\frac{a_{2n}}{2n}$$
$$< (A+\varepsilon)\left(\frac{1}{n+1}+\frac{1}{n+2}+\cdots+\frac{1}{2n}\right)。$$

故存在足够大的自然数 $N(N > N_1)$，当 $n > N$ 时，满足

$$\ln 2 \cdot (A - 2\varepsilon) < \frac{a_{n+1}}{n+1}+\frac{a_{n+2}}{n+2}+\cdots+\frac{a_{2n}}{2n} < \ln 2 \cdot (A + 2\varepsilon)，$$

即

$$\left|\left(\frac{a_{n+1}}{n+1}+\frac{a_{n+2}}{n+2}+\cdots+\frac{a_{2n}}{2n}\right) - A\ln 2\right| < 2\ln 2 \cdot \varepsilon。$$

所以，$\lim\limits_{n\to\infty} \dfrac{a_{n+1}}{n+1}+\dfrac{a_{n+2}}{n+2}+\cdots+\dfrac{a_{2n}}{2n} = A\ln 2$。

二、证明 构造函数 $g(x) = f(x) - \dfrac{1}{b-a}\displaystyle\int_a^b f(x)\mathrm{d}x$。 显然 $g(x)$ 在 $[a, b]$ 上连续，且有

$$\int_a^b g(x)\mathrm{d}x = \int_a^b f(x)\mathrm{d}x - \int_a^b\left[\frac{1}{b-a}\int_a^b f(x)\mathrm{d}x\right]\mathrm{d}x = \int_a^b f(x)\mathrm{d}x - \int_a^b f(x)\mathrm{d}x = 0。$$

根据题意，应有 $\displaystyle\int_a^b f(x)g(x)\mathrm{d}x = 0$，故

$$\int_a^b g^2(x)\mathrm{d}x = \int_a^b g(x)\cdot\left[f(x) - \frac{1}{b-a}\int_a^b f(x)\mathrm{d}x\right]\mathrm{d}x$$

$$= \int_a^b g(x)f(x)\mathrm{d}x - \int_a^b\left[\frac{g(x)}{b-a}\int_a^b f(x)\mathrm{d}x\right]\mathrm{d}x$$

$$= -\frac{\displaystyle\int_a^b f(x)\mathrm{d}x}{b-a}\int_a^b g(x)\mathrm{d}x = 0。$$

所以，$g^2(x) \equiv 0$，即 $f(x) - \dfrac{1}{b-a}\displaystyle\int_a^b f(x)\mathrm{d}x \equiv 0$，亦即

$$f(x) \equiv \frac{1}{b-a}\int_a^b f(x)\mathrm{d}x, \ x \in [a, b]。$$

综上可知：$f(x)$为常值函数，得证。

三、证明 （1）$B = \iint\limits_{D} |xy-1|\,\mathrm{d}x\,\mathrm{d}y$

$$= \int_0^{\frac{1}{2}}\mathrm{d}x\int_0^2 (1-xy)\mathrm{d}y + \int_{\frac{1}{2}}^2\mathrm{d}x\int_0^{\frac{1}{x}}(1-xy)\mathrm{d}y + \int_{\frac{1}{2}}^2\mathrm{d}x\int_{\frac{1}{x}}^2 (xy-1)\mathrm{d}y$$

$$= \frac{3}{2} + 2\ln 2。$$

（2）由已知条件可得

$$1 = \left|\iint\limits_{D}(xy-1)f(x, y)\mathrm{d}x\,\mathrm{d}y\right| \leqslant \iint\limits_{D} |xy-1||f(x, y)|\,\mathrm{d}x\,\mathrm{d}y。$$

结合二重积分中值定理，存在$(\xi, \eta) \in D$，使得

$$\iint\limits_{D} |xy-1||f(x, y)|\,\mathrm{d}x\,\mathrm{d}y = |f(\xi, \eta)|\iint\limits_{D}|xy-1|\,\mathrm{d}x\,\mathrm{d}y = |f(\xi, \eta)|B \geqslant 1,$$

即存在$(\xi, \eta) \in D$，使得$|f(\xi, \eta)| \geqslant \dfrac{1}{B}$。

四、解 曲面Σ在点$P(x_0, y_0, z_0)$处的切平面π_p：$\dfrac{x_0 x}{a^2} + \dfrac{y_0 y}{b^2} + \dfrac{z_0 z}{c^2} = 1$，根据题意可得：

$$g(x, y, z) = \frac{\left|\dfrac{x_0 x}{a^2} + \dfrac{y_0 y}{b^2} + \dfrac{z_0 z}{c^2} - 1\right|}{\sqrt{\dfrac{x_0^2}{a^4} + \dfrac{y_0^2}{b^4} + \dfrac{z_0^2}{c^4}}}。$$

因此，$I_p = \iiint\limits_{\Omega} g^2(x, y, z)\mathrm{d}x\,\mathrm{d}y\,\mathrm{d}z = \iiint\limits_{\Omega}\dfrac{\left(\dfrac{x_0 x}{a^2} + \dfrac{y_0 y}{b^2} + \dfrac{z_0 z}{c^2} - 1\right)^2}{\dfrac{x_0^2}{a^4} + \dfrac{y_0^2}{b^4} + \dfrac{z_0^2}{c^4}}\mathrm{d}x\,\mathrm{d}y\,\mathrm{d}z$

$$= \frac{1}{\dfrac{x_0^2}{a^4} + \dfrac{y_0^2}{b^4} + \dfrac{z_0^2}{c^4}}\iiint\limits_{\Omega}\left(\dfrac{x_0^2 x^2}{a^4} + \dfrac{y_0^2 y^2}{b^4} + \dfrac{z_0^2 z^2}{c^4} + 1\right)\mathrm{d}x\,\mathrm{d}y\,\mathrm{d}z$$

$$= \frac{1}{\dfrac{x_0^2}{a^4} + \dfrac{y_0^2}{b^4} + \dfrac{z_0^2}{c^4}} \cdot \left[\dfrac{x_0^2}{a^4} \cdot \dfrac{4\pi a^3}{15} + \dfrac{y_0^2}{b^4} \cdot \dfrac{4\pi b^3}{15} + \dfrac{z_0^2}{c^4} \cdot \dfrac{4\pi c^3}{15} + \dfrac{4\pi abc}{3}\right]$$

$$= \frac{\dfrac{4\pi}{15}\left(\dfrac{x_0^2}{a} + \dfrac{y_0^2}{b} + \dfrac{z_0^2}{c}\right) + \dfrac{4\pi abc}{3}}{\dfrac{x_0^2}{a^4} + \dfrac{y_0^2}{b^4} + \dfrac{z_0^2}{c^4}}。$$

另一方面,由于 $0 < a < b < c$,以及 $\dfrac{x_0^2}{a^2} + \dfrac{y_0^2}{b^2} + \dfrac{z_0^2}{c^2} = 1$,则有

$$\frac{x_0^2}{a^4} + \frac{y_0^2}{b^4} + \frac{z_0^2}{c^4} \leqslant \frac{1}{a^2}, \quad \frac{\dfrac{x_0^2}{a} + \dfrac{y_0^2}{b} + \dfrac{z_0^2}{c}}{\dfrac{x_0^2}{a^4} + \dfrac{y_0^2}{b^4} + \dfrac{z_0^2}{c^4}} \geqslant a^3,$$

且以上两式取等号当且仅当 $(x_0, y_0, z_0) = (\pm a, 0, 0)$。

综上,当 $(x_0, y_0, z_0) = (\pm a, 0, 0)$ 时,I_p 取最小值且最小值为 $\dfrac{4\pi a^3}{3}\left(\dfrac{1}{5} + bc\right)$。

五、解 曲面 $\Sigma: \dfrac{x^2}{a^2} + \dfrac{y^2}{b^2} + \dfrac{z^2}{c^2} = 1$ 在动点 (x, y, z) 处的单位外法向量为

$$\boldsymbol{n} = \frac{1}{\sqrt{\dfrac{x^2}{a^4} + \dfrac{y^2}{b^4} + \dfrac{z^2}{c^4}}}\left(\frac{x}{a^2}, \frac{y}{b^2}, \frac{z}{c^2}\right) = \frac{1}{\sqrt{b^4c^4x^2 + c^4a^4y^2 + a^4b^4z^2}}(b^2c^2x, c^2a^2y, a^2b^2z)。$$

由两类曲面积分之间的关系以及高斯公式,可得

$$\iint\limits_{\Sigma} \frac{b^2c^2x^2 + c^2a^2y^2 + a^2b^2z^2}{\sqrt{b^4c^4x^2 + c^4a^4y^2 + a^4b^4z^2}} \mathrm{d}S = \iint\limits_{\Sigma} x\,\mathrm{d}y\,\mathrm{d}z + y\,\mathrm{d}z\,\mathrm{d}x + z\,\mathrm{d}x\,\mathrm{d}y$$

$$= \iiint\limits_{\frac{x^2}{a^2}+\frac{y^2}{b^2}+\frac{z^2}{c^2}\leqslant 1} 3\,\mathrm{d}x\,\mathrm{d}y\,\mathrm{d}z = 4\pi abc。$$

六、证明 根据已知条件,存在 $p > 1$,使得 $\lim\limits_{n\to\infty}\left(\dfrac{a_{n+1}}{a_n}\right)^n < \dfrac{1}{\mathrm{e}^p}$,此时,

$$\lim_{n\to\infty}\left(\frac{a_{n+1}\cdot(n+1)^p}{a_n\cdot n^p}\right)^n < \frac{1}{\mathrm{e}^p}\cdot\mathrm{e}^p = 1。$$

因此,存在 N,使得当 $n > N$ 时,有 $\left(\dfrac{a_{n+1}\cdot(n+1)^p}{a_n\cdot n^p}\right)^n < 1$,即 $\dfrac{a_{n+1}\cdot(n+1)^p}{a_n\cdot n^p} < 1$,亦即

$\dfrac{a_{n+1}}{a_n} < \dfrac{\dfrac{1}{(n+1)^p}}{\dfrac{1}{n^p}}$。结合级数 $\sum\limits_{n=1}^{\infty}\dfrac{1}{n^p}$ 收敛可得,级数 $\sum\limits_{n=1}^{\infty}a_n$ 收敛。

七、解 $\displaystyle\int_0^{\frac{\pi}{2}} \sin^{2n}x\,\mathrm{d}x = \dfrac{(2n-1)!!}{(2n)!!}\cdot\dfrac{\pi}{2}$,故

$$1 + \sum_{n=1}^{\infty}(-1)^n\frac{(2n-1)!!}{(2n)!!}$$

$$= 1 + \frac{2}{\pi}\sum_{n=1}^{\infty}(-1)^n\int_0^{\frac{\pi}{2}}\sin^{2n}x\,\mathrm{d}x$$

$$=\frac{2}{\pi}\sum_{n=0}^{\infty}\int_0^{\frac{\pi}{2}}(-\sin^2 x)^n\mathrm{d}x=\frac{2}{\pi}\int_0^{\frac{\pi}{2}}\sum_{n=0}^{\infty}(-\sin^2 x)^n\mathrm{d}x$$

$$=\frac{2}{\pi}\int_0^{\frac{\pi}{2}}\frac{1}{1+\sin^2 x}\mathrm{d}x=\frac{2}{\pi}\int_0^{\frac{\pi}{2}}\frac{1}{2\sin^2 x+\cos^2 x}\mathrm{d}x$$

$$=\frac{2}{\pi}\cdot\frac{1}{\sqrt{2}}\arctan(\sqrt{2}\tan x)\Big|_0^{\frac{\pi}{2}}=\frac{1}{\sqrt{2}}\,.$$

八、证明 取常数 k，使得 $(b-a)k=f\left(\frac{a+b}{2}\right)$，构造函数

$$H(x)=(x-a)k-f\left(\frac{a+x}{2}\right),\quad x\in[a,b],$$

显然 $H(x)$ 在 $[a,b]$ 上连续，在 (a,b) 上可导，且 $H(a)=H(b)=0$。由罗尔定理，存在 $\eta\in(a,b)$，使得 $H'(\eta)=0$，即 $k=\frac{1}{2}f'\left(\frac{a+\eta}{2}\right)$，亦即

$$f'\left(\frac{a+\eta}{2}\right)=\frac{2}{b-a}f\left(\frac{a+b}{2}\right)\,.$$

另一方面，对于函数 $f(x)$，由罗尔中值定理，存在 $c\in(a,b)$，使得 $f'(c)=0$。常数 $\frac{1}{b-a}f\left(\frac{a+b}{2}\right)$ 介于 $\frac{2}{b-a}f\left(\frac{a+b}{2}\right)$ 和 0 之间，由导函数介值定理，存在 $\xi\in(a,b)$，使得 $f'(\xi)=\frac{1}{b-a}f\left(\frac{a+b}{2}\right)$，即 $(b-a)f'(\xi)=f\left(\frac{a+b}{2}\right)$。

九、证明 当 $x\in\left[a,\frac{a+b}{2}\right]$ 时，$f(x)=\int_a^x f'(t)\mathrm{d}t$。由柯西不等式可得：

$$f^2(x)=\left[\int_a^x f'(t)\mathrm{d}t\right]^2\leqslant\int_a^x 1\mathrm{d}t\int_a^x[f'(t)]^2\mathrm{d}t\leqslant(x-a)\int_a^{\frac{a+b}{2}}[f'(t)]^2\mathrm{d}t\,.$$

因此，$\int_a^{\frac{a+b}{2}}f^2(x)\mathrm{d}x\leqslant\int_a^{\frac{a+b}{2}}(x-a)\mathrm{d}x\cdot\int_a^{\frac{a+b}{2}}[f'(t)]^2\mathrm{d}t=\frac{(b-a)^2}{8}\int_a^{\frac{a+b}{2}}[f'(t)]^2\mathrm{d}t\,.$ （1）

类似地，当 $x\in\left[\frac{a+b}{2},b\right]$ 时，$f(x)=\int_b^x f'(t)\mathrm{d}t$，由柯西不等式可得

$$f^2(x)=\left[\int_x^b f'(t)\mathrm{d}t\right]^2\leqslant\int_x^b 1\mathrm{d}t\int_x^b[f'(t)]^2\mathrm{d}t\leqslant(b-x)\int_{\frac{a+b}{2}}^b[f'(t)]^2\mathrm{d}t\,.$$

因此，$\int_{\frac{a+b}{2}}^b f^2(x)\mathrm{d}x\leqslant\int_{\frac{a+b}{2}}^b(b-x)\mathrm{d}x\cdot\int_{\frac{a+b}{2}}^b[f'(t)]^2\mathrm{d}t=\frac{(b-a)^2}{8}\int_{\frac{a+b}{2}}^b[f'(t)]^2\mathrm{d}t\,.$ （2）

由(1)(2)两式可得，$\int_a^b f^2(x)\mathrm{d}x\leqslant\frac{(b-a)^2}{8}\int_a^b[f'(t)]^2\mathrm{d}t$，即

$$\int_a^b[f'(x)]^2\mathrm{d}x\geqslant\frac{8}{(b-a)^2}\,.$$

大学生高等数学竞赛模拟试题八解析与提示

一、解
$$D_n = \begin{vmatrix} 1 & 2 & \cdots & n \\ 1 & 2^2 & \cdots & n^2 \\ \vdots & \vdots & \ddots & \vdots \\ 1 & 2^n & \cdots & n^n \end{vmatrix} = \begin{vmatrix} 1 & 1 & 1 & \cdots & 1 \\ 0 & 1 & 2 & \cdots & n \\ 0 & 1 & 2^2 & \cdots & n^2 \\ \vdots & \vdots & \vdots & \ddots & \vdots \\ 0 & 1 & 2^n & \cdots & n^n \end{vmatrix} = V(0, 1, 2, \cdots, n) =$$

$\prod\limits_{k=1}^{n} k!$,

所以,
$$\lim_{n \to \infty}(D_n)^{\frac{1}{n^2 \ln n}} = \lim_{n \to \infty} \left(\prod_{k=1}^{n} k! \right)^{\frac{1}{n^2 \ln n}} = \lim_{n \to \infty} e^{\frac{\sum\limits_{k=1}^{n} \ln(k!)}{n^2 \ln n}}.$$

其中,$\lim\limits_{n \to \infty} \dfrac{\sum\limits_{k=1}^{n} \ln(k!)}{n^2 \ln n} = \lim\limits_{n \to \infty} \dfrac{\sum\limits_{k=1}^{n} \ln(k!) - \sum\limits_{k=1}^{n-1} \ln(k!)}{n^2 \ln n - (n-1)^2 \ln(n-1)}$

$$= \lim_{n \to \infty} \frac{\ln(n!)}{n^2 \ln n - (n-1)^2 \ln(n-1)} = \lim_{n \to \infty} \frac{n \ln n}{n^2 \ln n - (n-1)^2 \ln(n-1)}$$

$$= \lim_{x \to +\infty} \frac{x \ln x}{x^2 \ln x - (x-1)^2 \ln(x-1)}$$

$$= \lim_{x \to +\infty} \frac{1 + \ln x}{2x \ln x + x - 2(x-1)\ln(x-1) - (x-1)}$$

$$= \lim_{x \to +\infty} \frac{1 + \ln x}{2x \ln x - 2(x-1)\ln(x-1) + 1}$$

$$= \lim_{x \to +\infty} \frac{\dfrac{1}{x}}{2\ln x + 2 - 2\ln(x-1) - 2} = \lim_{x \to +\infty} \frac{\dfrac{1}{x}}{2\ln\left(1 + \dfrac{1}{x-1}\right)} = \frac{1}{2}.$$

综上可得,$\lim\limits_{n \to \infty}(D_n)^{\frac{1}{n^2 \ln n}} = \lim\limits_{n \to \infty} e^{\frac{\sum\limits_{k=1}^{n} \ln(k!)}{n^2 \ln n}} = \sqrt{e}$。

二、证明 由推广的积分中值定理,存在 $\xi \in (a, b)$,使得
$$\int_a^b p(x) g(x) \mathrm{d}x = g(\xi) \int_a^b p(x) \mathrm{d}x.$$

故
$$\frac{\int_a^b p(x)g(x)\mathrm{d}x}{\int_a^b p(x)\mathrm{d}x}=g(\xi)。 \ 记 \ g(\xi)=c, 由泰勒定理可得$$

$$f(x)=f(c)+f'(c)(x-c)+\frac{f''(\eta)}{2}(x-c)^2\geqslant f(c)+f'(c)(x-c)。$$

因此
$$f[g(x)]\geqslant f(c)+f'(c)[g(x)-c]。$$

进一步有
$$p(x)f[g(x)]\geqslant p(x)f(c)+f'(c)[g(x)-c]p(x)。$$

两边积分可得

$$\int_a^b p(x)f[g(x)]\mathrm{d}x\geqslant\int_a^b\{p(x)f(c)+f'(c)[g(x)-c]p(x)\}\mathrm{d}x=f(c)\int_a^b p(x)\mathrm{d}x,$$

即
$$\frac{\int_a^b p(x)f[g(x)]\mathrm{d}x}{\int_a^b p(x)\mathrm{d}x}\geqslant f\left(\frac{\int_a^b p(x)g(x)\mathrm{d}x}{\int_a^b p(x)\mathrm{d}x}\right), \ 得证。$$

三、解 由于 $\int_0^1 f(x)\mathrm{d}x=1+\frac{1}{2}\int_0^1\mathrm{d}x\int_0^x f(x-y)f(1-y)\mathrm{d}y$，交换积分次序可得

$$\int_0^1 f(x)\mathrm{d}x=1+\frac{1}{2}\int_0^1\mathrm{d}y\int_y^1 f(x-y)f(1-y)\mathrm{d}x=1+\frac{1}{2}\int_0^1 f(1-y)\mathrm{d}y\int_y^1 f(1-x)\mathrm{d}x$$

$$=1-\frac{1}{2}\int_0^1\left[\int_y^1 f(1-x)\mathrm{d}x\right]\mathrm{d}\left[\int_y^1 f(1-x)\mathrm{d}x\right]$$

$$=1-\frac{1}{4}\left[\int_y^1 f(1-x)\mathrm{d}x\right]^2\Big|_0^1=1+\frac{1}{4}\left[\int_0^1 f(1-x)\mathrm{d}x\right]^2$$

$$=1+\frac{1}{4}\left[\int_0^1 f(x)\mathrm{d}x\right]^2。$$

因此，$\left[\int_0^1 f(x)\mathrm{d}x-2\right]^2=0$，$\int_0^1 f(x)\mathrm{d}x=2$。

四、解 $\int_0^\pi\frac{1}{1+\cos^2 x}\mathrm{d}x=2\int_0^{\frac{\pi}{2}}\frac{\sec^2 x}{1+\sec^2 x}\mathrm{d}x=\frac{\pi}{\sqrt{2}}$，

$$\int_0^\pi\frac{\sin^2 x}{1+\cos^2 x}\mathrm{d}x=\int_0^\pi\left(\frac{2}{1+\cos^2 x}-1\right)\mathrm{d}x=(\sqrt{2}-1)\pi。$$

当 $n\pi\leqslant x<(n+1)\pi$ 时，有

$$\frac{n(\sqrt{2}-1)}{\frac{n+1}{\sqrt{2}}}=\frac{\int_0^{n\pi}\frac{\sin^2 x}{1+\cos^2 x}\mathrm{d}x}{\int_0^{(n+1)\pi}\frac{1}{1+\cos^2 x}\mathrm{d}x}\leqslant\frac{\int_0^x\frac{\sin^2 x}{1+\cos^2 x}\mathrm{d}x}{\int_0^x\frac{1}{1+\cos^2 x}\mathrm{d}x}\leqslant\frac{\int_0^{(n+1)\pi}\frac{\sin^2 x}{1+\cos^2 x}\mathrm{d}x}{\int_0^{n\pi}\frac{1}{1+\cos^2 x}\mathrm{d}x}$$

$$=\frac{(n+1)(\sqrt{2}-1)}{\frac{n}{\sqrt{2}}}。$$

因此，$\lim\limits_{x \to +\infty} \dfrac{\displaystyle\int_0^x \dfrac{\sin^2 x}{1+\cos^2 x}\,\mathrm{d}x}{\displaystyle\int_0^x \dfrac{1}{1+\cos^2 x}\,\mathrm{d}x} = 2 - \sqrt{2}$。

五、解　（1）$I_1 = \iiint\limits_{\Omega} \cos x \,\mathrm{d}x\,\mathrm{d}y\,\mathrm{d}z = \int_{-1}^{1} \mathrm{d}x \iint\limits_{y^2+z^2 \leqslant 1-x^2} \cos x \,\mathrm{d}y\,\mathrm{d}z = \pi \int_{-1}^{1} (1-x^2)\cos x \,\mathrm{d}x$

$= \pi\left[(1-x^2)\sin x - 2x\cos x + 2\sin x\right]\Big|_{-1}^{1} = 4\pi(\sin 1 - \cos 1)$。

（2）作正交变换 $\begin{cases} u = ax + by + cz \\ v = px + qy + rz \\ w = lx + my + nz \end{cases}$，则有

$I_2 = \iiint\limits_{\Omega} \cos(ax + by + cz)\,\mathrm{d}x\,\mathrm{d}y\,\mathrm{d}z = \iiint\limits_{u^2+v^2+w^2 \leqslant 1} \cos u \,\mathrm{d}u\,\mathrm{d}v\,\mathrm{d}w = 4\pi(\sin 1 - \cos 1)$。

六、解　分三个情形加以讨论。

情形一　当 $0 < a < 1$ 时，则有 $0 < a^n \sin\dfrac{1}{n^p} < a^n$。结合级数 $\sum\limits_{n=1}^{\infty} a^n$ 收敛以及比较审敛法可知级数 $\sum\limits_{n=1}^{\infty} a^n \sin\dfrac{1}{n^p}$ 收敛。

情形二　当 $a = 1$ 时，$\sum\limits_{n=1}^{\infty} a^n \sin\dfrac{1}{n^p} = \sum\limits_{n=1}^{\infty} \sin\dfrac{1}{n^p}$。此时，当 $p > 1$ 时级数收敛，而当 $0 < p \leqslant 1$ 时级数发散。

情形三　当 $a > 1$ 时，由于 $\lim\limits_{n \to \infty} \dfrac{a^{n+1}\sin\dfrac{1}{(n+1)^p}}{a^n \sin\dfrac{1}{n^p}} = a > 1$，由比值审敛法可知级数 $\sum\limits_{n=1}^{\infty} a^n \sin\dfrac{1}{n^p}$ 发散。

七、解　由于 $\sum\limits_{k=n^2}^{(n+1)^2-1} \dfrac{(-1)^{[\sqrt{k}]}}{\sqrt{k}} = \sum\limits_{k=n^2}^{(n+1)^2-1} \dfrac{(-1)^n}{\sqrt{k}}$，故

$\left| \sum\limits_{k=n^2}^{(n+1)^2-1} \dfrac{(-1)^{[\sqrt{k}]}}{\sqrt{k}} \right| = \sum\limits_{k=n^2}^{(n+1)^2-1} \dfrac{1}{\sqrt{k}} \geqslant \sum\limits_{k=n^2}^{(n+1)^2-1} \dfrac{1}{n+1} = \dfrac{2n+1}{n+1} \to 2, \; n \to \infty$。

因此，级数 $\sum\limits_{n=1}^{\infty} \dfrac{(-1)^{[\sqrt{n}]}}{\sqrt{n}}$ 发散。

八、证明　由拉格朗日中值定理，存在 $\xi_1 \in (0, a)$ 以及 $\xi_2 \in (a, 1)$，使得

$$f'(\xi_1) = \frac{f(a)-f(0)}{a} = \frac{f(a)}{a}, \; f'(\xi_2) = \frac{f(1)-f(a)}{1-a} = -\frac{f(a)}{1-a}。$$

以下分三个情形加以讨论。

情形一 当 $a \in \left(0, \dfrac{1}{2}\right)$ 时，$|f'(\xi_1)| = \dfrac{f(a)}{a} > 2f(a)$。

情形二 当 $a \in \left(\dfrac{1}{2}, 1\right)$ 时，$|f'(\xi_2)| = \dfrac{f(a)}{1-a} > 2f(a)$。

情形三 当 $a = \dfrac{1}{2}$ 时，由于 $f(x)$ 在 $(0,1)$ 上可导，故 $f(x)$ 在 $\left[0, \dfrac{1}{2}\right]$ 以及 $\left[\dfrac{1}{2}, 1\right]$ 上不可

能同时为线性函数。不妨设 $f(x)$ 在 $\left[0, \dfrac{1}{2}\right]$ 上不为线性函数，因此存在点 $c \in \left(0, \dfrac{1}{2}\right)$，使得

$f(c) \neq 2cf\left(\dfrac{1}{2}\right)$。由拉格朗日中值定理，存在 $\xi_3 \in (0, c)$ 以及 $\xi_4 \in \left(c, \dfrac{1}{2}\right)$，使得

$$f'(\xi_3) = \frac{f(c) - f(0)}{c} = \frac{f(c)}{c}, \quad f'(\xi_4) = \frac{f\left(\dfrac{1}{2}\right) - f(c)}{\dfrac{1}{2} - c} = 2 \cdot \frac{f\left(\dfrac{1}{2}\right) - f(c)}{1 - 2c}。$$

当 $f(c) > 2cf\left(\dfrac{1}{2}\right)$ 时，$|f'(\xi_3)| = \dfrac{f(c)}{c} > 2f\left(\dfrac{1}{2}\right)$。

当 $f(c) < 2cf\left(\dfrac{1}{2}\right)$ 时，必有

$$|f'(\xi_4)| = 2 \cdot \frac{f\left(\dfrac{1}{2}\right) - f(c)}{1 - 2c} > 2 \cdot \frac{f\left(\dfrac{1}{2}\right) - 2cf\left(\dfrac{1}{2}\right)}{1 - 2c} = 2f\left(\dfrac{1}{2}\right)。$$

综上，结论成立。

九、证明 (1) 记 $\overline{D}$ 是区域 D 连同其边界构成的平面闭区域。以下先考虑 $g(x, y) = x + y$ 在闭区域 $\overline{D}$ 上的最大值以及最小值。由于 $g_x(x, y) = g_y(x, y) = 1$，故 $g(x, y)$ 在闭区域 $\overline{D}$ 上的最值只可能在边界上取到。

情形一 当动点位于直线段 $l_1 = \{(x, y) \mid y = x, -1 \leqslant x \leqslant 1\}$ 上时，容易得到
$$g(x, y) = x + y \in [-2, 2]。$$

情形二 当动点位于曲线段 $l_2 = \{(x, y) \mid x^4 + y^4 = 2, y \geqslant x\}$ 上时，记拉格朗日函数 $L = x + y + \lambda(x^4 + y^4 - 2)$，令 $\begin{cases} L_x = 1 + 4x^3\lambda = 0 \\ L_y = 1 + 4y^3\lambda = 0 \\ L_\lambda = x^4 + y^4 - 2 = 0 \end{cases}$，解得 $(x, y) = (1, 1)$ 或者 $(-1, -1)$，此时 $g(x, y)$ 取值 ± 2。

综上可知，$g(x, y) = x + y$ 在闭区域 $\overline{D}$ 上的最大值、最小值分别是 2 和 -2（且在边界上取到），所以当 $(x, y) \in D$ 时，$-2 < x + y < 2$，即二元函数 $f(x, y) = \dfrac{(x-y)^2}{4 - (x+y)^2}$ 在 D 上有定义。

（2）据题意可设曲线 $C_\delta \begin{cases} y = x + \delta \\ a < x < b \end{cases}$，此时 $f(x, y) = \dfrac{\delta^2}{4 - (2x + \delta)^2}$，记

$$h(x) = \frac{\delta^2}{4 - (2x + \delta)^2}, \quad a < x < b,$$

则 $h'(x) = \dfrac{4\delta^2(2x + \delta)}{\left[4 - (2x + \delta)^2\right]^2}$。 结合（1）有

$$-2 \leqslant 2a + \delta < 2x + \delta < 2b + \delta \leqslant 2。$$

所以函数 $h(x) = \dfrac{\delta^2}{4 - (2x + \delta)^2}$ 在 $a < x < b$ 上取不到最大值，亦即 $f(x, y)$ 在 C_δ 上不存在最大值。

（3）由于 $f(x, y) = \dfrac{(x - y)^2}{4 - (x + y)^2} \leqslant 1$ 等价于 $x^2 + y^2 \leqslant 2$，且当动点 $(x, y) \in D$ 时，$x^4 + y^4 < 2$，此时必有 $x^2 + y^2 \leqslant 2$。 故 $f(x, y)$ 在 D 上有上界 1，得证。

第三部分

第一届全国大学生高等数学竞赛
非数学类预赛试题

一、填空题(每小题 5 分,共 20 分):

1. 计算 $\iint\limits_{D}\dfrac{(x+y)\ln\left(1+\dfrac{y}{x}\right)}{\sqrt{1-x-y}}\mathrm{d}x\,\mathrm{d}y=$_____,其中,区域 D 由直线 $x+y=1$ 与两坐标轴所围成三角形区域。

2. 设 $f(x)$ 是连续函数,且满足 $f(x)=3x^2-\int_0^2 f(x)\mathrm{d}x-2$,则 $f(x)=$_____。

3. 曲面 $z=\dfrac{x^2}{2}+y^2-2$ 平行平面 $2x+2y-z=0$ 的切平面方程是_____。

4. 设函数 $y=y(x)$ 由方程 $x\mathrm{e}^{f(y)}=\mathrm{e}^y\ln 29$ 确定,其中 f 具有二阶导数,且 $f'\neq 1$,则 $\dfrac{\mathrm{d}^2 y}{\mathrm{d}x^2}=$_____。

二、(5 分) 求极限 $\lim\limits_{x\to 0}\left(\dfrac{\mathrm{e}^x+\mathrm{e}^{2x}+\cdots+\mathrm{e}^{nx}}{n}\right)^{\frac{\mathrm{e}}{x}}$,其中,$n$ 是给定的正整数。

三、(15 分) 设函数 $f(x)$ 连续,$g(x)=\int_0^1 f(xt)\mathrm{d}t$,且 $\lim\limits_{x\to 0}\dfrac{f(x)}{x}=A$,$A$ 为常数,求 $g'(x)$ 并讨论 $g'(x)$ 在 $x=0$ 处的连续性。

四、(15 分) 已知平面区域 $D=\{x,y)\mid 0\leqslant x\leqslant\pi,0\leqslant y\leqslant\pi\}$,$L$ 为 D 的正向边界,试证:

(1) $\oint_L x\mathrm{e}^{\sin y}\mathrm{d}y-y\mathrm{e}^{-\sin x}\mathrm{d}x=\oint_L x\mathrm{e}^{-\sin y}\mathrm{d}y-y\mathrm{e}^{\sin x}\mathrm{d}x$; (2) $\int_L x\mathrm{e}^{\sin y}\mathrm{d}y-y\mathrm{e}^{-\sin x}\mathrm{d}x\geqslant\dfrac{5}{2}\pi^2$。

五、(10 分) 已知 $y_1=x\mathrm{e}^x+\mathrm{e}^{2x}$,$y_2=x\mathrm{e}^x+\mathrm{e}^{-x}$,$y_3=x\mathrm{e}^x+\mathrm{e}^{2x}-\mathrm{e}^{-x}$ 是某二阶常系数线性非齐次微分方程的三个解,试求此微分方程。

六、(10 分) 设抛物线 $y=ax^2+bx+2\ln c$ 过原点。当 $0\leqslant x\leqslant 1$ 时,$y\geqslant 0$,又已知该抛物线与 x 轴及直线 $x=1$ 所围图形的面积为 $\dfrac{1}{3}$。试确定 a、b、c,使此图形绕 x 轴旋转一周而成的旋转体的体积最小。

七、(15分)已知 $u_n(x)$ 满足 $u_n'(x)=u_n(x)+x^{n-1}e^x$ $(n=1,2,\cdots)$，且 $u_n(1)=\dfrac{e}{n}$，求函数项级数 $\displaystyle\sum_{n=1}^{\infty}u_n(x)$ 之和。

八、(10分)求 $x\to 1^-$ 时，与 $\displaystyle\sum_{n=0}^{\infty}x^{n^2}$ 等价的无穷大量。

第二届全国大学生高等数学竞赛
非数学类预赛试题

一、计算下列各题(每小题 5 分,共 25 分):

1. 设 $x_n = (1+a)(1+a^2)\cdots(1+a^{2^n})$,其中 $|a| < 1$,求 $\lim\limits_{n \to \infty} x_n$。

2. 求 $\lim\limits_{x \to \infty} e^{-x}\left(1 + \dfrac{1}{x}\right)^{x^2}$。   3. 设 $s > 0$,求 $I = \int_0^{+\infty} e^{-sx} x^n \, dx$,$n = 1, 2, \cdots$。

4. 设函数 $f(t)$ 具有二阶连续导数,$r = \sqrt{x^2 + y^2}$,$g(x, y) = f\left(\dfrac{1}{r}\right)$,求 $\dfrac{\partial^2 g}{\partial x^2} + \dfrac{\partial^2 g}{\partial y^2}$。

5. 求直线 $l_1: \begin{cases} x - y = 0 \\ z = 0 \end{cases}$ 与直线 $l_2: \dfrac{x-2}{4} = \dfrac{y-1}{-2} = \dfrac{z-3}{-1}$ 的距离。

二、(15 分) 设函数 $f(x)$ 在 $(-\infty, +\infty)$ 上具有二阶导数,并且 $f''(x) > 0$,$\lim\limits_{x \to +\infty} f'(x) = \alpha > 0$,$\lim\limits_{x \to -\infty} f'(x) = \beta < 0$,且存在一点 x_0,使得 $f(x_0) < 0$,证明:方程 $f(x) = 0$ 在 $(-\infty, +\infty)$ 恰有两个实根。

三、(15 分) 设函数 $y = f(x)$ 由参数方程 $\begin{cases} x = 2t + t^2 \\ y = \psi(t) \end{cases}$ $(t > -1)$ 所确定,$\dfrac{d^2 y}{dx^2} = \dfrac{3}{4(1+t)}$,其中 $\psi(t)$ 具有二阶导数,曲线 $y = \psi(t)$ 与 $y = \int_1^{t^2} e^{-u^2} \, du + \dfrac{3}{2e}$ 在 $t = 1$ 处相切,求函数 $\psi(t)$。

四、(15 分) 设 $a_n > 0$,$S_n = \sum\limits_{k=1}^{n} a_k$,证明:

(1) 当 $\alpha > 1$ 时,级数 $\sum\limits_{n=1}^{+\infty} \dfrac{a_n}{S_n^\alpha}$ 收敛;(2) 当 $\alpha \leqslant 1$ 且 $s_n \to \infty (n \to \infty)$ 时,级数 $\sum\limits_{n=1}^{+\infty} \dfrac{a_n}{S_n^\alpha}$ 发散。

五、(15 分) 设 l 是过原点、方向为 (α, β, γ)(其中 $\alpha^2 + \beta^2 + \gamma^2 = 1$)的直线。均匀椭球 $\dfrac{x^2}{a^2} + \dfrac{y^2}{b^2} + \dfrac{z^2}{c^2} \leqslant 1$,其中 $0 < c < b < a$,密度为 1,绕直线 l 旋转。(1)求其转动惯量;(2)求转动惯量关于方向 (α, β, γ) 的最大值和最小值。

六、(15 分) 设函数 $\varphi(x)$ 具有连续的导数,在围绕原点的任意光滑的简单闭曲线 C 上,曲线积分 $\oint_c \dfrac{2xy \, dx + \varphi(x) \, dy}{x^4 + y^2}$ 的值为常数。

(1) 设 L 为正向闭曲线 $(x-2)^2 + y^2 = 1$,证明 $\oint_c \dfrac{2xy \, dx + \varphi(x) \, dy}{x^4 + y^2} = 0$;(2)求函数 $\varphi(x)$;

(3) 设 C 是围绕原点的光滑简单正向闭曲线,求 $\oint_c \dfrac{2xy \, dx + \varphi(x) \, dy}{x^4 + y^2}$。

第三届全国大学生高等数学竞赛
非数学类预赛试题

一、计算下列各题(每小题 6 分,共 24 分):

1. 求 $\lim\limits_{x \to 0} \dfrac{(1+x)^{\frac{2}{x}} - \mathrm{e}^2[1 - \ln(1+x)]}{x}$。

2. 设 $a_n = \cos \dfrac{\theta}{2} \cos \dfrac{\theta}{2^2} \cos \dfrac{\theta}{2^3} \cdots \cos \dfrac{\theta}{2^n}$,求 $\lim\limits_{n \to \infty} a_n$。

3. 计算 $\iint\limits_{D} \mathrm{sgn}(xy-1)\mathrm{d}x\,\mathrm{d}y$,$D = [0, 2] \times [0, 2]$。

4. 求幂级数 $\sum\limits_{n=1}^{\infty} \dfrac{2n-1}{2^n} x^{2n-2}$ 的和函数,并求 $\sum\limits_{n=1}^{\infty} \dfrac{2n-1}{2^{2n-1}}$。

二、(每小题 8 分,共 16 分)证明:

1. 若 $\lim\limits_{n \to \infty} a_n = a$,则 $\lim\limits_{n \to \infty} \dfrac{a_1 + a_2 + \cdots + a_n}{n} = a$;

2. 设 p 为固定的正整数,且 $\lim\limits_{n \to \infty} (a_{n+p} - a_n) = \lambda$,其中 λ 为常数,证明 $\lim\limits_{n \to \infty} \dfrac{a_n}{n} = \dfrac{\lambda}{p}$。

三、(15 分) 设 $f^{(3)}(x)$ 在 $[-1, 1]$ 上连续,$f(-1) = 0$,$f(1) = 1$,$f'(0) = 0$,证明:存在 $x_0 \in (-1, 1)$,使得 $f^{(3)}(x_0) = 3$。

四、(15 分) 在平面上有一条从点 $(a, 0)$ 向右(沿 x 轴的正方向)的射线,线密度是 ρ,在点 $(0, h)$ 处 $(h > 0)$ 有一个质量为 m 的质点,求射线对该质点的引力。

五、(15 分) 设 $z = z(x, y)$ 是由 $F\left(z + \dfrac{1}{x}, z - \dfrac{1}{y}\right) = 0$ 确定的隐函数,其中 F 具有二阶连续偏导数,$F'_1 = F'_2 \neq 0$,证明:$x^2 z_x + y^2 z_y = 0$ 且 $x^3 z_{xx} + xy(x+y)z_{xy} + y^3 z_{yy} = 0$。

六、(15 分) 设 $f(x)$ 连续,a、b、c 是不全为零的常数,曲面 $\Sigma : x^2 + y^2 + z^2 = 1$,证明:

$$I = \iint\limits_{\Sigma} f(ax + by + cz)\mathrm{d}S = 2\pi \int_{-1}^{1} f(\sqrt{a^2 + b^2 + c^2}\, u)\mathrm{d}u。$$

第四届全国大学生高等数学竞赛
非数学类预赛试题

一、计算下列各题(每题 6 分共 30 分):

1. 求极限 $\lim\limits_{n \to \infty}(n!)^{\frac{1}{n^2}}$。　　**2.** 求极限 $\lim\limits_{x \to +\infty} \sqrt[3]{x} \int_x^{x+1} \dfrac{\sin t}{\sqrt{t + \cos t}} \mathrm{d}t$。

3. 求通过直线 $L: \begin{cases} 2x + y - 3z + 2 = 0 \\ 5x + 5y - 4z + 3 = 0 \end{cases}$ 的两个相互垂直的平面 π_1、π_2,使得其中一个平面过点 $(4, -3, 1)$。

4. 已知函数 $z = u(x, y)\mathrm{e}^{ax + by}$,且 $\dfrac{\partial^2 u}{\partial x \partial y} = 0$,确定常数 a 和 b,使函数 $z = z(x, y)$ 满足方程 $\dfrac{\partial^2 z}{\partial x \partial y} - \dfrac{\partial z}{\partial x} - \dfrac{\partial z}{\partial y} + z = 0$。

5. 设函数 $u = u(x)$ 连续可微,$u(2) = 1$,且 $\displaystyle\int_L (x + 2y)u \mathrm{d}x + (x + u^3)u \mathrm{d}y$ 在右半平面上与路径无关,求 $u(x)$。

二、(10 分) 计算 $\displaystyle\int_0^{+\infty} \mathrm{e}^{-2x} |\sin x| \mathrm{d}x$。

三、(10 分) 求方程 $x^2 \sin \dfrac{1}{x} = 2x - 501$ 的近似解,精确到 0.001。

四、(12 分) 设函数 $y = f(x)$ 二阶可导,且 $f''(x) > 0$,$f(0) = 0$,$f'(0) = 0$,求 $\lim\limits_{x \to 0} \dfrac{x^3 f(u)}{f(x)\sin^3 u}$,其中,$u$ 是曲线 $y = f(x)$ 上点 $P(x, f(x))$ 处切线在 x 轴上的截距。

五、(12 分) 求最小实数 C,使得对满足 $\displaystyle\int_0^1 |f(x)| \mathrm{d}x = 1$ 的连续函数 $f(x)$,都有 $\displaystyle\int_0^1 f(\sqrt{x}) \mathrm{d}x \leqslant C$。

六、(12 分) 设 $f(x)$ 为连续函数,$t > 0$,区域 Ω 是由抛物面 $z = x^2 + y^2$ 和球面 $x^2 + y^2 + z^2 = t^2$ 所围的上半部分,定义三重积分 $F(t) = \displaystyle\iiint\limits_{\Omega} f(x^2 + y^2 + z^2) \mathrm{d}v$,求 $F'(t)$。

七、(14 分) 设 $\displaystyle\sum_{n=1}^{\infty} a_n$ 与 $\displaystyle\sum_{n=1}^{\infty} b_n$ 为正项级数,证明:

(1) 若 $\lim\limits_{n \to \infty}\left(\dfrac{a_n}{a_{n+1}b_n} - \dfrac{1}{b_{n+1}}\right) > 0$,则 $\displaystyle\sum_{n=1}^{\infty} a_n$ 收敛; (2) 若 $\lim\limits_{n \to \infty}\left(\dfrac{a_n}{a_{n+1}b_n} - \dfrac{1}{b_{n+1}}\right) < 0$ 且 $\displaystyle\sum_{n=1}^{\infty} b_n$ 发散,则 $\displaystyle\sum_{n=1}^{\infty} a_n$ 发散。

第五届全国大学生高等数学竞赛
非数学类预赛试题

一、计算下列各题(每小题 6 分共 24 分):

1. 求极限 $\lim\limits_{n\to\infty}(1+\sin\pi\sqrt{1+4n^2})^n$。　　**2.** 证明广义积分 $\int_0^{+\infty}\dfrac{\sin x}{x}\mathrm{d}x$ 不是绝对收敛的。

3. 设函数 $y=y(x)$ 由 $x^3+3x^2y-2y^3=2$ 确定,求 $y(x)$ 的极值。

4. 过曲线 $y=\sqrt[3]{x}\,(x\geqslant0)$ 上的点 A 作切线,使该切线与曲线及 x 轴所围成的平面图形的面积为 $\dfrac{3}{4}$,求点 A 的坐标。

二、(12 分)计算定积分 $I=\displaystyle\int_{-\pi}^{\pi}\dfrac{x\sin x\cdot\arctan\mathrm{e}^x}{1+\cos^2x}\mathrm{d}x$。

三、(12 分)设 $f(x)$ 在 $x=0$ 处存在二阶导数 $f''(0)$,且 $\lim\limits_{x\to0}\dfrac{f(x)}{x}=0$。证明:级数 $\displaystyle\sum_{n=1}^{\infty}\left|f\left(\dfrac{1}{n}\right)\right|$ 收敛。

四、(12 分) 设 $|f(x)|\leqslant\pi$,$f'(x)\geqslant m>0(a\leqslant x\leqslant b)$,证明:$\left|\displaystyle\int_a^b\sin f(x)\mathrm{d}x\right|\leqslant\dfrac{2}{m}$。

五、(14 分)设 Σ 是一个光滑封闭曲面,方向朝外。给定第二型的曲面积分 $I=\displaystyle\iint\limits_{\Sigma}(x^3-x)\mathrm{d}y\mathrm{d}z+(2y^3-y)\mathrm{d}z\mathrm{d}x+(3z^3-z)\mathrm{d}x\mathrm{d}y$。试确定曲面 Σ,使积分 I 的值最小,并求该最小值。

六、(14 分)设 $I_a(r)=\displaystyle\oint_C\dfrac{y\mathrm{d}x-x\mathrm{d}y}{(x^2+y^2)^a}$,其中 a 为常数,曲线 C 为椭圆 $x^2+xy+y^2=r^2$,取正向。求极限 $\lim\limits_{r\to+\infty}I_a(r)$。

七、(14 分)判断级数 $\displaystyle\sum_{n=1}^{\infty}\dfrac{1+\dfrac{1}{2}+\cdots+\dfrac{1}{n}}{(n+1)(n+2)}$ 的敛散性,若收敛,求其和。

第六届全国大学生高等数学竞赛
非数学类预赛试题

一、填空题(共有 5 小题,每题 6 分,共 30 分):

1. 已知 $y_1 = e^x$ 和 $y_2 = xe^x$ 是某齐次二阶常系数线性微分方程的解,则该方程是_____。

2. 设有曲面 $S:z = x^2 + 2y^2$ 和平面 $\Pi:2x + 2y + z = 0$。 则与 Π 平行的 S 的切平面方程是_____。

3. 设函数 $y = y(x)$ 由方程 $x = \int_1^{y-x} \sin^2\left(\dfrac{\pi t}{4}\right) dt$ 所确定,则 $\left.\dfrac{dy}{dx}\right|_{x=0} = $_____。

4. 设 $x_n = \sum_{k=1}^n \dfrac{k}{(k+1)!}$, 则 $\lim_{n \to \infty} x_n = $_____。

5. 已知 $\lim_{x \to 0}\left(1 + x + \dfrac{f(x)}{x}\right)^{\frac{1}{x}} = e^3$, 则 $\lim_{x \to 0}\dfrac{f(x)}{x^2} = $_____。

二、(12 分) 设 n 为正整数,计算 $I = \int_{e^{-2n\pi}}^1 \left| \dfrac{d}{dx}\cos\left(\ln\dfrac{1}{x}\right) \right| dx$。

三、(14 分) 设函数 $f(x)$ 在 $[0,1]$ 上有二阶导数,且有正常数 A,B 使得 $|f(x)| \leqslant A$,$|f''(x)| \leqslant B$。 证明:对任意 $x \in [0,1]$,有 $|f'(x)| \leqslant 2A + \dfrac{B}{2}$。

四、(14 分) (1) 设一球缺高为 h,所在球半径为 R。证明该球缺体积为 $\dfrac{\pi}{3}(3R - h)h^2$。球冠面积为 $2\pi Rh$;(2) 设球体 $(x-1)^2 + (y-1)^2 + (z-1)^2 \leqslant 12$ 被平面 $P:x + y + z = 6$ 所截得小球缺为 Ω,记球冠为 Σ,方向指向球外。求第二型曲面积分 $I = \iint\limits_\Sigma x\,dy\,dz + y\,dz\,dx + z\,dx\,dy$。

五、(15 分) 设 f 在 $[a,b]$ 上非负连续,严格单增,且存在 $x_n \in [a,b]$,使得 $[f(x_n)]^n = \dfrac{1}{b-a}\int_a^b [f(x)]^n\,dx$。 求 $\lim_{n \to \infty} x_n$。

六、(15 分) 设 $A_n = \dfrac{n}{n^2+1} + \dfrac{n}{n^2+2^2} + \cdots + \dfrac{n}{n^2+n^2}$,求 $\lim_{n \to \infty} n\left(\dfrac{\pi}{4} - A_n\right)$。

第七届全国大学生高等数学竞赛
非数学类预赛试题

一、填空题(每小题 6 分,共 5 小题,满分 30 分):

1. 极限 $\lim\limits_{n\to\infty} n\left(\dfrac{\sin\dfrac{\pi}{n}}{n^2+1}+\dfrac{\sin\dfrac{2\pi}{n}}{n^2+2}+\cdots+\dfrac{\sin\dfrac{n\pi}{n}}{n^2+n}\right)=$ _____。

2. 设函数 $z=z(x,y)$ 由方程 $F\left(x+\dfrac{z}{y},\ y+\dfrac{z}{x}\right)=0$ 所决定,其中 $F(u,v)$ 具有连续偏导数,且 $xF_u+yF_v\neq 0$。 则 $x\dfrac{\partial z}{\partial x}+y\dfrac{\partial z}{\partial y}=$ _____。

3. 曲面 $z=x^2+y^2+1$ 在点 $M(1,-1,3)$ 处的切平面与曲面 $z=x^2+y^2$ 所围区域的体积是_____。

4. 函数 $f(x)=\begin{cases}3, & x\in[-5,0)\\0, & x\in[0,5)\end{cases}$ 在 $(-5,5)$ 上的傅里叶级数在 $x=0$ 收敛的值是_____。

5. 设区间 $(0,+\infty)$ 上的函数 $u(x)$ 定义域为的 $u(x)=\displaystyle\int_0^{+\infty}e^{-xt^2}\mathrm{d}t$,则 $u(x)$ 的初等函数表达式是_____。

二、(12 分)设 M 是以三个正半轴为母线的半圆锥面,求其方程。

三、(12 分)设 $f(x)$ 在 (a,b) 内二次可导,且存在常数 α、β,使得对于 $\forall x\in(a,b)$,有 $f'(x)=\alpha f(x)+\beta f''(x)$,证明:$f(x)$ 在 (a,b) 内无穷次可导。

四、(14 分)求幂级数 $\displaystyle\sum_{n=0}^{\infty}\dfrac{n^3+2}{(n+1)!}(x-1)^n$ 的收敛域及其和函数。

五、(16 分)设函数 $f(x)$ 在 $[0,1]$ 上连续,且 $\displaystyle\int_0^1 f(x)\mathrm{d}x=0$,$\displaystyle\int_0^1 xf(x)\mathrm{d}x=1$。 试证:

(1) $\exists x_0\in[0,1]$ 使 $|f(x_0)|>4$;(2) $\exists x_1\in[0,1]$ 使 $|f(x_1)|=4$。

六、(16 分)设 $f(x,y)$ 在 $x^2+y^2\leqslant 1$ 上具有连续的二阶偏导数,且 $f_{xx}^2+2f_{xy}^2+f_{yy}^2\leqslant M$。 若 $f(0,0)=0$,$f_x(0,0)=f_y(0,0)=0$,证明:$\left|\displaystyle\iint_{x^2+y^2\leqslant 1}f(x,y)\mathrm{d}x\mathrm{d}y\right|\leqslant\dfrac{\pi\sqrt{M}}{4}$。

第八届全国大学生高等数学竞赛 非数学类预赛试题

一、填空题(每小题 5 分,共 30 分):

1. 若 $f(x)$ 在点 $x=a$ 可导,且 $f(a)\neq 0$,则 $\lim\limits_{n\to\infty}\left[\dfrac{f\left(a+\dfrac{1}{n}\right)}{f(a)}\right]^{n}=$ _____。

2. 若 $f(1)=0$,$f'(1)$ 存在,求极限 $\lim\limits_{x\to 0}\dfrac{f(\sin^2 x+\cos x)\tan 3x}{(e^{x^2}-1)\sin x}$。

3. 设 $f(x)$ 有连续导数,且 $f(1)=2$,记 $z=f(e^x y^2)$,若 $\dfrac{\partial z}{\partial x}=z$,求 $f(x)$ 在 $x>0$ 上的表达式。

4. 设 $f(x)=e^x\sin 2x$,求 $f^{(4)}(0)$。

5. 求曲面 $z=\dfrac{x^2}{2}+y^2$ 平行于平面 $2x+2y-z=0$ 的切平面方程。

二、(14 分)设 $f(x)$ 在 $[0,1]$ 上可导,$f(0)=0$,且当 $x\in(0,1)$ 时,$0<f'(x)<1$,试证:当 $a\in(0,1)$ 时,$\left[\displaystyle\int_0^a f(x)\mathrm{d}x\right]^2>\displaystyle\int_0^a f^3(x)\mathrm{d}x$。

三、(14 分)某物体所在的空间区域为 $\Omega:x^2+y^2+2z^2\leqslant x+y+2z$,密度函数为 $x^2+y^2+z^2$,求质量 $M=\displaystyle\iiint\limits_{\Omega}(x^2+y^2+z^2)\mathrm{d}x\,\mathrm{d}y\,\mathrm{d}z$。

四、(14 分)设函数 $f(x)$ 在闭区间 $[0,1]$ 上具有连续导数,$f(0)=0$,$f(1)=1$,证明:

$$\lim_{n\to\infty}n\left[\int_0^1 f(x)\mathrm{d}x-\frac{1}{n}\sum_{k=1}^n f\left(\frac{k}{n}\right)\right]=-\frac{1}{2}。$$

五、(14 分)设函数 $f(x)$ 在闭区间 $[0,1]$ 上连续,且 $I=\displaystyle\int_0^1 f(x)\mathrm{d}x\neq 0$,证明:在 $(0,1)$ 内存在不同的两点 x_1、x_2,使得 $\dfrac{1}{f(x_1)}+\dfrac{1}{f(x_2)}=\dfrac{2}{I}$。

六、(14 分)设 $f(x)$ 在 $(-\infty,+\infty)$ 上可导,且 $f(x)=f(x+2)=f(x+\sqrt{3})$,用傅里叶级数理论证明 $f(x)$ 为常数。

第九届全国大学生高等数学竞赛
非数学类预赛试题

一、填空题(本题满分 42 分,共 6 小题,每小题 7 分):

1. 已知可导函数 $f(x)$ 满足 $f(x)\cos x + 2\int_0^x f(t)\sin t\,dt = x+1$,则 $f(x) =$ _____。

2. 极限 $\lim\limits_{n\to\infty}\sin^2(\pi\sqrt{n^2+n}) =$ _____。

3. 设 $w = f(u,v)$ 具有二阶连续偏导数,且 $u = x-cy$,$v = x+cy$,其中 c 为非零常数,则 $w_{xx} - \dfrac{1}{c^2}w_{yy} =$ _____。

4. 设 $f(x)$ 有二阶连续导数,且 $f(0) = f'(0) = 0$,$f''(0) = 6$,则 $\lim\limits_{x\to 0}\dfrac{f(\sin^2 x)}{x^4}$ = _____。

5. 不定积分 $I = \displaystyle\int \dfrac{e^{-\sin x}\sin 2x}{(1-\sin x)^2}\,dx =$ _____。

6. 记曲面 $z^2 = x^2 + y^2$ 和 $z = \sqrt{4-x^2-y^2}$ 围成空间区域为 V,则三重积分 $\displaystyle\iiint_V z\,dx\,dy\,dz =$ _____。

二、(14 分) 设二元函数 $f(x,y)$ 在平面上具有连续的二阶偏导数,对任何角度 α,定义一元函数 $g_\alpha(t) = f(t\cos\alpha, t\sin\alpha)$,若对任何 α 都有 $\dfrac{dg_\alpha(t)}{dt}\Big|_{t=0} = 0$ 且 $\dfrac{d^2 g_\alpha(t)}{dt^2}\Big|_{t=0} > 0$,证明:$f(0,0)$ 是 $f(x,y)$ 的极小值。

三、(14 分) 设曲线 Γ 为在 $x^2+y^2+z^2 = 1$,$x+z = 1$,$x\geqslant 0$,$y\geqslant 0$,$z\geqslant 0$ 上从 $A(1,0,0)$ 到 $B(0,0,1)$ 的一段,求曲线积分 $I = \displaystyle\int_\Gamma y\,dx + z\,dy + x\,dz$。

四、(15 分) 设函数 $f(x) > 0$ 且在实数轴上连续,若对任意实数 t,有 $\displaystyle\int_{-\infty}^{+\infty} e^{-|t-x|}f(x)\,dx \leqslant 1$,证明:对于任意的 $a < b$,有 $\displaystyle\int_a^b f(x)\,dx \leqslant \dfrac{b-a+2}{2}$。

五、(15 分) 设 $\{a_n\}$ 为一个数列,p 为固定的正整数,若 $\lim\limits_{n\to\infty}(a_{n+p}-a_n) = \lambda$,其中 λ 为常数,证明 $\lim\limits_{n\to\infty}\dfrac{a_n}{n} = \dfrac{\lambda}{p}$。

第十届全国大学生高等数学竞赛
非数学类预赛试题

一、填空题(本题满分 24 分,共 4 小题,每小题 6 分):

1. 设 $\alpha \in (0, 1)$,则 $\lim\limits_{n \to \infty}\left[(n+1)^{\alpha} - n^{\alpha}\right] = $ _____。

2. 若曲线 $y = y(x)$ 由 $\begin{cases} x = t + \cos t \\ e^y + ty + \sin t = 1 \end{cases}$ 确定,试求此曲线在 $t = 0$ 对应点处的切线方程。

3. 求不定积分 $\displaystyle\int \frac{\ln(x + \sqrt{1 + x^2})}{(1 + x^2)^{\frac{3}{2}}} \mathrm{d}x$。

4. $\displaystyle\lim_{x \to 0} \frac{1 - \cos x \sqrt{\cos 2x} \sqrt[3]{\cos 3x}}{x^2} = $ _____。

二、(本题满分 8 分) 设 $f(t)$ 在 $t \neq 0$ 时具有一阶连续导数,$f(1) = 0$,求函数 $f(x^2 - y^2)$,使得曲线积分 $\displaystyle\int_l y[2 - f(x^2 - y^2)]\mathrm{d}x + xf(x^2 - y^2)\mathrm{d}y$ 与路径无关,其中 l 是任一不与直线 $y = \pm x$ 相交的分段光滑曲线。

三、(本题满分 14 分) 设函数 $f(x)$ 在 $[0, 1]$ 上连续,$1 \leqslant f(x) \leqslant 3$,证明:$1 \leqslant \displaystyle\int_0^1 f(x)\mathrm{d}x \int_0^1 \frac{1}{f(x)}\mathrm{d}x \leqslant \frac{4}{3}$。

四、(本题满分 12 分) 计算 $\displaystyle\iiint_\Omega (x^2 + y^2)\mathrm{d}V$,其中 Ω 是由 $x^2 + y^2 + (z-2)^2 \geqslant 4$,$x^2 + y^2 + (z-1)^2 \leqslant 9$ 以及 $z \geqslant 0$ 所围成的空间区域。

五、(本题满分 14 分) 设 $f(x, y)$ 在 D 内可微,且 $\sqrt{f_x^2(x, y) + f_y^2(x, y)} \leqslant M$,点 $A(x_1, y_1)$,$B(x_2, y_2) \in D$,线段 AB 包含在 D 内,证明:$|f(x_1, y_1) - f(x_2, y_2)| \leqslant M|AB|$。

六、(本题满分 14 分) 设 $f(x) > 0$ 且连续,证明:$\ln \displaystyle\int_0^1 f(x)\mathrm{d}x \geqslant \int_0^1 \ln f(x)\mathrm{d}x$。

七、(本题满分 14 分) 设 a_n,$b_n > 0$,$b_{n+1} - b_n \geqslant \delta > 0$,其中 δ 是正常数,且级数 $\displaystyle\sum_{n=1}^{\infty} a_n$ 收敛,证明:级数 $\displaystyle\sum_{n=1}^{\infty} \frac{n\sqrt[n]{(a_1 a_2 \cdots a_n)(b_1 b_2 \cdots b_n)}}{b_{n+1} b_n}$ 收敛。

第十一届全国大学生高等数学竞赛
非数学类预赛试题

一、填空题(本题满分 30 分,共 5 小题,每小题 6 分):

1. $\lim\limits_{x \to 0} \dfrac{\ln(e^{\sin x} + \sqrt[3]{1 - \cos x}) - \sin x}{\arctan(4\sqrt[3]{1 - \cos x})} = $ _____。

2. 设 $y = y(x)$ 是由 $y^2(x - y) = x^2$ 所确定的隐函数,求 $\displaystyle\int \dfrac{1}{y^2} \mathrm{d}x$。

3. 计算 $\displaystyle\int_0^{\frac{\pi}{2}} \dfrac{e^x(1 + \sin x)}{1 + \cos x} \mathrm{d}x$。 4. 已知 $\mathrm{d}u(x, y) = \dfrac{y\,\mathrm{d}x - x\,\mathrm{d}y}{3x^2 - 2xy + 3y^2}$,求 $u(x, y)$。

5. 设 a、b、c、$\mu > 0$,曲面 $xyz = \mu$ 与曲面 $\dfrac{x^2}{a^2} + \dfrac{y^2}{b^2} + \dfrac{z^2}{c^2} = 1$ 相切,求 μ。

二、(本题满分 14 分) 计算 $\displaystyle\iiint\limits_{\Omega} \dfrac{xyz}{x^2 + y^2} \mathrm{d}V$,其中,$\Omega$ 是曲面 $(x^2 + y^2 + z^2)^2 = 2xy$ 围成的位于第一卦限部分区域。

三、(本题满分 14 分) 设函数 $f(x)$ 在 $[0, +\infty)$ 上可导,$f(0) = 0$,且存在常数 $A > 0$,使得 $|f'(x)| \leqslant A|f(x)|$,证明:对于任意的 $x \in [0, +\infty)$,都有 $f(x) = 0$。

四、(本题满分 14 分) 计算 $\displaystyle\int_0^{2\pi} \mathrm{d}\varphi \int_0^{\pi} e^{\sin\theta(\cos\varphi - \sin\varphi)} \sin\theta\,\mathrm{d}\theta$。

五、(本题满分 14 分) 设 $f(x)$ 是仅有正实根的多项式函数,满足 $\dfrac{f'(x)}{f(x)} = -\displaystyle\sum_{n=0}^{\infty} C_n x^n$,证明:$C_n > 0$,$\lim\limits_{n \to \infty} \dfrac{1}{\sqrt[n]{C_n}}$ 存在且为 $f(x)$ 的最小根。

六、(本题满分 14 分) 设 $f(x)$ 在 $[0, +\infty)$ 上具有连续导数,且满足 $3[3 + f^2(x)]f'(x) = 2[1 + f^2(x)]^2 e^{-x^2}$,$f(0) \leqslant 1$,证明:存在 $M > 0$,使得当 $x \in [0, +\infty)$ 时,恒有 $|f(x)| \leqslant M$。

第十二届全国大学生高等数学竞赛
非数学类预赛试题

一、填空题(本题满分 30 分,共 5 小题,每小题 6 分):

1. $\lim\limits_{x \to 0} \dfrac{(x - \sin x)\mathrm{e}^{-x^2}}{\sqrt{1 - x^3} - 1} = $ _____。

2. 函数 $f(x) = (x + 1)^n \mathrm{e}^{-x^2}$,$f^{(n)}(-1) = $ _____。

3. 设函数 $y = f(x)$ 是由方程 $\arctan\dfrac{x}{y} = \ln\sqrt{x^2 + y^2} - \dfrac{1}{2}\ln 2 + \dfrac{\pi}{4}$ 所确定的隐函数,且满足 $f(1) = 1$,则曲线 $y = f(x)$ 在点 $(1, 1)$ 处的切线方程为_____。

4. 已知 $\displaystyle\int_0^{+\infty} \dfrac{\sin x}{x}\,\mathrm{d}x = \dfrac{\pi}{2}$,则 $\displaystyle\int_0^{+\infty}\int_0^{+\infty} \dfrac{\sin x \sin(x + y)}{x(x + y)}\,\mathrm{d}x\,\mathrm{d}y = $ _____。

5. 设函数 $f(x)$、$g(x)$ 在点 $x = 0$ 的某一邻域中有定义,$f(x) \neq g(x)$ 且 $\lim\limits_{x \to 0} f(x) = \lim\limits_{x \to 0} g(x) = a > 0$,则 $\lim\limits_{x \to 0} \dfrac{[f(x)]^{g(x)} - [g(x)]^{g(x)}}{f(x) - g(x)} = $ _____。

二、(满分 10 分) 设数列 a_n 满足 $a_1 = 1$ 且 $a_{n+1} = \dfrac{a_n}{(n + 1)(a_n + 1)}$,$n \geq 1$,求 $\lim\limits_{n \to \infty} n!\, a_n$。

三、(本题满分 10 分) 设函数 $f(x)$ 在 $[0, 1]$ 上连续,在 $(0, 1)$ 上可导,且 $f(0) = 0$,$f(1) = 1$,证明:(1) 存在 $x_0 \in (0, 1)$,使得 $f(x_0) = 2 - 3x_0$;(2) 存在 ξ,$\eta \in (0, 1)$,$\xi \neq \eta$,使得 $[1 + f'(\xi)] \cdot [1 + f'(\eta)] = 4$。

四、(本题满分 12 分) 已知 $z = xf\left(\dfrac{y}{x}\right) + 2y\varphi\left(\dfrac{x}{y}\right)$,其中 f、φ 均为二次可微函数。

(1) 求 $\dfrac{\partial z}{\partial x}$ 以及 $\dfrac{\partial^2 z}{\partial x \partial y}$;(2) 当 $f = \varphi$ 且 $\dfrac{\partial^2 z}{\partial x \partial y}\Big|_{x=a} = -by^2$ 时,求 $f(y)$。

五、(本题满分 12 分) 计算 $\displaystyle\oint_{\Gamma} |\sqrt{3}\,y - x|\,\mathrm{d}x - 5z\,\mathrm{d}z$,其中曲线 Γ:$\begin{cases} x^2 + y^2 + z^2 = 8 \\ x^2 + y^2 = 2z \end{cases}$,从 z 轴正向往坐标原点看去取逆时针方向。

六、(本题满分 12 分) 证明:$f(n) = \displaystyle\sum_{m=1}^{n} \int_0^m \cos\dfrac{2\pi n[x + 1]}{m}\,\mathrm{d}x$ 等于 n 的所有因子(包含 1 和 n 本身)之和,其中 $[x + 1]$ 表示不超过 $x + 1$ 的最大整数,并计算 $f(2021)$。

七、(本题满分 14 分) 设 $u_n = \displaystyle\int_0^1 \dfrac{1}{(1 + t^4)^n}\,\mathrm{d}t$,$n \geq 1$。

证明:(1) 数列 u_n 收敛并求其极限;(2) 级数 $\displaystyle\sum_{n=1}^{\infty} (-1)^n u_n$ 条件收敛;(3) 当 $p \geq 1$ 时级数 $\displaystyle\sum_{n=1}^{\infty} \dfrac{u_n}{n^p}$ 收敛,并求级数 $\displaystyle\sum_{n=1}^{\infty} \dfrac{u_n}{n}$ 的和。

第十三届全国大学生数学竞赛
非数学类预赛试题

一、填空题(本题满分 30 分,共 5 小题,每小题 6 分)

1. $\lim\limits_{x\to 0}\sqrt{x^2+x+1}\,\dfrac{x-\ln(e^x+x)}{x}=$ _____。

2. 设 $z=z(x,y)$ 是由方程 $2\sin(x+2y-3z)=x+2y-3z$ 所确定的二元隐函数,则 $z_x+z_y=$ _____。

3. 设函数 $f(x)$ 连续,$f(0)\neq 0$,则 $\lim\limits_{x\to 0}\dfrac{2\int_0^x(x-t)f(t)\,dt}{x\int_0^x f(x-t)\,dt}=$ _____。

4. 过 3 条直线 $L_1:\begin{cases}x=0\\y-z=2\end{cases}$,$L_1:\begin{cases}x=0\\x+y-z+2=0\end{cases}$,$L_1:\begin{cases}x=\sqrt{2}\\y-z=0\end{cases}$ 的圆柱面方程是 _____。

5. 记 $D=\{(x,y)\mid x^2+y^2\leqslant \pi\}$,则 $\iint\limits_D(\sin x^2\cos y^2+x\sqrt{x^2+y^2})\,dx\,dy=$ _____。

二、(本题满分 14 分)设 $x_1=2021$,$x_n^2-2(x_n+1)x_{n+1}+2021=0$,$n\geqslant 1$,证明:数列 x_n 收敛并求极限。

三、(本题满分 14 分)设 $f(x)$ 在 $[0,+\infty)$ 上是有界连续函数,证明:方程 $y''+14y'+13y=f(x)$ 的每一个解在 $[0,+\infty)$ 上都是有界函数。

四、(本题满分 14 分)对于四次齐次函数 $f(x,y,z)=a_1x^4+a_2y^4+a_3z^4+3a_4x^2y^2+3a_5y^2z^2+3a_6x^2z^2$,计算曲面积分 $\iint\limits_\Sigma f(x,y,z)\,dS$,其中 $\Sigma:x^2+y^2+z^2=1$。

五、(本题满分 14 分)设函数 $f(x)$ 在闭区间 $[a,b]$ 上具有连续的二阶导数,证明:

$$\lim_{n\to\infty}n^2\left\{\int_a^b f(x)\,dx-\frac{b-a}{n}\sum_{k=1}^n f\left[a+\frac{2k-1}{2n}(b-a)\right]\right\}=\frac{(b-a)^2}{24}[f'(b)-f'(a)]。$$

六、(本题满分 14 分)设 a_n、b_n 均为正实数列,满足:$a_1=b_1=1$ 且 $b_n=a_nb_{n-1}-2$,$n\geqslant 2$,b_n 是有界数列,证明:级数 $\sum\limits_{n=1}^\infty\dfrac{1}{a_1a_2\cdots a_n}$ 收敛,并求该级数的和。

竞赛试题答案

第一届全国大学生高等数学竞赛非数学类预赛试题参考答案

一、1. $\dfrac{16}{15}$。　　2. $f(x)=x^2-\dfrac{10}{3}$。　　3. $2x+2y-z-5=0$。

4. $-\dfrac{(1-f'(y))^2-f''(y)}{x^2(1-f'(y))^3}$。

二、$\mathrm{e}^{\frac{(n+1)}{2}}\mathrm{e}$。　　三、$g'(x)=\begin{cases}\dfrac{xf(x)-\displaystyle\int_0^x f(t)\mathrm{d}t}{x^2}, & x\neq 0\\[4mm]\dfrac{A}{2}, & x=0\end{cases}$，$g'(x)$连续。

四、**提示**　（1）格林公式；（2）利用 $\mathrm{e}^x+\mathrm{e}^{-x}\geqslant 2+x^2$。

五、$y''-y'-2y=(1-2x)\mathrm{e}^x$。　　六、$a=-\dfrac{5}{4},\ b=\dfrac{3}{2},\ c=1$。

七、$\displaystyle\sum_{n=1}^{\infty}u_n(x)=-\mathrm{e}^x\ln(1-x),\ -1\leqslant x<1$。

八、当 $x\to 1^-$ 时，$\displaystyle\sum_{n=0}^{\infty}x^{n^2}$ 等价于 $\dfrac{1}{2}\sqrt{\dfrac{\pi}{1-x}}$。

第二届全国大学生高等数学竞赛非数学类预赛试题参考答案

一、1. $\displaystyle\lim_{n\to\infty}x_n=\dfrac{1}{1-a}$。　　2. $\displaystyle\lim_{x\to\infty}\mathrm{e}^{-x}\left(1+\dfrac{1}{x}\right)^{x^2}=\mathrm{e}^{-\frac{1}{2}}$。　　3. $I=\dfrac{n!}{s^{n+1}}$。　　4. $\dfrac{1}{r^4}f''\left(\dfrac{1}{r}\right)+\dfrac{1}{r^3}f'\left(\dfrac{1}{r}\right)$。　　5. $\sqrt{\dfrac{19}{2}}$。

二、略。　　三、$\psi(t)=t^3+\dfrac{1}{2\mathrm{e}}t^2+\left(\dfrac{1}{\mathrm{e}}-3\right)t+2$。　　四、略。

五、$I_l=\dfrac{4\pi abc}{15}[(1-\alpha^2)a^2+(1-\beta^2)b^2+(1-\gamma^2)c^2]$，最大值，最小值分别为

$$\frac{4\pi abc}{15}(a^2+b^2)\ \text{和}\ \frac{4\pi abc}{15}(b^2+c^2)。$$

六、(1) 略；(2) $\varphi(x)=-x^2$；(3) $\oint_c \dfrac{2xy\mathrm{d}x+\varphi(x)\mathrm{d}y}{x^4+y^2}=0$。

第三届全国大学生高等数学竞赛非数学类预赛试题参考答案

一、1. $\displaystyle\lim_{x\to0}\frac{(1+x)^{\frac{2}{x}}-\mathrm{e}^2\left[1-\ln(1+x)\right]}{x}=0$。　　2. $\displaystyle\lim_{n\to\infty}a_n=\begin{cases}1,&\theta=0\\[2mm]\dfrac{\sin\theta}{\theta},&\theta\neq0\end{cases}$。

3. $\displaystyle\iint\limits_{D}\mathrm{sgn}(xy-1)\mathrm{d}x\,\mathrm{d}y=2-4\ln2$。

4. $\displaystyle\sum_{n=1}^{\infty}\frac{2n-1}{2^n}x^{2n-2}=\frac{2+x^2}{(2-x^2)^2}$，$\mid x\mid<\sqrt{2}$，$\displaystyle\sum_{n=1}^{\infty}\frac{2n-1}{2^{2n-1}}=\frac{10}{9}$。

二、(1) 略；(2) **提示**　利用数列与其子列的敛散性的关系。　三、**提示**　泰勒定理。

四、$\boldsymbol{F}=\left[\dfrac{Gm\rho}{\sqrt{a^2+h^2}},\ -\dfrac{Gm\rho}{h}\left(1-\dfrac{a}{\sqrt{a^2+h^2}}\right)\right]$。　五、略。

六、**提示**　利用微元法或者正交变换。

第四届全国大学生高等数学竞赛非数学类预赛试题参考答案

一、1. $\displaystyle\lim_{n\to\infty}(n!)^{\frac{1}{n^2}}=1$。　　2. $\displaystyle\lim_{x\to+\infty}\sqrt[3]{x}\int_x^{x+1}\frac{\sin t}{\sqrt{t+\cos t}}\mathrm{d}t=0$。　　3. $3x+4y-z+1=0$

以及 $x-2y-5z+3=0$。　　4. $a=b=1$。　　5. $u(x)=\sqrt[3]{\dfrac{x}{2}}$。

二、$\displaystyle\int_0^{+\infty}\mathrm{e}^{-2x}\mid\sin x\mid\mathrm{d}x=\frac{\mathrm{e}^{2\pi}+1}{5(\mathrm{e}^{2\pi}-1)}$。　　三、**提示**　利用泰勒定理，$x=501$。

四、$\displaystyle\lim_{x\to0}\frac{x^3f(u)}{f(x)\sin^3u}=2$。　　五、最小实数 $C=2$。

六、$F'(t)=\pi tf(t^2)(2t+1-\sqrt{1+4t^2})$。　　七、略。

第五届全国大学生高等数学竞赛非数学类预赛试题参考答案

一、1. $\displaystyle\lim_{n\to\infty}(1+\sin\pi\sqrt{1+4n^2})^n=\mathrm{e}^{\frac{\pi}{4}}$。　　2. **提示**　证明 $\displaystyle\int_0^{+\infty}\left|\frac{\sin x}{x}\right|\mathrm{d}x$ 发散。　　3. 极

大值为 $y(0)=-1$，极小值为 $y(-2)=1$。　　4. $A(1,1)$。

二、$\int_{-\pi}^{\pi} \dfrac{x \sin x \cdot \arctan e^x}{1+\cos^2 x} \mathrm{d}x = \dfrac{\pi^3}{8}$。   三、略。   四、**提示**　定积分换元。

五、$\Sigma: x^2 + 2y^2 + 3z^2 = 1$，$I_{\min} = -\dfrac{4\sqrt{6}}{15}\pi$。   六、$\lim\limits_{r \to +\infty} I_a(r) = \begin{cases} 0, & \alpha > 1 \\ -\infty, & \alpha < 1 \\ -2\pi, & \alpha = 1 \end{cases}$。

七、级数 $\sum\limits_{n=1}^{\infty} \dfrac{1 + \dfrac{1}{2} + \cdots + \dfrac{1}{n}}{(n+1)(n+2)}$ 收敛且其和为 1。

第六届全国大学生高等数学竞赛非数学类预赛试题参考答案

一、1. $y'' - 2y' + y = 0$。   2. $2x + 2y + z + \dfrac{3}{2} = 0$。   3. $\left.\dfrac{\mathrm{d}y}{\mathrm{d}x}\right|_{x=0} = 3$。   4. $\lim\limits_{n \to \infty} x_n = 1$。   5. $\lim\limits_{x \to 0} \dfrac{f(x)}{x^2} = 2$。

二、$\int_{e^{-2n\pi}}^{1} \left| \dfrac{\mathrm{d}}{\mathrm{d}x} \cos\left(\ln \dfrac{1}{x}\right) \right| \mathrm{d}x = 4n$。   三、**提示**　泰勒定理。

四、(1) 略；(2) $\iint\limits_{\Sigma} x \, \mathrm{d}y\mathrm{d}z + y \, \mathrm{d}z\mathrm{d}x + z \, \mathrm{d}x\mathrm{d}y = 33\sqrt{3}\,\pi$。   五、$\lim\limits_{n \to \infty} x_n = b$。

六、$\lim\limits_{n \to \infty} n\left(\dfrac{\pi}{4} - A_n\right) = \dfrac{1}{4}$。

第七届全国大学生高等数学竞赛非数学类预赛试题参考答案

一、1. $\dfrac{2}{\pi}$。   2. $z - xy$。   3. $\dfrac{\pi}{2}$。   4. $\dfrac{3}{2}$。   5. $\dfrac{1}{2}\sqrt{\dfrac{\pi}{x}}$。

二、$xy + yz + zx = 0$。   三、**提示**　数学归纳法。

四、$K = (-\infty, +\infty)$，$\sum\limits_{n=0}^{\infty} \dfrac{n^3 + 2}{(n+1)!}(x-1)^n = \begin{cases} (x^2 - 2x + 2)e^{x-1} + \dfrac{1}{x-1}(e^{x-1} - 1), & x \neq 1 \\ 2, & x = 1 \end{cases}$。

五、(1) **提示**　反证法。(2) 连续函数介值定理。   六、**提示**　二元函数泰勒定理。

第八届全国大学生高等数学竞赛非数学类预赛试题参考答案

一、1. $e^{\frac{f'(a)}{f(a)}}$。   2. $I = \dfrac{3}{2}f'(1)$。   3. $f(x) = 2x$。   4. $f^{(4)}(0) = -24$。   5. $2x + 2y - z - 3 = 0$。

二、提示　利用函数的单调性。

三、$M = \iiint\limits_{\Omega} (x^2 + y^2 + z^2)\,\mathrm{d}x\,\mathrm{d}y\,\mathrm{d}z = \dfrac{5\sqrt{2}}{6}\pi$。　　四、提示　利用定积分第一中值定理。

五、提示　构造函数 $F(x) = \displaystyle\int_0^x f(t)\,\mathrm{d}t$，利用介值定理以及拉格朗日中值定理。

六、提示　证明函数 $f(x)$ 的傅里叶系数 a_n 以及 $b_n (n \geqslant 1)$ 均为零。

第九届全国大学生高等数学竞赛非数学类预赛试题参考答案

一、1. $f(x) = \sin x + \cos x$。　　2. $\lim\limits_{n \to \infty} \sin^2(\pi\sqrt{n^2 + n}) = 1$。　　3. $w_{xx} - \dfrac{1}{c^2} w_{yy} = 4 w_{uv}$。

4. $\lim\limits_{x \to 0} \dfrac{f(\sin^2 x)}{x^4} = 3$。　　5. $\dfrac{2\mathrm{e}^{-\sin x}}{1 - \sin x} + C$。　　6. $\iiint\limits_V z\,\mathrm{d}x\,\mathrm{d}y\,\mathrm{d}z = 2\pi$。

二、提示　利用二元函数极小值的判定。

三、利用参数方程，或者斯托克斯公式，$I = \dfrac{1}{2} - \dfrac{\sqrt{2}}{4}\pi$。

四、提示　利用定积分的性质以及二重积分交换次序。

五、记 $x_n = \dfrac{a_n}{n}$，考虑其子数 x_{kp+i}，$i = 1, 2, \cdots, p$。

第十届全国大学生高等数学竞赛非数学类预赛试题参考答案

一、1. $\lim\limits_{n \to \infty} [(n+1)^\alpha - n^\alpha] = 0$。　　2. $x + y = 1$。

3. $\dfrac{x}{\sqrt{1 + x^2}} \ln(x + \sqrt{1 + x^2}) - \ln\sqrt{1 + x^2} + C$。

4. $\lim\limits_{x \to 0} \dfrac{1 - \cos x \sqrt{\cos 2x} \sqrt[3]{\cos 3x}}{x^2} = 3$。

二、$f(x^2 - y^2) = 1 - \dfrac{1}{x^2 - y^2}$。　　三、提示　$\dfrac{(f(x) - 1)(f(x) - 3)}{f(x)} \leqslant 0$。

四、利用坐标轴投影法，可得 $\iiint\limits_{\Omega} (x^2 + y^2)\,\mathrm{d}V = \dfrac{256\pi}{3}$。

五、提示　构造函数利用拉格朗日中值定理。

六、提示　利用定积分的定义以及数列极限的保号性。

七、提示　利用阿贝尔变换。

第十一届全国大学生高等数学竞赛非数学类预赛试题参考答案

一、1. $\lim\limits_{x \to 0}\dfrac{\ln(e^{\sin x} + \sqrt[3]{1 - \cos x}) - \sin x}{\arctan(4\sqrt[3]{1 - \cos x})} = \dfrac{1}{4}$。　　2. 令 $y = tx$，$\displaystyle\int \dfrac{1}{y^2}\mathrm{d}x = \dfrac{3y}{x} - 2\ln\left|\dfrac{y}{x}\right| + C$。

3. $\displaystyle\int_0^{\frac{\pi}{2}} \dfrac{e^x(1 + \sin x)}{1 + \cos x}\mathrm{d}x = e^{\frac{\pi}{2}}$。　　4. $u(x,y) = \dfrac{1}{2\sqrt{2}}\arctan\left[\dfrac{3}{2\sqrt{2}}\left(\dfrac{x}{y} - \dfrac{1}{3}\right)\right] + C$。

5. $\mu = \dfrac{abc}{3\sqrt{3}}$。

二、提示　利用球坐标计算公式，$\displaystyle\iiint\limits_{\Omega} \dfrac{xyz}{x^2 + y^2}\mathrm{d}V = \dfrac{1}{72}$。

三、提示　先证函数 $f(x)$ 在 $\left[0, \dfrac{1}{2A}\right]$ 上恒为零；或者构造函数，利用单调性。

四、提示　转化为第一型曲面积分，或者利用级数。$\displaystyle\int_0^{2\pi}\mathrm{d}\varphi\int_0^{\pi} e^{\sin\theta(\cos\varphi - \sin\varphi)}\sin\theta\,\mathrm{d}\theta = \sqrt{2}\pi(e^{\sqrt{2}} - e^{-\sqrt{2}})$。

五、提示　利用夹逼准则。　六、略。

第十二届全国大学生高等数学竞赛非数学类预赛试题参考答案

一、1. $\lim\limits_{x \to 0}\dfrac{(x - \sin x)e^{-x^2}}{\sqrt{1 - x^3} - 1} = -\dfrac{1}{3}$。　　2. $f^{(n)}(-1) = \dfrac{n!}{e}$。　　3. $y = 1$。

4. $\displaystyle\int_0^{+\infty}\int_0^{+\infty}\dfrac{\sin x\sin(x + y)}{x(x + y)}\mathrm{d}x\,\mathrm{d}y = \dfrac{\pi^2}{8}$。　　5. $\lim\limits_{x \to 0}\dfrac{[f(x)]^{g(x)} - [g(x)]^{g(x)}}{f(x) - g(x)} = a^a$。

二、$\lim\limits_{n \to \infty} n!\,a_n = \dfrac{1}{e}$。　　三、提示　(1) 零点定理；(2) 拉格朗日中值定理。

四、(1) $\dfrac{\partial z}{\partial x} = f\left(\dfrac{y}{x}\right) - \dfrac{y}{x}f'\left(\dfrac{y}{x}\right) + 2\varphi'\left(\dfrac{x}{y}\right)$，$\dfrac{\partial^2 z}{\partial x\partial y} = -\dfrac{y}{x^2}f''\left(\dfrac{y}{x}\right) - \dfrac{2x}{y^2}\varphi''\left(\dfrac{x}{y}\right)$。

(2) $f(y) = \dfrac{a^3 b}{3}\left(\dfrac{1}{3y^2} - \dfrac{y^3}{6}\right) + C_1 y + C_2$。

五、$\displaystyle\oint_{\Gamma}|\sqrt{3}y - x|\,\mathrm{d}x - 5z\,\mathrm{d}z = 0$。

六、提示　分 m 是或不是 n 的因子讨论，$f(2021) = 2112$。

七、提示　(1) 分段估计，极限为零；(2) 利用莱布尼茨判别法；

(3) $\displaystyle\sum_{n=1}^{\infty}\dfrac{u_n}{n} = \ln 2 + \dfrac{\sqrt{2}}{2}[\pi + 2\ln(1 + \sqrt{2})]$，利用比较审敛法可证当 $p \geqslant 1$ 时级数 $\displaystyle\sum_{n=1}^{\infty}\dfrac{u_n}{n^p}$ 收敛。

第十三届全国大学生数学竞赛非数学类预赛试题参考答案

一、1. $\lim\limits_{x\to 0}\sqrt{x^2+x+1}\,\dfrac{x-\ln(e^x+x)}{x}=0$；　　2. $z_x+z_y=1$；

3. $\lim\limits_{x\to 0}\dfrac{2\displaystyle\int_0^x(x-t)f(t)\mathrm{d}t}{x\displaystyle\int_0^x f(x-t)\mathrm{d}t}=1$；　　4. $2x^2+(y-z)^2=4$；

5. $\displaystyle\iint_D(\sin x^2\cos y^2+x\sqrt{x^2+y^2})\mathrm{d}x\,\mathrm{d}y=\pi$。

二、提示　数列 x_n 单调递减有下界，极限为 $\sqrt{2022}-1$。

三、提示　利用常数变异法求特解，再放缩。

四、提示　注意到 $f(x,y,z)=a_1x^4+a_2y^4+a_3z^4+3a_4x^2y^2+3a_5y^2z^2+3a_6x^2z^2$ 是四次齐次函数，结合两类曲面积分之间的转换以及高斯公式，$\displaystyle\iint_\Sigma f(x,y,z)\mathrm{d}S=\dfrac{4\pi}{5}\sum_{i=1}^6 a_i$。

五、提示　分割区间，利用泰勒定理，放缩后定积分定义，或者利用已知结论。

六、提示　分两步，首先根据已知条件可得 $\dfrac{b_n}{a_1a_2\cdots a_n}=\dfrac{b_{n-1}}{a_1a_2\cdots a_{n-1}}-\dfrac{2}{a_1a_2\cdots a_n}$，证明 $\lim\limits_{n\to\infty}\dfrac{1}{a_1a_2\cdots a_n}=0$，从而 $\lim\limits_{n\to\infty}\dfrac{b_n}{a_1a_2\cdots a_n}=0$；再求级数 $\displaystyle\sum_{n=1}^\infty\dfrac{1}{a_1a_2\cdots a_n}$ 的部分和数列的极限，$\displaystyle\sum_{n=1}^\infty\dfrac{1}{a_1a_2\cdots a_n}=\dfrac{3}{2}$。

图书在版编目(CIP)数据

大学生数学竞赛题解析/贺金陵主编. —上海：复旦大学出版社，2021.5(2022.9 重印)
ISBN 978-7-309-15658-4

Ⅰ.①大…　Ⅱ.①贺…　Ⅲ.①高等数学-高等学校-题解　Ⅳ.①013-44

中国版本图书馆 CIP 数据核字(2021)第 085006 号

大学生数学竞赛题解析
贺金陵　主编
责任编辑/张志军

复旦大学出版社有限公司出版发行
上海市国权路 579 号　邮编：200433
网址：fupnet@ fudanpress.com　http://www.fudanpress.com
门市零售：86-21-65102580　　团体订购：86-21-65104505
出版部电话：86-21-65642845
上海盛通时代印刷有限公司

开本 787 × 1092　1/16　印张 26.25　字数 672 千
2021 年 5 月第 1 版
2022 年 9 月第 1 版第 2 次印刷

ISBN 978-7-309-15658-4/O · 698
定价：88.00 元